ローマ字入力表

ローマ字入力で文字を入力するときに使うキーと、読みがなの対応表を示します。ローマ字入力で文字を入力しているときに、キーの組み合わせがわからなくなった場合は、下表を参考にしてください。

あ行	あ	い	う	え	お
	a	i	u	e	o
	ぁ	ぃ	ぅ	ぇ	ぉ
	la	li	lu	le	lo
	うぁ	うぃ		うぇ	うぉ
	wha	whi		whe	who

か行	か	き	く	け	こ
	ka	ki	ku	ke	ko
	が	ぎ	ぐ	げ	ご
	ga	gi	gu	ge	go
	きゃ	きぃ	きゅ	きぇ	きょ
	kya	kyi	kyu	kye	kyo
	ぎゃ	ぎぃ	ぎゅ	ぎぇ	ぎょ
	gya	gyi	gyu	gye	gyo

さ行	さ	し	す	せ	そ
	sa	si	su	se	so
	ざ	じ	ず	ぜ	ぞ
	za	zi	zu	ze	zo
	しゃ	しぃ	しゅ	しぇ	しょ
	sya	syi	syu	sye	syo
	じゃ	じぃ	じゅ	じぇ	じょ
	jya	jyi	jyu	jye	jyo

た行	た	ち	つ	て	と
	ta	ti	tu	te	to
			っ		
			ltu		
	ちゃ	ちぃ	ちゅ	ちぇ	ちょ
	tya	tyi	tyu	tye	tyo
	てゃ	てぃ	てゅ	てぇ	てょ
	tha	thi	thu	the	tho
	だ	ぢ	づ	で	ど
	da	di	du	de	do
	ぢゃ	ぢぃ	ぢゅ	ぢぇ	ぢょ
	dya	dyi	dyu	dye	dyo
	でゃ	でぃ	でゅ	でぇ	でょ
	dha	dhi	dhu	dhe	dho

な行	な	に	ぬ	ね	の
	na	ni	nu	ne	no
	にゃ	にぃ	にゅ	にぇ	にょ
	nya	nyi	nyu	nye	nyo

は行	は	ひ	[illegible]	[illegible]	[illegible]
	ha	[illegible]	[illegible]	[illegible]	[illegible]
	ば	[illegible]	[illegible]	[illegible]	[illegible]
	ba	[illegible]	[illegible]	[illegible]	[illegible]
	ぱ	[illegible]	[illegible]	[illegible]	[illegible]
	pa	[illegible]	[illegible]	[illegible]	[illegible]
	ひゃ	[illegible]	[illegible]	ひぇ	ひょ
	hya	hyi	hyu	hye	hyo
	ふぁ	ふぃ		ふぇ	ふぉ
	fa	fi		fe	fo
	びゃ	びぃ	びゅ	びぇ	びょ
	bya	byi	byu	bye	byo
	ヴぁ	ヴぃ	ヴ	ヴぇ	ヴぉ
	va	vi	vu	ve	vo
	ぴゃ	ぴぃ	ぴゅ	ぴぇ	ぴょ
	pya	pyi	pyu	pye	pyo

ま行	ま	み	む	め	も
	ma	mi	mu	me	mo
	みゃ	みぃ	みゅ	みぇ	みょ
	mya	myi	myu	mye	myo

や行	や		ゆ		よ
	ya		yu		yo
	ゃ		ゅ		ょ
	lya		lyu		lyo

ら行	ら	り	る	れ	ろ
	ra	ri	ru	re	ro
	りゃ	りぃ	りゅ	りぇ	りょ
	rya	ryi	ryu	rye	ryo

わ行	わ		を		ん
	wa		wo		nn

設定アプリの見方

パソコンに関する設定の多くは「設定」アプリから行います。どこを選択すればよいか確認しましょう。

❶システム
＜ディスプレイ＞や＜サウンド＞、＜通知とアクション＞、＜電源とスリープ＞、＜タブレット＞といったWindowsのシステムに関する設定を行います。＜バージョン情報＞でWindowsのエディションやバージョンを確認することもできます。

❷デバイス
＜Bluetoothとその他のデバイス＞や＜プリンターとスキャナー＞、＜マウス＞といった周辺機器の設定を行います。光学メディアを挿入したり、USBメモリーを接続したりしたときの動作も、ここから設定します。

❸電話
パソコンとスマートフォンの連携設定を行います。

❹ネットワークとインターネット
ネットワークの接続状況を確認したり、設定を変更したりします。Wi-Fiに対応しているパソコンでは、Wi-Fi機能のオン／オフの切り替えや、接続先の選択、インターネット接続の共有設定も行えます。

❺個人用設定
＜背景＞や＜色＞、＜ロック画面＞、＜テーマ＞、＜フォント＞、スタートメニュー、＜タスクバー＞といった個人のデスクトップに反映される設定を行います。

❻アプリ
アプリのアンインストールや＜既定のアプリ＞の変更といった、アプリに関する設定を行います。「マップ」アプリで使用する地図のダウンロードや、＜ビデオの再生＞の設定、ログイン時に起動するアプリの選択も行えます。

❼アカウント
アカウントの画像の変更、ローカルアカウントからMicrosoftアカウントへの切り替え、メールアカウントの追加、＜サインインオプション＞の変更、＜家族とその他のユーザー＞の追加、Microsoftアカウントの同期設定などが行えます。

❽時刻と言語
＜日付と時刻＞や＜地域＞、使用する＜言語＞、＜音声認識＞の設定を行います。

❾ゲーム
画面を画像として保存する機能やゲームの配信機能を持つ＜Xbox Game Bar＞や、ゲームの録画などの設定を行います。

❿簡単操作
＜ディスプレイ＞や＜マウスポインター＞、＜テキストカーソル＞などを見やすく設定できます。画面読み上げや画面の一部を拡大する＜拡大鏡＞、＜キーボード＞や＜マウス＞を簡単に操作する機能もここから設定します。

⓫検索
検索結果にOneDriveやOutlookなどのサービスを含めるか、検索履歴をパソコンに保存するか、といった設定や、ファイルを検索する範囲の指定を行えます。

⓬プライバシー
ユーザーに合わせた広告を表示するか、音声データをインターネットに送信して音声認識を行うか、閲覧したWebサイトや使用したアプリなどの情報を保存するか、アプリが位置情報やカメラ、マイク、連絡先などにアクセスできるようにするか、といった設定項目があります。

⓭更新とセキュリティ
＜Windows Update＞や＜Windowsセキュリティ＞、＜バックアップ＞、パソコンを初期状態に戻す＜回復＞、＜ライセンス認証＞などの設定を行います。

今すぐ使える
かんたん
ウィンドウズ
Windows 10
完全
コンプリート
ガイドブック
困った解決 & 便利技
2020-2021年
最新版
リブロワークス 著

技術評論社

本書の使い方

- 本書は、パソコンの操作に関する質問に、Q&A 方式で回答しています。
- 目次やインデックスの分類を参考にして、知りたい操作のページに進んでください。
- 画面を使った操作の手順を追うだけで、パソコンの操作がわかるようになっています。

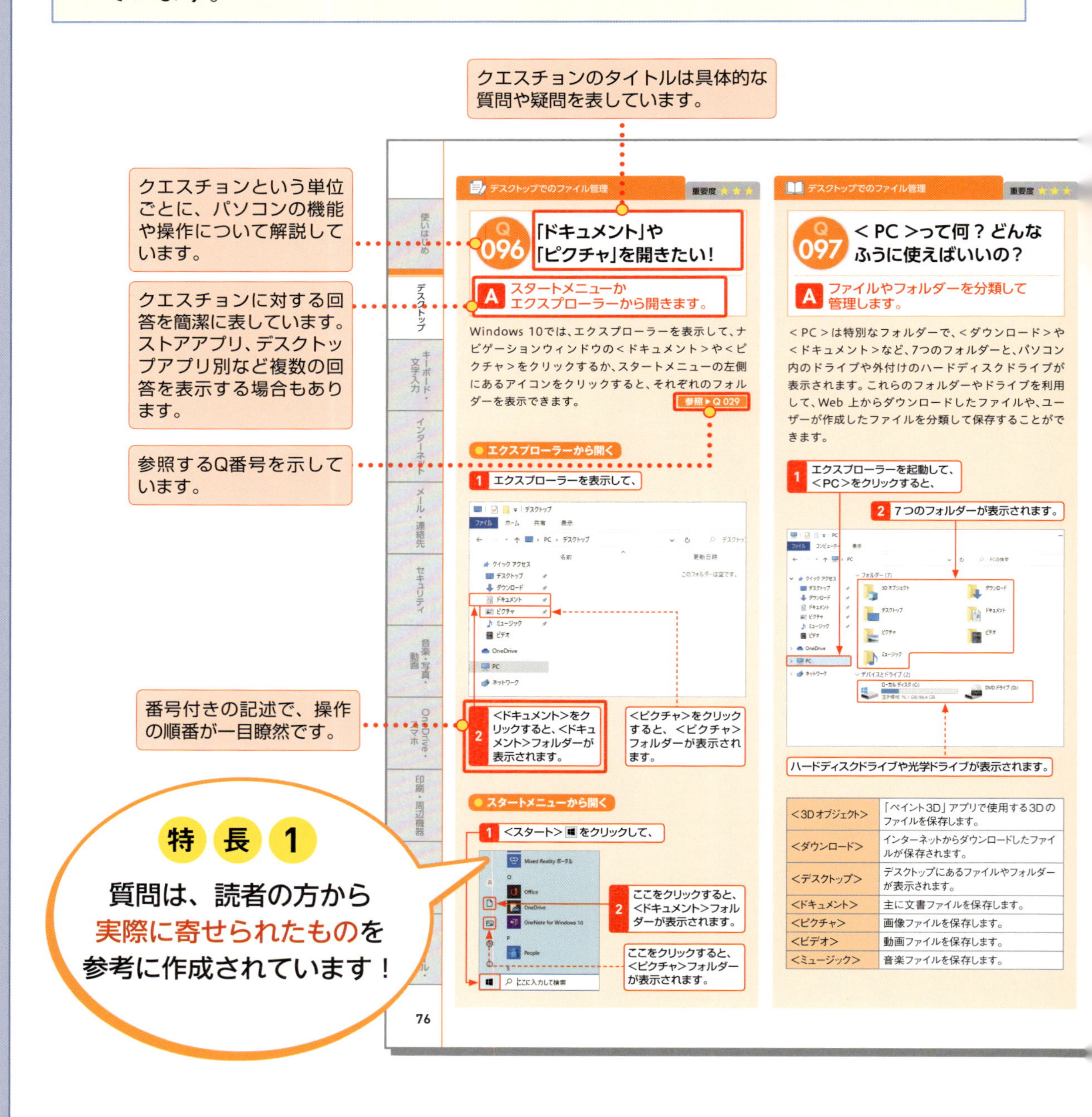

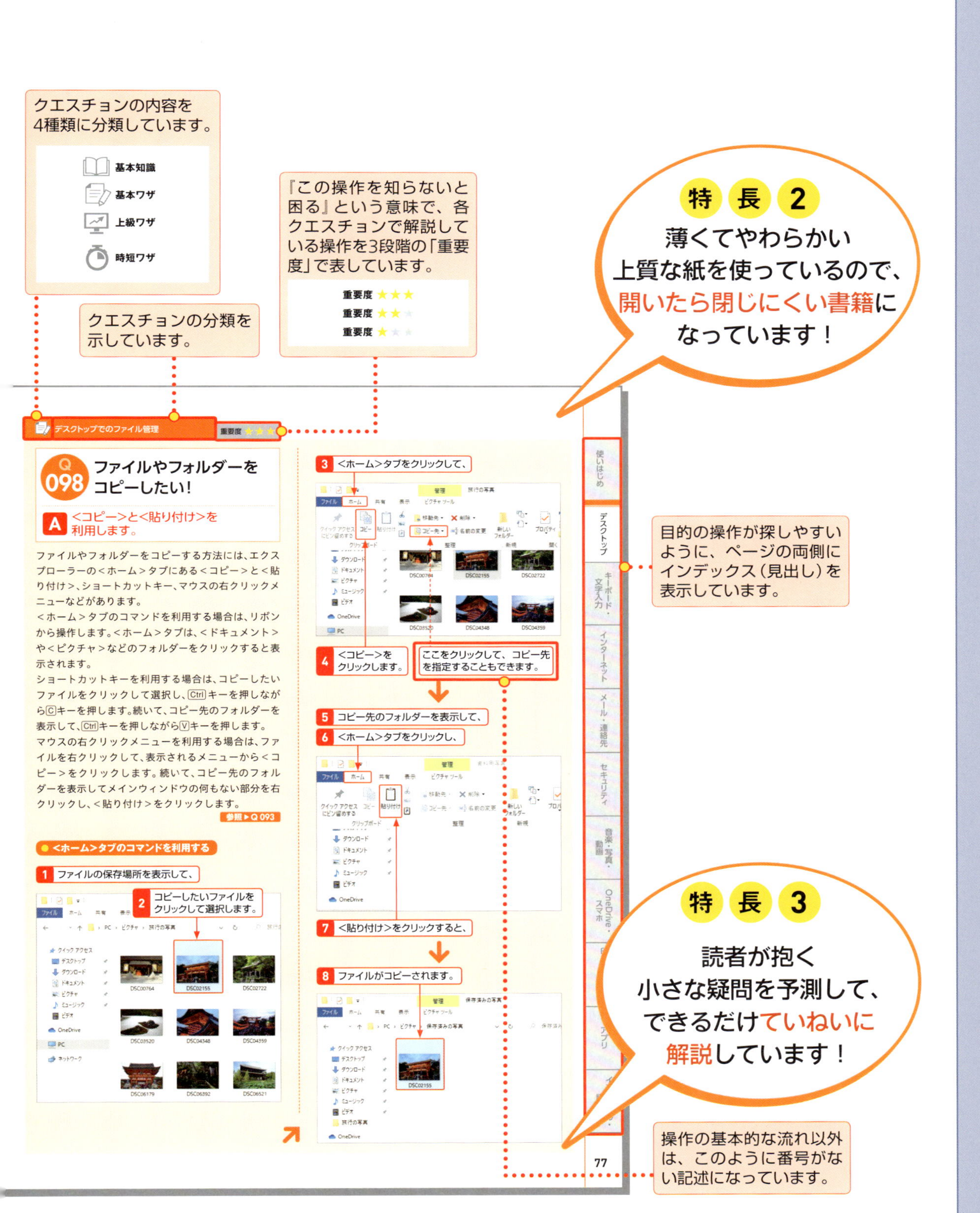

クエスチョンの内容を
4種類に分類しています。
基本知識
基本ワザ
上級ワザ
時短ワザ
クエスチョンの分類を
示しています。
『この操作を知らないと困る』という意味で、各クエスチョンで解説している操作を3段階の「重要度」で表しています。
重要度
重要度
重要度
特 長 2
薄くてやわらかい
上質な紙を使っているので、
開いたら閉じにくい書籍に
なっています！
デスクトップでのファイル管理
重要度
Q 098
ファイルやフォルダーを
コピーしたい！
A <コピー>と<貼り付け>を
利用します。
ファイルやフォルダーをコピーする方法には、エクスプローラーの<ホーム>タブにある<コピー>と<貼り付け>、ショートカットキー、マウスの右クリックメニューなどがあります。
<ホーム>タブのコマンドを利用する場合は、リボンから操作します。<ホーム>タブは、<ドキュメント>や<ピクチャ>などのフォルダーをクリックすると表示されます。
ショートカットキーを利用する場合は、コピーしたいファイルをクリックして選択し、Ctrlキーを押しながらCキーを押します。続いて、コピー先のフォルダーを表示して、Ctrlキーを押しながらVキーを押します。
マウスの右クリックメニューを利用する場合は、ファイルを右クリックして、表示されるメニューから<コピー>をクリックします。続いて、コピー先のフォルダーを表示してメインウィンドウの何もない部分を右クリックし、<貼り付け>をクリックします。
参照 ▶ Q 093
<ホーム>タブのコマンドを利用する
1 ファイルの保存場所を表示して、
2 コピーしたいファイルを
クリックして選択します。
3 <ホーム>タブをクリックして、
4 <コピー>を
クリックします。
ここをクリックして、コピー先
を指定することもできます。
5 コピー先のフォルダーを表示して、
6 <ホーム>タブをクリックし、
7 <貼り付け>をクリックすると、
8 ファイルがコピーされます。
目的の操作が探しやすい
ように、ページの両側に
インデックス（見出し）を
表示しています。
使いはじめ
デスクトップ
キーボード・文字入力
インターネット
メール・連絡先
セキュリティ
音楽・写真・動画
OneDrive・スマホ
特 長 3
読者が抱く
小さな疑問を予測して、
できるだけていねいに
解説しています！
77
操作の基本的な流れ以外
は、このように番号がな
い記述になっています。

パソコンの基本操作

- 本書の解説は、基本的にマウスを使って操作することを前提としています。
- お使いのパソコンのタッチパッド、タッチ対応モニターを使って操作する場合は、各操作を次のように読み替えてください。

1 マウス操作

▼ クリック（左クリック）

クリック（左クリック）の操作は、画面上にある要素やメニューの項目を選択したり、ボタンを押したりする際に使います。

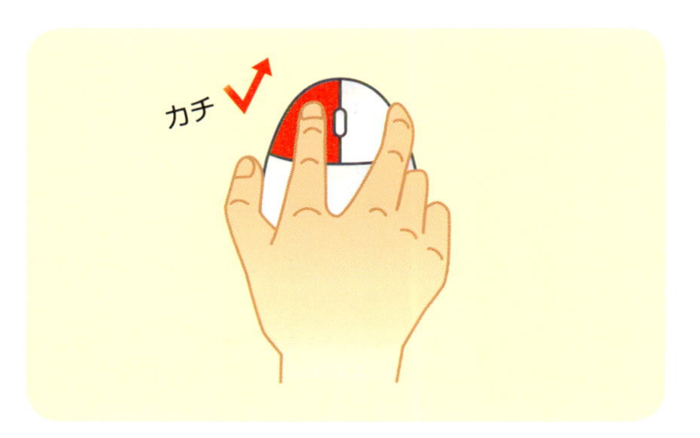

マウスの左ボタンを1回押します。

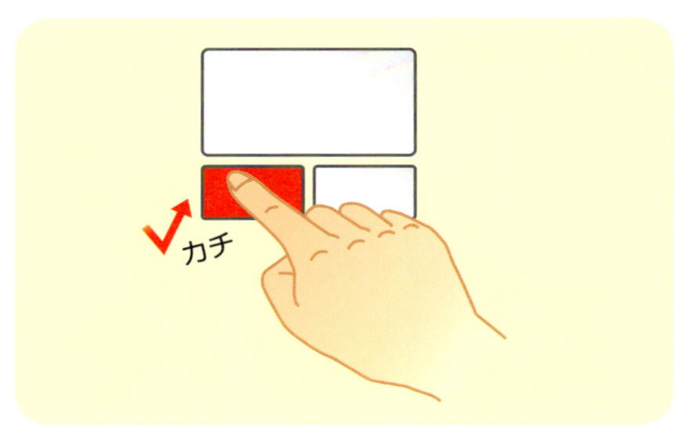

タッチパッドの左ボタン（機種によっては左下の領域）を1回押します。

▼ 右クリック

右クリックの操作は、操作対象に関する特別なメニューを表示する場合などに使います。

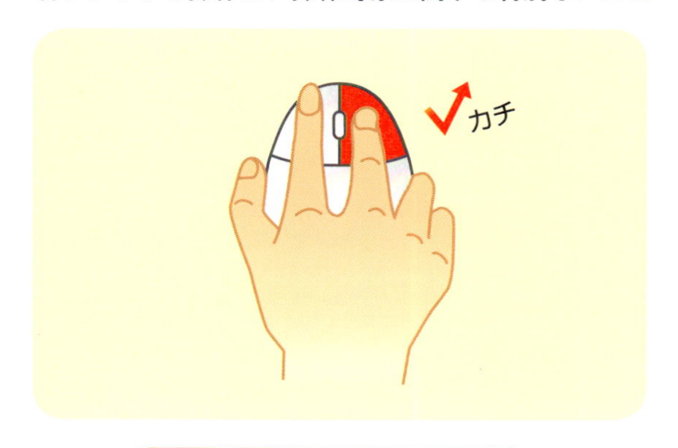

マウスの右ボタンを1回押します。

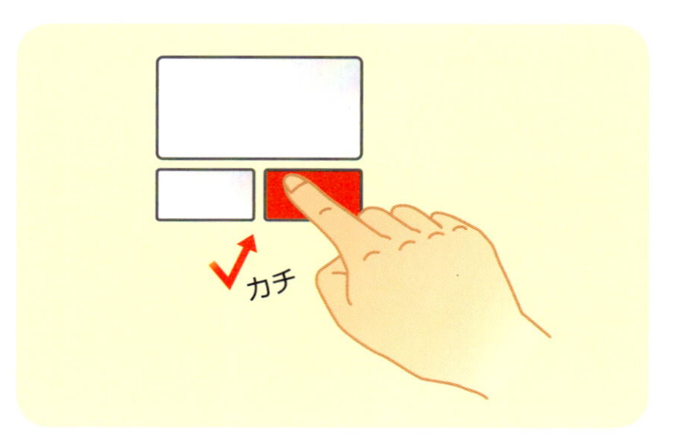

タッチパッドの右ボタン（機種によっては右下の領域）を1回押します。

▼ダブルクリック

ダブルクリックの操作は、各種アプリを起動したり、ファイルやフォルダーなどを開く際に使います。

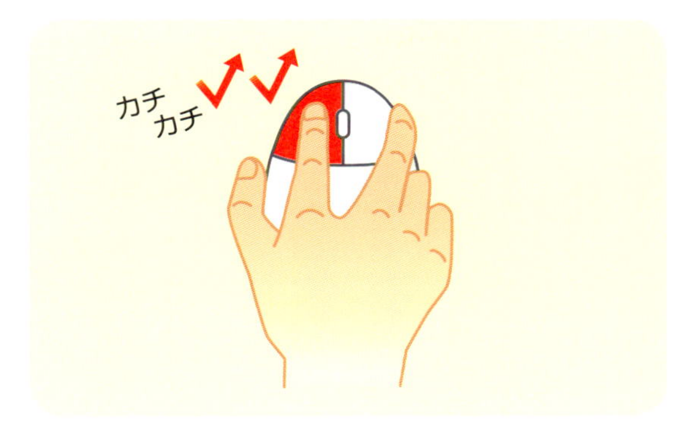

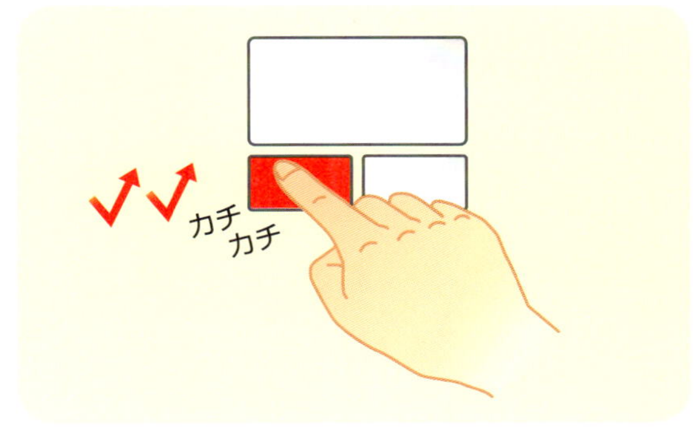

マウスの左ボタンをすばやく2回押します。

タッチパッドの左ボタン(機種によっては左下の領域)をすばやく2回押します。

▼ドラッグ

ドラッグの操作は、画面上の操作対象を別の場所に移動したり、操作対象のサイズを変更する際などに使います。

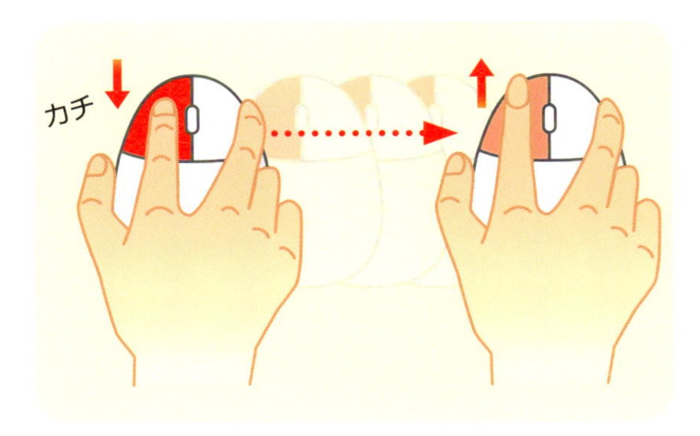

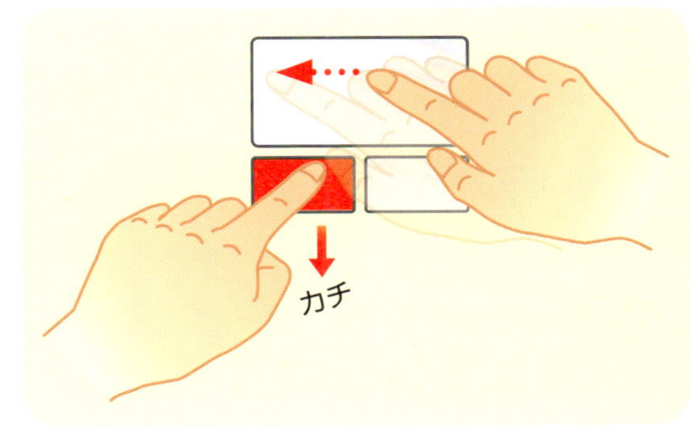

マウスの左ボタンを押したまま、マウスを動かします。目的の操作が完了したら、左ボタンから指を離します。

タッチパッドの左ボタン(機種によっては左下の領域)を押したまま、タッチパッドを指でなぞります。目的の操作が完了したら、左ボタンから指を離します。

メモ　ホイールの使い方

ほとんどのマウスには、左ボタンと右ボタンの間にホイールが付いています。ホイールを上下に回転させると、Webページなどの画面を上下にスクロールすることができます。そのほかにも、Ctrlを押しながらホイールを回転させると、画面を拡大／縮小したり、フォルダーのアイコンの大きさを変えることができます。

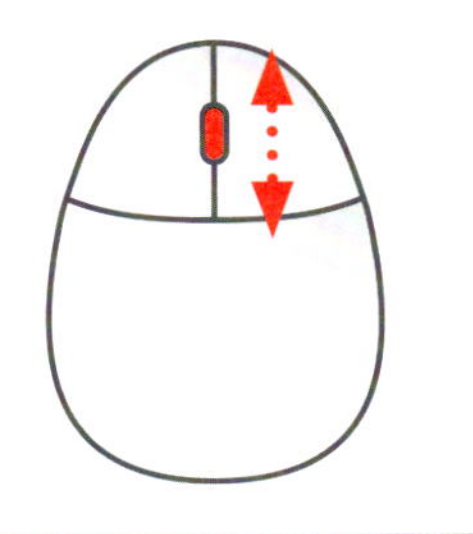

2 利用する主なキー

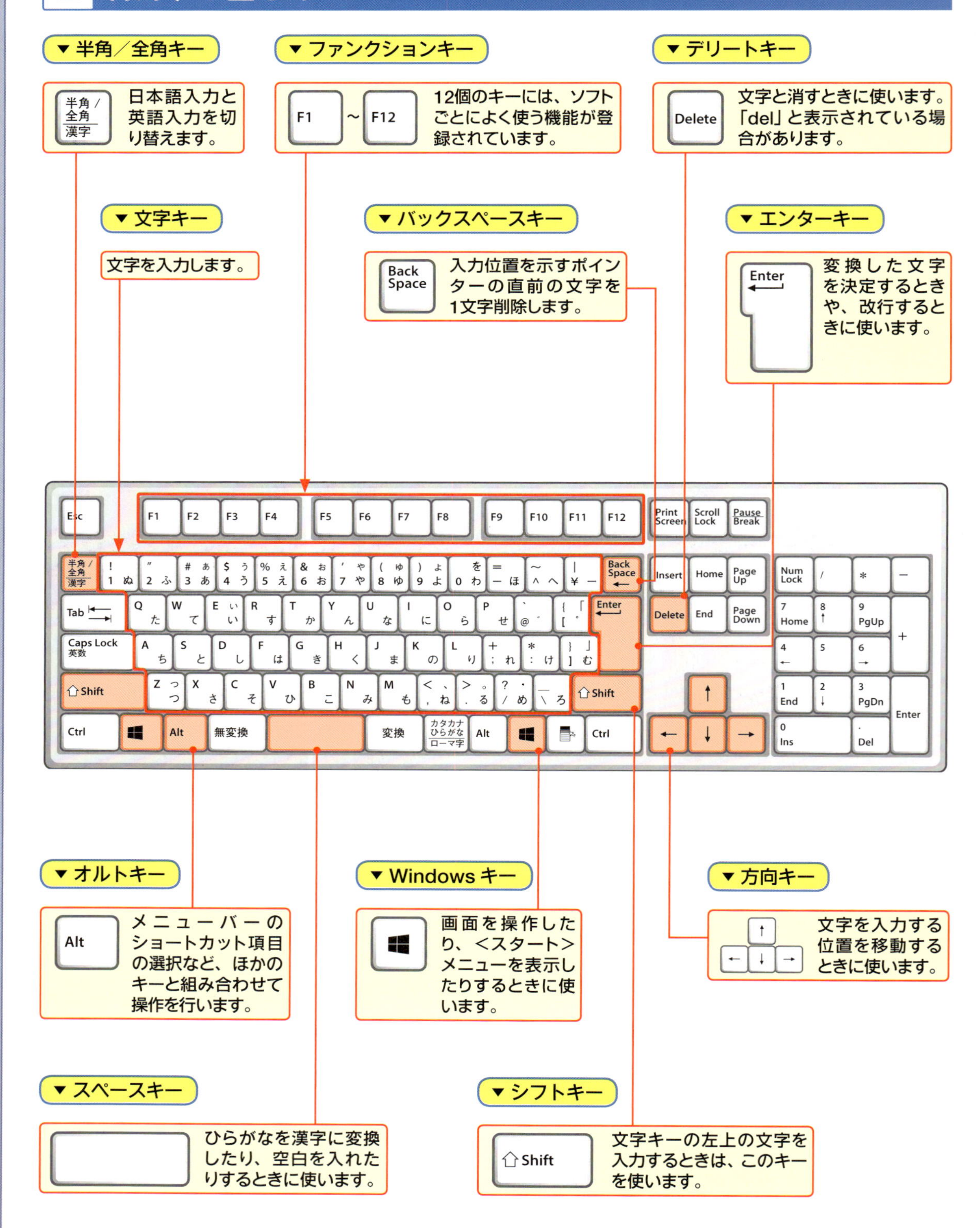

▼半角／全角キー
半角／全角 漢字
日本語入力と英語入力を切り替えます。
▼ファンクションキー
F1 ～ F12
12個のキーには、ソフトごとによく使う機能が登録されています。
▼デリートキー
Delete
文字と消すときに使います。「del」と表示されている場合があります。
▼文字キー
文字を入力します。
▼バックスペースキー
Back Space
入力位置を示すポインターの直前の文字を1文字削除します。
▼エンターキー
Enter
変換した文字を決定するときや、改行するときに使います。
▼オルトキー
Alt
メニューバーのショートカット項目の選択など、ほかのキーと組み合わせて操作を行います。
▼Windows キー
画面を操作したり、<スタート>メニューを表示したりするときに使います。
▼方向キー
文字を入力する位置を移動するときに使います。
▼スペースキー
ひらがなを漢字に変換したり、空白を入れたりするときに使います。
▼シフトキー
Shift
文字キーの左上の文字を入力するときは、このキーを使います。

3 タッチ操作

▼タップ

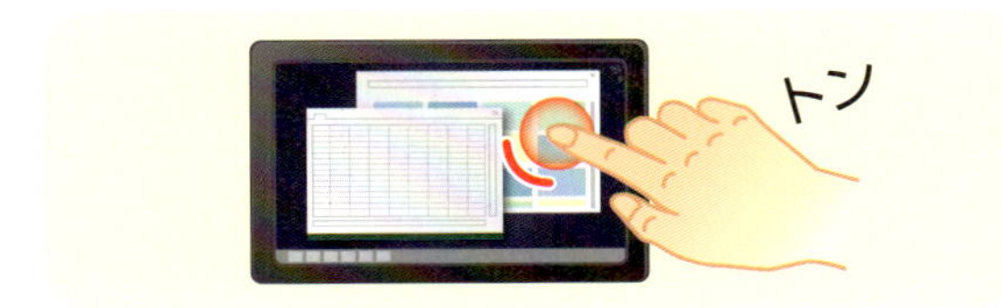

画面に触れてすぐ離す操作です。ファイルなど何かを選択する時や、決定を行う場合に使用します。マウスでのクリックに当たります。

▼ダブルタップ

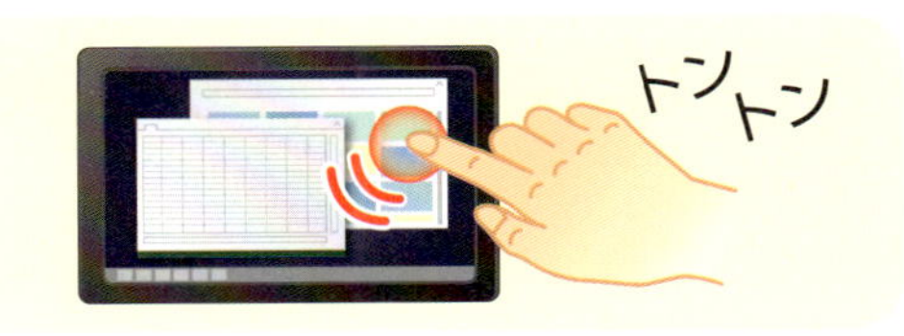

タップを2回繰り返す操作です。各種アプリを起動したり、ファイルやフォルダーなどを開く際に使用します。マウスでのダブルクリックに当たります。

▼ホールド

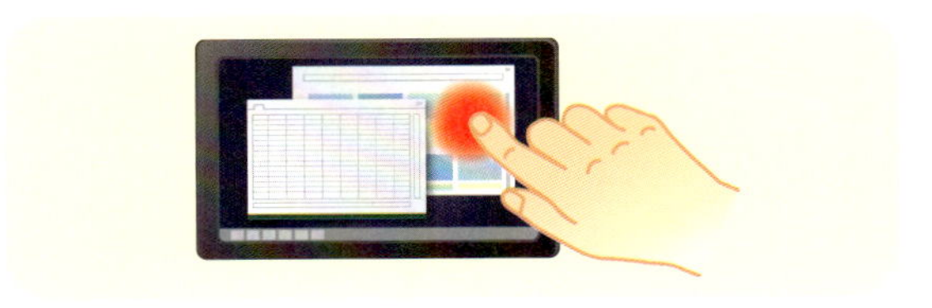

画面に触れたまま長押しする操作です。詳細情報を表示するほか、状況に応じたメニューが開きます。マウスでの右クリックに当たります。

▼ドラッグ

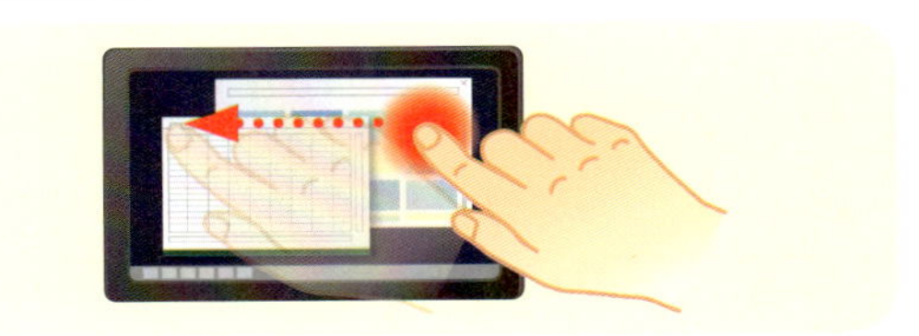

操作対象をホールドしたまま、画面の上を指でなぞり上下左右に移動します。目的の操作が完了したら、画面から指を離します。

▼スワイプ／スライド

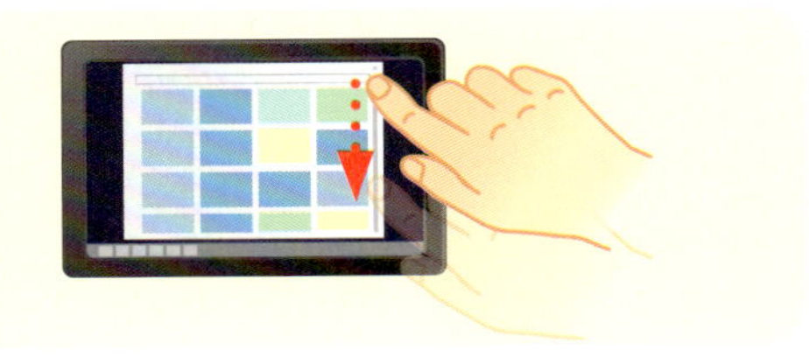

画面の上を指でなぞる操作です。ページのスクロールなどで使用します。

▼フリック

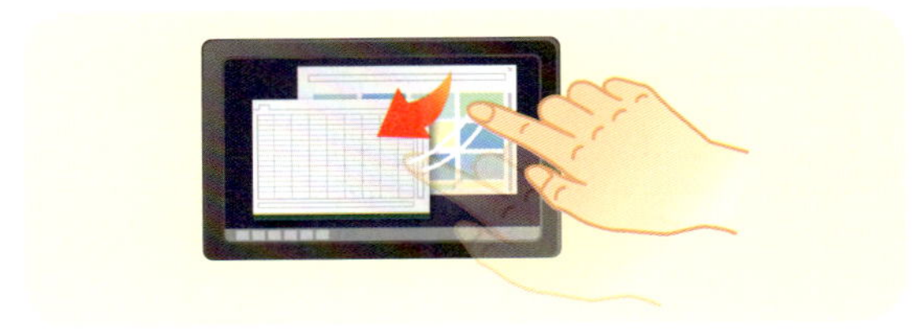

画面を指で軽く払う操作です。スワイプと混同しやすいので注意しましょう。

▼ピンチ／ストレッチ

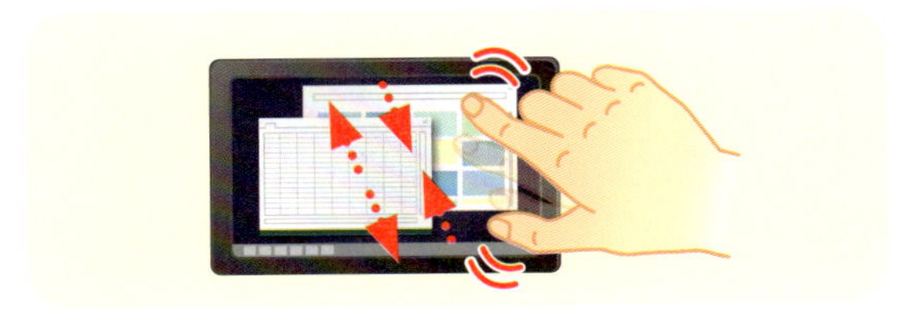

2本の指で対象に触れたまま指を広げたり狭めたりする操作です。拡大（ストレッチ）／縮小（ピンチ）が行えます。

▼回転

2本の指先を対象の上に置き、そのまま両方の指で同時に右または左方向に回転させる操作です。

CAHPTER

1 Windows 10の基本を知ろう!

★ Windows 10 の特徴

★ マウス・タッチパッド・タッチディスプレイでの操作

★ Windows 10 の起動と終了

★ 起動・終了や動作のトラブル

★ スタートメニュー・アプリの基本操作

CHAPTER

2 Windows 10のデスクトップ便利技！

★ デスクトップの基本

Contents

デスクトップでのファイル管理

CHAPTER

3 キーボードと文字入力の快適技！

★ キーボード入力の基本

★ 日本語入力

英数字入力

記号入力

キーボードのトラブル

Contents

CHAPTER

4 Windows 10のインターネット活用技！

★ インターネットへの接続

★ ブラウザーの基本

★ ブラウザーの操作

ブラウザーの便利な機能

★ Web ページの検索と利用

CHAPTER

5 Windows 10 のメールと連絡先活用技！

★ 電子メールの基本

★「メール」アプリの基本

★ メールの管理と検索

★「People」アプリの利用

★ Outlook.com の利用

CHAPTER

6 セキュリティの疑問解決&便利技！

★ インターネットと個人情報

★ ウイルス・スパイウェア

Contents

★「フォト」アプリの利用

★動画の利用

★Windows Media Player の利用

Contents

スマートフォンとのファイルのやり取り

インターネットの連携

CHAPTER

9 印刷と周辺機器の活用技！

印刷

★ 周辺機器の接続

★ CD ／ DVD の基本

★ CD ／ DVD への書き込み

CHAPTER

⑩ おすすめアプリの便利技！

★ 便利なプリインストールアプリ

★ アプリのインストールと削除

Contents

CHAPTER

11 インストールと設定の便利技！

Windows 10 のインストールと復元

Microsoft アカウント

Windows 10 の設定

★ その他の設定

ご注意：ご購入・ご利用の前に必ずお読みください

- 本書に記載された内容は、情報提供のみを目的としています。したがって、本書を用いた運用は、必ずお客様自身の責任と判断によって行ってください。これらの情報の運用の結果について、技術評論社および著者はいかなる責任も負いません。

- ソフトウェアに関する記述は、特に断りのないかぎり、2020年6月末時点での最新情報をもとにしています。これらの情報は更新される場合があり、本書の説明とは機能内容や画面図などが異なってしまうことがあり得ます。あらかじめご了承ください。

- 本書の内容については以下のOSおよびブラウザー上で動作確認を行っています。ご利用のOSおよびブラウザーによっては手順や画面が異なることがあります。あらかじめご了承ください。
  Windows 10 Home
  Microsoft Edge

- インターネットの情報については、URLや画面などが変更されている可能性があります。ご注意ください。

以上の注意事項をご承諾いただいた上で、本書をご利用願います。これらの注意事項をお読みいただかずに、お問い合わせいただいても、技術評論社および著者は対処しかねます。あらかじめご承知おきください。

1

Windows 10の基本を知ろう!

Windows 10の特徴　重要度 ★★★

Q 001 Windows 10って何？

A マイクロソフトが開発したパソコン用OSの最新版です。

「Windows」(ウィンドウズ)は、マイクロソフトが開発したパソコン用のOSです。
「OS」(オーエス)はOperating System(オペレーティングシステム)の略で、ユーザーの命令をコンピューターに伝えたり、周辺機器を管理したりするなど、システム全体を管理する役割を担うものです。パソコンを利用するうえで最も基本的な機能を提供するソフトウェアなので、「基本ソフト」とも呼ばれています。
一般的なパソコンは、最初からOSがインストールされた状態で販売されています。インストールとは、OSやアプリといったソフトを利用可能な状態にすることです。Windows 10を使いたい場合は、Windows 10がインストールされたパソコンを買えばよいのです。

参照▶Q 002,Q 003,Q 004

Windows 10の特徴　重要度 ★★☆

Q 002 10以外のWindowsもあるの？

A 多数のバージョンがあります。

Windows 10は、2015年7月に公開された最も新しいバージョンのWindowsです。1つ前のバージョンであるWindows 8.1の後継となります。
初期のWindowsは家庭向けと企業向けでバージョンが分かれていましたが、現在では同じバージョンが使用されています。

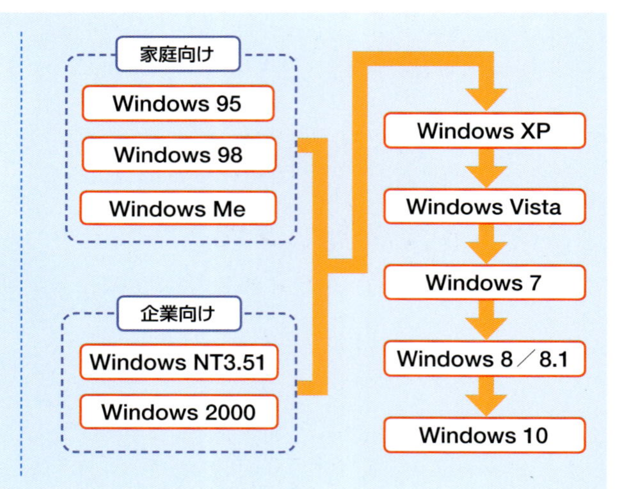

Windows 10の特徴　重要度 ★★★

Q 003 Windows 10の「エディション」って何？

A 利用できる機能が異なる製品です。

Windows 10には、利用できる機能が異なる「エディション」が用意されています。ビジネス向けの機能は企業向けのエディションでは利用できますが、家庭向けのエディションには含まれません。
Windows 10のエディションは、大きく分けると7つあります。主なエディションは個人や一般家庭、SOHO向けの「Home」と「Pro」、大企業や研究機関など法人向けの「Enterprise」です。

エディション	特　徴
Home	個人向けのパソコンやタブレットでの使用を想定したエディション。
Pro	SOHO向け。Homeの機能に加え、データ保護機能やリモート接続機能を搭載。
Enterprise	Proの強化版。企業向けに詳細なセキュリティ機能などを搭載している。
Education	Enterpriseをベースに、教育機関に提供される。
Pro Education	Proをベースに、教育機関に提供される。
IoT Core	IoTデバイス向けのエディション。
IoT Enterprise	パソコンを業務用端末として利用できる。

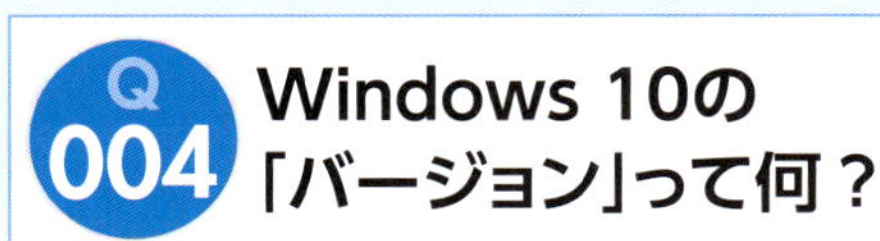

Windows 10の特徴　重要度 ★★☆

Q 004 Windows 10の「バージョン」って何？

A Windows 10のアップデートに対応したものです。

マイクロソフトは、従来のように数年ごとに新しいOSをリリースするのではなく、Windows 10をベースに、新しい機能を追加する方針に変更しています。つまり、Windows 10搭載機器を使っていれば、アップデートを通して、常に最新版のWindowsが使えるということです。ただし、バージョンによっては、パソコンに求められる性能に関する要件が変更されるため、同じパソコンでずっと最新バージョンを利用し続けられるわけではありません。アップデートは、Windows Updateを通して行われ、大型アップデートが毎年春と秋に配信されます。これまでのバージョンとアップデートの名称は下表のとおりです。

参照▶Q 005

バージョン	アップデートの名称
1507	Released in July 2015
1511	November Update
1607	Anniversary Update
1703	Creators Update
1709	Fall Creators Update
1803	April 2018 Update
1809	October 2018 Update
1903	May 2019 Update
1909	November 2019 Update
2004	May 2020 Update

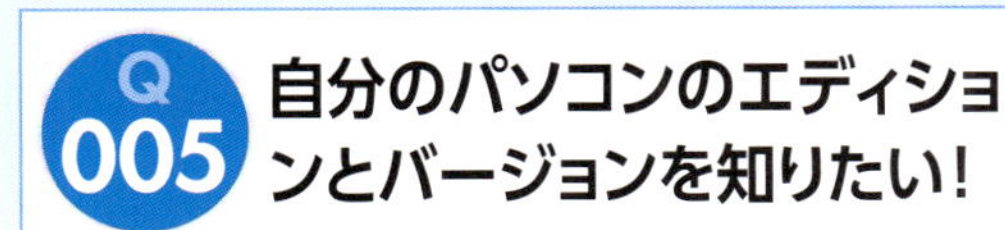

Windows 10の特徴　重要度 ★★★

Q 005 自分のパソコンのエディションとバージョンを知りたい！

A <システム>の<バージョン情報>から確認できます。

自分のパソコンで動作しているWindowsのエディションとバージョンは、スタートメニューの<設定>→<システム>→<バージョン情報>とクリックしていくと確認できます。

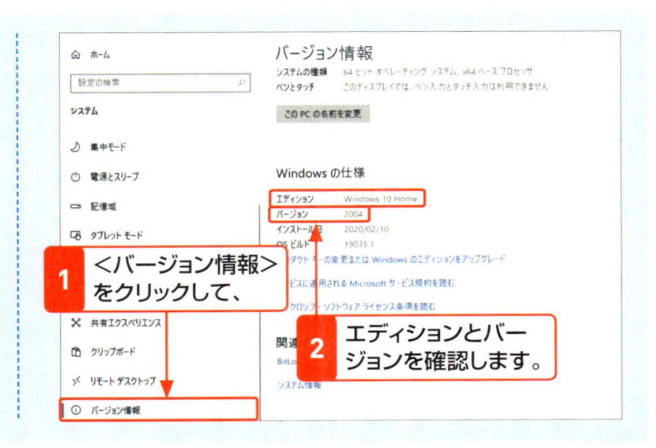

Windows 10の特徴　重要度 ★★★

Q 006 パソコンにはWindows以外もあるの？

A MacやChromebookなどがあります。

ほとんどのパソコンにはWindows 10が搭載されていますが、それ以外のOSを搭載したパソコンもあります。Window以外では、Appleの「macOS」を搭載した「Mac」が、クリエイティブな作業を行うためのパソコンとしてよく利用されています。

また、Googleが独自に開発した「Chrome OS」を搭載した「Chromebook」というパソコンも発売されています。

● Mac

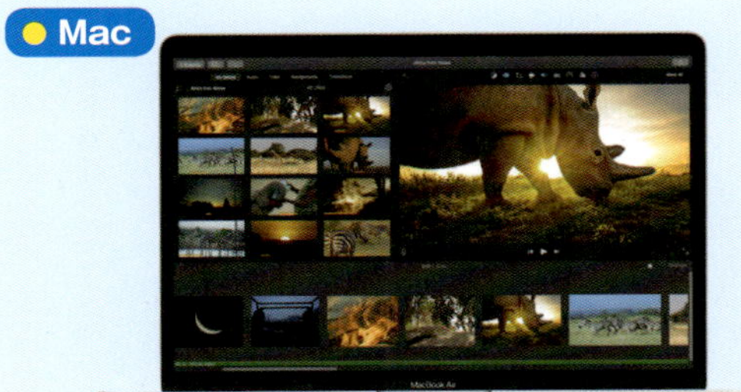

マウス・タッチパッド・タッチディスプレイでの操作　重要度 ★★★

Q 007 マウス・タッチパッド・タッチディスプレイはどう違うの？

A それぞれ操作感は違いますが、基本的な役割は同じです。

マウスは、左右のボタンや中央のホイールを使ってアプリを起動したり、ウィンドウやメニュー、アイコンなどを操作したりする機器です。

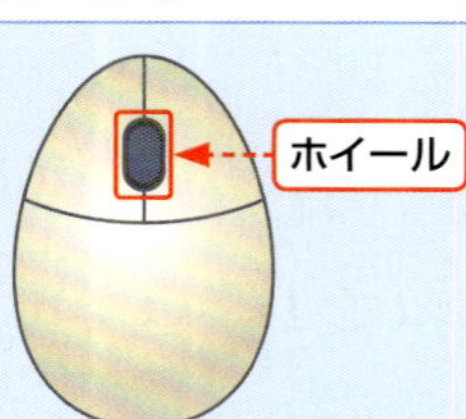

タッチパッドは、ノートパソコンなどに搭載されている、マウスと同様の操作を行うための機器です。タッチパッドの上を押したり、なぞったり、ボタンを押したりすることによって操作を行います。製品によっては、「トラックパッド」と呼ぶこともあります。

タッチディスプレイ（タッチパネル）はディスプレイの上を直接指で触ったり（タップしたり）、なぞったりすることで、マウスと同様の操作を行えます。

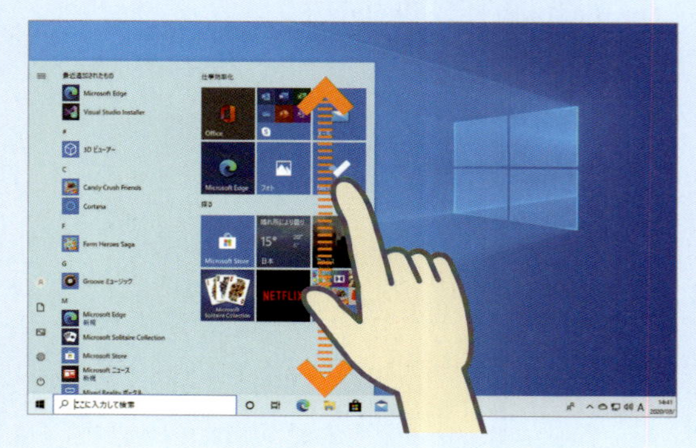

マウス・タッチパッド・タッチディスプレイでの操作　重要度 ★★★

Q 008 マウスを使うにはどうすればいいの？

A パソコンの接続端子とマウスをケーブルで接続します。

マウスのUSBケーブルをパソコンのUSBポートに差し込むと、マウスが外部デバイスとして自動的に認識されて利用できるようになります。ケーブルは、パソコンの電源が入っている状態での抜き差しが可能です。最近では、ケーブルの代わりに赤外線や電波を利用したワイヤレス（無線）マウスも利用されています。マウスを操作する際にケーブルが邪魔になったりすることがなく、またコンピューターから離れた場所でも使用することができます。ワイヤレスマウスは、裏面の電源をオンにすると外部デバイスとして認識され、利用できるようになります。ただし、ワイヤレスマウスは電池やバッテリーが切れると、操作不能になってしまいます。

参照 ▶ Q 487

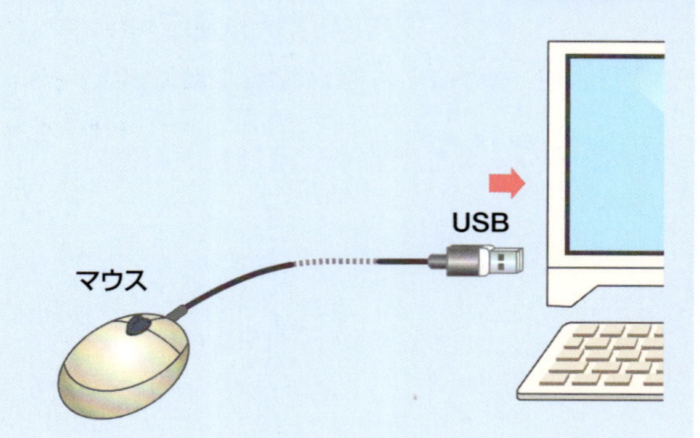

マウスのケーブルをUSBポートに差し込むと、自動的にマウスが認識され、利用できるようになります。

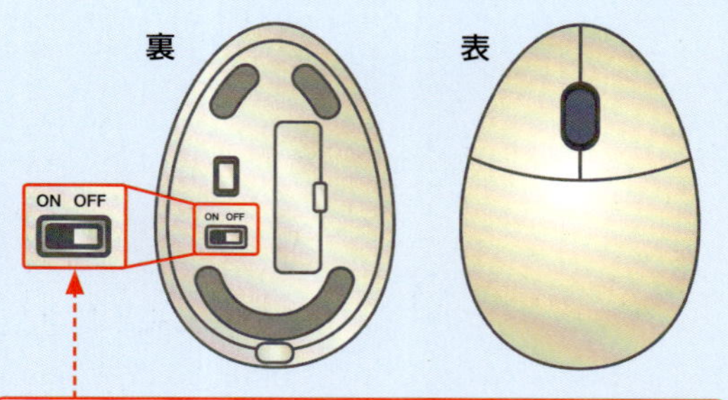

ワイヤレスマウスは、裏面の電源をオンにすると認識され、利用できるようになります。

Q 009 マウスやタッチパッドの操作の基本を知りたい！

A クリック、ダブルクリック、ドラッグなどの操作があります。

マウスとタッチパッドの基本操作には、次のようなものがあります。これらはパソコンを操作するうえでの基本になる動作です。しっかり覚えておきましょう。なお、タッチパッドはメーカーによってはトラックパッド、スライドパッドなどとも呼ばれます。

● ポイント

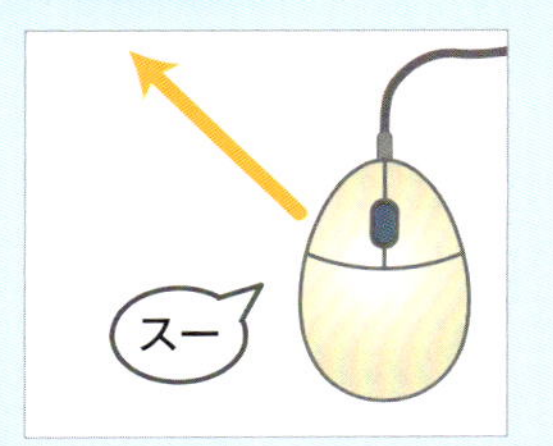

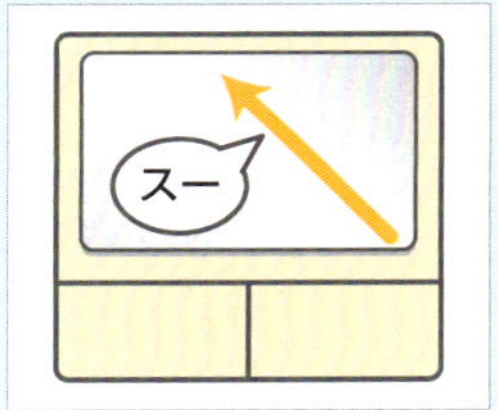

操作対象にマウスポインターを合わせます。

● クリック（左クリック）

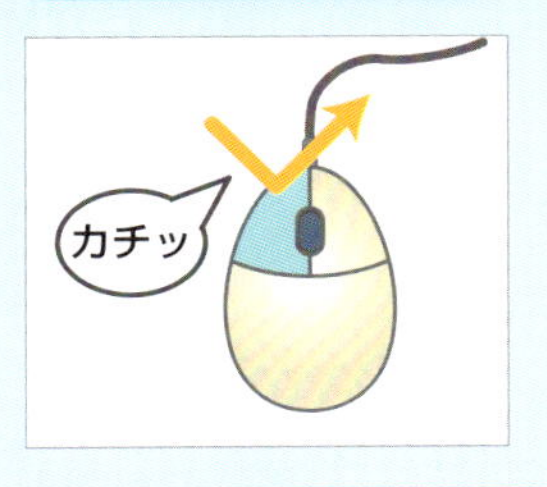

操作対象にマウスポインターを合わせて、左ボタンを1回押します。

● ダブルクリック

操作対象にマウスポインターを合わせて、左ボタンを素早く2回押します。

● 右クリック

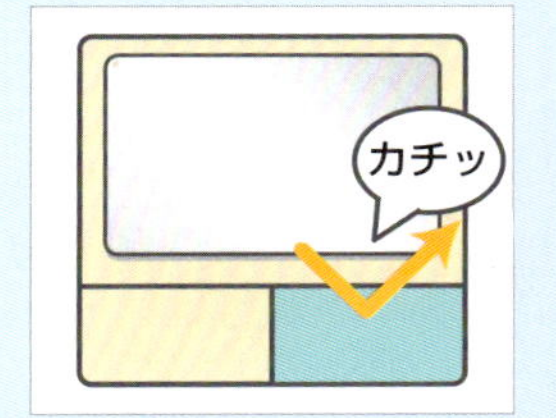

操作対象にマウスポインターを合わせて、右ボタンを1回押します。

● ドラッグ&ドロップ

1 マウスの左ボタンを押して、

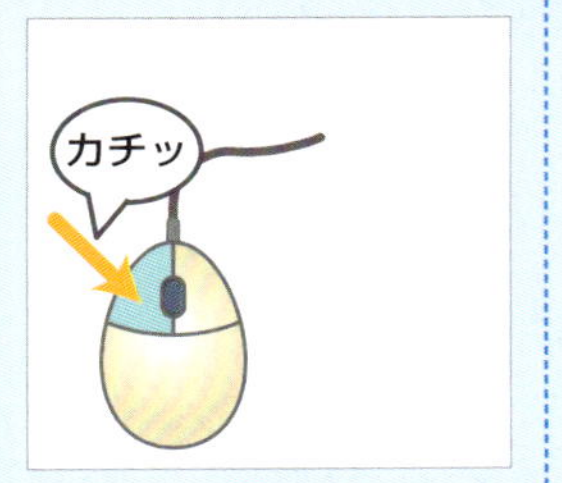

2 ボタンを押したまま、マウスを動かします。

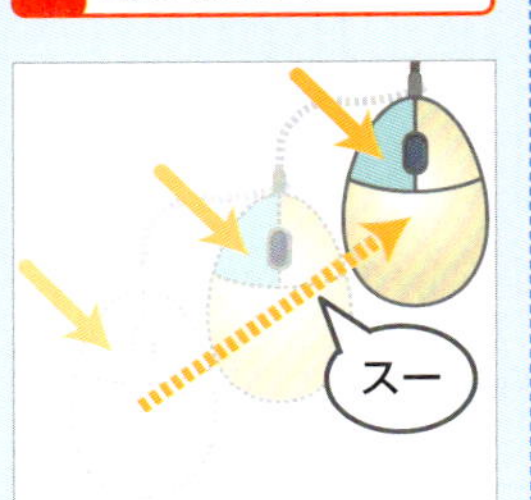

3 目的の位置で、ボタンから指を離します。

1 タッチパッドの左ボタンを押して、

2 ボタンを押したまま、指を動かします。

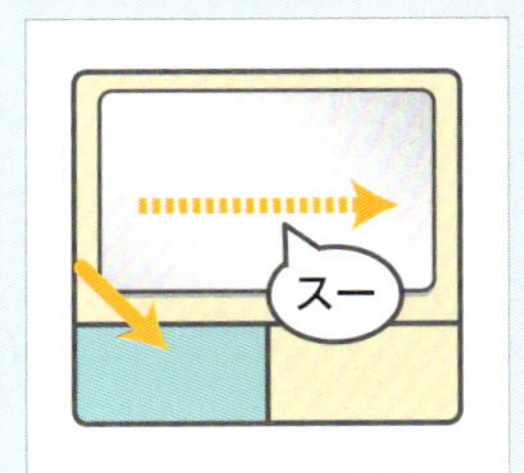

3 目的の位置で、ボタンから指を離します。

Q 010 タッチディスプレイの操作の基本を知りたい!

A タップやダブルタップ、長押しなどがあります。

タッチディスプレイの基本操作には、次のようなものがあります。これらは、タッチ操作に対応したパソコンを操作するうえでの基本になる動作です。しっかり覚えておきましょう。なお、タッチディスプレイは、タッチパネル、タッチスクリーンなどとも呼ばれます。

● タップ

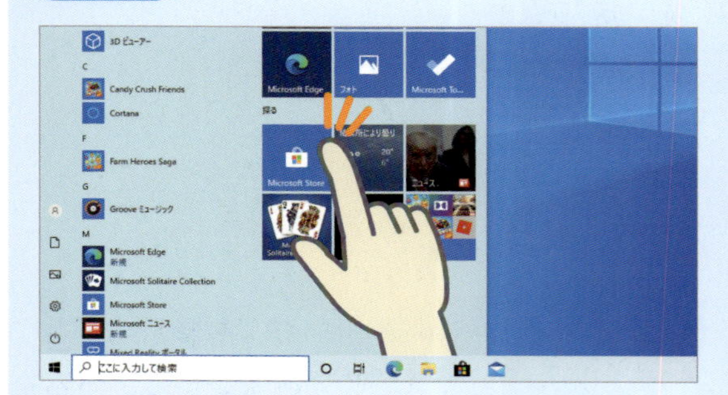

画面を1回軽く叩きます（マウスの左クリックに相当します）。

● ダブルタップ

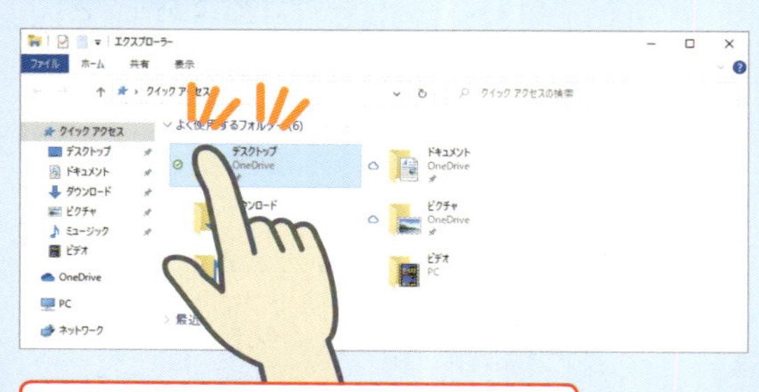

画面を素早く2回叩きます（マウスのダブルクリックに相当します）。

● 長押し

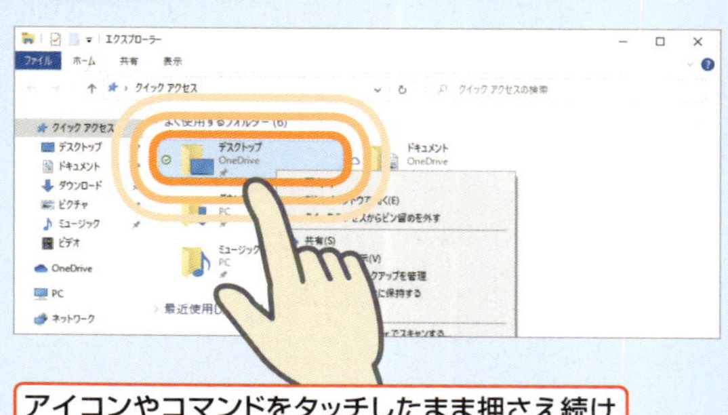

アイコンやコマンドをタッチしたまま押さえ続けます（マウスの右クリックに相当します）。

● スライド

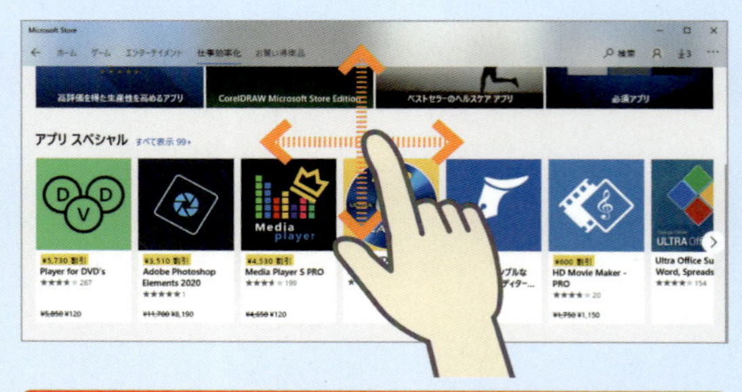

操作対象をタッチしたまま、指を上下左右に動かします（マウスのドラッグに相当します）。

● スワイプ

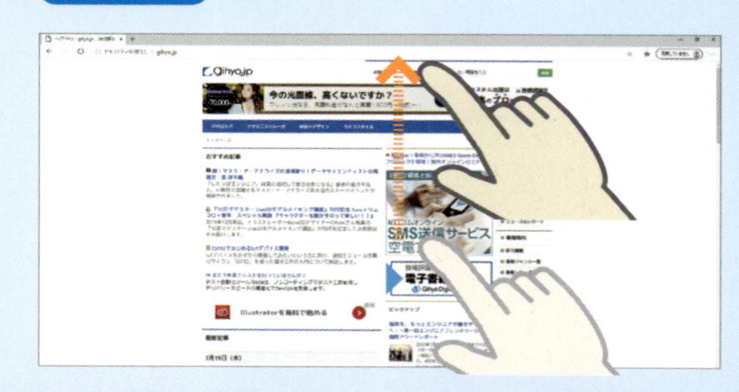

画面のどこかをタッチしたまま、指を動かします。

● ストレッチ

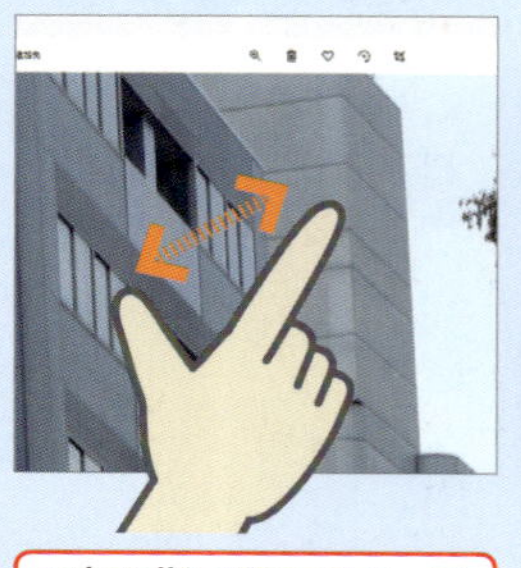

2本の指で画面をタッチし、指の間隔を遠ざけるように動かします。

● ピンチ

2本の指で画面をタッチし、つまむように指を近づけます。

Q 011 パソコンを起動して使い始めるまでの手順を知りたい！

A パソコンの電源を入れてサインインします。

パソコンの電源を入れると自動的にWindowsが起動し、ロック画面が表示されます。ロック画面をクリックするとパスワードを入力する画面が表示されるので、パスワード、あるいはPIN（323ページ参照）を入力し、パソコンにサインインします。サインインが完了すると、デスクトップ画面が表示され、パソコンを使えるようになります。

なお、ローカルアカウント（314ページ参照）を利用していて、パスワードの設定を行っていない場合、手順2と3の画面は表示されません。

また、複数のユーザーのアカウントを設定している場合、手順3の画面の左下にユーザー名が表示されるので、パソコンを使用するユーザー名をクリックして選択し、パスワードを入力します。

参照▶Q 553

1 電源ボタンを押してパソコンの電源を入れると、

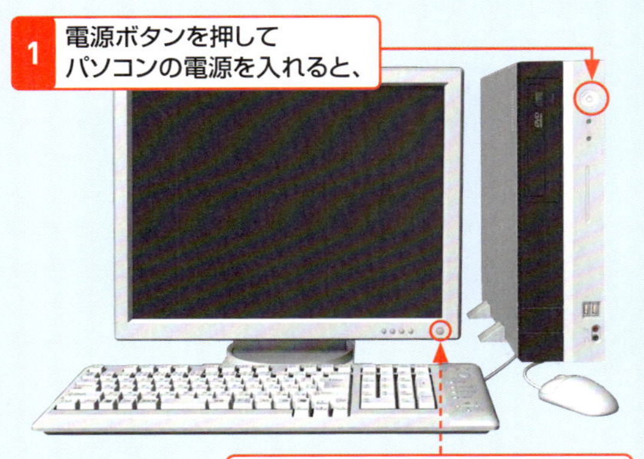

デスクトップパソコンの場合は、先にディスプレイの電源を入れます。

2 Windowsが起動してロック画面が表示されるので、画面をクリックするか、何かキーを押します。

タッチ操作の場合は、画面の下端から中央へスワイプします。

3 パスワードまたはPINを入力します。

パスワードを入力した場合はここをクリックするかEnterを押します。

4 デスクトップ画面が表示されます。

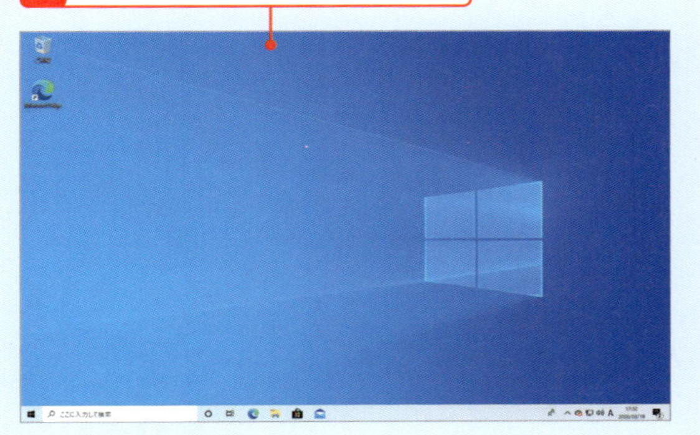

● 複数のアカウントを設定している場合

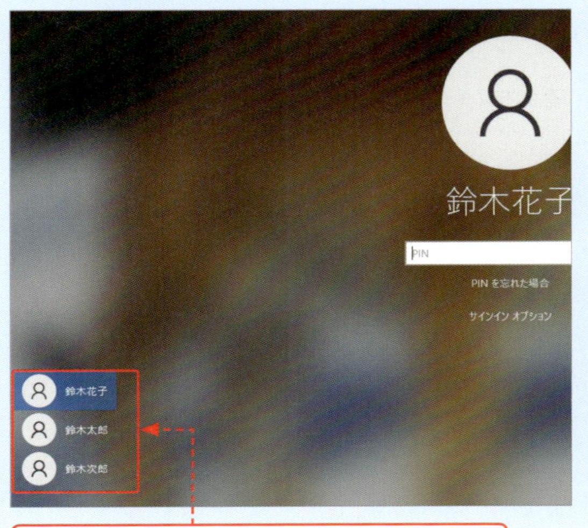

複数のアカウントを設定している場合は、ここをクリックして、ユーザーを選択します。

Windows 10の起動と終了　重要度 ★★★

Q 012 パソコンの電源を切るにはどうしたらいいの？

A シャットダウンします。

Windows 10が動作するパソコンでの作業が終わった場合や、しばらくパソコンを使わない場合は、パソコンをシャットダウンします。シャットダウンとは、パソコンのすべての機能を停止して電源を切るためのコマンドです。

また、物理的な電源ボタンが備わるパソコンの場合は、電源ボタンを押してシャットダウンを実行するように設定することもできます。

● スタートメニューからシャットダウンする

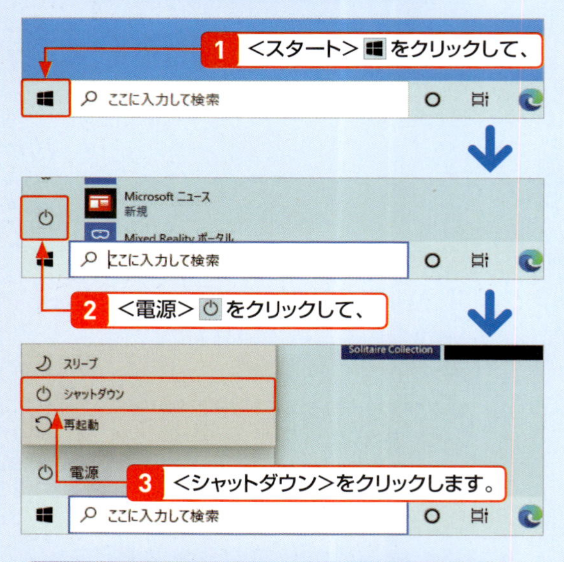

● 電源ボタンからシャットダウンする設定に変える

1 コントロールパネルで<ハードウェアとサウンド>→<電源ボタンの動作の変更>をクリックします。

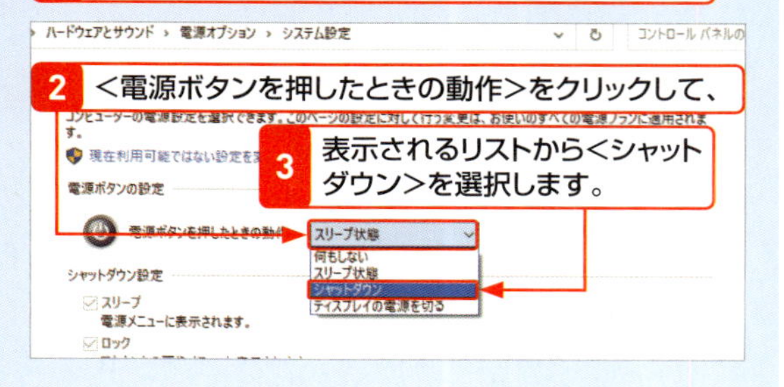

Windows 10の起動と終了　重要度 ★★★

Q 013 「シャットダウン」と「スリープ」の違いは？

A パソコンの電源を切るか、作業を一時停止にするかで決めます。

「シャットダウン」は、起動していたアプリをすべて終了させ、パソコンの電源を完全に切るときに使います。「スリープ」は、パソコンの利用を一時的に中断したいときに使います。

1 スタートメニューを表示して、<電源> をクリックします。

2 <スリープ>か<シャットダウン>を選択できます。

Windows 10の起動と終了　重要度 ★★★

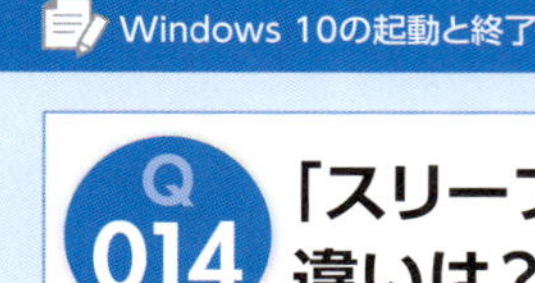

Q 014 「スリープ」と「ロック」の違いは？

A スリープでは画面が消えますが、ロックはロック画面を表示します。

「スリープ」を実行すると画面が消えてパソコンの消費電力が大きく下がりますが、再び画面を表示するまでに少し時間がかかります。「ロック」を実行するとロック画面が表示されるだけなのであまり省電力にはなりませんが、すぐにパスワードやPINを入力して作業を再開できます。

● ロックを実行する

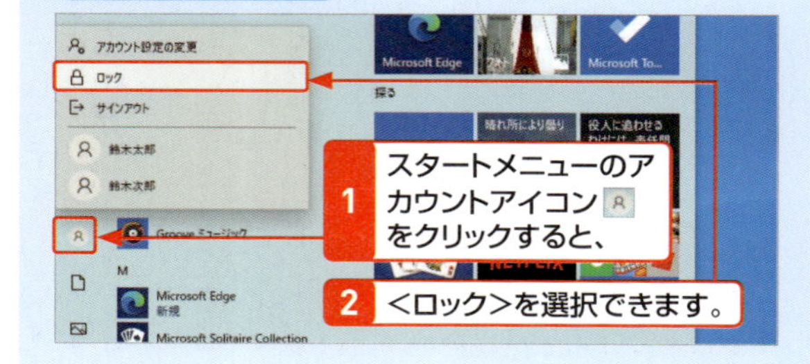

Windows 10の起動と終了　重要度 ★★★

Q 015 「サインアウト」って何？

A アカウントの終了のみを行う操作です。

「サインアウト」は、起動しているアプリやウィンドウを閉じて、現在のアカウントでのWindowsの作業を終了する操作のことをいいます。Windows自体を終了せずに、別のユーザーがパソコンを利用したいときに使います。
サインアウトを実行してアカウントの終了が完了すると、ロック画面が表示されます。

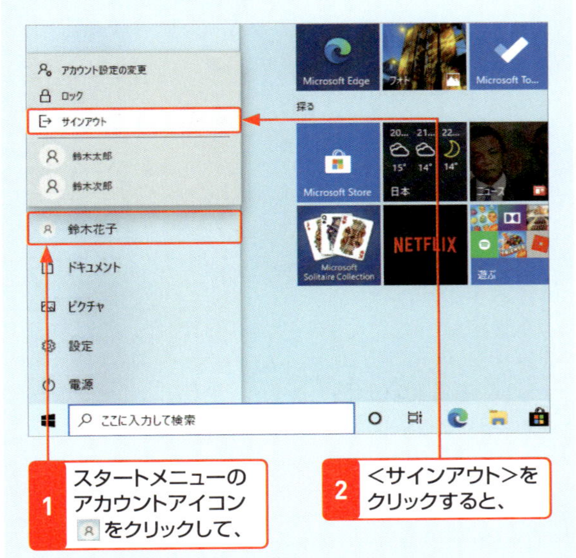

1 スタートメニューのアカウントアイコン  をクリックして、

2 ＜サインアウト＞をクリックすると、

3 ロック画面が表示されます。

Windows 10の起動と終了　重要度 ★★★

Q 016 パソコンの再起動ってどんなときに使うの？

A 不具合が生じたときや設定を変更したいときに使用します。

再起動とは、Windowsをいったん終了し、パソコンの電源を入れたときのように最初から起動し直す動作のことで、リブートやリスタートとも呼ばれます。
再起動は、システムに不具合が生じて作業が行えなくなったときや、各種設定の変更、システムのインストールやアップデートを実行した際に使用します。

● パソコンを再起動する

1 スタートメニューを表示して、

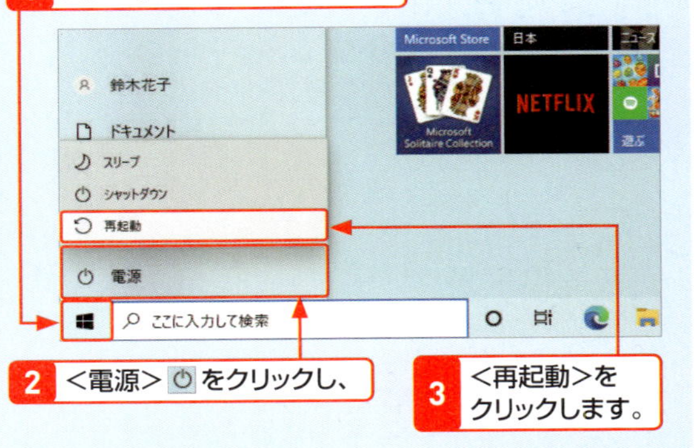

2 ＜電源＞  をクリックし、

3 ＜再起動＞をクリックします。

Windows 10の起動と終了　重要度 ★★★

Q 017 いきなり電源ボタンを押したりコンセントを抜いたりしてもいいの？

A コンセントを抜くのはやめましょう。電源ボタンは押しても問題ありません。

Windows 10では、電源ボタンを押すと、自動的にWindowsがシャットダウンしたり、スリープ状態になるため、特に問題ありません。
ただし、デスクトップパソコンを使用中に、いきなりコンセントを抜いてはいけません。使用中のファイルが保存されなかったり、システムファイルやハードディスクに不具合が生じてパソコン自体が使用できなくなる可能性があるためです。

参照 ▶ Q 012

起動・終了や動作のトラブル　重要度 ★★★

Q 018 起動時に変な画面が表示された！

A 暗証番号（PIN）の設定画面です。

マイクロソフトは、パスワードではなく、PIN（暗証番号）によるサインインを推奨しています。PINを設定していない状態でログインする際は、設定を促す画面が表示されます。

参照▶Q 561

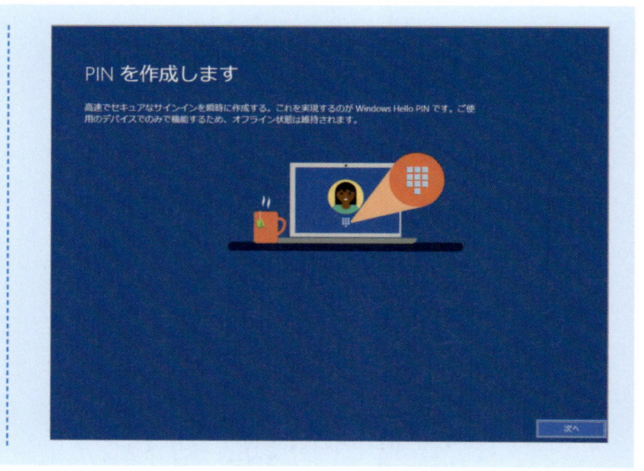

起動・終了や動作のトラブル　重要度 ★★★

Q 019 電源を入れても画面が真っ暗なまま！

A 原因に応じて対処しましょう。

パソコンの電源を入れても画面が真っ黒のままで何も表示されない場合、以下のようにいくつかの原因が考えられます。それぞれに応じて対処してください。

- ・パソコン本体に電源コードやACアダプターが正しく接続されていないことが考えられます。正しく接続されているかを確認します。
- ・ディスプレイの電源がオフになっていないかどうかを確認します。
- ・ノートパソコンの場合は、バッテリーの残量が少ないか、バッテリーパックが正しく取り付けられていないことが考えられます。ACアダプターを接続してから電源を入れるか、あらかじめバッテリーを充電しておきます。また、バッテリーパックが正しく取り付けられているかどうかも確認します。なお、ノートパソコンの中には、バッテリーを取り外せないものもあります。
- ・周辺機器やUSBメモリーが接続されている場合は、パソコンの電源を切って、周辺機器やUSBメモリーなどを取り外してから、電源を入れ直します。
- ・CDやDVDなどの光学ディスクが光学ドライブにセットされている場合は、ディスクを取り出してから、電源を入れ直します。

起動・終了や動作のトラブル　重要度 ★★★

Q 020 パソコンの音が鳴らなくなった！

A 音量の設定を確認します。

警告音が鳴らなかったり、音楽を再生しても音が聞こえなかったりする場合は、スピーカーアイコンをクリックして、音量の設定を確認します。消音（ミュート）になっていたり、音量がゼロや小さい数字になっている場合は、消音を解除したり、音量を上げたりします。

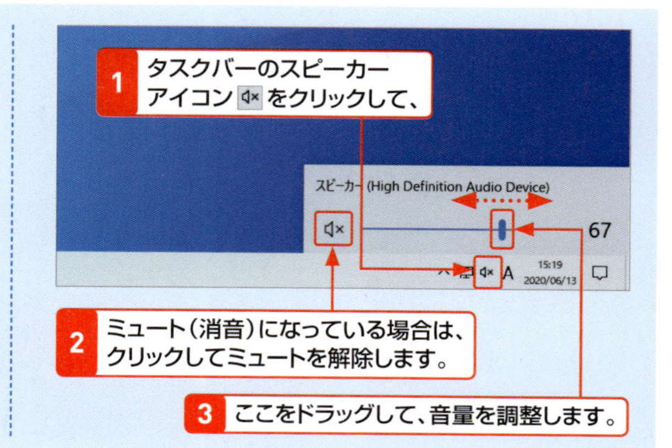

1 タスクバーのスピーカーアイコン をクリックして、
スピーカー (High Definition Audio Device)
67
15:19
2020/06/13
2 ミュート（消音）になっている場合は、クリックしてミュートを解除します。
3 ここをドラッグして、音量を調整します。

Q 021 起動時のパスワードを忘れてしまった！

A Microsoftアカウントのパスワードはリセットできます。

Microsoft アカウントのパスワードを忘れてしまった場合は、パスワードをリセットできます。パスワードをリセットするには、ロック画面の「パスワードを忘れた場合」をクリックして、下の手順に従います。

鈴木花子
パスワード
パスワードを忘れた場合
サインインオプション

1 ロック画面で<パスワードを忘れた場合>をクリックして、

2 セキュリティコードの受け取り方法を選択します。

どの方法でセキュリティ コードを受け取りますか?
ma*****@gmail.com にメールを送信
ご自身のメール アドレスであることを確認するため、隠れている部分を完成させ、[コードの送信] をクリックしてコードを受け取ってください。
@gmail.com
コードの取得

3 メールでのコード受け取りを選択した場合は、メールアドレスの「@」より前を入力して、

4 <コードの取得>をクリックします。

5 別のパソコンやスマートフォンなどでメールボックスを表示し、

Microsoft アカウント

パスワード リセット コード

このコードを使って、Microsoft アカウント?ha*****@outlook.jp のパスワードをリセットしてください。

お客様のコード: **4309795**

6 届いたメールに記載されたコードを確認します。

7 手順4の画面に戻り、メールで受け取ったセキュリティコードを入力します。

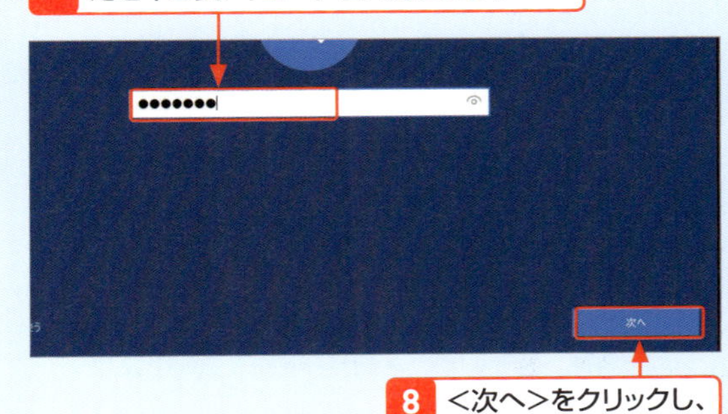

8 <次へ>をクリックし、

9 新しいパスワードを入力して、

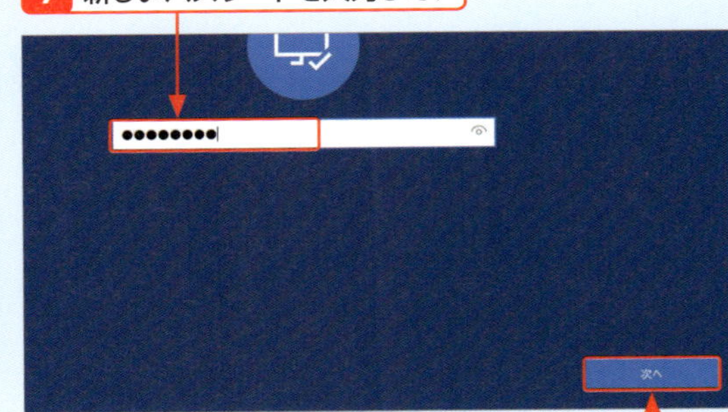

10 <次へ>をクリックします。

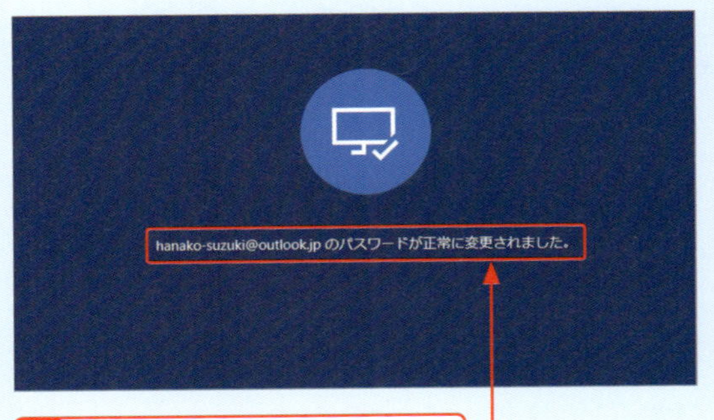

11 パスワードの変更が完了します。

起動・終了や動作のトラブル　重要度 ★★★

Q 022 パソコンの画面が真っ暗になった!

A 原因に応じて対処しましょう。

パソコンを操作中に突然パソコンの画面が真っ黒になった場合は、パソコンかディスプレイがスリープ（省電力）状態になったことが考えられます。キーボードのいずれかのキーを押すか、マウスを動かすか、パソコン本体の電源ボタンを押してください。

なお、ディスプレイやパソコンが省電力状態になるまでの時間は、「設定」アプリの＜システム＞→＜電源とスリープ＞から設定できます。

また、パソコン本体やディスプレイのケーブルが抜けてしまったことも考えられます。ケーブルが正しく接続されているか確認します。それでも問題が解決しない場合は、ディスプレイやパソコンが故障している可能性があります。パソコンのサポートセンターに問い合わせてみましょう。

参照 ▶ Q 487, Q 564

起動・終了や動作のトラブル　重要度 ★★★

Q 023 電源を入れてもパソコンが起動しない!

A 電源やディスプレイの接続を確認しましょう。

パソコン本体の電源ボタンを押しても起動しない場合は、まず、ディスプレイの電源が入っているかどうかを確認します。また、パソコン本体に電源コードが正しく接続されているかどうかも確認します。最後に、ディスプレイとパソコンが正しく接続されているかどうかを確認しましょう。

それでも問題が解決しない場合は、パソコンが故障している可能性があります。パソコンのサポートセンターに問い合わせてみましょう。

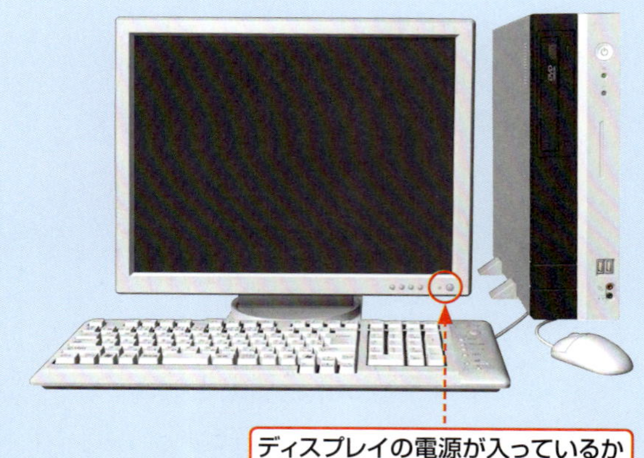

ディスプレイの電源が入っているかなどを確認します。

起動・終了や動作のトラブル　重要度 ★★☆

Q 024 Windows終了時の画面がいつもと違う!

A Windows Update機能が働いています。

Windowsには、機能に不具合があった場合や機能が更新された場合に、自動的に更新操作をしてくれるWindows Updateという機能があります。このとき、更新を適用するために、パソコンの再起動が必要になる場合があります。この状態でWindowsを終了／再起動すると、アップデートしていることを示す右の画面が表示されます。しばらく待っていると自動的に再起動されるので、特に操作は必要ありません。

参照 ▶ Q 581

起動・終了や動作のトラブル　重要度★★★

Q 025 電源ボタンを押してもパソコンが終了しない！

A 電源が落ちるまで長押しします。

何らかの原因でいつまでもWindowsがシャットダウンされない場合や、電源ボタンを押してもパソコンが終了しない場合は、電源を入れるときのようにポンと押すのではなく、少し長く押し続けると強制的に終了できます。電源が落ちたら、電源ボタンから指を離します。

起動・終了や動作のトラブル　重要度★★★

Q 026 「強制的にシャットダウン」と表示された！

A ほかのユーザーがパソコンを使っています。

シャットダウンしようとして「まだ他のユーザーがこのPC を使っています。～」という確認のメッセージが表示された場合は、ほかのユーザーがまだサインインしています。画面上をクリックしてメッセージを閉じ、スタートメニューのアカウントアイコンをクリックして、サインインしているユーザーを確認します。サインインしているユーザーの作業中のアプリなどがあれば、保存あるいは終了してからサインアウトし、Windowsをシャットダウンします。

1 シャットダウンしようとすると、メッセージが表示されます。

2 スタートメニューのアカウントアイコンをクリックすると、

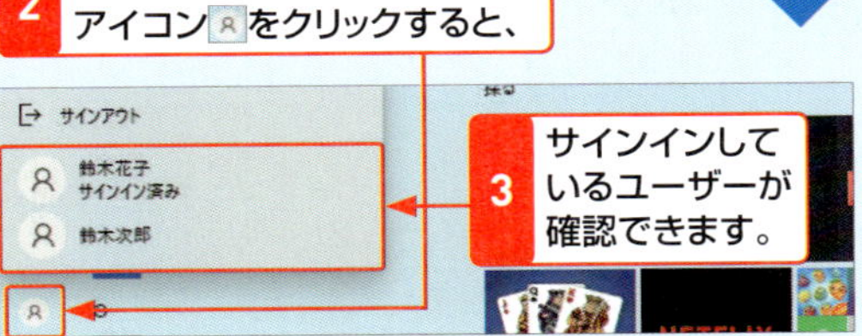

3 サインインしているユーザーが確認できます。

起動・終了や動作のトラブル　重要度★★★

Q 027 パソコンがいきなり操作できなくなった！

A プログラムを強制終了します。

アプリやOSが何らかの原因でユーザーの操作を受け付けなくなる状態を「フリーズ」といいます。アプリがフリーズすると、アプリのウィンドウのタイトルバーや画面下の通知バーに「応答なし」や「応答していません」などの文字が表示されます。

通常は、自動的にアプリが終了しますが、応答なしの状態が続くようであれば、キーボードのCtrlキーとAltキーとDeleteキーを同時に押して、表示される画面で＜タスクマネージャー＞をクリックします。タスクマネージャーが表示されたら、＜応答なし＞と表示されているアプリをクリックして＜タスクの終了＞をクリックすると、アプリが強制終了されます。

ただし、ワープロや表計算などのアプリで文書を作成中の場合、アプリを強制終了させると、最後に保存した状態以降の編集箇所が失われてしまうことがある点に注意してください。

OS自体がフリーズした場合は、アプリの強制終了すらできなくなります。その場合は電源ボタンを長めに押し続けて、パソコンの電源を落とします。

1 ＜タスクマネージャー＞を起動して左下の＜詳細＞をクリックして、

2 ＜応答なし＞と表示されたアプリをクリックし、

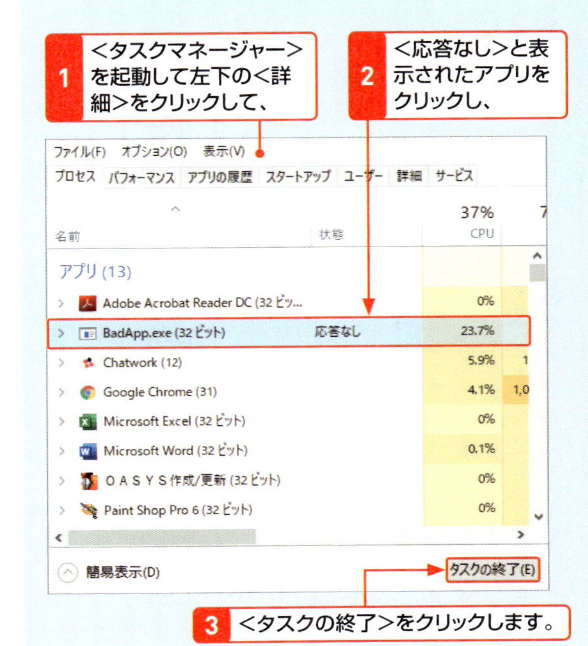

3 ＜タスクの終了＞をクリックします。

Q 028 パソコンの動きがいきなり遅くなった!

A 遅くなる原因に応じて対処しましょう。

パソコンの動きが遅くなる原因は、以下のようにいくつか考えられます。原因に応じて対処しましょう。

- 作業をしている場合は、アプリの起動しすぎによるメモリ不足が考えられます。この場合は、使用していないアプリを終了させます。パソコンの動きが遅い場合は、<タスクマネージャー>を使うと、アプリを素早く終了させられます。
- パソコンのスペック(性能や機能)が低いことが考えられます。メモリが不足している場合は、メモリを増設します。
- パソコンがウイルスに感染している可能性があります。セキュリティ対策ソフトでウイルスチェックを行いましょう。
- 常駐ソフトが多いと、動きが遅くなります。スタートアップの不要な常駐ソフトを解除しましょう。ただし、必要なソフトを解除すると、パソコンの一部の機能が動作しなくなることがあるので、注意が必要です。
- Windowsのシステムに不具合がある可能性があります。その場合は、パソコンのリフレッシュ、再インストールなどを行います。参照▶Q 543

動作中のアプリを終了させる

1 Ctrl+Alt+Deleteを押すと表示される画面で<タスクマネージャー>をクリックして、

2 終了させるアプリを選択し、

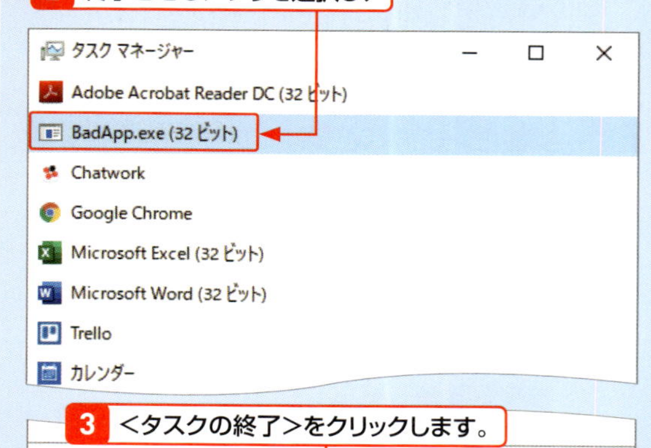

3 <タスクの終了>をクリックします。

常駐ソフトを解除する

1 スタートメニューで<設定>→<アプリ>をクリックして、

2 <スタートアップ>をクリックすると、

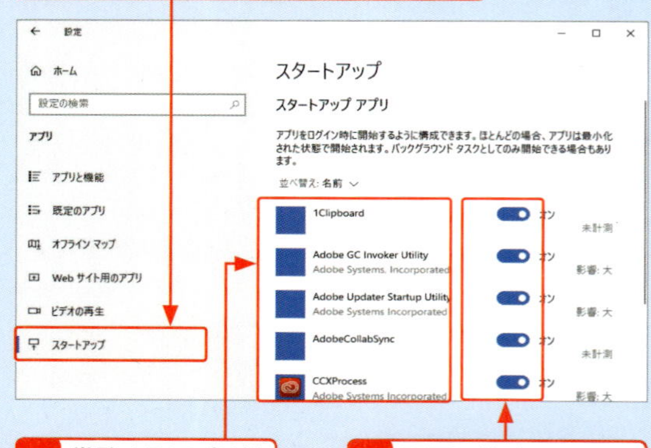

3 常駐するアプリが表示されます。

4 不要な常駐ソフトをオフに切り替えます。

ウイルスチェックをする

1 付属アプリの「Windowsセキュリティ」を起動して、

2 <ウイルスと脅威の防止>をクリックし、

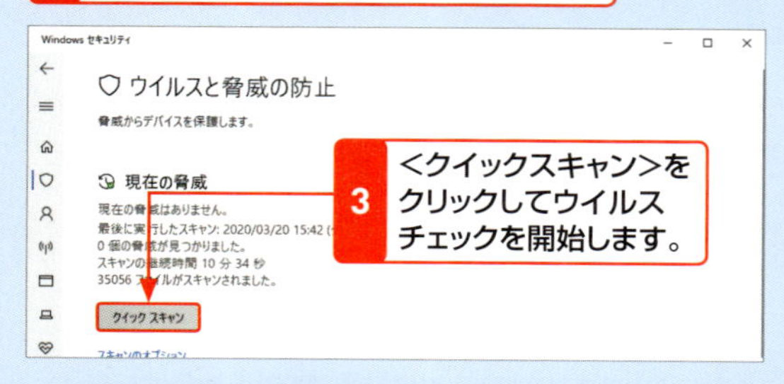

3 <クイックスキャン>をクリックしてウイルスチェックを開始します。

パソコンをリフレッシュする

1 「設定」アプリで<更新とセキュリティ>をクリックして、

2 <回復>をクリックし、

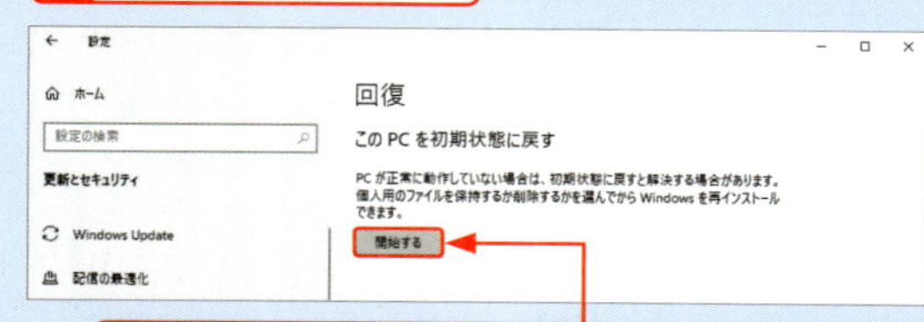

3 <開始する>をクリックすると、PC(パソコン)がリフレッシュ(初期状態に戻す)されます。

Q 029 スタートメニューの見方を知りたい!

A 下図を見て、名称や機能を確認しましょう。

「スタートメニュー」は、デスクトップの画面左下にある<スタート>ボタンをクリックすると表示されるメニューで、Windows 10のさまざまな機能やアプリを実行するために欠かせないものです。

Windows 10では、Windows 7までのアプリや機能が一覧で並ぶスタートメニューと、Windows 8シリーズのタイル型のスタート画面を融合したスタートメニューになっており、アプリ一覧は左側に、タイルは右側に表示されます。

アプリや機能をWindows 10に追加すると、アプリ一覧やタイルに新しい項目が追加されます。右側のタイルは、メニュー内に表示可能な個数以上になると、上下にスクロールできるようになります。また、スタートメニューそのものの大きさを変更することもできます。

参照 ▶ Q 032

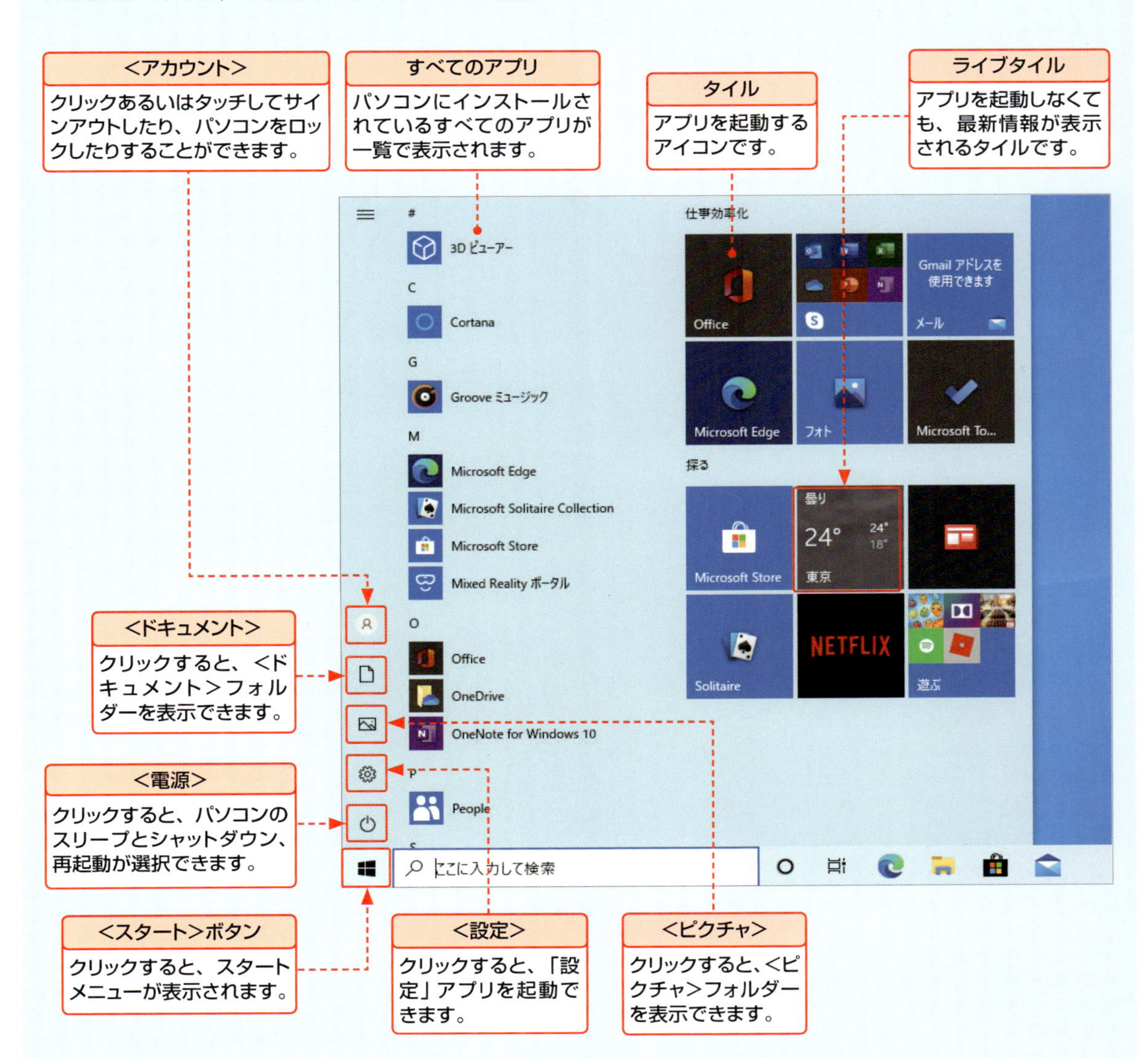
<アカウント>
クリックあるいはタッチしてサインアウトしたり、パソコンをロックしたりすることができます。
すべてのアプリ
パソコンにインストールされているすべてのアプリが一覧で表示されます。
タイル
アプリを起動するアイコンです。
ライブタイル
アプリを起動しなくても、最新情報が表示されるタイルです。
<ドキュメント>
クリックすると、<ドキュメント>フォルダーを表示できます。
<電源>
クリックすると、パソコンのスリープとシャットダウン、再起動が選択できます。
<スタート>ボタン
クリックすると、スタートメニューが表示されます。
<設定>
クリックすると、「設定」アプリを起動できます。
<ピクチャ>
クリックすると、<ピクチャ>フォルダーを表示できます。
3D ビューアー
Cortana
Groove ミュージック
Microsoft Edge
Microsoft Solitaire Collection
Microsoft Store
Mixed Reality ポータル
Office
OneDrive
OneNote for Windows 10
People
仕事効率化
Gmail アドレスを使用できます
メール
フォト
Microsoft To...
探る
曇り
24°
東京
NETFLIX
Solitaire
遊ぶ
ここに入力して検索

Q030 スタートメニューでの操作の基本を知りたい！

A 目的の項目をクリックしましょう。

<スタート>ボタンをクリックすると、スタートメニューが表示されます。スタートメニューからは、アプリの起動やパソコンのシャットダウン、パソコンの設定などが行えます。
アプリを起動するには、それぞれのタイルをクリックします。タイルを右クリックすると、アプリをアンインストールしたり、スタートメニューからタイルを外したりできます。

● アプリの一覧をスクロールさせる

1 ここを上下にドラッグするかマウスのホイールを回すと、

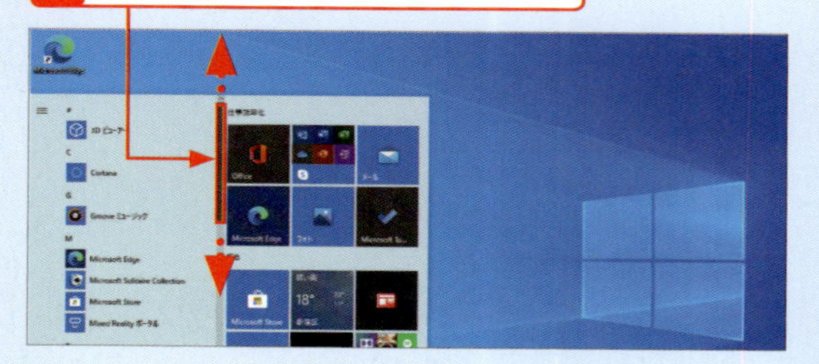

2 アプリの一覧をスクロールさせることができます。

● アプリを起動する

1 <スタート> をクリックして、

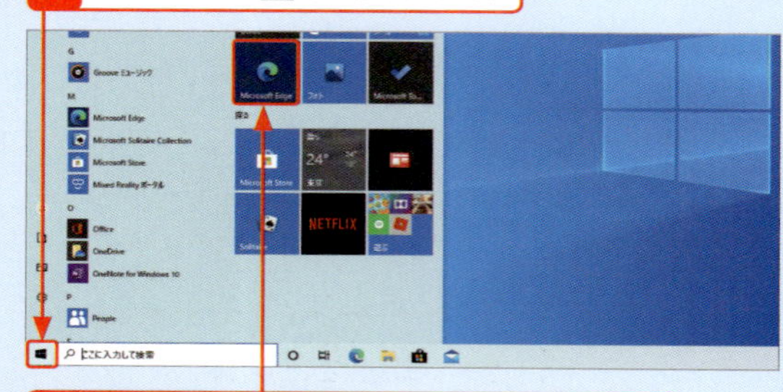

2 起動したいアプリのタイルをクリックすると、

3 アプリが起動します。

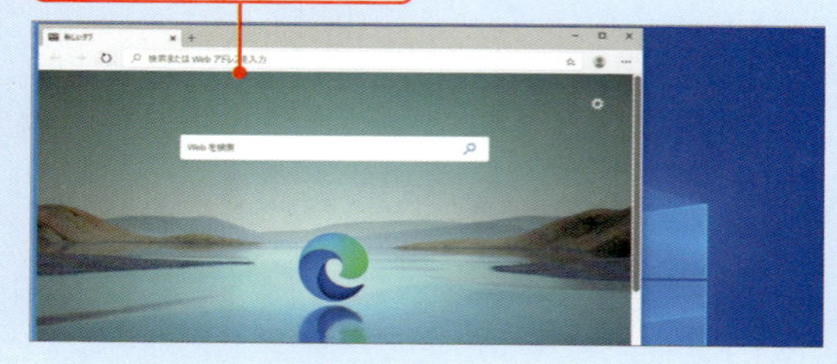

Q031 <スタート>ボタンの機能を知りたい！

A アプリの起動やパソコンのシャットダウンなどに利用します。

<スタート>ボタンをクリックすると、スタートメニューが表示されます。右クリックすると表示されるメニューには、電源オプションやシステムの設定、デバイスマネージャー、ネットワーク接続の設定など、Windowsの設定や高度な機能を呼び出すための項目が用意されています。

1 <スタート> を右クリックすると、

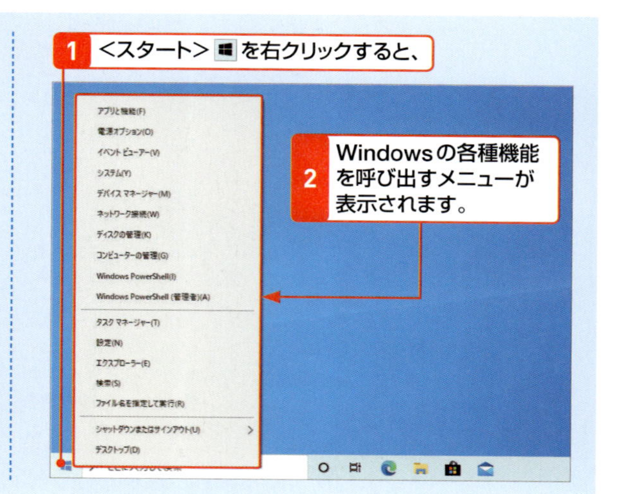

2 Windowsの各種機能を呼び出すメニューが表示されます。

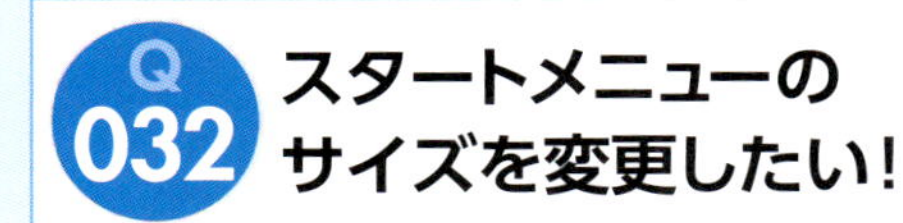

Q 032 スタートメニューのサイズを変更したい！

A 右辺または上辺をドラッグします。

スタートメニューは、右辺や上辺をドラッグするとサイズを変更できます。表示中のウィンドウが隠れないサイズや、使いたいタイルがすべて表示されるサイズなど、自分で使いやすい大きさに調整しましょう。

スタートメニューの右辺や上辺をドラッグすると、スタートメニューのサイズを変更できます。

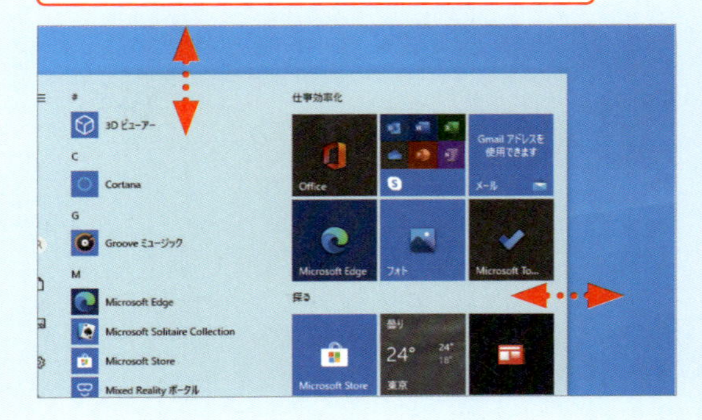

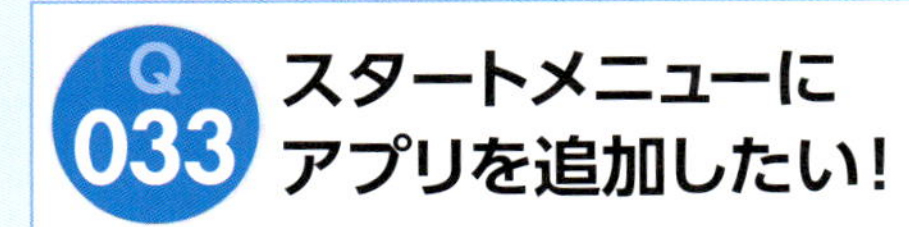

Q 033 スタートメニューにアプリを追加したい！

A スタートメニューにピン留めします。

パソコンにインストールされたアプリは、スタートメニュー左側の一覧に自動追加されますが、アプリはアルファベット順→五十音順に並ぶため、アプリによってはスタートメニューに表示させるのに大きくスクロールする必要があり手間がかかります。よく使うアプリをタイル表示すれば、スクロールは最小限で済むので便利です。アプリをタイル表示するには、以下のように操作します。

なお、タイル表示を解除したい場合については、46ページを参照してください。

1 スタートメニューで左側の一覧から追加したいアプリを表示して、右クリックし、

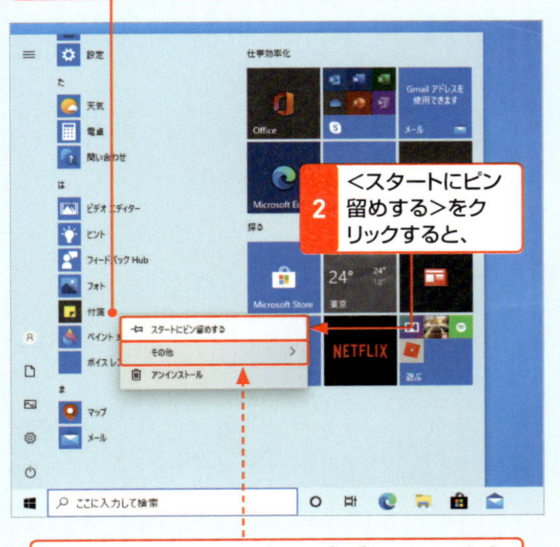

2 <スタートにピン留めする>をクリックすると、

<その他>→<タスクバーにピン留めする>から、タスクバーにピン留めすることもできます。

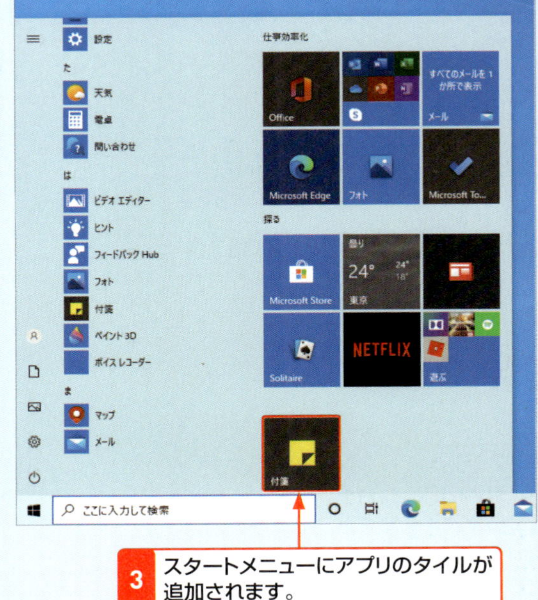

3 スタートメニューにアプリのタイルが追加されます。

スタートメニュー・アプリの基本操作　重要度 ★★★

Q 034 スタートメニューからタイルを削除したい!

A スタートメニューからピン留めを外します。

スタートメニューには、アプリのタイルをいくつでも追加することができますが、タイルが多すぎると、目的のタイルを見つけにくくなります。この場合は、不要なタイルをスタートメニューから削除してタイルを減らすとよいでしょう。

スタートメニューからタイルを削除するには、削除したいタイルを右クリックして、<スタートからピン留めを外す>をクリックします。なお、タイルを削除しても、アプリ自体が削除されるわけではありません。

1 削除したいタイルを右クリックして、

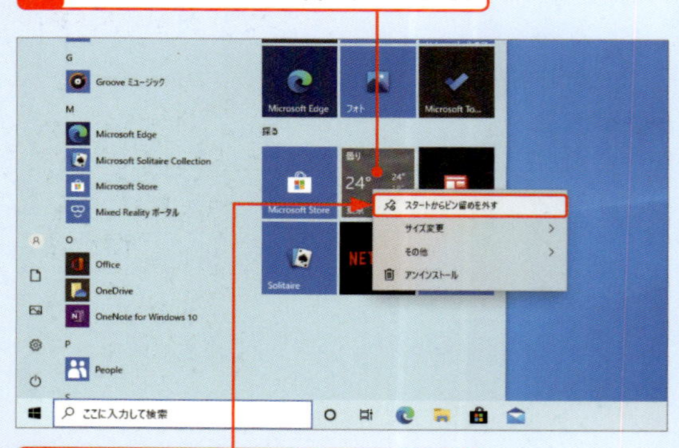

2 <スタートからピン留めを外す>をクリックすると、

3 スタートメニューからタイルを外すことができます。

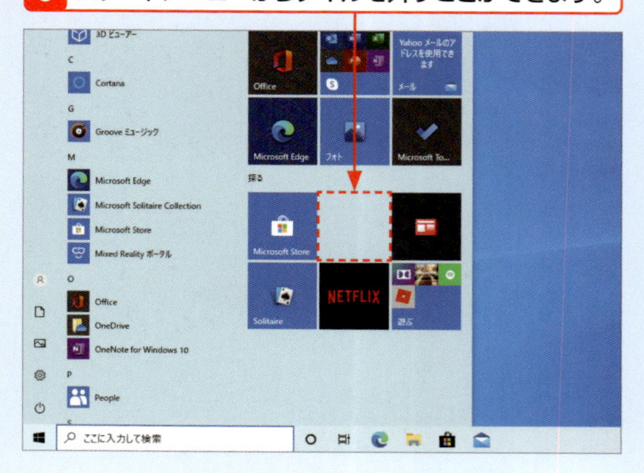

スタートメニュー・アプリの基本操作　重要度 ★★★

Q 035 タイルの位置を変えたい!

A ドラッグで移動できます。

スタートメニューのタイルの位置を変更するには、スタートメニューを表示して、タイルを目的の位置へドラッグして移動します。

よく使うタイルは、すぐにクリックできる位置に変更しておくとよいでしょう。

参照 ▶ Q 039

1 スタートメニューを表示して、

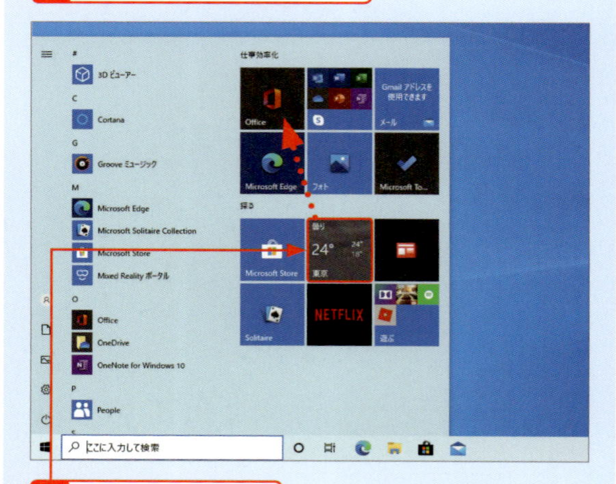

2 タイルをドラッグし、

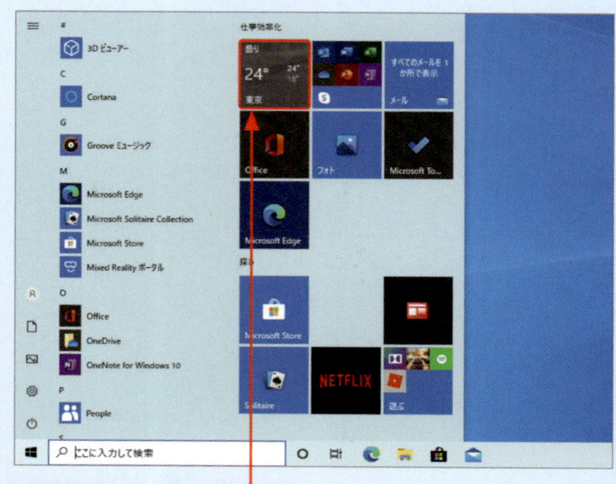

3 目的の位置で指を離すと、タイルの位置が変更されます。

Q 036 タイルの大きさを変えたい！

A 右クリックでサイズ変更ができます。

スタートメニューのタイルのサイズを変更するには、目的のタイルを右クリックして、<サイズ変更>から新しいサイズを選択します。
よく使うタイルやライブタイルは大きく、あまり使わないタイルは小さく設定すると、タイルのスペースを効率よく利用できるでしょう。

1 スタートメニューを表示して、

2 タイルを右クリックし、

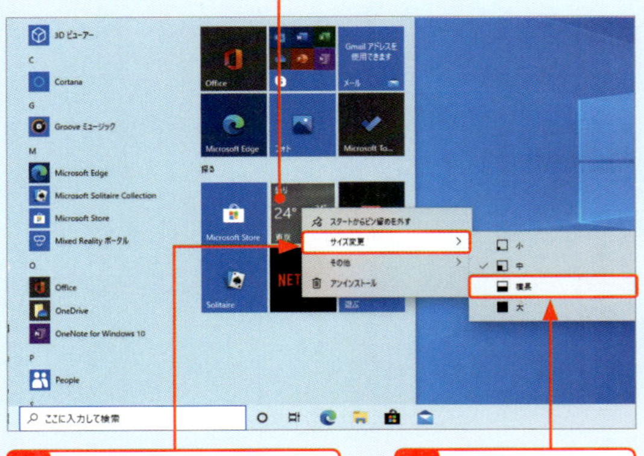

3 <サイズ変更>にマウスポインターを合わせ、

4 目的の大きさをクリックすると、

5 タイルの大きさが変わります。

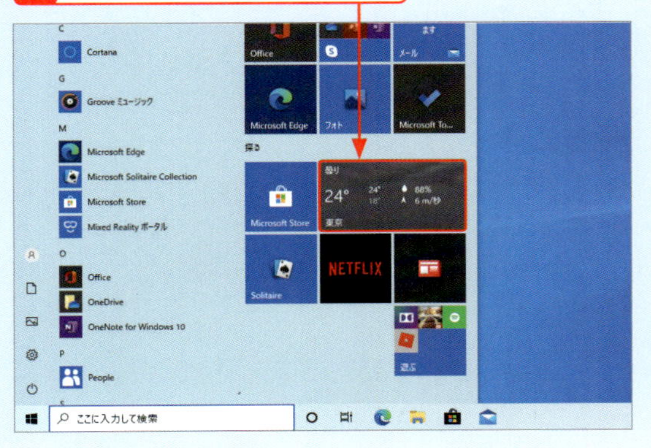

Q 037 「ライブタイル」って何？

A 情報がリアルタイムで表示されるタイルです。

ライブタイルとは、天気やニュースなどのアプリの情報が、リアルタイムでタイルに表示される機能です。オンにしておくと、アプリを起動しなくてもスタートメニューを表示するだけで簡単な情報を確認できます。Windows 10のプリインストールアプリでは、「天気」アプリや「カレンダー」アプリ、「メール」アプリなどがライブタイルに対応しています。

●「天気」アプリ

現在の天気や気温、この先の天気などが表示されます。

●「カレンダー」アプリ

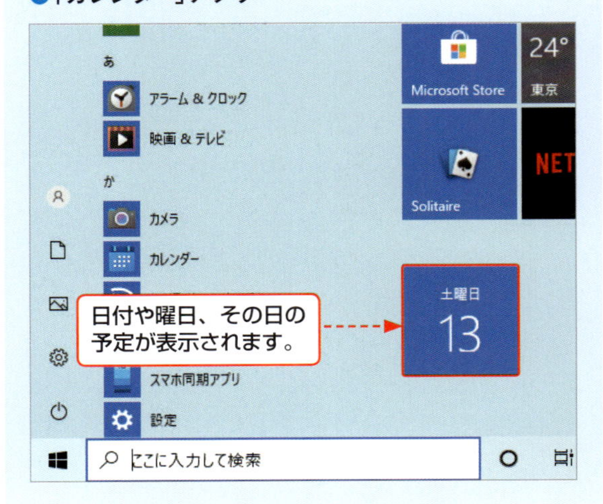

日付や曜日、その日の予定が表示されます。
土曜日
13

Q 038 ライブタイルの設定を変えたい！

A タイルを右クリックすると設定を変更できます。

ライブタイルのオン／オフを切り替えるには、タイルを右クリックして＜その他＞から設定します。
アプリがライブタイルに対応している場合のみ、通常のタイルからライブタイルに切り替えることもできます。ライブタイルは、どのアプリでも通常のタイルに切り替えられます。

1 スタートメニューを表示して、

2 設定を変更するタイルを右クリックします。

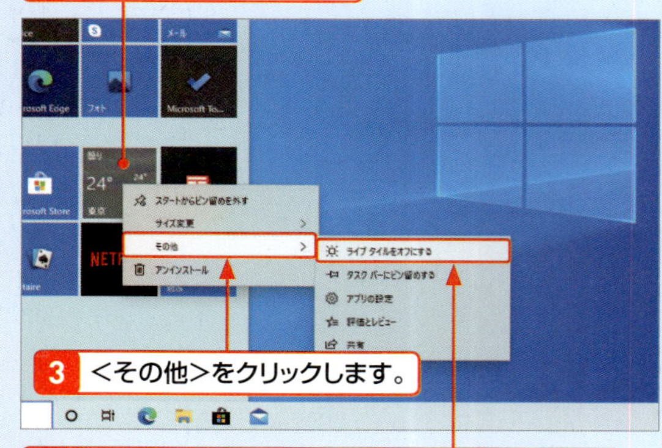

3 ＜その他＞をクリックします。

4 ＜ライブタイルをオフにする＞をクリックすると、

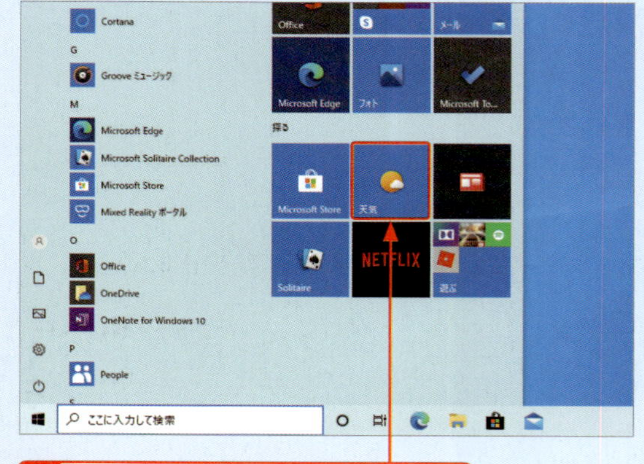

5 ライブタイル機能がオフになります。

スタートメニュー・アプリの基本操作　重要度★★★

Q 039 タイルを整理してすっきりさせたい！

A タイルをフォルダー化して整理できます。

タイルを整理するには、タイル同士をドラッグして重ねて、1つのフォルダーにまとめます。フォルダーにはさらにタイルを追加することもできます。フォルダーをクリックすると、中に入っているタイルが表示されるので、起動したいアプリのタイルをクリックします。フォルダー化を解除したい場合は、フォルダーの中にあるタイルをドラッグしてフォルダーの外に出します。フォルダー内のタイルがすべてなくなると、フォルダーは自動的に削除されます。 参照 ▶ Q 035

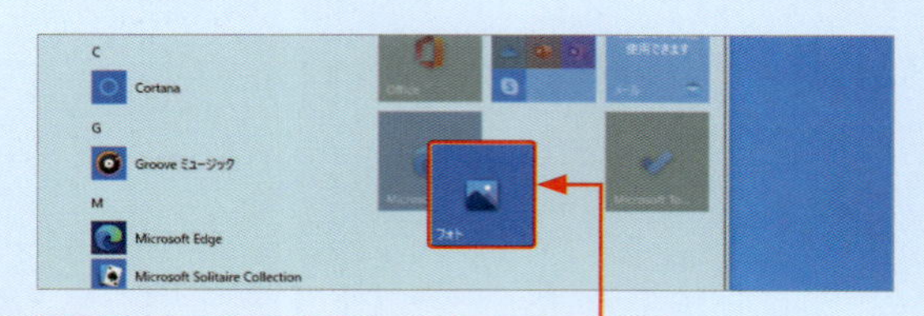

1 タイルの上に、フォルダー化したい別のタイルをドラッグして重ねると、

2 フォルダーが作成され、その中にタイルがまとめられます。

3 フォルダーをクリックすると、中のタイルが展開されます。

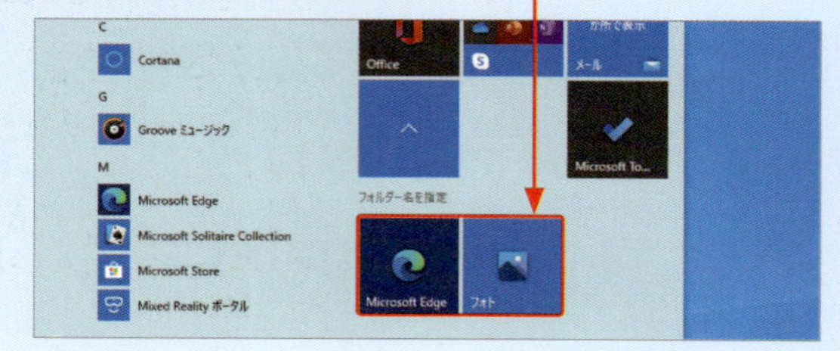

基本　デスクトップ　キーボード・文字入力　インターネット　メール・連絡先　セキュリティ　写真・動画・音楽　OneDrive・スマホ　印刷・周辺機器　アプリ　インストール・設定

Q 040 「よく使うアプリ」を非表示にしたい！

A 「設定」アプリから非表示にできます。

スタートメニューの上部に表示される「よく使うアプリ」が不要な場合は、これを非表示にできます。＜スタート＞ボタンをクリックし、＜設定＞→＜個人用設定＞→＜スタート＞をクリックします。「よく使うアプリを表示する」をオフにすると、表示されなくなります。

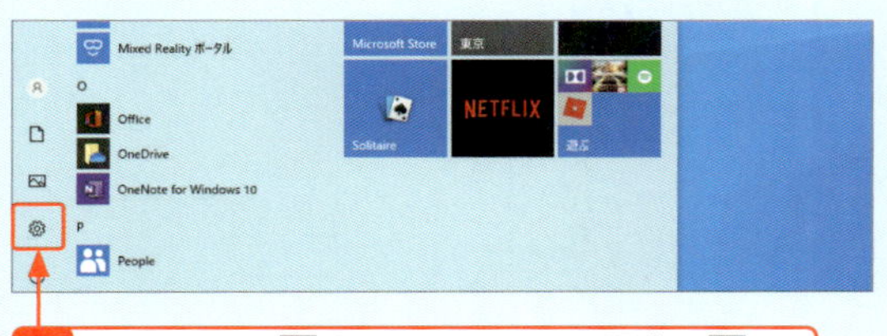

1 ＜スタート＞ をクリックして、＜設定＞ →＜個人用設定＞をクリックし、

2 ＜スタート＞をクリックして、

3 「よく使うアプリを表示する」をオフにします。

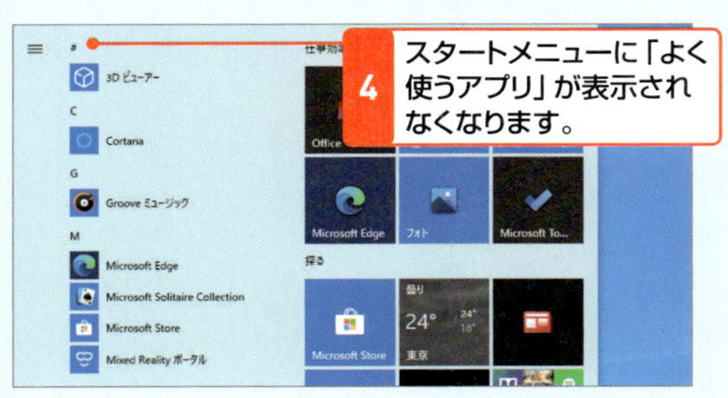

4 スタートメニューに「よく使うアプリ」が表示されなくなります。

Q 041 アプリを「頭文字」から探したい！

A アプリの一覧で頭文字をクリックします。

パソコンにはたくさんのアプリをインストールして利用できますが、すべてのアプリがタイルで表示されているわけではありません。タイルに表示されていないアプリはアプリの一覧から探しますが、アプリの数が増えると、アプリの一覧から目的のアプリを探すのが大変になります。そんなときは、アプリの頭文字から探しましょう。

1 スタートメニューを表示して、

2 アプリの一覧でアプリの頭文字をクリックします。

3 アプリの頭文字をクリックすると、

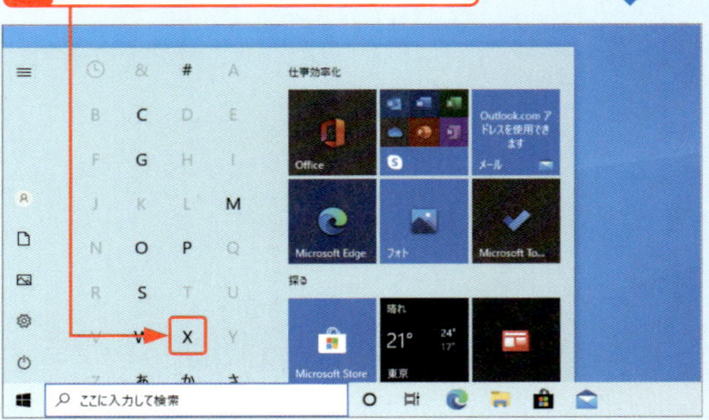

4 その頭文字のアプリが表示されます。

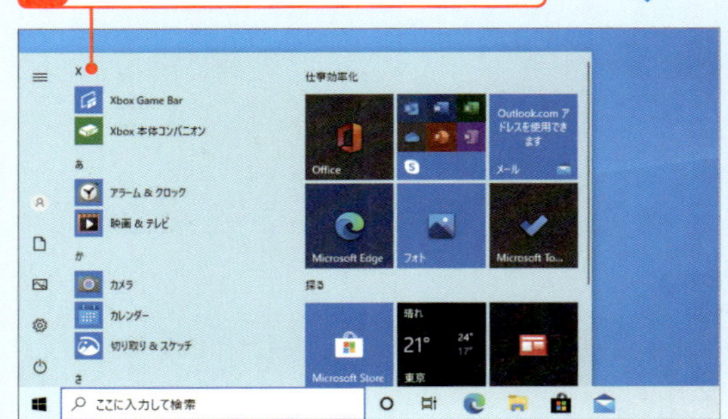

Q 042 インストールしたはずのアプリが見つからない！

A 検索してアプリを探します。

インストールしたはずのアプリが見つからない場合は、タスクバーにある検索ボックスを利用しましょう。検索ボックスにアプリ名を入力すると、該当するアプリが一覧に表示されます。一覧から候補をクリックすると、アプリが起動します。

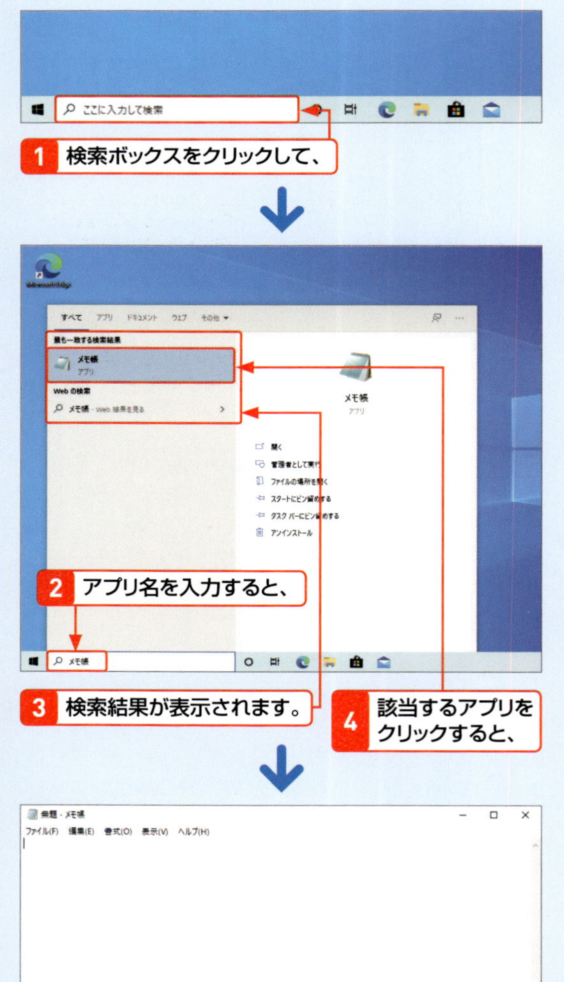

5 アプリが起動します。

Q 043 アプリを画面いっぱいに表示したい！

A タイトルバーの<最大化>をクリックします。

画面全体を使ってアプリを表示するには、アプリのウィンドウのタイトルバーの右側にある＜最大化＞をクリックします。ウィンドウが最大化し、画面いっぱいに表示されます。
ウィンドウを最大化すると、＜最大化＞が＜元に戻す（縮小）＞に変わり、このボタンをクリックすると元のサイズに戻ります。

1 <最大化> □ をクリックすると、

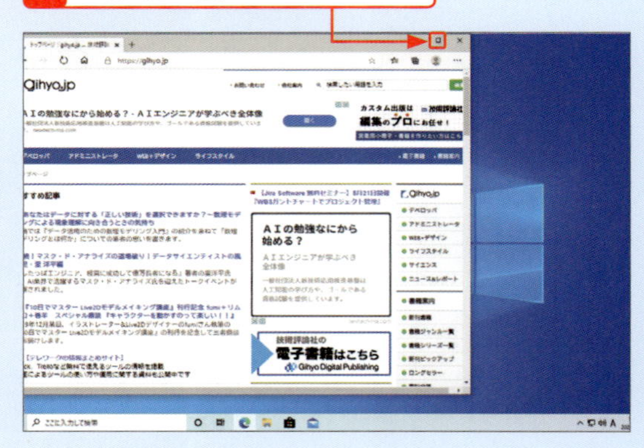

2 アプリが画面いっぱいに表示されます。

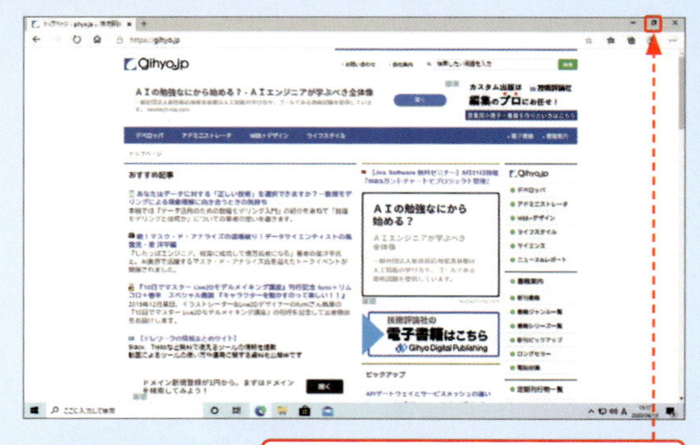

<元に戻す（縮小）> をクリックすると、元のサイズに戻ります。

Q 044 アプリを終了するにはどうすればいいの？

A タイトルバーの<閉じる>をクリックします。

起動中のアプリを終了するには、タイトルバーの<閉じる> ☒ をクリックします。タブレットモードの場合は、タイトルバーを画面の下部までドラッグすることでもアプリを終了できます。タッチ操作で利用しているときに便利な機能です。

<閉じる> ☒ をクリックすると、アプリが終了します。

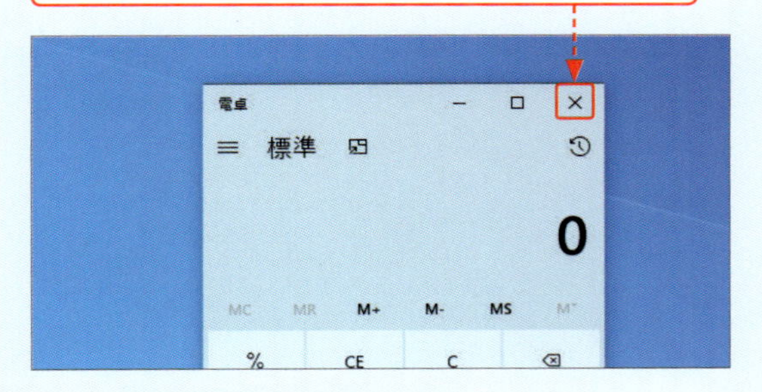

● タブレットモードの場合

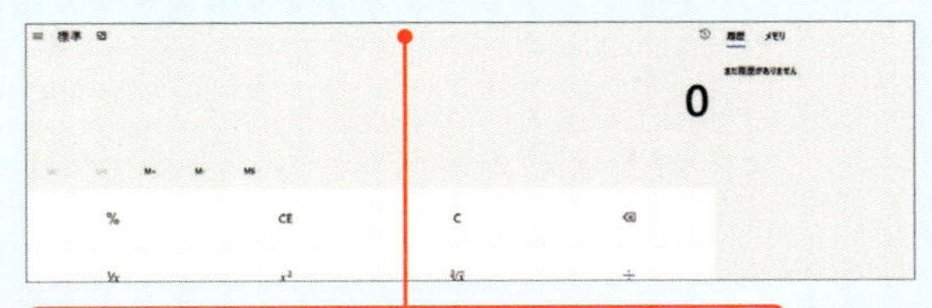

1 タイトルバーをクリックして
マウスのボタンから指を離さないでいると、

2 ウィンドウが縮小表示されるので、
画面の下部までドラッグします。

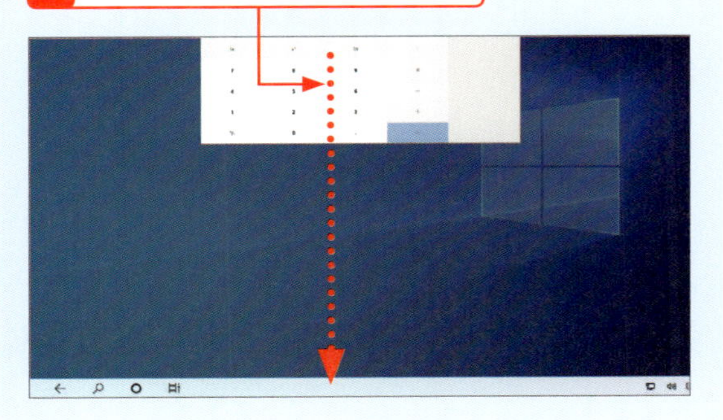

Q 045 「コントロールパネル」を開きたい！

A <スタート>ボタンから開きます。

Windows 10では、スタートメニューの<Windowsシステムツール>→<コントロールパネル>を順にクリックすると、コントロールパネルを起動できます。<コントロールパネル>をよく使用する場合は、タイルに追加しておくとよいでしょう。 参照▶Q 033

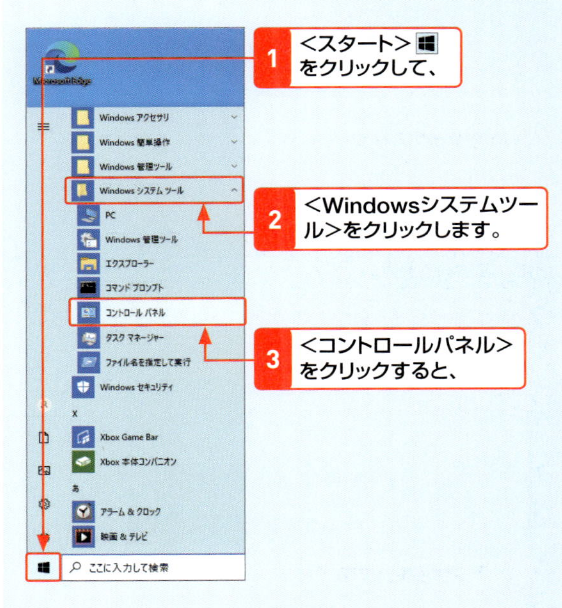

4 コントロールパネルが表示されます。

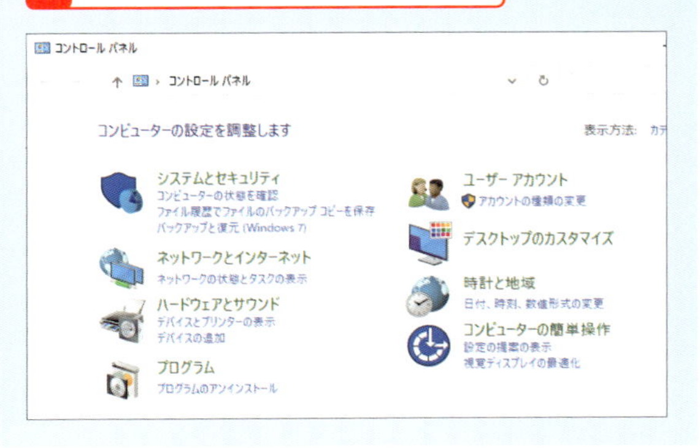

スタートメニュー・アプリの基本操作　重要度 ★★★

Q 046 「ファイル名を指定して実行」を開きたい！

A ショートカットキーを利用します。

「ファイル名を指定して実行」は、指定したコマンドを入力して素早くアプリを起動したり、パスを入力してフォルダーを開いたりする機能です。
Windows 10では、キーボードの⊞キーとⓇキーを同時に押すと表示できます。もしくは＜スタート＞ボタンを右クリックし、＜ファイル名を指定して実行＞をクリックします。

1 キーボードの⊞とⓇを押すと、

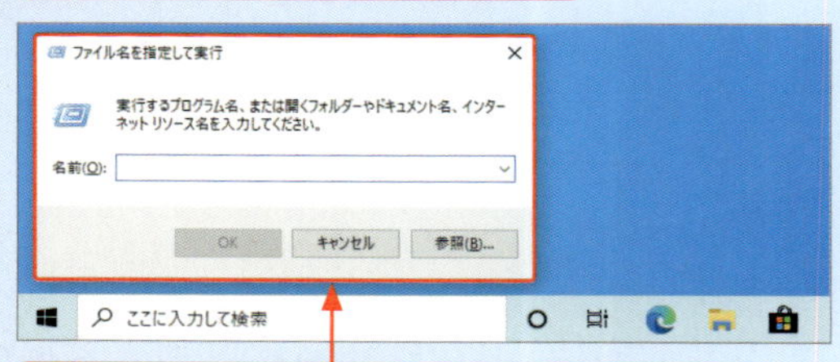

2 ＜ファイル名を指定して実行＞が起動します。

スタートメニュー・アプリの基本操作　重要度 ★★★

Q 047 スタートメニューやタイルから素早くファイルを開きたい！

A スタートメニューやタイルの右クリックメニューから開きます。

ファイルを開いて作業したい場合、いちいちアプリを起動しそれから目的のファイルを選んで開いていては、手間がかかってしまいます。
最近使ったファイルを素早く開きたいときは、スタートメニューのアプリやタイルを右クリックして、ファイルを選択しましょう。アプリが起動し、自動的にファイルも開かれます。

1 スタートメニューを表示して、

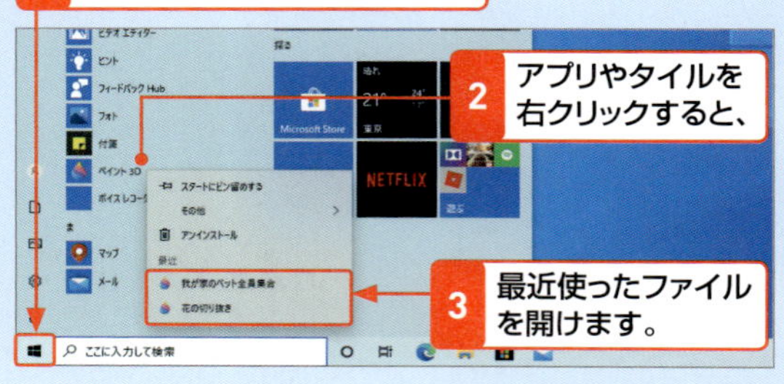

2 アプリやタイルを右クリックすると、

3 最近使ったファイルを開けます。

スタートメニュー・アプリの基本操作　重要度 ★★☆

Q 048 よく使うタイルのグループをクリックしやすい場所に置きたい！

A グループごとドラッグして入れ替えます。

スタートメニューのタイルはグループごとに表示されており、グループ単位でドラッグして入れ替えることができます。よく使うアプリが含まれるグループは、クリックしやすい位置に入れ替えておくとよいでしょう。

1 スタートメニューを表示して、

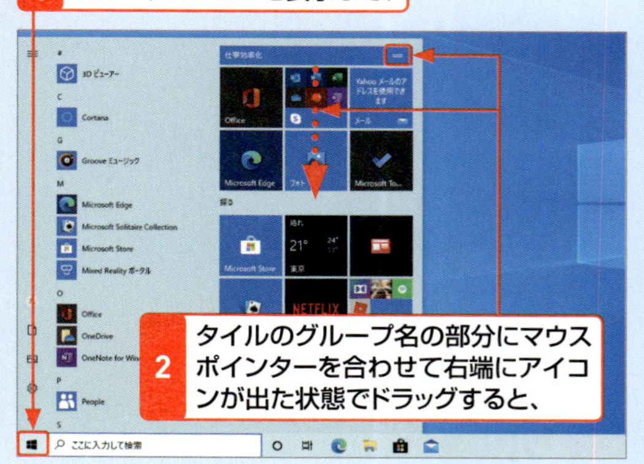

2 タイルのグループ名の部分にマウスポインターを合わせて右端にアイコンが出た状態でドラッグすると、

3 グループの場所を入れ替えることができます。

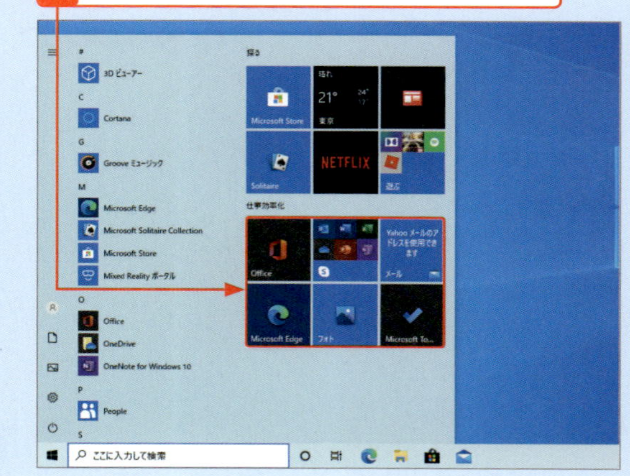

2

Windows 10 の デスクトップ便利技!

デスクトップの基本　重要度 ★★★

Q 049 デスクトップって何？

A パソコン起動後、最初に表示される画面のことです。

「デスクトップ」とは、パソコンを起動するとディスプレイ全体に表示される画面のことです。もともとは「机の上（desktop）」を意味する英単語ですが、Windowsでは、机の上に道具や書類を置いて作業するように、画面上にアイコンやウィンドウを置いて作業できます。
Windows 10のデスクトップは、従来のWindowsで採用されていた画面を継承しているので、画面構成や操作方法に大きな違いはありません。これまでのWindowsと同じように、画面上に複数のアプリを配置して、切り替えながら作業できます。
なお、Windows 8／8.1では、デスクトップとスタート画面を切り替えて使用する形式でしたが、Windows 10ではデスクトップに一元化されています。

パソコンを起動するとデスクトップ画面が表示されます。

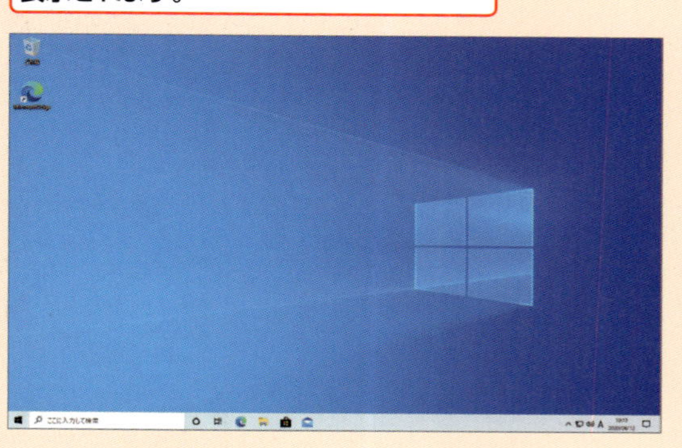

複数のウィンドウを配置して作業できます。

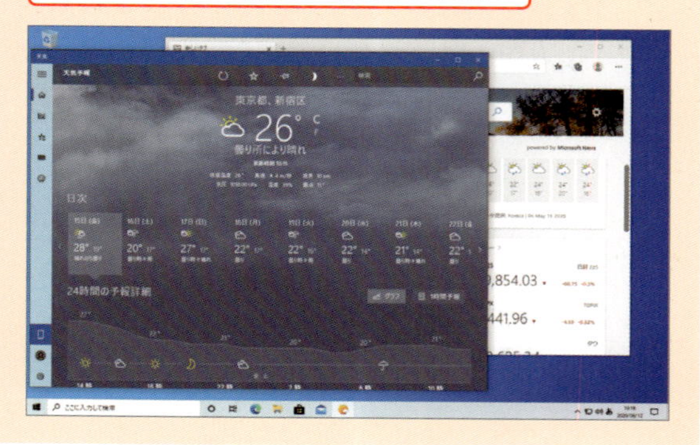

デスクトップの基本　重要度 ★★☆

Q 050 これまでのデスクトップと違うところはどこ？

A タスクバーに「検索ボックス」や「タスクビュー」が追加されました。

Windows 10のデスクトップは、Windows 8／8.1までのデスクトップからデザインや機能が変更されています。主な変更点は、下表のとおりです。

変更点	解説
スタートメニューの復活	Windows 8／8.1で廃止されていたスタートメニューが復活しました。
検索ボックスの追加	<スタート>ボタンの右隣に検索ボックスが追加されています。
タスクビューの追加	起動しているアプリや過去の作業履歴を確認したり、仮想デスクトップを追加したりできます。
アクションセンターの追加	通知の確認や設定を行うアクションセンター（68ページ参照）が追加されました。

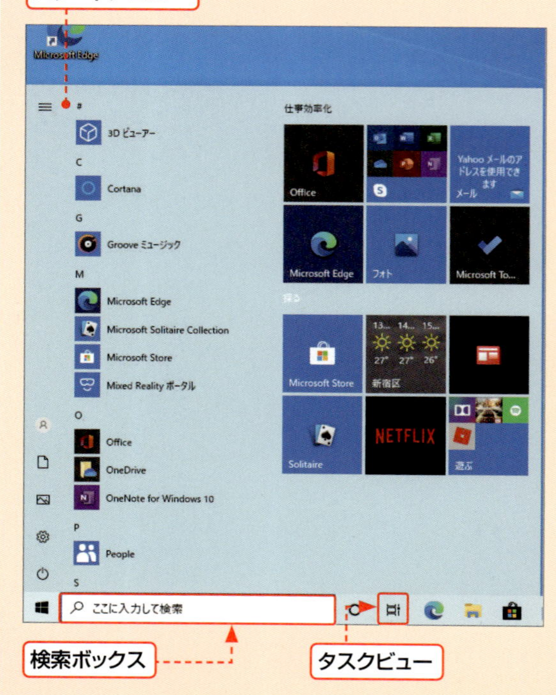

重要度 ★★★

Q 051 デスクトップの見方を知りたい!

A 下図を見て、各部の名称を覚えておきましょう。

デスクトップの各部には、それぞれ名称があります。下図を参照して、各部の名称を覚えておきましょう。なお、デスクトップの背景に表示される画像は、好きなものに変更できます。

参照▶Q 603,Q 604,Q 605

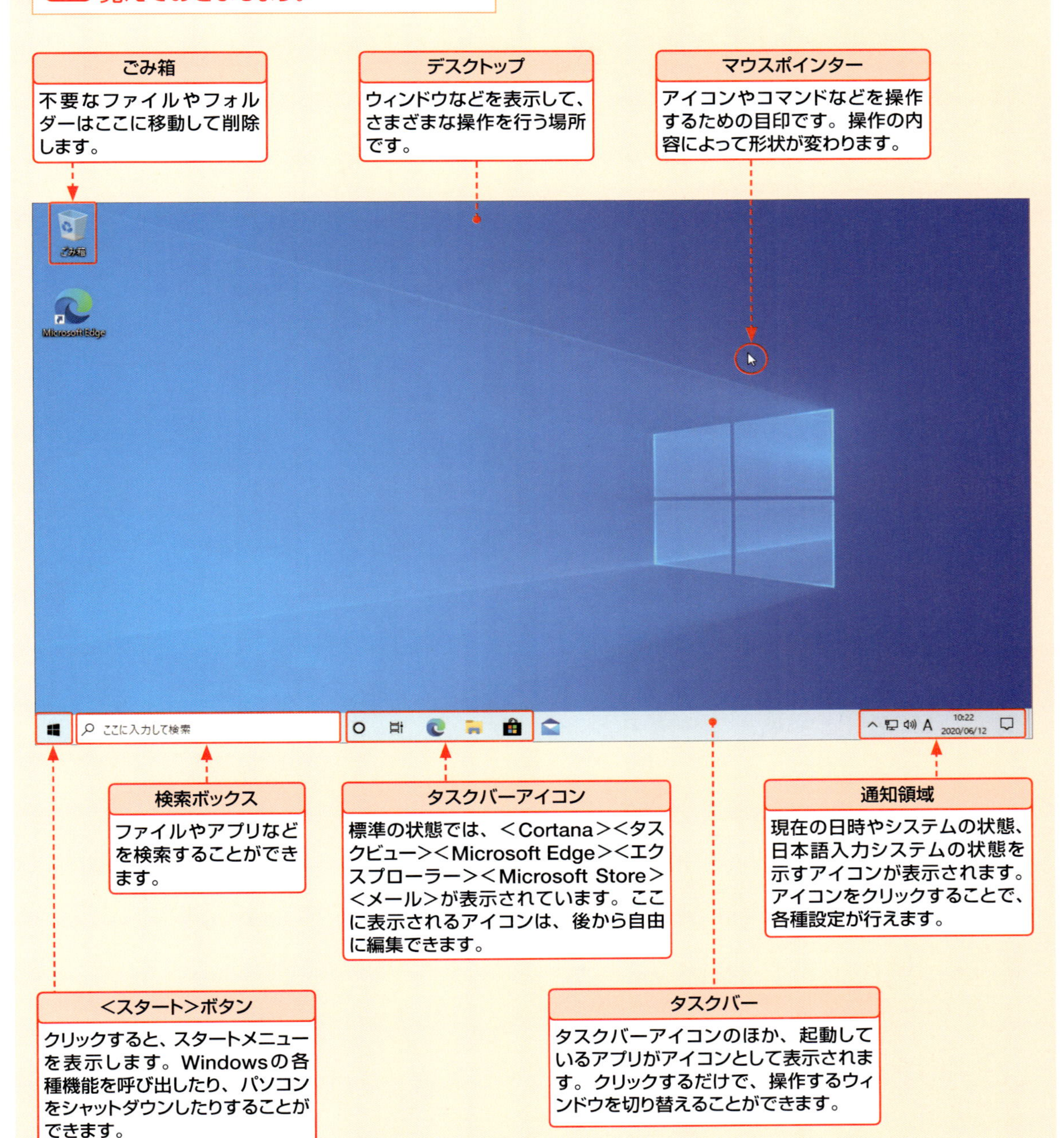

ごみ箱
不要なファイルやフォルダーはここに移動して削除します。
デスクトップ
ウィンドウなどを表示して、さまざまな操作を行う場所です。
マウスポインター
アイコンやコマンドなどを操作するための目印です。操作の内容によって形状が変わります。
ごみ箱
Microsoft Edge
ここに入力して検索
10:22
2020/06/12
検索ボックス
ファイルやアプリなどを検索することができます。
タスクバーアイコン
標準の状態では、<Cortana><タスクビュー><Microsoft Edge><エクスプローラー><Microsoft Store><メール>が表示されています。ここに表示されるアイコンは、後から自由に編集できます。
通知領域
現在の日時やシステムの状態、日本語入力システムの状態を示すアイコンが表示されます。アイコンをクリックすることで、各種設定が行えます。
<スタート>ボタン
クリックすると、スタートメニューを表示します。Windowsの各種機能を呼び出したり、パソコンをシャットダウンしたりすることができます。
タスクバー
タスクバーアイコンのほか、起動しているアプリがアイコンとして表示されます。クリックするだけで、操作するウィンドウを切り替えることができます。

基本
デスクトップ
キーボード・文字入力
インターネット
メール・連絡先
セキュリティ
写真・動画・音楽
OneDrive・スマホ
印刷・周辺機器
アプリ
インストール・設定

デスクトップの基本　重要度 ★★★

Q 052 デスクトップアイコンの大きさを変えたい!

A 右クリックメニューから変更できます。

デスクトップアイコンの大きさは、3種類から選択することができます。デスクトップの広さやディスプレイのサイズに合わせて、見やすい大きさに変更しておくとよいでしょう。

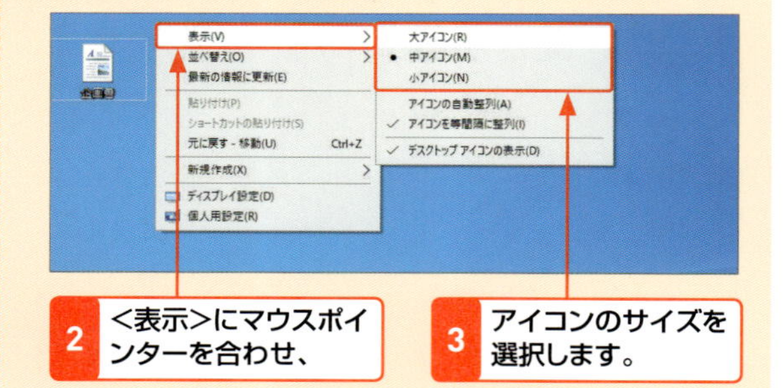
1 デスクトップ上で右クリックして、
2 <表示>にマウスポインターを合わせ、
3 アイコンのサイズを選択します。

デスクトップの基本　重要度 ★★☆

Q 053 デスクトップアイコンを移動させたい!

A アイコンをドラッグします。

デスクトップに表示されているアイコンは、ドラッグして好きな場所に移動させることができます。ただし、デスクトップアイコンの自動整列機能が有効になっていると元の場所に戻ってしまうので、あらかじめ無効にしておきましょう。

参照 ▶ Q 054

1 デスクトップアイコンを移動させたい位置へドラッグします。

デスクトップの基本　重要度 ★★☆

Q 054 デスクトップアイコンを整理したい!

A <アイコンの自動整列>を上手に利用しましょう。

アイコンの並びを整理するには、右の手順に従って、＜アイコンの自動整列＞機能を利用します。自動整列機能を有効にしたあとは、既存のアイコンが等間隔に並び、新たに追加したアイコンも自動的に整列するようになるので、いちいち手動でアイコンを並べなくても、デスクトップが常に整理された状態に保たれます。なお、＜アイコンの自動整列＞が有効になっている間は、アイコンの並べ替えのみが可能になる点に注意しましょう。

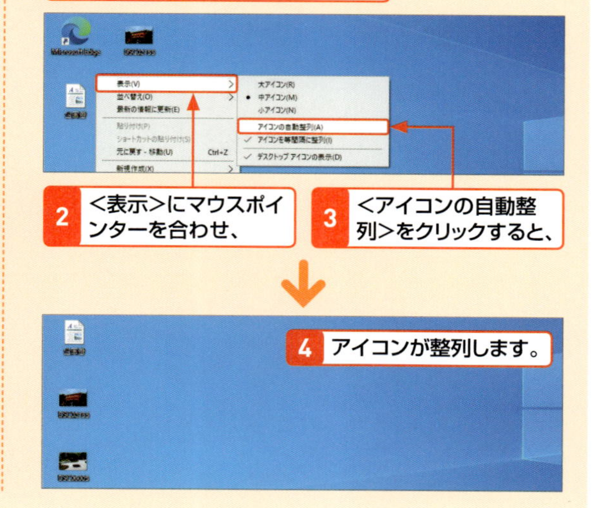
1 デスクトップ上で右クリックして、
2 <表示>にマウスポインターを合わせ、
3 <アイコンの自動整列>をクリックすると、
4 アイコンが整列します。

Q 055 画面に手書きで書き込みたい！

A 「Windows Ink」を使いましょう。

Windows 10の機能「Windows Ink」を使えば、画面に手書きで文字や図を書き込み、画像として保存することができます。

1 タスクバーを右クリックして、

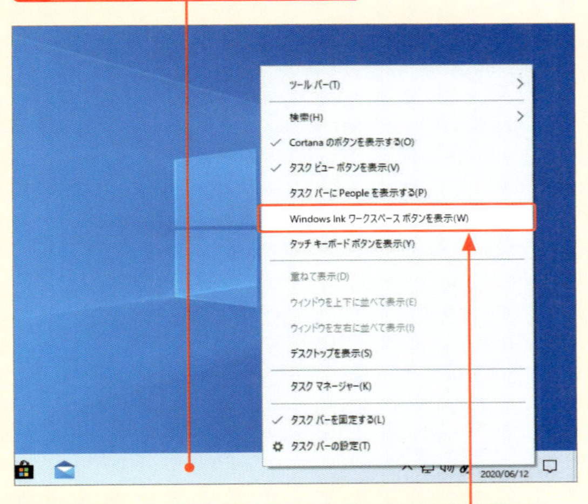

2 ＜Windows Inkワークスペースボタンを表示＞をクリックしてチェックを付けます。

3 書き込みたい画面を表示し、

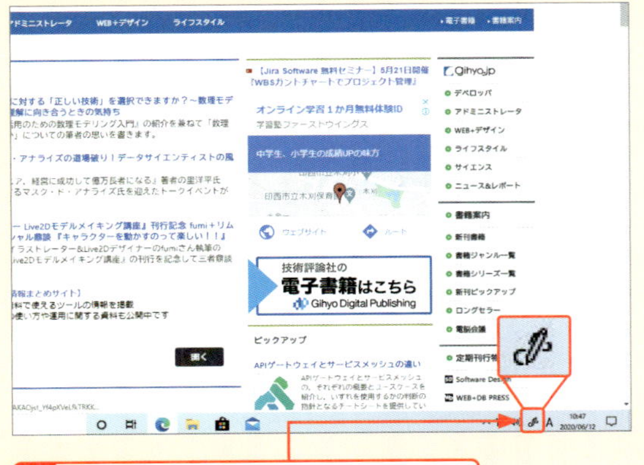

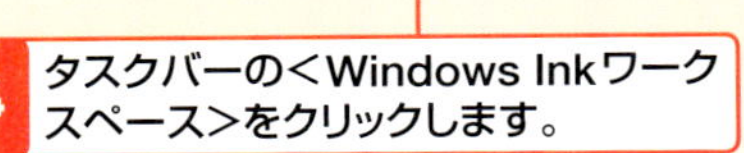

4 タスクバーの＜Windows Inkワークスペース＞をクリックします。

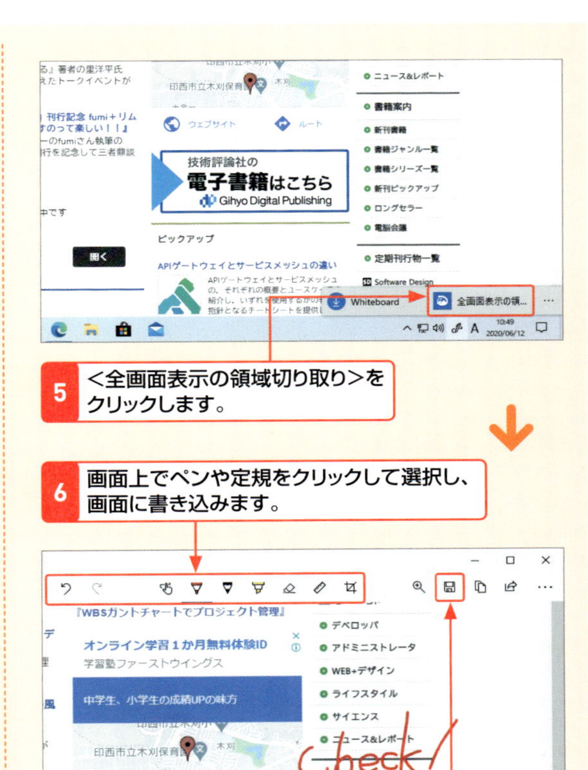

5 ＜全画面表示の領域切り取り＞をクリックします。

6 画面上でペンや定規をクリックして選択し、画面に書き込みます。

7 書き込みが終わったら、＜名前を付けて保存＞をクリックし、

8 ファイル名を入力し、必要に応じて保存場所をクリックして選択して、

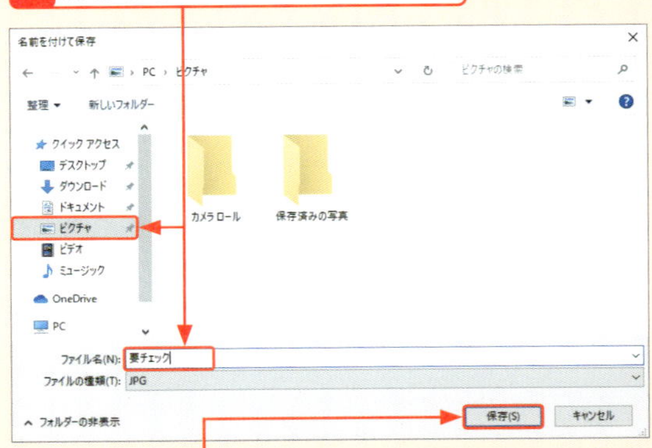

9 ＜保存＞をクリックします。

Q 056 画面を画像にして保存したい！

A ⊞＋PrintScreenや「Snipping Tool」を使います。

● ⊞＋PrintScreen で保存する

パソコンの画面を画像として保存するには、キーボードの⊞キーを押しながらPrintScreen（PrtSc）キーを押せば、自動的に画面全体が保存されます。このとき、保存先は＜ピクチャ＞フォルダー内の＜スクリーンショット＞フォルダー、ファイル形式はPNG、ファイル名は「スクリーンショット（＊）」になります。このとき、（＊）には連番の数が入ります。

参照▶Q 096

1 保存したい画面を表示して、

2 ⊞を押しながらPrintScreen（PrtSc）を押します。

3 ＜ピクチャ＞フォルダー内の＜スクリーンショット＞フォルダーに、画面が画像として保存されます。

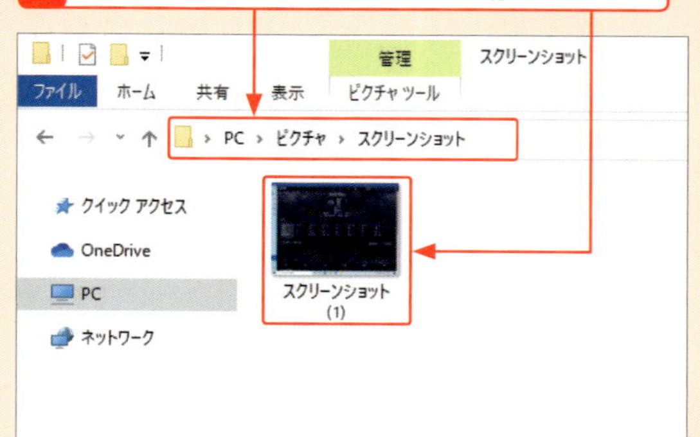

● 「Snipping Tool」で保存する

Windows 10に標準で付属する「Snipping Tool」アプリを利用すると、自由形式、四角形、ウィンドウの領域など、切り取る範囲を指定して保存することができます。

1 保存したい画面を表示して、スタートメニューで＜Windows アクセサリ＞→＜Snipping Tool＞をクリックし、

2 ＜モード＞のここをクリックして、

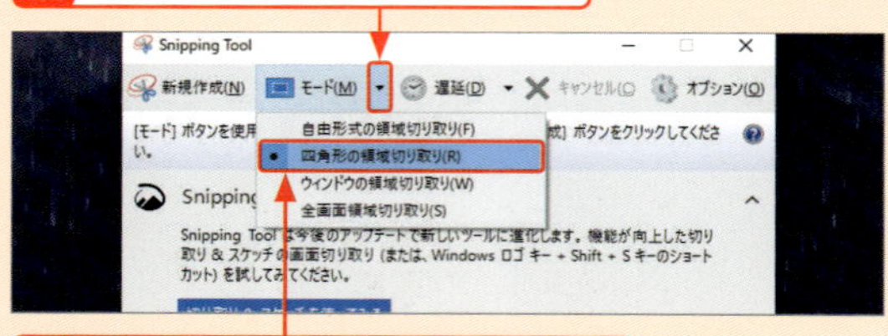

3 切り取る範囲（ここでは＜四角形の領域切り取り＞）をクリックします。

4 保存したい領域をドラッグすると、

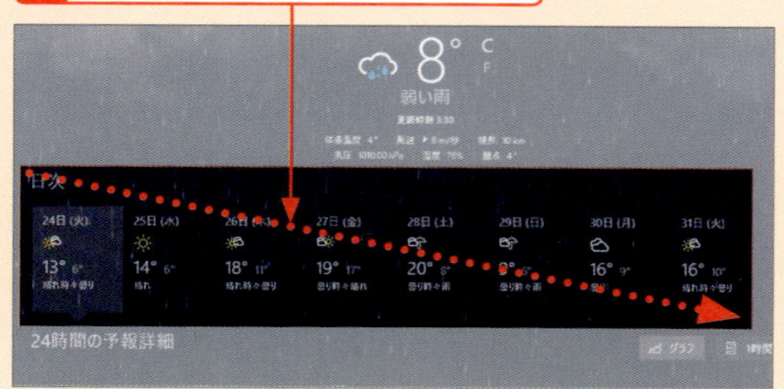

5 ＜Snipping Tool＞内に指定した画像が表示されます。

6 ＜ファイル＞をクリックして、

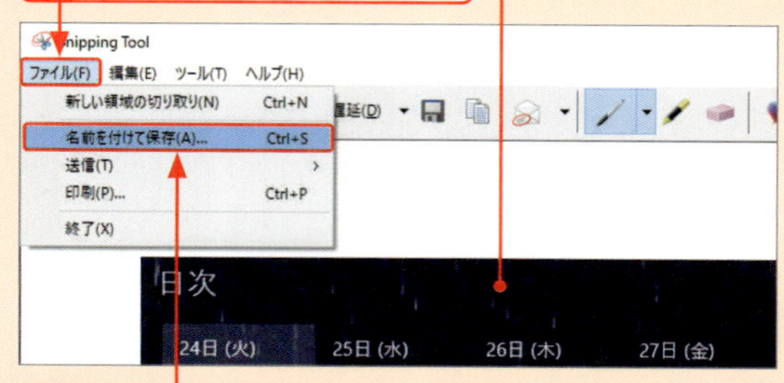

7 ＜名前を付けて保存＞をクリックして保存します。

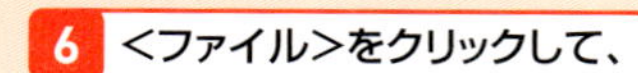

デスクトップの基本　重要度 ★★★

Q 057 画面を画像としてコピーしたい！

A PrintScreen を使います。

画面を画像としてコピーするには、キーボードの PrintScreen（PrtSc）キーを押します。これで、その時点の画面全体が画像としてクリップボードにコピーされます。

1 コピーしたい画面を表示して、

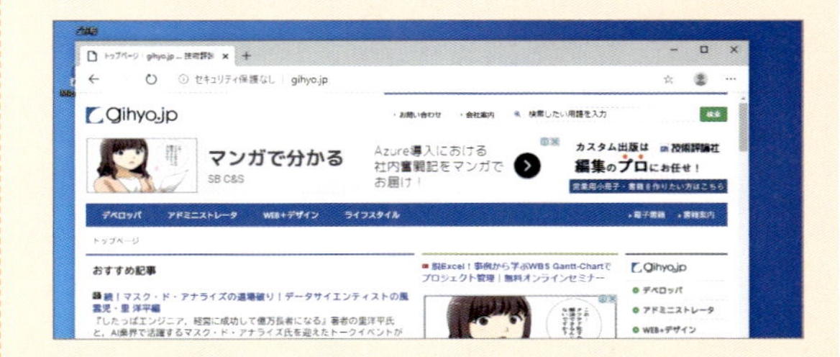

2 PrintScreen（PrtSc）を押します。

デスクトップの基本　重要度 ★★★

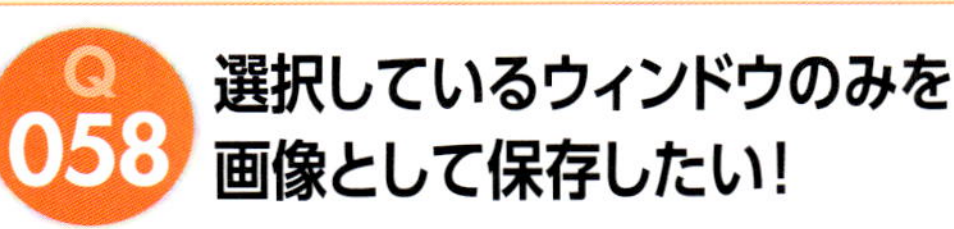

Q 058 選択しているウィンドウのみを画像として保存したい！

A Alt ＋ ⊞ ＋ PrintScreen を使います。

選択しているウィンドウのみを画像として保存するには、キーボードの Alt キーと ⊞ キーを押しながら PrintScreen（PrtSc）キーを押します。保存先は＜ビデオ＞フォルダー内の＜キャプチャ＞フォルダーです。画像の保存は「Xbox Game Bar」アプリが行っているので、保存されない場合はスタートメニューから＜設定＞を表示し、＜ゲーム＞→＜Xbox Game Bar＞で＜Xbox Game Bar＞をオンにしましょう。

1 コピーしたい画面を表示して、

2 Alt ＋ ⊞ ＋ PrintScreen（PrtSc）を押します。

デスクトップの基本　重要度 ★★★

Q 059 「ペイント」や「メモ帳」はどこにあるの？

A スタートメニューから起動します。

「ペイント」や「メモ帳」は、スタートメニューの＜Windows アクセサリ＞フォルダーから起動できます。なお、「ペイント」はパソコンの購入時期によって、搭載されていない可能性があります。その場合は後継アプリである「ペイント3D」を使用しましょう。

参照 ▶ Q 527

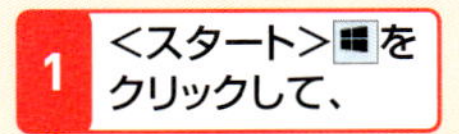

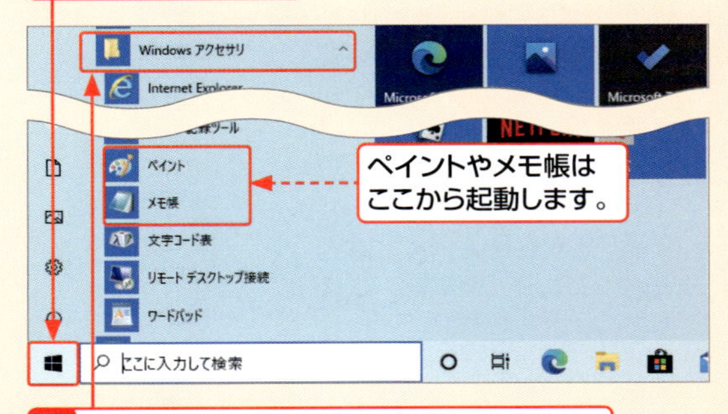

2 ＜Windowsアクセサリ＞をクリックします。

ウィンドウ操作・タスクバー　重要度 ★★★

Q 060 ウィンドウ操作の基本を知りたい！

A 最大化や最小化などの操作を行うことができます。

デスクトップに表示される、枠によって区切られた表示領域のことを「ウィンドウ」といいます。アプリは通常、ウィンドウの中に表示されます。文書の作成やWebページの閲覧など、アプリによってウィンドウに表示される内容は異なりますが、基本操作は同じです。ウィンドウの最上部にはアプリの名前や文書のタイトルなどを表示するタイトルバーがあります。右上端にある<最小化>をクリックするとウィンドウがタスクバーに格納され、<最大化>をクリックするとウィンドウが全画面で表示されます。<閉じる>をクリックすると、ウィンドウが閉じます。

● ウィンドウ

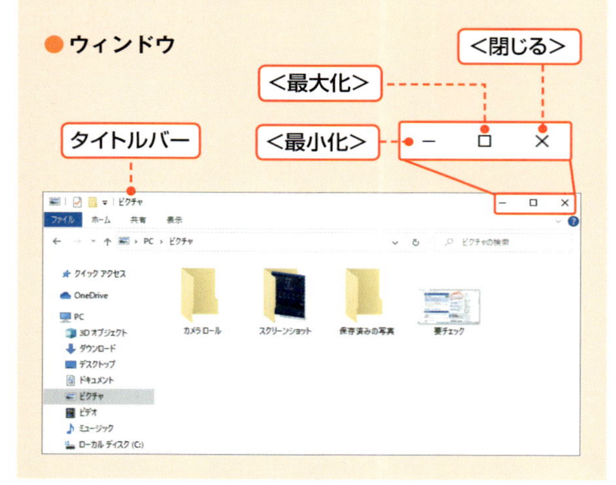

ウィンドウ操作・タスクバー　重要度 ★★★

Q 061 ウィンドウの大きさを変更したい！

A ウィンドウの枠をドラッグします。

ウィンドウは、左右の辺をドラッグすると幅を、上下の辺をドラッグすると高さを、四隅をドラッグすると幅と高さを同時に変更することができます。タッチ操作でも、マウスと同様に、ウィンドウの上下左右や四隅を指でドラッグします。

1 ウィンドウの四隅にマウスポインターを移動すると、ポインターの形が変わります。

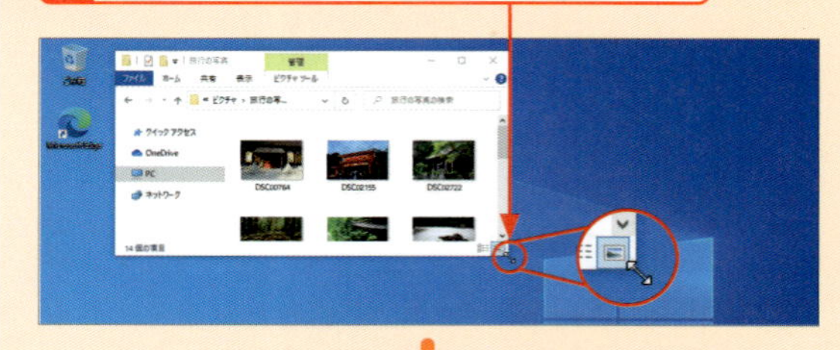

2 そのままドラッグすると、ウィンドウの大きさを変更できます。

ウィンドウ操作・タスクバー　重要度 ★★★

Q 062 ウィンドウを移動させたい！

A タイトルバーをドラッグして移動させます。

ウィンドウを移動するには、タイトルバーの何もないところをドラッグします。タッチ操作では、タイトルバーを指で押さえ、そのまま指を目的の場所まで動かします。

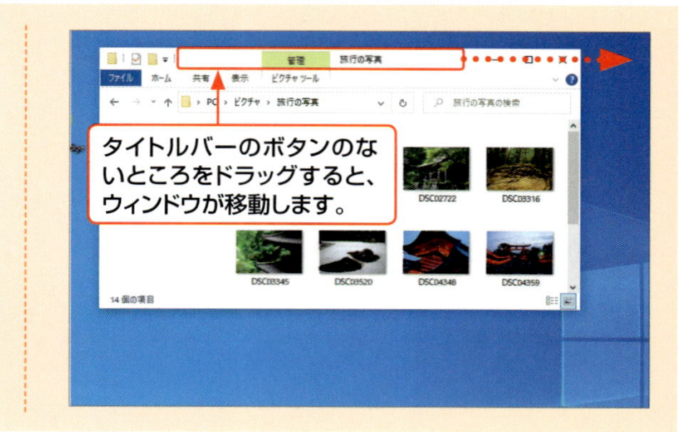

Q 063 ウィンドウを簡単に切り替えたい！

A ウィンドウやアイコンをクリックします。

アプリを切り替える方法には、次の3種類があります。

・ウィンドウをクリックする

・タスクバーのアイコンをクリックする

起動しているアプリは、タスクバーにアイコンとして表示されます。ウィンドウを最小化している場合などには、タスクバーのアイコンをクリックすると、アプリを切り替えることができます。

・タスクビューからアプリを選択する

タスクバーにある＜タスクビュー＞  をクリックすると、起動しているアプリの縮小画像（サムネイル）が一覧で表示されます。縮小画像をクリックすると、アプリを切り替えることができます。

ウィンドウをクリックして切り替える

1 アプリのウィンドウをクリックすると、

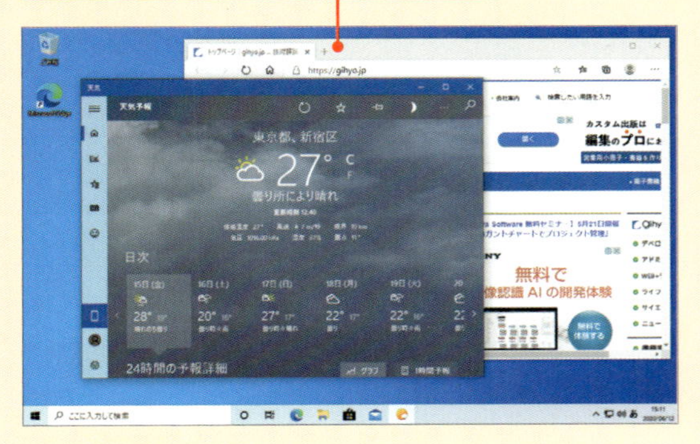

2 アプリが切り替わります。

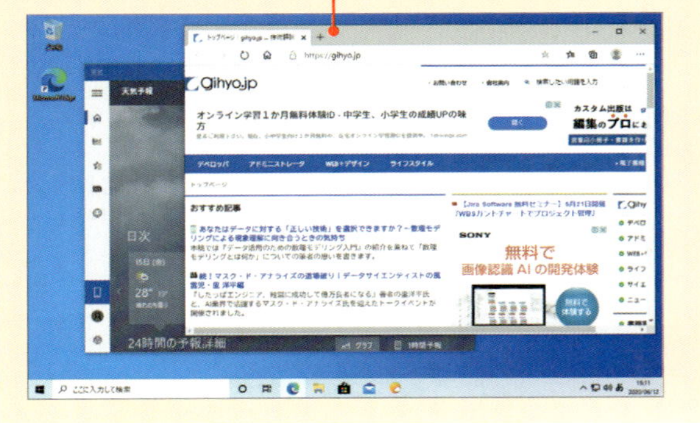

タスクバーから切り替える

1 タスクバーに表示されているアプリのアイコンをクリックすると、

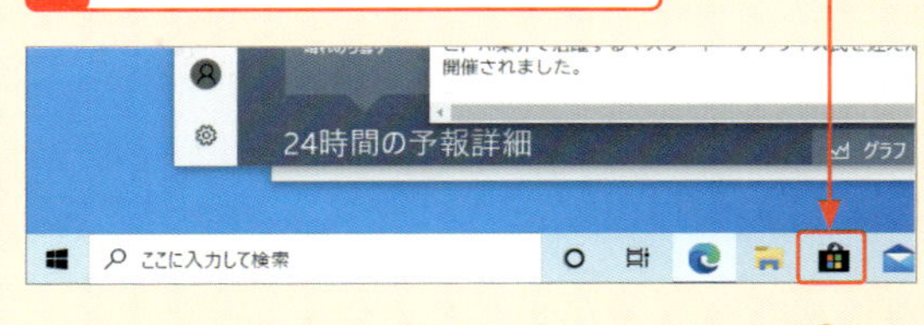

2 アプリが切り替わります。

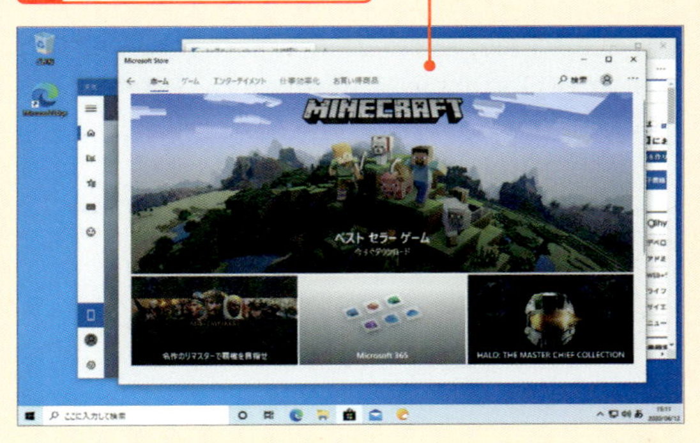

アプリの一覧から切り替える

1 タスクバーに表示されている＜タスクビュー＞ をクリックすると、

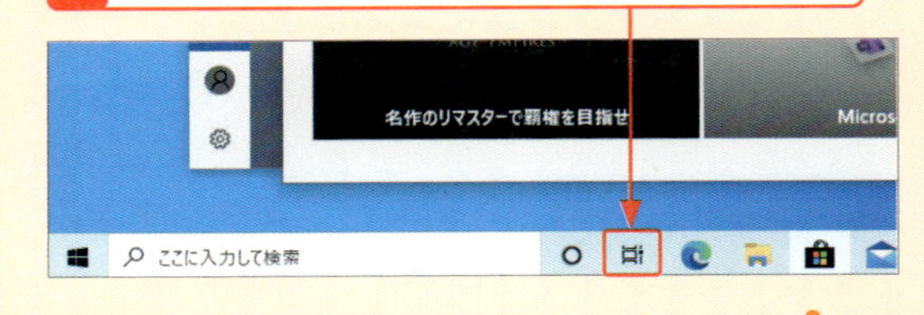

2 アプリの一覧が表示されます。

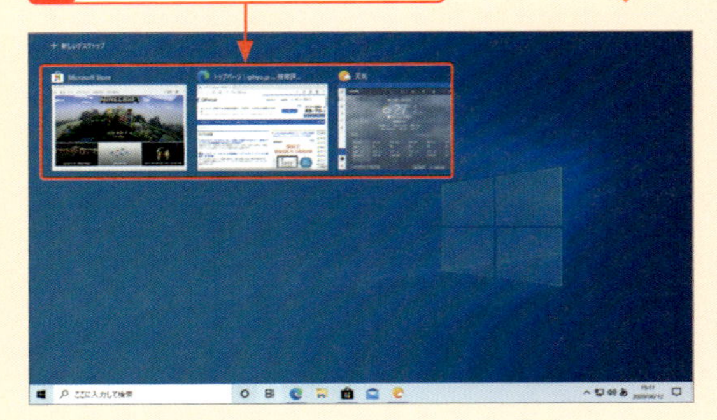

3 切り替えたいアプリをクリックすると、アプリが切り替わります。

Q 064 ウィンドウをきれいに並べたい！

A 「スナップ」機能を使います。

「スナップ」機能とは、複数のウィンドウを並べて表示する機能のことです。「スナップ」機能を利用するには、ウィンドウのタイトルバーを画面の端までドラッグします。左右へドラッグすると画面の半分のサイズにウィンドウが調整され、画面の四隅へドラッグすると画面の4分の1のサイズにウィンドウが調整されます。複数のウィンドウをきれいに並べるのに便利です。
ウィンドウを元の大きさに戻すには、タイトルバーを画面の内側へとドラッグします。

全画面表示にする

1 タイトルバーを画面の上端までドラッグすると、

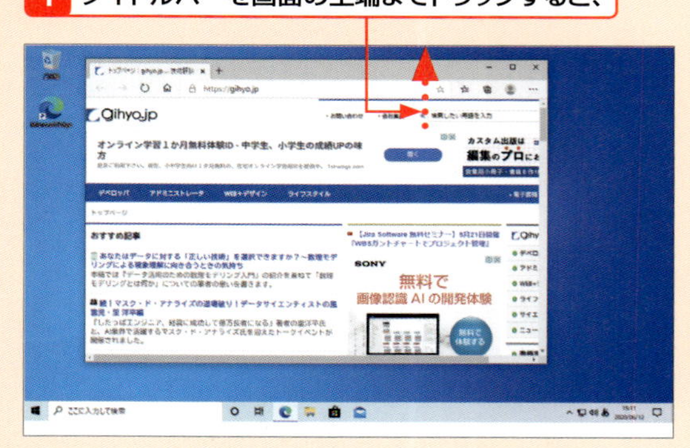

2 ウィンドウが画面全体のサイズに調整されます。

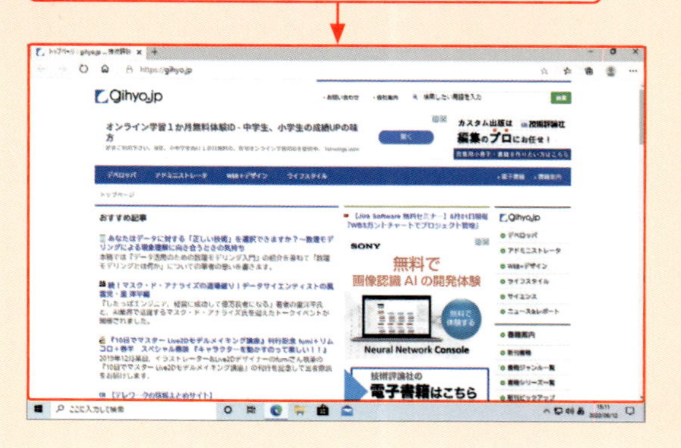

画面の2分の1のサイズにする

タイトルバーを画面の左右までドラッグすると、ウィンドウが画面の半分のサイズに調整されます。

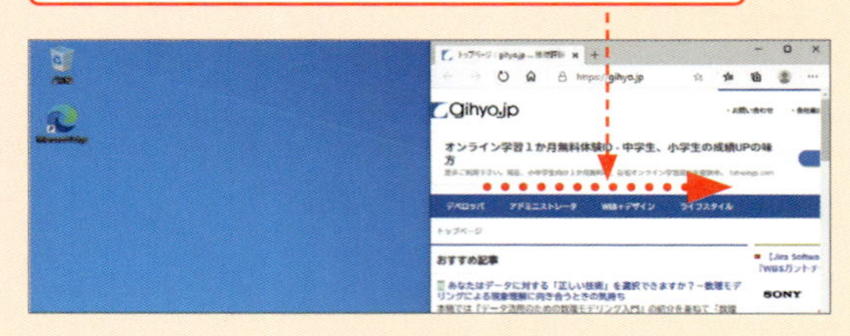

画面の4分の1のサイズにする

タイトルバーを画面の四隅までドラッグすると、ウィンドウが画面の4分の1のサイズに調整されます。

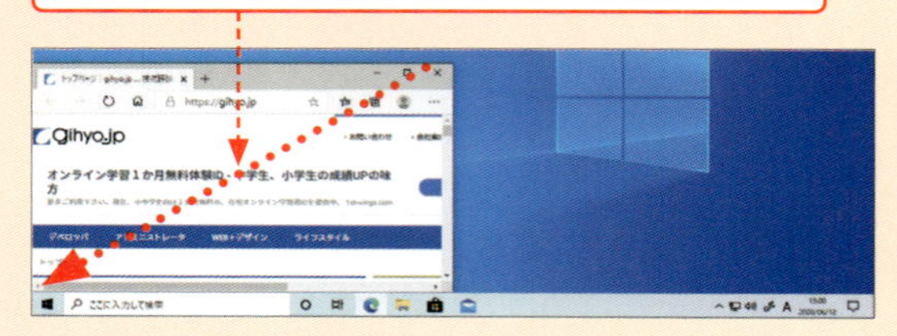

複数のウィンドウが開いている場合

1 タイトルバーを画面の左右までドラッグすると、

2 ウィンドウが画面の半分のサイズに調整され、もう半分にほかのウィンドウが表示されます。

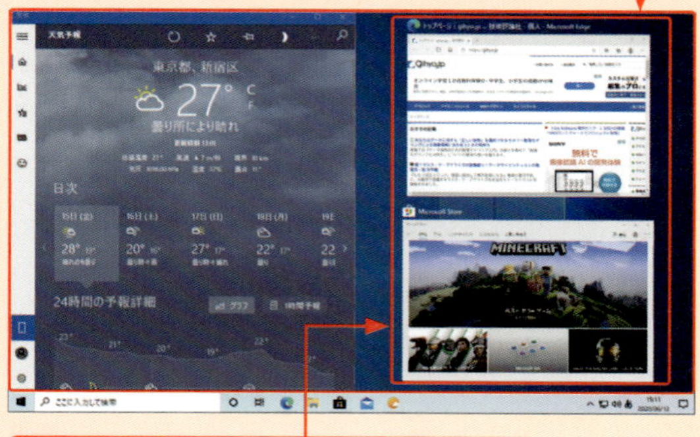

3 1つのウィンドウをクリックすると、画面の半分のサイズで表示されます。

Q 065 ウィンドウのサイズが勝手に変わってしまった！

A 「スナップ」機能が働いています。

ウィンドウを画面の端にドラッグすると、「スナップ」機能が働き、ウィンドウのサイズが自動的に調整されます。「スナップ」機能を無効にするには、スタートメニューで＜設定＞ をクリックして、＜システム＞→＜マルチタスク＞をクリックし、＜ウィンドウのスナップ＞をオフにします。 参照▶Q 064

1 スタートメニューで＜設定＞ をクリックして、

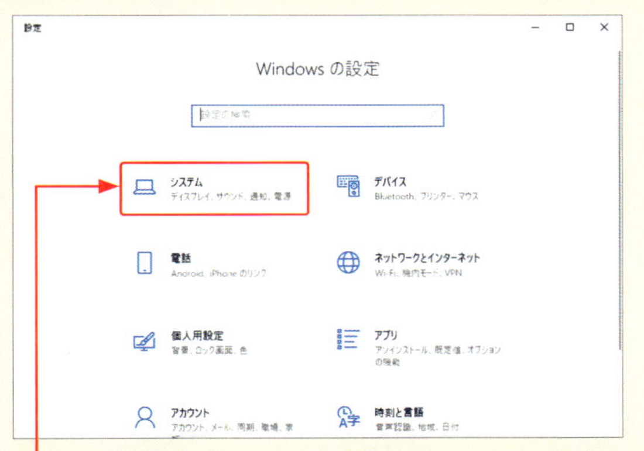

2 ＜システム＞をクリックし、

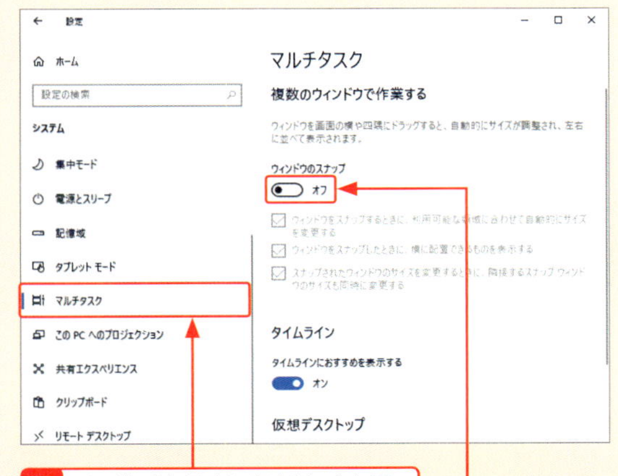

3 ＜マルチタスク＞をクリックして、

4 ＜ウィンドウのスナップ＞をオフにします。

Q 066 すべてのウィンドウを一気に最小化したい！

A タスクバーから操作します。

表示しているすべてのウィンドウを最小化するには、タスクバーの右端をクリックするか、タスクバーを右クリックして、＜デスクトップを表示＞をクリックします。このとき、 キーを押しながらMキーを押しても最小化できます。

再度表示するには、タスクバーの右端をクリックするか、タスクバーを右クリックして、＜開いているウィンドウを表示＞をクリックします。

デスクトップを確認したいだけであれば、 キーを押しながらDキーを押します。 参照▶Q 067

1 タスクバーを右クリックして、

2 ＜デスクトップを表示＞をクリックします。

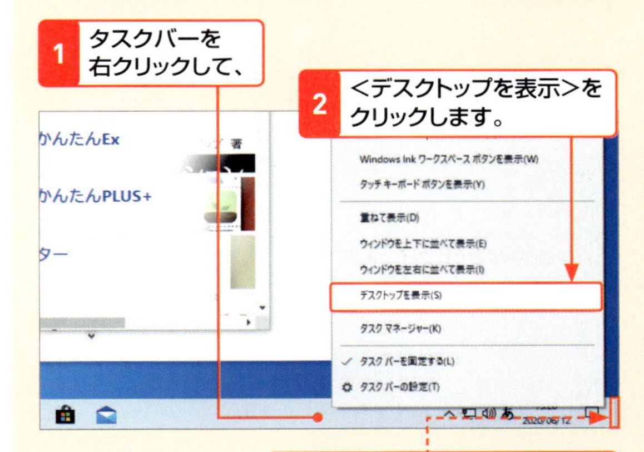

ここをクリックしても、すべてのウィンドウが最小化されます。

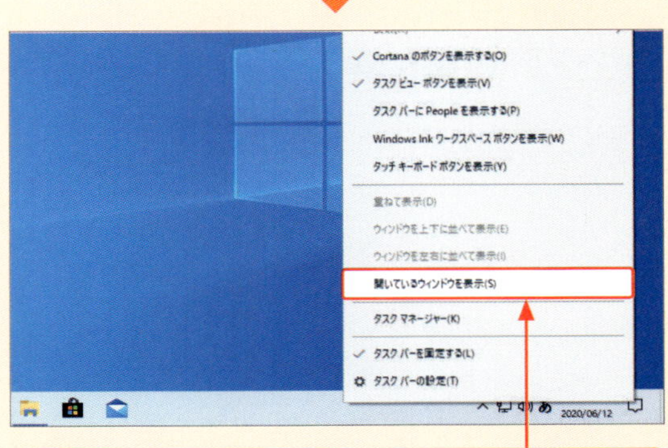

3 ＜開いているウィンドウを表示＞をクリックすると、ウィンドウの表示が元に戻ります。

ウィンドウ操作・タスクバー　重要度 ★★★

Q 067 一時的にデスクトップを確認したい！

A タスクバーの右端にマウスポインターを合わせます。

開いているウィンドウはそのままの状態で、一時的にデスクトップを確認したいときは、「デスクトップのプレビュー」機能を利用します。デスクトップのプレビューは、タスクバーの右端にマウスポインターを合わせると、開いているウィンドウが透明になりデスクトップが表示される機能です。 参照▶Q 066

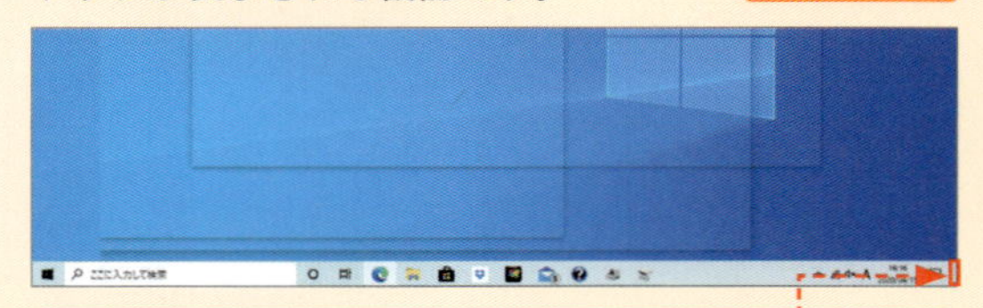

タスクバーの右端にマウスポインターを合わせると、一時的にデスクトップの状態を確認できます。

ウィンドウ操作・タスクバー　重要度 ★★★

Q 068 開いているウィンドウ以外を最小化したい！

A ⊞+Homeを押します。

開いているウィンドウ以外を最小化したい場合は、⊞キーを押しながらHomeキーを押します。もう一度同じキーを押すとウィンドウが元の大きさに戻ります。アプリのウィンドウを開いたまま、デスクトップのアイコンを操作したいときに便利です。
なお、タイトルバーをクリックしたままマウスを左右に素早く動かすことでも、開いているウィンドウ以外を最小化できます。

1 ⊞+Homeを押すと、

2 開いているウィンドウ以外が最小化されます。

ウィンドウ操作・タスクバー　重要度 ★★★

Q 069 ウィンドウの中身を簡単に見たい！

A タスクバーのアイコンにマウスポインターを合わせます。

表示しているウィンドウを最小化すると、タスクバーのアイコンとして表示されます。そのアイコンにマウスポインターを合わせると、ウィンドウを開かなくても、中身がサムネイル（縮小画像）で表示されます。
また、1つのアプリで複数のウィンドウを開いている場合は、複数のサムネイルが表示され、クリックして目的のウィンドウを選択することができます。

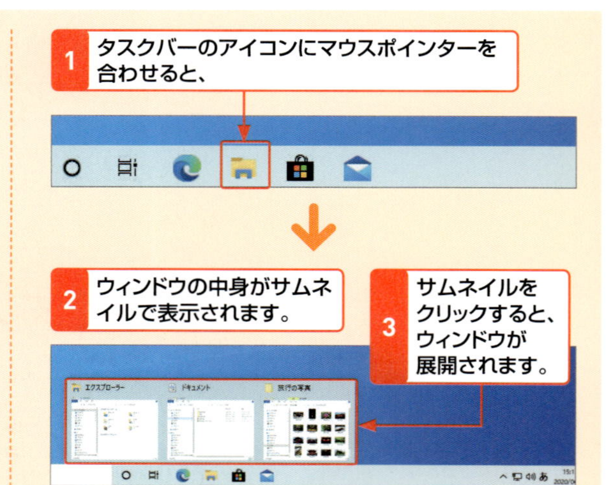
1 タスクバーのアイコンにマウスポインターを合わせると、
2 ウィンドウの中身がサムネイルで表示されます。
3 サムネイルをクリックすると、ウィンドウが展開されます。
エクスプローラー
ドキュメント
旅行の写真

ウィンドウ操作・タスクバー　重要度★★★

Q 070 再起動するように表示された！

A Windowsの設定や機能の更新に必要な作業です。

Windowsの設定の中には、再起動したあとではじめて変更内容が反映されるものがあります。また、Windows Updateで機能の更新が行われた場合も、再起動が必要になることがあります。再起動を促すメッセージが表示されたら、速やかに再起動を実行しましょう。

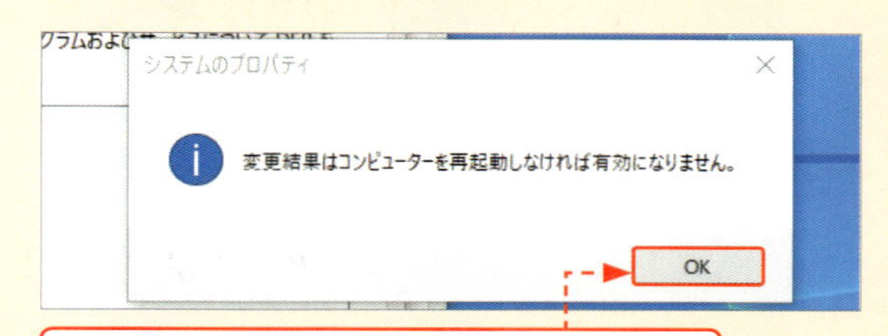

システムのプロパティ
変更結果はコンピューターを再起動しなければ有効になりません。
OK

<OK>をクリックして、再起動を実行します。

ウィンドウ操作・タスクバー　重要度★★★

Q 071 タスクバーって何？

A アプリを起動したり、ウィンドウを切り替えたりする領域です。

タスクバーは、デスクトップ最下部に表示される横長の領域で、初期設定では6つのアイコンが表示されています（パソコンによってアイコンは異なります）。タスクバーは、ウィンドウを切り替えたり、よく使うアプリのアイコンを登録して素早く起動したりできます。

	名称	解説
❶	<スタート>ボタン	スタートメニューを表示します。
❷	検索ボックス	アプリやファイルの検索ができます。
❸	Cortana	Cortanaが起動します。
❹	タスクビュー	タスクビューを表示します。
❺	Microsoft Edge	Microsoft Edgeが起動します。
❻	エクスプローラー	エクスプローラーが開きます。
❼	Microsoft Store	Microsoft Storeが起動します。
❽	メール	メールが起動します。

❶ ❷ ❸ ❹ ❺ ❻ ❼ ❽
ここに入力して検索

ウィンドウ操作・タスクバー　重要度★★★

Q 072 タスクバーの使い方を知りたい！

A 作業の状態によってアイコンの表示が変化します。

よく使うアプリのアイコンをタスクバーに登録すると、クリックするだけでアプリを起動したり、フォルダーを開いたりできて便利です。また、アイコンにマウスポインターを合わせれば、現在開いているウィンドウやファイルの中身をサムネイルで確認できます。
タスクバーのアイコンは、作業の状態によって右図のように表示が変わります。 参照▶Q 069

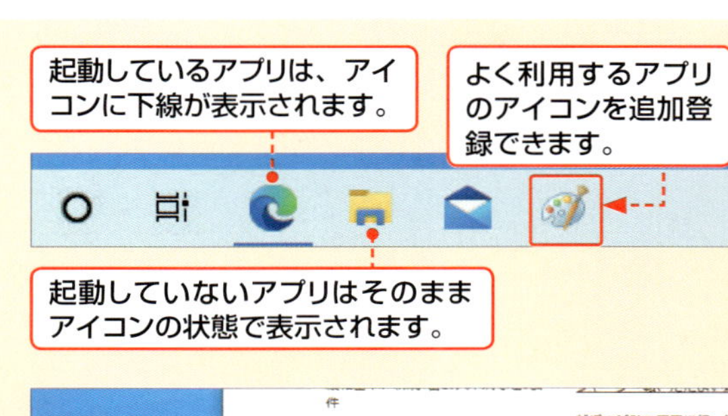

起動しているアプリは、アイコンに下線が表示されます。
よく利用するアプリのアイコンを追加登録できます。
起動していないアプリはそのままアイコンの状態で表示されます。

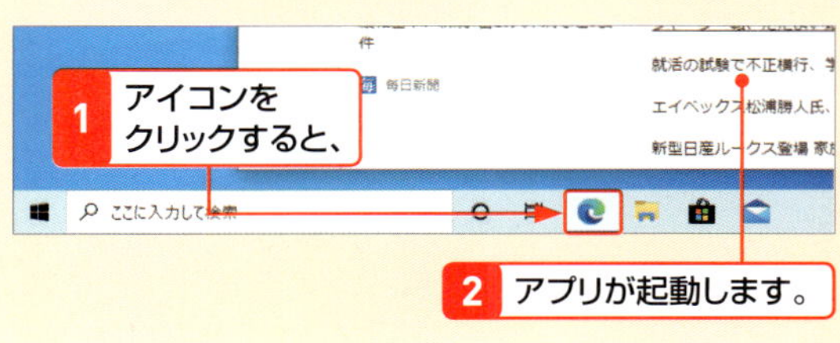

1 アイコンをクリックすると、
ここに入力して検索
2 アプリが起動します。

ウィンドウ操作・タスクバー　重要度 ★★★

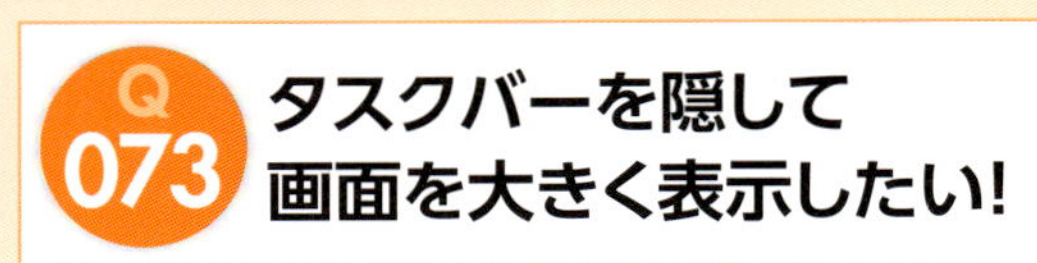

Q 073 タスクバーを隠して画面を大きく表示したい！

A 自動的に隠す設定に変更します。

タスクバーは、自動的に非表示になるように設定することができます。タスクバーが非表示になっている場合は、マウスポインターを画面下端付近に移動すると、タスクバーが表示されます。なお、タスクバーの非表示は、通常のデスクトップとタブレットモードとで別個に設定できます。

1 タスクバーを右クリックして、

2 <タスクバーの設定>をクリックします。

3 <デスクトップモードでタスクバーを自動的に隠す>をクリックしてオンにします。

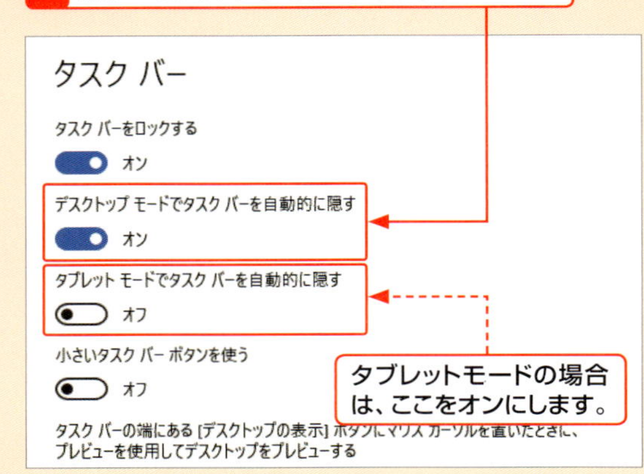

ウィンドウ操作・タスクバー　重要度 ★★★

Q 074 よく使うファイルをすぐに開きたい！

A タスクバーのアイコンを右クリックします。

「ジャンプリスト」は、タスクバーのアイコンを右クリックすると表示されるリストです。リストには、最近使用したファイルや、よく利用するフォルダーなどが表示され、クリックすると目的のファイルやフォルダーを素早く表示できます。よく使うファイルやフォルダーは、<一覧にピン留めする>をクリックすると「ピン留め」に表示され、いつでも選択できるようになります。

1 エクスプローラーのアイコン を右クリックして、

2 <一覧にピン留めする> をクリックすると、

3 「ピン留め」に表示されます。

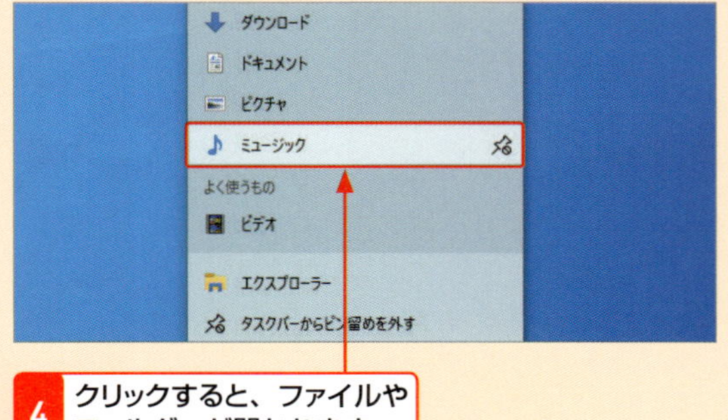

4 クリックすると、ファイルやフォルダーが開かれます。

Q 075 アプリをタスクバーから素早く起動したい！

A タスクバーにアプリのアイコンをピン留めします。

タスクバーにアプリのアイコンをピン留めしておくと、アイコンをクリックするだけでアプリを素早く起動できます。ピン留めはスタートメニューから行う方法と、アプリ起動時にタスクバーから行う方法の2つがあります。

● スタートメニューからピン留めする

1 ピン留めしたいアプリを右クリックして、

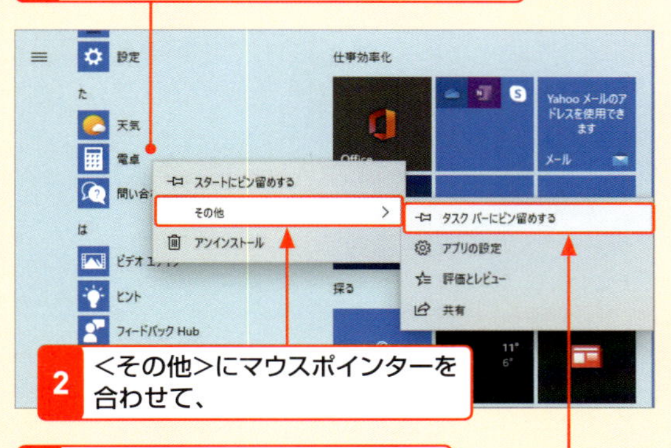

2 <その他>にマウスポインターを合わせて、

3 <タスクバーにピン留めする>をクリックします。

● タスクバーからピン留めする

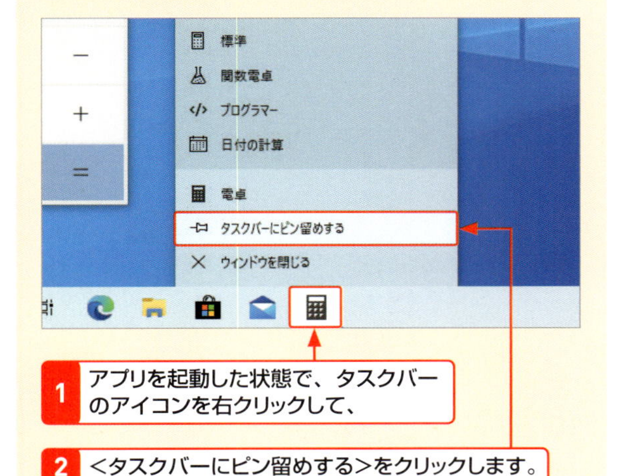

1 アプリを起動した状態で、タスクバーのアイコンを右クリックして、

2 <タスクバーにピン留めする>をクリックします。

Q 076 画面右下に表示されるメッセージは何？

A ユーザーに操作や設定を促すもので、「通知」と呼ばれます。

パソコンを操作していると、サウンドとともに画面右下にメッセージが表示されることがあります。これは「通知」と呼ばれるもので、パソコンに何らかの問題が生じた場合や、アプリからのお知らせがある場合などに表示されます。未読の通知がある場合は、タスクバー右端のアイコンで件数を確認できます。 参照▶Q 077

セキュリティやネットワークに問題が生じた場合などにメッセージが表示されます。

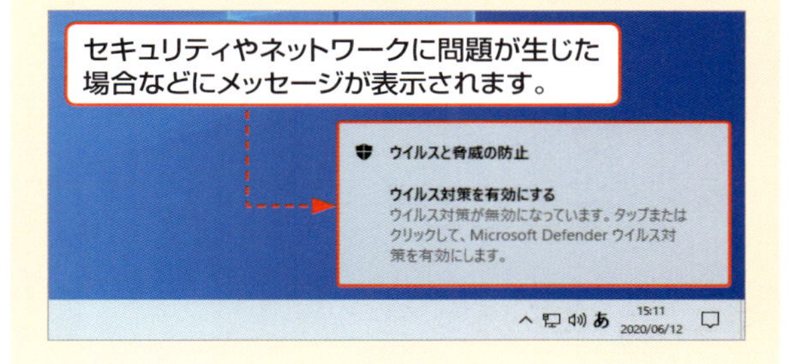

Q 077 通知を詳しく確認したい！

A 通知をクリックするか、アクションセンターを表示します。

アプリの通知をクリックすると、そのアプリが起動します。システムからの通知の場合は、通知をクリックすれば必要な設定項目のある画面が表示されます。通知を見逃した場合でも、アクションセンターに通知が残っているので、ここから確認できます。 参照▶Q 078

通知をクリックすると、画面が表示されます。

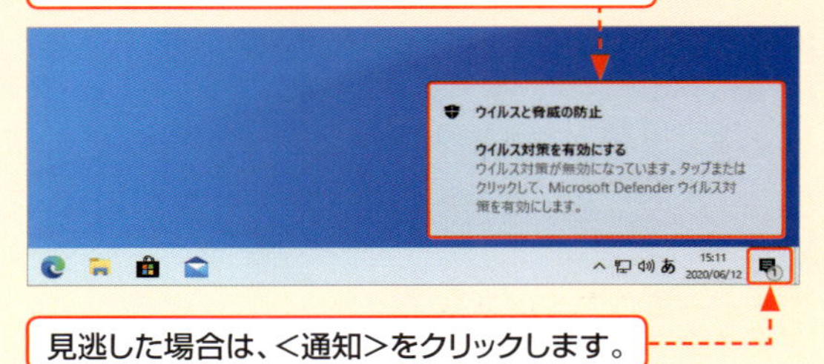

見逃した場合は、<通知>をクリックします。

ウィンドウ操作・タスクバー　重要度 ★★★

Q 078 アクションセンターって何？

A 通知の確認や各種設定の切り替えができる画面です。

「アクションセンター」は、<通知>をクリックすると画面右に表示されます。ここから通知を確認したり、タブレットモードやWi-Fiなどの各種設定を切り替えたりできます。

● アクションセンターを表示する

1 画面右下の<通知>をクリックすると、

2 アクションセンターが表示されます。

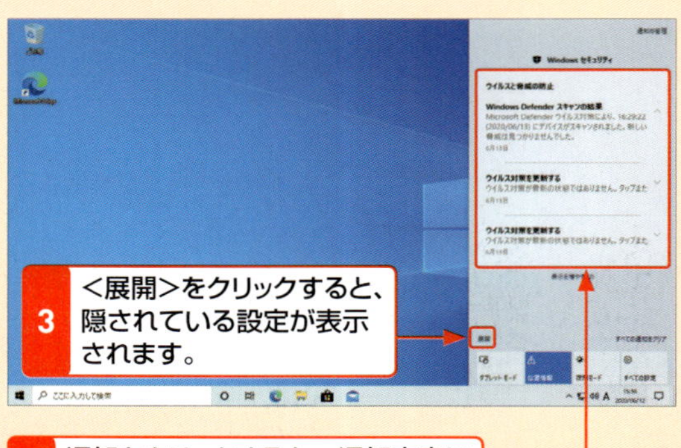

3 <展開>をクリックすると、隠されている設定が表示されます。

4 通知をクリックすると、通知内容に対応したアプリが開きます。

● 各種設定を切り替える

1 アクションセンターに表示されるアイコンをクリックすると、

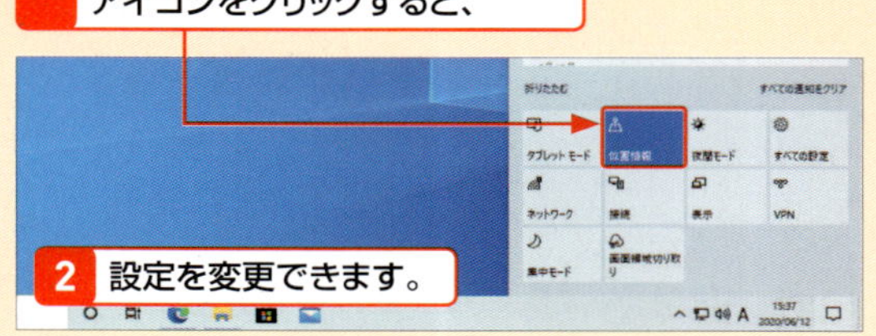

2 設定を変更できます。

仮想デスクトップ　重要度 ★★★

Q 079 仮想デスクトップって何？

A 1つのディスプレイで複数のデスクトップを使い分ける機能です。

「仮想デスクトップ」とは、1つのディスプレイで、複数のデスクトップを使い分けるための機能です。たとえば、メインのデスクトップではワープロソフトを使って文書を作成し、ほかのデスクトップではWebブラウザーや「メール」アプリで資料を検索するといった使い方ができます。Windows 10では、仮想デスクトップの追加や削除が手軽にできるようになりました。

● 複数のデスクトップを使い分ける

複数のデスクトップが同時に起動しており、1つのディスプレイで切り替えながら使えます。

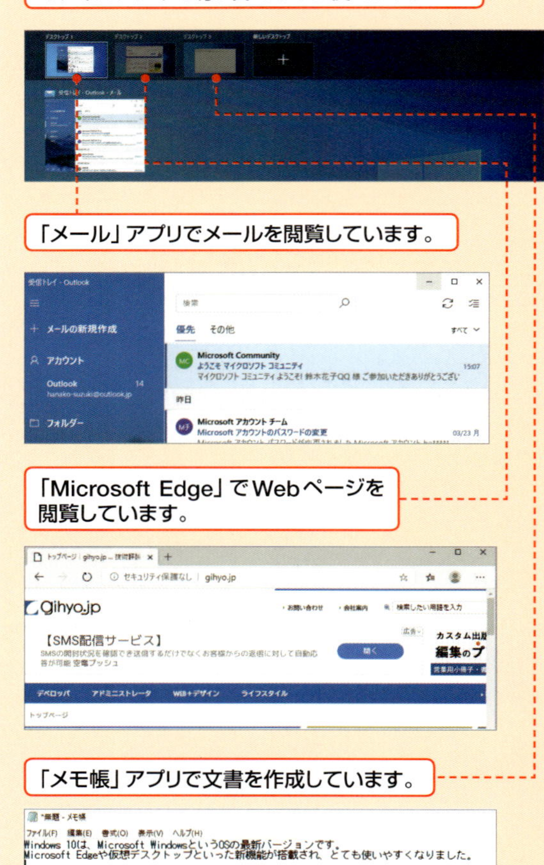

「メール」アプリでメールを閲覧しています。

「Microsoft Edge」でWebページを閲覧しています。

「メモ帳」アプリで文書を作成しています。

Q 080 新しいデスクトップを作成したい!

A <新しいデスクトップ>をクリックします。

新しいデスクトップ(仮想デスクトップ)を作成するには、まずタスクバーの<タスクビュー>をクリックします。デスクトップが暗転し、タスクビューが表示されるので、左上に表示される<新しいデスクトップ>をクリックします。

1 <タスクビュー>をクリックして、

2 <新しいデスクトップ>をクリックすると、

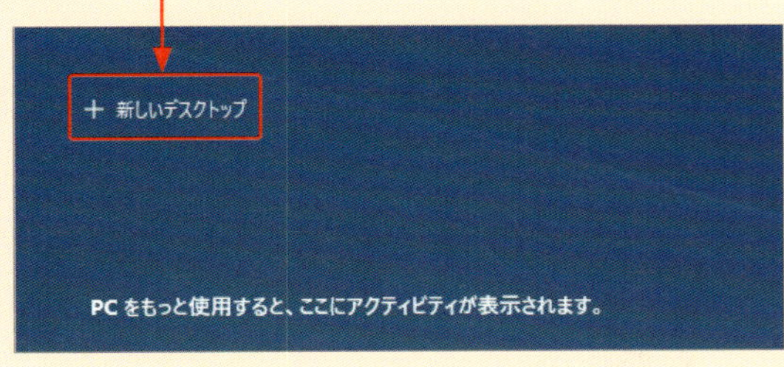

3 仮想デスクトップが作成されます。

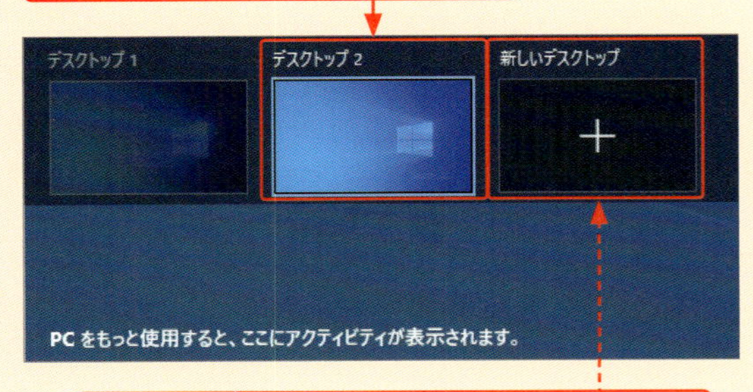

ここをクリックすると、さらに仮想デスクトップを作成できます。

Q 081 デスクトップに名前を付けたい!

A デスクトップの標準の名前をクリックして変更します。

デスクトップにはそれぞれ、「デスクトップ1」「デスクトップ2」といった名前が付けられています。この名前をクリックすると、好きな名前に変更できます。通常の作業に使うデスクトップは「メイン」、Webページ閲覧用は「Web」など一覧したときわかりやすい名前を付けておくとよいでしょう。

1 デスクトップの名前をクリックして、

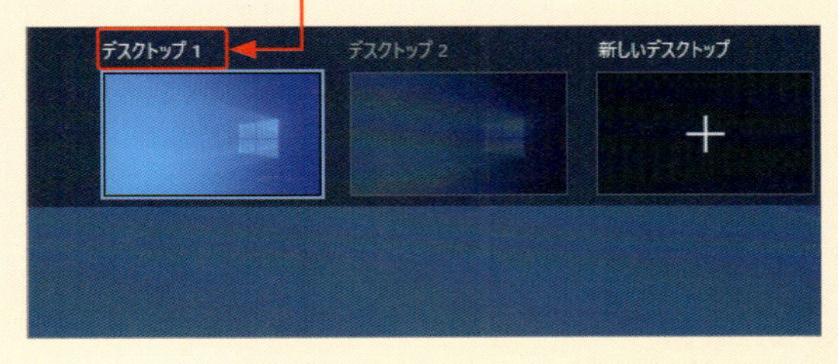

2 変更したい名前を入力して Enter を押すと、

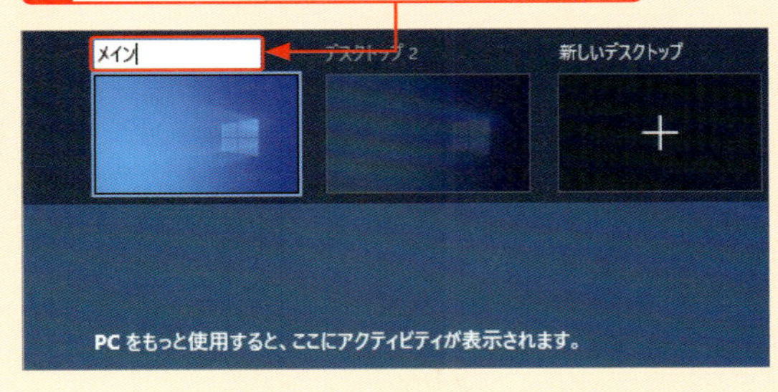

3 デスクトップの名前が変更されます。

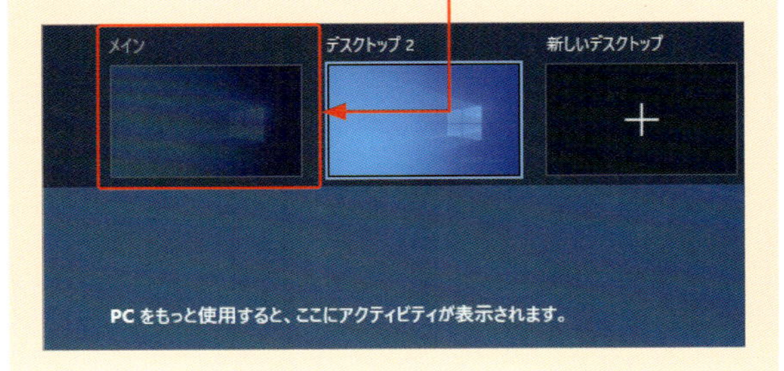

仮想デスクトップ　重要度 ★★★

Q 082 操作するデスクトップを切り替えるには？

A デスクトップのサムネイルをクリックします。

仮想デスクトップを追加したら、それぞれを切り替えて使うことができます。仮想デスクトップは以下のように操作して切り替えられるほか、Ctrl キーと ⊞ キーを同時に押しながら、← キーあるいは → キーを押しても切り替えることができます。

1 <タスクビュー> をクリックして、

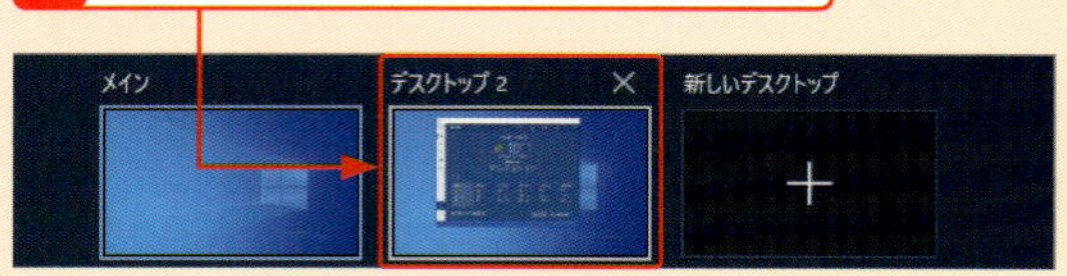
2 作業するデスクトップをクリックすると、
メイン
デスクトップ 2
新しいデスクトップ
3 デスクトップが切り替わります。

仮想デスクトップ　重要度 ★★★

Q 083 デスクトップを切り替えたらアプリが消えた！

A アプリはデスクトップごとに起動しています。

起動しているアプリや開いているウィンドウなどの状態は、仮想デスクトップごとに保存されます。そのため、仮想デスクトップを切り替えると、表示されていたウィンドウがないのでアプリが消えたと思うかもしれません。しかし、元の仮想デスクトップに戻ると、開いていたウィンドウなどが元のまま表示されます。

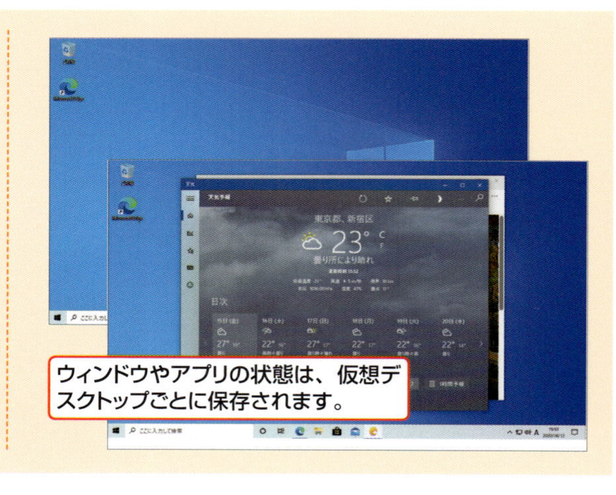
東京都、新宿区
23°
ウィンドウやアプリの状態は、仮想デスクトップごとに保存されます。

仮想デスクトップ　重要度 ★★★

Q 084 アプリを別のデスクトップに移動するには？

A 仮想デスクトップ上のサムネイルをドラッグします。

アプリは仮想デスクトップごとに起動していますが、別のデスクトップへ移動させることもできます。移動させるときは、まず<タスクビュー>をクリックしてデスクトップのサムネイルを表示します。アプリのサムネイルを別のデスクトップのサムネイルにドラッグすると、アプリがそのデスクトップで起動した状態になります。

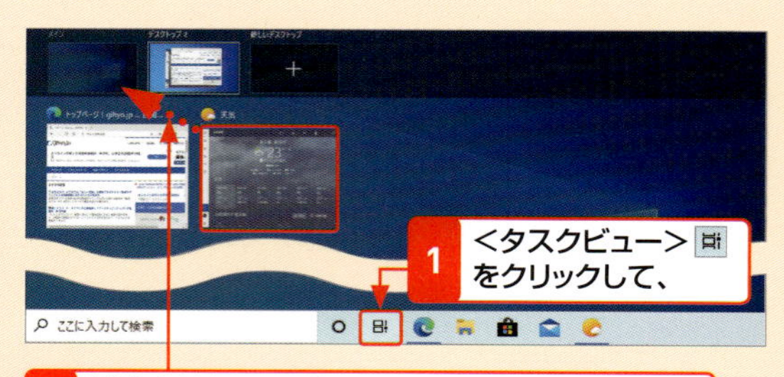
1 <タスクビュー> をクリックして、
ここに入力して検索
2 移動させたいアプリのサムネイルを別のデスクトップのサムネイルへドラッグします。

仮想デスクトップ

重要度 ★★★

Q 085 使わないデスクトップを削除したい！

A ＜閉じる＞をクリックします。

デスクトップを削除するには、タスクビューを表示し、削除したいデスクトップにマウスポインターを合わせます。右上に＜閉じる＞が表示されるので、クリックします。デスクトップを削除すると、そのデスクトップに表示されていたウィンドウは、左隣のデスクトップに移動します。

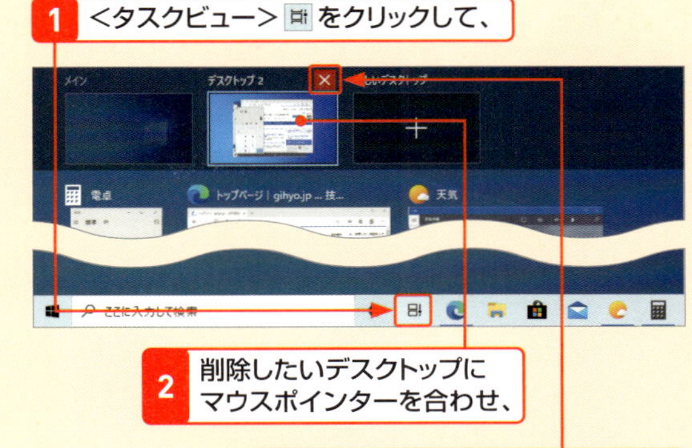
1 ＜タスクビュー＞をクリックして、
2 削除したいデスクトップにマウスポインターを合わせ、
3 ＜閉じる＞をクリックします。

タイムライン

重要度 ★★☆

Q 086 タイムラインって何？

A 過去の作業をたどることができる機能です。

「タイムライン」は、タスクビューの現在実行中のアプリのサムネイルの下に、過去に開いたファイルやアプリ、Webページなどの履歴（アクティビティ）を時系列で表示する機能です。

表示されているアクティビティをクリックすると、そのとき利用していたWeb ページやアプリが開かれるため、すぐに作業を再開できます。

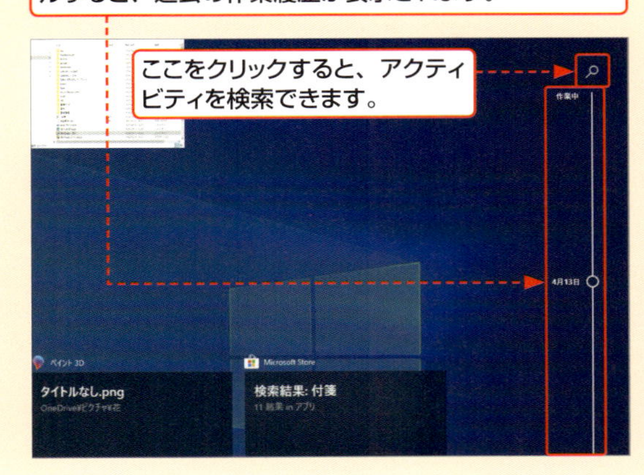
＜タスクビュー＞をクリックしてここを下にスクロールすると、過去の作業履歴が表示されます。
ここをクリックすると、アクティビティを検索できます。
タイトルなし.png
検索結果: 付箋

タイムライン

重要度 ★★★

Q 087 パソコンで昨日使っていたアプリを開くには？

A 「タイムライン」から開きます。

「タイムライン」を使えば、過去と同じパソコンの作業状態を再現できます。タイムラインはアプリ単位での記録ではなく、そのとき開いていたWebページやファイルなどを個別に記録しているので、同じページを表示したり、ファイルを開いたりできます。

1 ＜タスクビュー＞を クリックして、タイムラインを表示し、
新しいedge - Bing
新しい Microsoft Edge をダウンロード
Microsoft Rewards - 無償のリワードを獲得しましょう
2 アクティビティをクリックすると、
3 過去に開いていたWebページやファイルを直接開くことができます。

タイムライン　重要度 ★★★

Q 088 いらないアクティビティを削除するには？

A <削除>をクリックします。

タイムライン上に表示されている特定のアクティビティを削除したい場合、アクティビティを右クリックして、<削除>をクリックします。このとき、<○○からすべてクリア>をクリックすると、その日のアクティビティをすべて削除できます。

1 <タスクビュー> をクリックして、タイムラインを表示し、

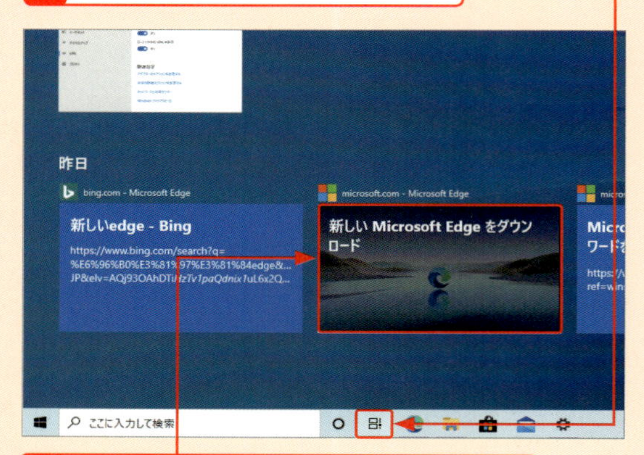

2 削除したいアクティビティを右クリックして、

3 <削除>をクリックすると、アクティビティが削除されます。

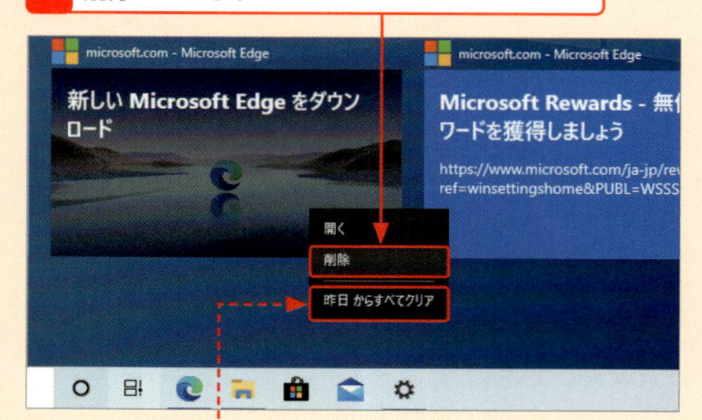

<○○からすべてクリア>をクリックし、<はい>をクリックすると、その1日のすべてのアクティビティが削除されます。

タイムライン　重要度 ★★★

Q 089 タイムラインの機能をオフにしたい！

A アクティビティの収集とクラウドへの同期を停止しましょう。

タイムラインで、パソコン内のアクティビティの収集とクラウドへの同期を行うことで、過去の作業状態を再現したり、同一のMicrosoftアカウントでログインしたほかのパソコンでも同じタイムラインを表示したりできます。タイムラインの機能をオフにするには、<アクティビティの履歴>から設定を行います。

1 スタートメニューで<設定> をクリックして、<プライバシー>→<アクティビティの履歴>をクリックし、

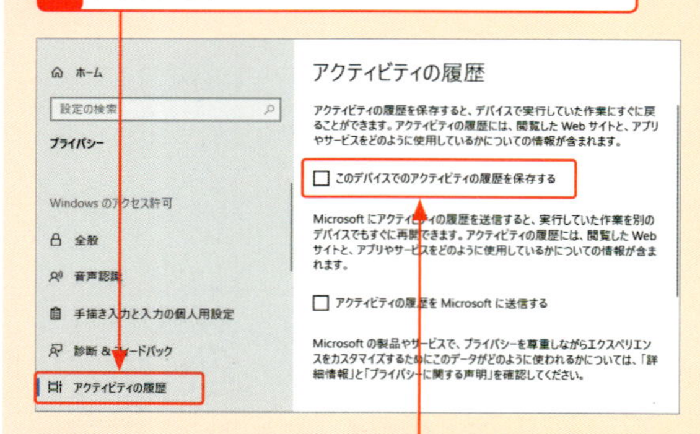

2 ここのチェックを外すと、タイムラインの機能がオフになり、アクティビティの収集や同期が停止されます。

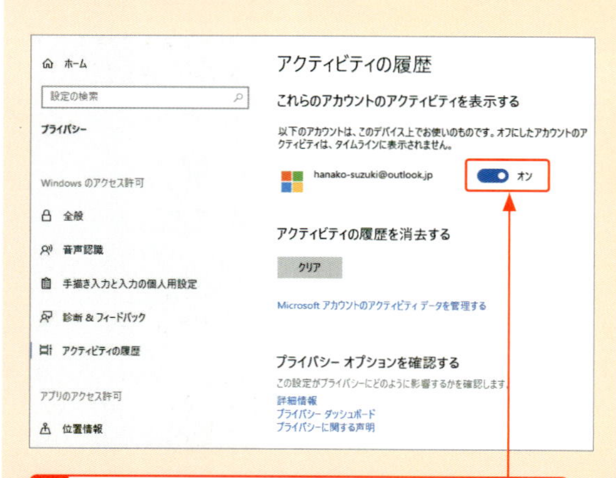

3 ここをクリックしてオフにすると、アクティビティが非表示になります。

Q 090 Windowsの「ファイル」って何？

A データを管理する単位です。

パソコンでは、さまざまなデータを「ファイル」という単位で管理しています。ファイルの種類によってアイコンの絵柄が異なるので、アイコンを見ると、何のファイルかすぐに判断できます。

●ファイルとは

パソコンで作成した文書やデジカメから取り込んだ写真など、パソコンで扱うデータの単位のことを「ファイル」といいます。

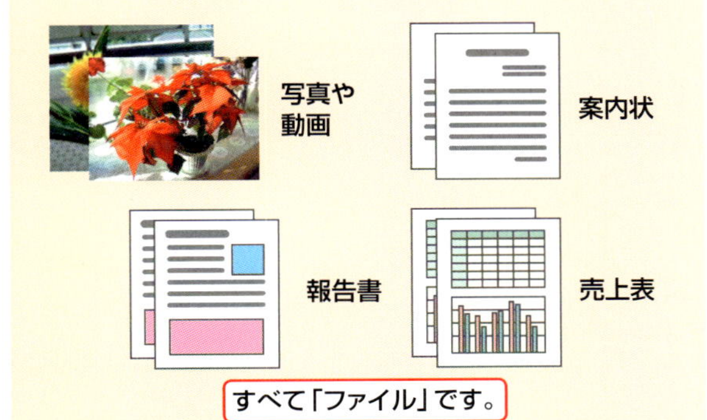

すべて「ファイル」です。

●ファイルのアイコン

ファイルは、アイコンとファイル名で表示されます。ファイルの種類によって、アイコンの絵柄が異なります。

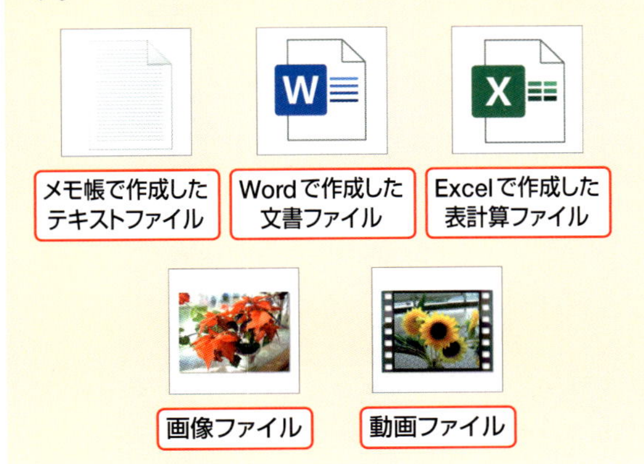

Q 091 ファイルとフォルダーの違いは？

A ファイルをまとめて管理する場所がフォルダーです。

「フォルダー」は、ファイルをまとめて管理するための場所です。フォルダーの中にフォルダーを作り、階層構造にして管理することもできます。

●フォルダーとは

「フォルダー」は、複数のファイルをまとめて管理するための場所です。自分で作成したフォルダーには、自由に名前を付けることができます。

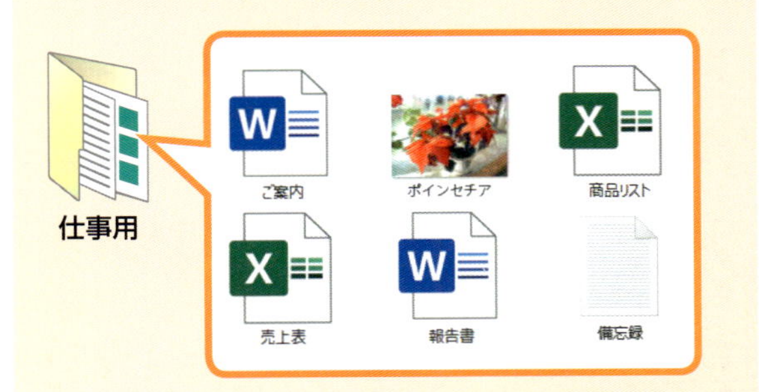

フォルダーの中には、いろいろなファイルを入れることができます。

●フォルダーを階層構造で管理する

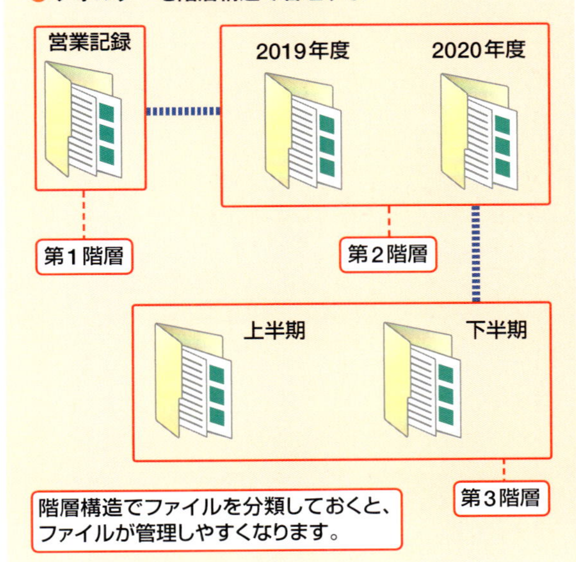

階層構造でファイルを分類しておくと、ファイルが管理しやすくなります。

デスクトップでのファイル管理　重要度 ★★★

Q 092 エクスプローラーって何？

A ファイルやフォルダーを管理するためのアプリです。

「エクスプローラー」は、パソコン内のファイルやフォルダーを操作・管理するために用意されたアプリで、Windowsに標準で搭載されています。
エクスプローラーを表示するには、タスクバーにある＜エクスプローラー＞か、スタートメニューの＜エクスプローラー＞をクリックします。

1 タスクバーの＜エクスプローラー＞をクリックすると、
2 エクスプローラーが起動します。
ここに入力して検索

デスクトップでのファイル管理　重要度 ★★★

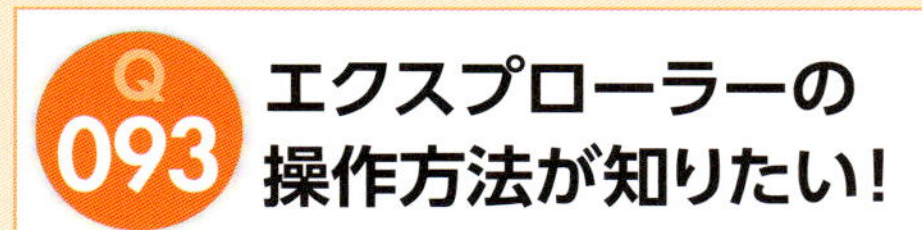

Q 093 エクスプローラーの操作方法が知りたい！

A タブを選択してコピーや移動などの操作を行います。

エクスプローラーでは、ファイルやフォルダーのコピーや移動、削除、名前の変更など、さまざまな操作を行えます。エクスプローラーを使いこなすために、まずは各部の名称と機能を確認しておきましょう。
Windows 10のエクスプローラーでは、＜ファイル＞＜ホーム＞＜共有＞＜表示＞の4つのタブが表示されます。このほかに、特定のフォルダーやファイルを選択した際に表示されるタブもあります。これらのタブをクリックして、目的のコマンドを実行します。

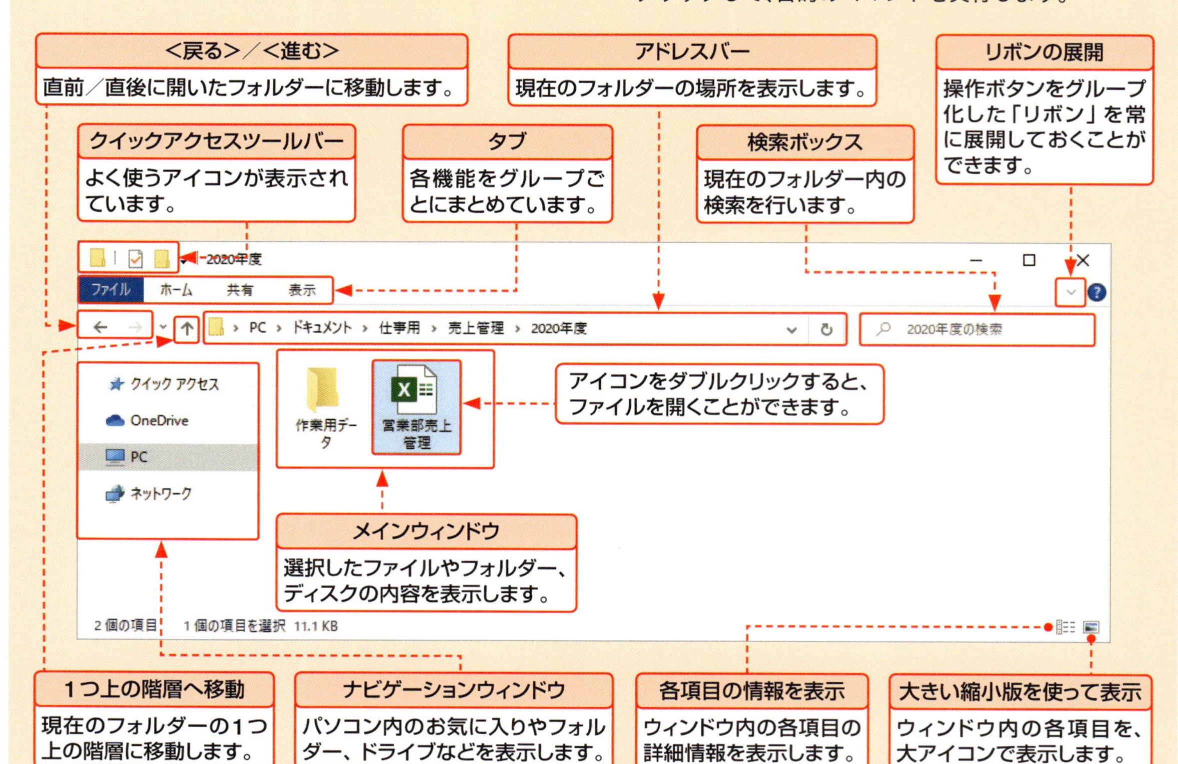
＜戻る＞／＜進む＞
直前／直後に開いたフォルダーに移動します。
アドレスバー
現在のフォルダーの場所を表示します。
リボンの展開
操作ボタンをグループ化した「リボン」を常に展開しておくことができます。
クイックアクセスツールバー
よく使うアイコンが表示されています。
タブ
各機能をグループごとにまとめています。
検索ボックス
現在のフォルダー内の検索を行います。
2020年度
ファイル ホーム 共有 表示
PC › ドキュメント › 仕事用 › 売上管理 › 2020年度
2020年度の検索
クイック アクセス
OneDrive
PC
ネットワーク
作業用データ
営業部売上管理
アイコンをダブルクリックすると、ファイルを開くことができます。
メインウィンドウ
選択したファイルやフォルダー、ディスクの内容を表示します。
2 個の項目　1 個の項目を選択 11.1 KB
1つ上の階層へ移動
現在のフォルダーの1つ上の階層に移動します。
ナビゲーションウィンドウ
パソコン内のお気に入りやフォルダー、ドライブなどを表示します。
各項目の情報を表示
ウィンドウ内の各項目の詳細情報を表示します。
大きい縮小版を使って表示
ウィンドウ内の各項目を、大アイコンで表示します。

Q 094 ナビゲーションウィンドウの操作方法が知りたい！

A クリックして表示するフォルダーを選べます。

エクスプローラーのナビゲーションウィンドウには、<クイックアクセス>や<OneDrive>、<PC>、<ネットワーク>などが表示されています。各項目は階層構造になっており、> が折りたたまれた状態、⌄ が展開した状態を表しています。<クイックアクセス>や<PC>からフォルダーを選択すると、そのフォルダーの内容を表示できます。

1 エクスプローラーを表示して、

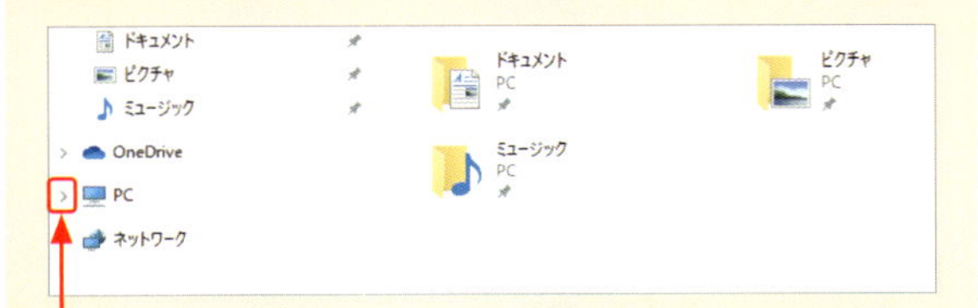

2 <PC>の > をクリックすると、

3 <PC>の項目が展開されます。

⌄ をクリックすると、項目が折りたたまれます。

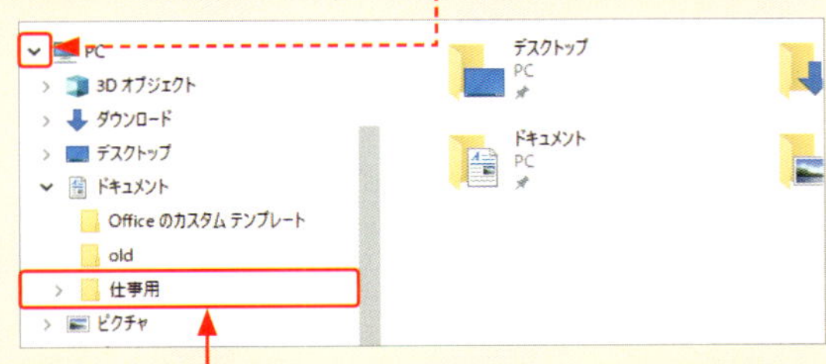

4 さらに展開してフォルダーをクリックすると、

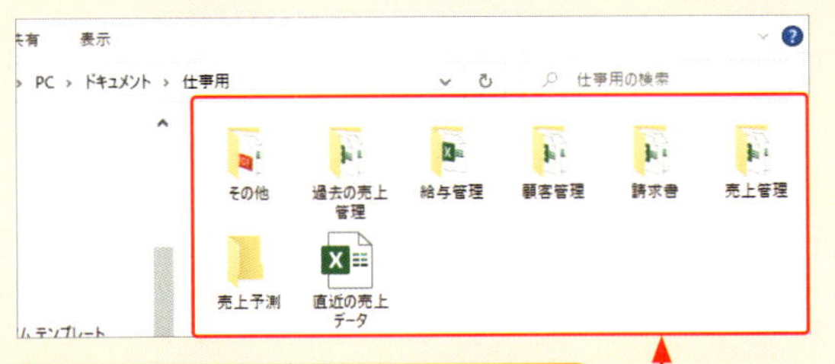

5 フォルダーの内容が表示されます。

Q 095 アイコンの大きさを変えたい！

A エクスプローラーのレイアウトを変更します。

エクスプローラーに表示されるファイルやフォルダーは、アイコンの大きさなどの表示方法を変えることができます。たくさんのファイルやフォルダーを保存している場合は、アイコンを大きくしすぎると探しにくくなるので、小さいアイコンで表示するとよいでしょう。また、ファイルの詳しい情報を知りたいときは、更新日時や種類、サイズなどが表示される詳細表示が便利です。

ここでは、大アイコン表示になっています。

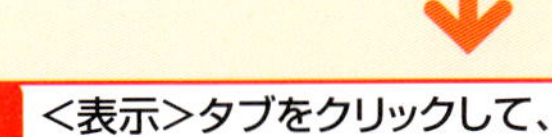

1 <表示>タブをクリックして、

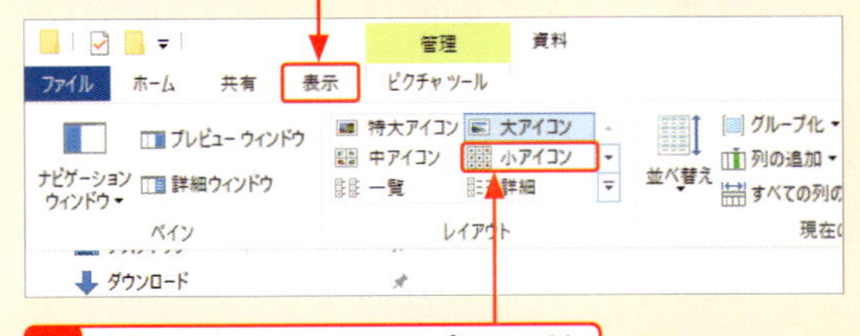

2 表示させたいレイアウト（ここでは<小アイコン>）をクリックすると、

3 アイコンが小さく表示されます。

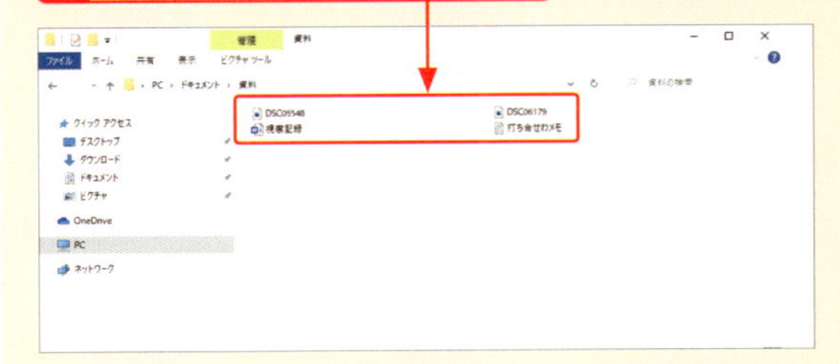

デスクトップでのファイル管理　重要度 ★★★

Q 096 「ドキュメント」や「ピクチャ」を開きたい！

A スタートメニューかエクスプローラーから開きます。

Windows 10では、エクスプローラーを表示して、ナビゲーションウィンドウの＜ドキュメント＞や＜ピクチャ＞をクリックするか、スタートメニューの左側にあるアイコンをクリックすると、それぞれのフォルダーを表示できます。 参照▶Q 029

● エクスプローラーから開く

1 エクスプローラーを表示して、

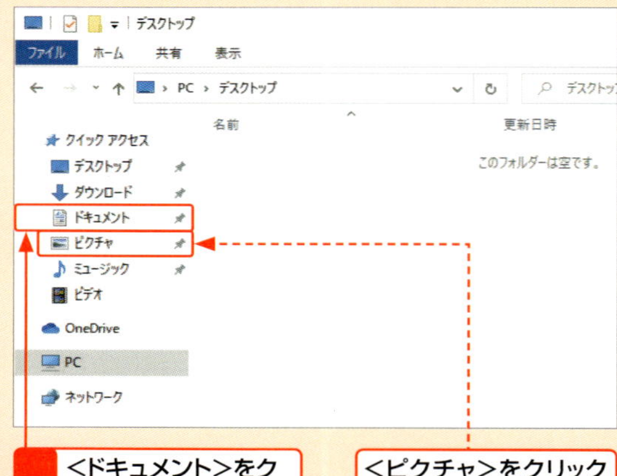

2 ＜ドキュメント＞をクリックすると、＜ドキュメント＞フォルダーが表示されます。

＜ピクチャ＞をクリックすると、＜ピクチャ＞フォルダーが表示されます。

● スタートメニューから開く

1 ＜スタート＞ をクリックして、

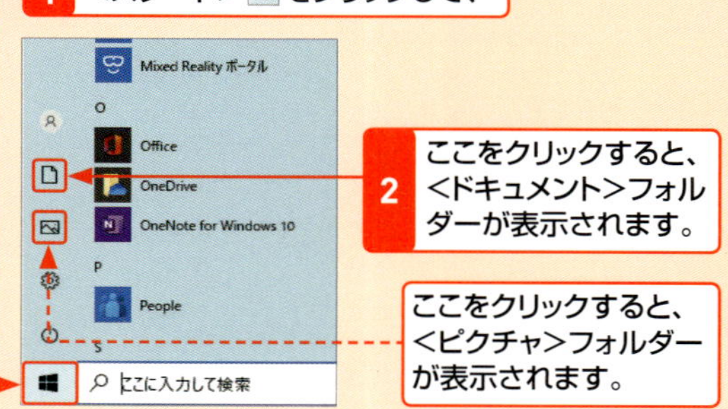

2 ここをクリックすると、＜ドキュメント＞フォルダーが表示されます。

ここをクリックすると、＜ピクチャ＞フォルダーが表示されます。

デスクトップでのファイル管理　重要度 ★★★

Q 097 ＜PC＞って何？ どんなふうに使えばいいの？

A ファイルやフォルダーを分類して管理します。

＜PC＞は特別なフォルダーで、＜ダウンロード＞や＜ドキュメント＞など、7つのフォルダーと、パソコン内のドライブや外付けのハードディスクドライブが表示されます。これらのフォルダーやドライブを利用して、Web 上からダウンロードしたファイルや、ユーザーが作成したファイルを分類して保存することができます。

1 エクスプローラーを起動して、＜PC＞をクリックすると、

2 7つのフォルダーが表示されます。

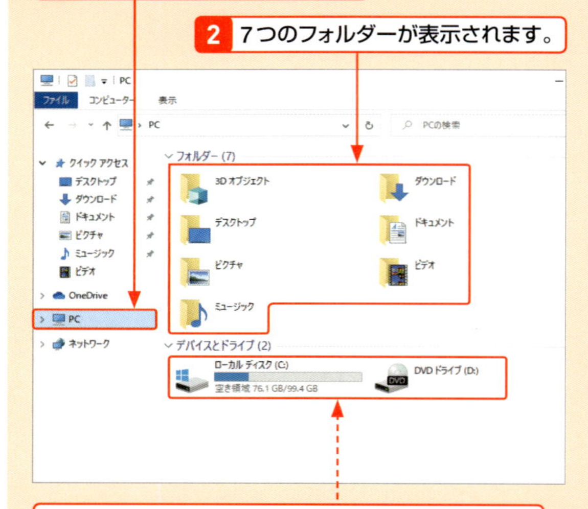

ハードディスクドライブや光学ドライブが表示されます。

＜3D オブジェクト＞	「ペイント3D」アプリで使用する3Dのファイルを保存します。
＜ダウンロード＞	インターネットからダウンロードしたファイルが保存されます。
＜デスクトップ＞	デスクトップにあるファイルやフォルダーが表示されます。
＜ドキュメント＞	主に文書ファイルを保存します。
＜ピクチャ＞	画像ファイルを保存します。
＜ビデオ＞	動画ファイルを保存します。
＜ミュージック＞	音楽ファイルを保存します。

Q 098 ファイルやフォルダーをコピーしたい！

A <コピー>と<貼り付け>を利用します。

ファイルやフォルダーをコピーする方法には、エクスプローラーの<ホーム>タブにある<コピー>と<貼り付け>、ショートカットキー、マウスの右クリックメニューなどがあります。

<ホーム>タブのコマンドを利用する場合は、リボンから操作します。<ホーム>タブは、<ドキュメント>や<ピクチャ>などのフォルダーをクリックすると表示されます。

ショートカットキーを利用する場合は、コピーしたいファイルをクリックして選択し、Ctrlキーを押しながらCキーを押します。続いて、コピー先のフォルダーを表示して、Ctrlキーを押しながらVキーを押します。

マウスの右クリックメニューを利用する場合は、ファイルを右クリックして、表示されるメニューから<コピー>をクリックします。続いて、コピー先のフォルダーを表示してメインウィンドウの何もない部分を右クリックし、<貼り付け>をクリックします。

参照▶Q 093

● <ホーム>タブのコマンドを利用する

1 ファイルの保存場所を表示して、

2 コピーしたいファイルをクリックして選択します。

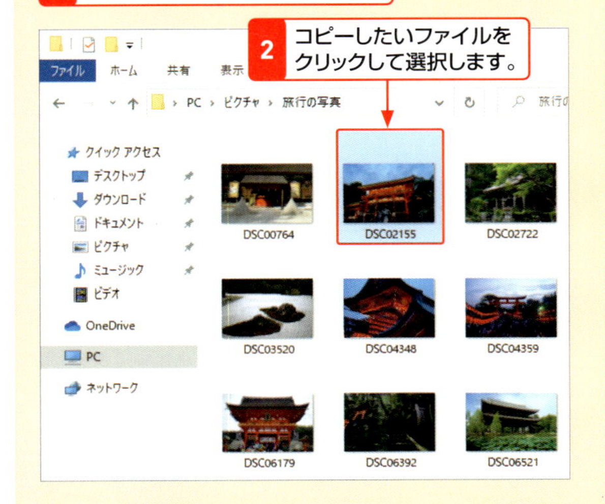

3 <ホーム>タブをクリックして、

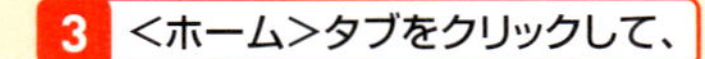

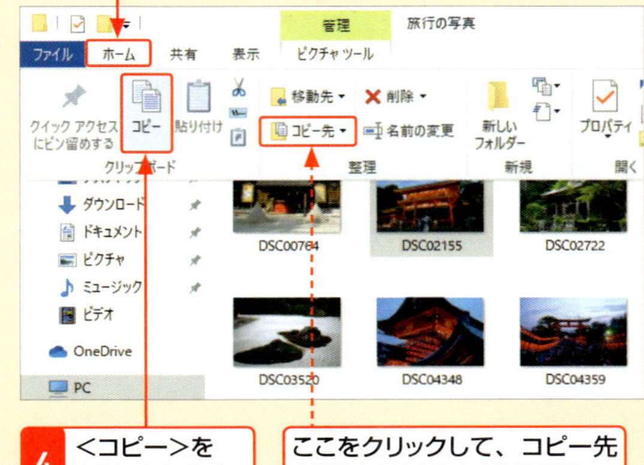

4 <コピー>をクリックします。

ここをクリックして、コピー先を指定することもできます。

5 コピー先のフォルダーを表示して、

6 <ホーム>タブをクリックし、

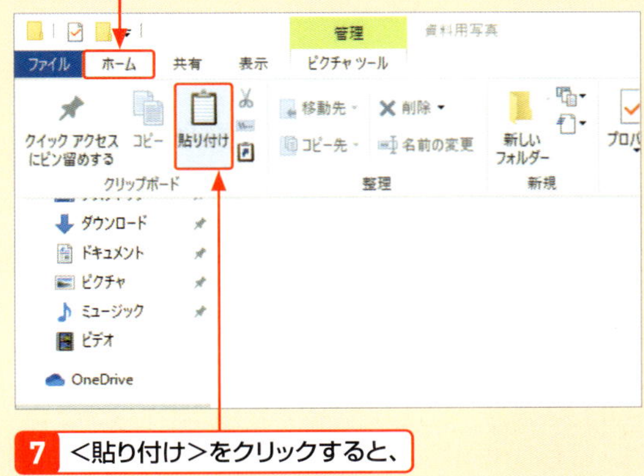

7 <貼り付け>をクリックすると、

8 ファイルがコピーされます。

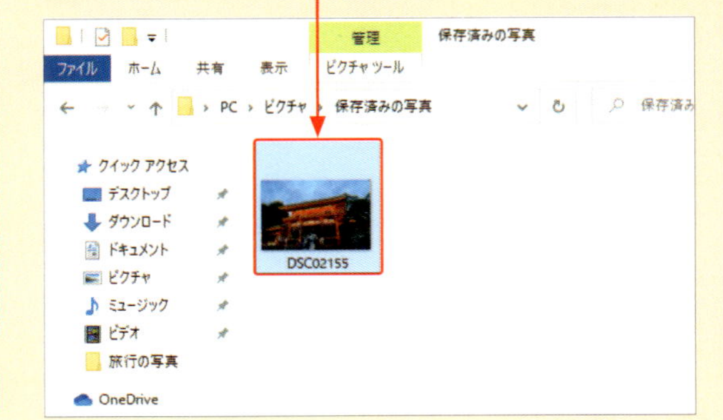

デスクトップでのファイル管理　重要度 ★★★

Q 099 ファイルやフォルダーを移動したい！

A <切り取り>と<貼り付け>を利用します。

ファイルを移動するには、エクスプローラーの<ホーム>タブの<切り取り> と<貼り付け>を利用する方法、ショートカットキーを利用する方法、マウスのドラッグ操作を利用する方法などがあります。

<ホーム>タブのコマンドを利用する場合は、リボンから操作します。

ショートカットキーを利用する場合は、移動したいファイルをクリックして選択し、Ctrl キーを押しながらXキーを押し、移動先のフォルダーを表示して、Ctrl キーを押しながらVキーを押します。

マウスの右クリックメニューを利用する場合は、ファイルを右クリックして、表示されるメニューから<切り取り>をクリックします。続いて、移動先のフォルダーを表示してメインウィンドウの何もない部分を右クリックし、<貼り付け>をクリックします。

なお、コピーするとファイルやフォルダーは複製されますが、移動を行うと元のフォルダーにあったファイルやフォルダーは削除されます。

● ドラッグ操作で移動する

1 ファイルをクリックして、

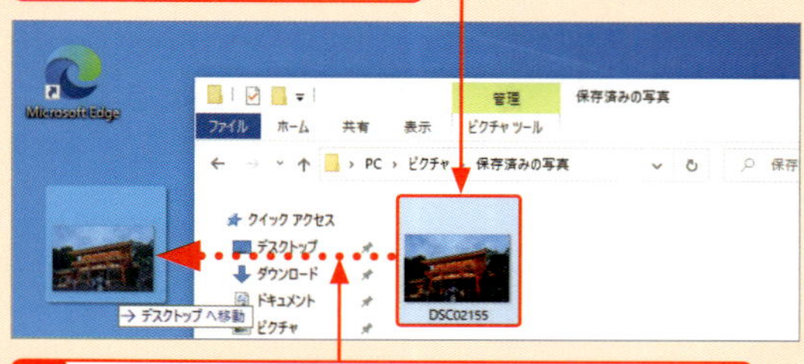

2 移動先（ここではデスクトップ）にドラッグすると、

3 ファイルが移動します。

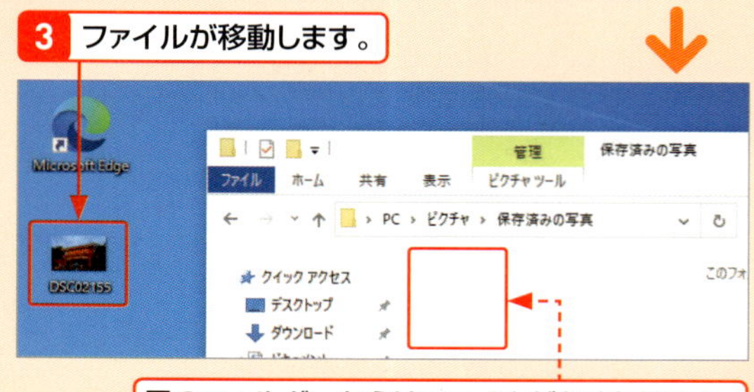

元のフォルダーからはファイルがなくなります。

● <ホーム>タブのコマンドを利用する

1 移動したいファイルをクリックして、

2 <ホーム>タブをクリックし、

3 <切り取り> をクリックします。

ここをクリックして、移動先を指定することもできます。

4 移動先のフォルダーを表示して、

5 <ホーム>タブをクリックし、

6 <貼り付け>をクリックすると、

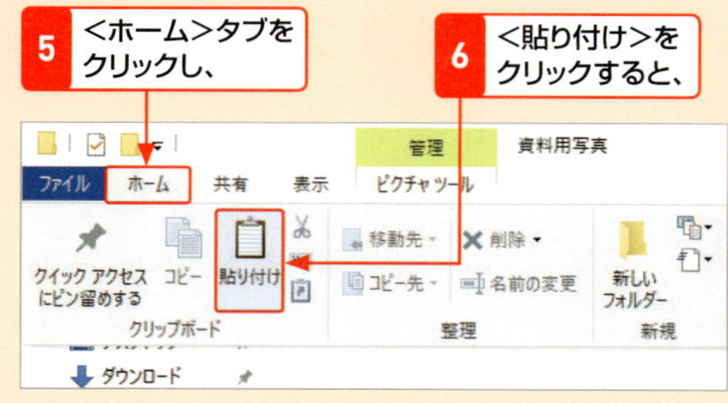

7 ファイルが移動します。

Q 100 複数のファイルやフォルダーを一度に選択したい！

A Ctrl や Shift を押しながらファイルをクリックします。

複数のファイルやフォルダーをコピーしたり、移動したりしたい場合は、ファイルをまとめて選択すると効率的です。ファイルが離れている場合は、Ctrl キーを押しながら必要なファイルをクリックします。連続している場合は先頭のファイルをクリックし、Shift キーを押しながら最後のファイルをクリックすると、その間のファイルをすべて選択することができます。

● 離れているファイルやフォルダーを選択する

Ctrl を押しながらファイルをクリックすると、離れているファイルをまとめて選択できます。

● 連続したファイルやフォルダーを選択する

1 最初のファイルをクリックして、

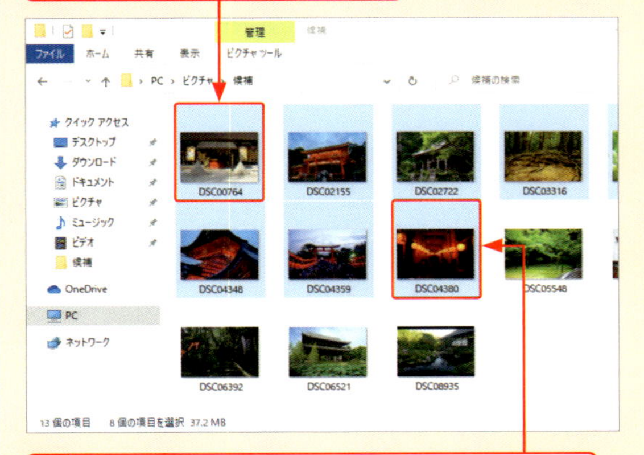

2 Shift を押しながら最後のファイルをクリックすると、その間のファイルをすべて選択できます。

Q 101 <ファイルの置換またはスキップ>画面が表示された！

A どちらのファイルを保持するかを選択します。

ファイルを別のフォルダーにコピーや移動する際に、そのフォルダーに同じ名前のファイルがあると、<ファイルの置換またはスキップ>というウィンドウが表示されます。
表示されたウィンドウで、重複したファイルを削除して置き換えるか、スキップするか、ファイルの変更日時や容量を比較してから判断するかをそれぞれ選択します。

名前が重複するファイルをコピーまたは移動しようとすると、<ファイルの置換またはスキップ>ウィンドウが表示されます。

コピー先のファイルを置き換える場合は、ここをクリックします。

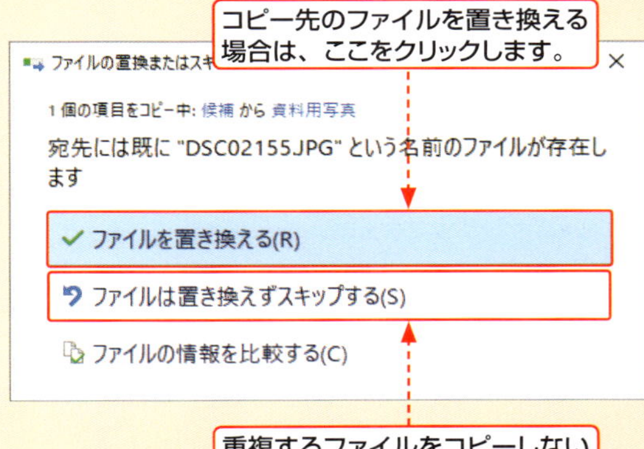

重複するファイルをコピーしない場合は、ここをクリックします。

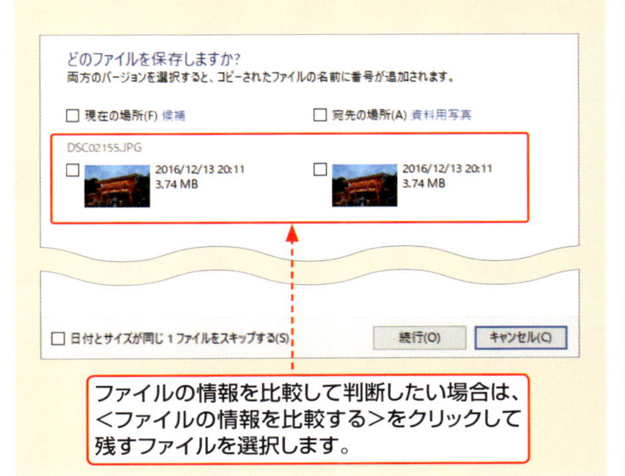

ファイルの情報を比較して判断したい場合は、<ファイルの情報を比較する>をクリックして残すファイルを選択します。

Q102 ファイルやフォルダーの名前を変えたい！

A ＜ホーム＞タブの＜名前の変更＞を利用します。

ファイルやフォルダーの名前は、自由に変更することができます。ただし、同じフォルダー内に同じ名前のファイルやフォルダーがある場合は、重複した名前を付けることはできません。なお、下の手順のほかに、名前を変更したいフォルダーやファイルを右クリックして、＜名前の変更＞をクリックしても名前を入力できる状態になります。

ここでは、ファイル名を変更する手順を紹介しますが、フォルダーの名前も同じ手順で変更できます。

1 名前を変更したいファイルをクリックして、

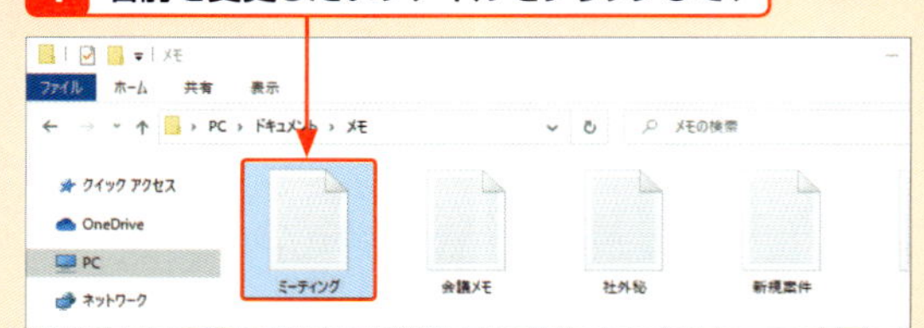

2 ＜ホーム＞タブをクリックし、

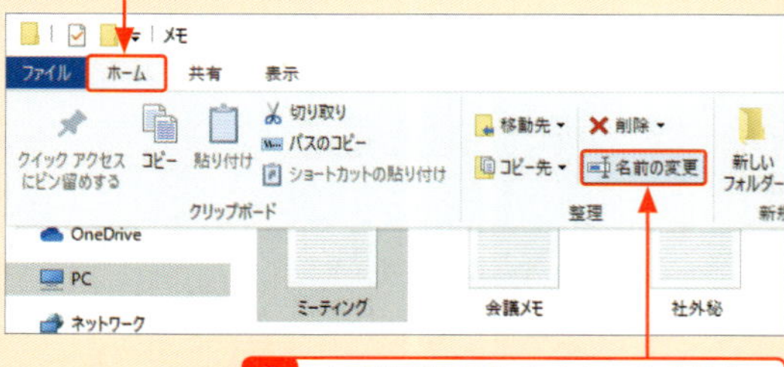

3 ＜名前の変更＞をクリックすると、

4 名前が入力できる状態になるので、新しい名前を入力します。

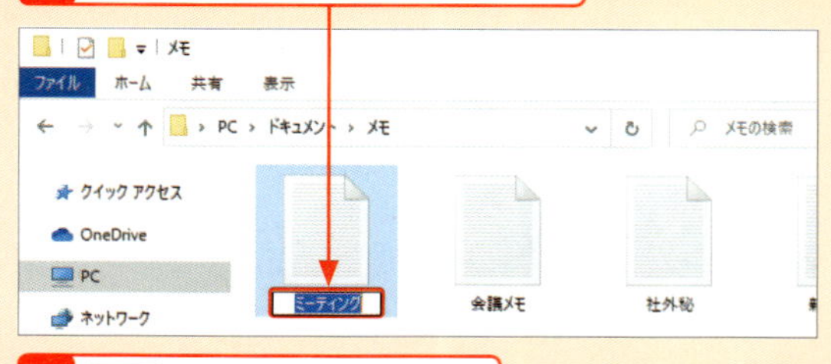

5 Enter を押すと、確定します。

Q103 フォルダーを作ってファイルを整理したい！

A ＜新しいフォルダー＞をクリックします。

ファイルが増えてくると、目的のファイルを見つけにくくなります。フォルダーを作成して関連するファイルを分類しておくと、目的のファイルを見つけやすくなり、管理もしやすくなります。なお、デスクトップにフォルダーを作るには、デスクトップの何もないところを右クリックすると表示されるメニューから、＜新規作成＞→＜フォルダー＞をクリックします。

1 エクスプローラーでフォルダーを作成したい場所を表示して、

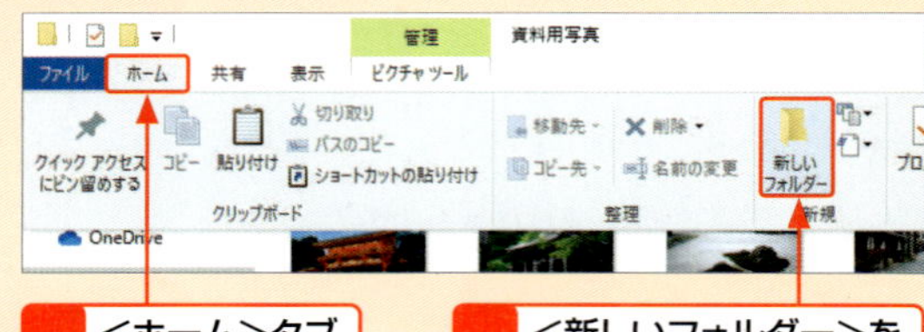

2 ＜ホーム＞タブをクリックし、

3 ＜新しいフォルダー＞をクリックします。

4 フォルダーが作成されるので、

5 フォルダー名を入力します。

6 Enter を押すと、名前が確定されます。

基本
デスクトップ
キーボード・文字入力
インターネット
メール・連絡先
セキュリティ
写真・動画・音楽
OneDrive・スマホ
印刷・周辺機器
アプリ
インストール・設定

Q 104 ファイルやフォルダーを並べ替えたい！

A <表示>タブの<並べ替え>を利用します。

エクスプローラーでは、ファイルやフォルダーを名前やサイズ、種類、作成／更新／撮影日時などのファイル情報をもとにして並べ替えることができます。並べ替えに利用できる条件は、表示しているフォルダーによって異なります。また、標準では昇順で並べられますが、降順で並べることもできます。

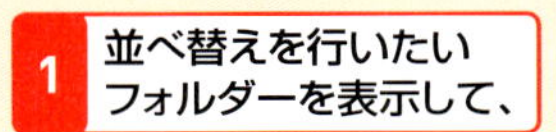

1 並べ替えを行いたいフォルダーを表示して、

2 <表示>タブをクリックします。

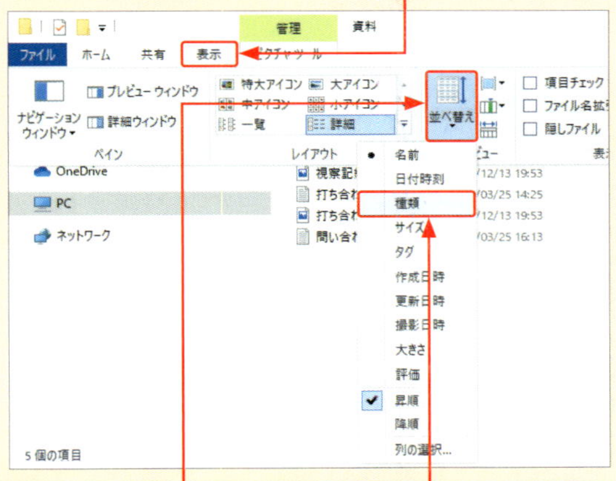

3 <並べ替え>をクリックして、

4 <種類>をクリックすると、

5 ファイルの種類で並べ替えられます。

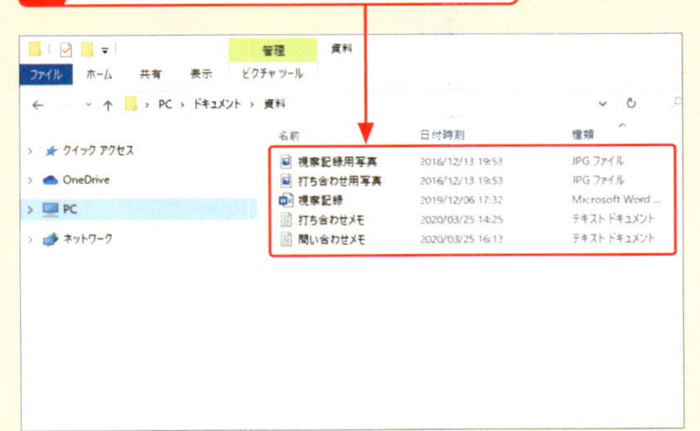

Q 105 ファイルやフォルダーを削除したい！

A <ホーム>タブの<削除>をクリックします。

不要になったファイルやフォルダーを削除するには、削除したいファイルやフォルダーをクリックし、<ホーム>タブの<削除>をクリックします。また、ファイルやフォルダーをデスクトップの<ごみ箱>に直接ドラッグするか、右クリックして<削除>をクリックすることでも削除できます。

1 削除したいファイルをクリックして、

2 <ホーム>タブをクリックし、

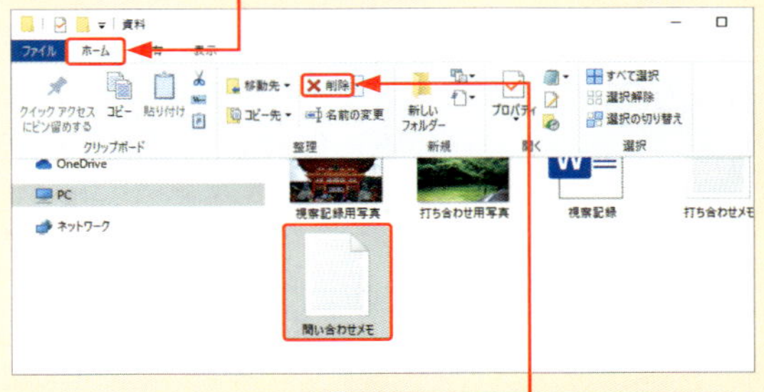

3 <削除>をクリックすると、

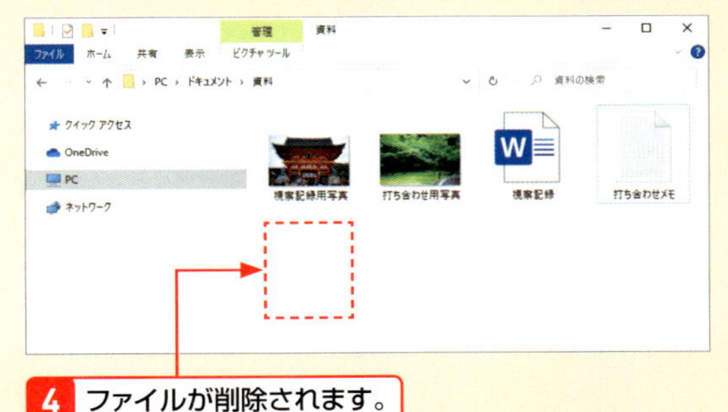

4 ファイルが削除されます。

基本
デスクトップ
キーボード・文字入力
インターネット
メール・連絡先
セキュリティ
写真・動画・音楽
OneDrive・スマホ
印刷・周辺機器
アプリ
インストール・設定

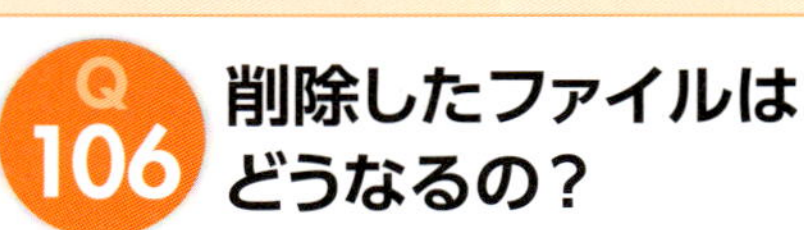

Q 106 削除したファイルはどうなるの?

A <ごみ箱>に格納されます。

削除したファイルやフォルダーは、<ごみ箱>に格納されます。<ごみ箱>に格納されたファイルやフォルダーは、ごみ箱を空にするまでは、完全には削除されません。デスクトップの<ごみ箱>をダブルクリックするか、右クリックして<開く>をクリックすると、<ごみ箱>が開きます。 参照▶Q 108

削除したファイルやフォルダーは、<ごみ箱>に移動します。

Q 107 ごみ箱に入っているファイルを元に戻したい!

A <管理>タブから元に戻します。

<ごみ箱>に格納されているファイルやフォルダーは、ごみ箱を空にするまでであれば、元に戻すことができます。<ごみ箱>をダブルクリックして開き、元に戻したいファイルやフォルダーをクリックして、<管理>タブをクリックし、<選択した項目を元に戻す>をクリックします。また、ファイルやフォルダーを右クリックして、<元に戻す>をクリックしても、元の場所に戻ります。

なお、すべてのファイルやフォルダーを元に戻したい場合は、<管理>タブをクリックして、<すべての項目を元に戻す>をクリックします。

1 <ごみ箱>を開いて、元に戻したいファイルをクリックし、

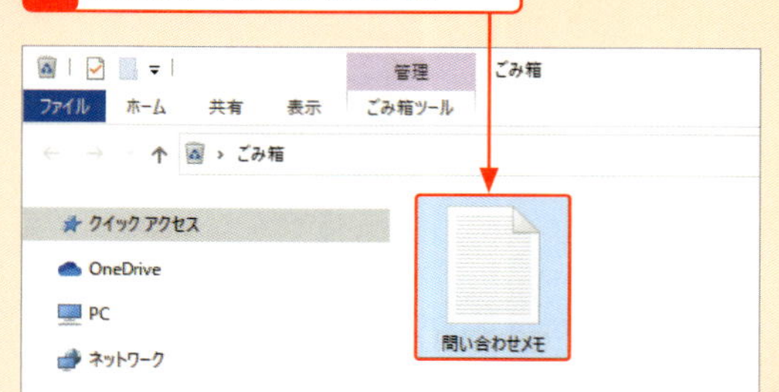

2 <管理>タブをクリックして、

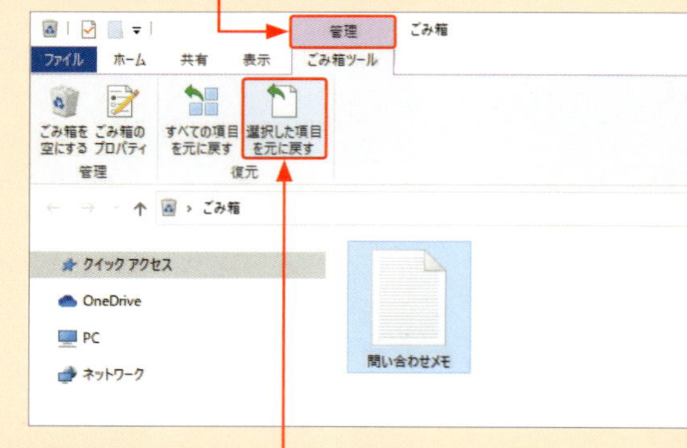

3 <選択した項目を元に戻す>をクリックすると、

4 ファイルが元の場所に戻ります。

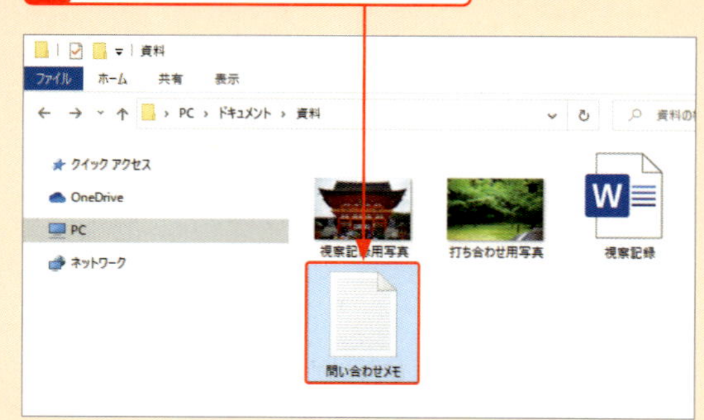

デスクトップでのファイル管理　重要度 ★★★

Q108 ごみ箱の中のファイルをまとめて消したい！

A ＜ごみ箱を空にする＞をクリックします。

不要なファイルを＜ごみ箱＞に捨てても、＜ごみ箱＞に格納されるだけで、完全に削除されているわけではありません。ファイルを完全に削除するには、＜ごみ箱＞を開いて＜管理＞タブをクリックし、＜ごみ箱を空にする＞をクリックします。
あるいは、デスクトップの＜ごみ箱＞を右クリックして＜ごみ箱を空にする＞をクリックします。

● ごみ箱からの操作

1 ＜ごみ箱＞を開いて＜管理＞タブをクリックして、

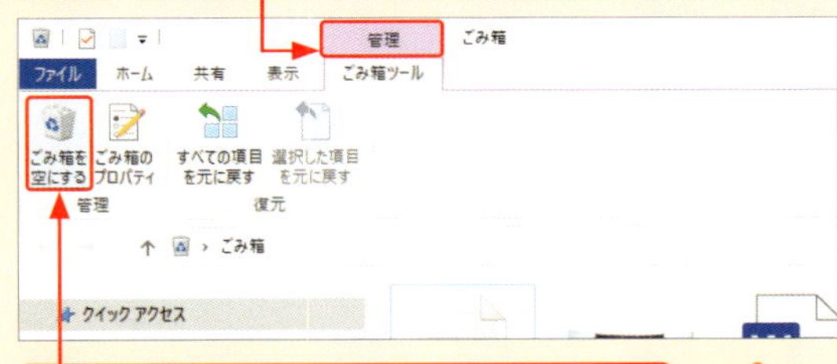

2 ＜ごみ箱を空にする＞をクリックします。

3 ＜はい＞をクリックすると、＜ごみ箱＞が空になり、完全にファイルが削除されます。

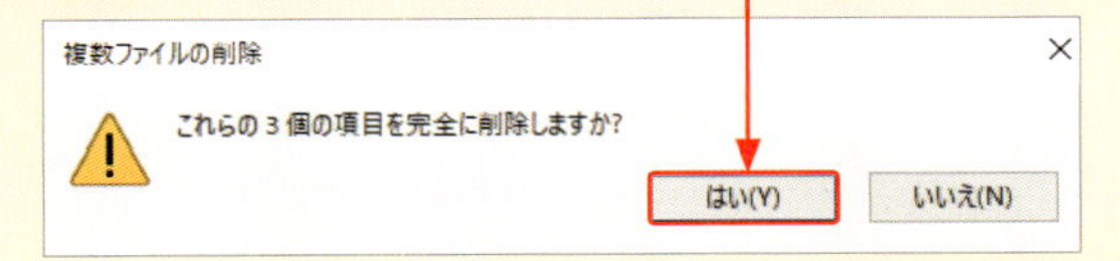

● デスクトップからの削除

1 ＜ごみ箱＞を右クリックして、

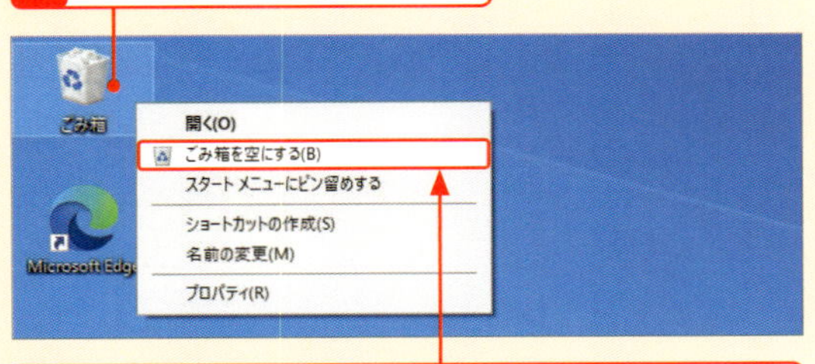

2 ＜ごみ箱を空にする＞をクリックすると、＜ごみ箱＞が空になり、完全にファイルが削除されます。

デスクトップでのファイル管理　重要度 ★★★

Q109 ごみ箱の中のファイルを個別に削除したい！

A ファイルをクリックして、＜削除＞をクリックします。

＜ごみ箱＞に格納されているファイルやフォルダーを個別に削除したい場合は、以下のように操作します。なお、この操作を実行すると、ファイルやフォルダーは完全に削除され、元のフォルダーに戻すことはできないので注意してください。

1 ＜ごみ箱＞を開いて、ファイルをクリックし、

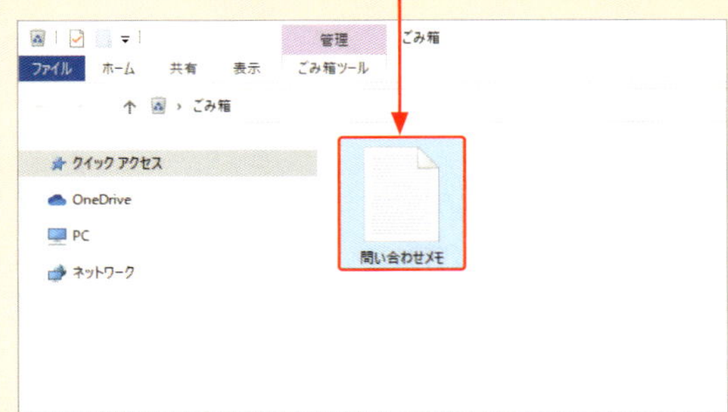

2 ＜ホーム＞タブをクリックして、

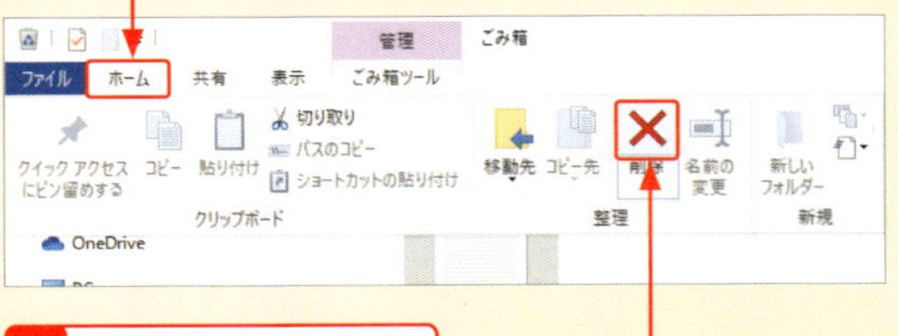

3 ＜削除＞をクリックし、

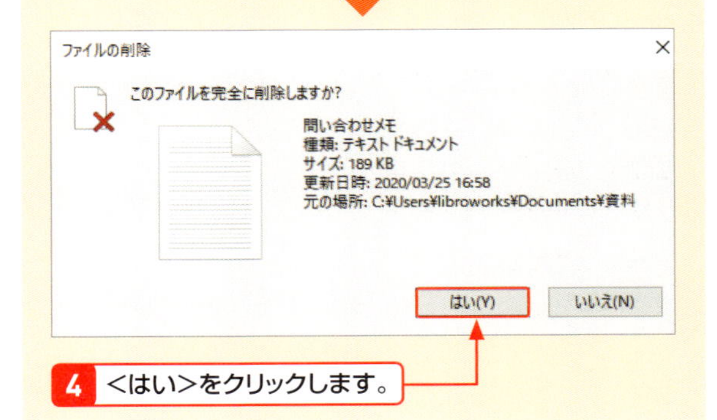

4 ＜はい＞をクリックします。

Q 110 ファイルの圧縮って何？

A ファイルのサイズを小さくすることです。

ファイルを元のファイルよりも小さな容量にしたり、複数のファイルを1つにまとめたりすることを、「ファイルの圧縮」といいます。ファイルの圧縮は、電子メールに添付するファイルのサイズを小さくしたい場合などに利用します。
Windows 10には、ファイルやフォルダーをまとめて「ZIP形式」で圧縮する機能が標準で組み込まれています。圧縮ファイルのアイコンはパソコンにインストールされている圧縮ソフトによって異なりますが、Windowsの標準では、下図のアイコンで表示されるので、ほかのファイルやフォルダーと区別が付きます。また、拡張子を表示する設定にしている場合は、拡張子によっても区別することができます。 参照▶Q 116

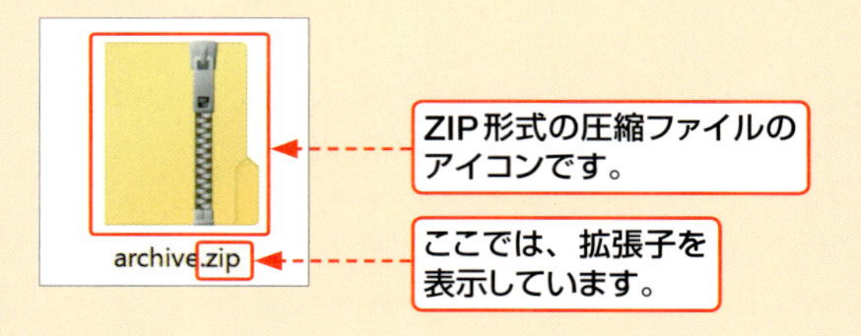

ここでは、拡張子を表示しています。

📝 デスクトップでのファイル管理　　重要度 ★★★

Q 111 ファイルやフォルダーを圧縮したい！

A <共有>タブの<Zip>を利用します。

Windows 10には、ファイルやフォルダーを「ZIP形式」で圧縮する機能が標準で組み込まれているので、以下の手順で簡単に圧縮ファイルを作成することができます。ここでは、複数のファイルを1つの圧縮ファイルにまとめてみます。複数のファイルを圧縮した場合は、最初のファイル名が圧縮ファイルの名前になるので適宜変更しましょう。
なお、圧縮したいファイルやフォルダーを右クリックして、<送る>から<圧縮（zip形式）フォルダー>をクリックしても、ファイルを圧縮することができます。

● <共有>タブの< Zip >を利用する

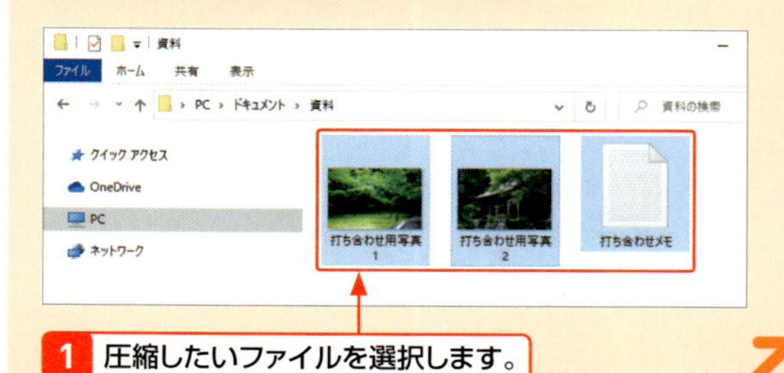

1 圧縮したいファイルを選択します。

2 <共有>タブをクリックし、

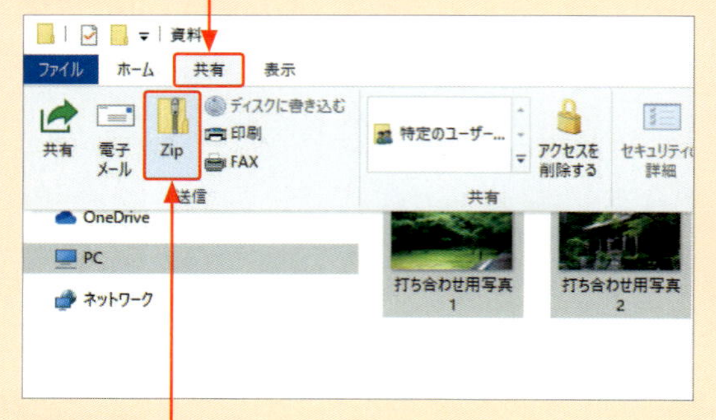

3 <Zip>をクリックすると、

4 圧縮ファイルが作成されます。

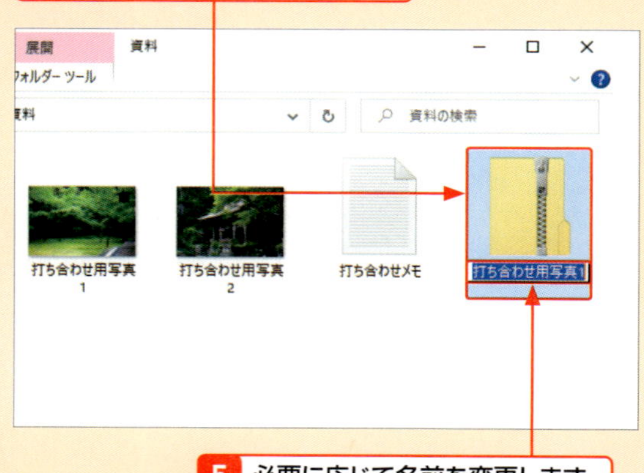

5 必要に応じて名前を変更します。

Q 112 圧縮されたファイルを展開したい！

A ＜展開＞タブから＜すべて展開＞をクリックします。

圧縮ファイルは、複数のファイルをコンパクトにまとめられて便利ですが、そのままでは中のファイルを利用できないので、元のファイルやフォルダーに戻す必要があります。圧縮ファイルを元のファイルやフォルダーに戻すことを、「展開」（または「解凍」）といいます。ファイルを展開するには、エクスプローラーで圧縮ファイルをクリックして＜展開＞タブをクリックし、以下の手順に従います。
なお、展開する場所は、既定では同じフォルダー内になっていますが、ほかの場所を指定することもできます。さらに、新しいフォルダーを作成し、その中に展開することも可能です。

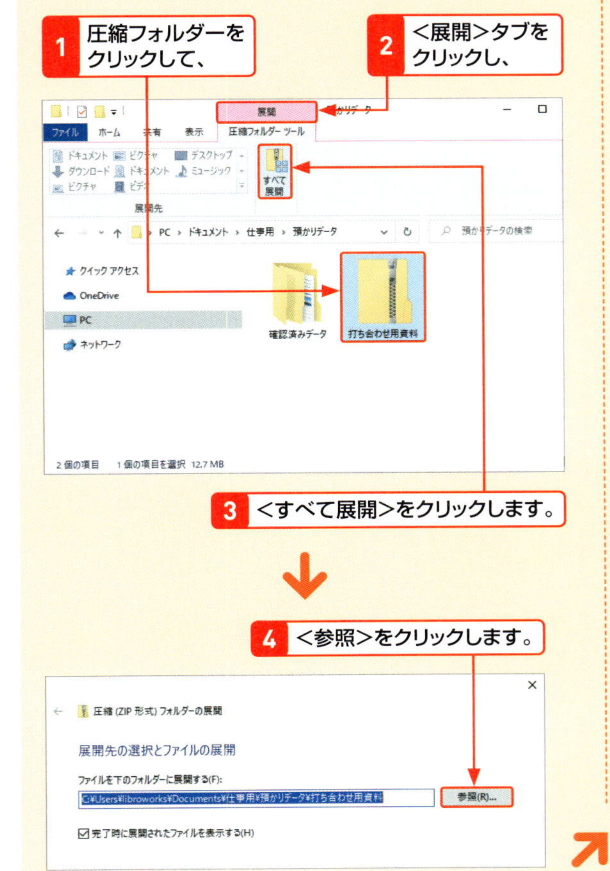

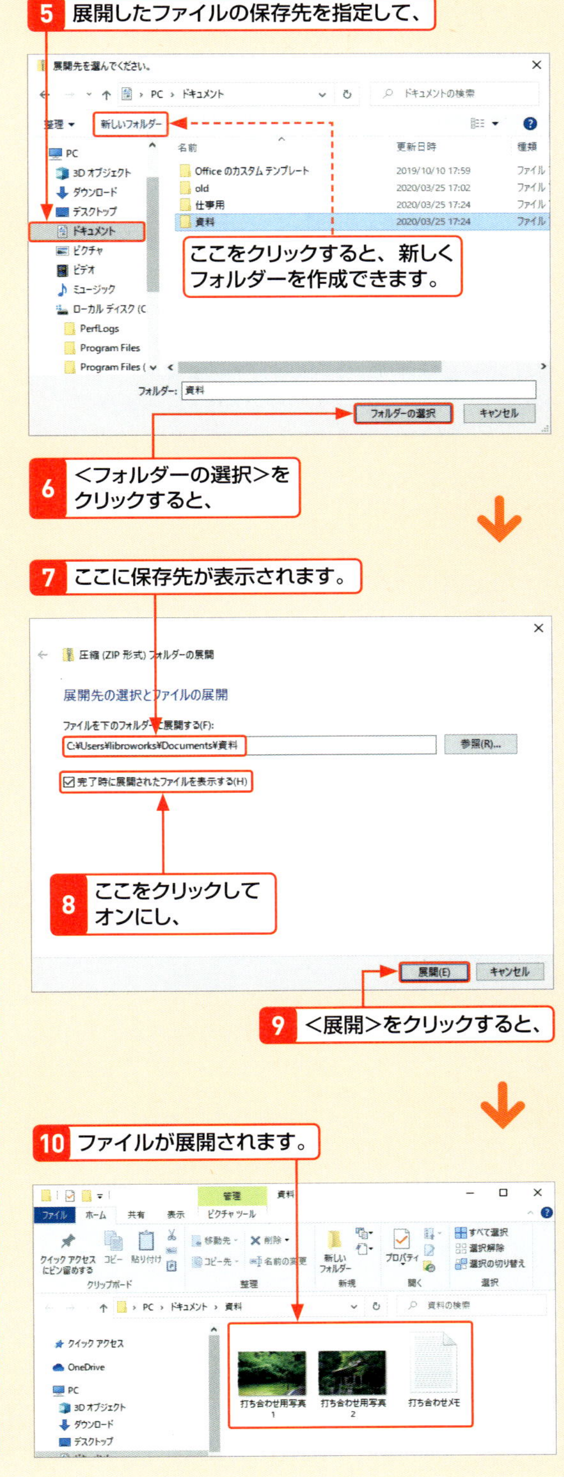

5 展開したファイルの保存先を指定して、
ここをクリックすると、新しくフォルダーを作成できます。
6 <フォルダーの選択>をクリックすると、
7 ここに保存先が表示されます。
8 ここをクリックしてオンにし、
9 <展開>をクリックすると、
10 ファイルが展開されます。

デスクトップでのファイル管理　重要度 ★★★

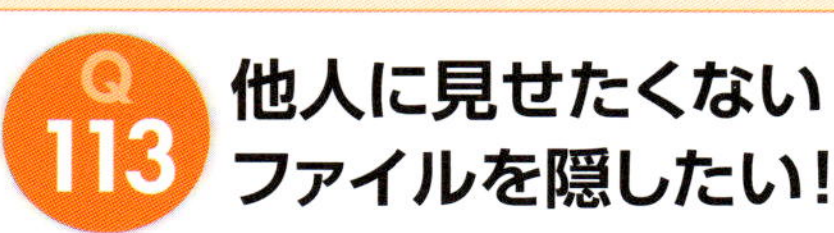

Q 113 他人に見せたくないファイルを隠したい!

A 隠しファイルに変更して見えなくします。

Windwosには、システムで使用する重要なファイルなどを誤って削除したり移動したりしないように、隠しファイルにする機能があります。この機能は、他人に見せたくないファイルを隠すときにも利用できます。

通常のファイルを隠しファイルに変更するには、ファイルの右クリックメニューからプロパティを表示し、＜隠しファイル＞をチェックします。または、エクスプローラーでファイルを選択して＜表示＞タブの＜選択した項目を表示しない＞をクリックします。

● 右クリックメニューで隠す

1 隠したいファイルを右クリックして、

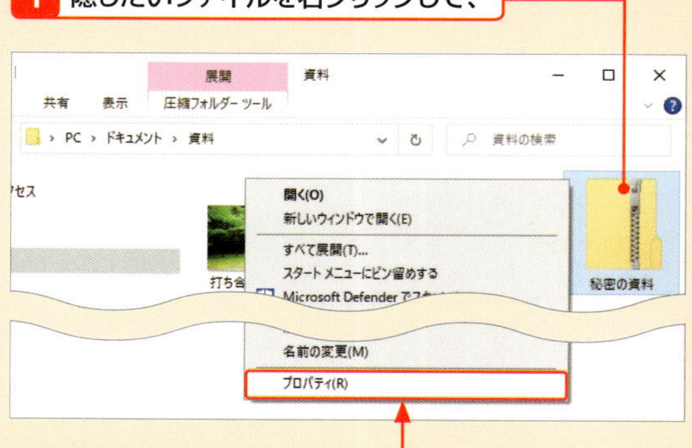

2 ＜プロパティ＞をクリックします。

3 ＜隠しファイル＞をクリックしてオンにし、

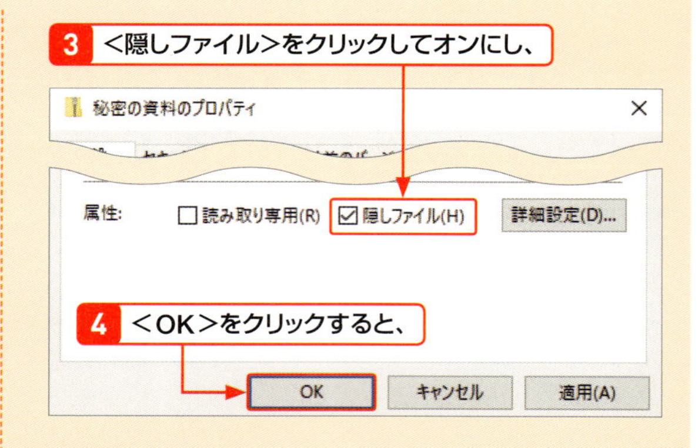

4 ＜OK＞をクリックすると、

5 ファイルが隠れて見えなくなります。

● ＜表示＞タブで隠す

1 隠したいファイルをクリックして、

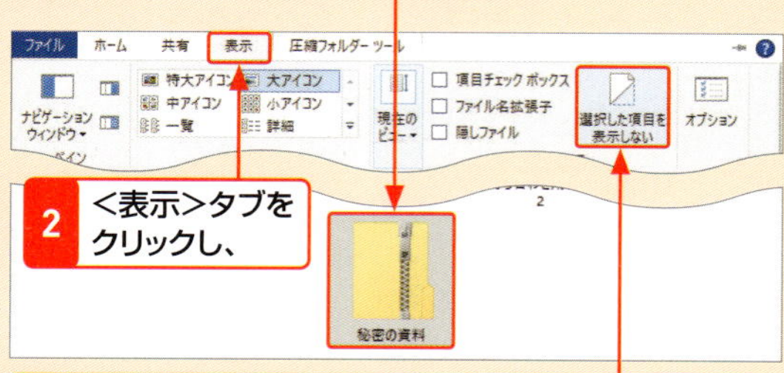

2 ＜表示＞タブをクリックし、

3 ＜選択した項目を表示しない＞をクリックします。

デスクトップでのファイル管理　重要度 ★★★

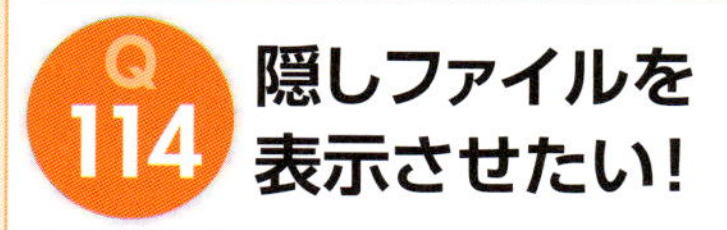

Q 114 隠しファイルを表示させたい!

A エクスプローラーで＜隠しファイル＞をオンにします。

隠しファイルを表示するには、エクスプローラーの＜表示＞タブで＜隠しファイル＞をクリックしてオンにします。この状態では、隠しファイルが半透明のアイコンで表示されます。

1 ＜表示＞タブをクリックして、

2 ＜隠しファイル＞をクリックしてオンにすると、

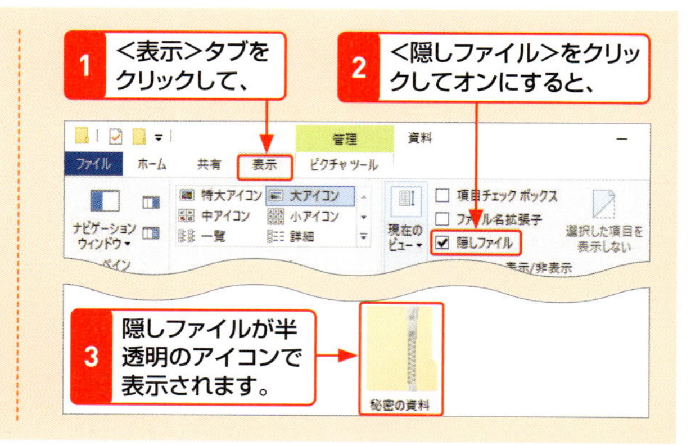

3 隠しファイルが半透明のアイコンで表示されます。

Q115 ファイルの拡張子って何？

A ファイルの種類を識別するための文字列です。

拡張子とは、ファイル名の後半部分にあるピリオド「.」のあとに続く「txt」や「jpg」などの文字列のことで、ファイルの種類を表します。拡張子は、ファイルを保存する際に自動的に付けられます。
Windowsでは、この拡張子によってファイルを開くアプリが関連付けられています。拡張子を変更したり削除したりすると、アプリとの関連付けが失われ、ファイルが正常に開かなくなることがあるので注意が必要です。なお、Windows 10の初期設定では、拡張子が表示されないようになっています。

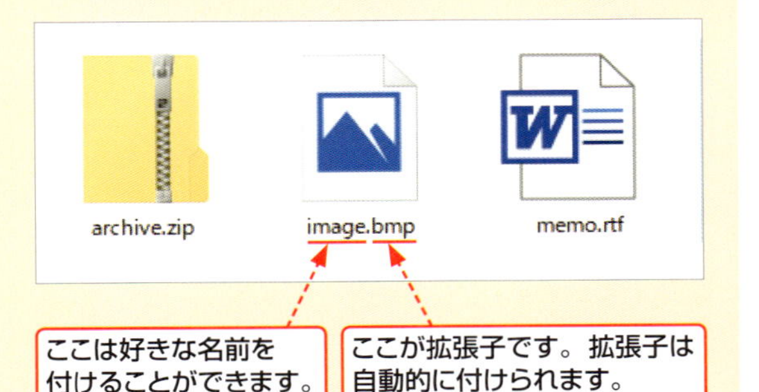

ここは好きな名前を付けることができます。

ここが拡張子です。拡張子は自動的に付けられます。

Q116 ファイルの拡張子を表示したい！

A エクスプローラーで<ファイル名拡張子>をオンにします。

通常は拡張子を意識しなくてもファイルの操作は行えるので、Windows 10の初期設定では拡張子は表示しないようになっています。
拡張子を表示したい場合は、エクスプローラーの＜表示＞タブをクリックして、＜ファイル名拡張子＞をクリックし、オンにします。

1 エクスプローラーを表示して、

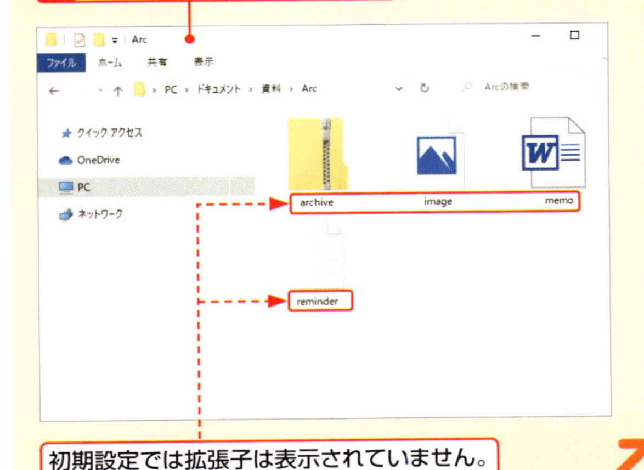

初期設定では拡張子は表示されていません。

2 <表示>タブをクリックし、

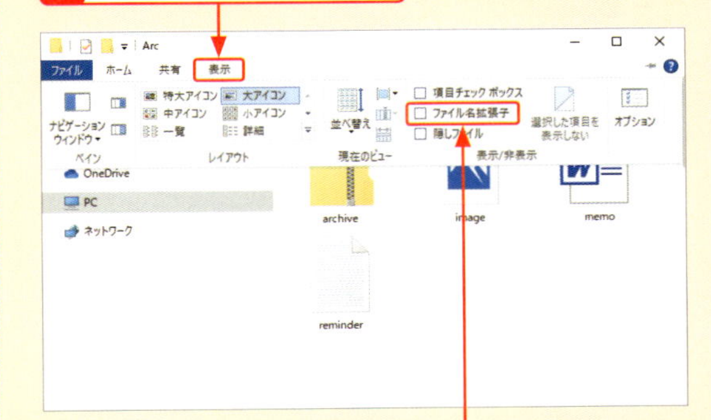

3 <ファイル名拡張子>をクリックしてオンにすると、

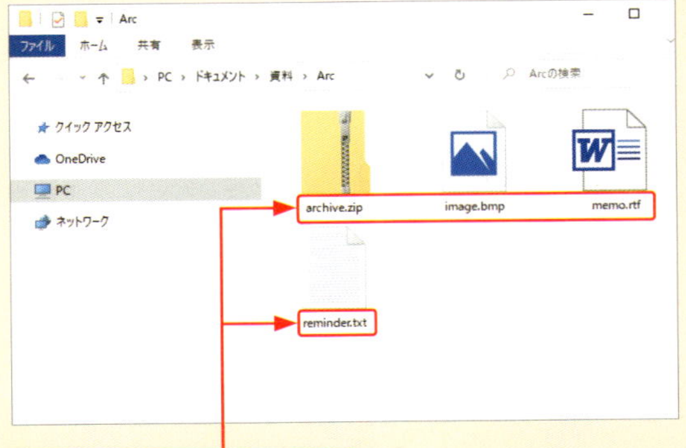

4 拡張子が表示されます。

デスクトップでのファイル管理　重要度 ★★★

Q117 「このファイルを開く方法を選んでください」って何？

A ファイルを開くためのアプリが決まっていないときに表示されます。

ファイルをダブルクリックしたときにアプリが起動せず、「このファイルを開く方法を選んでください」という画面が表示されることがあります。これは、そのファイルを開くためのアプリがパソコンにインストールされていないとき、または決まっていないときに表示されます。
この画面が表示された場合は、以下の設定をします。

1 拡張子とアプリが関連付けられていない場合は、以下のポップアップが表示されるので、

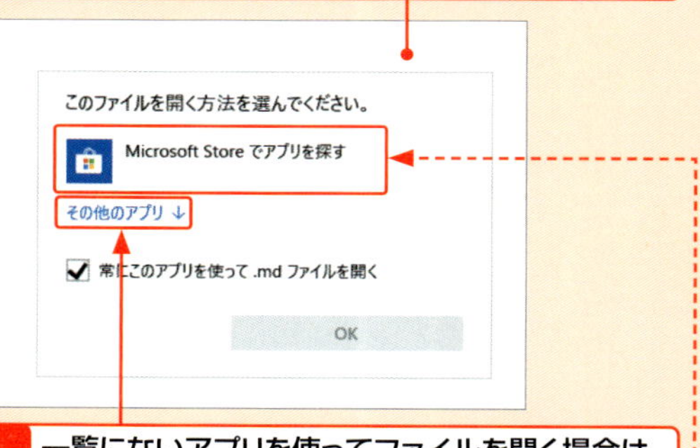

2 一覧にないアプリを使ってファイルを開く場合は、<その他のアプリ>をクリックします。

ここをクリックすると、開きたいファイルに対応するアプリをMicrosoft Storeで検索できます。

3 アプリの一覧が表示されるので、ファイルを開くアプリを選択します。

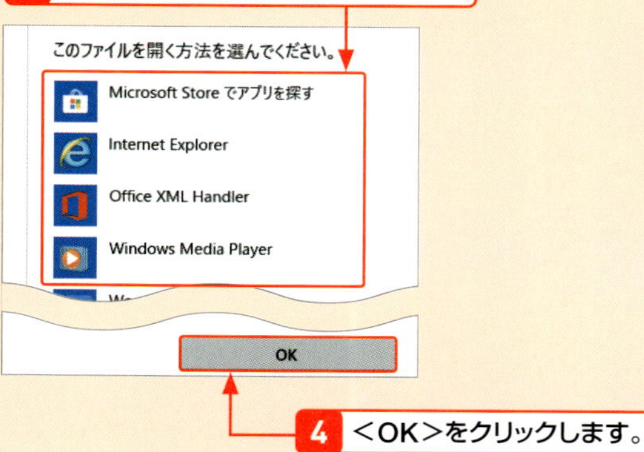

4 <OK>をクリックします。

デスクトップでのファイル管理　重要度 ★★★

Q118 タッチ操作でもエクスプローラーを使いやすくしたい！

A 項目チェックボックスを表示します。

タッチ操作では、「ファイルを選択しようとしたらアプリが起動してしまった」「複数のファイルが選択しづらい」といったことがあります。
ファイルやフォルダーのアイコンに項目チェックボックスを表示すると、チェックボックスをタップして選択できるので、選択している項目がわかりやすくなり、誤操作を防ぐことができます。
項目チェックボックスのオン／オフは、エクスプローラーの<表示>タブで切り替えられます。

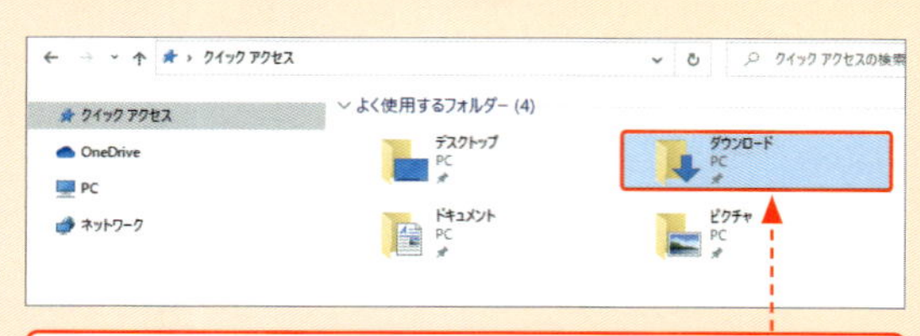

チェックボックスがない場合は、ファイルやフォルダーをタップする必要があります。

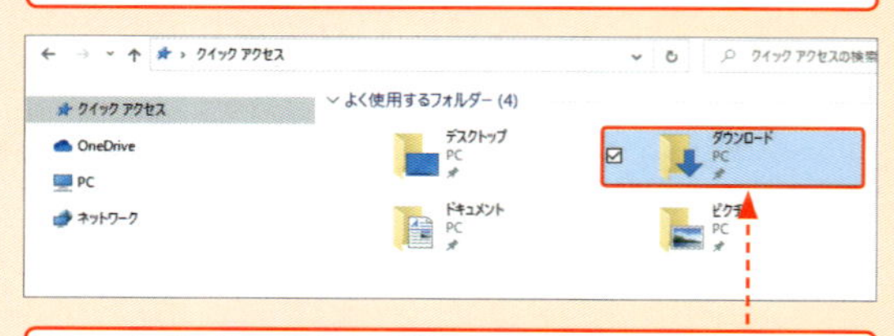

チェックボックスがあれば選択しやすいだけでなく、誤ってファイルを開かずに済みます。

1 <表示>タブをクリックして、

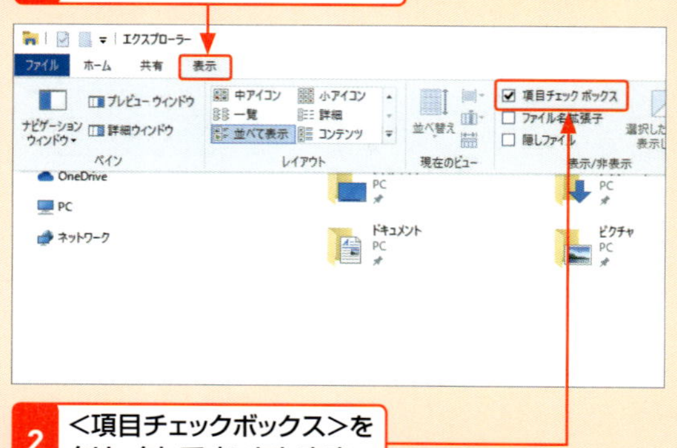

2 <項目チェックボックス>をクリックしてオンにします。

Q 119 ファイルやフォルダーを検索したい！

A エクスプローラーやタスクバーの検索機能を利用します。

エクスプローラーで検索する

エクスプローラーの検索ボックスを利用すると、フォルダー内に保存されているファイルやフォルダーを検索することができます。検索ボックスにファイル名やフォルダー名の一部を入力すると、検索結果が瞬時に表示されます。

検索結果にはファイルの保存場所が表示されるので、どこに保存されているのかがわかります。また、検索結果をダブルクリックすると、そのファイルを開くことができます。参照 ▶ Q 120

1 検索したいフォルダーを表示して、

2 検索ボックスにキーワードを入力し、

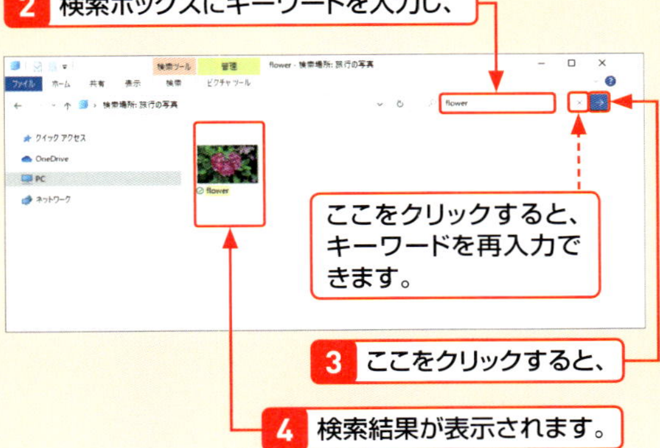

ここをクリックすると、キーワードを再入力できます。

3 ここをクリックすると、

4 検索結果が表示されます。

タスクバーで検索する

タスクバーの検索ボックスを利用すると、パソコン内に保存されているすべてのファイルを検索することができます。

1 検索ボックスをクリックして、

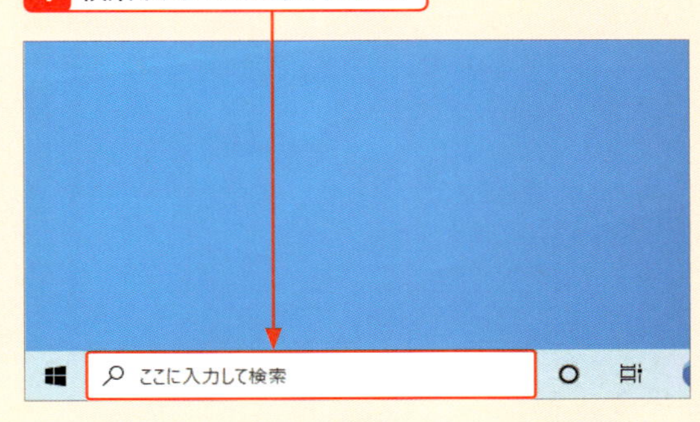

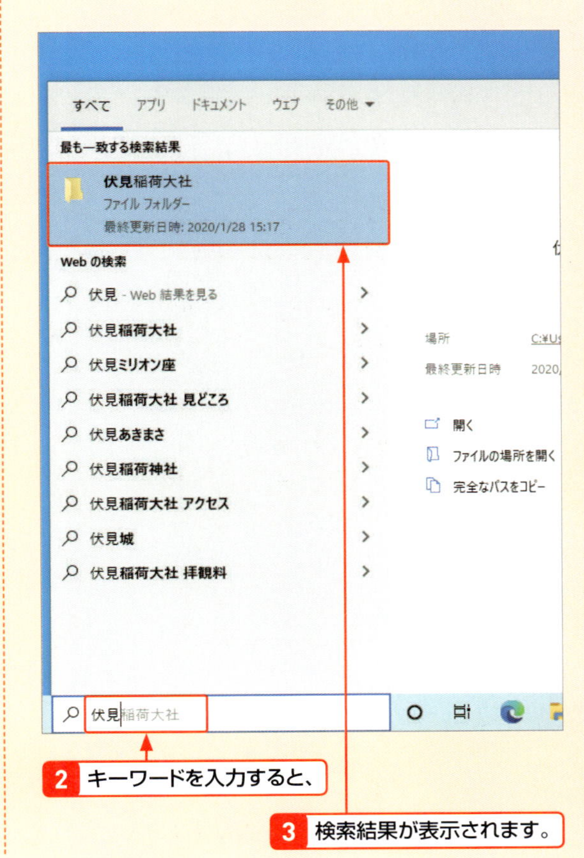

2 キーワードを入力すると、

3 検索結果が表示されます。

デスクトップでのファイル管理　重要度 ★★★

Q 120 条件を指定してファイルを検索したい！

A エクスプローラーの＜検索＞タブを利用します。

ファイルを検索した際に、検索結果が多すぎて目的のファイルやフォルダーを見つけにくい場合は、検索の条件を絞り込むことができます。
検索結果画面に表示されている＜検索ツール＞タブをクリックして、ファイルの更新日やファイルの分類、サイズなどから検索条件を絞り込みます。

1 ファイルを検索した状態で＜検索ツール＞タブをクリックすると、

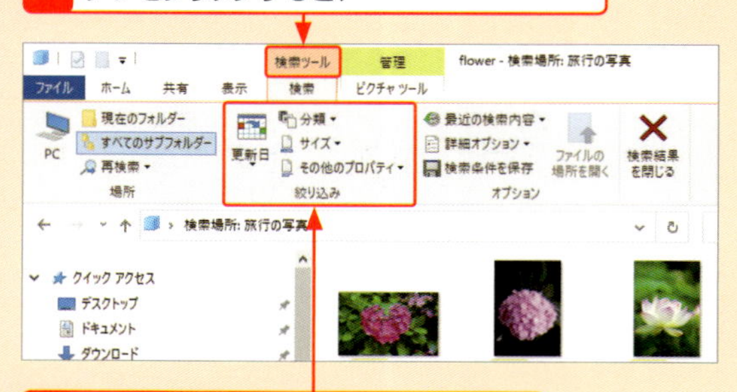

2 検索条件を絞り込むことができます。

3 ＜その他のプロパティ＞をクリックして、

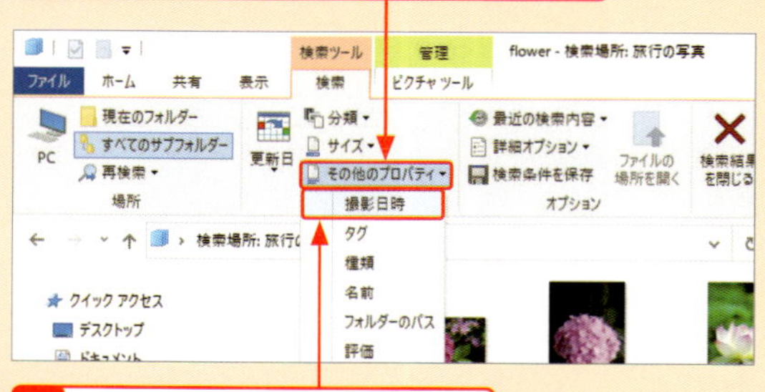

4 ＜撮影日時＞をクリックすると、

5 写真の撮影日を指定して検索できます。

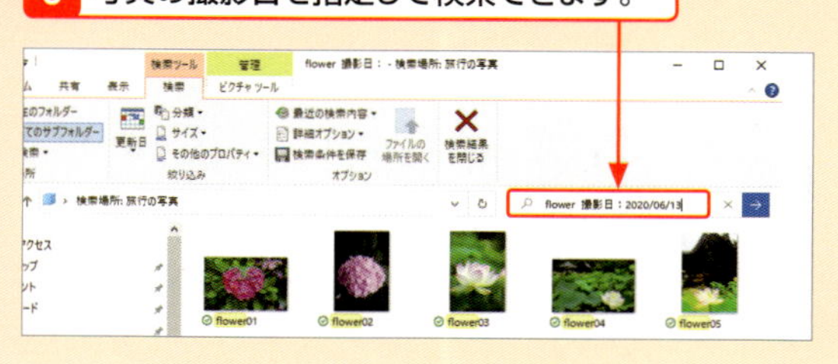

デスクトップでのファイル管理　重要度 ★★★

Q 121 ファイルを開かずに内容を確認したい！

A プレビューウィンドウを表示します。

エクスプローラーでは、アプリを起動しなくても、保存されている文書などの内容を確認することができます。＜表示＞タブをクリックして、＜プレビューウィンドウ＞をクリックすると、ウィンドウの右側にファイルの内容をプレビューする領域が表示されます。ファイルをクリックすると、ファイルの内容をプレビューで確認できます。

1 ＜表示＞タブをクリックして、

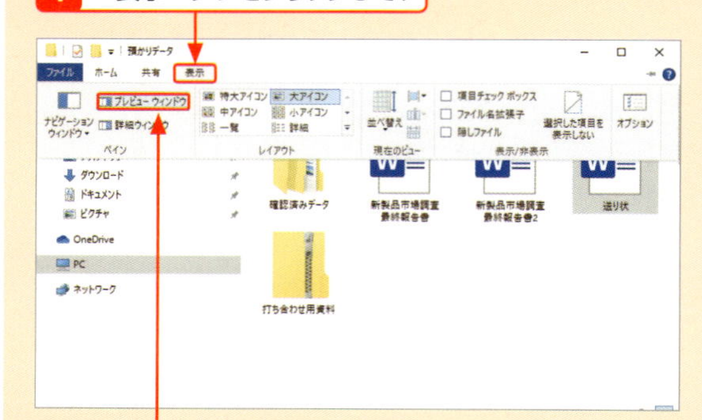

2 ＜プレビューウィンドウ＞をクリックします。

3 ファイルをクリックすると、

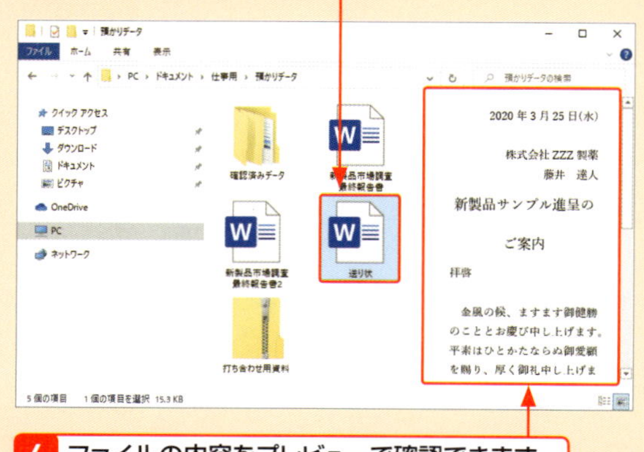

4 ファイルの内容をプレビューで確認できます。

デスクトップでのファイル管理　重要度 ★★★

Q 122 「クイックアクセス」って何？

A よく使うフォルダーなどが表示される特殊なフォルダーです。

「クイックアクセス」は、「よく使用するフォルダー」と「最近使用したファイル」が表示される特殊なフォルダーです。タスクバーやスタートメニューからエクスプローラーを開くと、最初に表示されます。

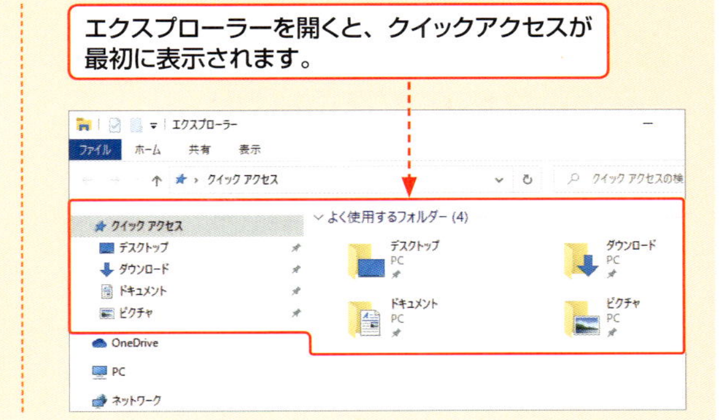

デスクトップでのファイル管理　重要度 ★★☆

Q 123 クイックアクセスに新しいフォルダーを追加したい！

A フォルダーをクイックアクセスにピン留めします。

クイックアクセスに任意のフォルダーを追加するには、フォルダーを右クリックして、<クイックアクセスにピン留めする>をクリックします。
追加したフォルダーはクイックアクセスのリストの一番下に表示されますが、ドラッグして好きな位置に移動させることもできます。
なお、クイックアクセスには右のように手動でよく使うフォルダーを登録できるほか、頻繁に操作するフォルダーも自動的に登録されます。

デスクトップでのファイル管理　重要度 ★★☆

Q 124 クイックアクセスからフォルダーを削除したい！

A フォルダーのクイックアクセスへのピン留めを外します。

フォルダーをクイックアクセスから削除したい場合は、右のように操作します。なお、この操作でフォルダー自体がパソコンから削除されることはありません。また、手動で登録した場合でも、自動登録でも操作は共通です。

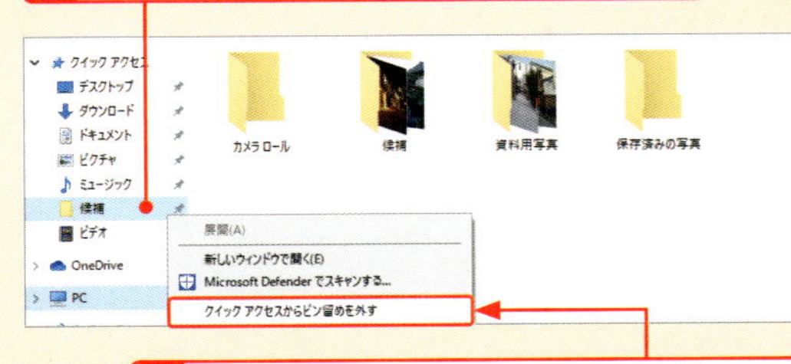

デスクトップでのファイル管理　重要度★★★

Q 125 クイックアクセスの機能をオフにしたい!

A フォルダーオプションで自動登録をオフにします。

クイックアクセスには、よく使うフォルダーや最近使ったファイルが自動登録されますが、他人にクイックアクセスを見られるとパソコンの使用履歴を知られてしまうおそれがあります。複数人で1台のパソコンを使っているような場合は、以下のように操作してフォルダーやファイルの自動登録をオフにしましょう。なお、自動登録をオフにしても、フォルダーを手動で登録することはできます。

1 クイックアクセスを右クリックして、

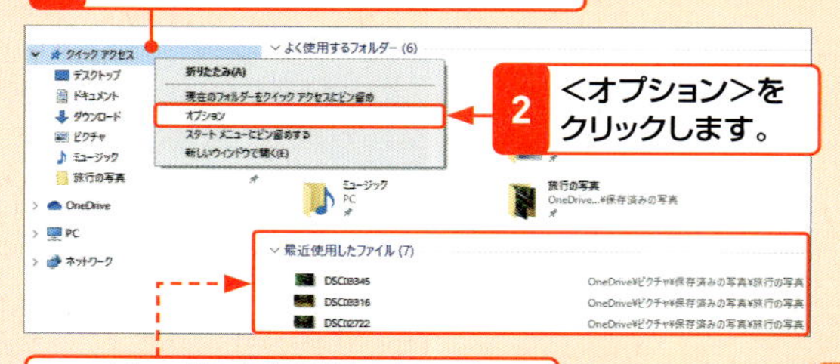

2 <オプション>をクリックします。

ファイルの使用履歴が表示されます。

3 <全般>タブをクリックして、

4 これをクリックしてオフにすると、ファイルの使用履歴が非表示になります。

5 これをクリックしてオフにすると、よく使うフォルダーが自動登録されなくなります。

6 <OK>をクリックすると、

7 自動登録されたフォルダーとファイルの履歴がクイックアクセスから消えます。

デスクトップでのファイル管理　重要度★★★

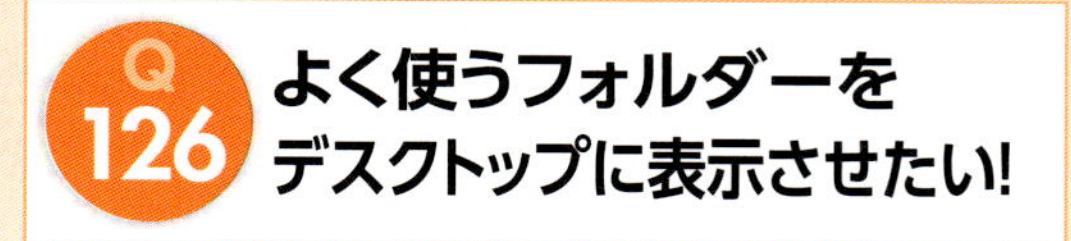

Q 126 よく使うフォルダーをデスクトップに表示させたい!

A ショートカットを作成します。

よく使うフォルダーやファイルのショートカットをデスクトップに作成すれば、ショートカットをダブルクリックするだけでその内容を表示できるため、フォルダーを深い階層までたどらなくても済みます。なお、作成したショートカットは、通常のファイルやフォルダーと同様の操作で削除できます。

1 フォルダーを右クリックして、

2 <送る>にマウスポインターを合わせ、

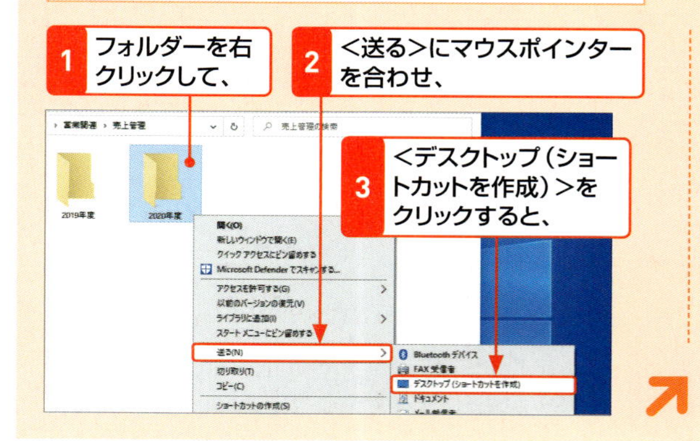

3 <デスクトップ(ショートカットを作成)>をクリックすると、

4 デスクトップにショートカットが作成されます。

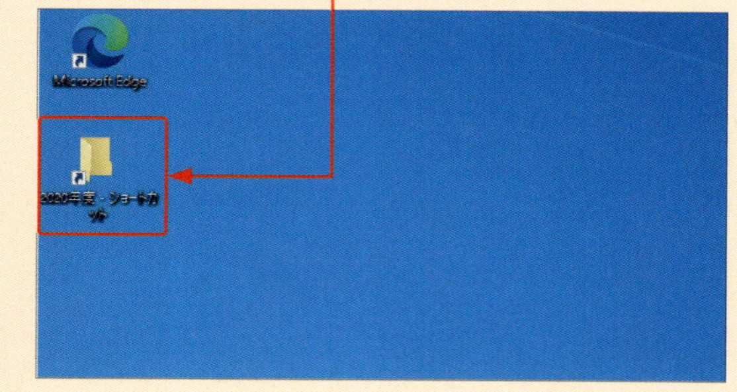

3

キーボードと文字入力の快適技!

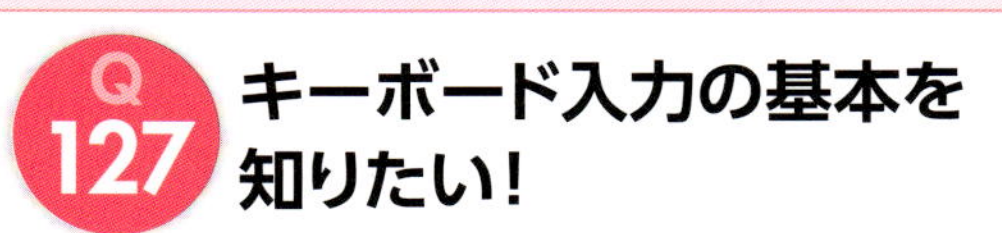

Q 127 キーボード入力の基本を知りたい！

A キーボードの配列を覚えましょう。

文字や数字、記号などの入力に使うのがキーボードです。キーを押すと、キーに印字されている文字を入力することができます。また、複数のキーを組み合わせることで、さまざまなコマンドを実行することもできます。ここでは、文字キーとそれ以外の特殊機能を持つキーについて解説します。なお、キーの数や配列は、パソコンによって異なることがあります。

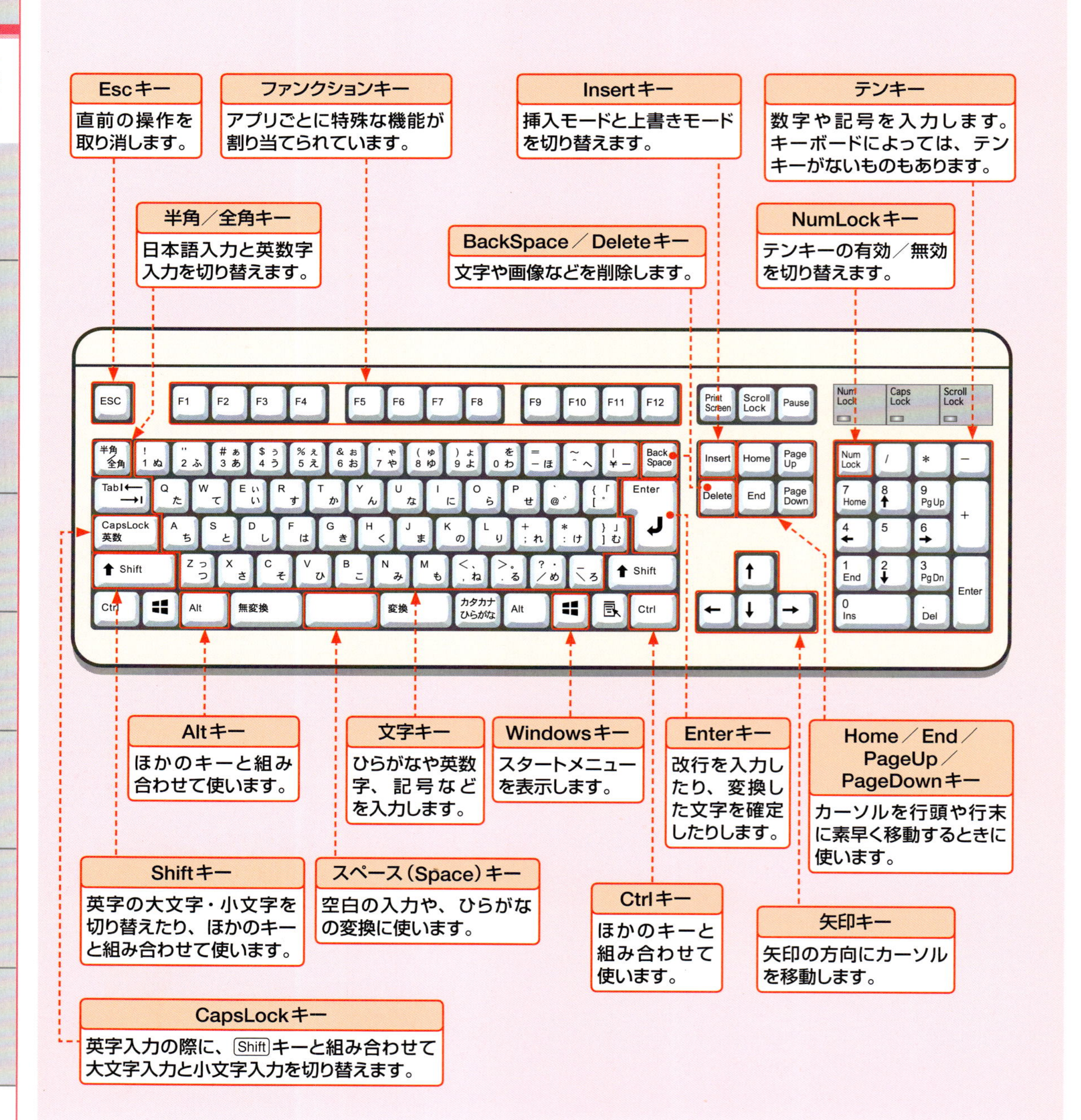

Escキー
直前の操作を取り消します。
ファンクションキー
アプリごとに特殊な機能が割り当てられています。
Insertキー
挿入モードと上書きモードを切り替えます。
テンキー
数字や記号を入力します。キーボードによっては、テンキーがないものもあります。
半角／全角キー
日本語入力と英数字入力を切り替えます。
BackSpace／Deleteキー
文字や画像などを削除します。
NumLockキー
テンキーの有効／無効を切り替えます。
Altキー
ほかのキーと組み合わせて使います。
文字キー
ひらがなや英数字、記号などを入力します。
Windowsキー
スタートメニューを表示します。
Enterキー
改行を入力したり、変換した文字を確定したりします。
Home／End／PageUp／PageDownキー
カーソルを行頭や行末に素早く移動するときに使います。
Shiftキー
英字の大文字・小文字を切り替えたり、ほかのキーと組み合わせて使います。
スペース（Space）キー
空白の入力や、ひらがなの変換に使います。
Ctrlキー
ほかのキーと組み合わせて使います。
矢印キー
矢印の方向にカーソルを移動します。
CapsLockキー
英字入力の際に、Shiftキーと組み合わせて大文字入力と小文字入力を切り替えます。

キーボード入力の基本　重要度 ★★★

Q128 キーに書かれた文字の読み方がわからない！

A キーボードの文字は、単語が省略されたものです。

ほかのキーを組み合わせて利用する[Alt]や[Ctrl]などと書かれたキーや、単独で利用することの多い[Esc]や[Delete]などのキーは、単語が省略された形で表記される場合があります。
表記はキーボードの機種によっても多少異なりますが、読み方は右表のとおりです。

キー	読み方
[Alt]	オルト、アルト
[BackSpace] ／ [BKsp] ／ [BS]	バックスペース、ビーエス
[CapsLock]	キャプスロック、キャップスロック
[Ctrl]	コントロール
[Delete] ／ [Del]	デリート、デル
[Enter]	エンター
[Esc]	エスケープ、エスク
[F1]～[F12]	エフいち～エフじゅうに
[Insert] ／ [Ins]	インサート
[NumLock] ／ [NumLk]	ナムロック
[Shift]	シフト
[Tab]	タブ

キーボード入力の基本　重要度 ★★★

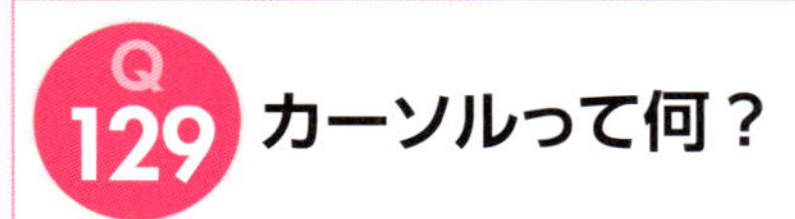

Q129 カーソルって何？

A 文字の入力位置を示すマークです。

「カーソル」は、文字の入力や削除、範囲選択といった文字操作全般の起点となる位置を示すための、点滅する縦棒です。なお、マウスポインターのことをカーソルと呼ぶこともあり、その場合は図のように呼び方を区別します。

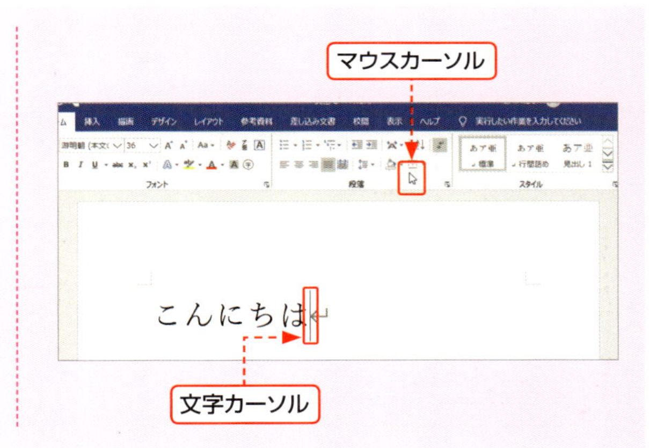

キーボード入力の基本　重要度 ★★★

Q130 日本語入力と半角英数入力どちらになっているかわからない！

A 通知領域のアイコンで確認できます。

Windows では、日本語と英語（半角英数）を入力するために、それぞれ専用の入力モードが用意されており、随時切り替えて使用します。入力モードは操作している場面やアプリに合わせて自動的に切り替わるため、場合によっては今現在どの入力モードが選択されているのかわからなくなることがあります。

現在選択されている入力モードは、以下のように通知領域のアイコンで確認できます。 参照▶Q 131

日本語の入力モード選択中は「あ」と表示されます。

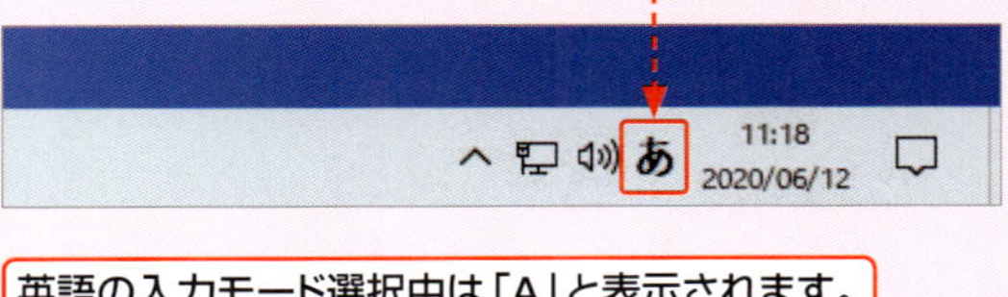

英語の入力モード選択中は「A」と表示されます。

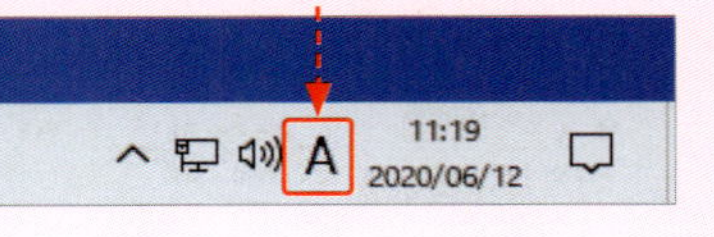

Q 131 日本語入力と半角英数入力を切り替えるには？

A キーボードの 半角/全角 を押します。

日本語と英語（半角英数）の入力モードを手動で切り替えるには、キーボードの 半角/全角 キーを押します。また、通知領域の＜あ＞、あるいは＜A＞アイコンをクリックすることでも、切り替えられます。

＜あ＞または＜A＞アイコンを右クリックすると表示されるメニューから、＜全角カタカナ＞、＜半角カタカナ＞、＜全角英数＞などの入力モードに切り替えることもできます。 参照▶Q 170

●アイコンを右クリックして切り替える

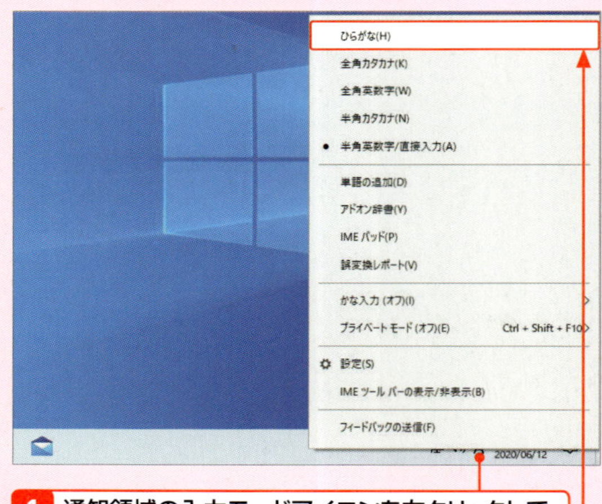

1 通知領域の入力モードアイコンを右クリックして、

2 ＜ひらがな＞をクリックすると、

3 日本語入力モード（ひらがな）に変わります。

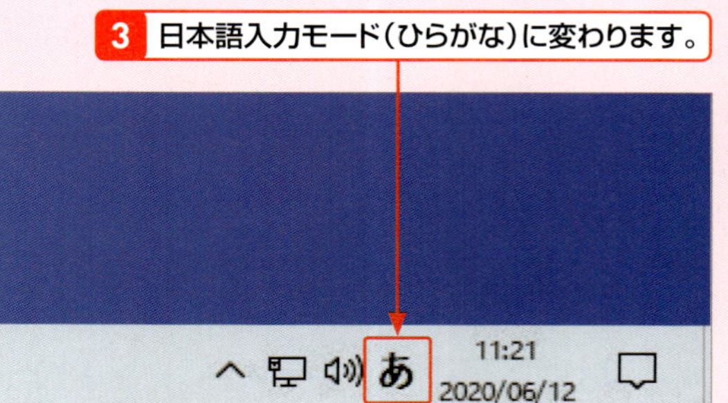

●キー操作で切り替える

通知領域にあるアイコンが「A」と表示されているときは、半角英数入力モードが選択されています。

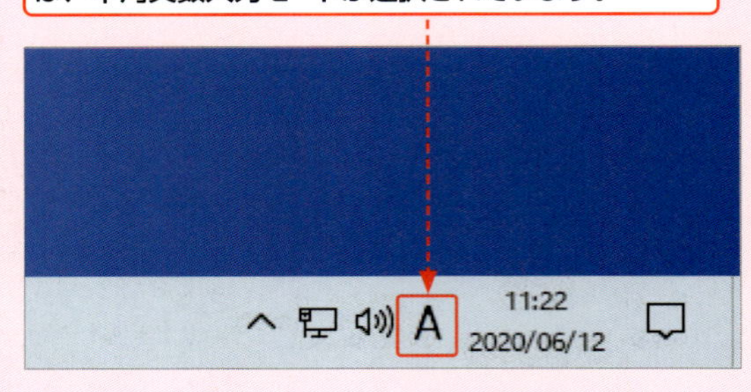

1 キーボードの 半角/全角 を押すと、

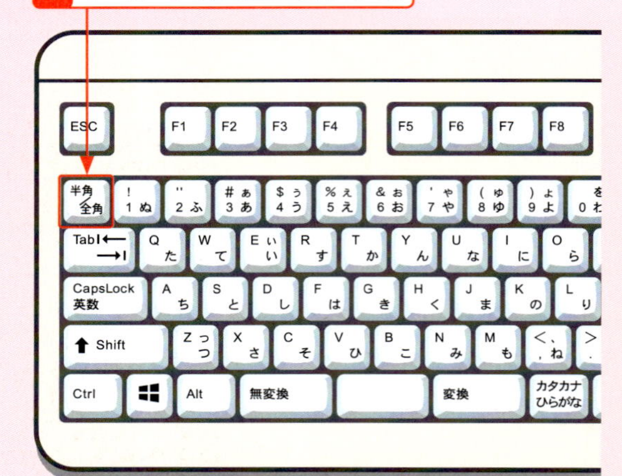

2 日本語入力モード（ひらがな）に変わります。

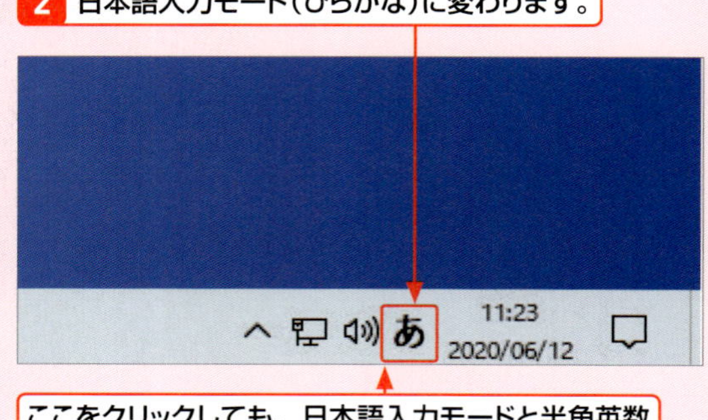

ここをクリックしても、日本語入力モードと半角英数入力モードを切り替えることができます。

重要度 ★★★

Q 132 タッチディスプレイではどうやって文字を入力するの？

A タッチキーボードを利用します。

「タッチキーボード」は画面内に表示されるキーボードのことで、通常のキーボードと同様に、キーをクリック（タップ）することで文字入力できます。タッチ操作対応のタブレット型パソコンなどで、別途外付けキーボードを用意しなくても日本語や英数字の入力ができるので、モバイルで利用したい場合などに役立ちます。

タッチキーボードを表示するには、タスクバーにある ⌨ をタップします。閉じるときは、タッチキーボードの右上隅にある <閉じる> ☒ をタップします。

なお、タスクバーに ⌨ が表示されていない場合は、タスクバーを長押し（右クリック）して、<タッチキーボードボタンを表示>をタップしてオンにします。ここでは、タッチキーボードに用意されている、文字キー以外の各キーの機能について解説します。

参照▶Q 133

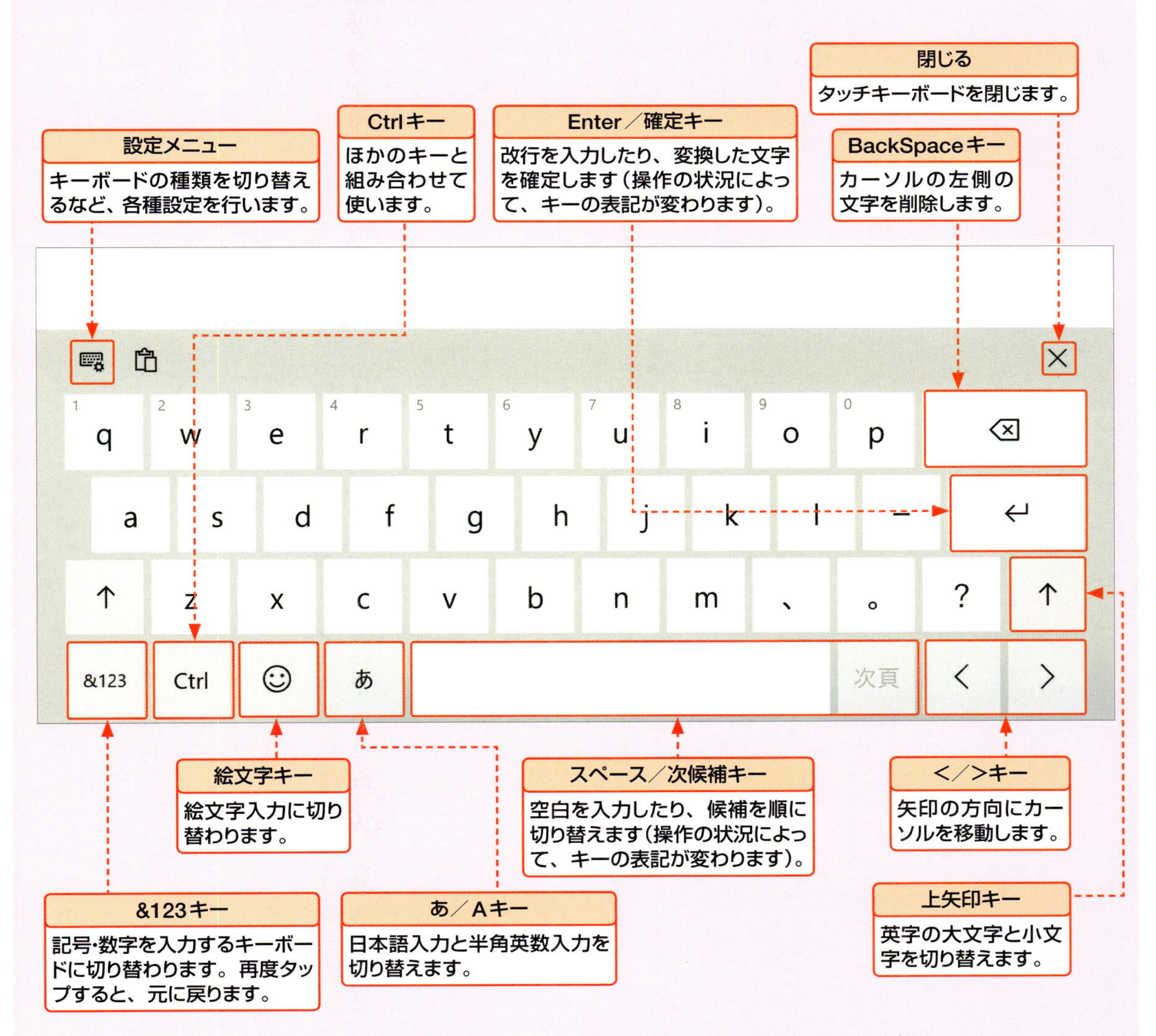

閉じる
タッチキーボードを閉じます。
Ctrlキー
ほかのキーと組み合わせて使います。
Enter／確定キー
改行を入力したり、変換した文字を確定します（操作の状況によって、キーの表記が変わります）。
BackSpaceキー
カーソルの左側の文字を削除します。
設定メニュー
キーボードの種類を切り替えるなど、各種設定を行います。
q w e r t y u i o p
a s d f g h j k l –
z x c v b n m 、 。 ?
&123 Ctrl あ 次頁
絵文字キー
絵文字入力に切り替わります。
スペース／次候補キー
空白を入力したり、候補を順に切り替えます（操作の状況によって、キーの表記が変わります）。
<／>キー
矢印の方向にカーソルを移動します。
&123キー
記号・数字を入力するキーボードに切り替わります。再度タップすると、元に戻ります。
あ／Aキー
日本語入力と半角英数入力を切り替えます。
上矢印キー
英字の大文字と小文字を切り替えます。

Q 133 タッチディスプレイでのキーボードの種類を知りたい!

A 6種類のキーボードがあります。

タッチキーボード には、「フルサイズキーボード」のほか、タブレットを両手で持ったとき親指で入力しやすい「分割キーボード」、スマートフォンのような配列の「かな10キー入力キーボード」、画面を有効活用できる「片手用QWERTYキーボード」、手書きの文字を認識する「手書き入力キーボード」、ノートパソコンのキーボードとほぼ同じキーの数と配列を備える「ハードウェアキーボード準拠のキーボード」の6種類が標準で用意されています。

それぞれのキーボードは、タッチキーボードの左上にある ⌨ をタップして、表示されるメニューから切り替えることができます。

通常、キーボードは画面の下半分に固定されますが、⌨ をタップして移動させることもできます。

タッチキーボードを切り替える

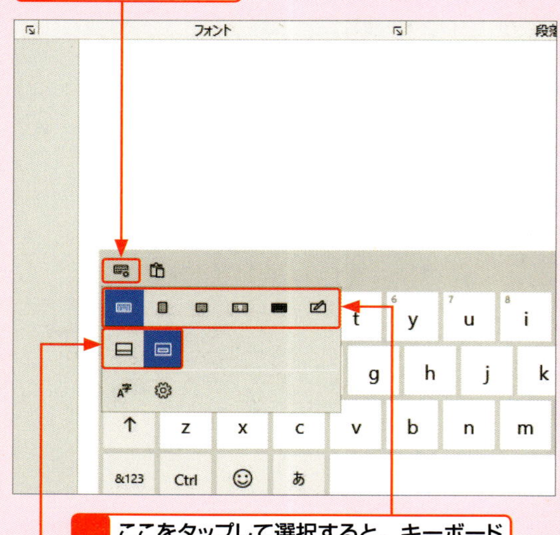

1 ⌨ をタップして、
2 ここをタップして選択すると、キーボードの種類が変更されます。
3 ここをタップして選択すると、キーボードを動かしたり固定したりすることができます。

フルサイズキーボード

分割キーボード

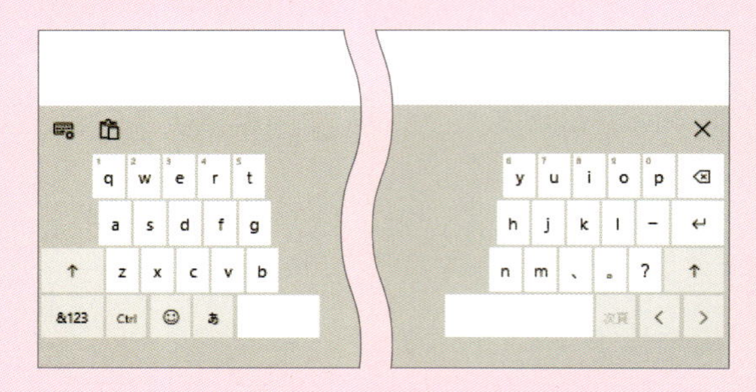

かな10キー入力キーボード ／ 片手用QWERTY キーボード

手書き入力キーボード

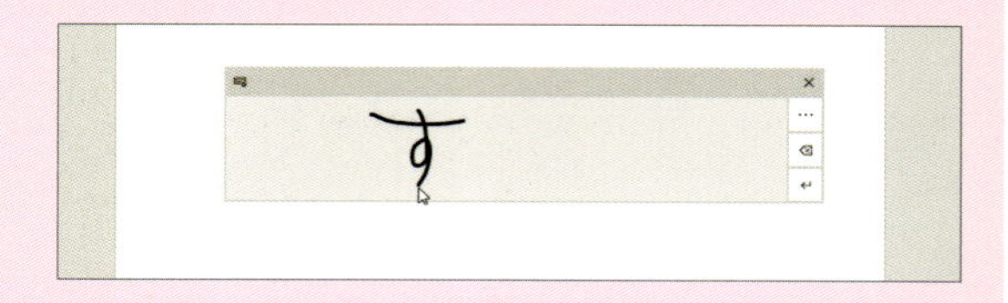

ハードウェアキーボード準拠のキーボード

キーボード入力の基本　重要度 ★★★

Q 134 言語バーはなくなったの？

A 初期設定では表示されません。

言語バーは、初期設定では表示されません。従来の言語バーに用意されていた「入力モードの切り替え」「IMEパッド」「単語の登録」などの機能は、タスクバーに表示されている入力モードのアイコンを右クリック（タッチ操作では長押し）すると表示されるメニューから利用できます。

また、以前の言語バーと同様の機能を持つIMEツールバーも用意されています。

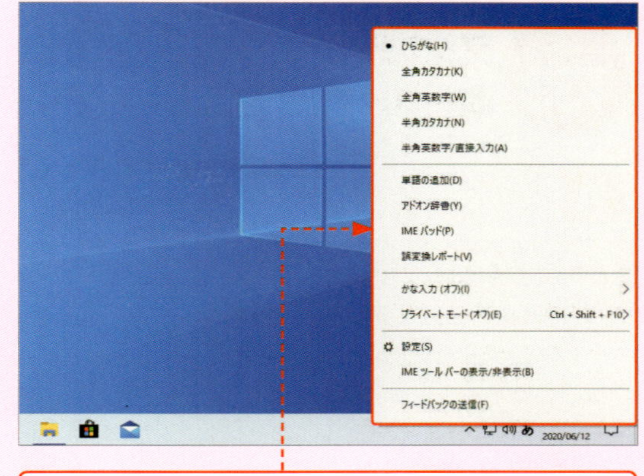

従来の言語バーの機能がメニューに搭載されています。

キーボード入力の基本　重要度 ★★★

Q 135 デスクトップ画面に言語バーを表示させたい！

A 代わりにIMEツールバーを表示させましょう。

標準では非表示になった言語バーは、IMEパッドの表示機能や辞書機能などが削除されています。以前の慣れた操作方法に戻したい場合は、以前の言語バーと同様の機能を持つIMEツールバーを表示させるとよいでしょう。

IMEツールバーは、通知領域の入力モードアイコンの右クリックメニューから、表示と非表示を簡単に切り替えられます。

言語バーの変更

● 以前の言語バー

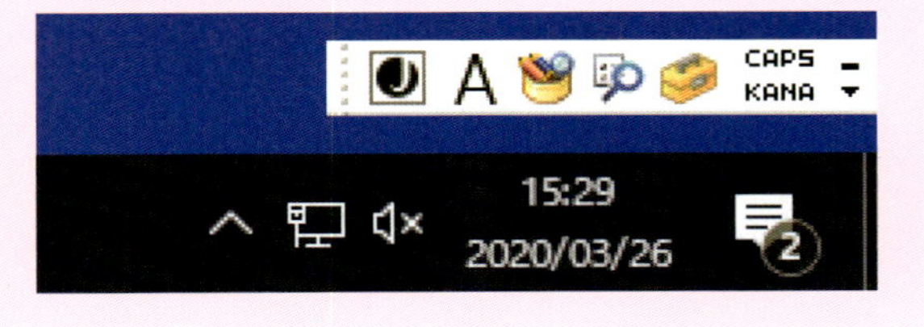

● 最新の言語バー

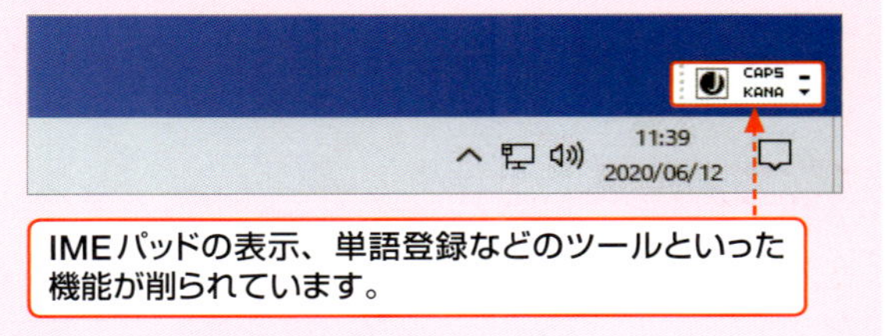

CAPS
KANA
11:39
2020/06/12
IMEパッドの表示、単語登録などのツールといった機能が削られています。

IME ツールバーを表示する

1 入力モードアイコンを右クリックして、

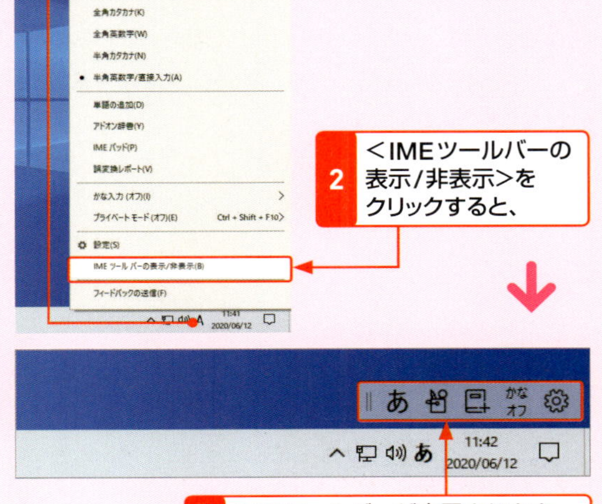

3 IMEツールバーが表示されます。

キーボード入力の基本　重要度 ★★★

Q 136 文字カーソルの移動や改行のしかたを知りたい!

A キーボードの↑↓←→とEnterを使います。

文書内で文字カーソルを移動するには、キーボードの↑↓←→キーを押します。改行するには、文末でEnterキーを押します。「改行」とは、次の行にカーソルを移動することです。
なお、タッチキーボードで文字カーソルを移動するには<または>を、改行するには↵をタップします。

1 クリックして、ここにカーソルを移動し、

2 →を数回押して、カーソルを文末に移動します。

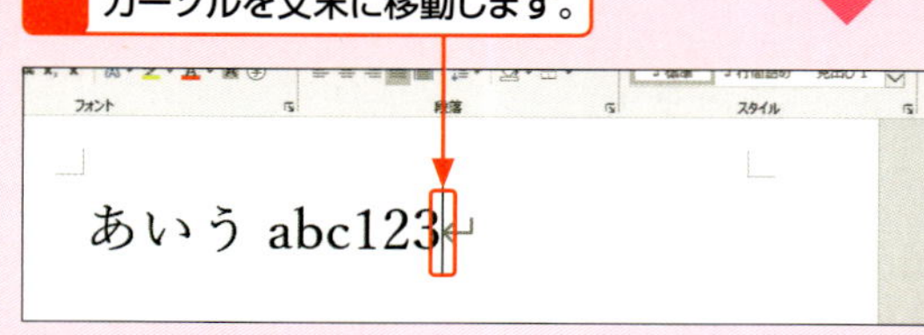

3 ここでEnterを押すと、

4 改行され、次の行にカーソルが移動します。

● タッチキーボードでカーソルを移動する

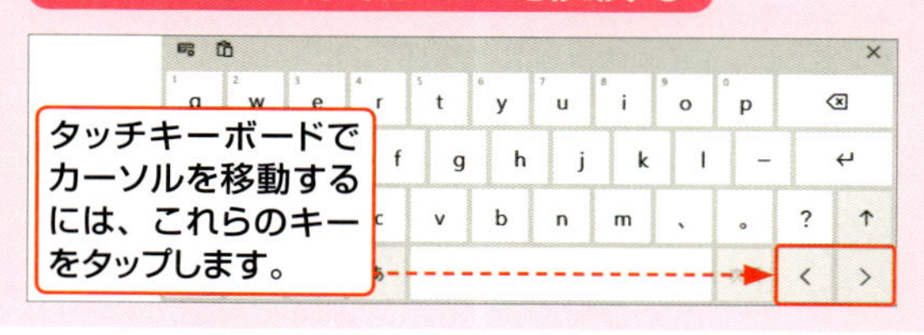

日本語入力　重要度 ★★★

Q 137 日本語入力の基本を知りたい!

A 読みを入力して、Enterを押します。

日本語を入力するには、まず、入力モードを<ひらがな>に切り替えます。続いて、文字を入力する位置にカーソルを移動して、キーボードから目的の文字を入力します。ひらがなを入力する場合は、そのままEnterキーを押して確定します。
漢字やカタカナなどを入力したい場合は、確定する前に「変換」という操作が必要になります。ここでは、ローマ字入力で「ゆめ」と入力する例を紹介します。

参照▶Q149,Q150

1 入力モードを<ひらがな>に切り替えて、

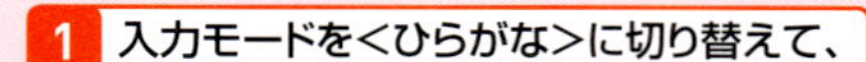

2 入力する位置にカーソルを移動し、

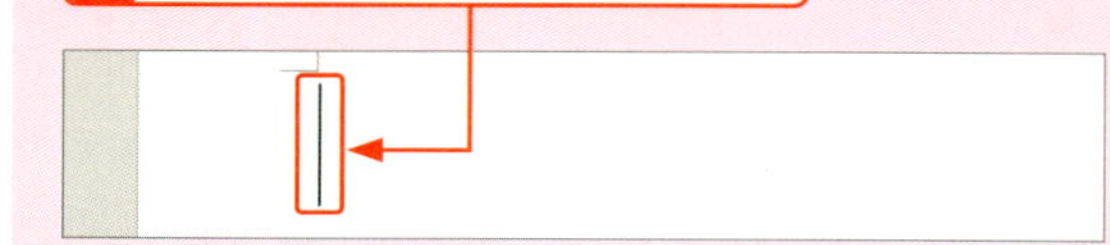

3 YUMEとキーを押すと、

4 「ゆめ」と表示されました。

5 Enterを押すと、

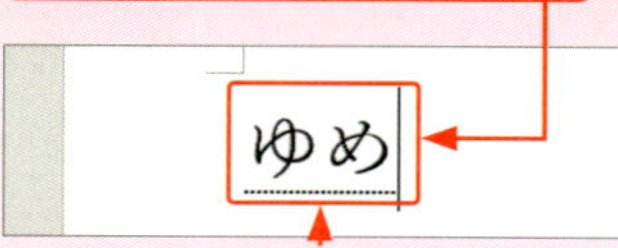

下の点線は入力が完了していないことを示します。

6 「ゆめ」と入力できます。

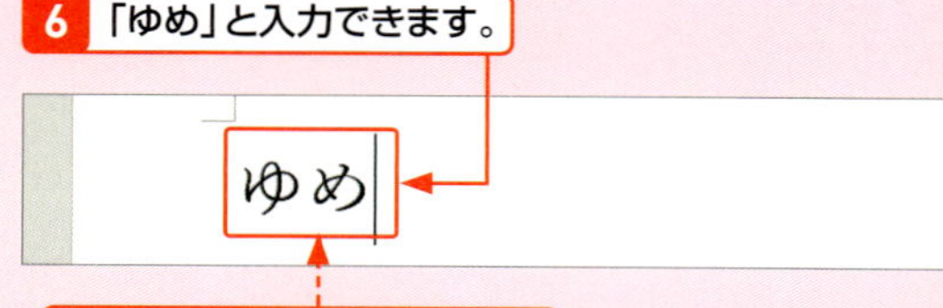

確定すると、点線が消えます。

Q 138 日本語が入力できない！

A 入力モードを＜ひらがな＞に切り替えます。

入力モードが＜半角英数＞になっていると、日本語が入力できません。日本語を入力するには、入力モードを＜ひらがな＞に切り替える必要があります。

参照▶Q131

1 日本語が入力できないときは、

yume

2 入力モードが＜半角英数＞になっています。

A 10:37 2020/06/12

3 入力モードを＜ひらがな＞にすると、

あ 10:38 2020/06/12

4 日本語が入力できるようになります。

ゆめ

Q 139 文字を削除したい！

A Backspace や Delete を使います。

入力した文字を削除したいときは、Backspace キーや Delete キーを使います。直前に入力した文字を削除したいときは、Backspace キーを削除したい文字の個数分押します。

文の途中の文字を削除したいときは、削除したい文字の右にカーソルを移動させて Backspace キーを押すか、削除したい文字の左にカーソルを移動させて Delete キーを押しましょう。

参照▶Q 127

● 直前に入力した文字を削除する

1 Backspace を4回押すと、

絶対上手くいくわけない

2 直前の4文字が削除されます。

絶対上手くいく

● 文の途中の文字を削除する

1 削除したい文字の右にカーソルを移動させて、

柔らかな風邪が吹く

2 Backspace を押すと、

3 文字が削除されます。

柔らかな風が吹く

基本
デスクトップ
キーボード・文字入力
インターネット
メール・連絡先
セキュリティ
写真・動画・音楽
OneDrive・スマホ
印刷・周辺機器
アプリ
インストール・設定

Q 140 漢字を入力したい！

A 読みを入力して、変換候補から選択します。

漢字を入力するには、まず文字の「読み」を入力します。Spaceキー（または変換キー）を押すと、第1候補の漢字に変換されます。目的の漢字でない場合は、再度Spaceキーを押すと、変換候補の一覧が表示されるので、目的の漢字をクリックや↑↓キーで選択してからEnterキーを押すことで変換を確定できます。
なお、読みを入力中に表示される入力予測の候補から指定して変換することも可能です。

1 KOUTAIとキーを押すと、

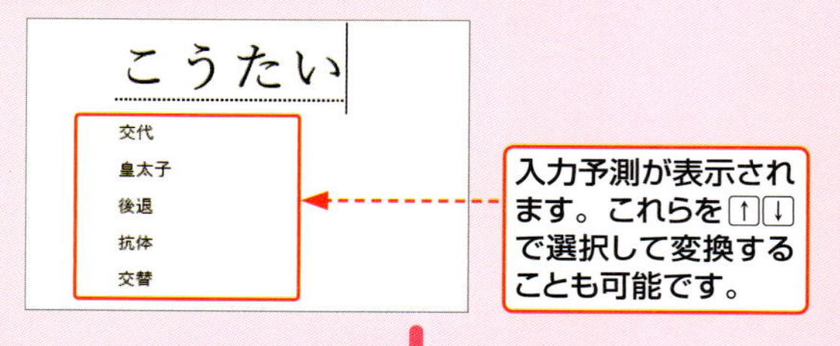

2 Spaceを押すと変換が行われます。再度Spaceを押すと、

交代

3 変換候補が表示されます。

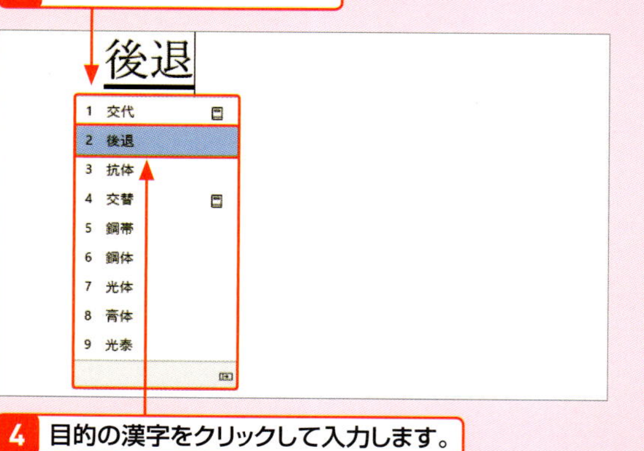

4 目的の漢字をクリックして入力します。

● タッチキーボードの場合

タッチキーボードの場合は、読みを入力すると、自動的に変換候補が表示されます。目的の候補が選択されるまでSpaceキーをタップし、Enterキーをタップすると、文字が確定します。
候補が複数ある場合は、候補をスライドすると隠れている候補が表示されます。タッチキーボードの＜次頁＞をタップすると、候補のグループを切り替えられます。また、目的の候補が表示されたら、直接タップして確定させることも可能です。

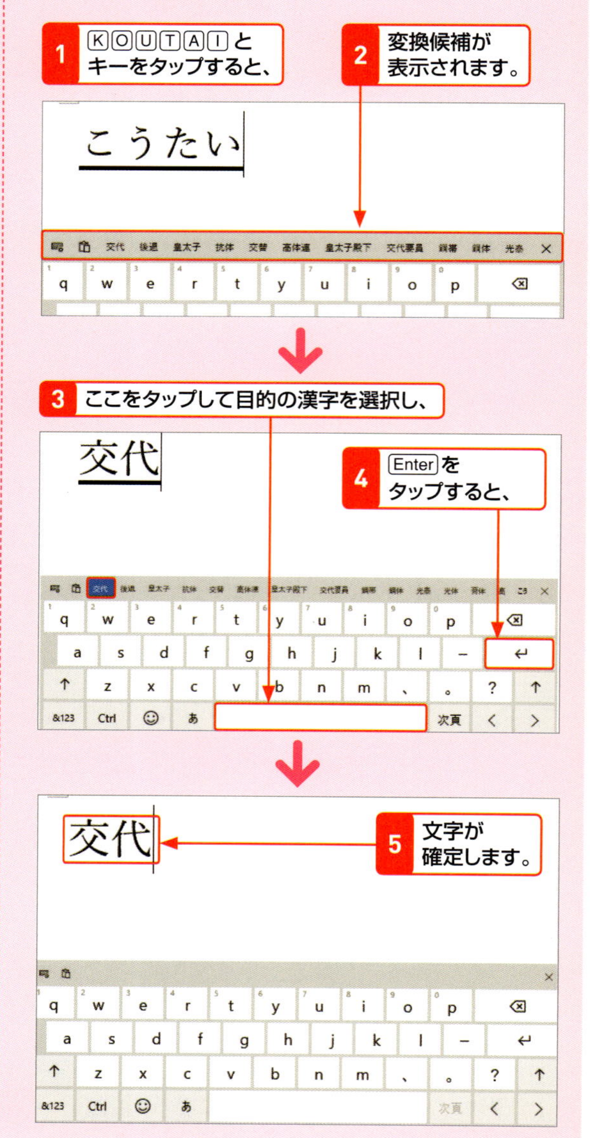

Q 141 カタカナを入力したい！

A 読みを入力して、変換候補から選択します

カタカナを入力するには、まず文字の「読み」を入力し、F7キーを押して変換します。また、漢字を入力するのと同じ方法でもカタカナに変換できます。この場合は、Spaceキーを押すと、第一候補が表示されます。目的のカタカナでなければ、再度Spaceキーを押すと変換候補が表示されるので、目的のカタカナをクリックするか、↑↓キーで選択してEnterキーを押すと、カタカナが入力されます。

1 GIJYUTUとキーを押して、

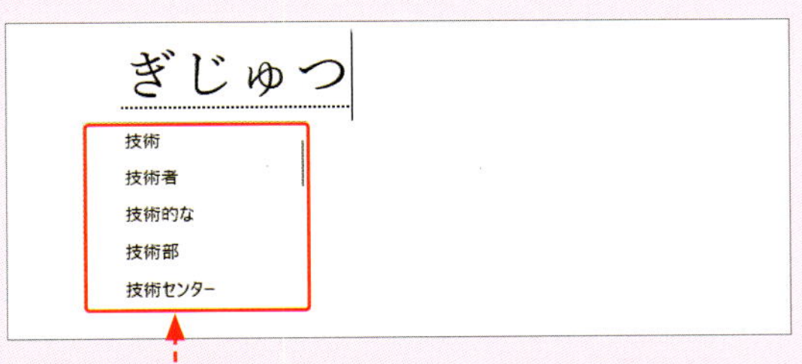

入力予測が表示されます。

2 Spaceを押すと、変換が行われます。再度Spaceを押すと、

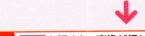

3 変換候補が表示されます。

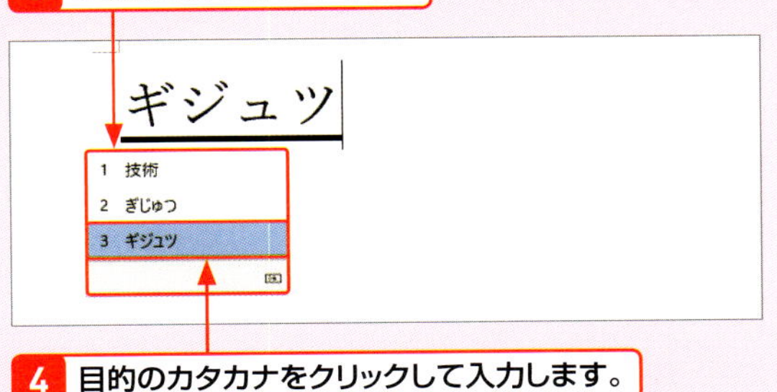

4 目的のカタカナをクリックして入力します。

タッチキーボードの場合

タッチキーボードの場合は、読みを入力すると、自動的に変換候補が表示されます。目的の候補が選択されるまでSpaceキーをタップし、Enterキーをタップすると、文字が確定します。

候補が複数ある場合は、候補をスライドすると隠れている候補が表示されます。タッチキーボードの<次頁>をタップすると、候補のグループを切り替えられます。また、目的の候補が表示されたら、直接タップして確定させることも可能です。

1 GIJYUTUとキーをタップすると、

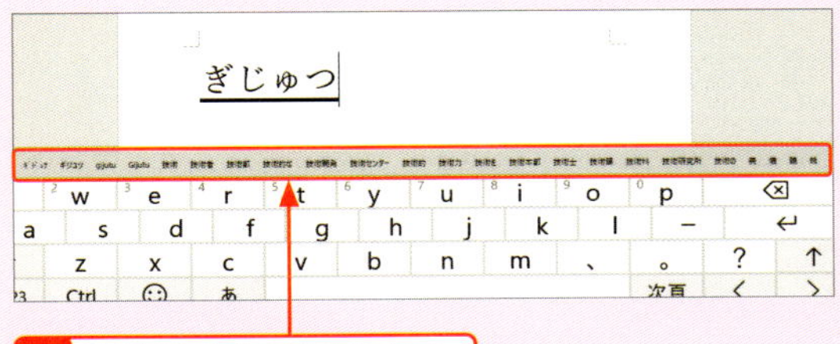

2 変換候補が表示されます。

3 ここをタップして目的の文字を選択し、

4 Enterをタップすると、

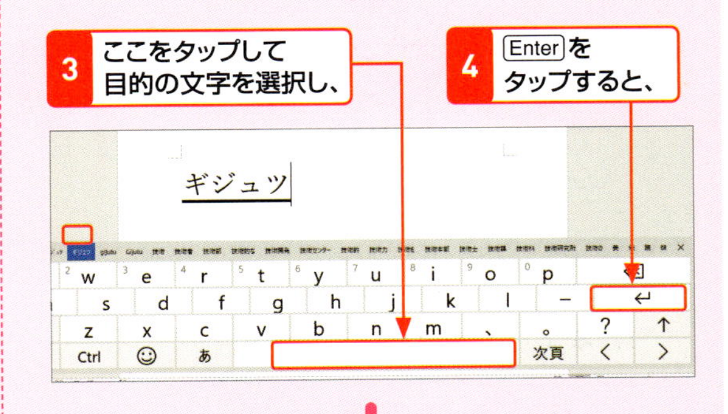

5 文字が確定します。

ギジュツ

日本語入力　重要度 ★★★

Q 142 文字が目的の位置に表示されない！

A 入力したい場所にカーソルを移動しましょう。

文字を入力できる場所にカーソルを移動してから入力しないと、入力中の文字がデスクトップの左上など思いがけない場所に表示されることがあります。
意図しない場所に文字が表示された場合は、それを BackSpace キーで消去してから、目的の場所をクリックしてカーソルを移動しましょう。

● デスクトップの例

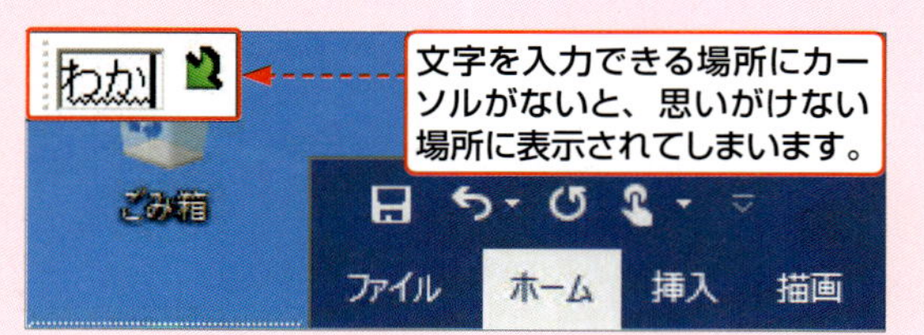

日本語入力　重要度 ★★★

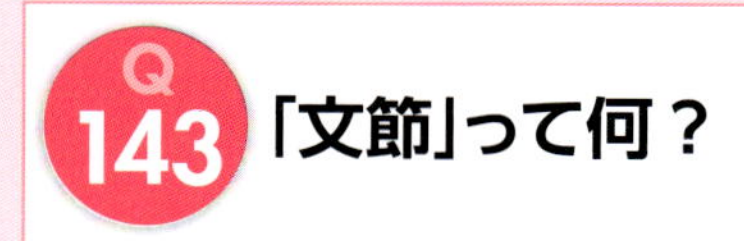

Q 143 「文節」って何？

A 文を複数の部分に分割する単位のことです。

「文節」とは、意味が通じる最小単位で文を分割したものです。一般的に、文を区切る際に「～ね」や「～よ」を付けて意味が通じる単位が文節とされています。
たとえば、「私は海へ行った」は、「私は（ね）」「海へ（ね）」「行った（よ）」という3つの文節に区切ることができます。多くの日本語入力アプリでは、文節ごとに漢字に変換されます。なお、複数の文節で構成された文字列のことを複文節といいます。

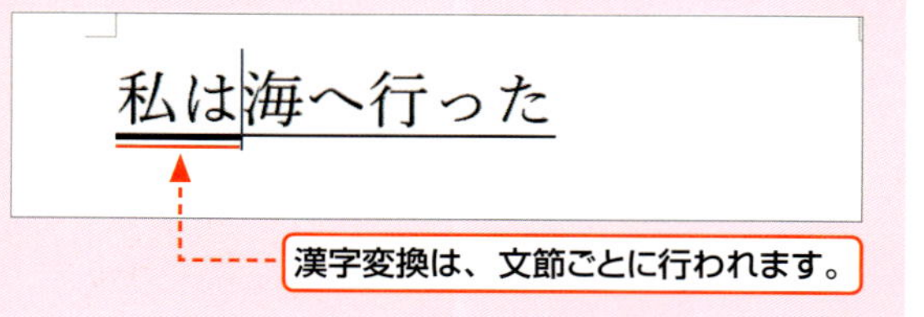

漢字変換は、文節ごとに行われます。

日本語入力　重要度 ★★★

Q 144 文節の区切りを変えてから変換したい！

A Shift ＋ ← ／ → で区切りを変更します。

日本語の入力では、文節単位で漢字の変換が行われます。そのため、入力アプリが文節の区切りを間違って認識してしまうと、意図したとおりの変換ができません。このような場合は、Shift キーを押しながら ← キーまたは → キーを押して文節の区切りを変更し、正しい変換ができるようにします。

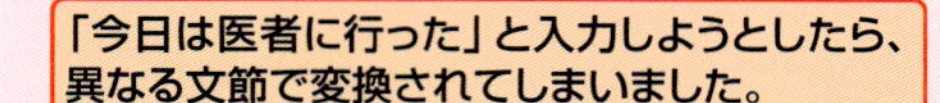

「今日は医者に行った」と入力しようとしたら、異なる文節で変換されてしまいました。

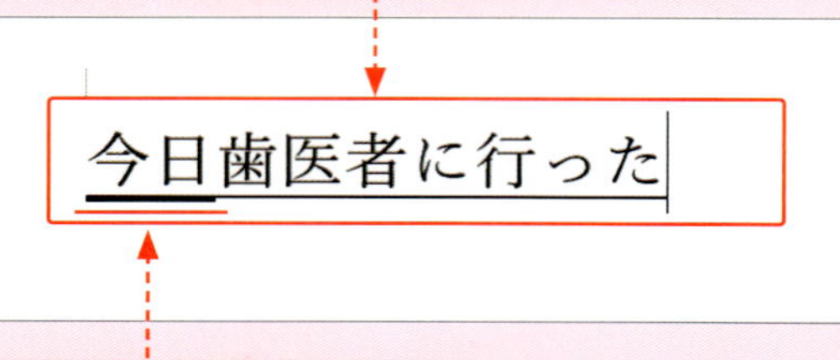

文節単位で下線が引かれます。

1 Shift を押しながら、→ を押して文節の区切りを変更し、

きょうはいしゃに行った

2 Space を押すと、

3 正しい文節で変換されます。

今日は医者に行った

Q145 変換する文節を移動したい！

A ←／→で変換する文節を移動します。

変換する文節を移動するには、変換中に←か→を押します。日本語の入力中、複数の文節をまとめて変換して、一部の文節のみ意図と異なる漢字に変換された場合は、この方法で素早く正しい漢字に変換できます。

1 読みをまとめて入力して変換して、

おいしい会料理が出来上がりました

変換対象となる最初の文節に下線が引かれています。

2 →を押します。

おいしい会料理が出来上がりました

2番目の文節に下線が移動します。

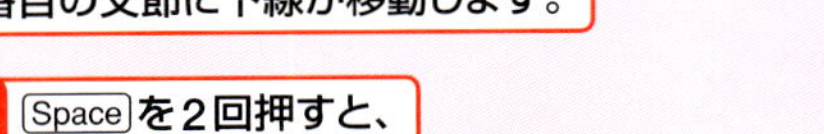

3 Spaceを2回押すと、

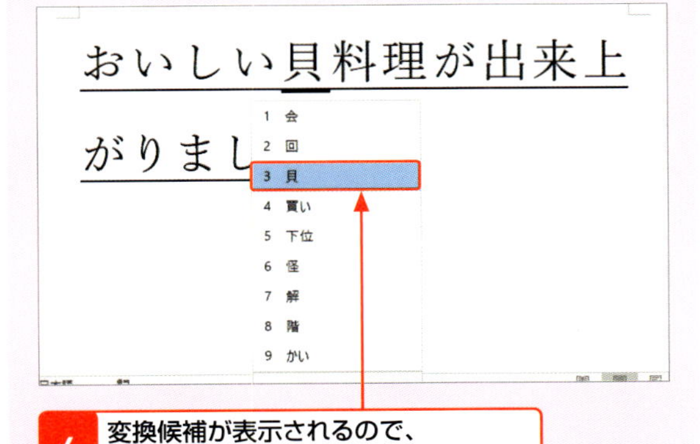

4 変換候補が表示されるので、目的の漢字をクリックして入力します。

Q146 文字を変換し直したい！

A 文字を選択して変換を実行します。

Windows 10の日本語入力には、確定した文字を再び変換する機能があります。文字を再び変換するには、文字をドラッグするなどして選択しておき、Spaceキー（または変換キー）を押すか、右クリックしてメニューから＜再変換＞を実行します。
また、アプリによっては独自の再変換機能が用意されていることがあるので、アプリのマニュアルなどで確認しておくとよいでしょう。

● Spaceで変換し直す

一部を誤った漢字で確定しています。

走行会を開催しました

1 変換し直したい文字を選択して、

2 Spaceを押すと、

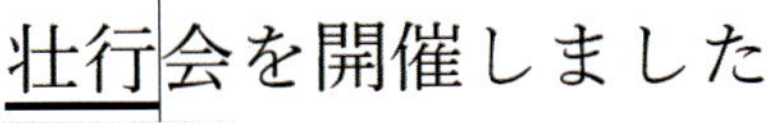

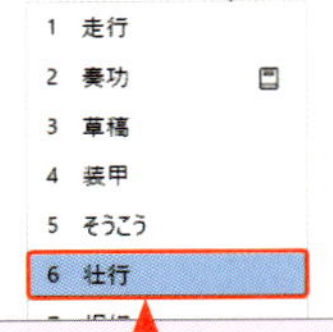

3 再び変換して正しい漢字を選べます。

● 右クリックメニューから変換し直す

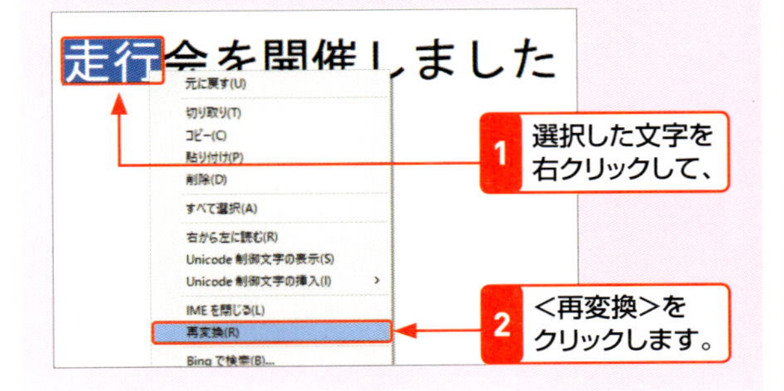

1 選択した文字を右クリックして、

2 ＜再変換＞をクリックします。

日本語入力　重要度 ★★★

Q 147 変換しにくい単語を入力したい!

A 1文字ずつ漢字に変換するか、<単漢字>から選択します。

● 1文字ずつ変換する

固有名詞や地名など、特殊な読み方をする単語は、変換候補一覧に表示されないものがあります。このような場合は、漢字を1文字ずつ変換するとよいでしょう。ここでは、「蒼苔」(そうたい)と入力します。

1 「そう」と入力して、Space を2回押し候補一覧を表示して、

2 ↓ を何回か押して目的の変換候補を選択し、

3 Enter を押すと、

4 「蒼」が入力されます。

5 同様に、K O K E と押して「苔」を入力します。

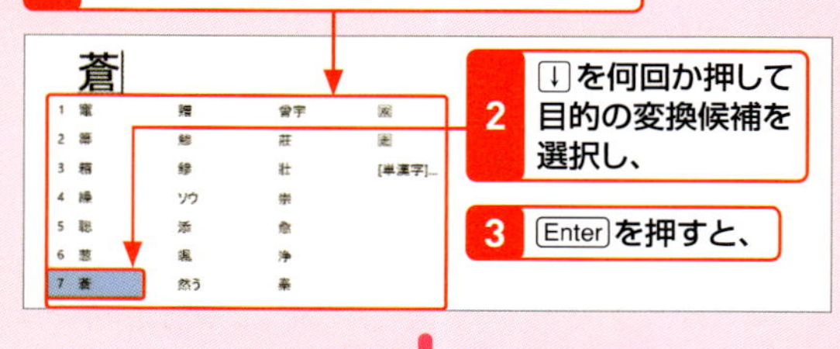

● <単漢字>から選択する

Microsoft IMEには、「単漢字変換」機能が装備されています。この機能を使うと、通常の変換候補一覧に表示されないような特殊な漢字を、一覧に追加表示して選択できるようになります。

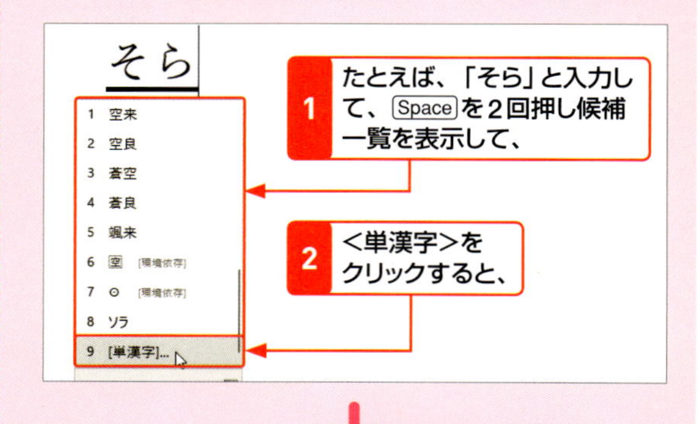

1 たとえば、「そら」と入力して、Space を2回押し候補一覧を表示して、

2 <単漢字>をクリックすると、

3 漢字の候補が追加表示されます。

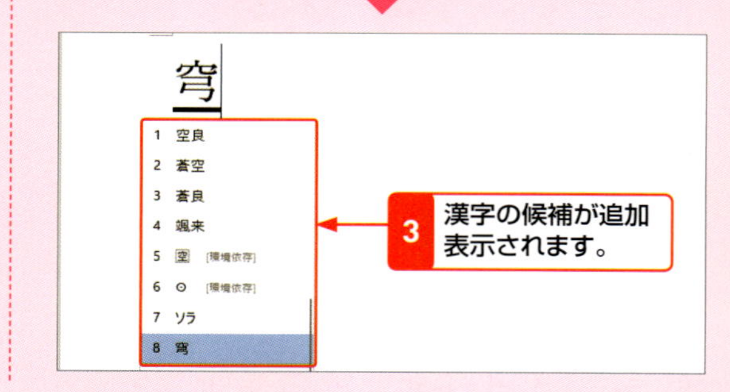

日本語入力　重要度 ★★★

Q 148 読み方がわからない漢字を入力したい!

A IMEパッドを使って検索できます。

1 入力モードアイコンを右クリックして、

2 <IMEパッド>をクリックします。

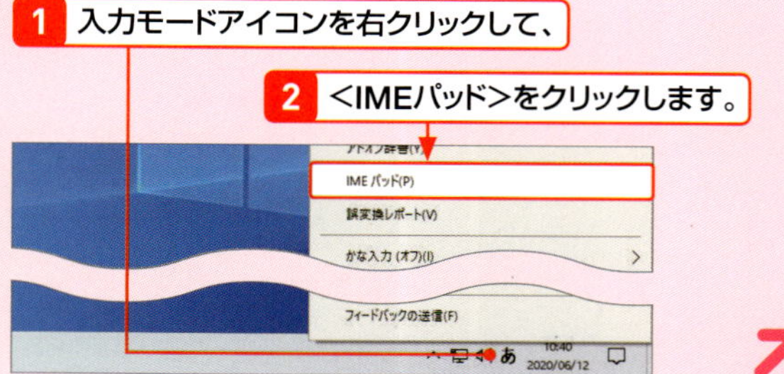

読み方がわからない漢字を入力するには、IMEパッドを利用するとよいでしょう。IMEパッドでは、総画数や部首などで漢字を検索して入力できます。また、手書きを利用すれば、マウスのドラッグで文字を書いて漢字を検索することもできます。

ここをクリックすると、手書きで検索できます。

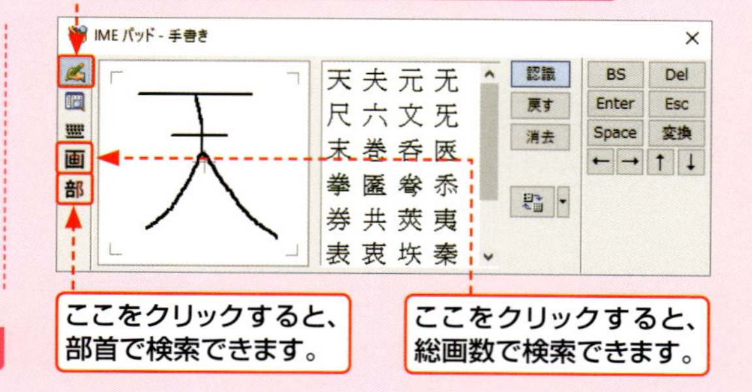

ここをクリックすると、部首で検索できます。

ここをクリックすると、総画数で検索できます。

Q 149 ローマ字入力からかな入力に切り替えたい！

A キーを押すか、入力モードアイコンで切り替えます。

ローマ字入力とかな入力を切り替えるには、キーボードのキーを利用する方法と、入力モードのアイコンを利用する方法があります。

- キーボードのキーを利用する
  Alt キーを押しながら カタカナひらがな キーを押します。確認のメッセージが表示されるので、＜はい＞をクリックします。
- 入力モードアイコンを利用する
  入力モードアイコンを右クリック（タッチ操作では長押し）して、＜かな入力＞にマウスポインターを合わせ、＜有効＞をクリックします。

なお、タッチキーボードでかな入力する場合は、タッチキーボードをハードウェアキーボード準拠のキーボードに切り替えてから、＜かな＞をタップします。なお、キーボードのキーによる切り替えが行えない場合は、以下を参考に設定を変更します。 参照▶Q133

● キーボードのキーによる切り替えを有効にする

1 入力モードアイコンを右クリックして、

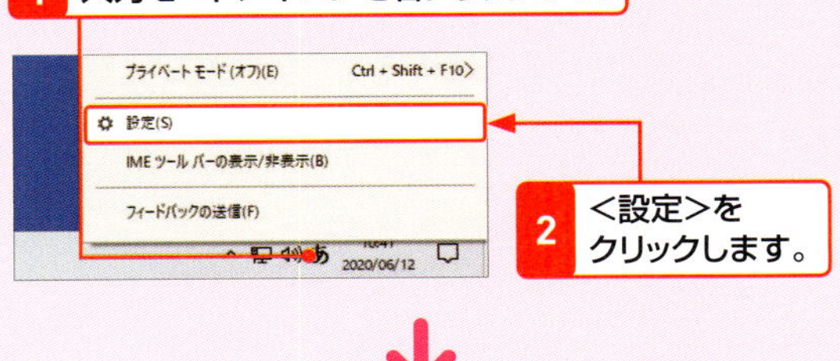

2 ＜設定＞をクリックします。

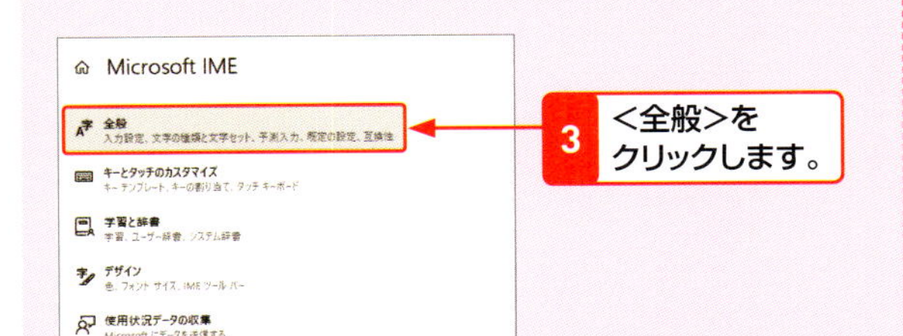

3 ＜全般＞をクリックします。

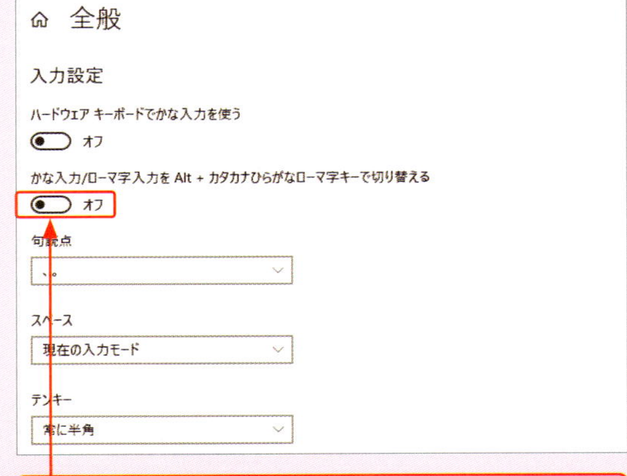

4 ここをクリックしてオンにすると、キーボードのキーでの切り替えが有効になります。

● 入力モードアイコンを利用する

1 入力モードアイコンを右クリックして、

2 ＜かな入力＞にマウスポインターを合わせ、

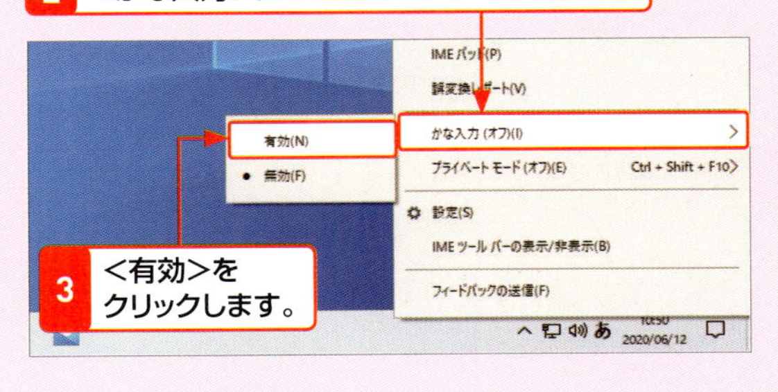

3 ＜有効＞をクリックします。

● タッチキーボードでかな入力を行う

1 ハードウェアキーボード準拠のキーボードに切り替えて、

2 ＜かな＞をタップします。

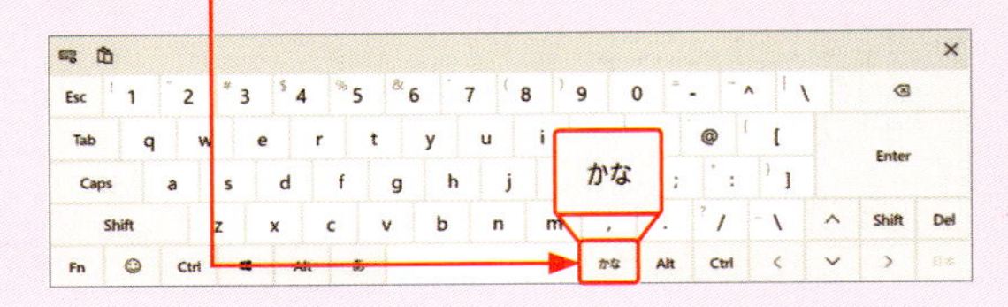

日本語入力　重要度 ★★★

Q 150 ローマ字入力とかな入力、どちらを覚えればいいの？

A ローマ字入力が一般的です。

日本語の入力は、ローマ字入力が一般的です。8割以上の人がローマ字入力を使っており、かな入力を使用する人は多くありません。

ローマ字入力では、アルファベット26文字のキーボードの場所を覚えればよいので、マスターしやすいという利点があります。また、英語まじりの文章を入力する場合も同じ配置で入力できます。

かな入力の場合は、50音の46文字の場所を覚える必要があり、慣れるまでに時間がかかります。ただし、かな入力は、キーを一度押すだけでひらがな1文字を入力できるので、慣れればローマ字入力より速く入力できるようになります。

なお、本書では、ローマ字入力で解説を行います。

日本語入力　重要度 ★★★

Q 151 単語を辞書に登録したい！

A 単語と読みを辞書に登録して、変換候補に加えます。

人名などの変換しづらい単語は、その単語と読みをセットで辞書に登録しておきましょう。登録した読みを入力すると、次回からは変換候補の一覧にセットで登録した単語が表示されるようになります。同様に略称と正式名称をセットで登録すれば、入力の省略にもなり便利です。

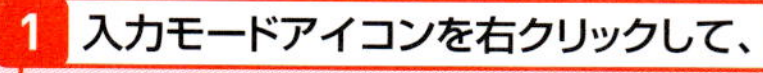
1 入力モードアイコンを右クリックして、

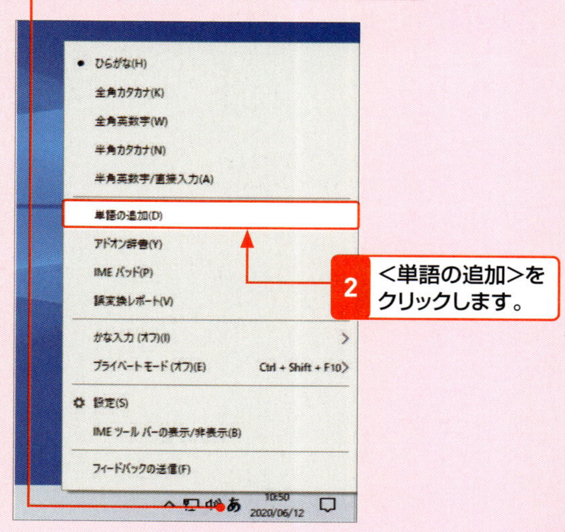

2 <単語の追加>をクリックします。

3 登録したい単語を入力して、

4 読みを入力し、

5 ＜登録＞をクリックします。

6 登録が済んだら＜閉じる＞をクリックします。

7 読みを入力すると、

8 登録した単語が候補一覧に表示されます。

108

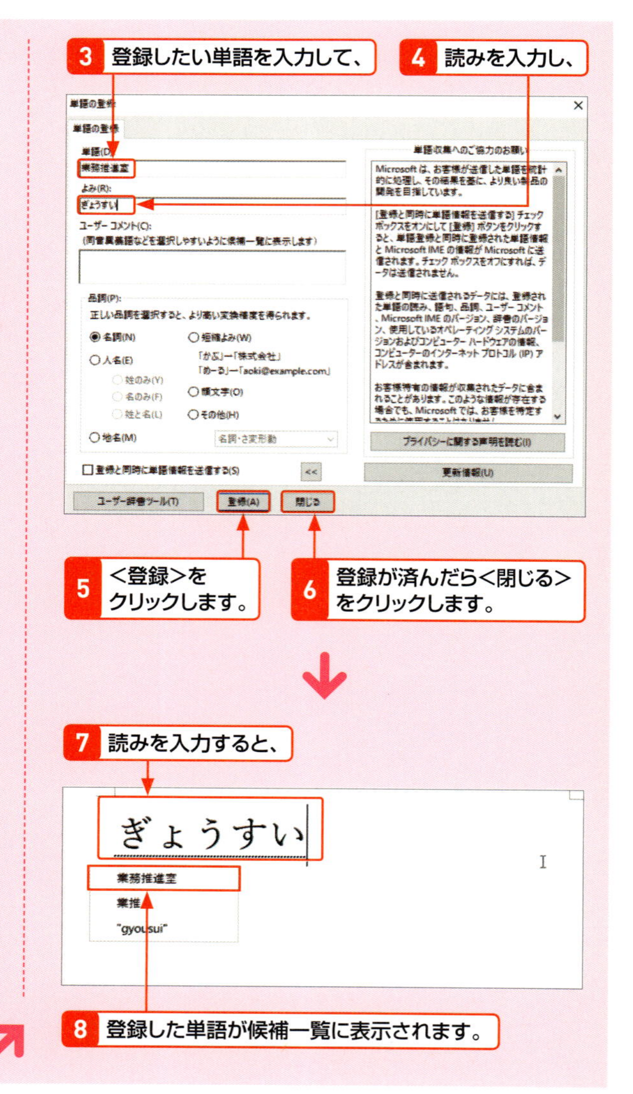

日本語入力　重要度 ★★★

Q 152 別の日本語入力アプリを使いたい！

A ATOKやGoogle日本語入力などがあります。

Windowsで日本語を入力するには、専用の日本語入力アプリを利用する必要があります。Windows 10には、Microsoft IMEという日本語入力アプリが標準で付属していますが、別のアプリをインストールして利用することもできます。

代表的な日本語入力アプリとしては、ジャストシステムのATOK（有料）があります。タッチキーボードでも快適に動作し、文脈の流れに合った最適な変換、入力ミスの自動修正、長い英単語の推測変換などの入力支援機能も充実しています。

無料でダウンロードして利用できるアプリとしては、Google日本語入力があります。Google日本語入力は、Google検索によって蓄積されたデータをもとに、漢字だけでなく、記号や顔文字、英単語などへの予測変換ができます。興味があれば、試してみてもよいでしょう。

ATOK for Windows
http://www.justsystem.com/jp/products/atok

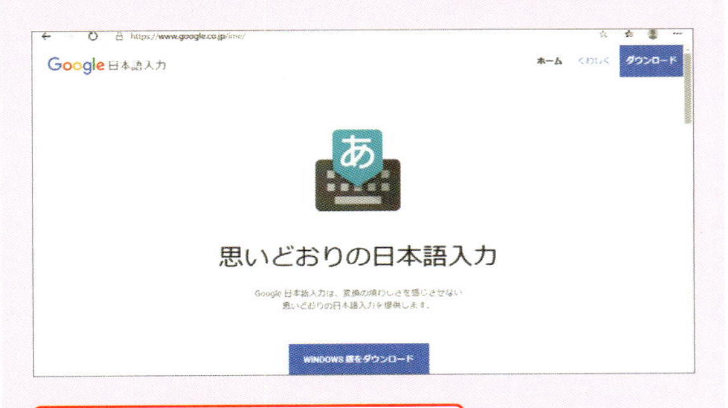

Google 日本語入力
https://www.google.co.jp/ime

英数字入力　重要度 ★★★

Q 153 英字を小文字で入力したい！

A <半角英数>に切り替えます。

英字を小文字で入力するには、入力モードを<半角英数>に切り替えます。この状態で文字を入力すると、キーを押した直後に文字が確定します。半角の数字も同じ方法で入力することができます。

また、入力モードが<ひらがな>の場合でも、キーを押したあとにF10キーを押すと英字の小文字に変換されます。なお、F10キーは、押すたびに小文字→大文字→先頭のみ大文字・・・の順に変換されます。参照▶Q 131

● 入力モードが<半角英数>の場合

1 入力モードを<半角英数>に切り替えて、

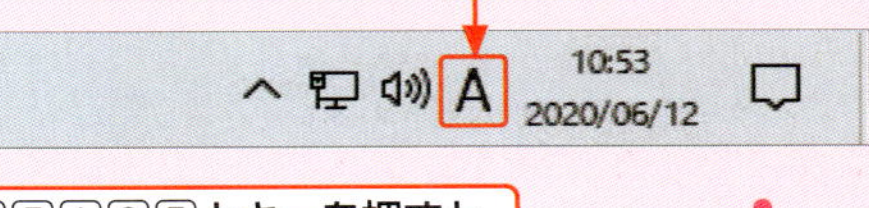

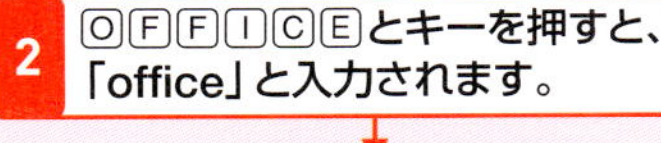

2 OFFICEとキーを押すと、「office」と入力されます。

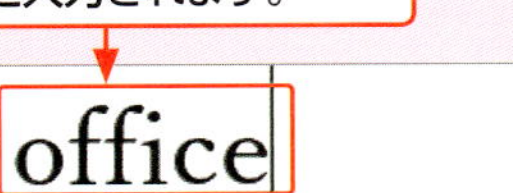

● 入力モードが<ひらがな>の場合

1 入力モードを<ひらがな>に切り替えて、

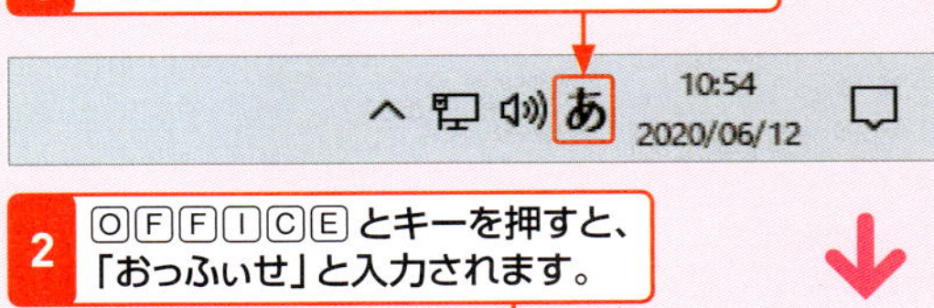

2 OFFICEとキーを押すと、「おっふぃせ」と入力されます。

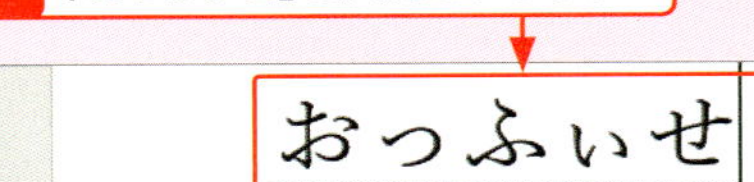

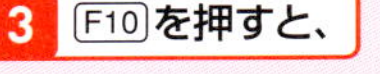

3 F10を押すと、

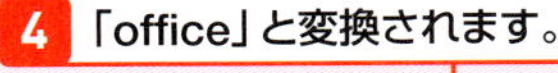

4 「office」と変換されます。

5 Enterを押して確定します。

基本　デスクトップ　キーボード・文字入力　インターネット　メール・連絡先　セキュリティ　写真・動画・音楽　OneDrive・スマホ　印刷・周辺機器　アプリ　インストール・設定

英数字入力　重要度★★★

Q154 英字を大文字で入力したい！

A Shiftや Shift+CapsLock を使います。

大文字と小文字を組み合わせて入力する場合は、入力モードを<半角英数>に切り替えます。Shiftキーを押しながら目的のキーを押すと、大文字を入力できます。

● Shiftを押しながらキーを押す

1 Shift＋Wを押して、大文字の「W」を入力し、

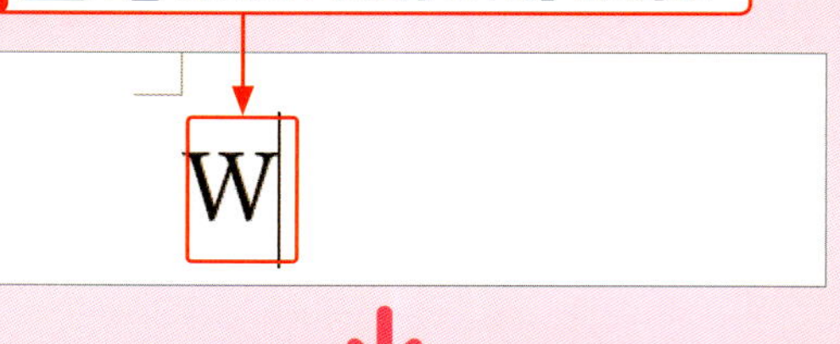

2 Shiftを押さずにINDOWSを押して、小文字の「indows」を入力します。

● Shift＋CapsLockを押す

大文字だけで単語を入力したい場合は、入力モードを<半角英数>に切り替え、Shiftキーを押しながらCapsLockキーを押すと、「Capsキーロック状態」になります。Capsキーロック状態では、入力する文字がすべて大文字になります。もう一度押すと解除されます。

また、入力モードが<ひらがな>の場合でも、文字のキーを押したあとにF10キーを2回押すと大文字に変換できます。

1 入力モードを<半角英数>に切り替えて、Shift＋CapsLockを押し、

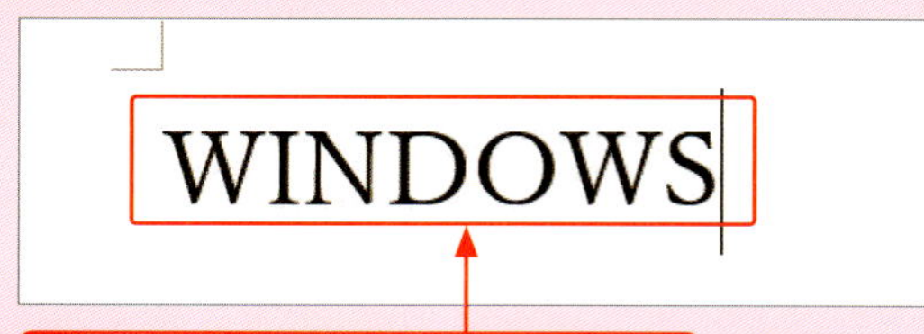

2 WINDOWSとキーを押すと、「WINDOWS」と入力されます。

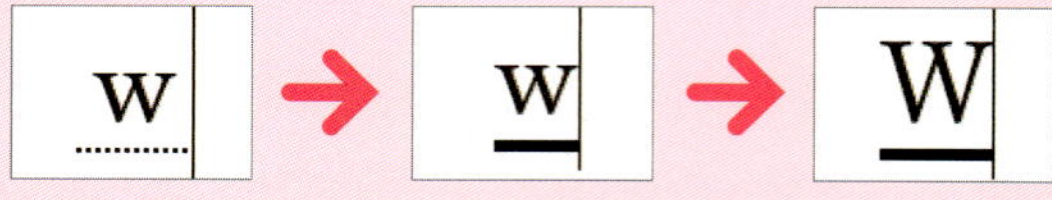

日本語入力モードでも、F10を押すと小文字、再度F10を押すと大文字になります。

英数字入力　重要度★★★

Q155 半角と全角は何が違うの？

A 文字の縦と横のサイズの比率が違います。

一般的に、全角文字は1文字の高さと幅の比率が1：1（縦と横のサイズが同じ）になる文字のことを、半角文字は1文字の高さと幅の比率が2：1（文字の幅が全角文字の半分）になる文字のことを指します。ただし、文字の形や種類（フォント）によってはあてはまらないこともあるので、あくまでも目安です。

ひらがなや漢字は基本的に全角文字で入力されます。カタカナや英数字は全角のほかに半角でも入力できるので、状況によって使い分けができます。

ただし、電子メールのアドレスやWebページのURLは、半角英数字で入力する必要があるので、注意してください。

● 全角と半角の違い

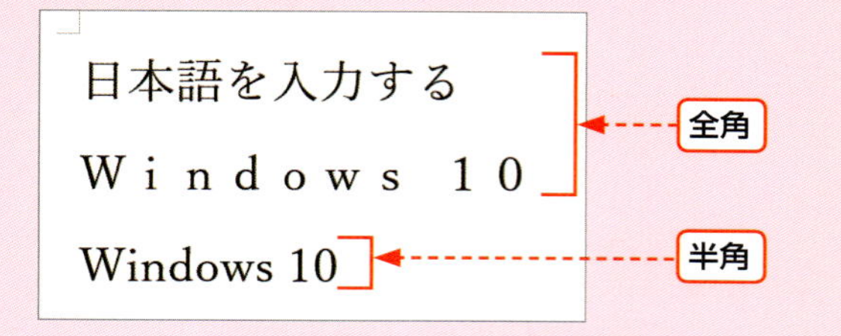

英数字入力　重要度 ★★★

Q 156 全角英数字を入力したい！

A 入力モードを<全角英数>に切り替えます。

全角のアルファベットを入力するには、入力モードを＜全角英数＞に切り替えます。この状態で文字を入力すると、ひらがなを入力する場合と同様に、文字列の下に波線が引かれますが、Space キーを押しても変換されません（空白が入力されます）。最後にEnterキーを押して確定させる必要があります。

1 入力モードアイコンを右クリックして、

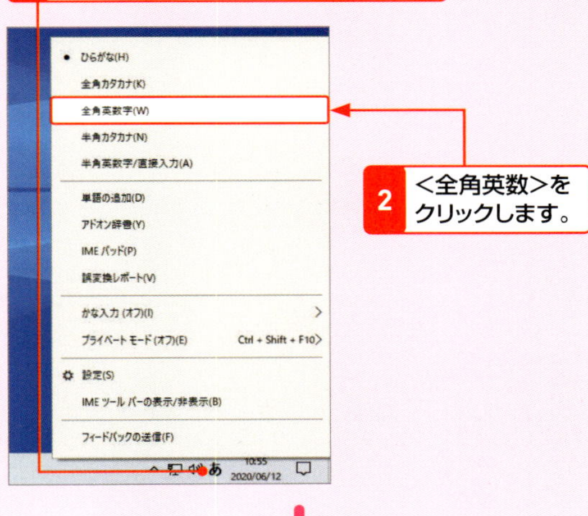

2 <全角英数>をクリックします。

3 C O M P U T E R とキーを押し、

ｃｏｍｐｕｔｅｒ

4 Enter を押すと、確定されます。

ｃｏｍｐｕｔｅｒ

英数字入力　重要度 ★★★

Q 157 郵便番号を住所に変換したい！

A 日本語入力で郵便番号を入力して変換します

Windows 10の日本語入力では、郵便番号を入力して住所に変換できる「郵便番号辞書」が利用できます。郵便番号がわかっている場所の住所は、郵便番号を入力して変換すれば、素早く正確に入力できます。
なお、入力は＜半角英数＞と＜全角英数＞以外のモードで行う必要があります。

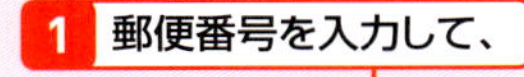
1 郵便番号を入力して、

100-0014

2 Space を何回か押すと、

3 住所に変換されます。

東京都千代田区永田町

1 １００−００１４
2 東京都千代田区永田町
3 100-0014

4 Enter を押すと、確定されます。

東京都千代田区永田町

記号入力　重要度 ★★★

Q 158 空白の入力のしかたを知りたい！

A Space を押します。

文章を入力中に空白を入力したい場合は、Space キーを押します。入力モードが＜ひらがな＞になっている場合は、全角1文字分の空白が入力されます。＜半角英数＞になっている場合は、半角1文字分の空白が入力されます。複数の空白を入力したい場合は、空白を入れたい数だけ Space キーを押します。
なお、全角入力中に Sift ＋ Space キーを押すと、半角1文字分の空白を入力できます。
なお、空行を入れたい場合は、文末で Enter キーを押して改行し、もう一度 Enter キーを押します。

● 空白を入力する

1 空白を入れたい場所にカーソルを移動して、

2 Space を押すと、

3 空白が入力されます。

4 さらに Space を押すと、

5 空白が2文字分になります。

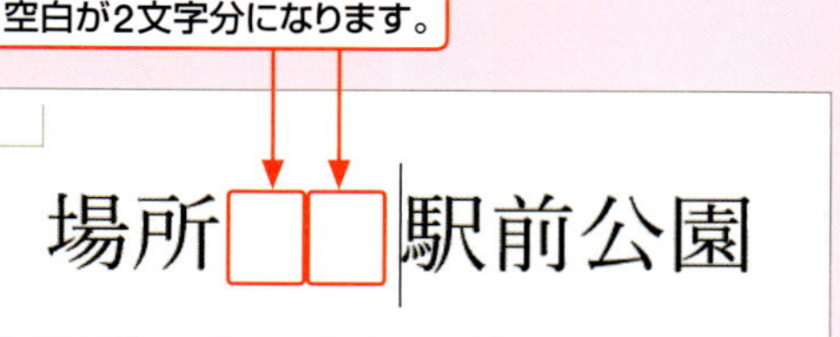

記号入力　重要度 ★★★

Q 159 キーボードにない記号を入力したい！

A 記号の名前を入力して変換します。

キーボードのキーで入力できない記号は、記号の読みを入力して変換することができます。たとえば、◎や▲などは、入力モードを＜ひらがな＞にして、「まる」「さんかく」などと入力し、Space キーを2回押すと、変換候補として表示されます。その候補の中から目的の記号を選択すれば、変換できます。

1 記号の読みを入力して、

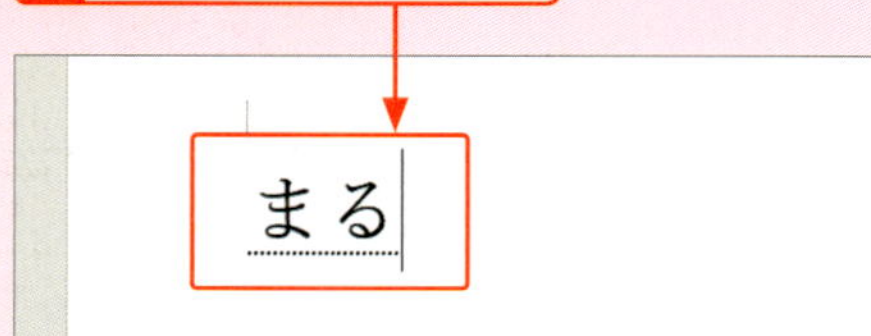

2 Space を2回押すと、

3 変換候補に記号が表示されます。

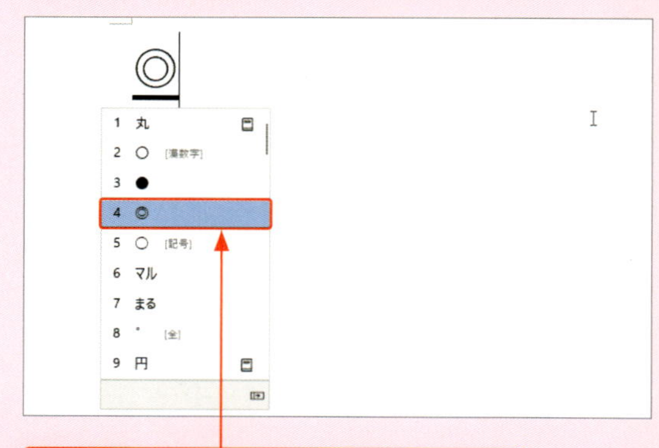

4 目的の記号をクリックして選択します。

5 Enter を押すと、確定されます。

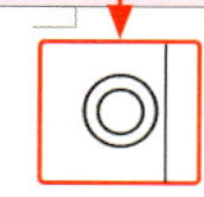

記号入力　重要度 ★★★

Q 160 記号の読みが知りたい！

A 読みで入力できる記号は以下の表のとおりです。

Windows 10で、読みから入力できる主な記号を紹介します。ここにない記号で読み方がわからなかったり、どのような形の記号を入力するのか迷ったときは、「きごう」と入力して変換すると、多くの記号が変換候補一覧に表示されます。

ただし、記号の中には、特定のOSやシステムでしか正しく表示されないものがあるので、使用するときは注意が必要です。これを「環境依存文字」といいます。

● 読み方がわからない記号を変換する

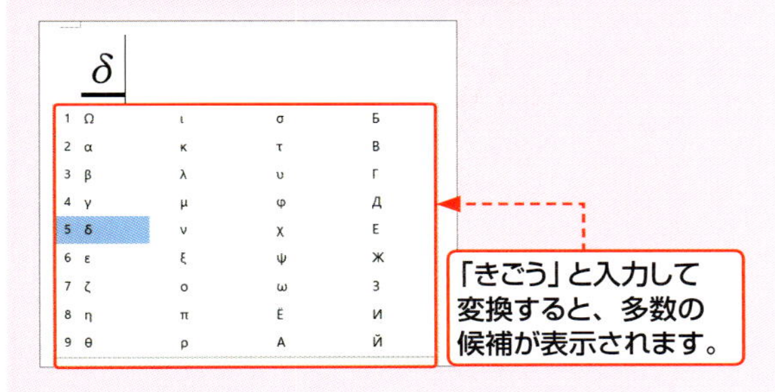

● 読みで入力できる記号の例

読　み	記　号
かっこ	( ) 「 」 { } “ ” [ ] 【 】 『 』 《 》 ‘ ’ < > 〔 〕
さんかく	△ ▲ ▽ ▼
しかく	□ ■ ◆ ◇
まる	○ ● ◎ °
ほし	☆ ★ ※ ＊
やじるし	↑ ↓ ← → ⇒ ⇔
けいさん	± × ÷ √ ∝ ∞ ∫ ∬ ≠ ≦
てん	・ 。 … ‥ ∴ ∵ ゜ ゛ `
おなじ	ゞ 〃 ゝ
しめ	〆
おんぷ	♪
せくしょん	§
ゆうびん	〒
あるふぁ（べーた、がんま…）	α（β、γ…）
けいせん	┌ ┐ ├ ━ ┃ ┏ ┓ ┣
たんい	㎜ % ‰ $ ￥ ℃ ° Å ¢ £

記号入力　重要度 ★★☆

Q 161 平方メートルなどの記号を入力したい！

A IMEパッドの<文字一覧>や読みから入力できます。

単位や通貨などの特殊記号は、IMEパッドの<文字一覧>から入力することができます。なお、この方法で入力できる単位記号のほとんどは、Windows以外のパソコンでは表示できない場合があります。電子メールなどで使用するのは避けましょう。

「㎡」などのよく使われる単位は、読みを入力して変換することもできます。

参照▶Q 148

● IME パッドの<文字一覧>から入力する

1 IME パッドを表示して、<文字一覧>をクリックし、

2 <Unicode(基本多言語面)>を開きます。

3 <CJK 互換文字>をクリックすると、記号が一覧表示されるので、

4 目的の記号をクリックします。

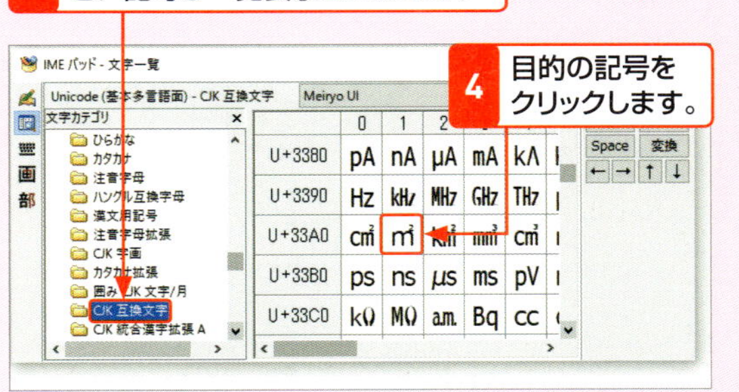

5 記号が入力されるので、Enter を押して確定します。

● 読みから入力する

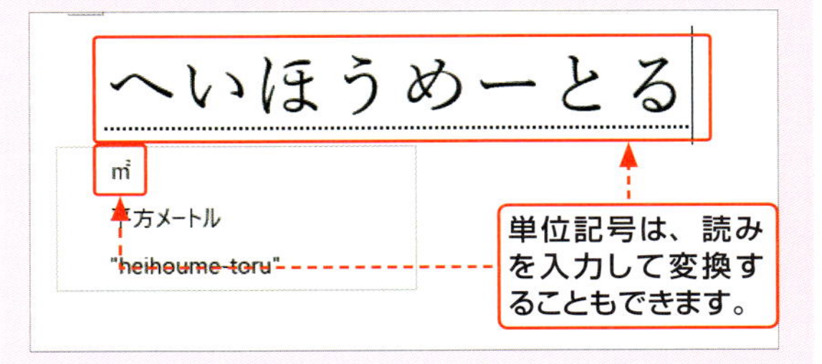

記号入力　重要度 ★★★

Q 162 丸数字を入力したい！

A 数字を入力して変換します。

Windows 10では、①から㊿までの丸数字は、＜ひらがな＞入力モードで数字を入力し、Spaceキーを押すと表示される変換候補の一覧から選んで入力することができます。
ただし、これらの丸数字は「環境依存文字」です。別のOSでは違う文字で表示されたり、まったく表示されなかったりする場合があるので、使用するときは注意しましょう。

1 「50」と入力して、

2 Spaceを2回押すと変換候補が表示されるので、

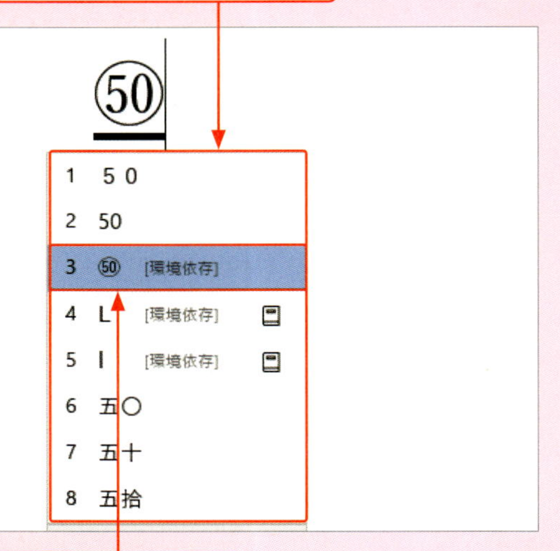

3 「㊿」をクリックして、

4 Enterを押すと、目的の丸数字が入力できます。

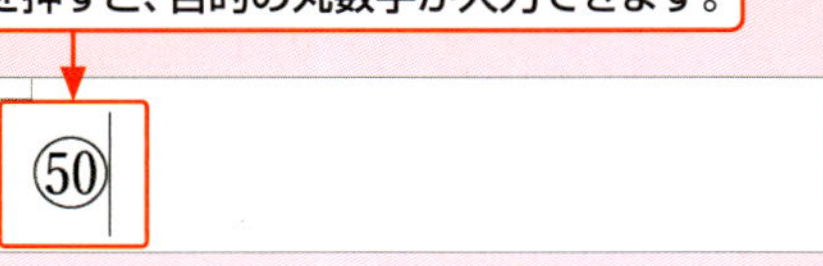

記号入力　重要度 ★★★

Q 163 さまざまな「」(カッコ)を入力したい！

A [ ] を押して変換します。

「」(カッコ)には『』や〈〉、【】などさまざまな種類がありますが、これらはどれも同じキーを使って入力できます。入力モードを＜ひらがな＞にして[キーか]キーを押し、Spaceキーを2回押すと、変換候補に表示されます。

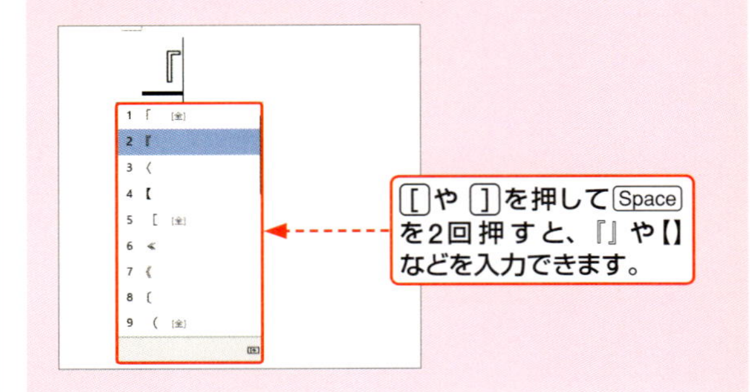

[や]を押してSpaceを2回押すと、『』や【】などを入力できます。

記号入力　重要度 ★★★

Q 164 「ー」(長音)や「—」(ダッシュ)を入力したい！

A 「-(マイナス)」や「だっしゅ」で変換します。

「ー」(長音)を入力するには、入力モードを＜ひらがな＞にして、-(マイナス)キーを押してからEnterキーを押して確定します。また、「ー」(長音)ではなく、「—」(ダッシュ)を入力する場合は、「だっしゅ」と入力して変換します。長音とダッシュは間違えやすいので注意しましょう。

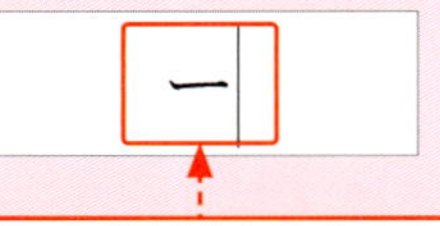

「ー」(長音)を入力するには、-を押してからEnterを押して確定します。

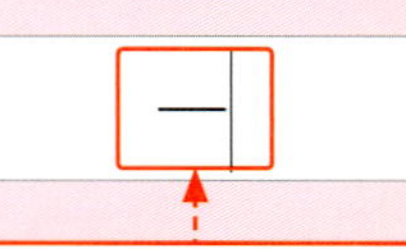

「—」(ダッシュ)を入力するには、「だっしゅ」と入力して変換します。

記号入力　重要度 ★★★

Q165 顔文字を入力したい!

A 「かお」や「かおもじ」で変換します。

顔文字は、入力モードを<ひらがな>にして、「かお」あるいは「かおもじ」と入力してSpaceキーを2回押すと、変換候補に表示されます。また、顔の表情などを表す言葉を変換して顔文字入力もできます。

なお、タッチキーボードでは同様の方法で顔文字を入力できるほか、絵文字のキーを押せば、絵文字入力用キーボードを利用できます。

「かお」と読みを入力してSpaceを2回押すと、変換候補に表示されます。

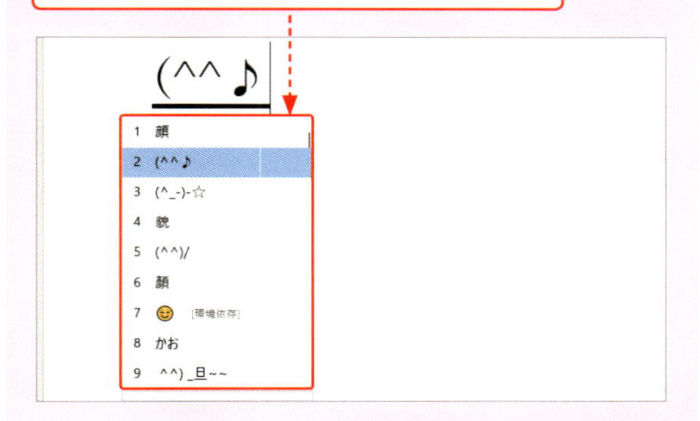

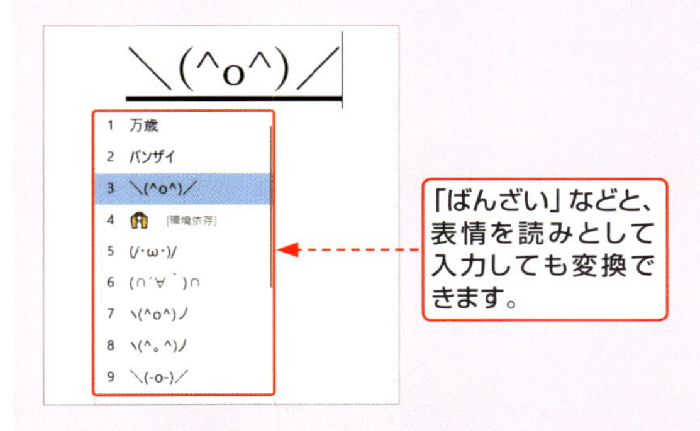

「ばんざい」などと、表情を読みとして入力しても変換できます。

タッチキーボードでは、絵文字のキー☺を押すと、キーボードが絵文字入力用に変わります。

キーボードのトラブル　重要度 ★★★

Q166 キーの数が少ないキーボードはどうやって使うの？

A Fnを使って、少ないキーを補います。

キーボードにはさまざまなキー配列のものがありますが、コンパクトさを重視するタイプのキーボード、あるいはノートパソコンなどでは、デスクトップ用に比べてキーの総数が少なくなっています。その代わり、そうしたタイプのキーボードの多くにはFnキーが備わっています。これは、ほかのキーと組み合わせて押すことで、そのキーのもう1つの機能を実行するためのものです。たとえば、F1キーに画面の輝度調整機能が割り当てられている場合、Fnキーを押しながらF1キーを押すことで、画面の明るさを変更できます。

なお、キーボードによってはFnキーと組み合わせて押すキーの文字や記号が、同じ色で印字されていることがあります。

1 fnを押しながら、

2 ←を押すと、Homeを押したときの機能になります。

キーボードのトラブル　重要度 ★★☆

Q167 文字を入力したら前にあった文字が消えた!

A 挿入モードに切り替えましょう。

文字の入力には、「挿入モード」と「上書きモード」の2種類があります。挿入モードで文字を入力すると、文字は今まであった文字列の間に割り込んで入力され、上書きモードで文字を入力すると、入力した文字数分、既存の文字が置き換えられます。
挿入モードと上書きモードを切り替えるには、Insert（またはIns）キーを押します。ただし、上書きモードの有無は、アプリによって異なります。たとえば、ワードパッドの＜ひらがな＞モードでは、Insertキーを押しても上書きモードにはなりませんが、＜半角英数＞モードでは上書きモードになります。なお、上書きモードと挿入モードの区別は、画面上には表示されないアプリがほとんどなので、入力の際には注意しましょう。

文字と文字の間にカーソルを移動して、文字を入力します。

To live ever

● 挿入モードの場合

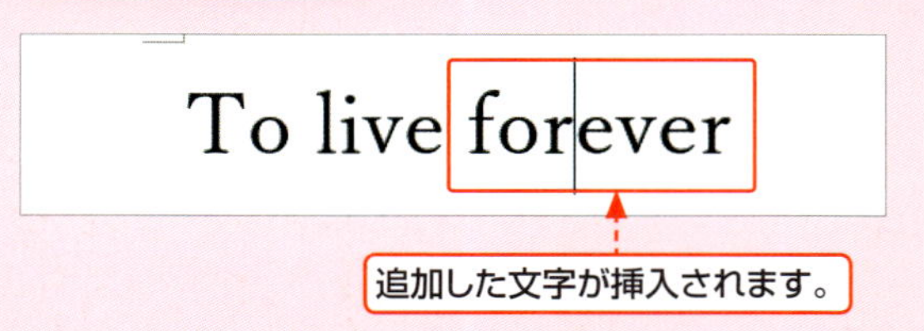

追加した文字が挿入されます。

● 上書きモードの場合

今まであった文字が、追加した文字に置き換わります。

キーボードのトラブル　重要度 ★☆☆

Q168 同じ文字を連続で入力できない!

A フィルターキーを無効にすれば連続入力できます。

通常、キーボードの文字キーを押し続けると、押している間同じ文字が連続入力されます。しかし、フィルターキー機能が有効になっていると、文字キーを押し続けても連続入力されません。
フィルターキーは入力補助の1つで、障害などによりキー操作がしづらい人向けに、極端に速い、または遅いキー操作によるミスタイプを防ぐことを目的としています。通常は無効になっていますが、キーボードの右側にあるShiftキーを8秒間押し続けることで有効になります。確認メッセージを見落とすと、知らないうちにフィルターキーが有効になり、文字の連続入力ができなくなってしまいます。フィルターキーを無効にするには、以下のように操作します。

フィルターキー無効	フィルターキー有効
QQQQQQQQQQQQQQ	Q
文字キーを押し続けると、同じ文字が連続入力されます。	文字キーを押し続けても、文字が連続入力されません。

1 スタートメニューで＜設定＞をクリックして、＜簡単操作＞→＜キーボード＞をクリックし、

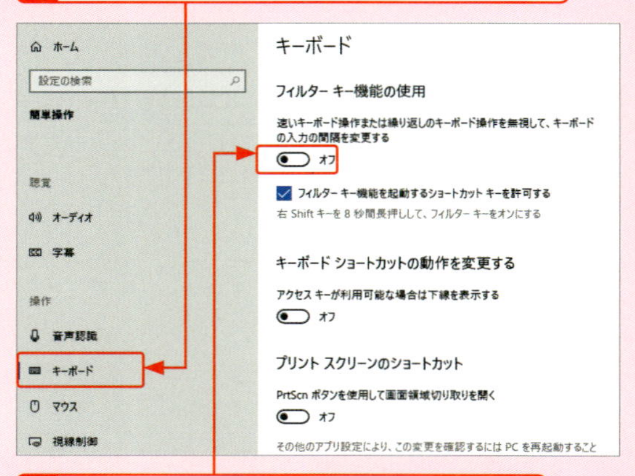

2 ＜フィルターキー機能の使用＞スイッチをクリックして＜オフ＞にします。

基本
デスクトップ
キーボード・文字入力
インターネット
メール・連絡先
セキュリティ
写真・動画・音楽
OneDrive・スマホ
印刷・周辺機器
アプリ
インストール・設定

Q 169 キーボードで文字がまったく入力できない！

A 応急処置としてスクリーンキーボードを使いましょう。

キーボードは消耗品の一種でもあるため、長い期間使っていると壊れてしまうことがあります。また、飲み物をこぼしてしまったような場合も同様で、キーボードが壊れると一部、あるいはすべてのキーを押しても反応しなくなり、パソコンでの文字入力やショートカットを使った操作が一切できなくなってしまいます。このような場合は、キーボードを交換、修理するしかありません。
交換、修理に申し込むまでの間、どうしても文字入力しなければいけない場合は、タッチキーボード、あるいはスクリーンキーボードを使いましょう。スクリーンキーボードは、タッチキーボードと同じ、画面内に表示される仮想的なキーボードで、表示されるキーをクリックすればその文字を入力できます。タッチキーボードとの違いは、常時表示させておけることと、ログイン画面でも使用できることです。そのため、キーボードが破損していても、クリック操作でパスワードやPINの入力が可能です。 参照▶Q 132

● スクリーンキーボードを表示する

1 スタートメニューで<設定>⚙をクリックして、<簡単操作>→<キーボード>をクリックし、

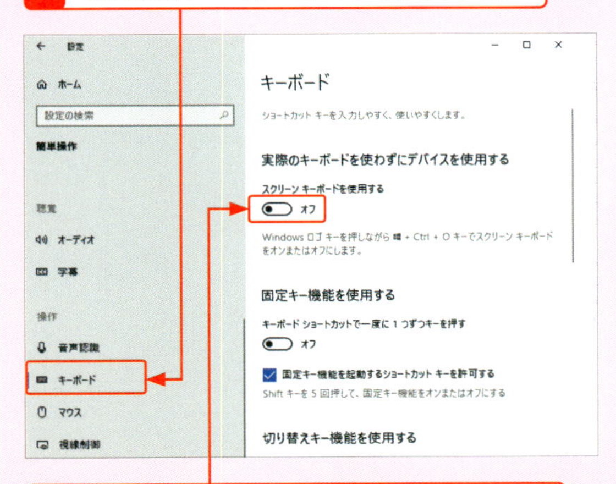

2 <スクリーンキーボードを使用する>のスイッチをクリックして<オン>にします。

3 スクリーンキーボードが表示されます。

4 キーをクリックして文字入力します。

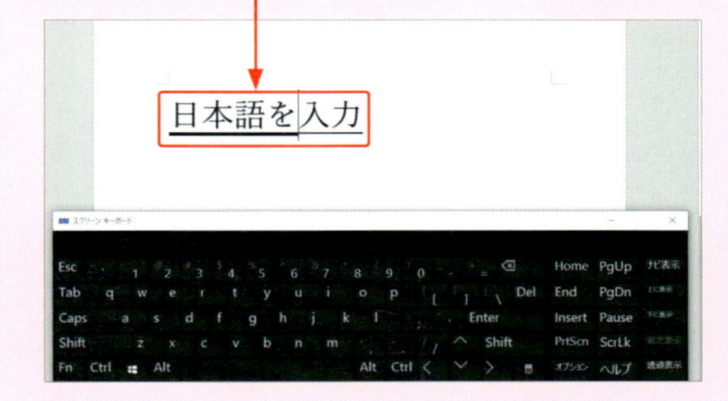

5 入力した読みに応じた変換候補が自動的に表示されます。

● ログイン画面でスクリーンキーボードを使用する

1 <コンピューターの簡単操作>  をクリックして、

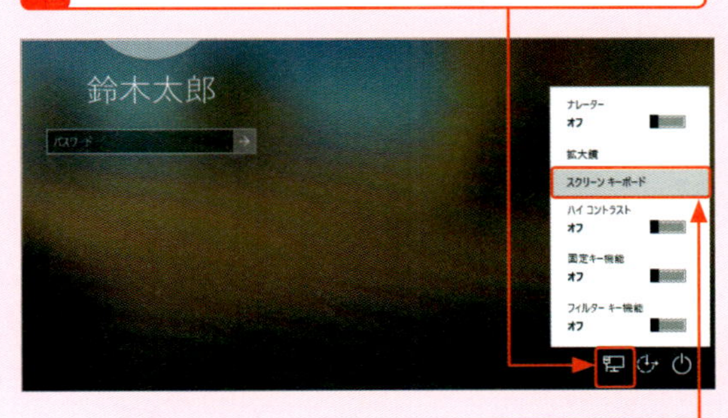

2 <スクリーンキーボード>をクリックすると、

3 スクリーンキーボードが表示されます。

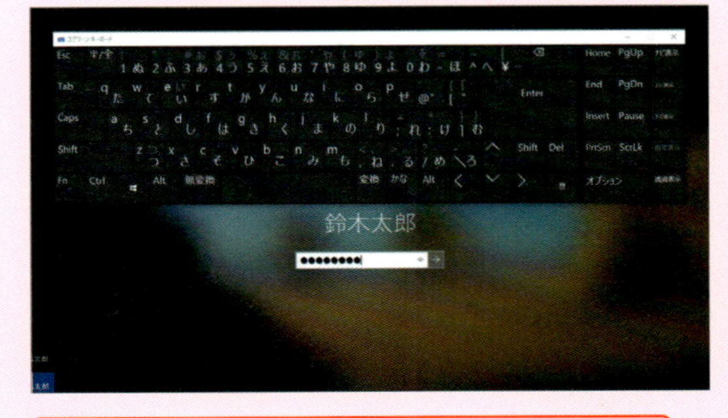

4 スクリーンキーボードを使ってパスワードやPINを入力します。

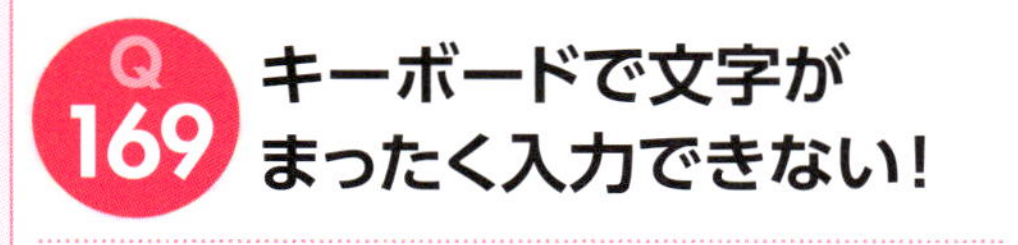

キーボードのトラブル　重要度 ★★★

Q170 画面に一瞬表示される「あ」や「A」は何？

A 入力モードの切り替わりを教えてくれるIMEの機能です。

Microsoft IMEには、入力モードの切り替え時にそのモードを画面中央に表示する機能があり、ひらがななら「あ」、半角英数なら「A」と表示されます。いちいち表示されるのが煩わしい場合は、表示しない設定に変更することもできます。
なお、このメッセージは以前のバージョンのMicrosoft IMEを使用している場合に表示されます。

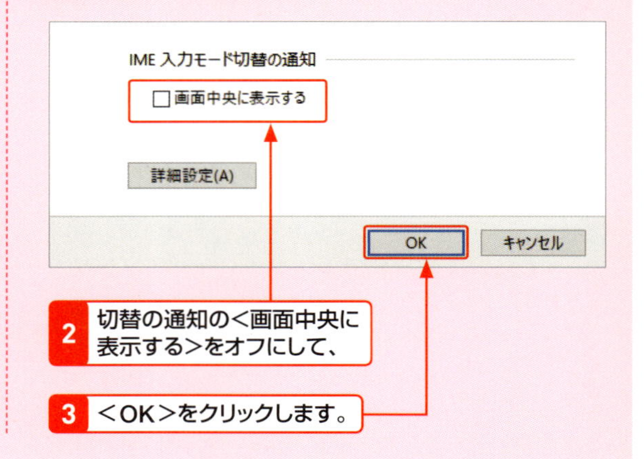

1 入力モードアイコンを右クリックして、<プロパティ>を選択し、
2 切替の通知の<画面中央に表示する>をオフにして、
3 <OK>をクリックします。

キーボードのトラブル　重要度 ★★★

Q171 小文字を入力したいのに大文字になってしまう！

A Shift＋CapsLockを押します。

CapsLockが有効になっていると、英字はすべて大文字で入力されます。この状態を「Capsキーロック状態」といいます。元に戻したい場合は、Shiftキーを押しながらCapsLockキーを押して、CapsLockを無効にします。
なお、キーボードの中には、キーロックの状態をインジケータで表示するものがあるので、文字入力前に確認しておくと誤入力を防ぐことができます

Shift＋CapsLockを押すと、CapsLockの有効／無効が切り替わります。

キーボードのトラブル　重要度 ★★★

Q172 数字キーを押しても数字が入力できない！

A NumLockを押します。

テンキーで数字を入力する際には、NumLockが有効になっていることを確認します。
NumLockが無効の場合は、テンキーでの数字入力を受け付けません。NumLockキーを押すと、有効／無効を切り替えることができます。
なお、テンキーの付いたパソコンでNumLockを有効にすると、「NumLock」のインジケータが点灯します。入力の前に確認しましょう。

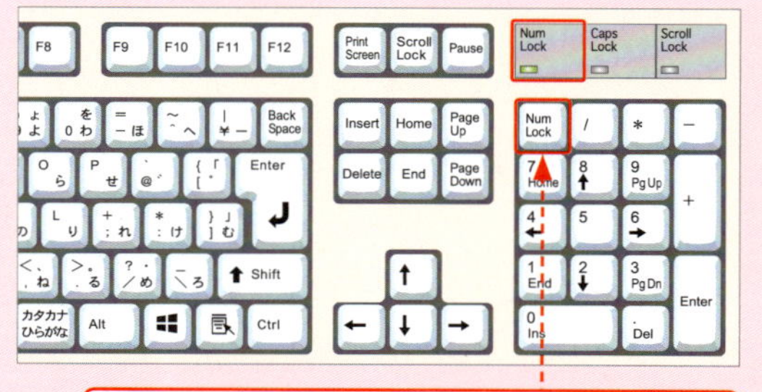

NumLockを押すと、NumLockの有効／無効が切り替わります。

キーボードのトラブル　重要度 ★★★

Q 173 キーに書いてある文字がうまく出せない!

A Shiftを押しながらキーを押します。

キーには、2～4つの文字や記号が書いてあります。文字キーの場合は、左上の文字がローマ字入力用、右下の文字がかな入力用です。
ローマ字入力のときは、アルファベットや数字、左下の記号を入力する場合はそのままキーを押し、左上の記号を入力する場合はShiftキーを押しながらキーを押します。
かな入力では、右下の文字や記号を入力する場合はそのままキーを押し、右上の文字や記号を入力する場合はShiftキーを押しながらキーを押します。

参照▶Q 149

● ローマ字入力の場合

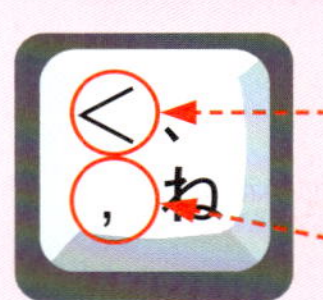

● かな入力の場合

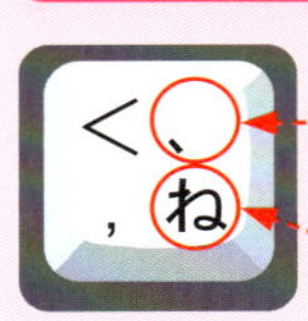

キーボードのトラブル　重要度 ★★★

Q 174 Home End PageUp PageDownはどんなときに使うの?

A カーソルを素早く移動するときに使います。

文章の入力中や編集を行っているときに、行頭にカーソルを移動したい、あるいは行末にカーソルを移動したいという場合があります。
文章のどこにカーソルがあっても、Homeキーを押すと行の先頭へ、Endキーを押すと行末にカーソルが移動します。
また、PageUpキーを押すと前のページに、PageDownキーを押すと次のページにカーソルが移動します。

カーソルが文の途中にあります。

本日はありがとうございました。今後ともご指導ご鞭撻の程よろしくお願いいたします。

1 Homeを押すと、

2 行の先頭にカーソルが移動します。

本日はありがとうございました。今後ともご指導ご鞭撻の程よろしくお願いいたします。

3 Endを押すと、

4 行末にカーソルが移動します。

本日はありがとうございました。今後ともご指導ご鞭撻の程よろしくお願いいたします。

キーボードのトラブル　重要度 ★★★

Q 175 Altや Ctrlはどんなときに使うの？

A ショートカットキーなどに使います。

Alt（オルト）キーやCtrl（コントロール）キーの使い道として一般的なのは、マウスでの操作をキーボードによって代用する「ショートカットキー」です。たとえば、文字列のコピーはCtrlキーを押しながらCキーを、貼り付けはCtrlキーを押しながらVキーを押すことで行えます。

また、Altキーを押しながらTabキーを押すと、起動中のアプリが一覧で表示され、アプリを切り替えることができます。

キーボードのトラブル　重要度 ★★★

Q 176 Escはどんなときに使うの？

A 実行中の操作などを取り消すときに使います。

Esc（エスケープ）キーは、実行している操作を中止（キャンセル）したり、操作途中の状態を解除するときに使います。たとえば、文字の読みを入力して変換した状態でEscキーを押すと、変換を中止して元の読みの状態に戻ります。

また、右クリックで表示したメニューや、画面上に表示されたウィンドウをEscキーで閉じたりすることもできます。

キーボードのトラブル　重要度 ★★★

Q 177 F7や F8はどんなときに使うの？

A カタカナに変更したり、半角に変更したりします。

ひらがなを入力してF7キーを押すと、入力した文字列が全角カタカナに、F8キーを押すと半角のカタカナに変更されます。

また、ひらがなを入力してF10キーを押すと、英数字に変換されます。

参照▶Q 153

● ひらがなを入力して F7 を押す

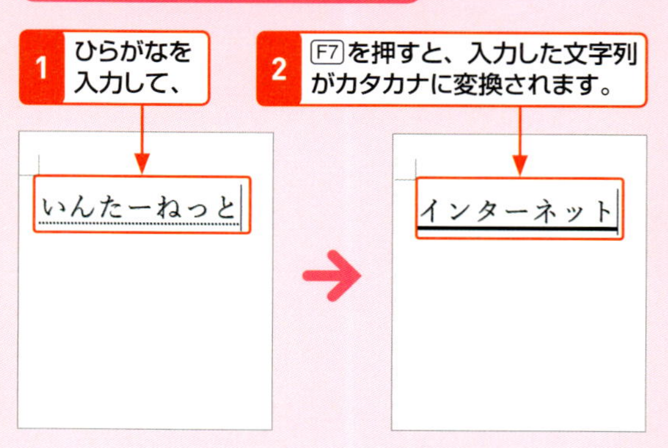

● ひらがなを入力して F8 を押す

1 ひらがなを入力して、

はははははははは

2 F8を押すと、半角カタカナに変換されます。

ﾊﾊﾊﾊﾊﾊﾊﾊ

3 もう一度F8を押すと、最後の文字がひらがなになります。

ﾊﾊﾊﾊﾊﾊﾊは

4 続けてF8を押すと、後ろから1文字ずつ、前から2文字までがひらがなに変換されていきます。

ﾊﾊﾊﾊﾊﾊはは

4

Windows 10 の インターネット活用技!

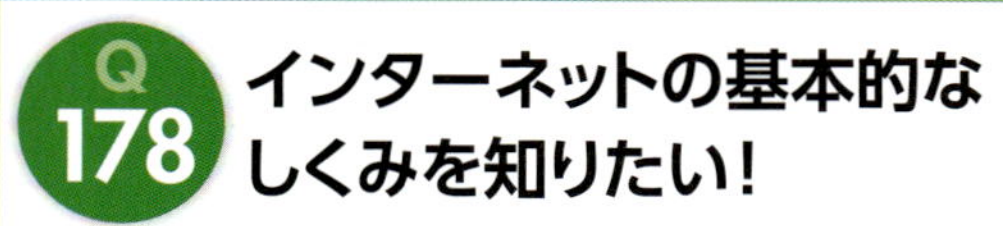

Q 178 インターネットの基本的なしくみを知りたい！

A コンピューター同士を世界規模でつないだものです。

コンピューター同士を接続してできた通信網を「ネットワーク」と呼びます。接続サービスを提供するプロバイダーや企業、大学などのネットワーク同士がそれぞれつながり、世界規模のネットワークとして実現したのが「インターネット」です。

また、インターネット上で公開されている文書の1つが「Webページ」です。それぞれのWebページにはURL（インターネット上の住所）が割り振られており、これを指定することで閲覧できます。

インターネットを利用すれば、日本国内はもとより、海外の人と通信したり、世界中に情報を発信したり、情報を収集したりといったことが簡単にできるのです。

なお、家庭や職場、学校など、同じ建物の中にあるコンピューター同士をつないだネットワークをLAN（ラン）といいます。

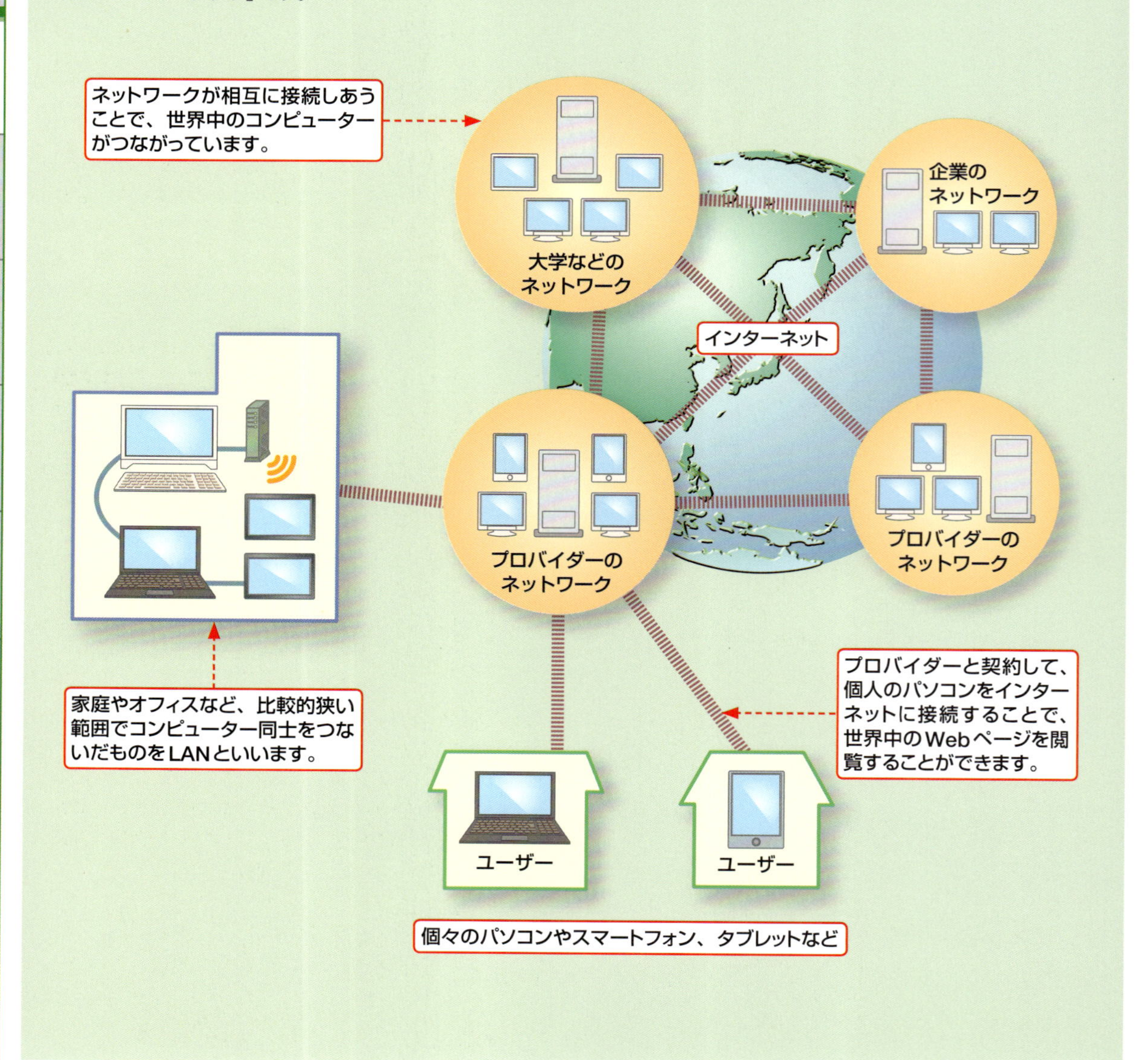

Q 179 インターネットを始めるにはどうすればいいの？

A 回線事業者・プロバイダーと契約し、機器を接続・設定します。

インターネットを始めるには、インターネットに接続するための回線と、インターネットへの接続サービスを提供しているプロバイダーとの契約が必要です。契約・工事が終わると接続に必要な機器が送られてくるので、機器とパソコンを接続して、インターネットを利用できるようにパソコンを設定します。

● インターネット利用までの流れ

接続する回線とプロバイダーの選択

利用目的や利用時間、料金などを検討し、自分に合った回線とプロバイダーを選びます。

回線の契約とプロバイダーとの契約

回線の契約とプロバイダーへの申し込みは、同時に行う場合と別々に行う場合があります。

必要に応じて通信事業者に申し込み

接続する回線によっては、NTTなどの通信事業者への申し込みが必要になります。

工事・開通

接続する回線によっては、自宅内で工事が必要な場合があります。

機器の接続とパソコンの設定を行う

パソコンと機器を接続し、インターネットを利用するための設定を行います。

インターネットを利用する

Webブラウザーなどを使って、インターネットを利用します。

インターネットへの接続　重要度 ★★★

Q 180 インターネット接続に必要な機器は？

A 接続回線によって異なります。

インターネットに接続するために必要な機器は、接続回線によって異なります。また、有線、無線接続によっても異なります。

FTTH（光回線）の場合は、光回線終端装置やVDSLモデムが必要です。CATV（ケーブルテレビ）の場合は、ケーブルモデムと分配器が必要です。また、回線終端装置やモデムとパソコンを接続するためのLANケーブルも必要です。

参照▶Q 183

● 接続例（有線でパソコンを接続する場合）

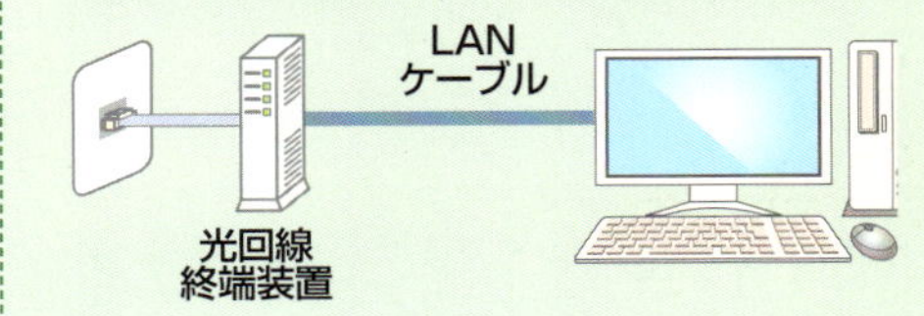

インターネットへの接続　重要度 ★★★

Q 181 無線と有線って何？

A ケーブルで接続するのが有線、ケーブルを使わないのが無線です。

「有線」とは、インターネットに接続するための機器とパソコンとの間のデータのやり取りに、物理的に接続したケーブルを使う方法です。それに対して「無線」とは、インターネットに接続するための機器とパソコンとの間のデータのやり取りに、ケーブルではなく電波を使う方法です。

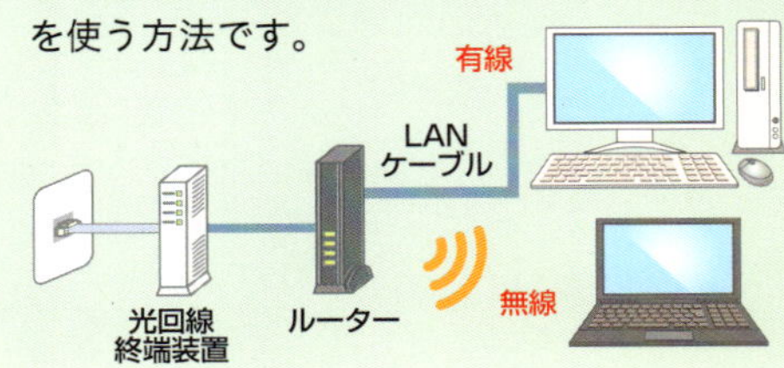

Q 182 無線と有線どちらを選べばいいの？

A ケーブルで接続できれば有線、できなければ無線を選びます。

現在発売されているパソコンの多くは、有線での接続と無線での接続どちらにも対応しており、使い方によってどちらかを選ぶのが一般的です。
有線で接続できるのは、インターネットに接続するための機器とパソコンをケーブルで直接つなげる場合です。たとえば、インターネットに接続するための機器の近くにパソコンがあれば、常時ケーブルで接続して使えます。
それに対して、自宅の1階のリビングにインターネットに接続するための機器を設置しており、1階の離れた部屋や2階の部屋でインターネットに接続したい場合は、無線で接続することになります。
また、ノートパソコンを宅内のいくつかの場所で使う場合、リビングで使うときはケーブルで有線接続し、2階の部屋で使うときは無線で接続するといった使い分けも可能です。
有線は場所が限定されますが無線より高速で、無線は場所を選ばず接続できますが有線よりも速度が遅いという傾向があります。

Q 183 インターネット接続の種類とその特徴は？

A FTTHやCATVなどが一般的です。

インターネットの接続にはいくつかの方法があり、接続方法によって通信速度や料金などが異なります。接続方法には下表のようなものがありますが、現在主流となっているのはFTTHやCATVなどのブロードバンド接続です。
なお、下表の最大通信速度とは、インターネットへ接続してデータ通信を行う際の理論上の最大値で、実際の通信速度はそれよりも遅くなります。また、契約内容によっても変わってきます。単位の「bps」は、bits per secondの略で、1秒間にどれだけのデータ通信ができるかを表しています。通信速度が速いと、Webページの表示や電子メールの送受信などが短時間で済むというメリットがあります。
また、ノートパソコンやタブレットPC、モバイルノートなど、持ち運びができる端末を使い外出先でインターネットを利用するには、モバイルデータ通信サービスを利用する必要があります。 参照▶Q 190

●インターネットへの接続方法と特徴

接続方法	最大通信速度	料金形態	特　徴
FTTH	20Gbps	定額制	光ファイバーケーブルを利用した高速データ通信サービスです。動画配信など、大容量のデータ通信が利用できます。
CATV	10Gbps	定額制	ケーブルテレビの回線を利用したインターネット接続です。ケーブルテレビも同時に利用できます。
モバイルデータ通信	4.1Gbps	定額制	外での利用に強く、主に携帯電話やスマートフォンに用いられる無線通信規格です。3G、4G、LTE、5G、WiMAXなどが挙げられます。

Q 184 プロバイダーはどうやって選べばいいの？

A 料金体系やサービスの内容を考慮しましょう。

プロバイダーを選ぶときには、接続方法（FTTHやCATVなど）や利用料金、提供しているサービスなどを検討して自分の目的に合ったものを選びます。利用料金については月額料金を検討するのはもちろんですが、プロバイダーによって初期費用無料、月額料金○カ月無料、回線の工事費用負担といったキャンペーンを実施している場合があるので、これらをうまく活用するとよいでしょう。

また、ホームページスペース、IP電話（電話回線の代わりにインターネットを利用して通話を行うサービス）、映像や音楽の配信サービスなど、提供しているサービスはプロバイダーによって異なります。IP電話は同じプロバイダー同士なら無料で通話ができるので、よく通話する相手がいる場合は、その相手と同じプロバイダーを選ぶとよいでしょう。

これらの要素を検討し、どのプロバイダーにするかを決めたら、プロバイダーへの入会手続きに進みます。

● 価格.comのプロバイダー比較サイト

https://kakaku.com/bb/

Q 185 外出先でインターネットを使いたい！

A モバイルデータ通信サービスを利用します。

外出先でインターネットを利用する場合は、ノートパソコンやタブレットPC、モバイルノートなど、Wi-Fi（無線LAN）に対応している端末を使って、モバイルデータ通信サービスを利用します。

モバイルデータ通信とは、スマートフォン（テザリング機能付き）、モバイルルーターなどを使用して、無線でインターネットに接続することです。通信速度は、自宅などで利用する光回線ほど高速ではありませんが、一般に数十Mbpsの速度で通信が可能です。

モバイルデータ通信を利用するには、自宅などで利用する回線とは別に接続機器を購入したり、通信事業者に申し込みをする必要があります。

● 主なモバイル接続の種類

接続の種類	特　徴
テザリング	スマートフォンをモバイルルーターの代わりに利用して、端末をインターネットに接続するしくみです。専用の機器を購入する必要がなく、外出先で簡単にインターネットを利用できます。
モバイルルーター	契約回線の電波が届く範囲であれば、どこからでもインターネットに接続できます。スマートフォンでのデザリングと比べると、通信制限が緩く、高速である場合が多いです。

● モバイルルーターの主なプロバイダー

企　業	URL
BIGLOBE	https://join.biglobe.ne.jp/mobile/wimax/
So-net	https://www.so-net.ne.jp/access/mobile/wimax2/
GMO インターネット	https://gmobb.jp/wimax/

インターネットへの接続　重要度★★★

Q 186 複数台のパソコンをインターネットにつなげるには？

A Wi-Fiルーター（無線LANルーター）を使いましょう。

家庭や職場などの比較的狭い範囲でパソコン同士をつないだものをLANといいますが、LANを構築するには「ルーター」が必要です。ルーターには、LANケーブルを利用する有線LANルーターと、電波を利用するWi-Fiルーター（無線LANルーター）があります。Wi-Fiルーターを利用すると、スマートフォンやタブレットなどの携帯端末やデジタル家電、ゲーム機などのさまざまな機器を電波の届く範囲で自由につなげることができて便利です。

現在は無線LANが主流なので、基本的にはWi-Fiルーターを導入すればよいでしょう。

● Wi-Fiルーターの利用

インターネットへの接続　重要度★★★

Q 187 Wi-Fiって何？

A 無線LANのことで、最新の規格のほうが高速です。

Wi-Fiは、無線LANの別の呼び方です。Wi-Fiは規格によって周波数と通信速度が異なり、現在「IEEE802.11a／b／g／n／ac／ad／ax」の7種類があります。末尾のアルファベットが右のものほど新しい規格で、「11ax」が最新の規格ですが、対応製品はまだ少数です。現在の主流は「ac」で、対応製品も豊富です。

なお、IEEE 802.11nは「Wi-Fi 4」、IEEE 802.11acは「Wi-Fi 5」、IEEE 802.11axは「Wi-Fi 6」とも呼ばれています。なお、「自宅」で「自分がプロバイダーと契約した回線」に「自分が購入したWi-Fiルーター」を接続してWi-Fiを利用する場合は、料金は発生しません。

参照▶Q 193

インターネットへの接続　重要度★★★

Q 188 Wi-Fiルーターの選び方を知りたい！

A 部屋の広さや規格で選びましょう。

Wi-Fiルーターを選ぶポイントは、部屋の広さと対応する規格です。

メーカーのWeb ページや、販売されているルーターの外箱を見ると、推奨する部屋の広さが記載されているので、参考にしましょう。現在の主流は「Wi-Fi 5」で、対応製品も豊富です。Wi-Fiの各規格には下位互換性があるので、より新しい規格の製品を選んでおけば、古い規格にしか対応していない機器からでも接続できることを覚えておいてください。

忘れがちなのが、光回線終端装置とWi-Fiルーターをつなぐ LAN ケーブルの存在です。いくらWi-Fiルーターの通信速度が速くても、古い規格のLANケーブルをつなぐと、想定した速度が出ない可能性があります。通常は、カテゴリ5e（1Gbps）以上を選べば問題ありません。

インターネットへの接続　重要度 ★★★

Q 189 家庭内のパソコンをWi-Fiに接続したい!

A Wi-Fiのアクセスポイントに合わせて設定します。

家庭内のパソコンをWi-Fiに接続するには、ブロードバンドモデム（光回線終端装置、ADSLモデム）とWi-Fiのアクセスポイント（無線LANルーター）が必要です。また、パソコンにもWi-Fi機能が内蔵されている必要があります。内蔵されていない場合は、無線LANアダプターを別途用意しましょう。

機器を接続して、それぞれの電源をONにしたら、利用するパソコンでWi-Fiのアクセスポイントに合わせた設定を行います。設定の前に、無線LANアクセスポイント名とネットワークセキュリティキー（暗号化キー）を確認しておきましょう。

● Wi-Fi に接続する

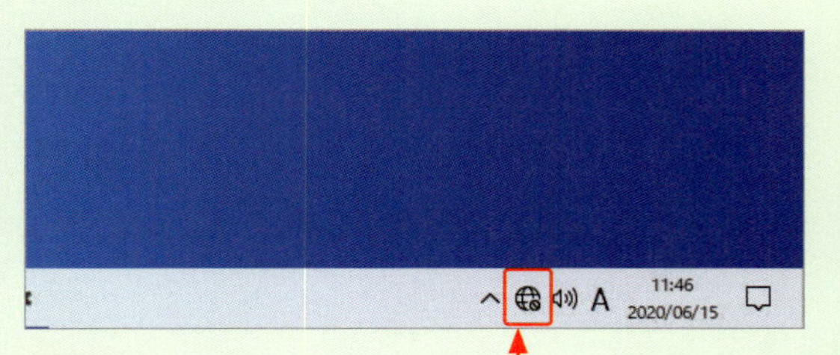

1 <ネットワーク>をクリックして、

2 接続するアクセスポイントをクリックし、

aterm-xx999x
セキュリティ保護あり
自動的に接続
接続

3 <接続>をクリックします。

4 PINまたはネットワークセキュリティキーを入力して、

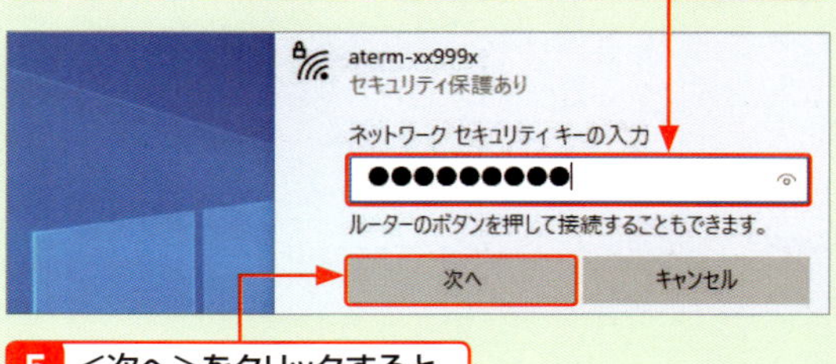

5 <次へ>をクリックすると、

6 Wi-Fiに接続されます。

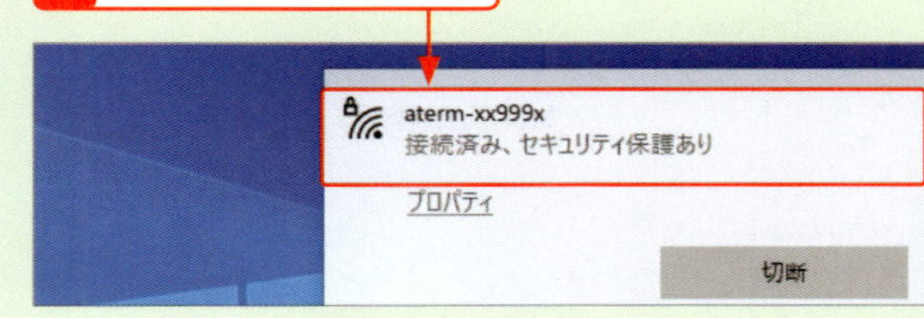

インターネットへの接続　重要度 ★★★

Q 190 外出先でWi-Fiを利用するには？

A 公衆無線LANを利用します。

公衆無線LANは、駅や空港、ホテルやカフェ、ファーストフード店などに設置されたWi-Fiルーターに接続して、インターネットを利用できるサービスです。接続できるスポットが限られますが、料金が安く、簡単に始められるのが特徴です。無料で利用できるアクセスポイントもあります。

● 主な公衆無線LANサービス

サービス名	提供企業	有料／無料
d Wi-Fi	NTTドコモ	無料
au Wi-Fi SPOT	KDDI	有料
ソフトバンクWi-Fiスポット	ソフトバンク	有料
BBモバイルポイント	ソフトバンク	有料
OCNホットスポット	NTTコミュニケーションズ	有料
Wi2 300	ワイヤ・アンド・ワイヤレス	有料
EM Wi-Fi スポット	ワイモバイル	有料
セブンスポット	セブン&アイ	無料
LAWSON Free Wi-Fi	ローソン	無料
FREESPOT	FREESPOT協議会	無料

Q 191 インターネットに接続できない！

A トラブルシューティングツールを実行してみましょう。

インターネットに接続できない場合には、まずはパソコンとケーブルモデムや光回線終端装置、ルーターなどがネットワークケーブルで正しく接続されているかを確認します。

正しく接続されている場合は、何が原因かを調べましょう。＜設定＞⚙の＜ネットワークとインターネット＞→＜ネットワークのトラブルシューティングツール＞をクリックして、インターネット接続のトラブルシューティングを実行すると、トラブルの原因と解決方法を調べることができます。

● トラブルシューティングツールを実行する

1 スタートメニューで＜設定＞⚙をクリックして、＜ネットワークとインターネット＞をクリックし、

2 ＜トラブルシューティング＞をクリックすると、

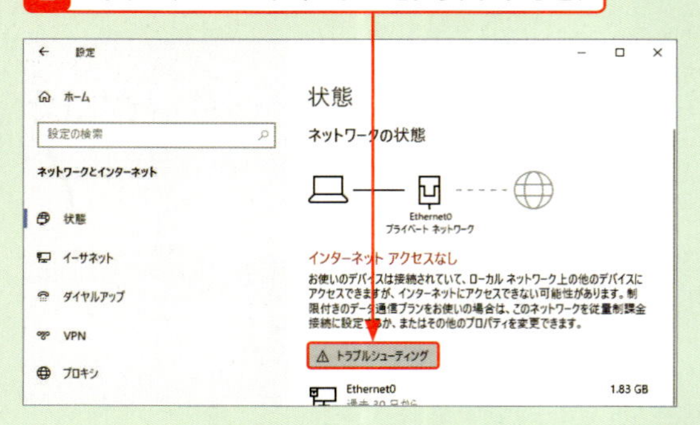

3 診断が開始されます。

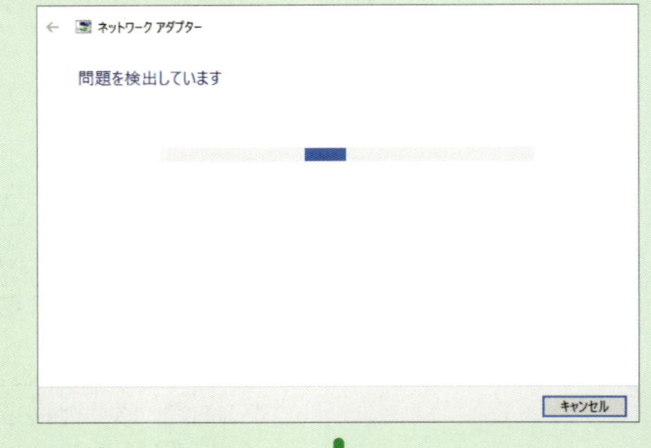

4 診断結果が表示されます。

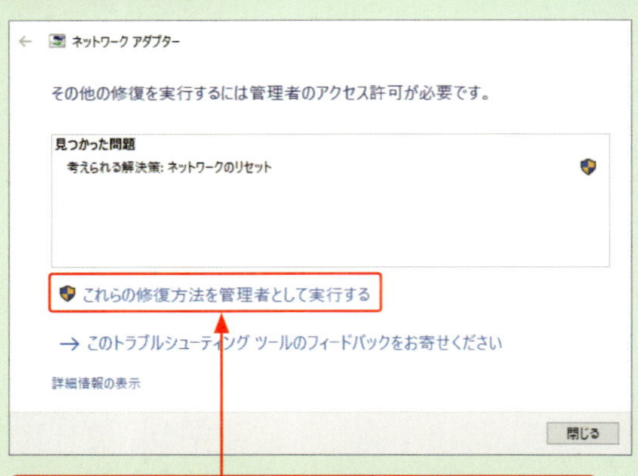

5 ＜これらの修復方法を管理者として実行する＞をクリックして操作を進めると、

6 修正内容が確認できます。

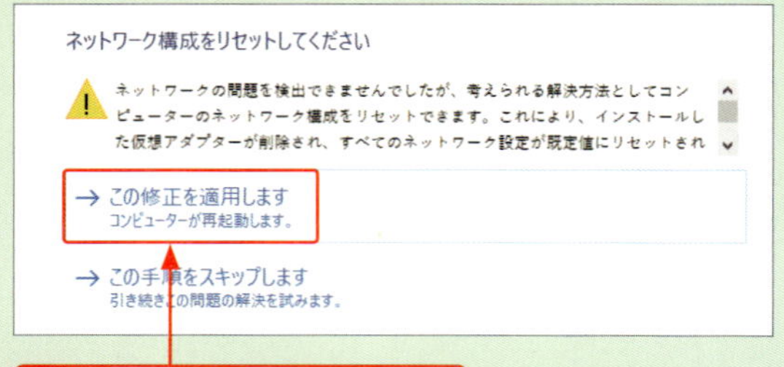

7 ＜この修正を適用します＞をクリックします。

Q 192 インターネット接続中に回線が切れてしまう!

A いろいろな原因があります。

インターネット接続中に頻繁に接続が切れてしまう場合、その原因はいくつか考えられます。原因に応じて対処しましょう。

・パソコンと接続している光回線終端装置やケーブルモデムの不具合が考えられます。この場合は、プロバイダーに連絡して、機器を交換してもらうとよいでしょう。
・パソコンのLANポートとルーターなどの接続先のLANポートとの相性が悪い可能性があります。この場合は、LANケーブルを取り替えると解決する場合があります。
・LANケーブルや光ケーブルの損傷も考えられます。この場合は、ケーブルを取り替えます。
・光回線終端装置やルーターに不具合が起こる場合があります。光回線終端装置、ルーター、パソコンなどの電源を一度切って、少し経ってから電源を入れ直してみましょう。
・オンラインゲーム中にインターネットの回線が切れることがあります。この場合は、そのゲームに多数のアクセスが集中してしまい、サーバーに大きな負荷がかかってしまったことが原因と考えられます。少し時間を置いてみましょう。
・Wi-Fiルーターやパソコンの近くに電化製品があると、家電からの電波が接続に影響を与える可能性があります。また、タコ足配線も避けましょう。
・Wi-Fiルーターと、無線で接続しているパソコンの距離が遠すぎることが考えられます。この場合は、Wi-Fiルーターに近い場所で接続しましょう。

Q 193 ネットワークへの接続状態を確認したい!

A <ネットワーク>アイコンで確認できます。

ネットワークへの接続状態は、タスクバーの<ネットワーク>アイコンで確認できます。
タスクバーの通知領域にある<ネットワーク>アイコンがマークではなくマークになっている場合は、ネットワークに正しく接続できていません。「LANケーブルが抜けている」「モデムやルーターの電源が落ちている」といった理由が考えられます。

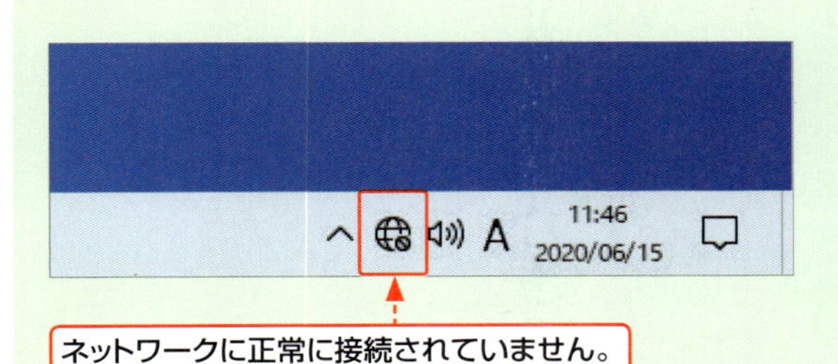

ネットワークに正常に接続されていません。

正常に接続されています。

1 ＜ネットワーク＞をクリックすると、

2 接続中のネットワークを確認できます。

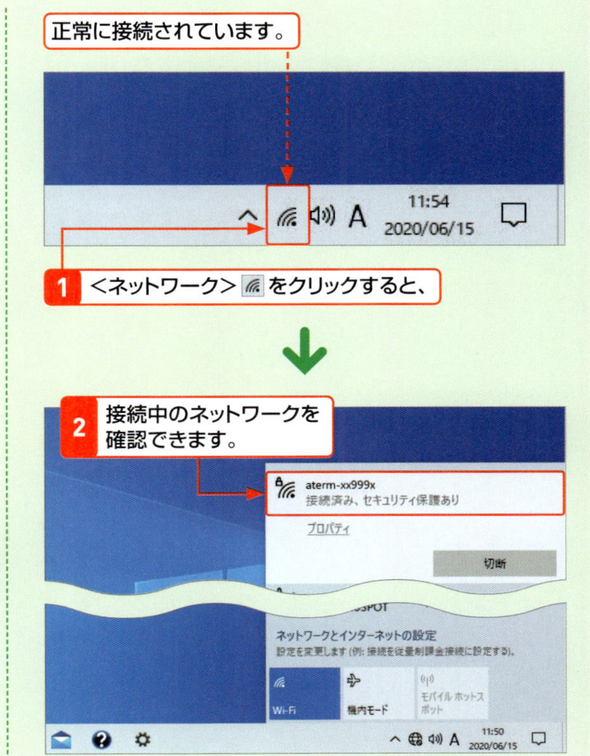

Q 194 インターネットでWebページを見るにはどうすればいいの？

A Webブラウザーが必要です。

インターネットに接続してWebページを見るには、「Webブラウザー」と呼ばれるWebページ閲覧用のブラウザーが必要です。Webページの情報は、「Webサーバー」というサーバーに文字の情報と画像とが別々のファイルで保存されています。1つのWebページを構成するファイルをすべて読み込み、組み合わせてWebページを表示するのが、ブラウザーの役割です。Windows 10には、マイクロソフトのMicrosoft Edge（以下Edgeともいいます）というブラウザーが搭載されています。

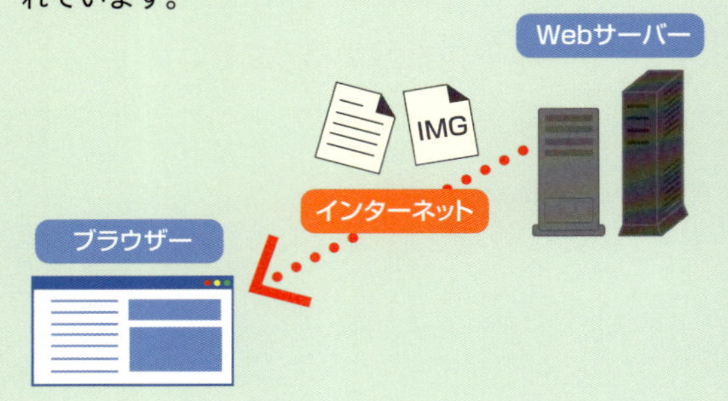

Q 195 Windows 10ではどんなブラウザーを使うの？

A Edgeというブラウザーを使います。

Windows 10には、「Microsoft Edge」というブラザーが付属しています。Edgeの特徴は、フラットなデザインとHTML5などの標準規格への対応です。Windows 10から搭載された新しいブラウザーですが、途中で大きな改良が加えられており、以前のEdgeと現在のEdgeでは利用できる機能が大きく異なります。

● Edgeを起動する

1 <スタート> をクリックして、

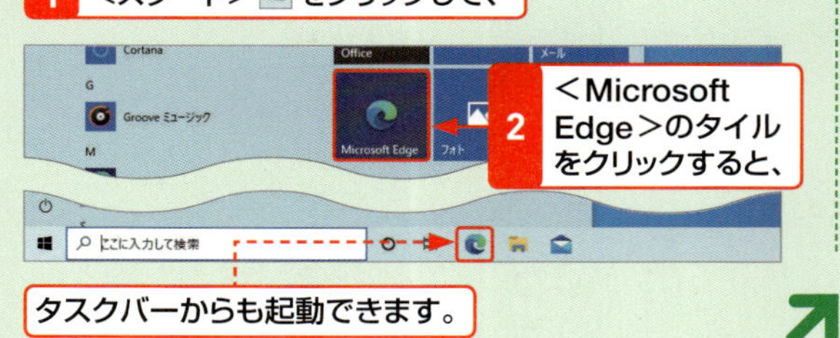

2 <Microsoft Edge>のタイルをクリックすると、
タスクバーからも起動できます。

3 Edgeが起動します。

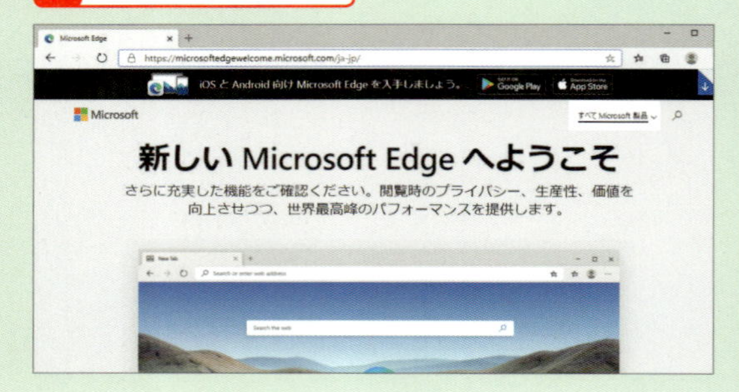

Q 196 「Edge」と「IE」は何が違うの？

A 画面表示に使う「レンダリングエンジン」が異なります。

ブラウザーは、読み込んだWebページを表示するのに、「レンダリングエンジン」というプログラムを使用します。使用するレンダリングエンジンが異なれば、Webページの見え方が異なる場合があります。

Edgeには「Blink」、IEには「Trident」というレンダリングエンジンが搭載されているため、Webページによっては見え方が異なります。通常はEdgeを使用しておけば、Webページを制作者の意図したように表示できます。なお、以前のEdgeでは、IEのTridentをベースにした「EdgeHTML」というレンダリングエンジンを使用していました。

参照▶Q 198

重要度 ★★★

Q 197 Edgeの画面と基本操作を知りたい！

A 画面構成を確認しましょう。

Edgeの画面は非常にシンプルなデザインです。画面の上部にタブが表示され、その下にアドレスバーやツールボタンが配置されています。

❶タブ
表示するWebページを切り替えます。タブを閉じるときは、右側の ☒ をクリックします。

❷新しいタブ ＋
新しいタブを表示します。

❸戻る ←
直前に表示していたWebページへ移動します。

❹進む →
<戻る>をクリックする前に表示していたWebページへ移動します。

❺最新の情報に更新 ↻
表示中のWebページを最新の状態にします。

❻アドレスバー
URLを入力してWebページを表示したり、キーワードを入力してWebページを検索したりします。

❼このページをお気に入りに追加 ☆
Webページをお気に入りに登録します。

❽お気に入り ☆≡
お気に入りを表示します。

❾コレクション
Webページ全体や画像、テキストを収集、整理します。

❿サインインアイコン
Microsoftアカウントでサインインすると、お気に入りや履歴、パスワード、その他設定をほかのパソコンと同期することができます。

⓫設定など …
Webページの印刷や表示倍率の変更、設定などを行います。

Q198 Internet Explorerはなくなってしまったの？

A 「Windows アクセサリ」の中にあります。

従来のWindowsに標準で付属してきた「Internet Explorer」は、なくなったわけではありません。スタートメニューから「Windows アクセサリ」を開くと、その中に存在しています。ですが、すでに開発は終了しているため、今後はEdgeを使用することをおすすめします。ただし、Webページによっては IE 独自の技術で作られており、Edgeでは表示されないことがあります。その場合は、IEを使って表示しましょう。

1　＜スタート＞ をクリックして、
2　＜Windows アクセサリ＞をクリックし、
3　＜Internet Explorer＞をクリックします。

4　初回のみこのウィンドウが表示されるので、ここをクリックし、
5　＜OK＞をクリックします。
6　Internet Explorerが起動します。

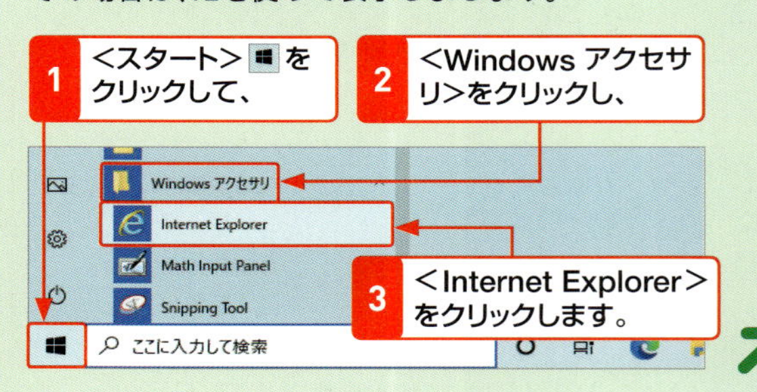

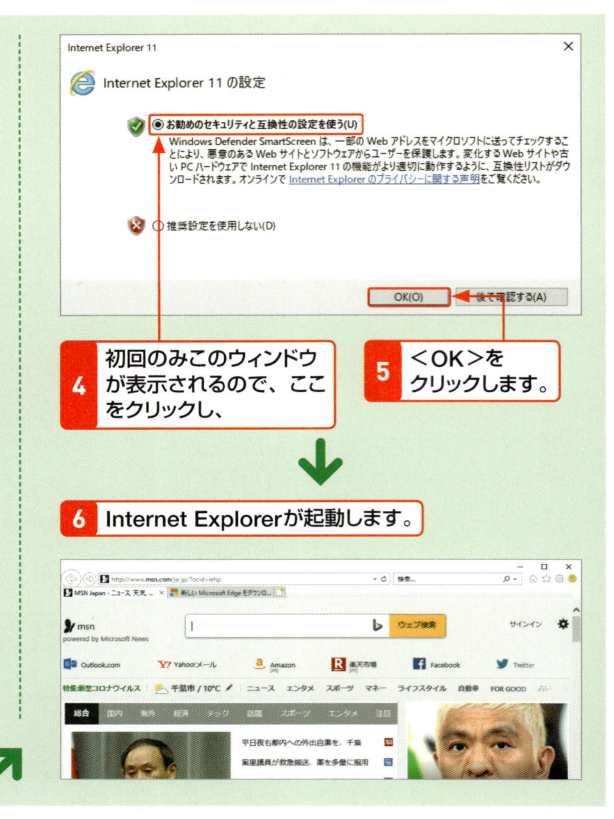

Q199 EdgeやIE以外のブラウザーもあるの？

A Google ChromeやFirefoxといったブラウザーがあります。

ブラウザーは、Edgeのほかにも多くの種類があります。Windows 10に対応している主なブラウザーとしては、Google のGoogle Chrome、OperaSoftwareのOpera、MozillaのFirefoxなどがあり、それぞれWebサイトから無料でダウンロードして利用することができます。

名　称	URL
Firefox	https://www.mozilla.org/ja/firefox/
Google Chrome	https://www.google.co.jp/chrome/
Opera	https://opera.com/ja/

● Google Chrome

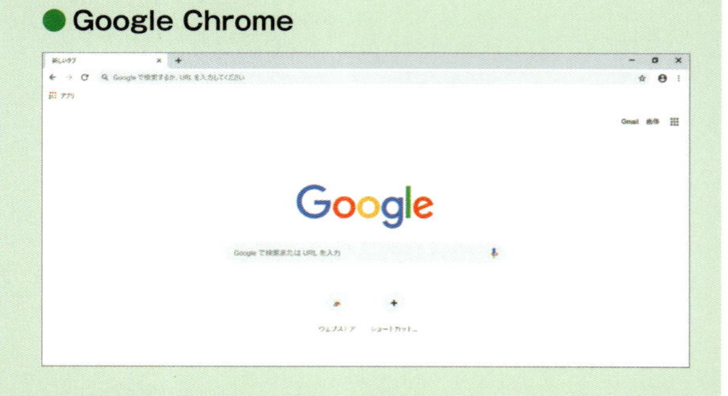

● Firefox

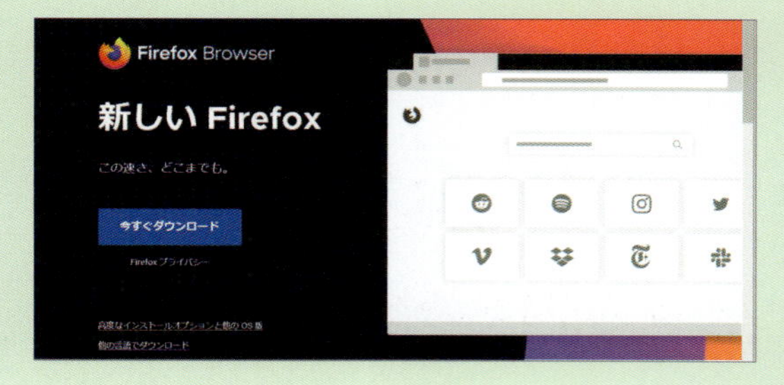

ブラウザーの基本　重要度 ★★★

Q 200 URLによく使われる文字の入力方法を知りたい！

A 入力モードを<半角英数>にして入力します。

WebページのURLを入力する際は、入力モードを<半角英数>にします。URLには、英数字のほかに、「:」や「/」「.」「~」「_」などの記号が多く使われています。「:」「/」「.」は、キーボードのキーをそのまま押せば入力できますが、「~」「_」は、Shiftキーを押しながらそれぞれの記号キーを押す必要があります。

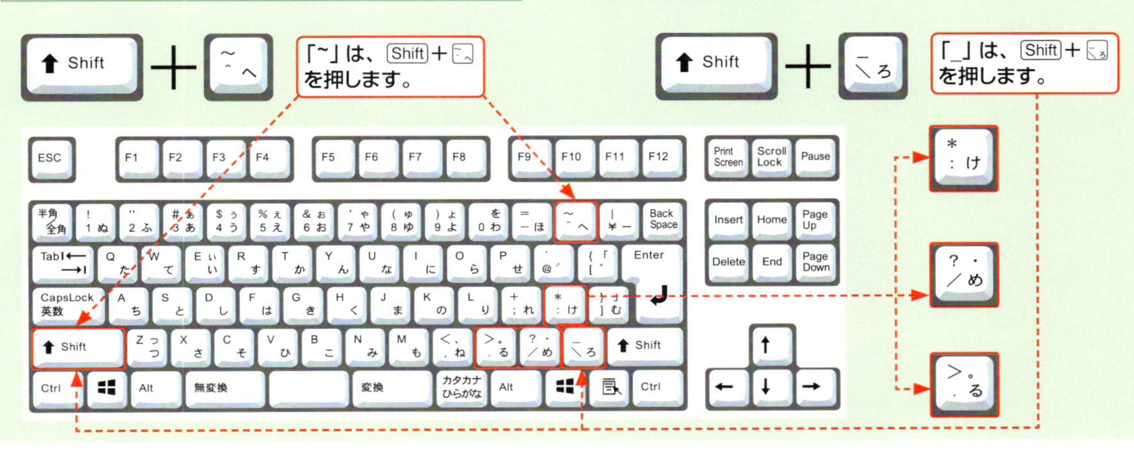

ブラウザーの基本　重要度 ★★★

Q 201 アドレスを入力してWebページを開きたい！

A アドレスバーにURLを入力します。

Webページを表示するには、アドレスバーにURLを入力してEnterキーを押します。なお、アドレスバーにURLを数文字入力すると、過去に表示したWebページの中から入力に一致するものが表示されます。目的のWebページが表示された場合は、そのURLをクリックすると、すべて入力する手間が省けます。

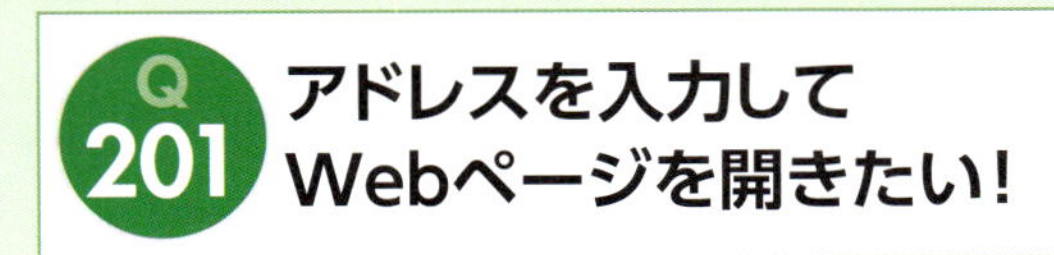
1 アドレスバーをクリックして、

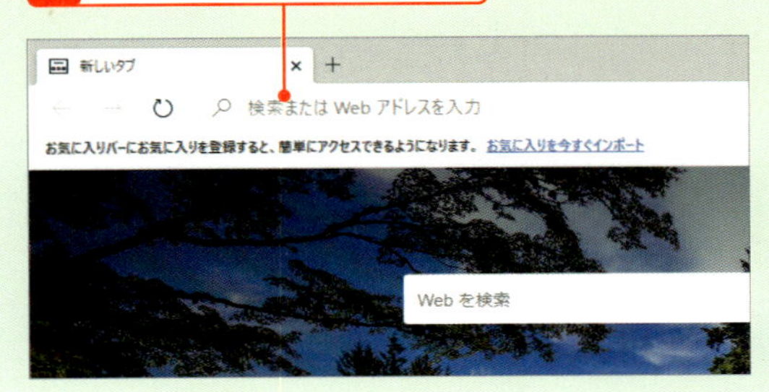

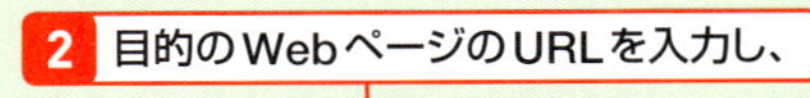
2 目的のWebページのURLを入力し、

入力中のURLと一致するWebページの候補や履歴が表示されます。

3 Enterを押すと、

4 Webページが表示されます。

ブラウザーの操作　重要度 ★★★

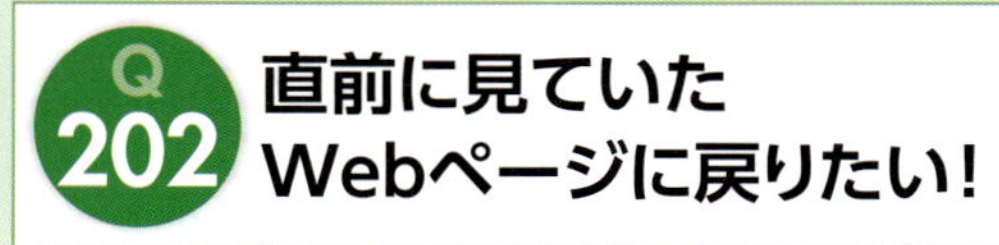

Q 202 直前に見ていたWebページに戻りたい！

A <戻る>をクリックします。

直前に閲覧していたWebページに戻りたい場合は、<戻る>をクリックします。続けて<戻る>をクリックすると、その直前に閲覧していたWebページが次々と表示されていきます。

1 <戻る>←をクリックすると、

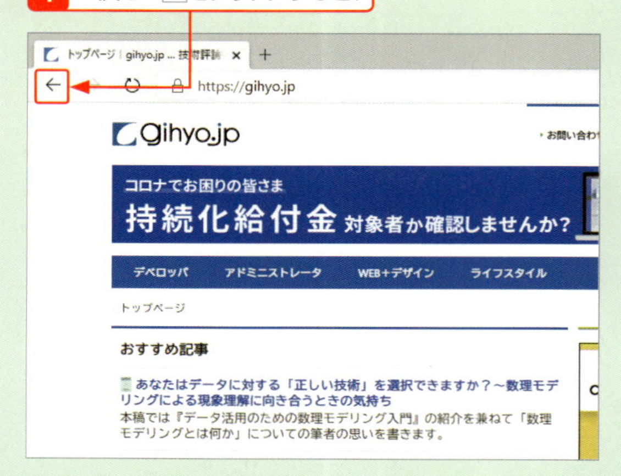

2 直前に表示していたWebページに戻ります。

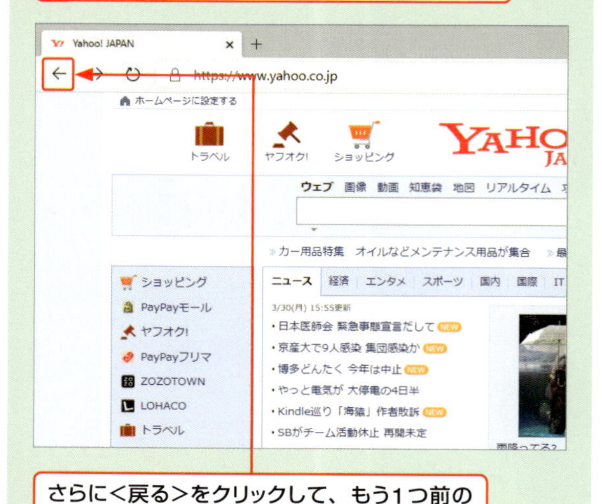

さらに<戻る>をクリックして、もう1つ前のWebページに戻ることもできます。

ブラウザーの操作　重要度 ★★★

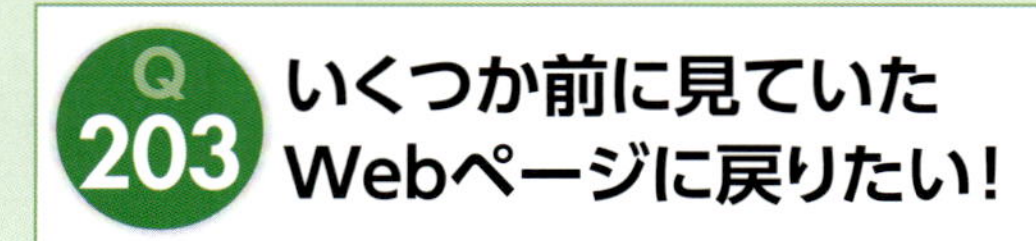

Q 203 いくつか前に見ていたWebページに戻りたい！

A 一覧を表示して戻りたいWebページをクリックします。

Edgeでは、<戻る>を右クリックすると過去に表示したWebページの一覧が表示され、クリックするとそのWebページが表示されます。いくつか前に見ていたWebページに直接戻りたいときは、この方法を使うと素早く表示できます。

1 <戻る>←を右クリックして、

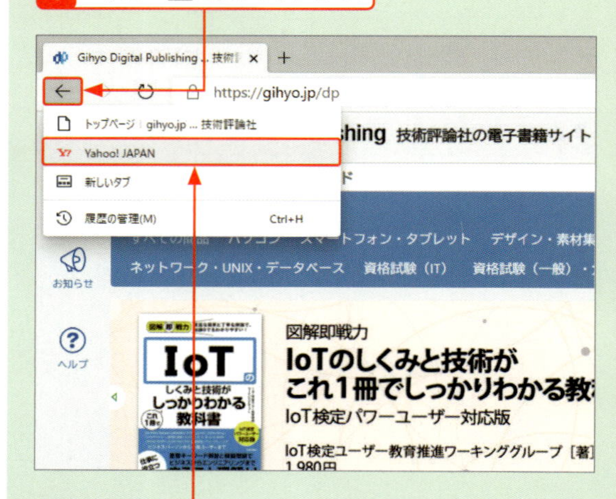

2 目的のWebページをクリックすると、

3 指定したWebページに戻れます。

ブラウザーの操作　重要度 ★★★

Q204 ページを戻りすぎてしまった！

A <進む>をクリックします。

<戻る>をクリックして過去に表示したWebページに戻ると、<進む>ボタンがクリックできるようになります。この状態では<戻る>が履歴を古い方向へ戻るボタンとして、<進む>が履歴を新しい方向へ進むボタンとして働きます。
<戻る>をクリックする前のWebページに戻りたい場合は、目的のWebページが表示されるまで<進む>ボタンをクリックしましょう。

1 <進む>→をクリックすると、

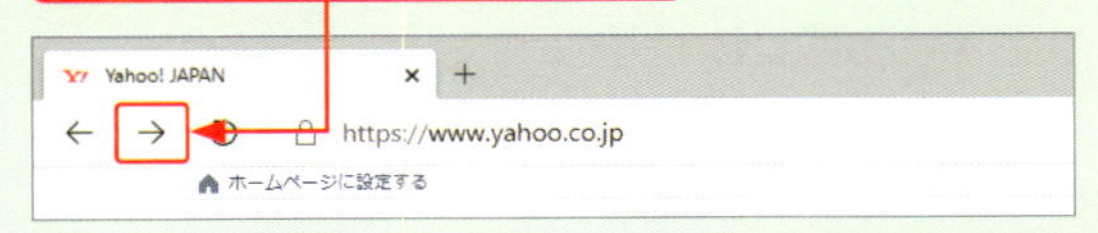

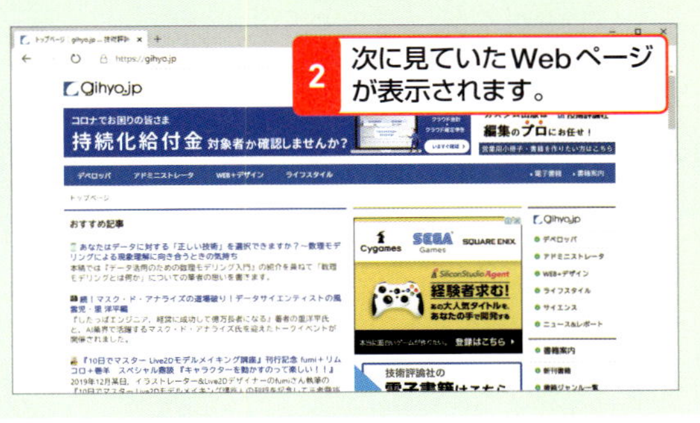

2 次に見ていたWebページが表示されます。

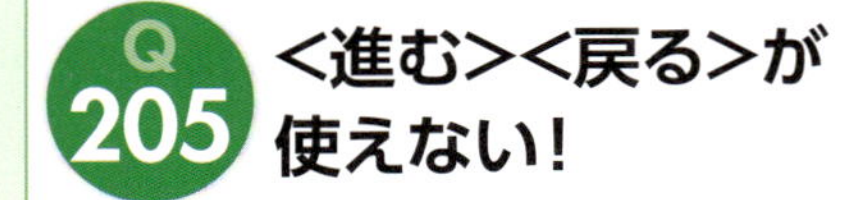

ブラウザーの操作　重要度 ★★☆

Q205 <進む><戻る>が使えない！

A 起動直後は使えません。

Edgeは、直近に表示したWebページの閲覧履歴が記憶され、<戻る>や<進む>をクリックすることで、閲覧した前後のWebページに移動することができます。ただし、起動した直後や、Webページの移動がない場合、別のタブでWebページを表示していた場合には、<戻る>や<進む>は利用できません。

Edgeを起動した直後は、<戻る>←や<進む>→は利用できません。

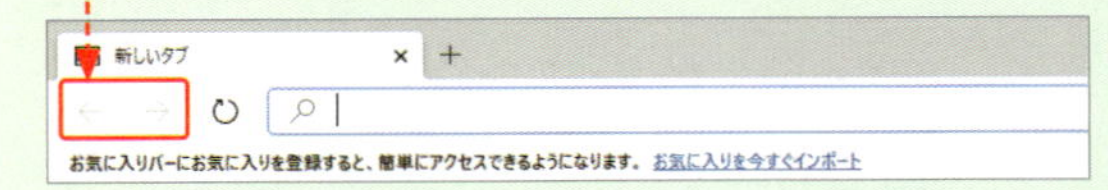

1 別のページを表示すると、<戻る>←が使えるようになります。

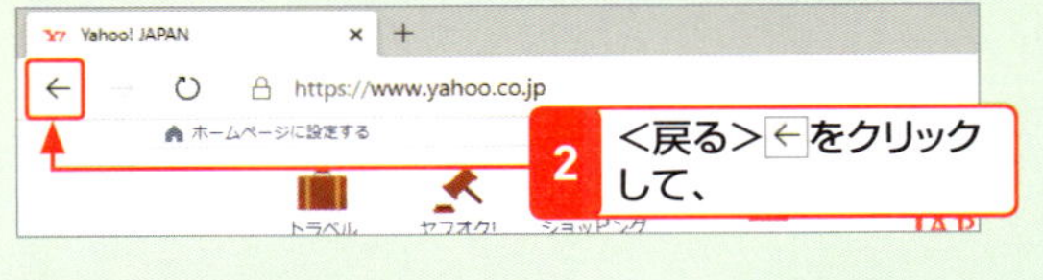

2 <戻る>←をクリックして、

3 直前のページに戻ると、<進む>→が使えるようになります。

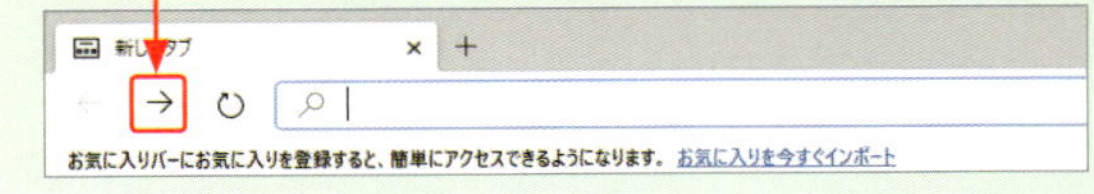

ブラウザーの操作　重要度 ★★★

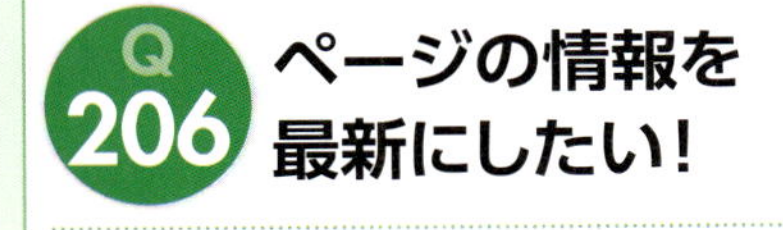

Q206 ページの情報を最新にしたい！

A <更新>をクリックします。

Webページの情報を最新のものにしたい場合は、<更新>をクリックします。<更新>は、常に情報が新しくなっていくニュースサイトなどのWebページを表示しているときや、何らかの理由でWebページの読み込みが正しく完了しなかったときに有効です。

1 <更新>↻をクリックすると、

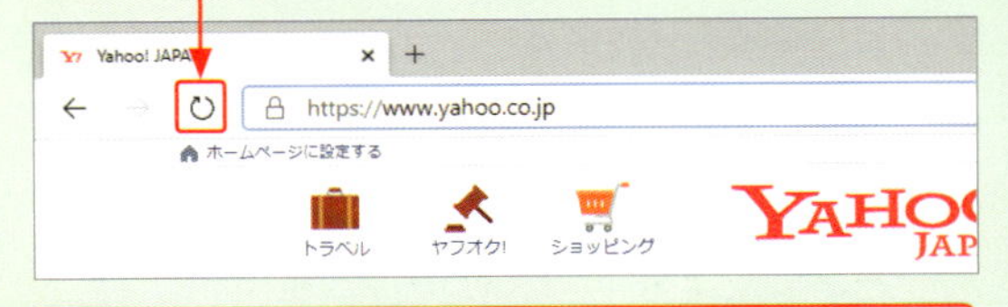

2 Webページの情報が最新のものに置き換わります。

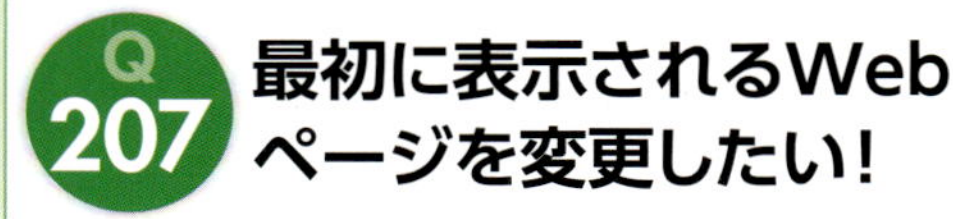

重要度 ★★★

Q 207 最初に表示されるWebページを変更したい!

A <設定>を利用します。

ブラウザーの起動時にまず表示されるWebページを指定することができます。<設定>から最初に表示したいWebページを指定します。

1 表示したいWebページのみを表示して、

2 <設定など> … をクリックし、

3 <設定>をクリックします。

4 <起動時>をクリックして、

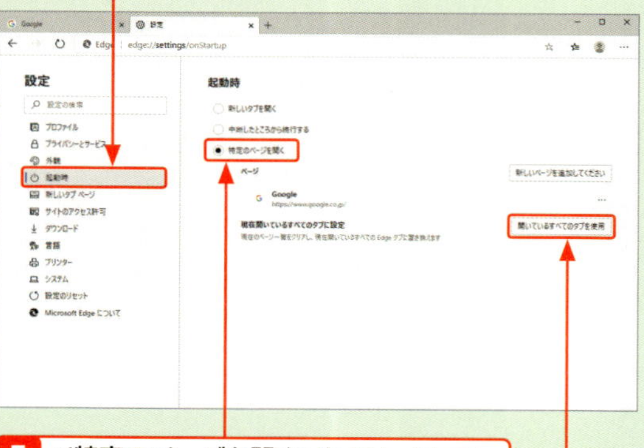

5 <特定のページを開く>をクリックして、

6 <開いているすべてのタブを使用>をクリックすると、最初に表示されるWebページが変更されます。

ブラウザーの操作

重要度 ★★★

Q 208 タブってどんな機能なの?

A 複数のWebページを切り替えて表示する機能です。

「タブ」とは、1つのウィンドウ内に複数のWebページを同時に開いておける機能です。それぞれのタブをクリックすることで、表示するWebページを切り替えて閲覧することができます。

● タブの表示

表示中のWebページのタブは、明るい色で表示されます。

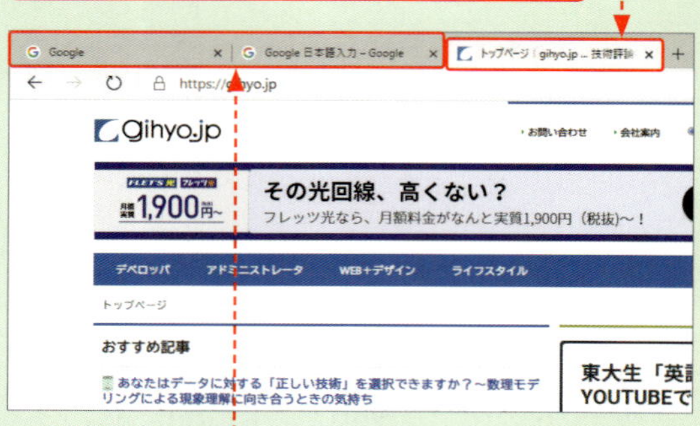

表示していないWebページのタブは、暗い色で表示されます。

● 多数のタブを表示する

タブを多数開いて1つあたりの幅が狭くなると、Webページのタイトルは省略されていきます。

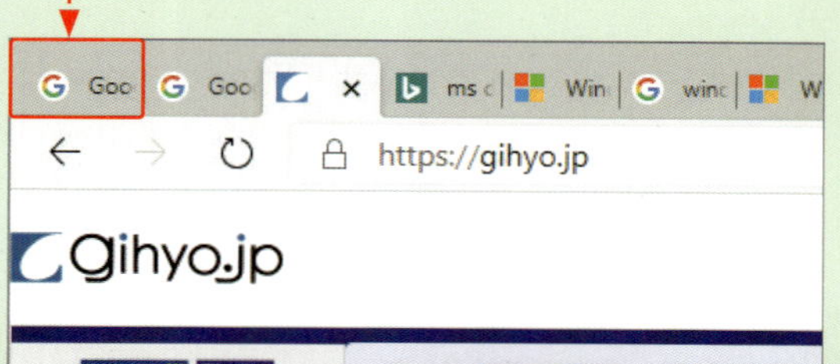

ブラウザーの操作　重要度★★★

Q 209 タブを利用して複数のWebページを表示したい！

A <新しいタブ>を利用します。

タブを利用して複数のWebページを切り替えるには、まず、タブを追加して、追加したタブにWebページを表示します。なお、操作によって、自動でタブが追加されることがあります。

参照▶Q 218

1 <新しいタブ>＋をクリックすると、

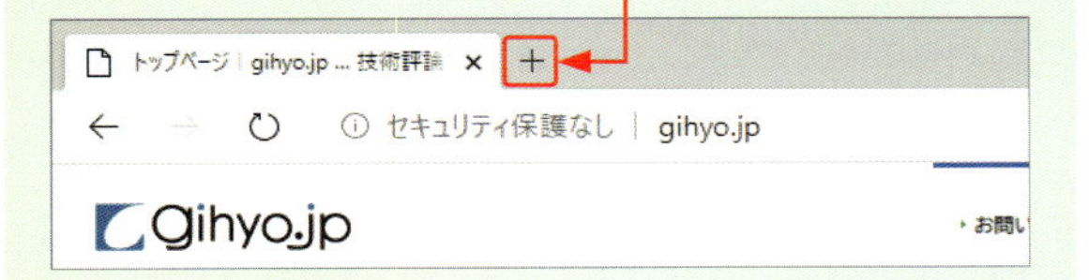

2 タブが追加されます。

3 開きたいWebページのURLを入力して、

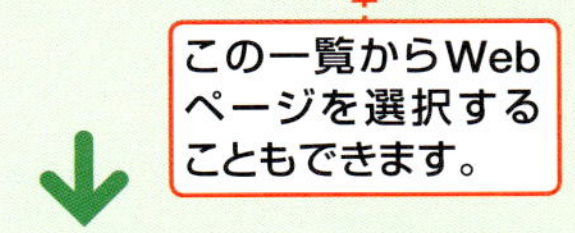

4 Enterを押すと、

この一覧からWebページを選択することもできます。

5 追加したタブにWebページが表示されます。

ブラウザーの操作　重要度★★★

Q 210 タブを切り替えたい！

A 表示したいタブをクリックします。

タブを切り替えたいときは、表示したいタブをクリックします。また、Ctrlキーを押しながらTabキーを押すと、右隣のタブに切り替わります。CtrlキーとShiftキーを押しながらTabキーを押すと、左隣のタブに切り替わります。

● タブを切り替える

複数のタブを開いています。

1 タブをクリックすると、

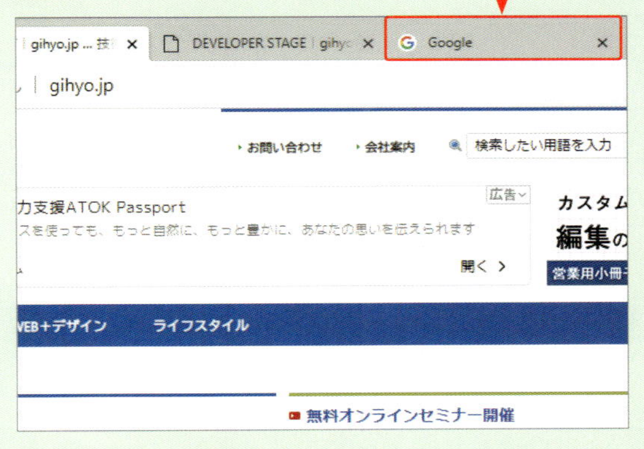

2 Webページが切り替わります。

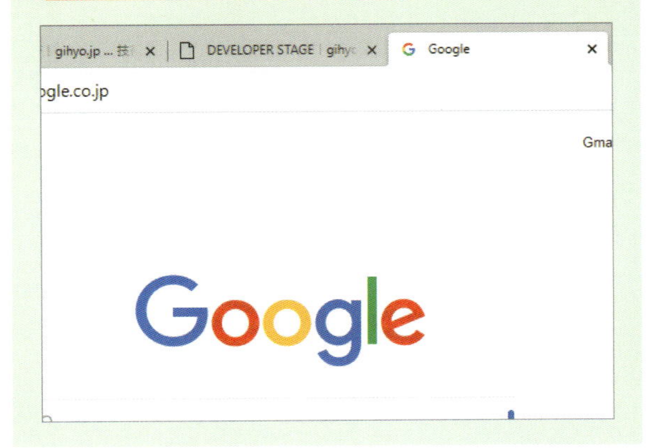

ブラウザーの操作　重要度 ★★★

Q 211 リンク先のWebページを新しいタブに表示したい！

A 新しいタブでリンクを開きます。

Webページでリンクをクリックすると、多くの場合は、現在表示しているページがリンク先のページに置き換わります。リンク先のWebページを新しいタブに表示したい場合は、リンクを右クリック（タッチ操作の場合は長押し）して、<新しいタブで開く>をクリックします。また、Ctrlキーを押しながらリンクをクリックしても、リンク先を新しいタブで開くことができます。

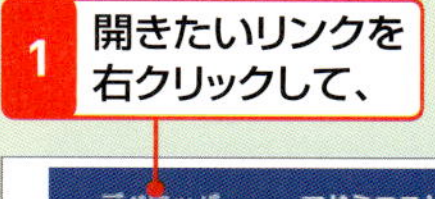

1 開きたいリンクを右クリックして、

2 <新しいタブで開く>をクリックすると、

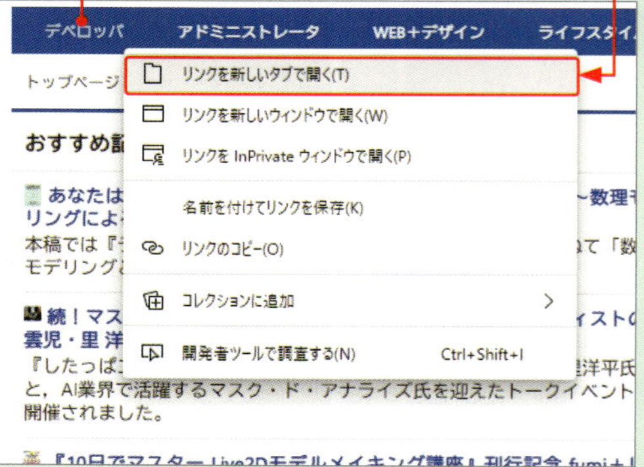

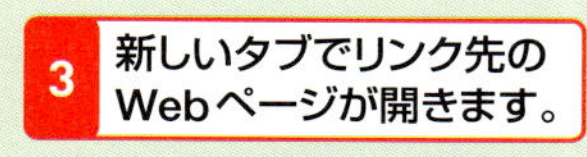

3 新しいタブでリンク先のWebページが開きます。

4 タブをクリックすると、

5 リンク先のWebページが表示されます。

ブラウザーの操作　重要度 ★★★

Q 212 タブを複製したい！

A 右クリックメニューで<複製>をクリックします。

今閲覧しているWebページを引き続き参照したいが、そのページ内のリンクをたどったり履歴を行き来したりもしたい、というときに役立つのがタブの複製機能です。タブを右クリックし、<複製>をクリックするだけで、同じWebページのタブが作成されます。

タブを複製するとWebページ内のフォームに入力したデータもコピーされるので、応募フォームに情報を入力したあと、入力データが消えないようにタブを複製しておく、といった使い方も可能です。

1 タブを右クリックして、

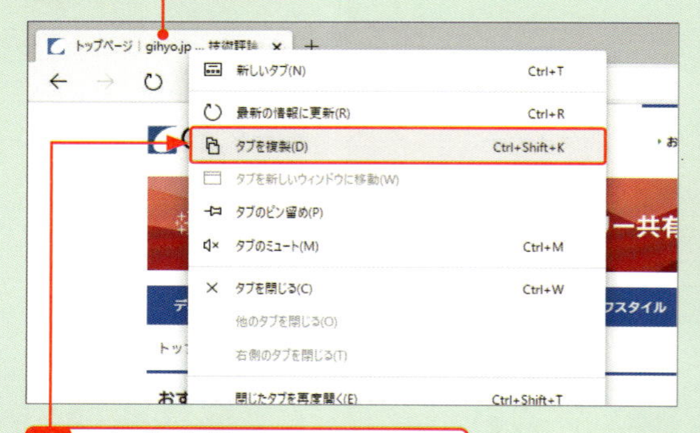

2 <タブを複製>をクリックすると、

3 タブが複製されます。

ブラウザーの操作　重要度 ★★★

Q 213 タブを並べ替えたい！

A タブをドラッグします。

タブを並べ替えたいときは、タブを左右にドラッグします。タブの順番が入れ替わったところでマウスのボタンを放すと、並べ替えが確定します。
なお、タブをドラッグするとき上下方向にドラッグすると、タブが新しいウィンドウで開かれてしまうので注意しましょう。

1 タブをドラッグすると、

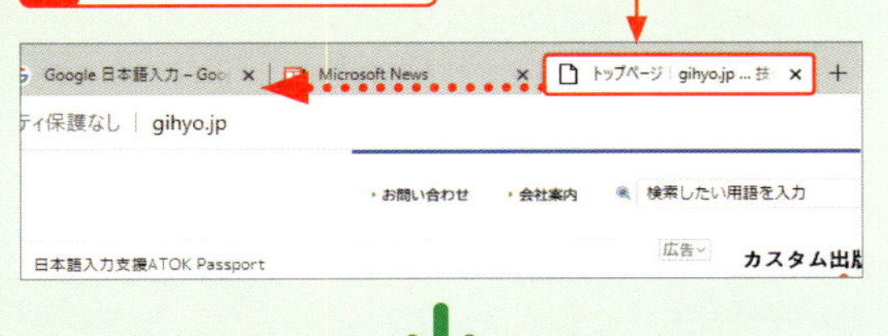

2 順番が入れ替わります。

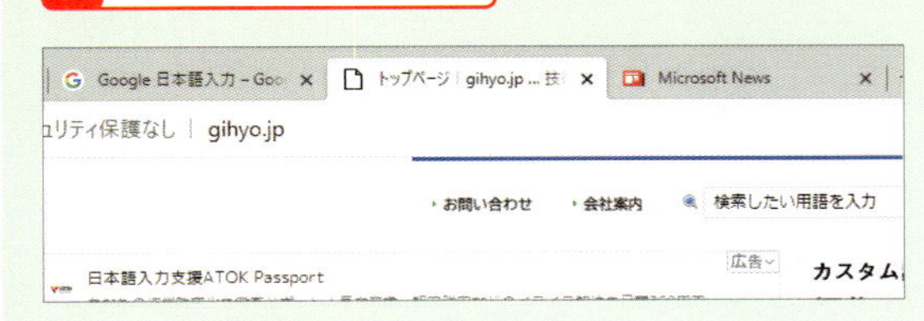

ブラウザーの操作　重要度 ★★★

Q 214 不要になったタブだけを閉じたい！

A <閉じる>をクリックします。

複数のタブを開いていて、不要になったタブだけを閉じたいときは、タブに表示されている<閉じる>×をクリックします。閉じたタブより右にもタブが開かれていた場合は、タブは左に詰めて表示されます。

1 <閉じる>×をクリックすると、

2 タブが閉じます。

ブラウザーの操作　重要度 ★★★

Q 215 タブを新しいウィンドウで表示したい！

A ドラッグや右クリックメニューで表示できます。

Edgeで表示中のタブは、新しいウィンドウで表示させることが可能です。目的のタブをウィンドウの外へとドラッグすると、新しいウィンドウが開いてそこにタブが表示されます。また、タブの右クリックメニューから<タブを新しいウィンドウに移動>をクリックして表示させることもできます。

1 タブをウィンドウの外へドラッグすると、

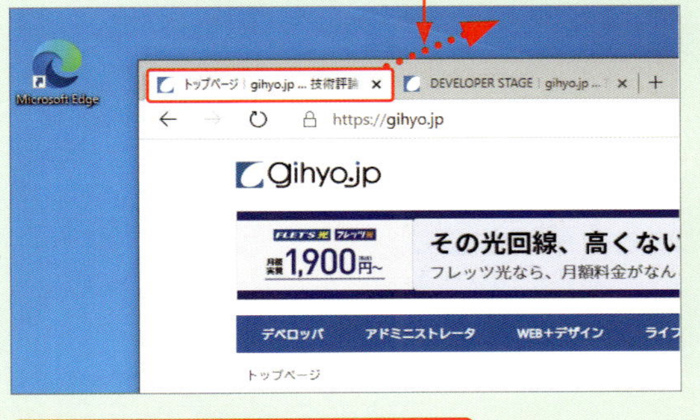

2 新しいウィンドウに表示されます。

Q216 タブを間違えて閉じてしまった！

A <閉じたタブを再度開く>を利用しましょう。

タブを間違えて閉じてしまったときは、開いているタブを右クリックし、メニューから<閉じたタブを再度開く>をクリックすると、同じWebページをもう一度開くことができます。

1 開いているタブを右クリックして、

2 <閉じたタブを再度開く>をクリックすると、

3 閉じたタブが再び開きます。

Q217 タブが消えないようにしたい！

A <タブのピン留め>を利用しましょう。

タブが消えないようにするには、消えないようにしたいタブを右クリックし、<タブのピン留め>をクリックします。タブ一覧の左にタブがピン留めされ、Edgeを閉じて再度開くと、そのタブが再表示されるようになります。

ピン留めを解除するには、タブを右クリックして<ピン留めを外す>をクリックします。

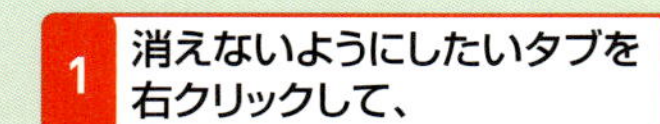

1 消えないようにしたいタブを右クリックして、

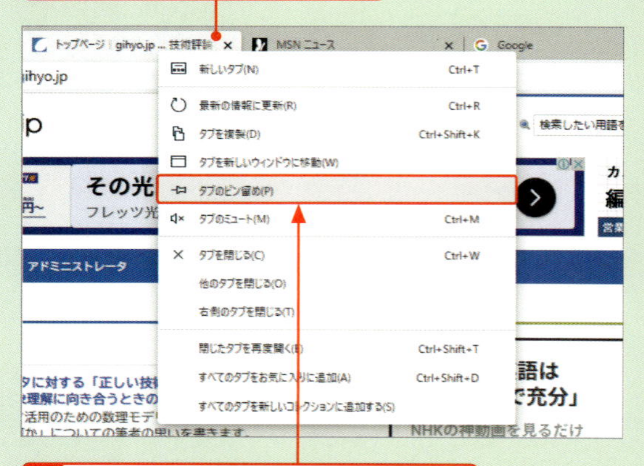

2 <タブのピン留め>をクリックすると、

3 タブがピン留めされ、消えないようになります。

ブラウザーの操作　重要度 ★★★

Q218 新しいタブに表示するサイトをカスタマイズしたい!

A トップサイトを追加しましょう。

Edgeでは、新しいタブを開いたときにいくつかのWebページがトップサイトとして表示され、すぐにそれらのWebページに移動できるようになっています。トップサイトとして表示するWebページは下記の手順で追加することができます。

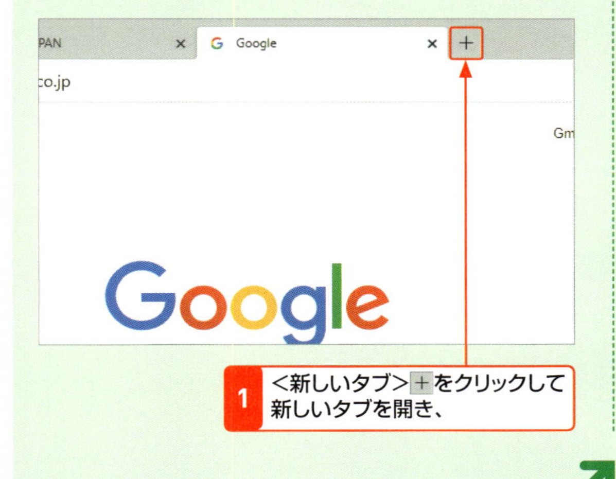

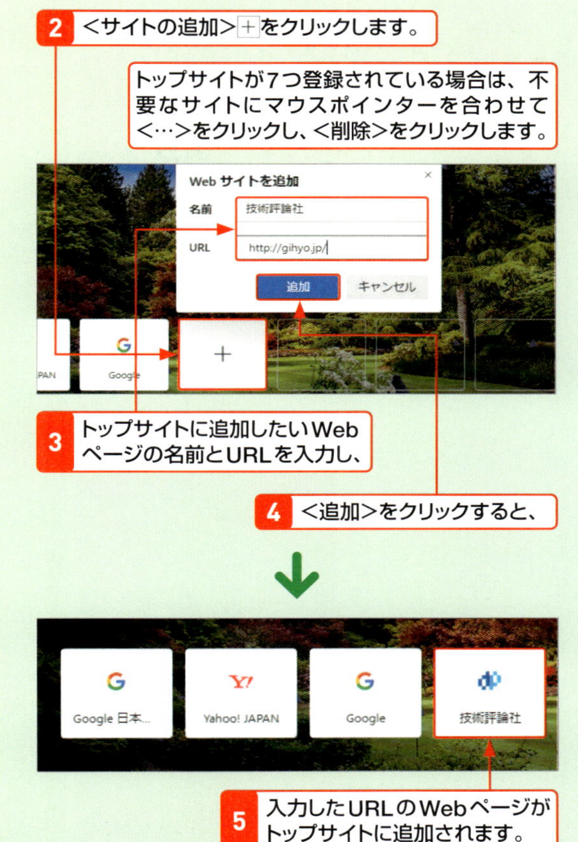

2 <サイトの追加>+をクリックします。
トップサイトが7つ登録されている場合は、不要なサイトにマウスポインターを合わせて<…>をクリックし、<削除>をクリックします。
Web サイトを追加
名前
技術評論社
URL
http://gihyo.jp/
追加
キャンセル
3 トップサイトに追加したいWebページの名前とURLを入力し、
4 <追加>をクリックすると、
Google 日本...
Yahoo! JAPAN
Google
技術評論社
5 入力したURLのWebページがトップサイトに追加されます。

ブラウザーの操作　重要度 ★★★

Q219 ファイルをダウンロードしたい!

A リンクをクリックしてダウンロードします。

インターネット上のファイルをダウンロードするには、Webブラウザーで目的のWebページを表示したあと、ダウンロード用のリンクをクリックします。
リンクをクリックすると、画面の下に通知バーが表示されて、自動的にダウンロードが開始されます。

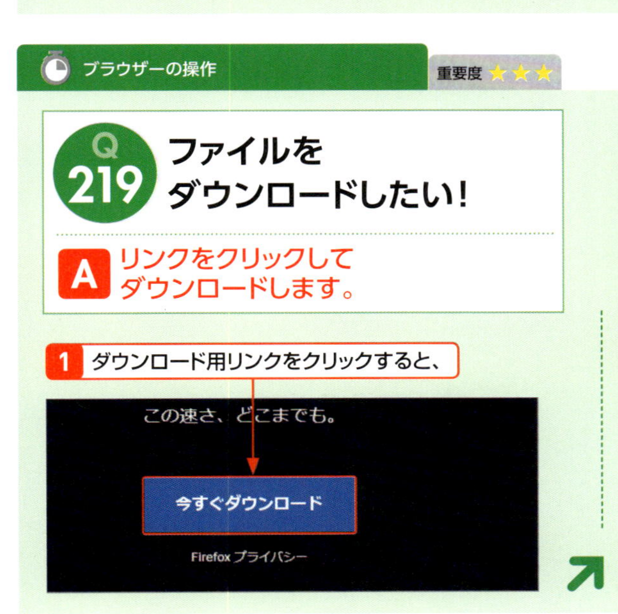

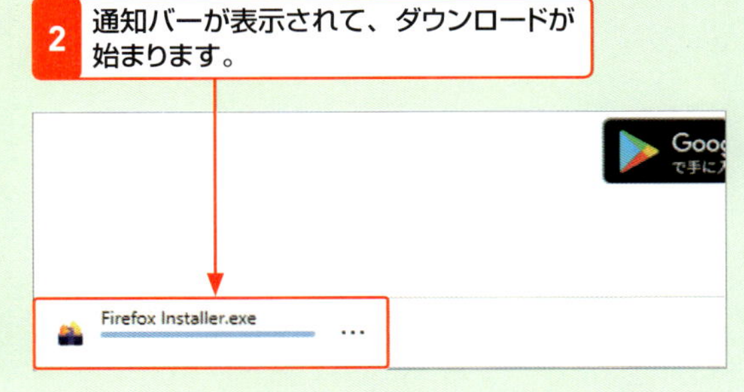

ブラウザーの操作　重要度★★★

Q 220 Webページにある画像をダウンロードしたい！

A 画像を右クリックして、メニューから保存します。

Webページに表示されている画像をダウンロードするには、画像を右クリックして、<名前を付けて画像を保存>をクリックします。
なお、インターネット上で公開されている画像は通常、著作権法で保護されています。利用する際は、十分注意しましょう。

1 保存したい画像を表示して右クリックし、

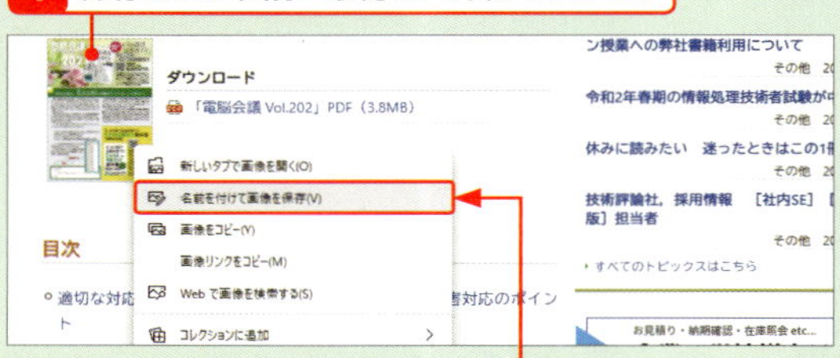

2 <名前を付けて画像を保存>をクリックします。

3 保存先を指定して、

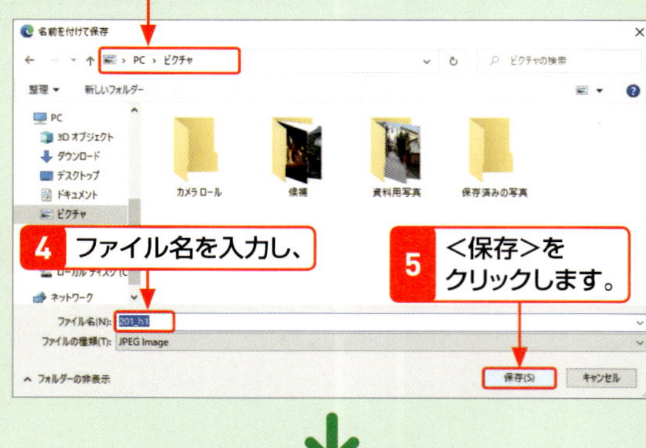

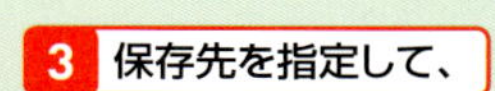

4 ファイル名を入力し、

5 <保存>をクリックします。

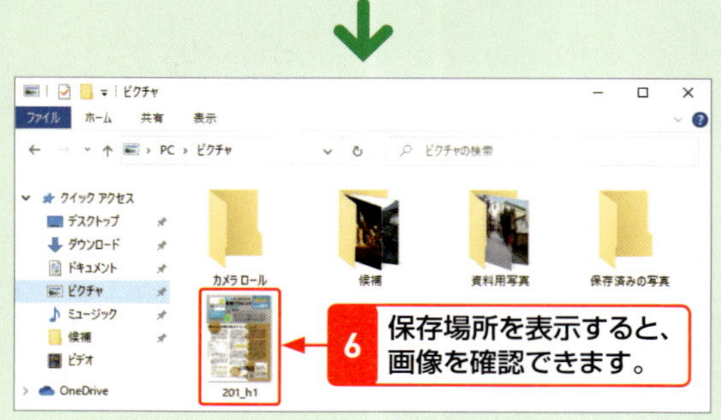

6 保存場所を表示すると、画像を確認できます。

ブラウザーの操作　重要度★★★

Q 221 ダウンロードしたファイルをすぐに開きたい！

A ダウンロードが完了したら<ファイルを開く>をクリックします。

ダウンロードしたファイルをすぐに開きたい場合は、通知バーの<ファイルを開く>をクリックします。対応するアプリが起動して、ファイルを開くことができます。

ダウンロードが完了したら、<ファイルを開く>をクリックします。

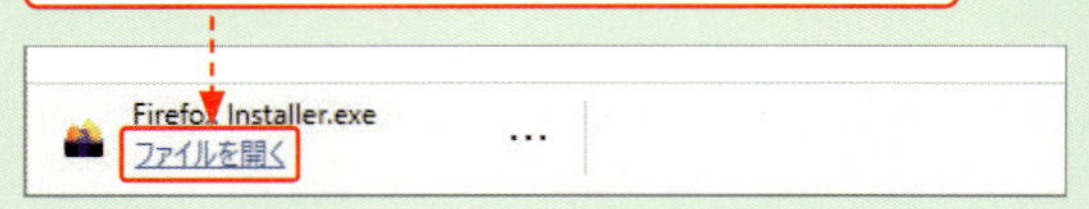

ブラウザーの操作　重要度★★★

Q 222 ダウンロードしたファイルはどこに保存されるの？

A <ダウンロード>フォルダーに保存されます。

<名前を付けて保存>を使わずにダウンロードしたファイルやプログラムは、<ダウンロード>フォルダーに保存されます。どこに保存したかわからなくなったファイルは、ダウンロードの一覧から表示できます。

参照▶Q 093

1 <設定など>→<ダウンロード>をクリックして、ダウンロードの一覧を表示し、

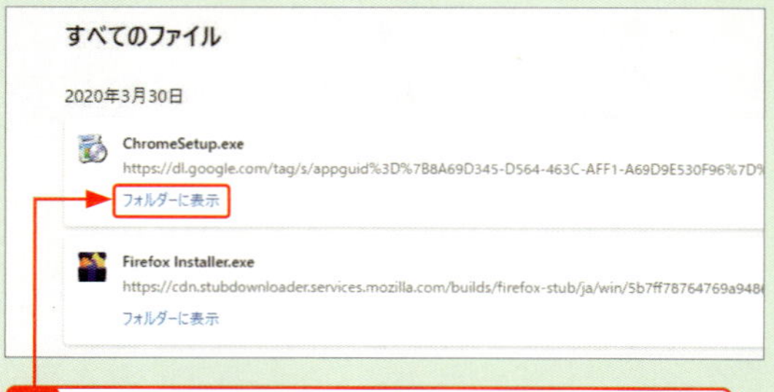

2 <フォルダーに表示>をクリックすると、ファイルを保存したフォルダーが表示されます。

ブラウザーの便利な機能　重要度 ★★★

Q 223 「コレクション」って何？

A Webページや画像、テキストを収集する機能です。

情報を収集、整理するための機能としてEdgeに新しく追加されたのが「コレクション」です。Webページ全体やリンク、画像、テキストを右クリックメニューやドラッグ＆ドロップで収集してまとめて表示できるので、一時的に記録しておきたいWebページなどに使うと便利です。コレクションは複数作成して、それぞれに名前を付けておくことができます。

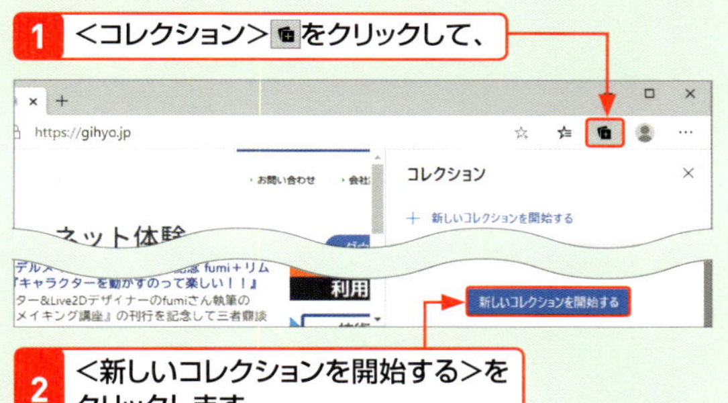

1 <コレクション>をクリックして、

2 <新しいコレクションを開始する>をクリックします。

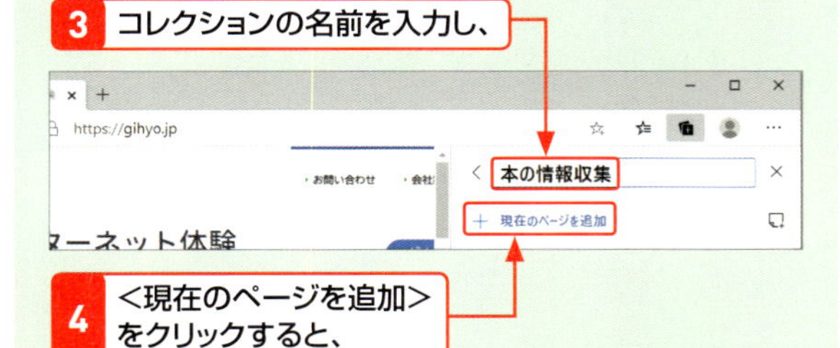

3 コレクションの名前を入力し、

4 <現在のページを追加>をクリックすると、

5 表示しているWebページがコレクションに追加されます。

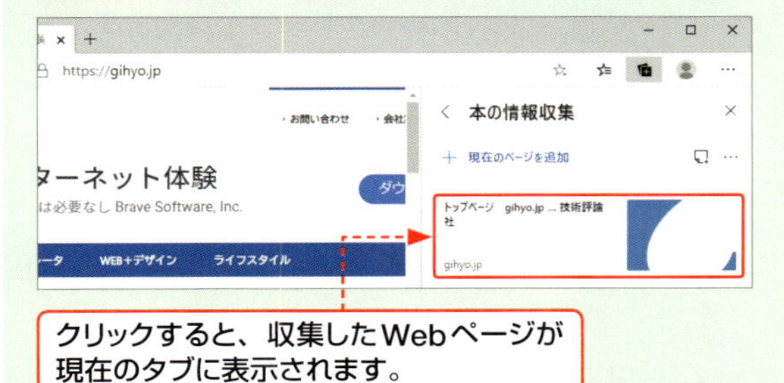

クリックすると、収集したWebページが現在のタブに表示されます。

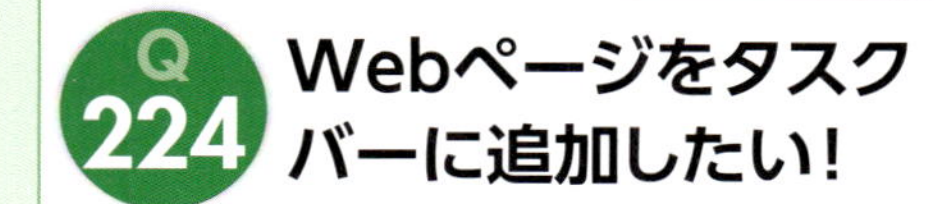

ブラウザーの便利な機能　重要度 ★★★

Q 224 Webページをタスクバーに追加したい！

A タスクバーにピン留めします。

Webページはスタートメニューのタイルとしてだけでなく、タスクバーのアイコンとして追加することもできます。スタートメニューに追加する場合に比べて、タスクバーのアイコンをクリックするだけでそのWebページを表示できるので、操作手順が1つ少なくて済み便利です。

タスクバーにWebページを追加するには、目的のWebページをEdgeで表示しておき、<設定など>をクリックして、<その他のツール>→<タスクバーにピン留めする>をクリックします。ピン留めを解除するには、タスクバーのアイコンを右クリックして、<タスクバーからピン留めを外す>をクリックします。

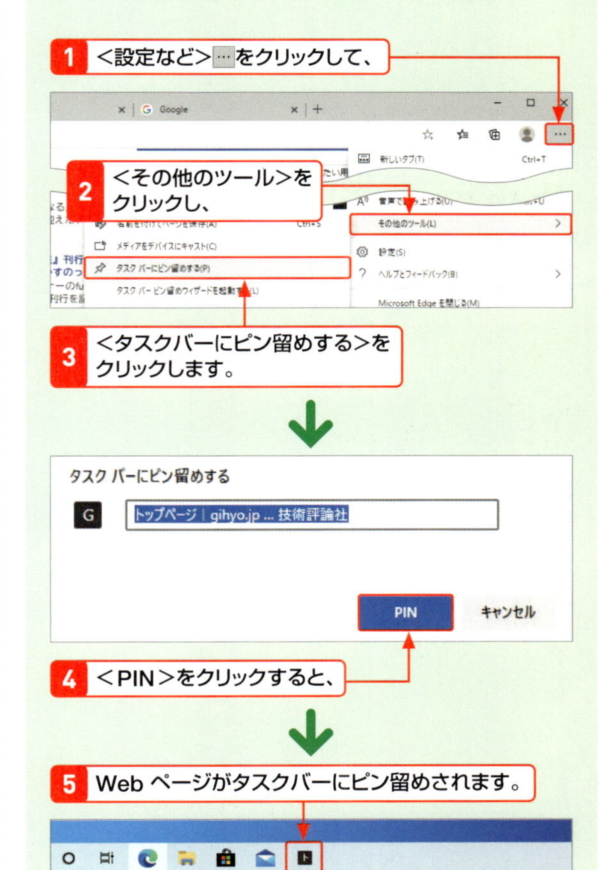

1 <設定など>をクリックして、

2 <その他のツール>をクリックし、

3 <タスクバーにピン留めする>をクリックします。

4 <PIN>をクリックすると、

5 Webページがタスクバーにピン留めされます。

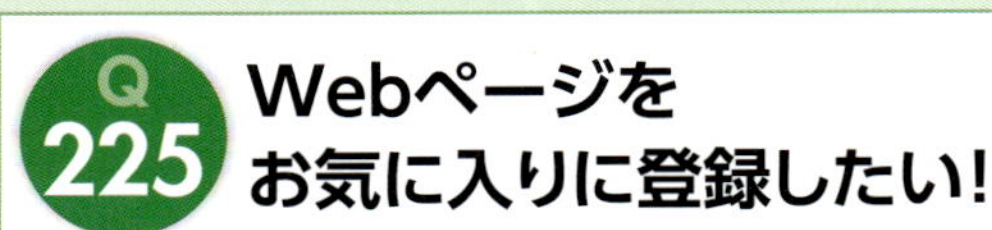

重要度 ★★★

Q225 Webページをお気に入りに登録したい!

A 「お気に入り」機能を利用します。

「お気に入り」とは、よく見るWebページを登録しておく場所のことです。Webページをお気に入りに登録しておくと、目的のWebページをすぐに表示することができます。

1 お気に入りに登録したいWebページを表示して、

2 <このページをお気に入りに追加>☆をクリックします。

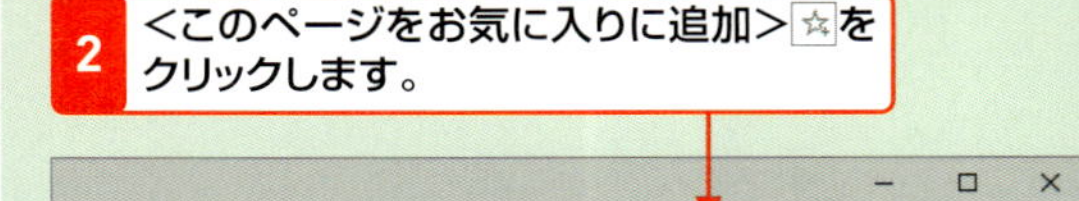

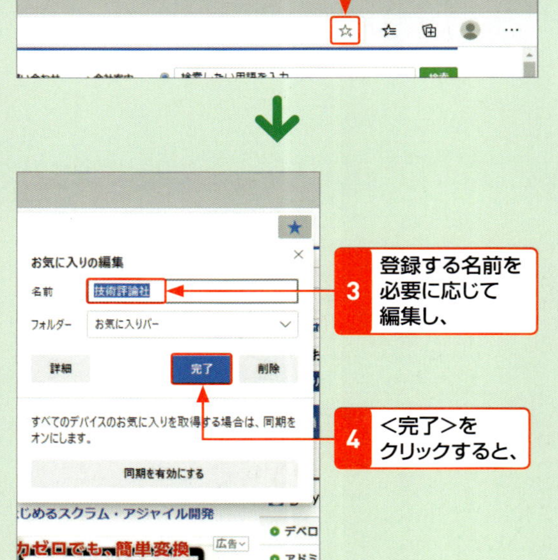

3 登録する名前を必要に応じて編集し、

4 <完了>をクリックすると、

5 Webページが<お気に入り>に登録されます。

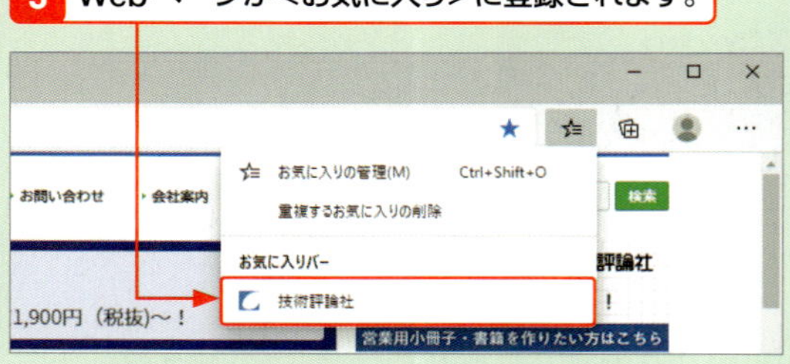

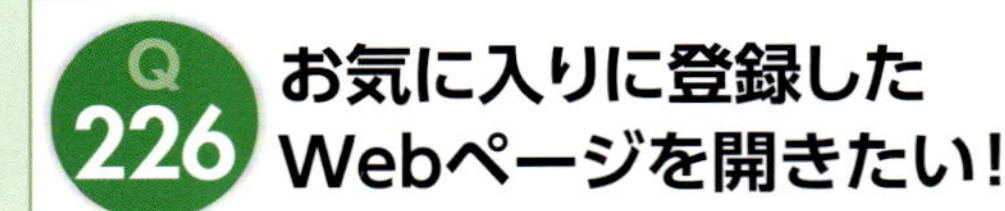

重要度 ★★★

Q226 お気に入りに登録したWebページを開きたい!

A ツールバーの<お気に入り>から表示します。

お気に入りに登録したWebページは、ツールバーの<お気に入り>から開くことができます。この方法では、表示中のWebページがお気に入りのWebページに置き換えられますが、以下のように操作することで、新しいタブにお気に入りのWebページを表示できます。

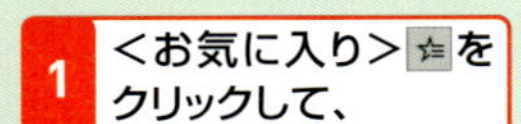

1 <お気に入り>をクリックして、

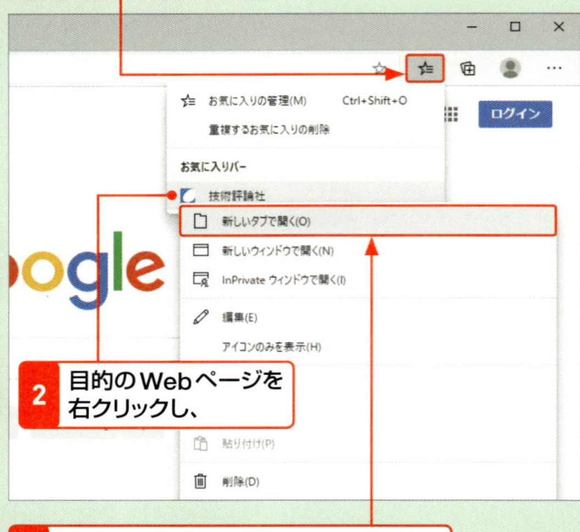

2 目的のWebページを右クリックし、

3 <新しいタブで開く>をクリックすると、

4 お気に入りに登録したWebページが新しいタブに表示されます。

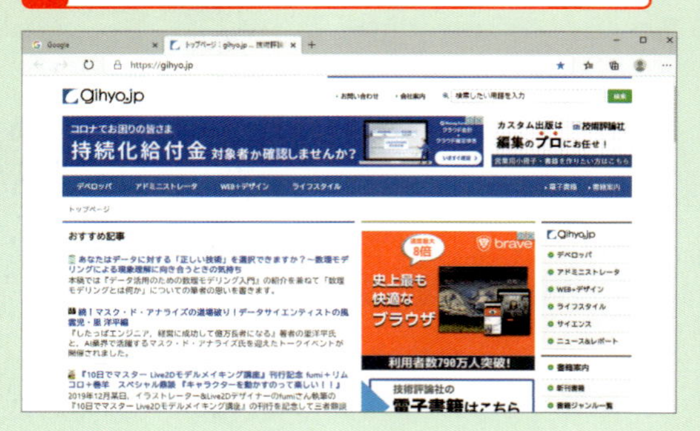

ブラウザーの便利な機能　重要度 ★★★

Q 227 お気に入りを整理するには？

A ドラッグして並べ替えます。

お気に入りを整理するには、対象のお気に入りを目的の場所までドラッグして並べ替えます。
お気に入りが増えてくると、目的のWebページのお気に入りを探すのに時間がかかるようになってしまいます。よく使うお気に入りは、すぐ目に付きクリックしやすいリストの最上部に並べておきましょう。

1 ＜お気に入り＞をクリックして、

2 並べかえたいものをドラッグし、

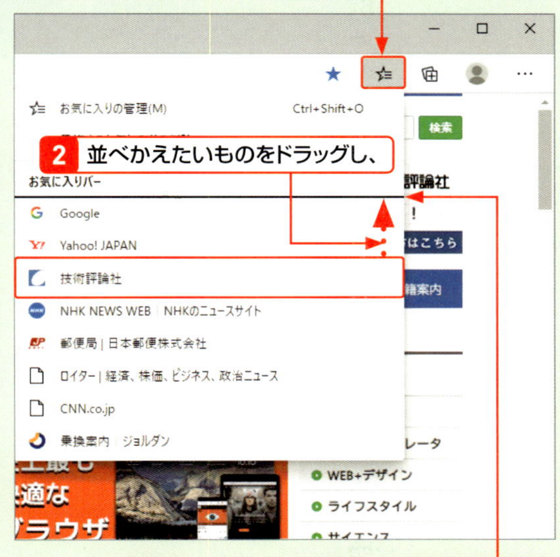

3 目的の位置でマウスのボタンを放すと、

4 お気に入りを並べ替えられます。

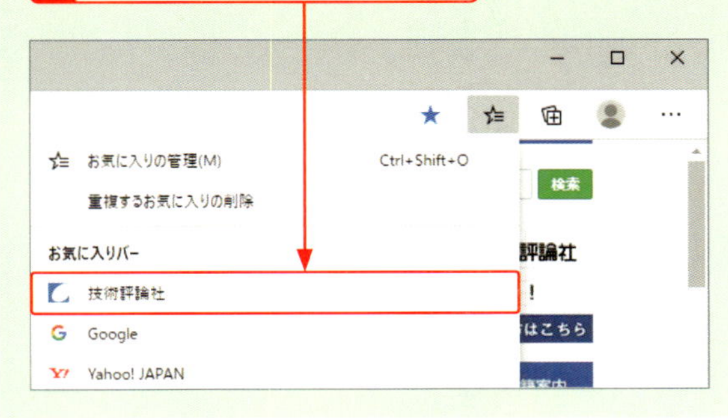

ブラウザーの便利な機能　重要度 ★★★

Q 228 フォルダーを使ってお気に入りを整理したい！

A ＜フォルダーの追加＞を実行します。

お気に入りを整理するときは、ジャンル別のフォルダーを作成しておくと便利です。お気に入りでフォルダーを作成するには、お気に入りの右クリックメニューを表示して＜フォルダーの追加＞をクリックします。

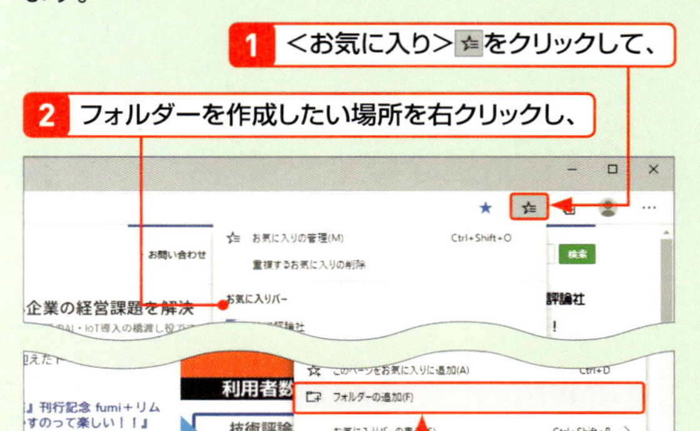

3 ＜フォルダーの追加＞をクリックします。

4 フォルダー名を入力して Enter を押し、フォルダーを作成します。

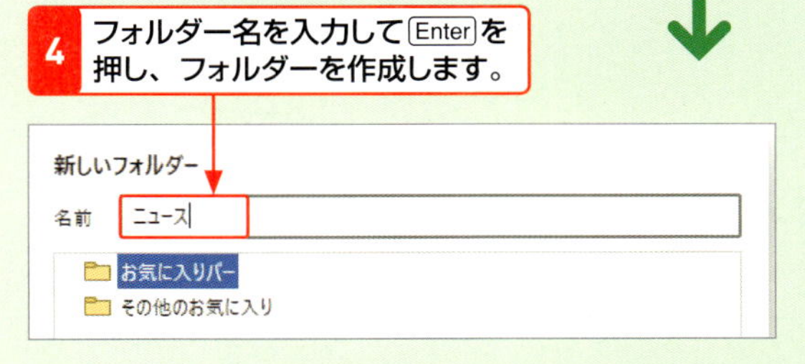

5 お気に入りをフォルダーへドラッグすると、格納されます。

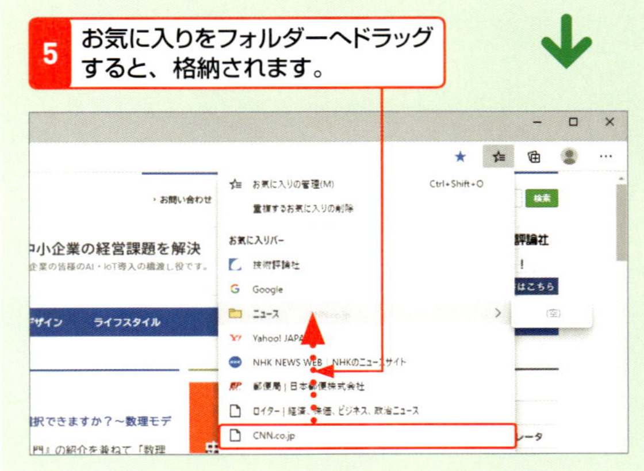

ブラウザーの便利な機能　重要度★★★

Q229 お気に入りの項目名を変更したい！

A 右クリックメニューから編集します。

お気に入りの項目名は、お気に入りの右クリックメニューから＜編集＞をクリックして表示する「お気に入りの編集」画面から変更できます。Webページによっては長すぎる項目名が付けられるので、短くWebページの内容がわかりやすいものに変更しておくとよいでしょう。

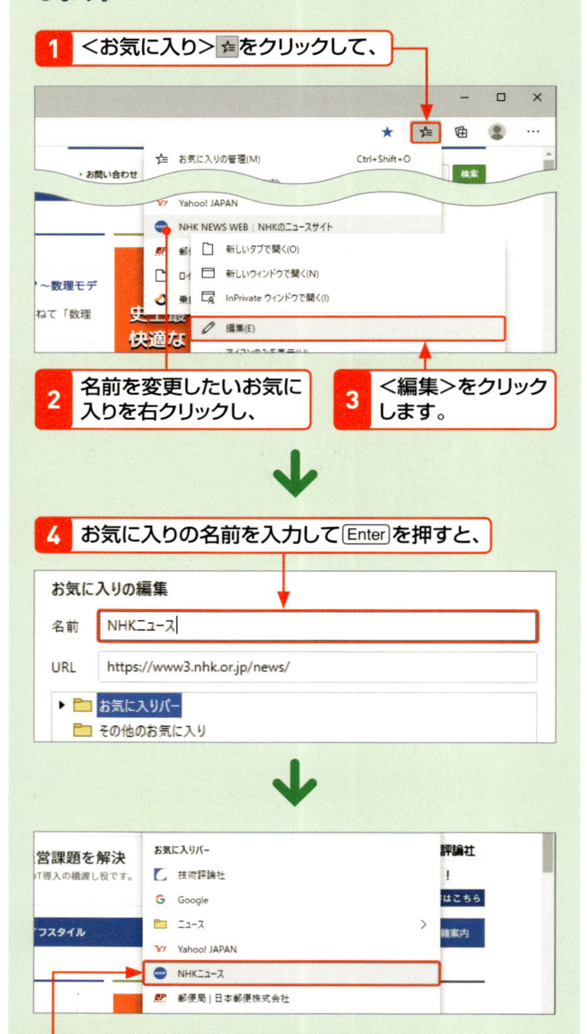

1 ＜お気に入り＞をクリックして、
2 名前を変更したいお気に入りを右クリックし、
3 ＜編集＞をクリックします。
4 お気に入りの名前を入力してEnterを押すと、
お気に入りの編集
名前
NHKニュース
URL
https://www3.nhk.or.jp/news/
お気に入りバー
その他のお気に入り
5 お気に入りの名前が変更されます。

ブラウザーの便利な機能　重要度★★★

Q230 お気に入りを削除したい！

A メニューの＜削除＞から削除できます。

登録したお気に入りを削除するには、まずツールバーの＜お気に入り＞をクリックします。削除したいWebページ名もしくはフォルダーにマウスポインターを合わせ、右クリックをしてメニューを開きます。表示されたメニューの中の＜削除＞をクリックすると、項目が削除されます。

1 ツールバーの＜お気に入り＞をクリックして、

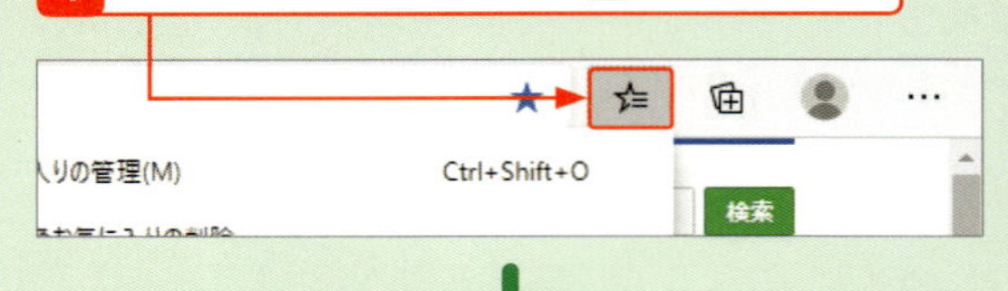

2 削除したいお気に入りを右クリックし、

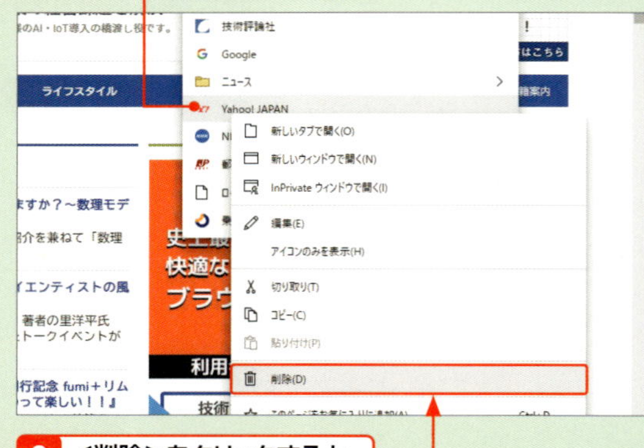

3 ＜削除＞をクリックすると、

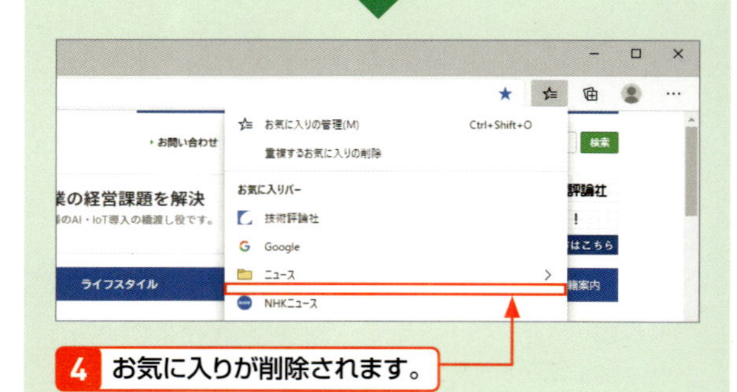

4 お気に入りが削除されます。

ブラウザーの便利な機能　重要度 ★★★

Q 231 ほかのブラウザーから お気に入りを取り込める？

A ブラウザーデータのインポートから取り込むことができます。

Edgeには、ほかのブラウザーのお気に入りを取り込む＜ブラウザーデータのインポート＞機能があります。IEやGoogle Chromeで登録したお気に入りをEdgeでも使いたい場合に利用するとよいでしょう。

1 ＜設定など＞ をクリックして、

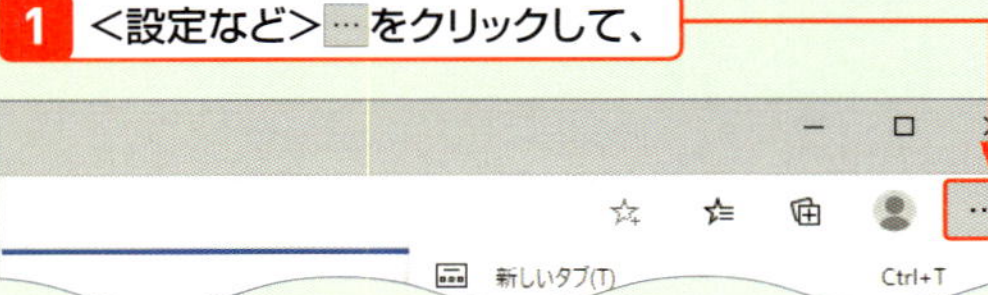

2 ＜設定＞をクリックします。

3 ＜ブラウザーデータのインポート＞をクリックし、

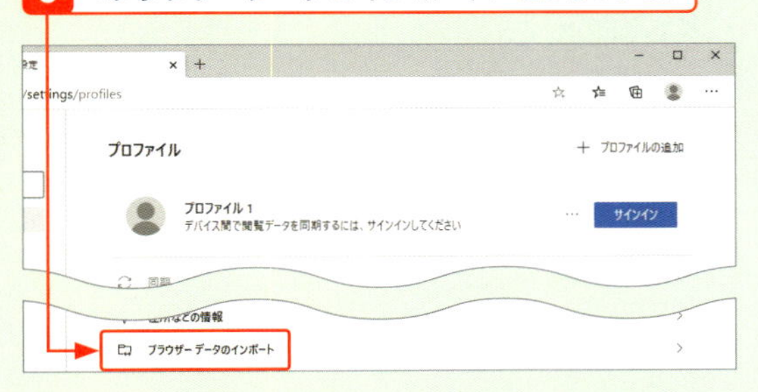

4 インポートするブラウザーを選択して、

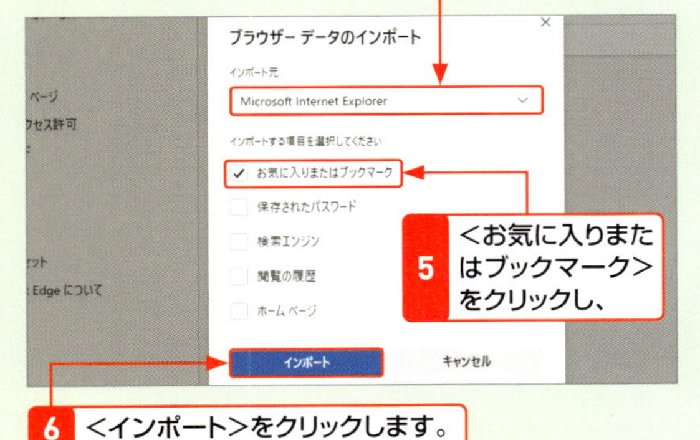

5 ＜お気に入りまたはブックマーク＞をクリックし、

6 ＜インポート＞をクリックします。

ブラウザーの便利な機能　重要度 ★★★

Q 232 お気に入りバーって何？

A お気に入りを並べて表示できるスペースです。

お気に入りバーは、Edgeの画面の上部に表示される、お気に入り専用のスペースです。お気に入りバーに表示されたお気に入りは、クリックしてすぐに開けるので、よく利用するWebページを登録しておくとよいでしょう。

お気に入りバーのお気に入りの右クリックメニューを使うと、新しいタブにWebページを表示させることもできます。

● お気に入りバーからお気に入りを開く

1 お気に入りバーのお気に入りをクリックすると、

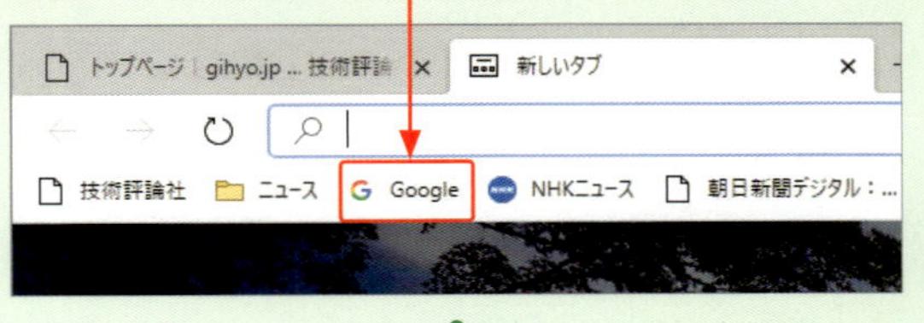

2 Webページが表示されます。

● お気に入りバーから新しいタブでお気に入りを開く

1 お気に入りバーのお気に入りを右クリックして、

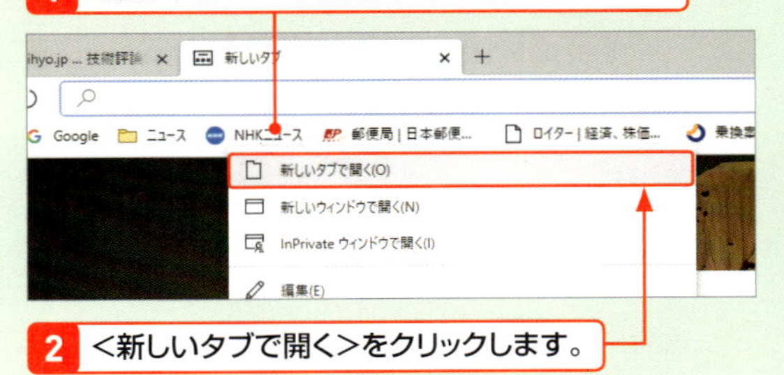

2 ＜新しいタブで開く＞をクリックします。

ブラウザーの便利な機能 重要度 ★★★

Q 233 お気に入りバーを表示したい！

A 常に表示させる設定に変更しましょう。

お気に入りバーは、標準では＜新しいタブ＞を開いたときだけ表示されます。よく使うWebページが多数あるなら、常時お気に入りバーが表示される設定に変更しておくとよいでしょう。

表示設定は、お気に入りバーの右クリックメニューまたは＜設定など＞…→＜お気に入り＞から変更できます。

1 ＜新しいタブ＞＋をクリックして、

2 お気に入りバーを右クリックし、

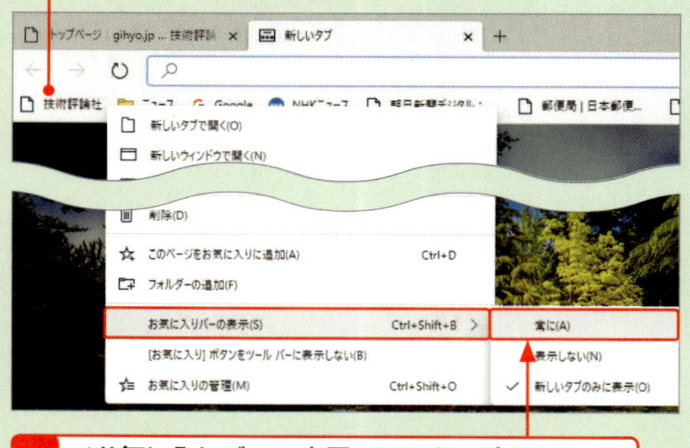

3 ＜お気に入りバーの表示＞にマウスポインターを合わせて、＜常に＞をクリックすると、

4 ほかのWebページを開いたあとでも、お気に入りバーが表示されるようになります。

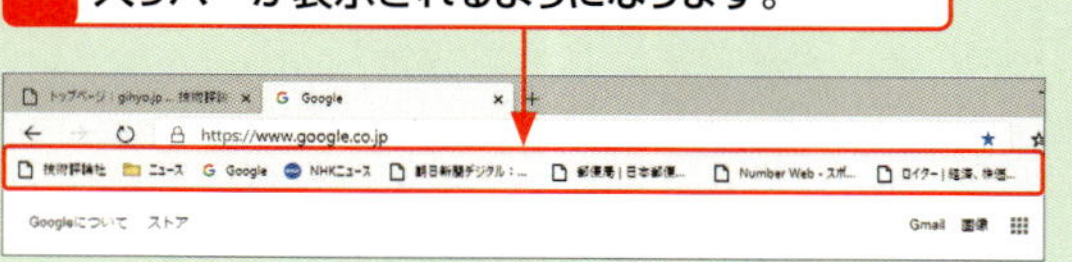

ブラウザーの便利な機能 重要度 ★★★

Q 234 Webページをお気に入りバーに直接登録したい！

A Webページをお気に入りバーにドラッグします。

お気に入りバーには、通常の手順でお気に入りを登録することもできますが、直接Webページをドラッグして登録することもできます。この方法なら、閲覧中のWebページを素早く、お気に入りバーの好きな位置に登録できて便利です。

1 Webページの先頭のアイコンをお気に入りバーへドラッグして、

2 登録したい位置でマウスのボタンを放すと、

3 お気に入りバーにWebページが登録されます。

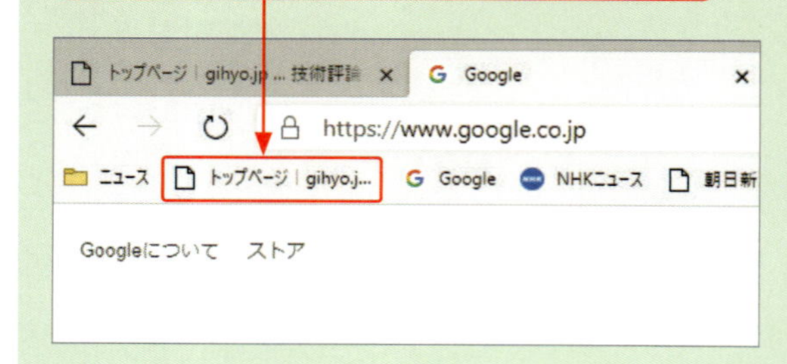

Q 235 お気に入りバーを整理したい！

A フォルダーを作成して お気に入りをドラッグします。

お気に入りバーに一度に表示できるお気に入りの数には限りがあります。なるべく多くのお気に入りを素早く開けるように、同じようなWebページをまとめるフォルダーを作成しておきましょう。作成したフォルダーにお気に入りを移動させたいときは、ドラッグで操作します。
また、よく使うWebページはアイコンのみを表示させておけば、使用するスペースが少なくて済みます。

● お気に入りバーにフォルダーを作成する

1 お気に入りバーを右クリックして、

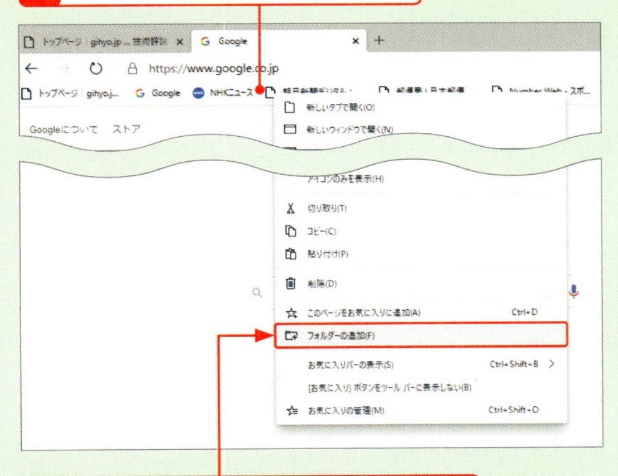

2 ＜フォルダーの追加＞をクリックします。

3 フォルダーの名前を入力して Enter を押すと、

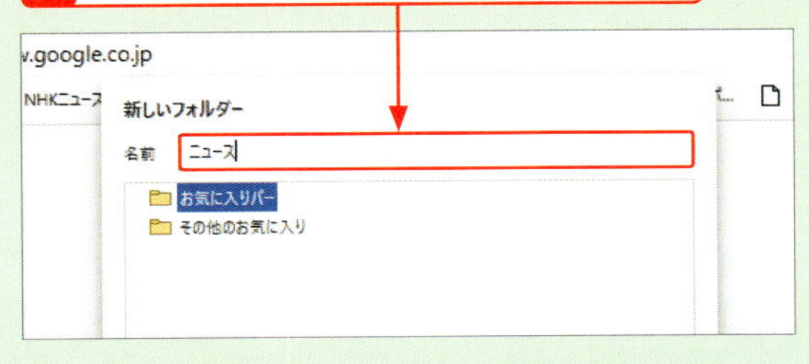

4 フォルダーが作成されます。

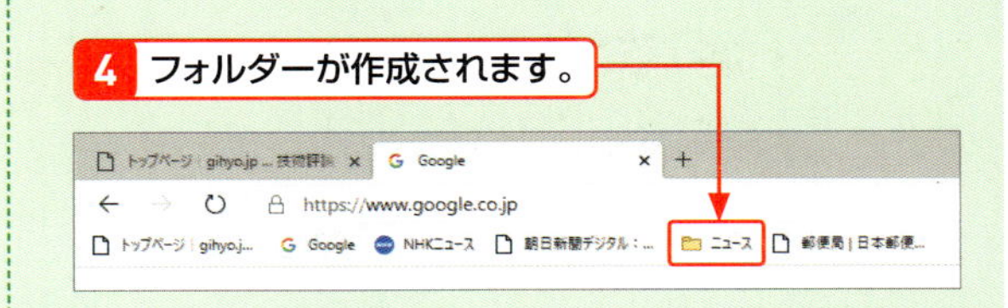

● お気に入りをフォルダーに移動する

1 お気に入りをフォルダーへドラッグすると、

2 お気に入りがフォルダーの中に移動します。

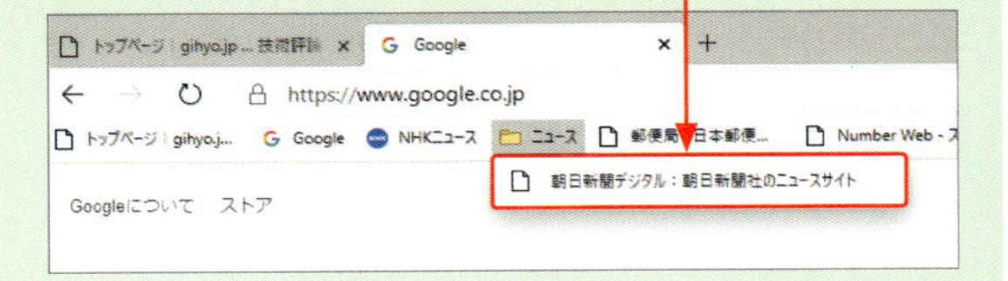

● お気に入りをアイコンのみで表示する

1 お気に入りを右クリックして ＜編集＞をクリックし、

名前を削除して Enter を押すと、

2 お気に入りがアイコンのみで表示されます。

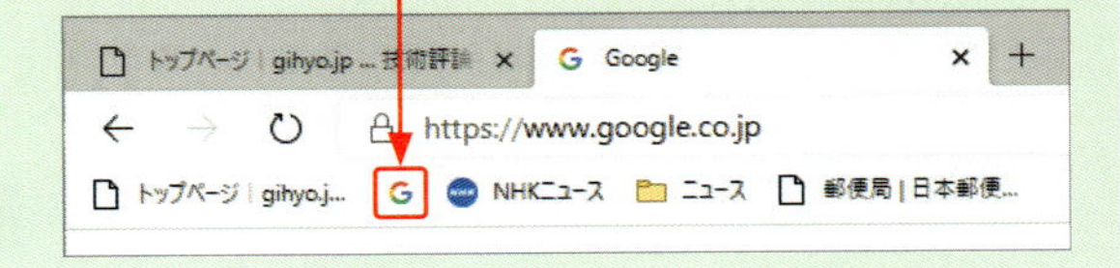

基本
デスクトップ
キーボード・文字入力
インターネット
メール・連絡先
セキュリティ
写真・動画・音楽
OneDrive・スマホ
印刷・周辺機器
アプリ
インストール・設定

ブラウザーの便利な機能　重要度 ★★★

Q 236 過去に見たWebページを表示したり探したりしたい!

A ＜履歴＞を利用します。

過去に閲覧したWebページは、Edgeの履歴から簡単に再表示できます。表示するには、＜お気に入り＞をクリックして、＜履歴＞をクリックします。履歴は＜今日＞＜昨日＞＜先週＞など、時系列で整列されており、表示したいWebページをクリックすると、そのWebページが表示されます。

1 ＜設定など＞…をクリックして、

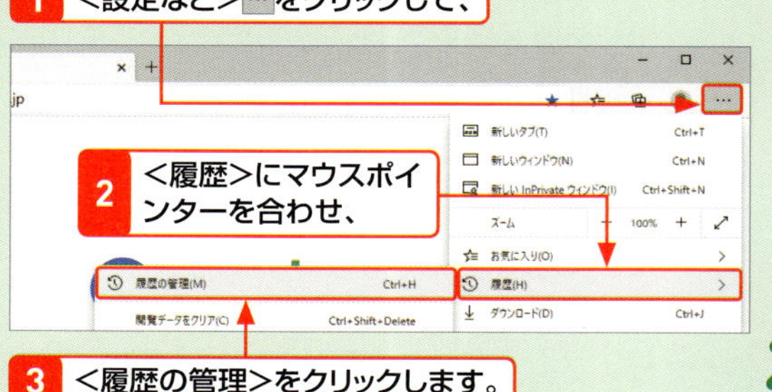

2 ＜履歴＞にマウスポインターを合わせ、

3 ＜履歴の管理＞をクリックします。

4 目的のWebページをクリックすると、

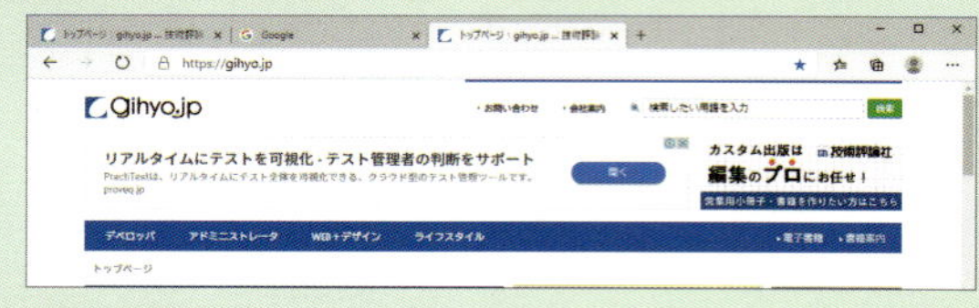

5 手順4でクリックしたWebページが表示されます。

ブラウザーの便利な機能　重要度 ★★★

Q 237 Webページの履歴を見られたくない!

A 履歴を消去します。

Edgeを使い終わったあと履歴を見られたくない場合は、履歴を消去してしまいましょう。
履歴はメニューからまとめて消去することも、個別に消去することもできます。

● 履歴をまとめて消去する

1 ＜設定など＞…をクリックして、

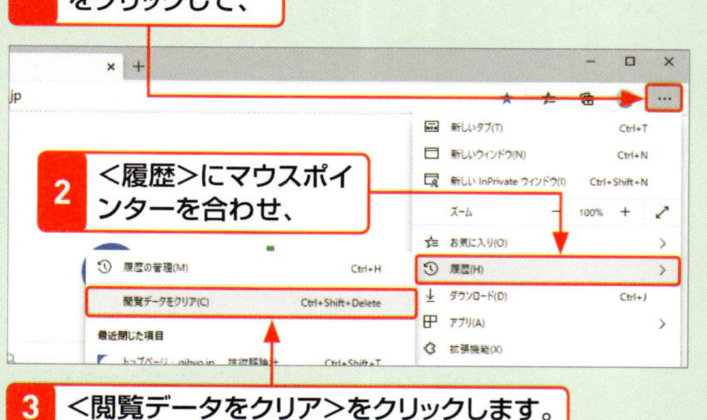

2 ＜履歴＞にマウスポインターを合わせ、

3 ＜閲覧データをクリア＞をクリックします。

4 ＜すべての期間＞を選択して、

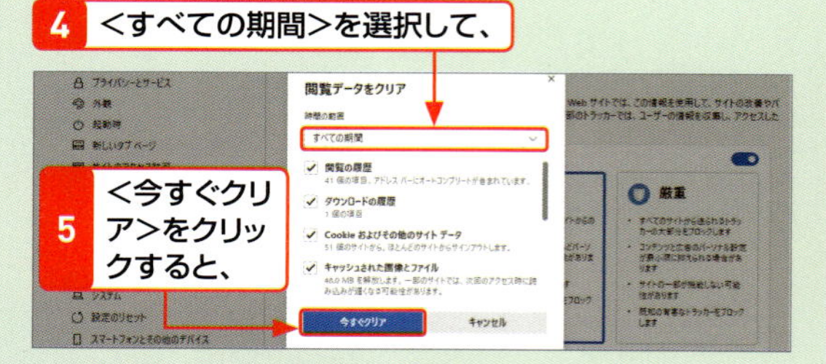

5 ＜今すぐクリア＞をクリックすると、

6 履歴がすべて消去されます。

● 履歴を個別に消去する

1 ＜設定など＞をクリックして、

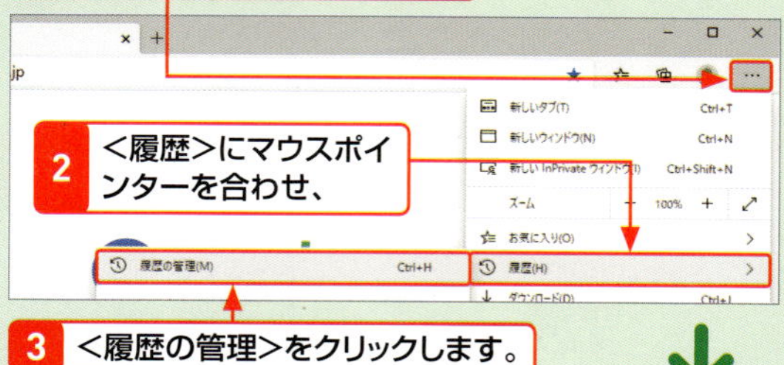

2 ＜履歴＞にマウスポインターを合わせ、

3 ＜履歴の管理＞をクリックします。

4 見られたくない履歴の＜削除＞×をクリックします。

ブラウザーの便利な機能　重要度 ★★★

Q 238 履歴を自動で消去できないの？

A 自動消去するデータで履歴を指定できます。

Edgeを使い終わったとき、履歴を常に消去したい場合は、<設定>の<ブラウザーを閉じるたびにクリアするデータを選択する>を利用しましょう。ここで<閲覧の履歴>をオンにしておけば、Edgeのウィンドウを閉じるたびに履歴が自動的に消去されます。

1 <設定など>…をクリックして、

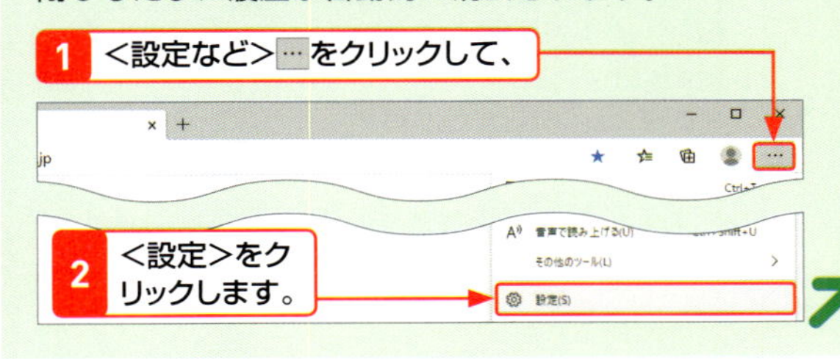

2 <設定>をクリックします。

3 <プライバシーとサービス>をクリックして、

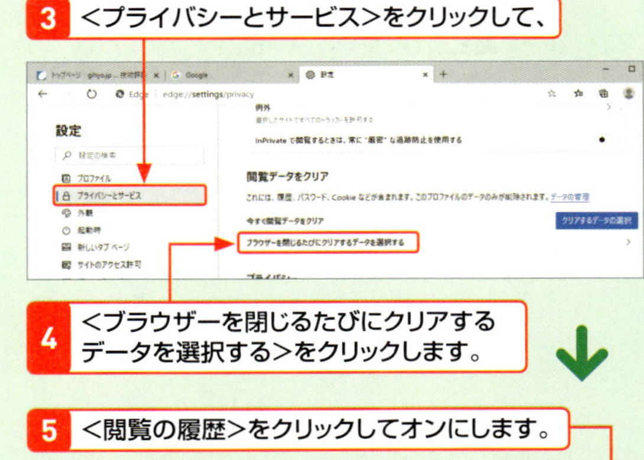

4 <ブラウザーを閉じるたびにクリアするデータを選択する>をクリックします。

5 <閲覧の履歴>をクリックしてオンにします。

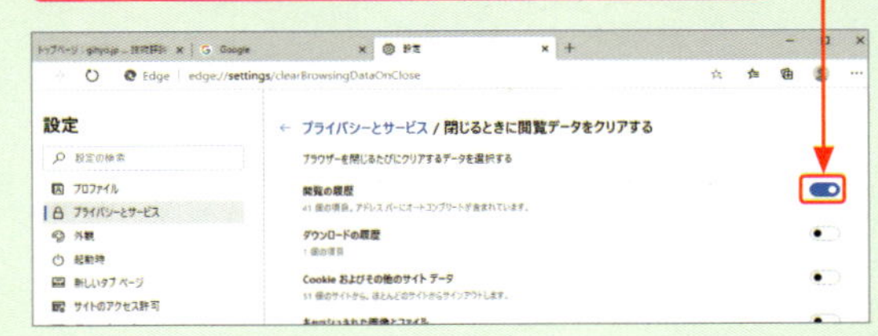

ブラウザーの便利な機能　重要度 ★★★

Q 239 「パスワードを保存しますか？」って何？

A ブラウザーにパスワードを保存します。

Edgeには、一度入力したパスワードを保存し、次回から自動で入力してくれる機能があります。パスワードを保存するときには、「パスワードを保存しますか ？」というダイアログが表示されます。

● パスワードを保存する

1 Webページでパスワードを入力後、以下のように表示されたら、

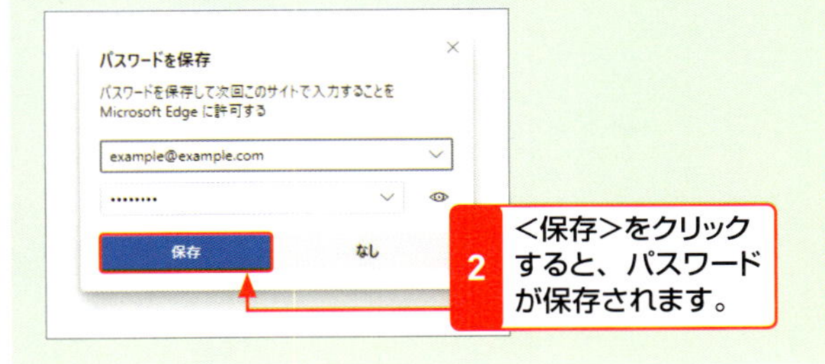

2 <保存>をクリックすると、パスワードが保存されます。

● パスワードを管理する

1 <設定など>…→<設定>の順にクリックして、<パスワード>をクリックすると、

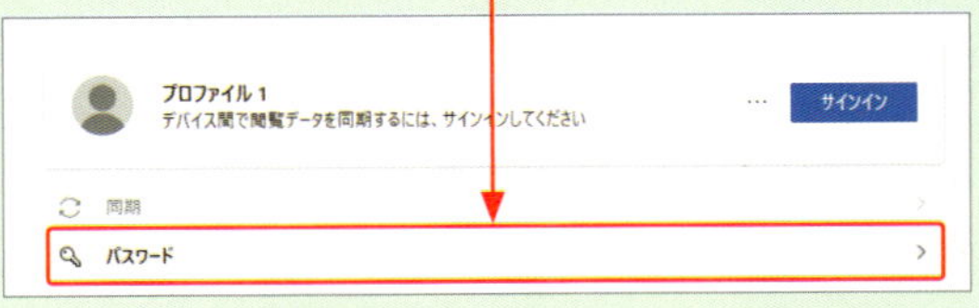

2 保存したパスワードの一覧が表示されます。

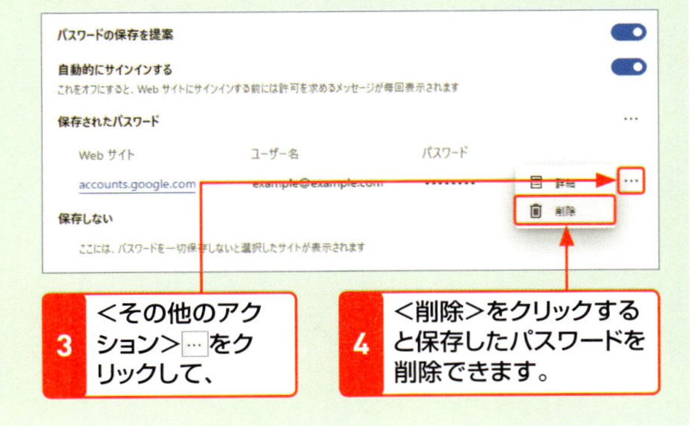

3 <その他のアクション>…をクリックして、

4 <削除>をクリックすると保存したパスワードを削除できます。

ブラウザーの便利な機能 重要度 ★★★

Q 240 Webページを大きく表示したい！

A Webページの表示倍率を変更します。

Webページの表示倍率は変更できます。表示倍率を変更すると、ページ全体が拡大／縮小され、文字の大きさも変わります。この設定は、以降表示するすべてのWebページに反映されます。また、Edgeを終了しても表示倍率の設定は保存されます。

ここで解説した方法のほかに、Ctrlキーを押しながらマウスのホイールを回転することでも表示倍率を変更できます。タッチ操作では、ピンチイン／アウトでも表示倍率を変更できます。

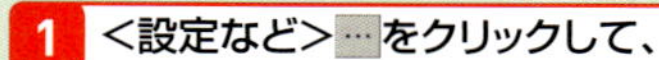

1 ＜設定など＞…をクリックして、

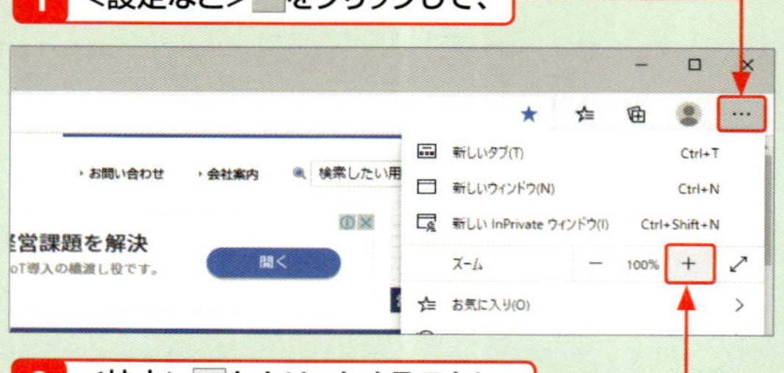

2 ＜拡大＞＋をクリックするごとに、

3 Webページが段階的に拡大表示されます。

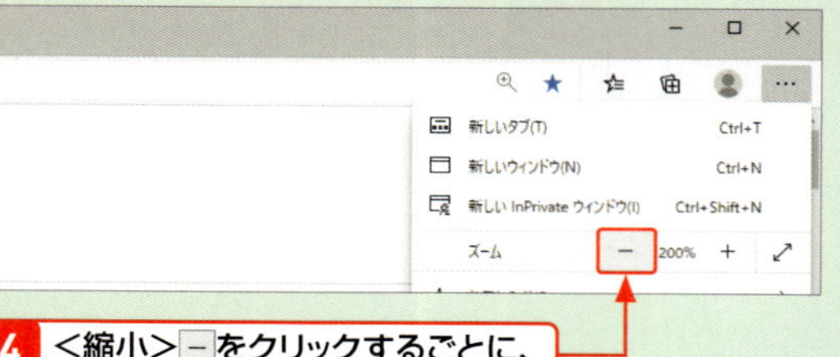

4 ＜縮小＞－をクリックするごとに、

5 Webページが段階的に縮小表示されます。

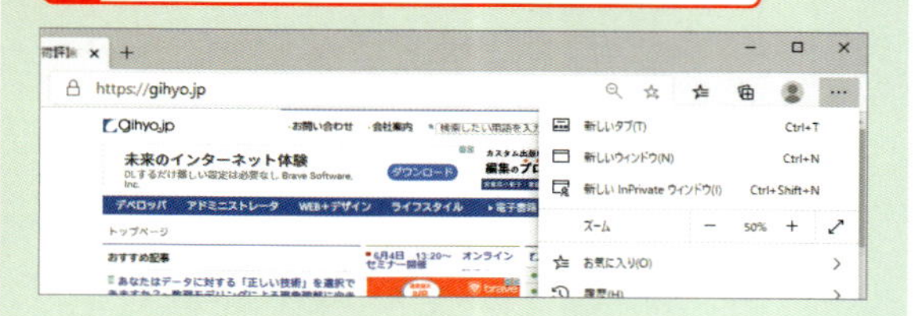

ブラウザーの便利な機能 重要度 ★★★

Q 241 フルスクリーンに切り替えてWebページを広く表示したい！

A F11を押してみましょう。

Webページをもっと大きく表示したり、より多くの文字を一度に表示したりしたい場合は、Edgeのフルスクリーン機能を利用します。フルスクリーンとは、画面上部のアドレスバーやタイトルバー、画面下部のタスクバーを非表示にして、Webページが画面全体に表示されるようになる機能です。フルスクリーンに切り替えるには、EdgeでWebページを表示中にF11キーを押します。元の表示に戻すには、再度F11キーを押します。

また、タブレットモードでは画面を下方向にスワイプすれば、もとの表示に戻ります。

なお、フルスクリーン表示中も、マウスポインターを画面上端付近に移動すればアドレスバーやタブなどが表示され、下端付近に移動すればタスクバーが表示されます。

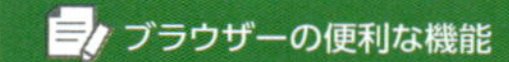

ブラウザーの便利な機能 重要度 ★★★

Q 242 Webページを一部分だけ拡大したい！

A 拡大鏡で見たい部分だけを拡大します。

Webページの一部分だけを拡大して閲覧したいときは、拡大鏡を利用します。最大1600％の拡大が可能なので、文字や画像が小さく表示されるWebページでも内容を確認できます。 参照▶Q 580

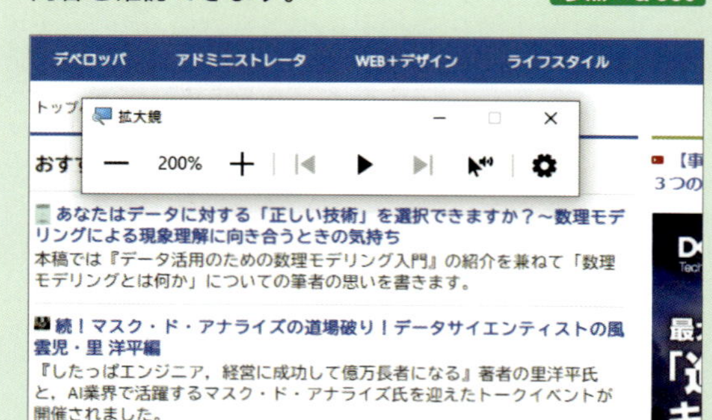

Q 243 Webページを印刷したい！

A <印刷>ダイアログボックスから実行します。

Webページを印刷するには、<印刷>ダイアログボックスを表示して、印刷を実行します。

1 印刷したいWebページを表示して、<設定など>…をクリックし、

2 <印刷>をクリックします。

3 使用するプリンターをクリックして、

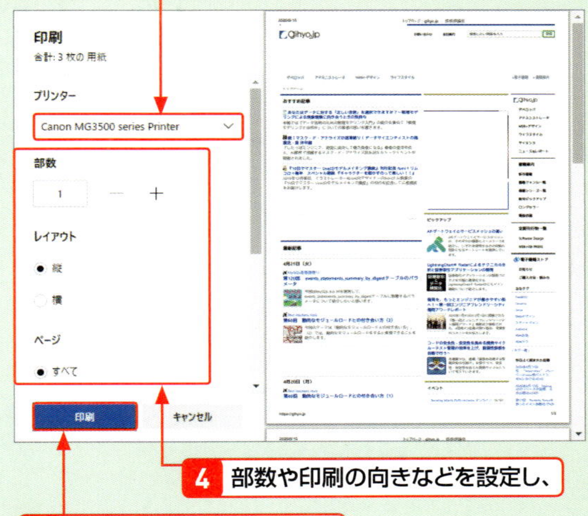

4 部数や印刷の向きなどを設定し、

5 <印刷>をクリックします。

Q 244 文字が小さく印刷されて読みにくい！

A 拡大／縮小率を変更して印刷します。

Edgeの初期設定では、Webページを印刷するときに用紙サイズに合わせて横幅を自動縮小してくれます。しかし、Webページのレイアウトによっては、文字サイズが小さくなりすぎ、印刷しても読みづらいことがあります。このような場合は、Webページの拡大／縮小率を印刷前に調整します。

拡大／縮小率は、<印刷>ダイアログボックスの<拡大／縮小>で変更できます。変更結果は画面右のプレビューでリアルタイムで確認できるので、最適なサイズに変更しましょう。

1 <設定など>…→<印刷>をクリックして、

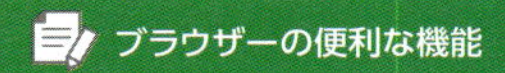

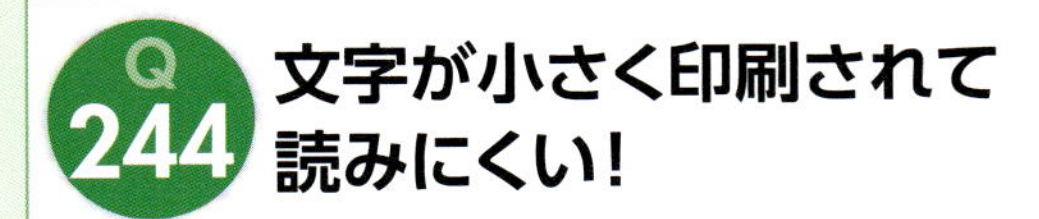

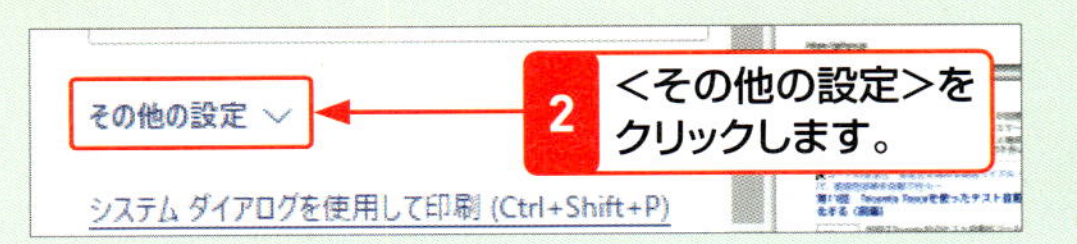

2 <その他の設定>をクリックします。

3 ここをクリックし、拡大／縮小率を指定します。

ブラウザーの便利な機能　重要度 ★★★

Q 245 必要のないページは印刷したくない！

A 印刷するページ範囲を指定します。

Webページを印刷する際、ページの下部にある広告や必要のない情報ページを印刷したくない場合があります。このようなときは、印刷プレビューを表示して、ページ数を確認し、印刷範囲をページで指定します。ページの範囲は、たとえば1から3ページまで印刷したい場合は「1-3」のように「-」(ハイフン)でつなげて指定します。また、1ページと3ページを印刷したい場合は、「1,3」のように「,」(カンマ)で区切って指定します。

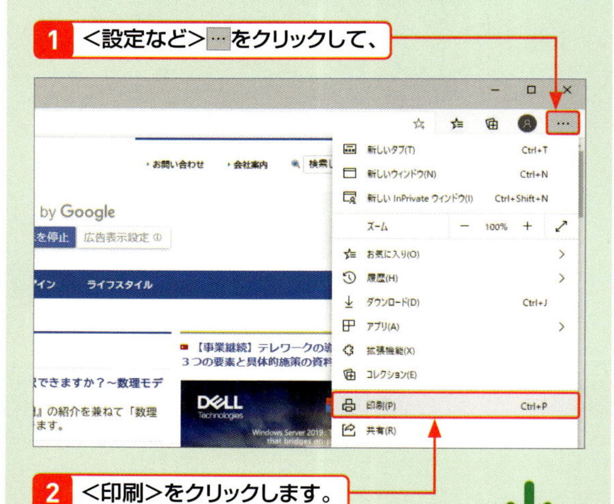
1 <設定など>…をクリックして、
2 <印刷>をクリックします。

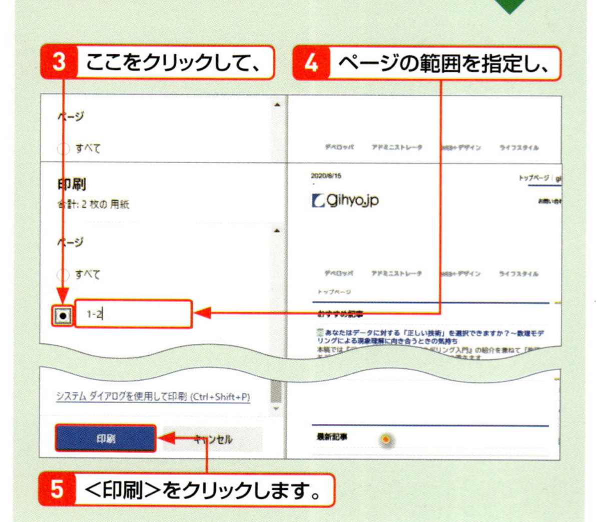
3 ここをクリックして、
4 ページの範囲を指定し、
5 <印刷>をクリックします。

ブラウザーの便利な機能　重要度 ★★★

Q 246 読みたい行だけ強調したい！

A <ページ内の検索>機能を使います。

テキスト量の多いWebページなどで、知りたいトピックについて書かれている部分を素早く見つけるには、<ページ内の検索>機能を使用すると便利です。<ページ内の検索>機能では、画面に表示される<ページ内の検索>バーに特定のキーワードを入力すると、そのキーワードに合致する部分がハイライト(強調)されて表示されます。同じキーワードが複数箇所にある場合でも、そのすべてがハイライト表示されます。

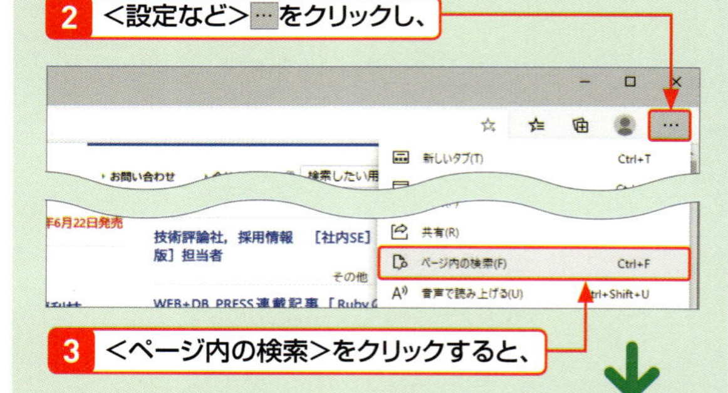
1 キーワード検索するWebページを表示して、
2 <設定など>…をクリックし、
3 <ページ内の検索>をクリックすると、

4 <ページ内の検索>バーが表示されます。

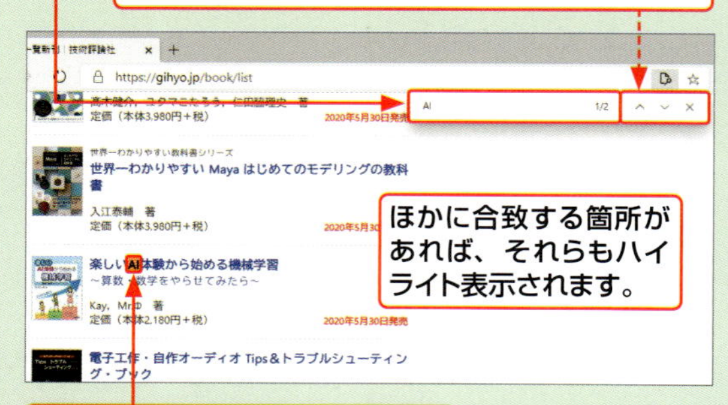
5 キーワードを入力すると、
<前へ>^と<次へ>∨をクリックすると、複数のハイライト箇所を移動できます。検索を終了するときは<閉じる>×をクリックします。
ほかに合致する箇所があれば、それらもハイライト表示されます。
6 キーワードに合致する部分がハイライト表示されます。

Q 247 PDFって何？

A インターネット上で配布され、ブラウザーで閲覧可能な文書形式です。

PDF(Portable Document Format)は、文書ファイル形式の一種で、その文書を作成したアプリにかかわらず、あらゆる環境で体裁を維持して表示できるため、官公庁の書類や製品マニュアルなどの多くで採用されています。PDFはインターネット上で配布されていることも多く、専用リーダーのほかEdgeをはじめとするブラウザーでも閲覧できます。

Edgeには、PDFを閲覧するだけでなく、内容を音声で読み上げたり、PDFをファイルとしてダウンロードしたりする機能が備わっています。

● PDFファイルを閲覧する

PDFファイルは、Edgeをはじめとするブラウザーで閲覧することができます。

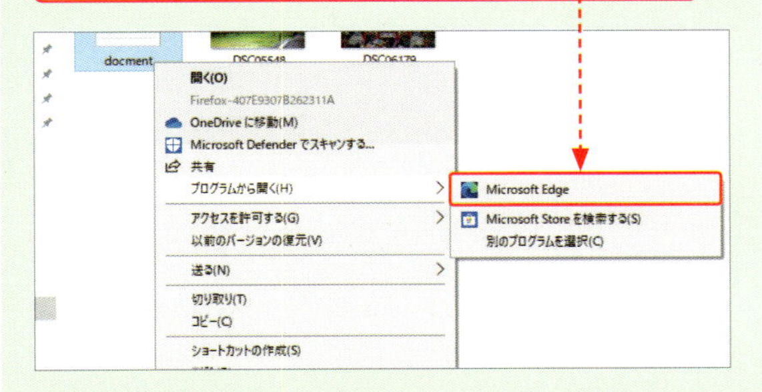

● EdgeでPDFを閲覧する

PDFのリンクをクリックすると、PDFをEdgeで閲覧できます。

閲覧しているページ番号が表示されます。

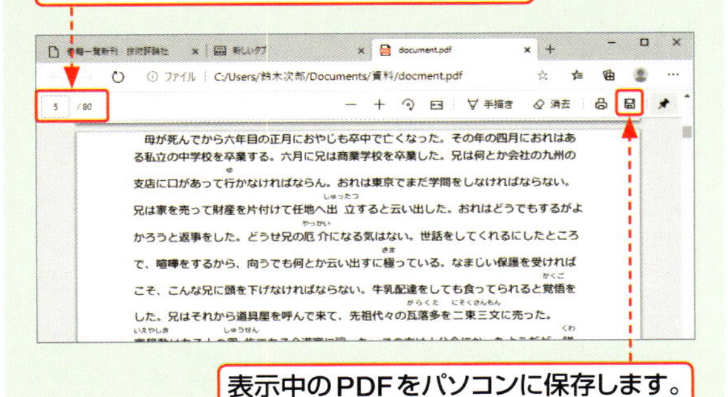

表示中のPDFをパソコンに保存します。

Q 248 PDFの表示サイズを変えたい！

A PDFツールバーの<拡大><縮小>をクリックします。

EdgeでPDFを表示している間は、アドレスバーの下にPDFツールバーが表示されます。PDFツールバーにはPDFを操作するためのさまざまな機能が用意されていますが、PDFの表示サイズを変えたい場合は、<拡大>や<縮小>をクリックします。<拡大>をクリックするごとにPDFの内容は拡大され、<縮小>のクリックで縮小表示になります。なお、拡大はCtrlキーと+キー、縮小はCtrlキーと−キーをそれぞれ同時に押すことでも実行できます。また、タッチスクリーンを搭載したパソコンを使っている場合は、画面上をピンチアウト（2本指を広げるように動かす）で拡大、ピンチイン（2本指を閉じるように動かす）で縮小になります。

1 PDFをEdgeで表示して、

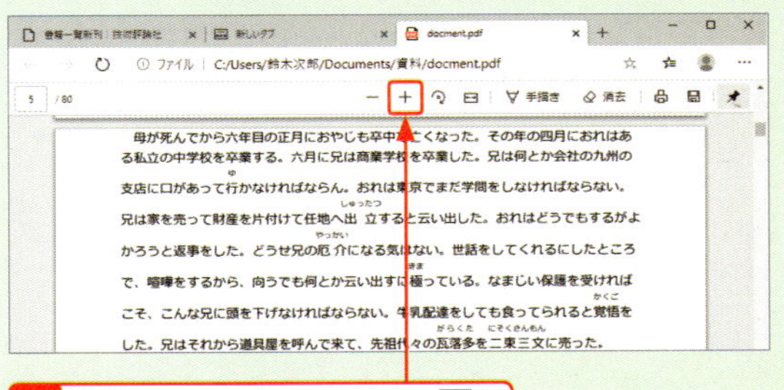

2 PDFツールバーの<拡大>+を数回クリックすると、

3 PDFが拡大表示されます。

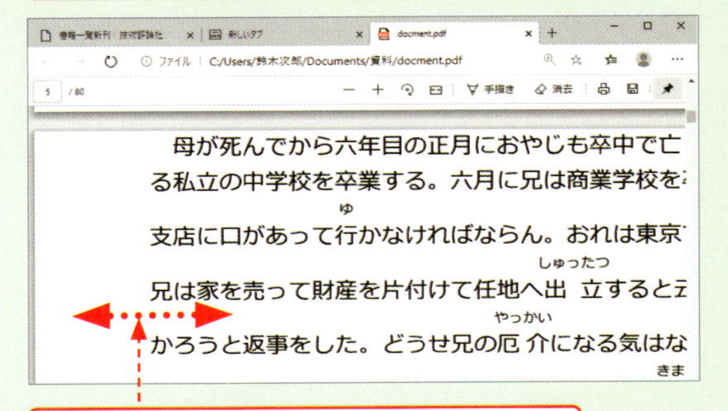

PDF上をドラッグするとスクロールできます。

Q 249 PDFの表示サイズを画面に合わせたい！

A PDFツールバーの<幅に合わせる>をクリックします。

EdgeのPDF表示には、2種類のサイズがあります。<ページに合わせる>では1ページが1画面に収まるように表示されるため、横の余白が大きくなります。1ページ単位でPDFを閲覧したい場合は便利ですが、PDFの内容によっては文字が小さく、左右の余白が気になってしまうことがあります。そのような場合は、PDFツールバーの<幅に合わせる>をクリックしましょう。
<幅に合わせる>をクリックすると、左右の余白がなくなるように、PDFが画面の横幅いっぱいに拡大表示されます。そのぶん、縦方向は画面からはみ出してしまいますが、スクロールすればはみ出した部分も見ることができます。元の表示に戻すには、PDFツールバーの<ページに合わせる>をクリックします。

1 PDFをEdgeで表示して、

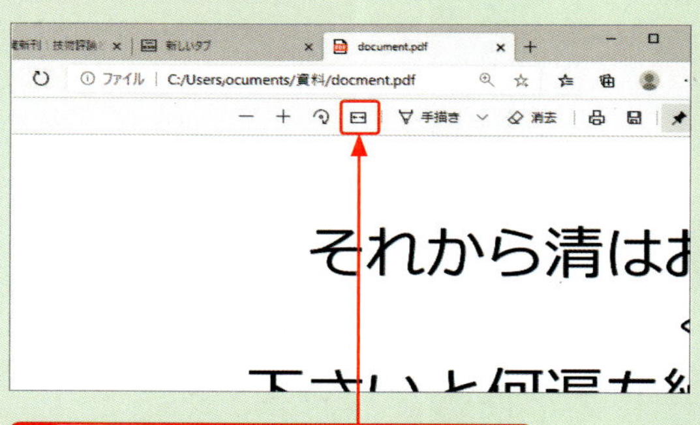

2 <幅に合わせる>  をクリックすると、

3 PDFが横幅いっぱいに表示されます。

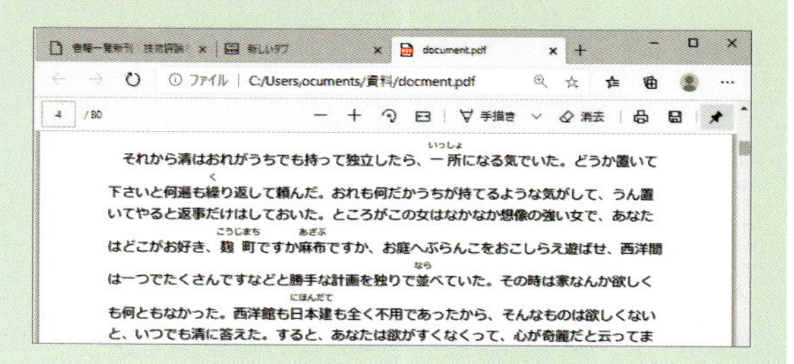

Q 250 PDFに書き込みたい！

A <手描き>をクリックしてメモなどを書き込めます。

Edgeの手描き機能を利用すると、表示しているPDFに手書きでメモや図などを書き込むことができます。手描き機能を利用するには、PDFツールバーの<手描き>をクリックしてオンにします。
<手描き>がオンになると、PDF上にマウスやタッチスクリーンなどで書き込めるようになり、書き込むペンや色や太さを変更できます。書き込んだメモや図などを消したいときは<消去>を、保存したいときは、<上書き保存>をクリックします。

1 PDFをEdgeで表示して、

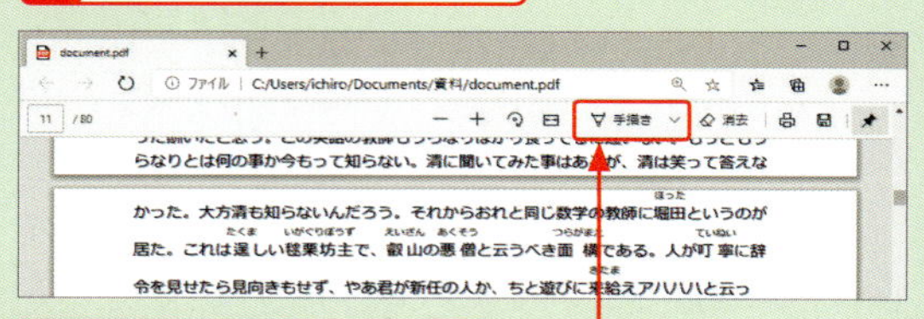

2 <手書き>をクリックし、

3 PDFに手書きします。

書き込んだメモなどを消します。

書き込んだPDFを保存します。

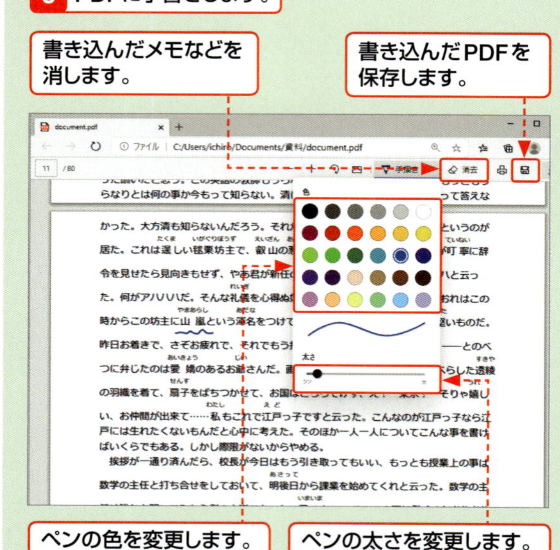

ペンの色を変更します。

ペンの太さを変更します。

Q 251 Edgeに便利な機能を追加したい！

A Edgeの拡張機能を利用しましょう。

Edgeではさまざまな拡張機能を追加して利用することができます。拡張機能は、「Edgeアドオン」から入手できます。ここでは、オンライン版のWordやExcelのページにアクセスできる「Office ブラウザー拡張機能」を追加する手順を紹介します。

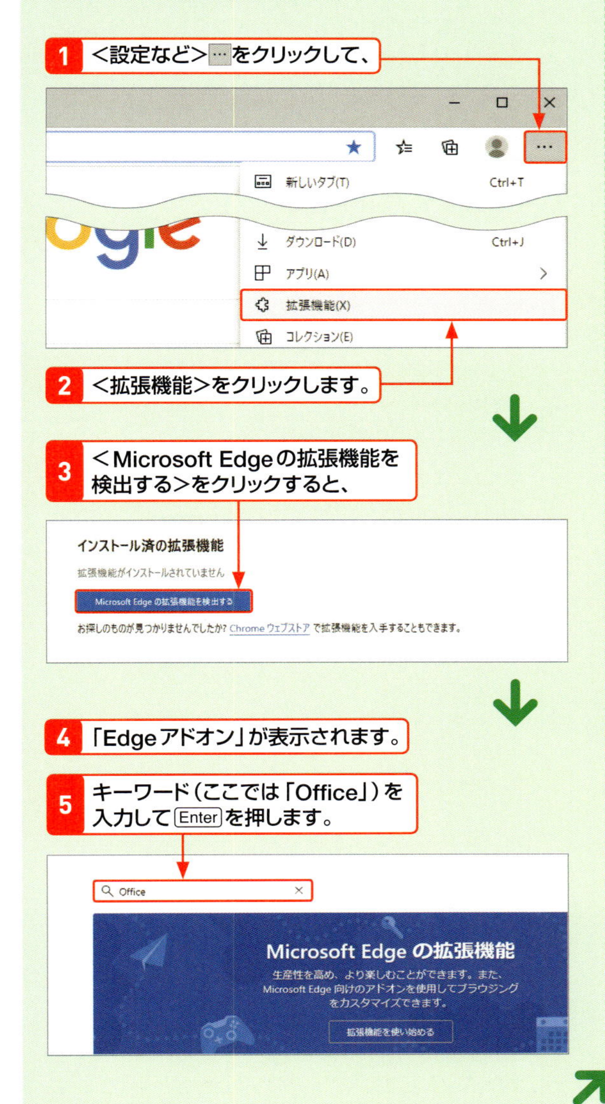

1 ＜設定など＞…をクリックして、

2 ＜拡張機能＞をクリックします。

3 ＜Microsoft Edgeの拡張機能を検出する＞をクリックすると、

4 「Edgeアドオン」が表示されます。

5 キーワード（ここでは「Office」）を入力して Enter を押します。

6 目的の拡張機能をクリックします。

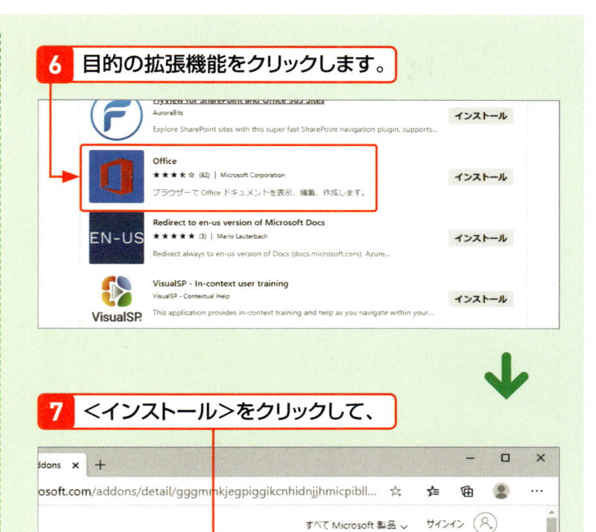

7 ＜インストール＞をクリックして、

8 ＜拡張機能の追加＞をクリックすると、

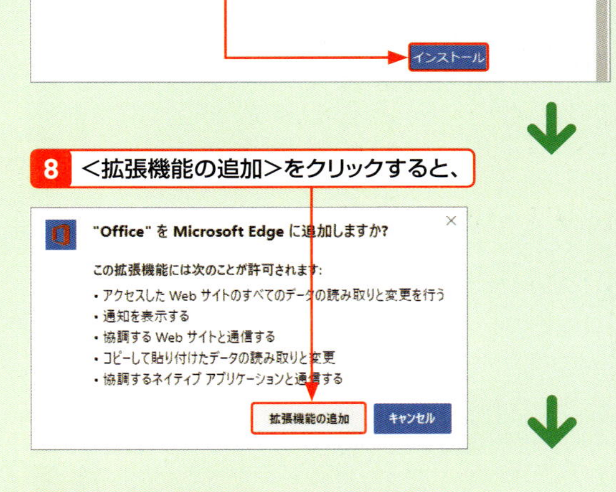

9 拡張機能がインストールされます。

ツールバーに拡張機能のアイコンが表示されます。

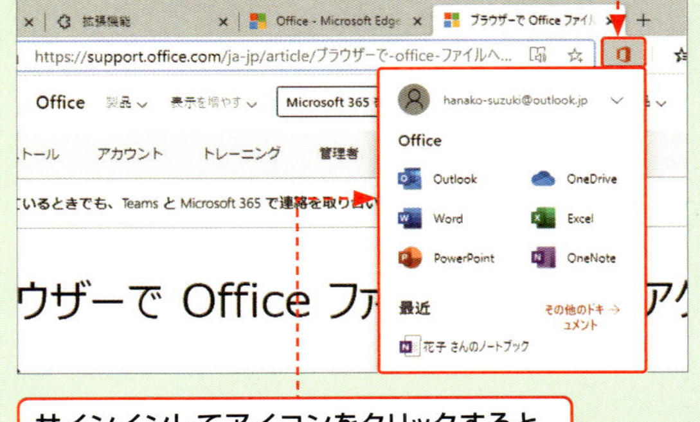

サインインしてアイコンをクリックすると、オンライン版のWordやExcelのページに素早くアクセスできます（Officeの場合）。

Webページの検索と利用　重要度 ★★★

Q 252 Webページを検索したい！

A アドレスバーや検索エンジンを利用します。

目的のWebページを検索するには、アドレスバーを利用すると便利です。アドレスバーを利用すると、表示しているWebページに関係なく、いつでも手軽に検索が行えます。

● アドレスバーを利用する

1 アドレスバーにキーワードを入力して、

2 Enter を押すと、

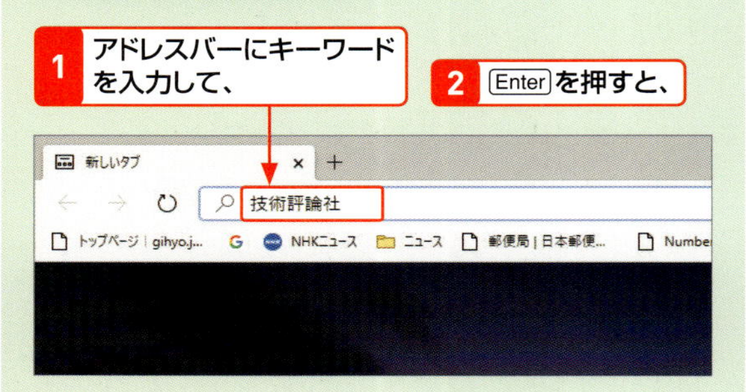

3 検索結果が表示されます。

● 検索エンジンを利用する

「検索エンジン」(「検索サイト」ともいいます)は、インターネット上にあるさまざまな情報を検索するためのWebサイトおよびシステムのことです。検索エンジンには、Bing、Google、Yahoo! JAPANなど、複数の種類がありますが、ここでは、Google(https://www.google.co.jp)を利用して検索してみましょう。

1 検索ボックスにキーワードを入力して、

2 <検索>ボタンをクリックすると、

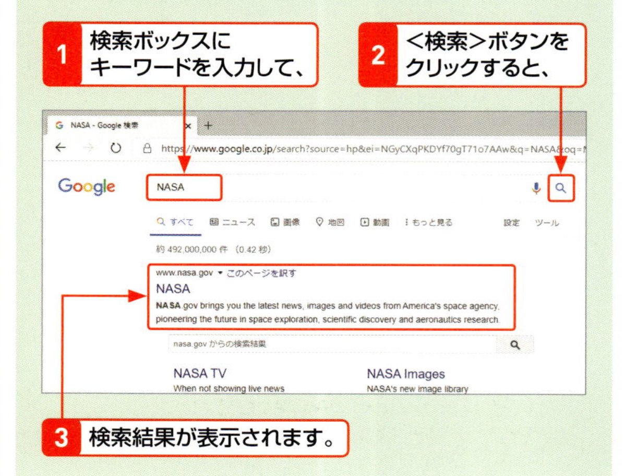

3 検索結果が表示されます。

Webページの検索と利用　重要度 ★★★

Q 253 検索エンジンをGoogleに変更したい！

A <設定>から変更します。

Edgeでは、アドレスバーにキーワードを入力すると、Webページを検索できます。このとき、初期設定では検索エンジンにBingが使われます。そのほかの検索エンジンを使いたい場合は、<設定>から変更できます。

1 <設定など> … →<設定>をクリックして、

2 <プライバシーとサービス>をクリックし、

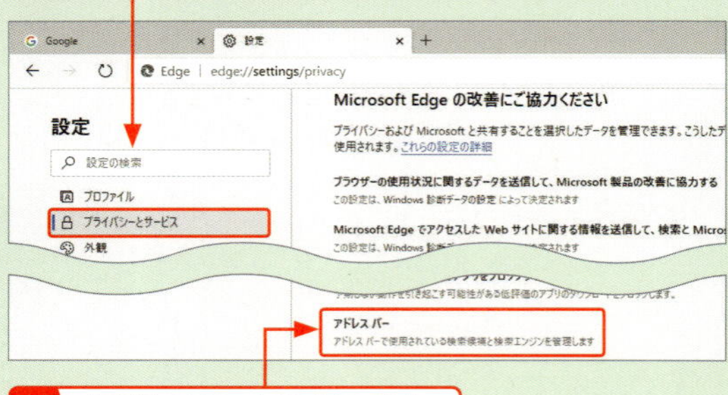

3 <アドレスバー>をクリックし、

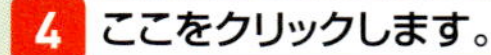

4 ここをクリックします。

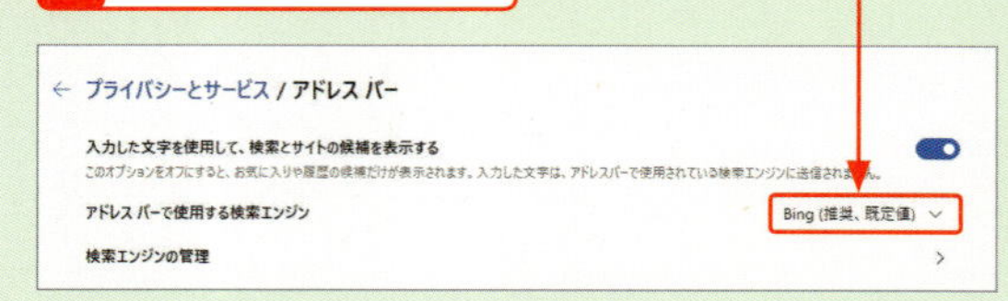

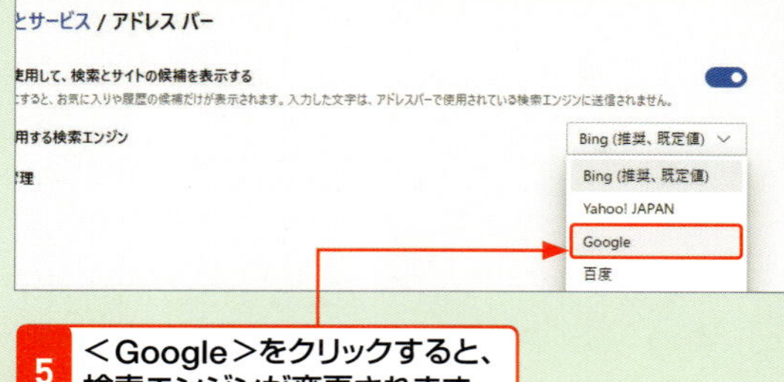

5 <Google>をクリックすると、検索エンジンが変更されます。

Q 254 複数のキーワードでWebページを検索したい！

A キーワードをスペースで区切って入力しましょう。

検索結果が多すぎて目的のページを見つけにくい場合は、複数のキーワードを入力して検索すると、そのすべてが含まれるWebページを優先して検索するため、結果を絞り込むことができます。複数のキーワードを入力する場合は、キーワードを半角または全角のスペースで区切ります。

なお、以降Q264まではGoogleを利用しての検索を紹介しますが、ほかの検索サービスでは利用できない場合があります。

1 「世界遺産」だけをキーワードにすると、

2 多くの検索結果が表示され、目的の情報を見つけづらくなってしまいます。

3 スペースで区切って「日本」「白神」をキーワードに加えると、

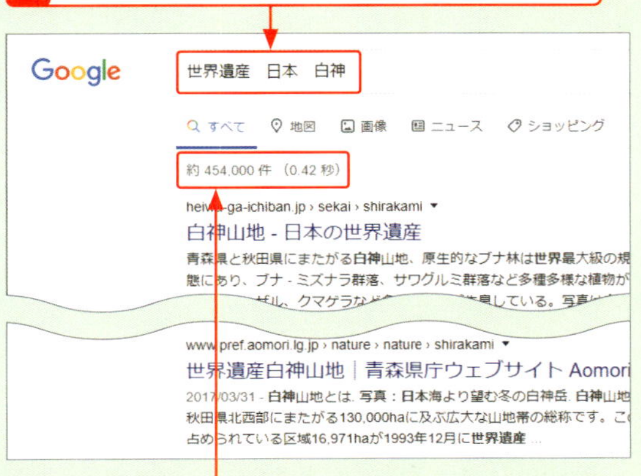

4 検索結果が絞り込まれました。

Q 255 キーワードのいずれかを含むページを検索したい！

A キーワードの区切りに「OR」か「｜」を入力します。

複数のキーワードで検索すると、通常はそのすべてを含むページが検索されます。複数のキーワードのいずれかを含むページを検索したいときは、区切りに半角大文字の「OR」を入力します。このとき、「OR」の前後には半角または全角スペースを入力します。

また、「OR」の代わりに半角の「｜」（パイプ）を入力してキーワードを区切っても、同様の結果になります。

1 「東京タワー 東京スカイツリー」で検索すると、

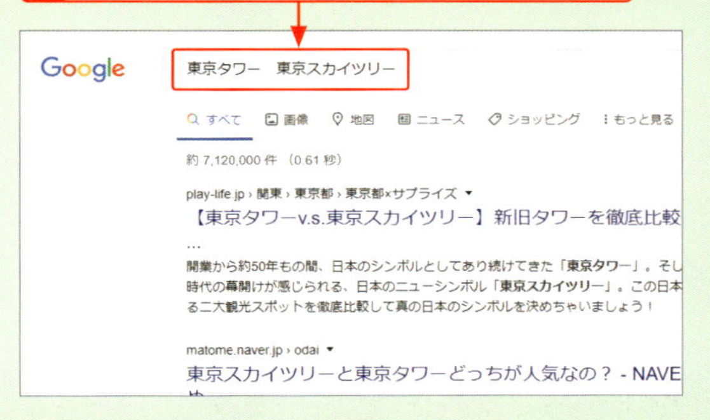

2 「東京スカイツリー」と「東京タワー」を含むページが検索されます。

3 「東京スカイツリー OR 東京タワー」で検索すると、

4 「東京スカイツリー」あるいは「東京タワー」を含むページが検索されます。

Q 256 特定のキーワードを除いて検索したい！

A 除外するキーワードを指定して検索します。

検索によって多くのページがヒットする可能性が高い場合は、除外するキーワードを指定して検索する「マイナス検索」を利用しましょう。マイナス検索では、検索したいキーワードのあとに「-」(半角のマイナス記号)を入力してから、検索結果から除外したいキーワードを入力します。「-」の前には半角または全角のスペースを入力します。

1 「ワールドカップ」で検索すると、

2 あらゆる種目のワールドカップに関するページが検索されます。

3 「ワールドカップ　-サッカー」で検索すると、

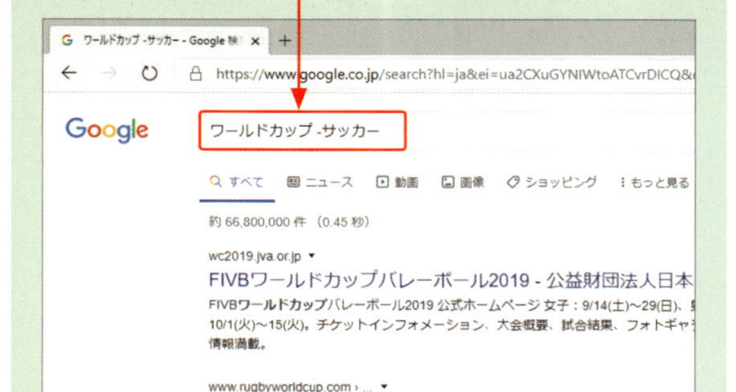

4 サッカー以外のワールドカップに関するページが検索されます。

Q 257 長いキーワードが自動的に分割されてしまう！

A キーワードの前後を「"」で囲んで検索します。

検索エンジンでは、複数の言葉で構成されたキーワードは、単語ごとに分解して検索されます。
長めのフレーズそのものを検索したい場合は、そのフレーズを「"」(ダブルクォーテーション)で囲んで検索します。このとき「"」は全角でも半角でもかまいません。このような検索方法を「完全一致検索」といいます。

1 長めのキーワードで検索すると、

2 単語ごとに分解されて検索されてしまいます。

3 キーワードの前後を「"」で囲んで検索すると、

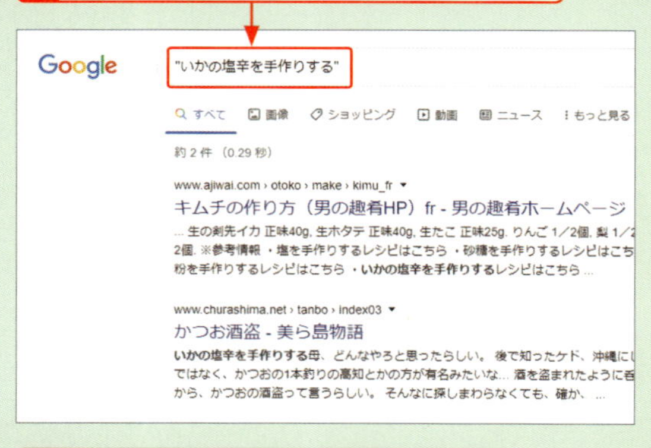

4 キーワードが分解されずに検索されます。

Q 258 キーワードに関する画像を検索したい！

A <画像>をクリックしてから検索します。

Googleをはじめとする検索エンジンには、「画像検索」機能が備わっています。画像検索は、入力したキーワードに関連する画像をインターネット上で検索し、その結果を表示してくれる機能です。
Googleの場合はGoogleのトップページ（https://www.google.co.jp/）から以下のように操作するほか、通常の検索結果が表示されるページで＜画像＞をクリックしても画像検索できます。

1 Googleのトップページを表示して、

2 ＜画像＞をクリックすると、

3 Google画像検索画面が表示されます。

4 検索ボックスにキーワードを入力し、

5 ここをクリックすると、

6 画像の検索結果が表示されます。

通常の検索結果から＜画像＞をクリックして、絞り込むこともできます。

Q 259 キーワードに関する地図を検索したい！

A ＜Googleアプリ＞から＜マップ＞をクリックして検索します。

地図検索は、住所の全部や一部、お店や施設名、駅名などをキーワードに、地図上の場所を検索するサービスです。地図は、拡大・縮小したり、航空写真に切り替えて見たりすることができます。
Googleの場合、検索時に＜Googleアプリ＞から＜マップ＞をクリックして検索する方法と、通常のWebページの検索結果から地図のみを絞り込んで検索する方法があります。

1 Googleの検索画面で＜Googleアプリ＞をクリックして、

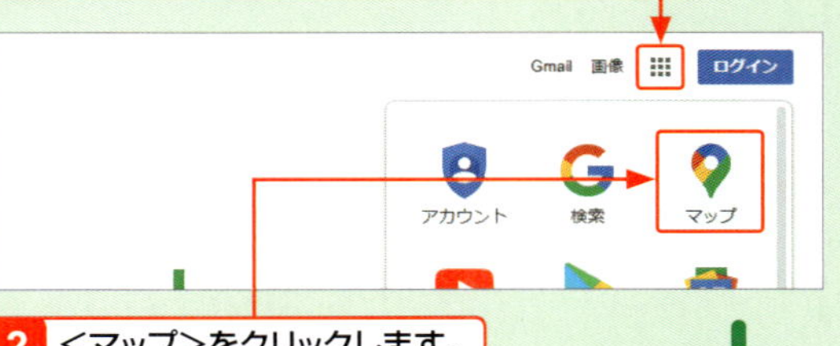

2 ＜マップ＞をクリックします。

3 住所や施設名などを入力し、

4 ここをクリックすると、地図の検索結果が表示されます。

ここをクリックすると、航空写真に切り替わります。

画面をドラッグすると、移動できます。

Webページの検索と利用 重要度 ★★★

Q 260 数値の範囲を指定して検索したい!

A 数値の間に「.」を2つ入力して単位を付けます。

価格や日付など、一定の範囲の数値を対象に検索したいときは、数値の区切りに2つの「.」(ピリオド)を入力します。また、最大値や最小値を指定する場合は、「ワールドカップ 優勝国 2000..年」のように1つの数値と「.」を2つ入力します。なお、数値の範囲指定は、入力する条件によって変わってきます。条件を詳細に指定することで、より正確な絞り込みができます。

「タブレットPC　10000..20000円」で検索すると、10,000円〜20,000円のタブレットPCに関する情報が検索されます。

Webページの検索と利用 重要度 ★★★

Q 261 言葉の意味を検索したい!

A 言葉に「とは」を付けて検索します。

言葉の意味を調べたいときは、「○○とは」のように、後ろに「とは」を付けて検索すると、言葉の意味について説明したWebページを見つけやすくなります。これは、Webページで言葉の意味を掲載する際に、「○○とは、〜のことです。」と記述されていることが多いためです。

言葉の意味を調べるときは「とは」を付けます。

Google　セルフィーとは
すべて　画像　ショッピング　ニュース
約 8,370,000 件 (0.37 秒)
www.weblio.jp › content › セルフィー
セルフィーとは何？Weblio辞書
「セルフィー」の意味は英語圏で、自分自身の画像を撮影すると…ーネットスラングのこと。Weblio辞書では「セルフィー」の意味…どを解説しています。
www.weblio.jp › content › セルフィ
セルフィとは何？Weblio辞書
セルフィとは?IT用語辞典。別名：セルフィ，自撮り，自分撮り

Webページの検索と利用 重要度 ★★★

Q 262 百科事典で言葉の意味を調べたい!

A 言葉のあとに「wiki」を付けて検索します。

言葉の意味を百科事典で調べたいときは、「○○ wiki」のように、調べたい言葉のあとにwikiというキーワードを付けて検索します。この方法で検索を行うと、フリー百科辞典「Wikipedia(ウィキペディア)」などに掲載されている情報が検索結果の上位に表示されるので、整理された解説を読むことができます。

言葉の意味を百科事典で調べたいときは、キーワードに「wiki」を付けて検索します。

Google　墾田永年私財法 wiki
すべて　画像　ニュース　動画　地図
約 37,800 件 (0.39 秒)
ja.wikipedia.org › wiki › 墾田永年私財法
墾田永年私財法 - Wikipedia
墾田永年私財法（こんでんえいねんしざいのほう）は、奈良時代…平15年5月27日（743年6月23日）に発布された勅（天皇の名によ…しく開墾した耕地）の永年私財化を認める法令である。古くは墾…
原文・背景・律令体制への影響・法の中断
ja.wikipedia.org › wiki › 墾田
墾田 - Wikipedia

Webページの検索と利用

重要度 ★★★

Q 263 天気を調べたい！

A アドレスバーで検索しましょう。

天気などを調べたいときは、たとえば「東京の天気」などとアドレスバーに入力すると、調べたい情報がすぐに見つかります。

1 アドレスバーに「東京の天気」と入力すると、

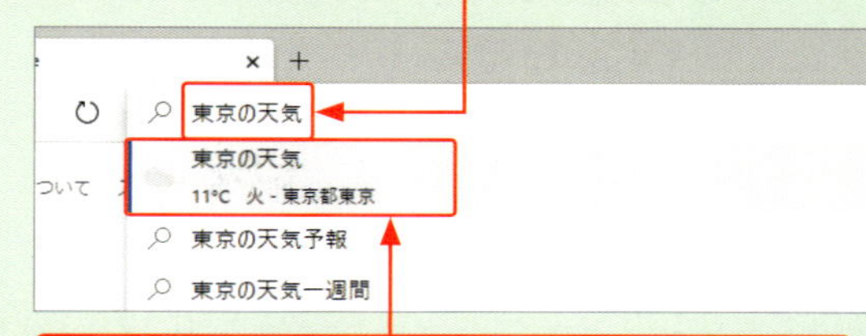

2 すぐに東京の天気が表示されます。ここをクリックすると、さらに詳しい天気を確認できます。

Webページの検索と利用

重要度 ★★☆

Q 264 電車の乗り換えを調べたい！

A 乗換案内を利用します。

Googleには、電車の路線を検索する乗換案内サービスが用意されています。電車の路線を検索するには、キーワードに「（出発駅名）から（到着駅名）」を入力するか、「乗り換え　（出発駅名）（到着駅名）」などと入力して検索すると、検索結果の上部に乗換案内へのリンクが表示されます。

1 キーワードに「（出発駅名）から（到着駅名）」を入力して、

2 ここをクリックすると、

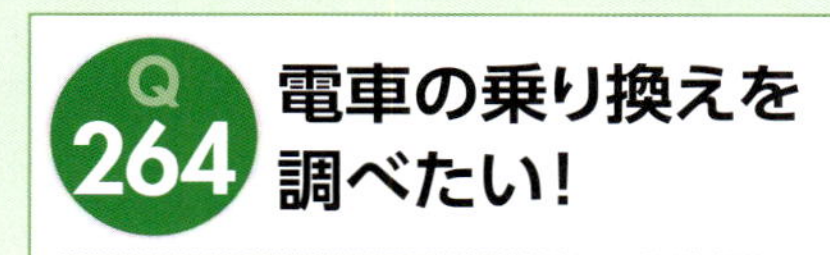

3 乗換案内の検索結果が上部に表示されます。

4 ここでは、地図をクリックすると、

5 ルートが一覧で表示されます。

地図の上にもルートが表示されます。

Webページの検索と利用

重要度 ★☆☆

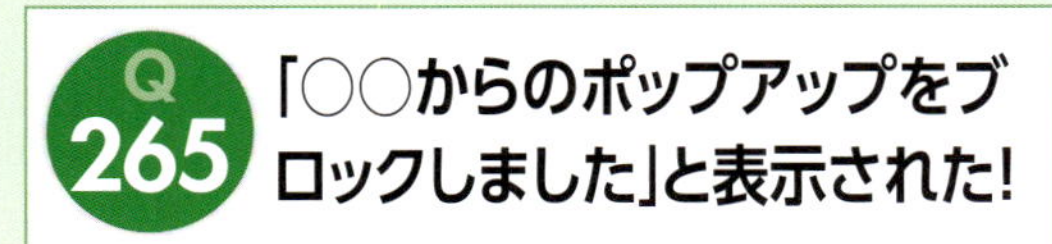

Q 265 「○○からのポップアップをブロックしました」と表示された！

A 意図しない広告などを非表示にしたというメッセージです。

Edgeの初期設定では、ポップアップブロック機能が有効になっています。ポップアップとは、別ウィンドウで表示されるWebページのことで、意図せずに表示される広告によく使われていました。

ポップアップを検知してブロックすると、アドレスバーにアイコンが表示されます。ポップアップがサービスの利用などに必要な場合は、表示を許可しましょう。

1 アイコンをクリックして、

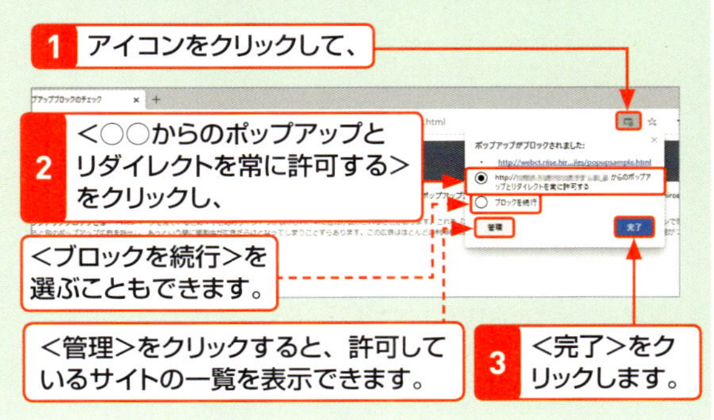

2 <○○からのポップアップとリダイレクトを常に許可する>をクリックし、

<ブロックを続行>を選ぶこともできます。

<管理>をクリックすると、許可しているサイトの一覧を表示できます。

3 <完了>をクリックします。

Webページの検索と利用　重要度 ★★★

Q266 Webページの動画が再生できない！

A 再生ソフトの動作を許可しましょう。

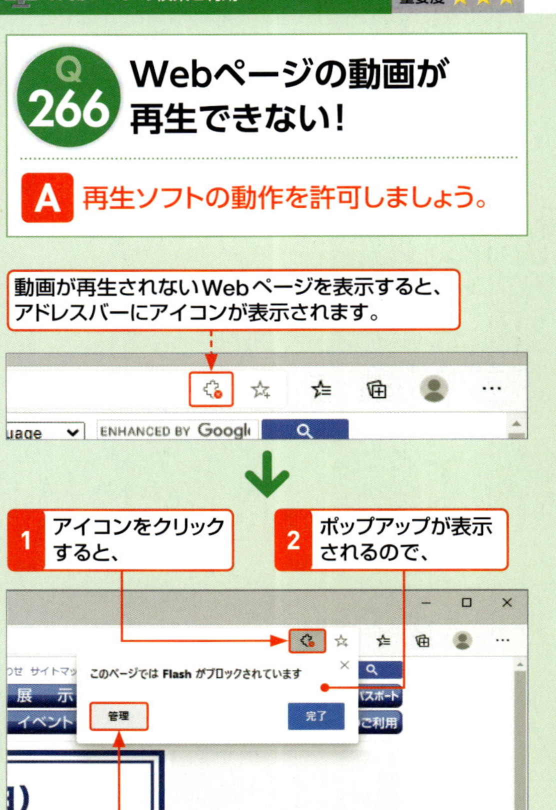

動画があるはずのWebページを、Edgeで開いても再生できない場合は、アドレスバーに表示される⚙ボタンをクリックすると表示されるポップアップから設定を変更しましょう。

完了

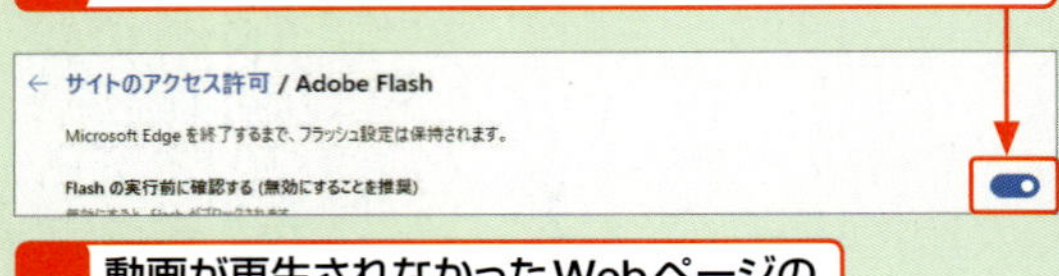

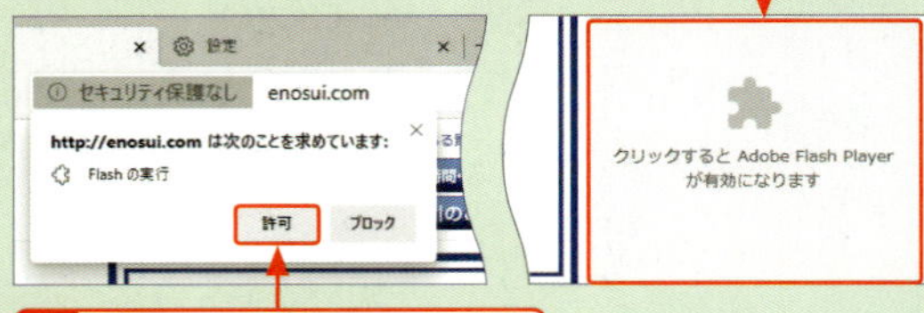

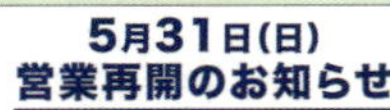

動画が再生されないWebページを表示すると、アドレスバーにアイコンが表示されます。

1 アイコンをクリックすると、
2 ポップアップが表示されるので、

3 ＜管理＞をクリックします。

4 ＜Flashの実行前に確認する（無効にすることを推奨）＞のスイッチをクリックしてオンにします。

5 動画が再生されなかったWebページの＜更新＞をクリックして、

6 動画を再生するスペースをクリックし、

7 ＜許可＞をクリックすると、

8 動画が再生されます。

Webページの検索と利用　重要度 ★★★

Q267 アドレスバーの鍵のアイコンや「証明書」って何？

A 暗号化通信を行っている証明です。

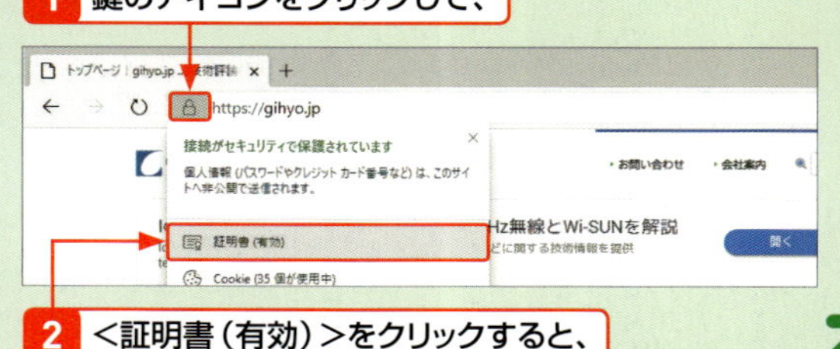

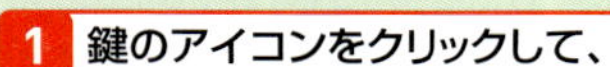

アドレスバーの左端に表示される鍵のアイコンは、暗号化通信が行われていて、クレジットカードの番号や住所といった情報を、通信相手以外に盗み見られないことを示しています。暗号化通信を行うのに必要となるのが、第三者機関が発行する証明書です。Edgeでは証明書の内容を表示して、自分でチェックすることもできます。

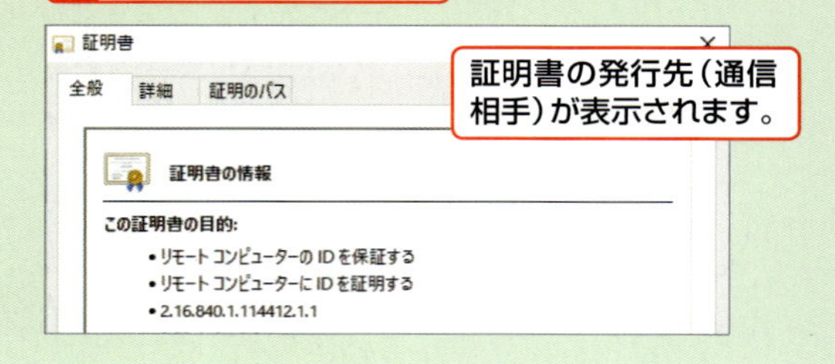

1 鍵のアイコンをクリックして、

2 ＜証明書（有効）＞をクリックすると、

3 証明書が表示されます。

証明書の発行先（通信相手）が表示されます。

5

Windows 10 の メールと連絡先活用技!

Q 268 電子メールのしくみを知りたい！

A サーバーを経由してメールをやり取りします。

電子メールでは、自分の契約しているプロバイダーやメールサービス事業者のサーバーと、相手の契約しているプロバイダーやメールサービス事業者のサーバーを経由してメッセージやファイルをやり取りします。
具体的には、メールを送信すると、利用しているメールサービスのサーバーにデータが送られます。
メールを受け取ったサーバーは、宛先として指定されているメールサービスのサーバーにそのデータを送信します。
メールを受け取ったサーバーは、受取人がメールを受け取るまで、サーバー内にデータを保管します。メールの受取人は、利用しているメールサービスのサーバーからメールを受け取ります。
一般的に電子メールの送信にはSMTPという方式が、電子メールの受信にはPOPという方式が使用されています。また、最近ではIMAPという方式を利用するメールサービスも増えています。
なお、携帯電話やスマートフォンの電子メールも、パソコンで利用する電子メールとしくみはほぼ同じです。どの機器を使う場合でも、メールを送受信する時にはインターネットに接続している必要があります。

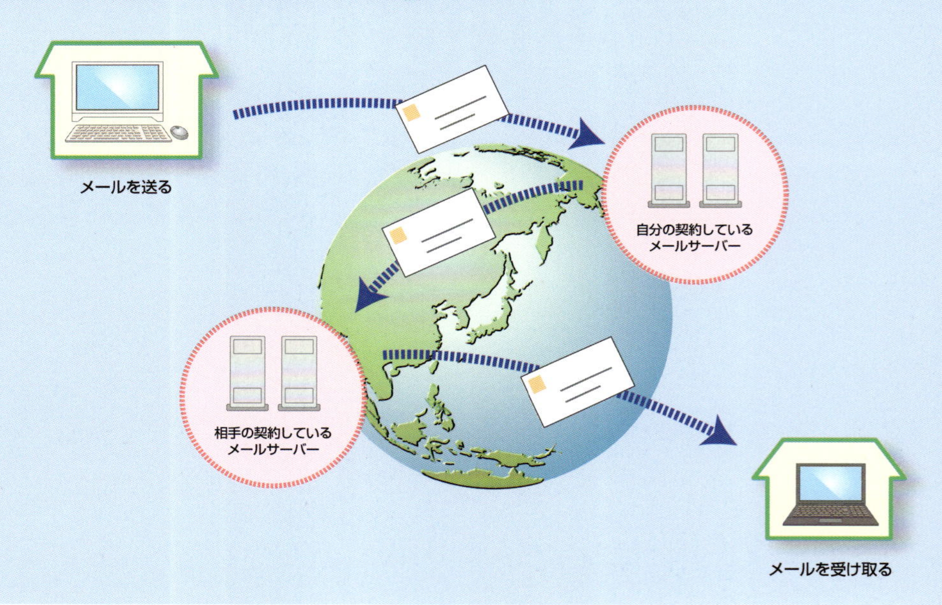

Q 269 電子メールにはどんな種類があるの？

A プロバイダーメールとWebメールがあります。

電子メールには、プロバイダーと契約して提供されるメール（プロバイダーメール）と、Webサービス事業者に会員登録してブラウザーから利用するメール（Webメール）があります。
プロバイダーメールは、パソコンやスマートフォンのメールソフトを利用してメールを送受信するため、メールを確認したいパソコンやスマートフォンごとに設定を行う必要があります。
Webメールは、メールソフトの代わりにブラウザーを利用してメールを送受信できるので、ブラウザーが使える環境であれば、どこからでもメールを送受信することができます。

電子メールの基本 重要度 ★★★

Q 270 メールソフトは何を使えばいいの？

A 電子メールの種類で使い分けましょう。

プロバイダーメールを利用するときは、「メール」アプリを使うとよいでしょう。「メール」アプリはWindows 10に標準搭載されているので、OSとの親和性も高く、メール受信時にデスクトップに通知を表示してくれる機能もあります。また、タッチ操作でも使用しやすいことも利点のひとつです。

Webメールサービスを利用するときは、ブラウザーを使うのが基本です。Windows 10に付属するブラウザー「Edge」のほか、従来のWindowsに搭載されている「Internet Explorer」や「Google Chrome」「FireFox」、Macに付属するブラウザー「Safari」などからも利用できます。

● 「メール」アプリ

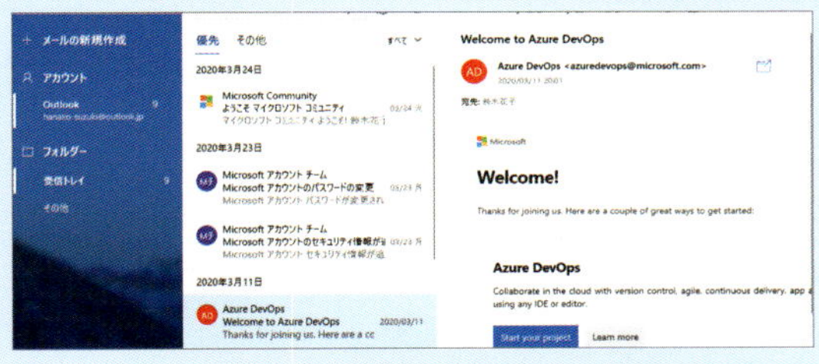

「メール」アプリは、Windows 10に標準で付属するアプリです。

● ブラウザーの利用

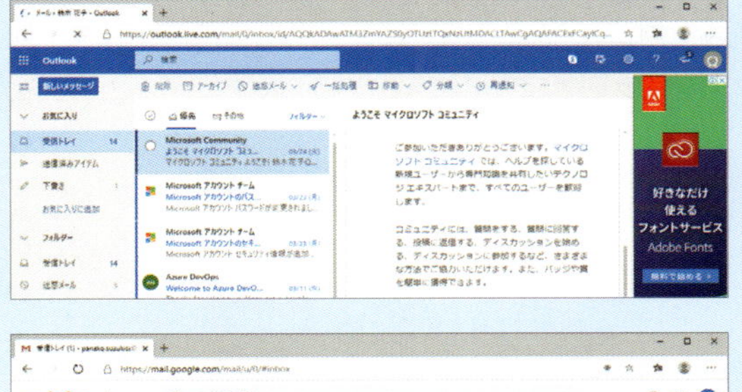

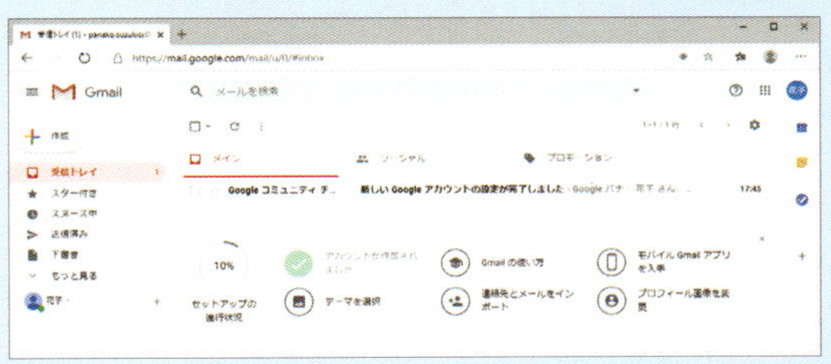

Webメールサービスを利用する場合は、ブラウザーを使うと便利です。

電子メールの基本 重要度 ★★☆

Q 271 Webメールにはどのようなものがあるの？

A Outlook.comやGmail、Yahoo!メールなどがあります。

Webメールとは、EdgeやGoogle Chromeなどのブラウザーを利用してメールを送受信するサービスのことです。Webメールには、マイクロソフトのOutlook.com、GoogleのGmail、Yahoo! JAPANのYahoo!メールなどがあります。また、プロバイダーの中にもWebメールサービスを提供しているところがあります。

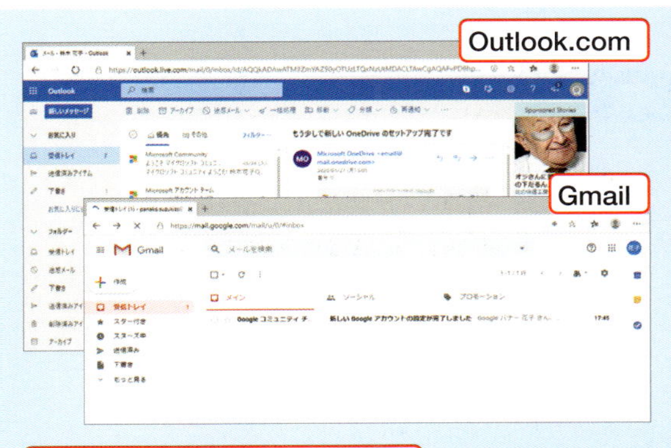

マイクロソフトのOutlook.comやGoogleのGmailなどがあります。

電子メールの基本　重要度 ★★☆

Q 272 会社のメールを自宅のパソコンでも利用できる？

A はい。できます。

会社で使っている自分のメールアドレスも、自宅のパソコンやスマートフォンなどで利用できます。自分のメールアドレス宛てに届いたメールを読んだり、会社のメールアドレスを差出人としてメールを送ったりできます。
ただし、それが可能なのは、会社のシステム管理者から許可された場合のみです。また、会社で使っている自分のメールアドレスが悪用されないよう、ウイルスや迷惑メールへの対策をしっかり講じておく必要があります。
なお、Windows 10に付属する「メール」アプリでは、多くの企業で採用されているMicrosoft Exchangeアカウントを使用できます。 参照▶Q 372

メール、カレンダー、連絡先 にアカウントを追加して、メール、予定表イベント、連絡先にアクセスします。

Outlook.com
Outlook.com、Live.com、Hotmail、MSN

Office 365
Office 365、Exchange

アプリに会社のアカウントを設定すれば、会社のメールアドレスが使えます。

電子メールの基本　重要度 ★★☆

Q 273 携帯電話のメールをパソコンでも利用できる？

A 携帯電話やスマートフォンによって異なります。

au（@au.com ／ @ezweb.ne.jp）の場合、携帯電話やスマートフォンのメール設定画面から、パソコン用のメールアドレスに自動転送するように設定できます。また、パソコンのブラウザーからメールを確認することも可能です。
NTT ドコモ（@docomo.ne.jp）の場合、スマートフォン向けのドコモメール（sp モード）は、ブラウザーからメールを確認できるほか、パソコン用のメールアドレスに自動転送するように設定することもできます。ただし、i モード向けのドコモメールは転送できません。
ソフトバンク（@softbank.ne.jp）の場合、「S! メール（MMS）どこでもアクセス」（有料）を利用します。ソフトバンクのiPhone（@i.softbank.jp）の場合は、パソコンのメールソフトで設定すれば送受信できます。

電子メールの基本　重要度 ★★★

Q 274 送ったメールが戻ってきた！

A 宛先のアドレスが間違っている可能性があります。

件名が「Delivery Status Notification」「Undelivered Mail Returned to Sender」、差出人が「postmaster@～」というようなメールは、何らかのトラブルでメールを送信できなかったことを知らせるものです。エラーの内容を確認して適宜対処しましょう。
右の例では、送信先メールアドレスが見つからないことが原因のようなので、宛先のメールアドレスが正しいかどうかを確認します。
なお、これらのメールは、メールの設定によっては、自動的に＜迷惑メール＞フォルダーに入ってしまう場合があります。＜迷惑メール＞フォルダーの中も適宜確認するとよいでしょう。 参照▶Q 299

● 「メール」アプリの表示例

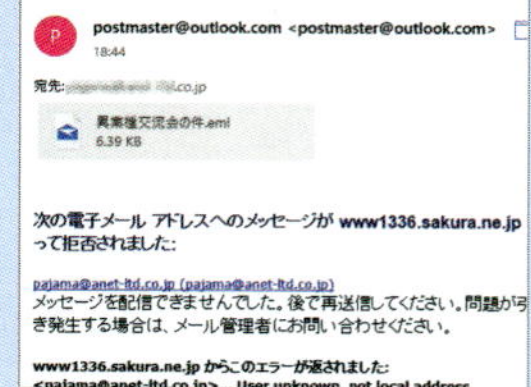

● Outlook.comの表示例

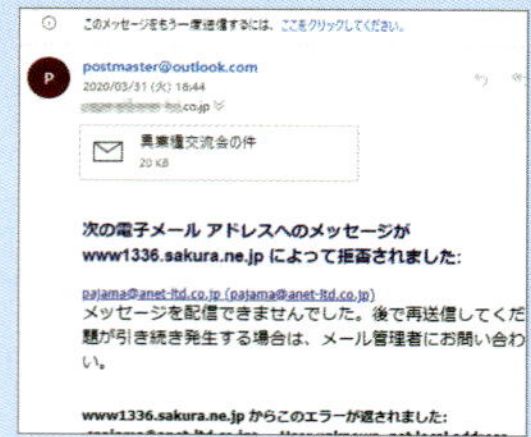

Q 275 Gmailを利用したい！

A Googleアカウントを取得しましょう。

Gmailは、Googleが無料で提供しているWebメールサービスです。対応するブラウザーとインターネットに接続する環境があれば、パソコンやスマートフォン、タブレットなどからもアクセスできます。

Gmailを利用するには、Googleアカウントを取得してサインインします。Googleアカウントは、GmailのWebページ（https://www.google.com/gmail/about/）などを表示して、<アカウントを作成>をクリックし、画面の指示に従って必要な情報を入力して登録します。

なお、「アカウント」とは、メールアドレスとパスワードなど、個人を識別できる情報の組み合わせのことです。

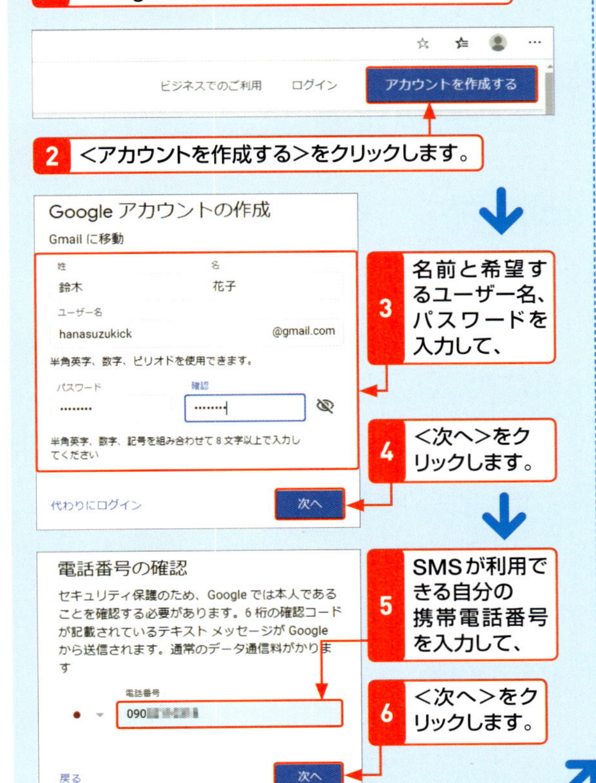

にアクセスして、
2 ＜アカウントを作成する＞をクリックします。
3 名前と希望するユーザー名、パスワードを入力して、
4 ＜次へ＞をクリックします。
5 SMSが利用できる自分の携帯電話番号を入力して、
6 ＜次へ＞をクリックします。

7 携帯電話宛てに届いたSMSに記載された6桁の確認コードを入力して、
8 ＜確認＞をクリックします。
9 生年月日と性別を指定して、
10 ＜次へ＞をクリックします。
11 ここではほかのサービスに携帯電話番号を使わないので、＜スキップ＞をクリックします。
12 利用規約を確認して、
13 ＜同意する＞をクリックすると、Gmailが使えるようになります。

169

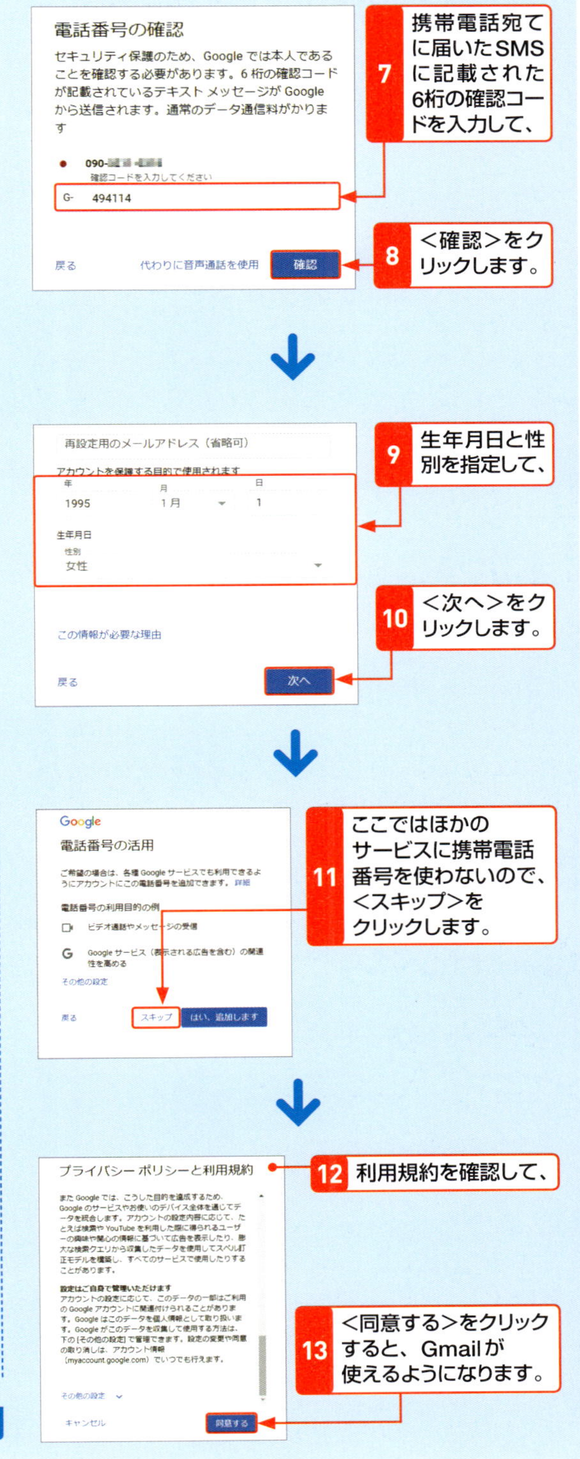

電子メールの基本　重要度 ★★★

Q276 Gmailのアカウントの設定方法を知りたい！

A アカウントを追加する必要があります。

Gmailのメールアドレスは、Microsoftアカウントとしても使用できますが、Gmailのメールアドレスを使用してWindows 10にサインインしても、「メール」アプリのアカウントは自動で設定されません。ローカルアカウントを使用している場合と同様の手順で、設定する必要があります。

参照▶Q283,Q284

電子メール　重要度 ★★★

Q277 写真や動画はメールで送れるの？

A 「メール」アプリならそのまま送れますが注意が必要です。

「メール」アプリを使うと、写真や画像といったファイルをメールに「添付」して送信することもできます。ただし、ファイルの大きさには注意する必要があります。文章のみのメールはデータ量が非常に少ないので、短時間で送受信できます。しかし、メールに写真や動画といった容量の大きいファイルを添付すると、送信に時間がかかるだけでなく、相手の受信にも時間がかかり迷惑となります。

なお、使っているメールサービスによって、添付できる容量が制限されていることがあります。大きいファイルを送信したいときは、事前にメールサービスのマニュアルページなどで添付可能な容量を確認しておきましょう。

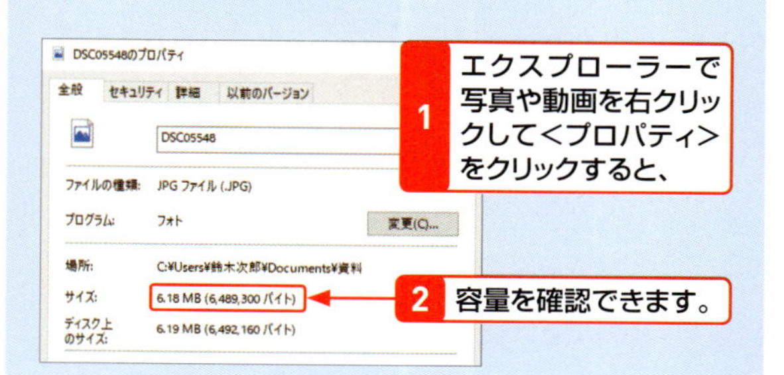

1 エクスプローラーで写真や動画を右クリックして＜プロパティ＞をクリックすると、

2 容量を確認できます。

電子メールの基本　重要度 ★★★

Q278 メールに添付する以外のファイルの送り方を知りたい！

A ファイル送信サービスを利用しましょう。

大きいファイルを送りたいときは、インターネット上のファイル送信サービスを利用するとよいでしょう。インターネット上には、「firestorage」「ギガファイル便」「データ便」などの無料で利用できるファイル送信サービスが複数あり、サービスによって容量の制限や保管期限などが決まっています。ファイル送信サービスを利用するとダウンロード用のURLが作成されるので、そのURLを送りたい人にメールなどで連絡しましょう。

●主なファイル送信サービス

名　称	URL
firestorage	https://firestorage.jp/
ギガファイル便	https://gigafile.nu/
データ便	https://www.datadeliver.net/

●ギガファイル便の例

1 ギガファイル便のWebページを開いて、

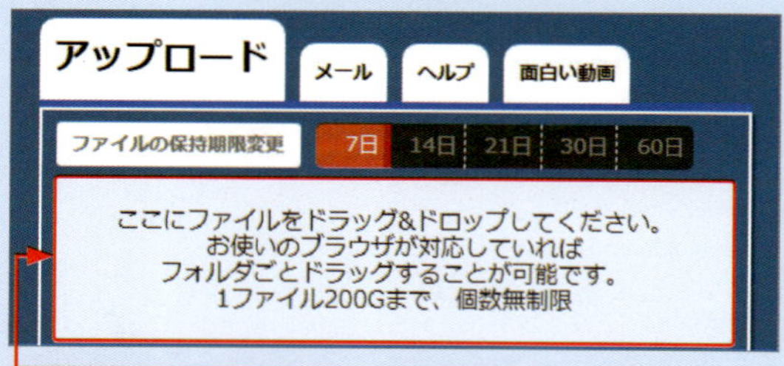

2 送りたいファイルをドラッグ&ドロップすると、

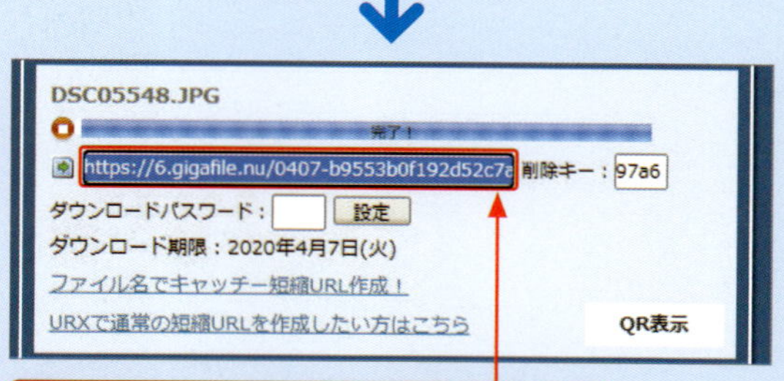

3 ダウンロード用のURLが作成されます。

Q 279 「メール」アプリの設定方法を知りたい!

A アカウントの種類によって設定方法が変わります。

「メール」アプリを利用するには、Windows 10のスタートメニューで<メール>をクリックします。そのあとの操作は、メールアカウントの種類によって異なります。

マイクロソフトのメールサービスが提供しているメールアドレス(@hotmail.com、@hotmail.co.jp、@live.jp、@outlook.jpなど)をMicrosoftアカウントとして使用している場合は、アカウントの設定が自動的に行われます。それ以外の場合は、アカウントの設定が必要です。

参照▶Q282,Q283

1 スタートメニューで<メール>をクリックすると、

2 「メール」アプリが起動して、「アカウントの追加」が表示されます。

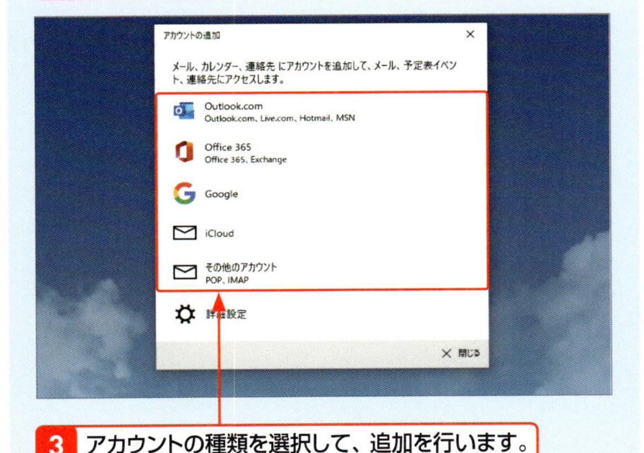

3 アカウントの種類を選択して、追加を行います。

Q 280 Outlook.comのアカウントの設定方法を知りたい!

A アカウントが自動的に設定されます。

Microsoft アカウントにマイクロソフトが提供するメールアドレス(@hotmail.com、@hotmail.co.jp、@live.jp、@outlook.jpなど)を使用してWindows 10にサインインしている場合は、スタートメニューから<メール>を起動すると、アカウントの設定が自動的に行われます。あとはアカウントを追加するだけで、「メール」アプリを使う準備が完了します。

「メール」アプリを起動すると、Outlook.comのアカウントが設定されています。

1 Outlook.comのアカウントをクリックすると、

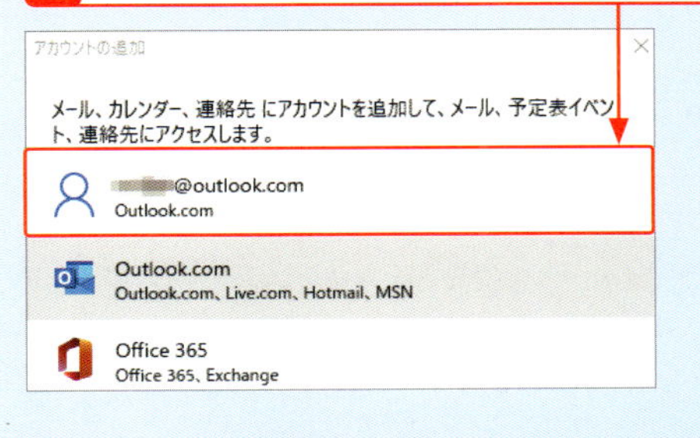

2 アカウントの追加が完了します。

すべて完了しました。
アカウントは正常にセットアップされました。
@outlook.com

スマートフォンでの Outlook でメールがさらに便利に

任意のメール アカウントに接続して、外出先で職場や個人の予定表にアクセスできます。無料でご利用いただけます。

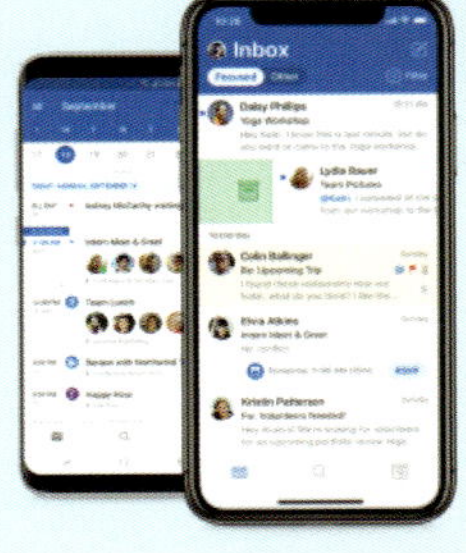

アプリを入手

完了

3 <完了>をクリックします。

「メール」アプリの基本　重要度 ★★★

Q 281 「メール」アプリの画面の見方を知りたい!

A 下図のようなシンプルな画面で構成されています。

Windows 10の「メール」アプリは、シンプルな画面で構成されています。
「メール」アプリを起動すると表示される「受信トレイ」画面は、縦に3分割されています。左側にフォルダーの一覧、中央にメールの一覧、右側にプレビュー画面が表示され、はじめて使うユーザーにもわかりやすい画面構成になっています。なお、プレビューウィンドウは、「メール」アプリのウィンドウサイズによっては表示されないことがあります。

● <受信トレイ>画面の構成

折りたたむ／展開
<メールの新規作成>や<アカウント>、<フォルダー>などの表示／非表示を切り替えます。

メッセージの検索
キーワードでメールを検索します。

アーカイブ
メールを<アーカイブ>フォルダーにワンクリックで移動します。

削除
メールを削除します。

アクション
その他のコマンドを表示します。

メールの新規作成
メールを新規作成します。

アカウント／フォルダー一覧
メールアカウントと、メールが保存されるフォルダーの一覧が表示されます。

返信／全員に返信／転送
メールの返信や転送を行います。

フラグの設定
表示しているメールにフラグを設定します。

各コマンド
左から「メール」「予定表」「連絡先」「To-Do」「設定」を表示します。

メール一覧
フォルダー内のメールが<優先>タブ、<その他>タブごとに表示されます。

プレビューウィンドウ
メール一覧でクリックしたメールの内容が表示されます。

Q 282 プロバイダーメールのアカウントを「メール」アプリで使いたい！

A メールアカウントを追加します。

プロバイダーのメールアドレスを「メール」アプリで利用するには、＜アカウントの追加＞画面でアカウントの種類を選択して、メールアカウントを追加します。

1 「メール」アプリを起動すると、アカウントの追加画面が表示されるので、

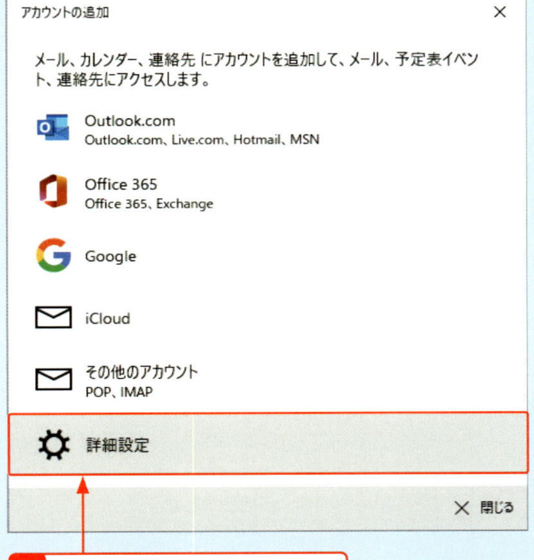

2 ＜詳細設定＞をクリックします。

アカウントの追加

詳細設定

セットアップするアカウントの種類を選択します。不明な場合は、サービス プロバイダーに確認してください。

Exchange ActiveSync

Exchange、および Exchange ActiveSync を使用するその他のアカウントが含まれます。

インターネット メール

POP または IMAP アカウントを使用すると、Web ブラウザーでメールを表示できます。

3 ＜インターネットメール＞をクリックします。

4 プロバイダーのWebサイトやプロバイダーから送付された資料を確認し、アカウントの情報を入力して、

アカウントの追加

インターネット メール アカウント

メール アドレス: example@example..com

ユーザー名: hanakosuzuki

例: kevinc、kevinc@contoso.com、domain¥kevinc

パスワード: ●●●●●●●●●●●

アカウント名: hanakosuzuki

インターネット メール アカウント

この名前を使用してメッセージを送信: 鈴木花子

受信メール サーバー: pop.example.com

アカウントの種類: POP3

メールの送信 (SMTP) サーバー: mail.example.com

- 送信サーバーには、認証が必要です
- 送信メールに同じユーザー名とパスワードを使用する
- 受信メールには SSL が必要
- 送信メールには SSL が必要

サインイン　キャンセル

5 ＜サインイン＞をクリックすると、メールアカウントが設定されます。

Q 283 ローカルアカウントで「メール」アプリは使えないの?

A 使えます。メールアカウントを追加して利用します。

「メール」アプリは、ローカルアカウントでWindows 10にサインインしている場合も利用できます。「メール」アプリを起動すると、アカウントの追加の画面が表示されるので、以下の手順に従ってメールアカウントを追加します。 参照▶Q 545

1 「メール」アプリを起動すると、アカウントの追加画面が表示されるので、

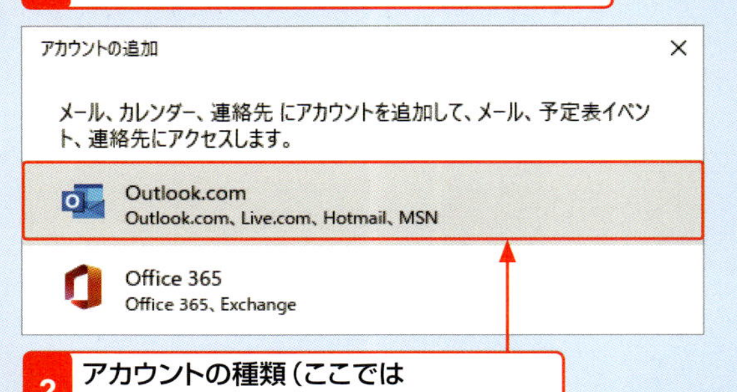

2 アカウントの種類(ここでは<Outlook.com>)をクリックします。

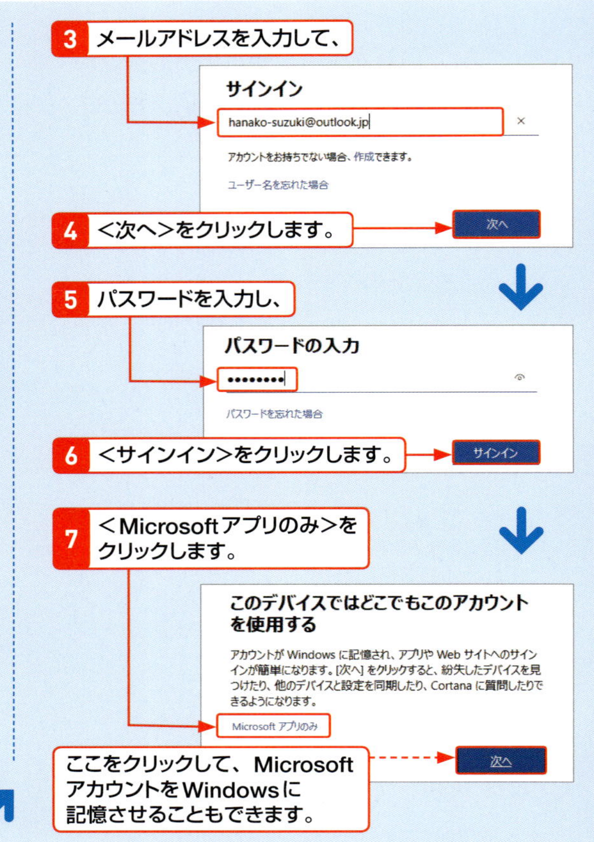

3 メールアドレスを入力して、

4 <次へ>をクリックします。

5 パスワードを入力し、

6 <サインイン>をクリックします。

7 <Microsoftアプリのみ>をクリックします。

ここをクリックして、MicrosoftアカウントをWindowsに記憶させることもできます。

Q 284 複数のメールアカウントを利用したい!

A メールアカウントを追加します。

「メール」アプリでは、プロバイダーメールやWebメールなど、複数のメールアカウント(メールアドレス)を追加して利用することができます。メールアカウントを追加するには、<設定>から<アカウントの管理>を表示し、下の手順に従います。 参照▶Q 282

1 「メール」アプリを起動して<設定>をクリックして、

2 <アカウントの管理>をクリックします。

3 <アカウントの追加>をクリックすると、アカウントの追加画面が表示されます。

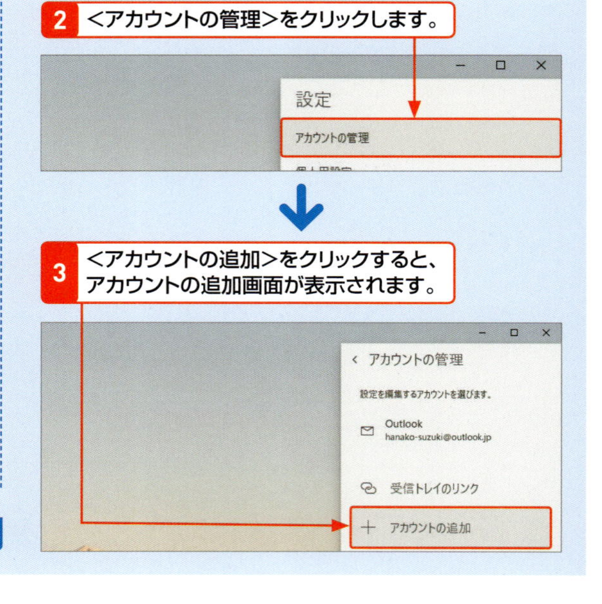

「メール」アプリの基本　重要度 ★★★

Q 285 使わないメール アカウントを削除したい！

A ＜アカウントの管理＞から削除します。

使わなくなったメールアカウントは、＜アカウントの管理＞からアカウントを選択し、表示される画面で削除できます。
アカウントを削除すると、それまでに受信していたメールを読めなくなります。メールに添付されて送られてきた写真など、あとで閲覧する可能性のあるデータは、あらかじめ別の場所にコピーしておきましょう。

1 ＜アカウント＞をクリックして、

2 削除したいメールアカウントをクリックし、

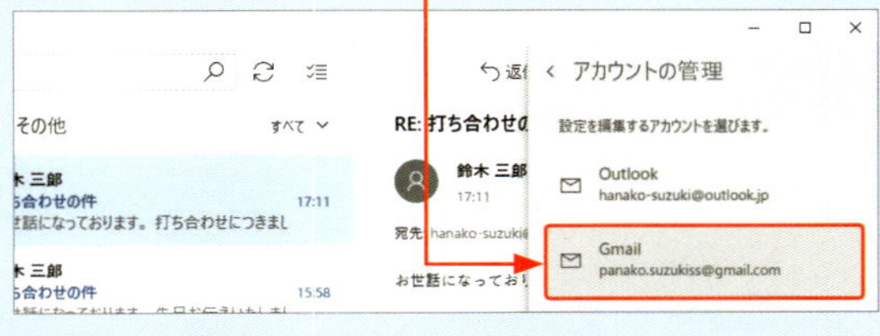

3 ＜このデバイスからアカウントを削除＞をクリックします。

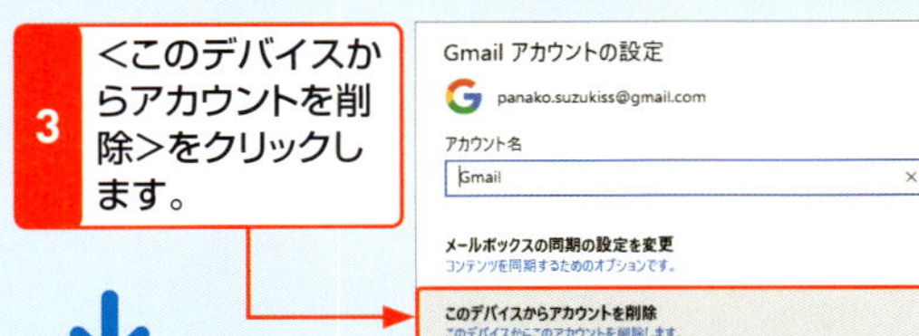

4 ＜削除＞をクリックすると、アカウントが削除されます。

「メール」アプリの基本　重要度 ★★★

Q 286 受信したメールを読みたい！

A 通知やタスクバーのアイコンから「メール」アプリを起動します。

新着メールは、通知やタスクバーの＜メール＞アイコン、スタートメニューの＜メール＞タイルで件数などを確認できます。いずれかをクリックすると、「メール」アプリが起動してメールの内容を確認できます。

メールが届くと、アクションセンターに通知が表示されます。

1 ＜通知＞をクリックして、

2 メールの通知をクリックすると、

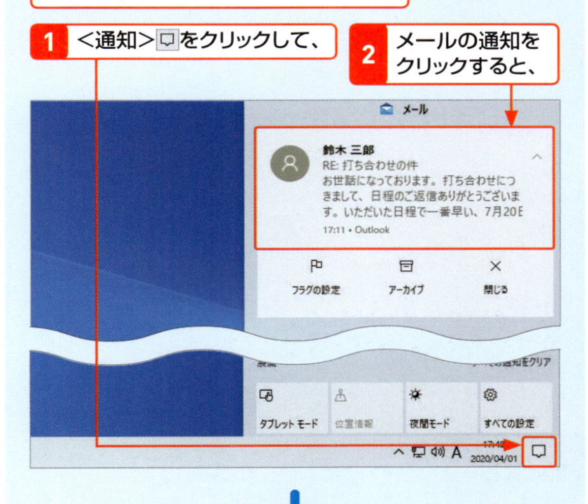

3 ＜受信トレイ＞が開きます。

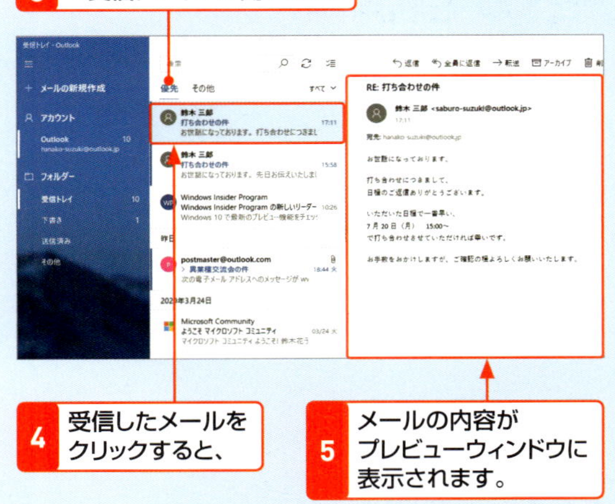

4 受信したメールをクリックすると、

5 メールの内容がプレビューウィンドウに表示されます。

Q 287 メールに添付されたファイルを開きたい！

A 添付ファイルをクリックして開きます。

ファイルが添付されたメールには、📎マークが表示されます。添付ファイルを開くには、メールを表示してファイルのサムネイルやアイコンをクリックします。すると、そのファイルに対応したアプリが自動的に起動して、ファイルが開きます。

ただし、パソコンに対応したアプリがない場合は、ファイルを開けません。また、ファイルが圧縮されている場合は、いったんパソコンに保存してからファイルを展開します。

1 添付ファイルのあるメールを表示して、

2 開きたいファイルをクリックすると、

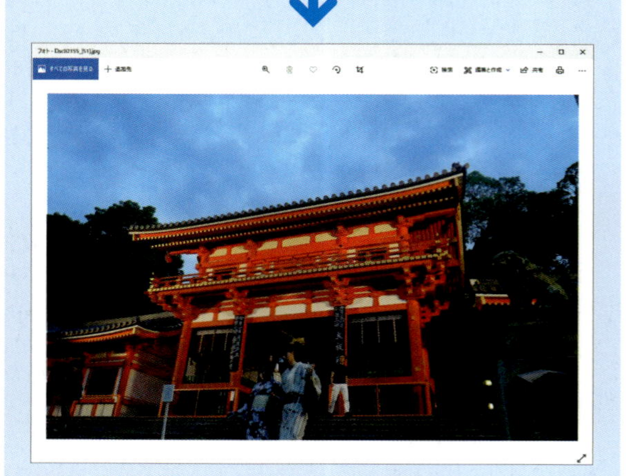

3 対応するアプリでファイルが開かれます。

Q 288 添付されたファイルを保存したい！

A 添付ファイルを右クリックして、<保存>をクリックします。

メールの添付ファイルを保存するには、ファイルを右クリックして<保存>をクリックし、保存先を指定して保存します。

添付ファイルが圧縮されているとそのまま開けないことがあるので、いったんファイルを保存してから展開を行いましょう。 参照▶Q 112

● 圧縮ファイルを保存する

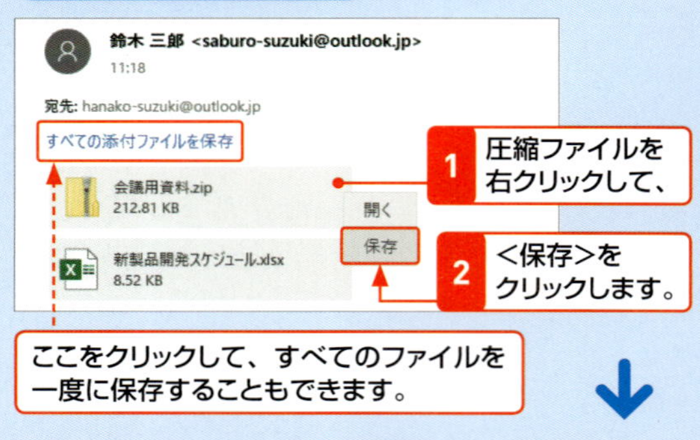

1 圧縮ファイルを右クリックして、

2 <保存>をクリックします。

ここをクリックして、すべてのファイルを一度に保存することもできます。

3 保存先を指定して、

4 ファイル名を確認し、

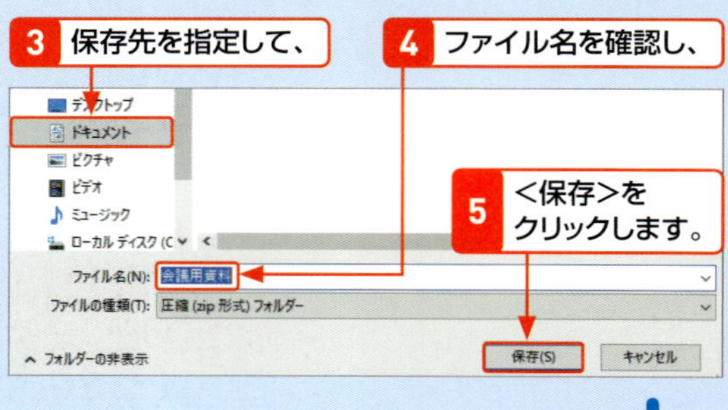

5 <保存>をクリックします。

6 保存場所を表示して、ファイルが保存されていることを確認します。

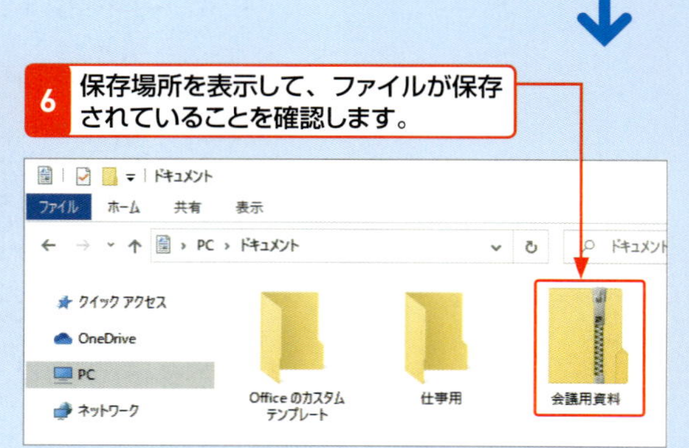

Q 289 メールを送りたい！

A メール作成画面からメールを作成して送信します。

メールを送信するには、＜メールの新規作成＞をクリックして、メールの作成画面を表示します。続いて、＜宛先＞に送信先のメールアドレスを入力します。なお、送信先のメールアドレスは「People」アプリから呼び出すこともできます。

参照▶Q 316

1 「メール」アプリを起動して、

2 ＜メールの新規作成＞をクリックします。

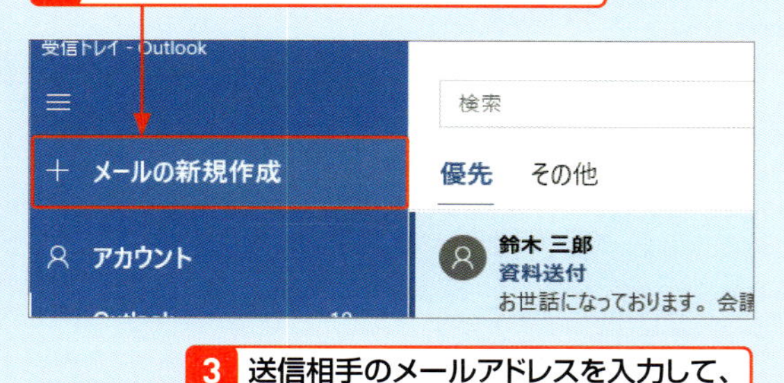

3 送信相手のメールアドレスを入力して、

4 件名を入力し、

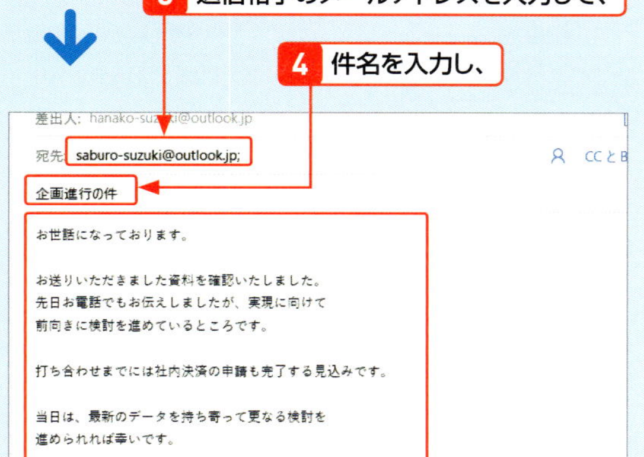

5 メールの本文を入力して、

6 ＜送信＞をクリックします。

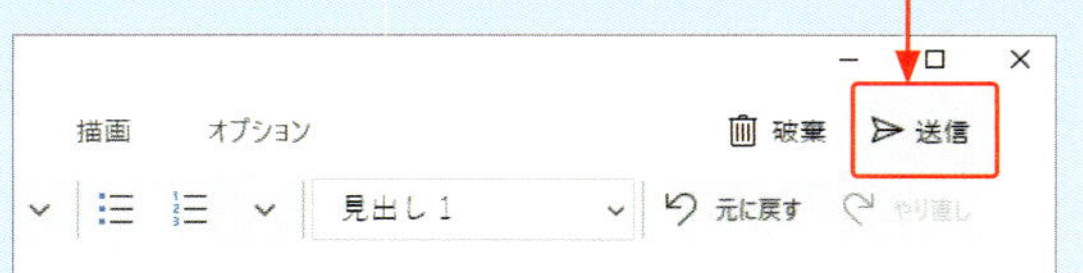

Q 290 メッセージに書式を設定したい！

A ツールバーにあるコマンドを利用します。

「メール」アプリで文字書式を設定するには、書式を変更したい文字列を選択して、＜書式＞タブにある＜太字＞や＜斜体＞、＜フォントの色＞などのコマンドボタンをクリックします。箇条書きや番号付きリストを設定することもできます。

ここでは、メール本文のフォントを変更します。

1 文字列を選択して、

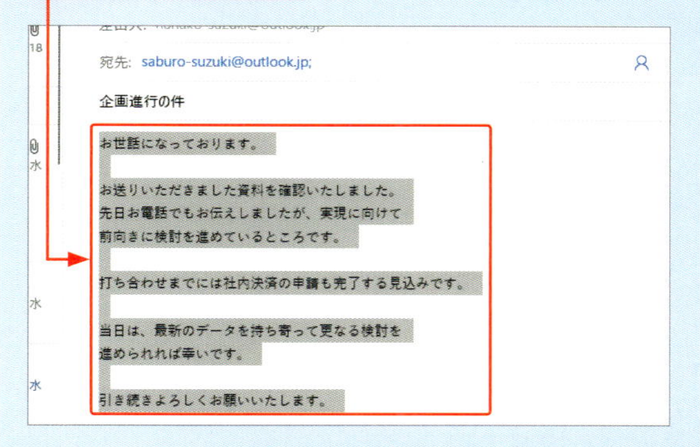

2 ＜書式＞をクリックします。

3 ＜フォントの書式設定＞のここをクリックして、

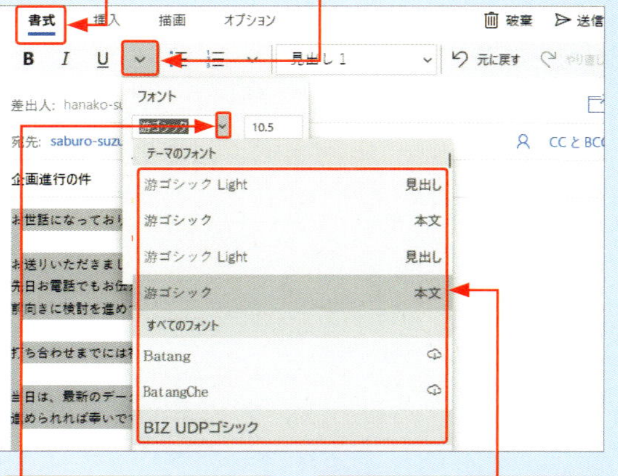

4 ＜フォントボックス＞のここをクリックし、

5 設定したいフォントをクリックします。

「メール」アプリの基本　重要度 ★★★

Q 291 受信したメールに返信したい！

A <返信>を利用します。

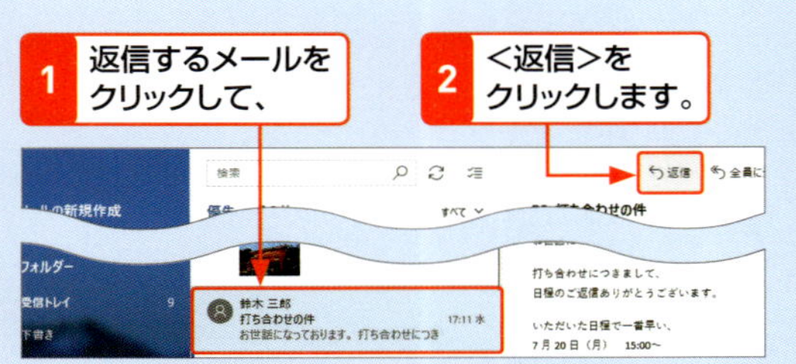

受信したメールに返事を出したい場合は、<返信>をクリックします。返信用メールの作成画面が表示され、<宛先>には元の送信者のメールアドレスが自動的に入力されます。

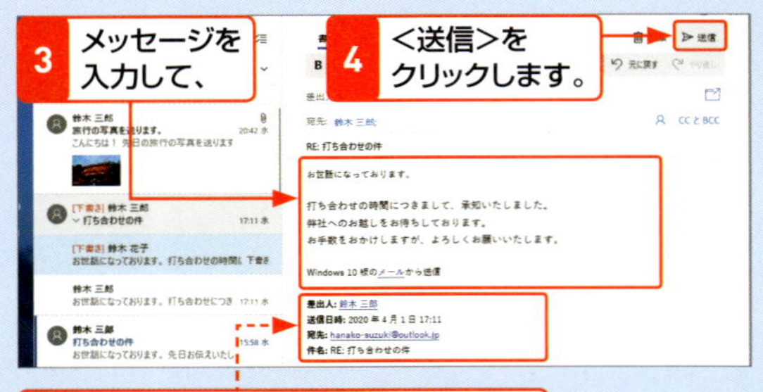

受信したメールの内容が引用されます。

「メール」アプリの基本　重要度 ★★★

Q 292 「CC」「BCC」って何？

A メールを複数の人に送るための機能です。

「CC」と「BCC」は、「宛先」とは異なるメールアドレスの入力欄です。CCに入力したアドレスは、メールを受信した人全員に表示されます。BCCに入力したメールアドレスは、受信した人には表示されません。BCCのメールを受信した場合、宛先にほかの人のメールアドレスしか表示されないこともあります。

CCは、メールの内容を社内の人とも共有したいときや、取引先のメインの担当者以外にもメールを送るときなどに利用します。

BCCは、自分だけが面識のある取引先へメールを送ったことを上司にも知らせておきたいときや、個人のスマートフォンにもメールを送っておきたいときなどに利用します。

「メール」アプリの基本　重要度 ★★★

Q 293 複数の人に同じメールを送りたい！

A <宛先>に複数の送信先を指定します。

● 宛先欄を利用する

<宛先>に、送り先全員のメールアドレスを「；」で区切って入力します。

差出人: hanako-suzuki@outlook.jp

宛先: saburo-suzuki@outlook.jp; example@exmaple.com;

打ち合わせの件

複数の人に同じメールを送る場合は、<宛先>欄に送り先全員のメールアドレスを入力します。また、メールによってはCCやBCCを利用します。 参照▶Q 292

● CC や BCC を利用する

2 <CC>欄と<BCC>欄が表示されます。

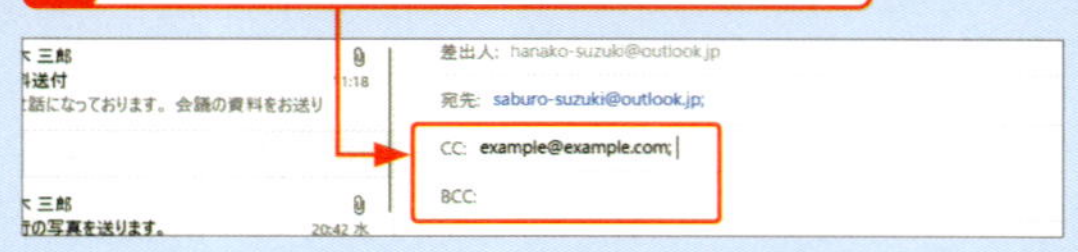

「メール」アプリの基本　重要度 ★★☆

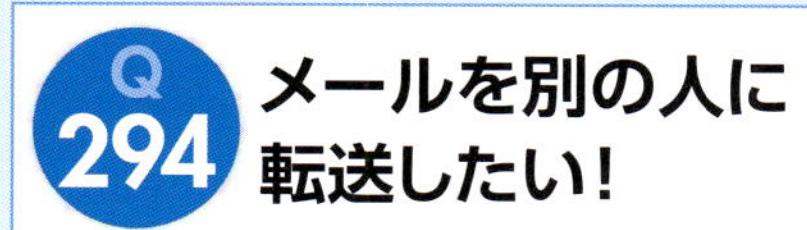

Q294 メールを別の人に転送したい！

A <転送>を利用します。

受信したメールをほかの人に転送したい場合は、<転送>をクリックします。転送用メールの作成画面が表示されるので、<宛先>に転送相手のメールアドレスを入力します。

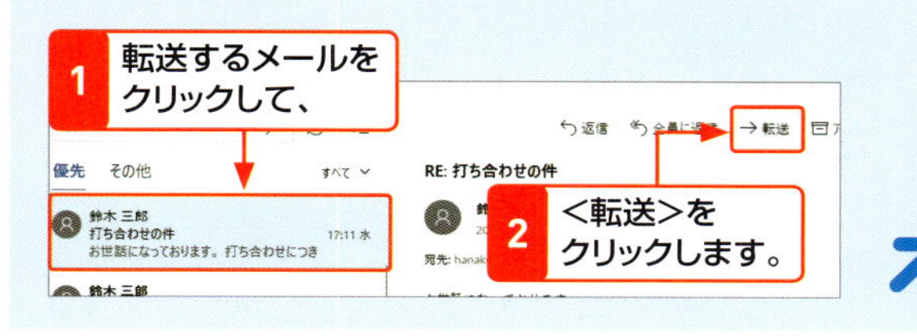

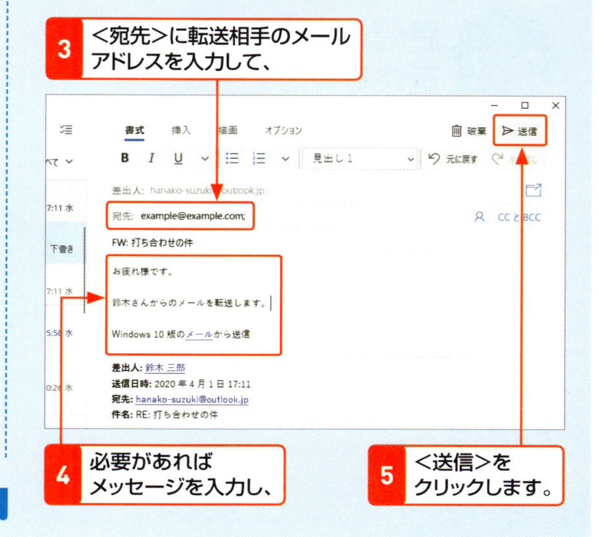

「メール」アプリの基本　重要度 ★★★

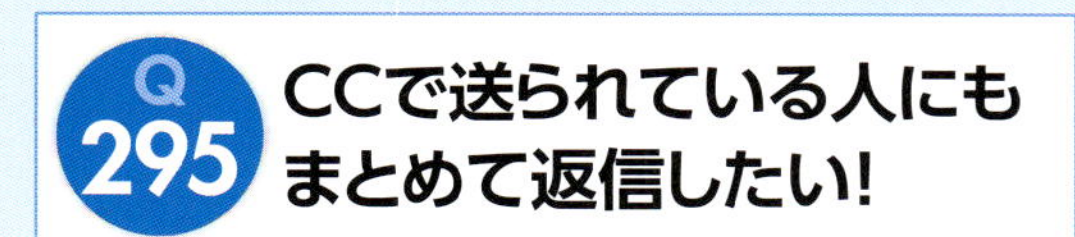

Q295 CCで送られている人にもまとめて返信したい！

A <全員に返信>をクリックします。

CCで送られている人も含めてメールを返信したい場合は、<全員に返信>をクリックします。
これで、直接の送信者だけでなく、CCに設定されている人にも返信することができます。なお、<全員に返信>では、BCCに指定されているメールアドレスには返信できません。

「メール」アプリの基本　重要度 ★★★

Q296 テキスト形式のメールを作成できるの？

A 「メール」アプリはHTML形式のみに対応しています。

メールにはテキスト形式とHTML形式があり、「メール」アプリはHTML形式のみに対応しています。テキスト形式のメールは「メモ帳」のように、文章がそのまま表示されます。一方、HTML形式のメールはWebページと同じく文字の大きさを変えたり、文字を修飾したりできます。
ただし、HTML形式のメールは相手が使用しているメールソフトによっては、意図したとおりに表示されません。メールを送る相手からテキスト形式を要望されたら、Outlook.comなどを使いましょう。

「メール」アプリの基本　重要度 ★★★

Q 297 メールに署名を入れたい！

A 「メールの署名」画面で署名を編集します。

メッセージの最後に入れる自分の名前や住所、電話番号、メールアドレスなどを書いた部分のことを「署名」といいます。署名を作成すると、メッセージの最後に署名が自動的に挿入されます。
署名を作成するには、＜設定＞→＜署名＞とクリックして表示される画面で、＜電子メールの署名を使用する＞をクリックしてオンに設定し、入力欄の署名を編集します。なお、署名を自動的に入れたくない場合は、署名画面の＜電子メールの署名を使用する＞をオフに設定します。

1 ＜設定＞→＜署名＞をクリックして、「メールの署名」画面を表示し、

2 ＜電子メールの署名を使用する＞をクリックして、オンにします。

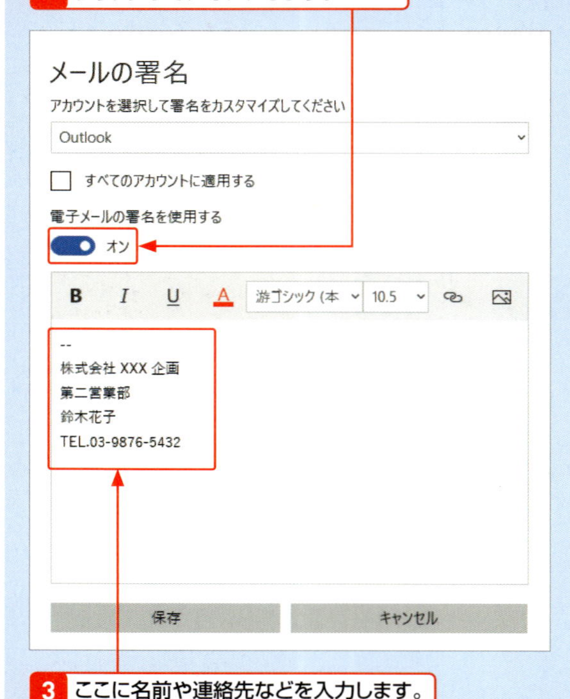

3 ここに名前や連絡先などを入力します。

「メール」アプリの基本　重要度 ★★★

Q 298 メールにファイルを添付したい！

A ＜挿入＞タブから挿入します。

メールには、メッセージだけでなく、文書ファイルや画像データなどを添付して送ることができます。添付できるのはファイルのみで、フォルダーを添付することはできません。なお、ある程度容量の大きなファイルを送る場合はファイル送信サービスやOneDriveを使いましょう。 参照▶Q278,Q437

1 メールを作成して、

2 ＜挿入＞をクリックし、

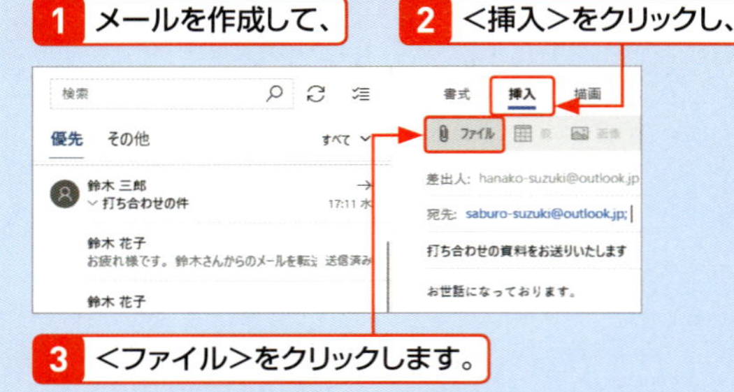

3 ＜ファイル＞をクリックします。

4 ファイルのある場所を指定して、

5 添付するファイルをクリックして選択し、

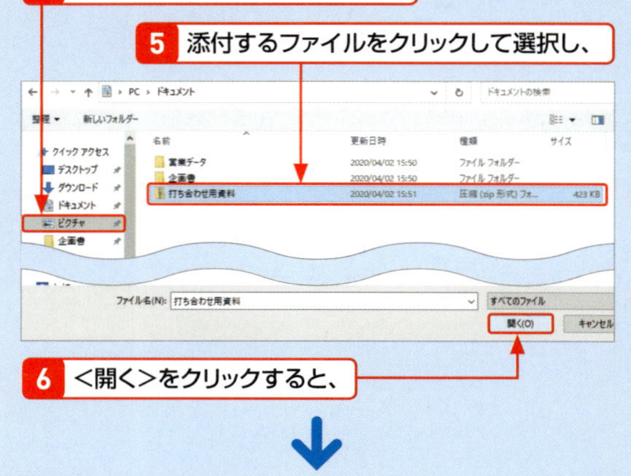

6 ＜開く＞をクリックすると、

7 ファイルが添付されます。

メールの管理と検索　重要度 ★★★

Q299 届いているはずのメールが見当たらない！

A ビューの同期を実行します。

「メールを送りました」と電話で連絡があったがメールが見当たらない、という場合は「ビューの同期」を行います。ビューの同期を行うと、最新の状態に表示されてメールが表示されるはずです。

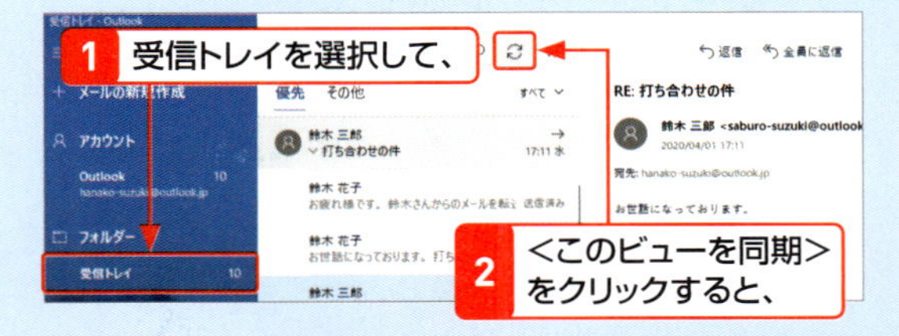

3 最新の状態に更新されます。

メールの管理と検索　重要度 ★★☆

Q300 同期してもメールが届いていない！

A <迷惑メール>フォルダーを確認します。

「迷惑メール」とは、ユーザーの同意なしに勝手に送られてくるメールのことです。宣伝目的のダイレクトメールやイタズラを目的とするような意味不明のメールなどがあります。

迷惑メールは、プロバイダーのサービスや「メール」アプリの機能によって自動的に分類され、<迷惑メール>フォルダーに保存されます。ただし、機械的に分類されるため、迷惑メールには分類してほしくないメールも、<迷惑メール>フォルダーに振り分けられてしまうこともあります。定期的に確認しておくとよいでしょう。

参照 ▶ Q 305

1 <その他>をクリックして、　2 <迷惑メール>をクリックすると、

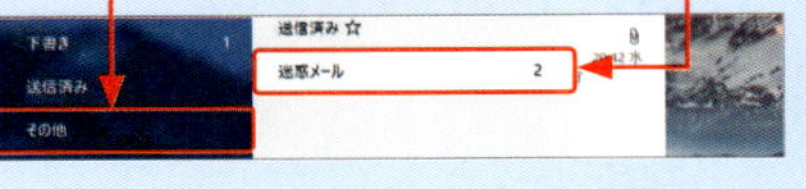

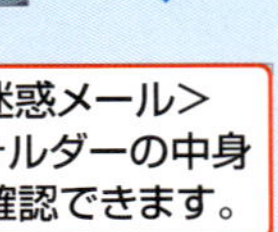

3 <迷惑メール>フォルダーの中身を確認できます。

メールの管理と検索　重要度 ★★★

Q301 メールの受信間隔を指定したい！

A <新しいコンテンツのダウンロード>で指定します。

メールを受信する間隔は、アカウントの同期の設定にある<新しいコンテンツのダウンロード>で指定できます。通常は<アイテムの受信時>に設定されているので、<15分ごと><30分ごと><1時間ごと><手動>のいずれかに変更しましょう。

1 <設定>→<アカウントの管理>で受信間隔を設定したいアカウントを選択して、

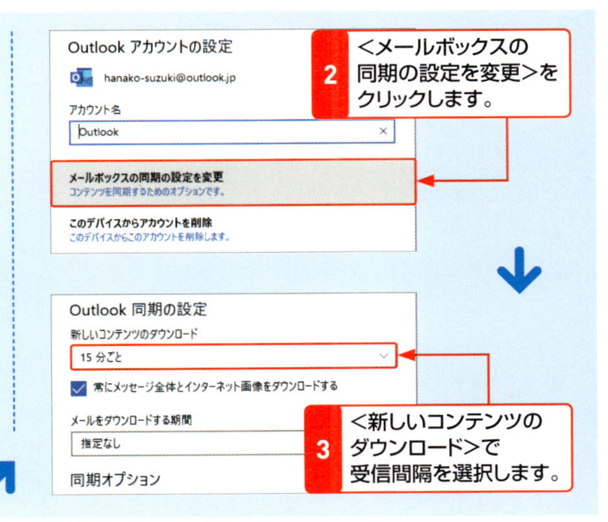

メールの管理と検索　重要度 ★★★

Q 302 「迷惑メール」フォルダーが表示されない！

A <その他>フォルダーから選択します。

「迷惑メール」フォルダーを表示するには、<その他>フォルダーをクリックして、その中にある「迷惑メール」フォルダーを選択します。なお、アカウントの種類を<POP3>にしている場合は、「迷惑メール」フォルダーは表示されません。

参照▶Q305

<POP3>を選択して追加したアカウントでは、「迷惑メール」フォルダーは表示されません。

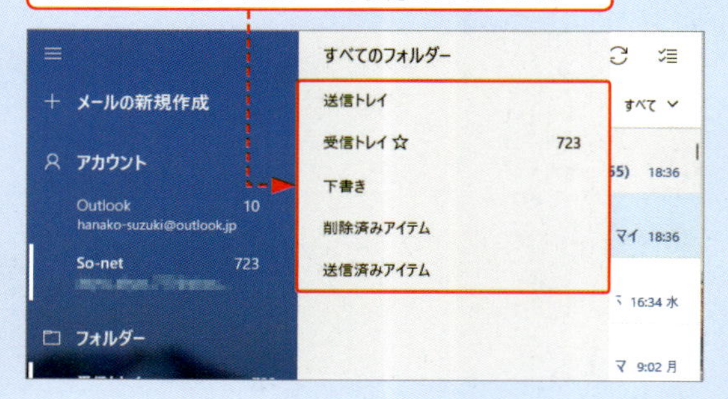

メールの管理と検索　重要度 ★★★

Q 303 知らないアドレスからメールが来た！

A 知り合いを装うメールなどは迷惑メールとして処理しましょう。

受信トレイに自分が応募していないのに当選を知らせるメールや、キャンペーンのお知らせメール、メールアドレスを知らないはずの知人から送られてきたメールがあったら、迷惑メールとして処理しましょう。
迷惑メールに返信したり、メール内のリンクをクリックしたりしてしまうと、迷惑メールの送り手は「メールを送信すると反応のあるアカウント」と認識して、続けてメールを送ってくることがあります。ひたすら無視し続けるのが、迷惑メールに一番効果的な対策です。

参照▶Q 305

1 <アクション>…をクリックして、

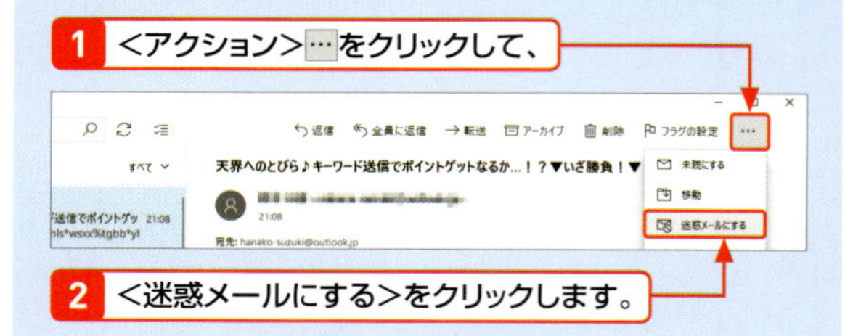

2 <迷惑メールにする>をクリックします。

メールの管理と検索　重要度 ★★★

Q 304 新しいフォルダーを作成したい！

A <フォルダー>から作成します。

たくさんのメールをやり取りしていると、目的のメールを探すのが大変になってしまいます。そんなときは、新しいフォルダーを作成してメールを整理しましょう。ただし、使っているメールの種類によっては、フォルダーが作成できない場合があります。

1 <フォルダー>をクリックして、

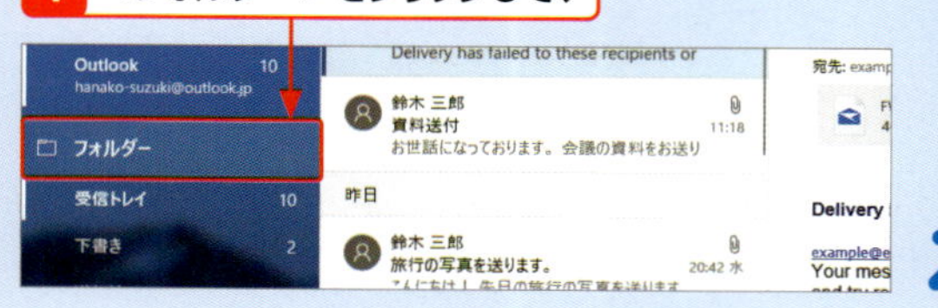

2 ここをクリックし、

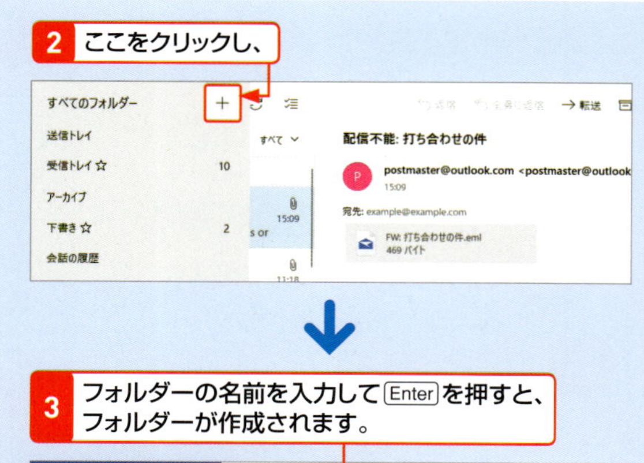

3 フォルダーの名前を入力して Enter を押すと、フォルダーが作成されます。

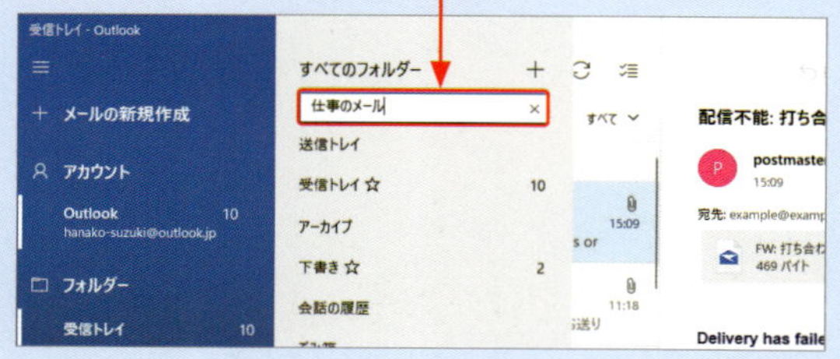

メールの管理と検索　重要度 ★★★

Q 305 メールを別のフォルダーに移動したい！

A <アクション>の<移動>を利用します。

メールを別のフォルダーに移動するには、<アクション>をクリックして<移動>をクリックし、移動先のフォルダーをクリックします。自動的に迷惑メールとして処理されてしまったメールを、<迷惑メール>フォルダーから<受信トレイ>に移動する場合などに利用します。

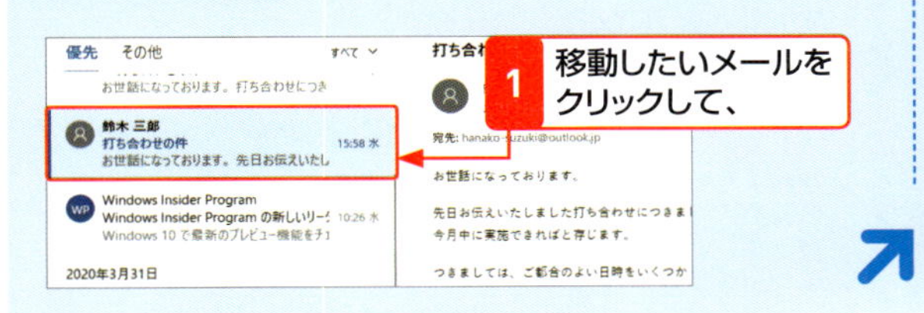

1 移動したいメールをクリックして、

2 <アクション>…をクリックし、

3 <移動>をクリックします。

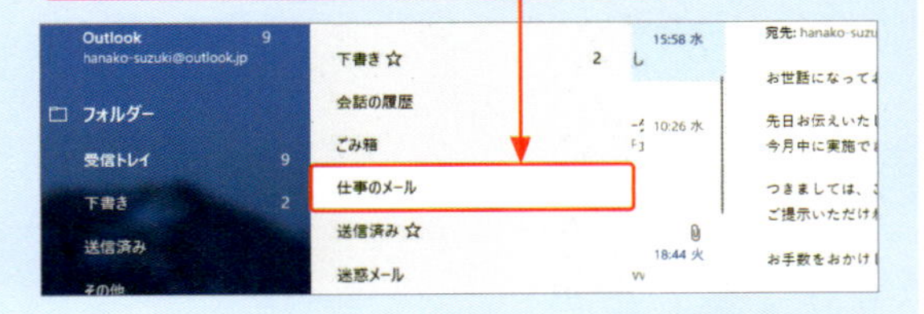

4 移動先のフォルダーをクリックします。

メールの管理と検索　重要度 ★★★

Q 306 「フラグ」って何？

A あとで返信したいメールなどに付けておく目印です。

「フラグ」は、読み返したいメールや、あとで返信したいメールといった重要なメールを探しやすくするための目印です。「メール」アプリには、フラグ付きのメールだけを表示する機能もあります。

「フラグ」をメールに設定するには、メールを表示して<フラグの設定>をクリックします。

重要度が下がったメールは、<フラグのクリア>をクリックしてフラグを外しましょう。

<フラグの設定>をクリックして、フラグを付けます。

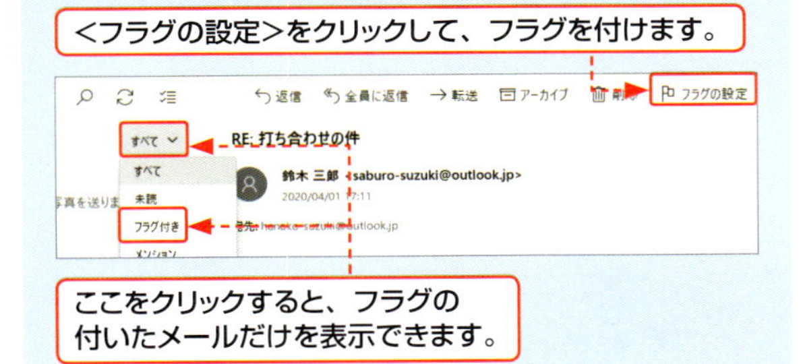

ここをクリックすると、フラグの付いたメールだけを表示できます。

メールの管理と検索　重要度 ★★★

Q 307 読んだメールを未読に戻したい！

A <未読にする>をクリックします。

メールを開いてしまったがじっくり読む時間がないので未読に戻したい、という場合は<アクション>から<未読にする>をクリックします。

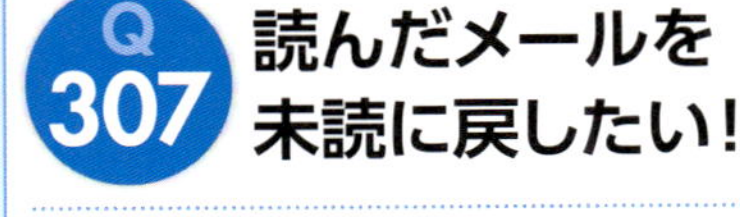

1 <アクション>…をクリックして、

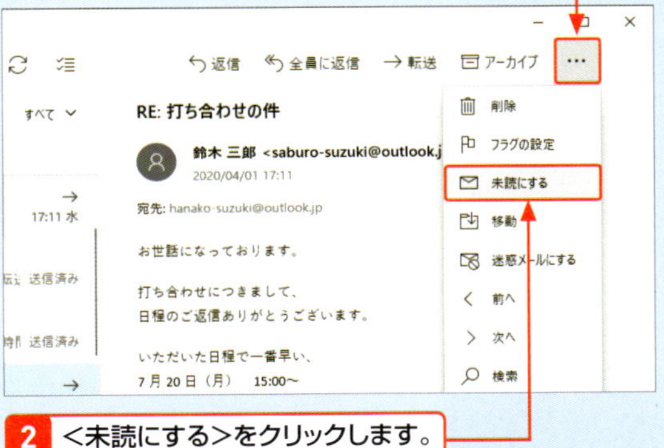

2 <未読にする>をクリックします。

メールの管理と検索　重要度 ★★★

Q 308 複数のメールを素早く選択したい！

A 選択モードを利用します。

複数のメールをまとめて選択したいときは、＜選択モードを開始する＞をクリックして「選択モード」に切り替えます。選択モードではメール一覧の各メールにチェックボックスが表示され、クリックしたメールを素早く選択できます。選択モードを終了するときは、＜選択モードを終了する＞をクリックします。

1 ＜選択モードを開始する＞をクリックして、

2 クリックしてチェックを付けます。

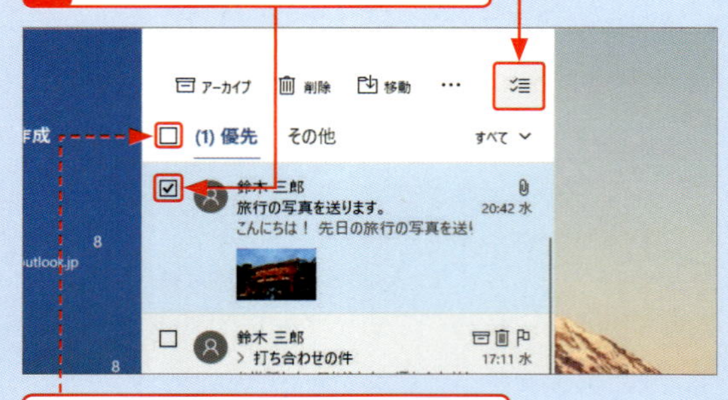

ここをクリックして、一覧のメールをすべて選択することもできます。

メールの管理と検索　重要度 ★★★

Q 309 メールを削除したい！

A メールをクリックして、＜削除＞をクリックします。

メールを利用していると、＜受信トレイ＞や＜送信済み＞フォルダーにメールが溜まっていきます。不要なメールは削除して、フォルダー内を整理するとよいでしょう。不要なメールを削除するには、メールをクリックして、＜削除＞をクリックします。削除したメールは、＜ごみ箱＞フォルダーに移動します。

1 削除するメールをクリックして、

2 どちらかの＜削除＞をクリックします。

メールの管理と検索　重要度 ★★★

Q 310 削除したメールを元に戻したい！

A ＜ごみ箱＞フォルダーから戻します。

削除したメールは、＜ごみ箱＞フォルダーに移動するので、誤って削除した場合でも元に戻すことができます。＜その他＞をクリックして＜ごみ箱＞をクリックし、＜ごみ箱＞フォルダーを開きます。続いて、右図のように操作します。

参照 ▶ Q 305

1 ＜ごみ箱＞フォルダーを開いて、元に戻すメールをクリックし、

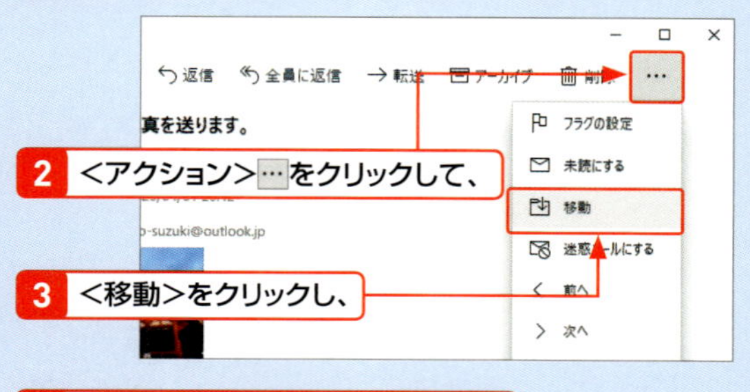

2 ＜アクション＞…をクリックして、

3 ＜移動＞をクリックし、

4 移動先のフォルダーを指定します。

メールの管理と検索　重要度 ★★★

Q311 メールを完全に削除したい！

A <ごみ箱>フォルダーから削除します。

削除したメールは、<ごみ箱>フォルダーに移動されます。メールを完全に削除したい場合は、<ごみ箱>フォルダーからもう一度削除します。

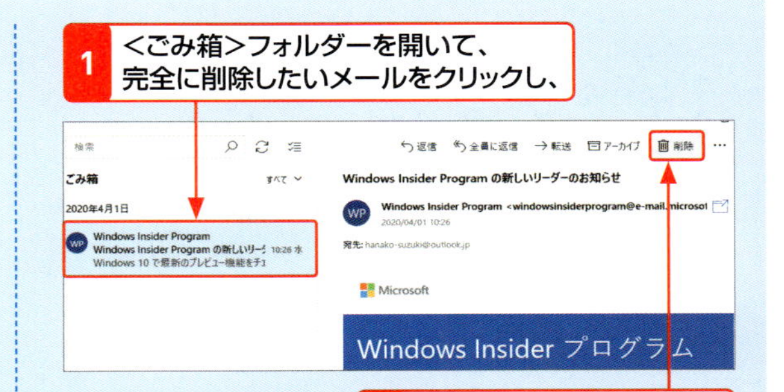

1 <ごみ箱>フォルダーを開いて、完全に削除したいメールをクリックし、
ごみ箱
2020年4月1日
Windows Insider Program
Windows Insider Program の新しいリーダーのお知らせ
Microsoft
Windows Insider プログラム
2 <削除>をクリックします。

メールの管理と検索　重要度 ★★★

Q312 メールを検索したい！

A 検索機能を利用します。

受信トレイに保存したメールが増えてくると、目的のメールが見つけづらくなります。このようなときは、検索機能を使ってメールを探しましょう。

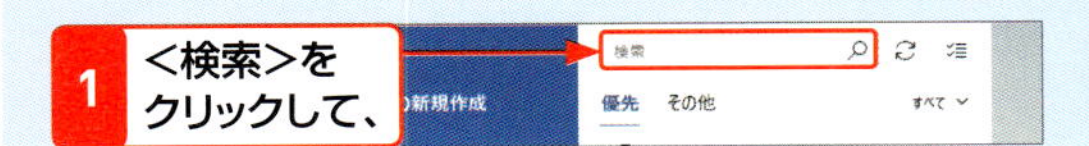

1 <検索>を クリックして、

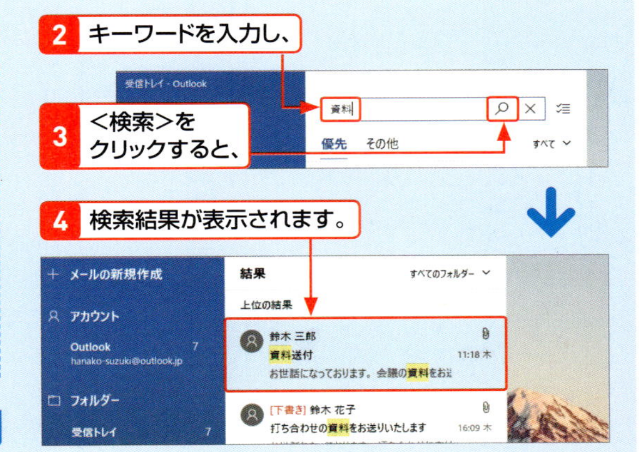

2 キーワードを入力し、
3 <検索>を クリックすると、
4 検索結果が表示されます。
結果
上位の結果
鈴木 三郎
資料送付

メールの管理と検索　重要度 ★★★

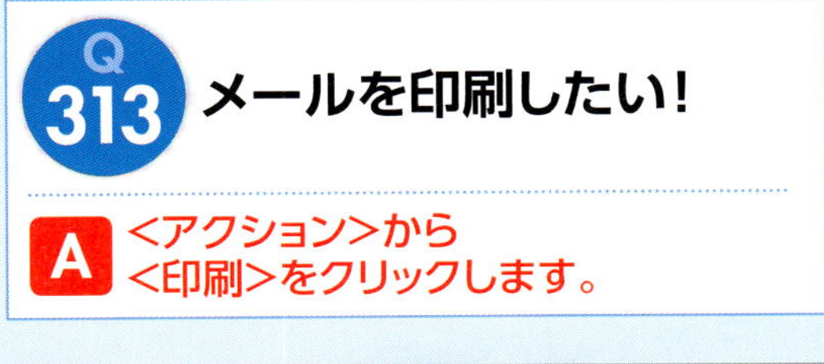

Q313 メールを印刷したい！

A <アクション>から<印刷>をクリックします。

会議の日時や場所、重要な用件、会員登録情報など、忘れないように控えておきたいメールや外出先で参照したいメールは、印刷しておくとよいでしょう。「メール」アプリでメールを印刷するには、<アクション>から<印刷>をクリックします。

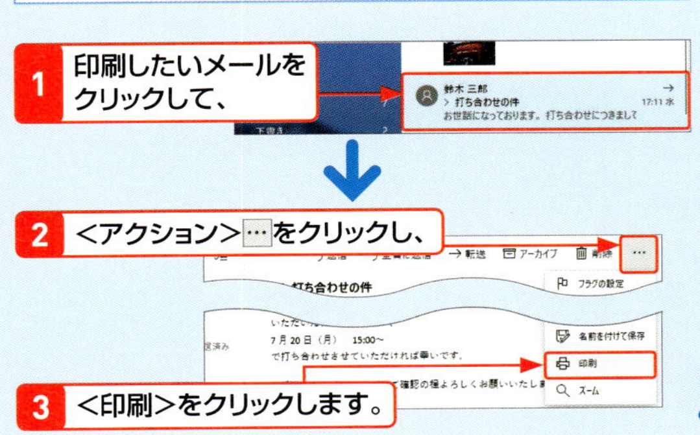

1 印刷したいメールを クリックして、
2 <アクション>…をクリックし、
3 <印刷>をクリックします。

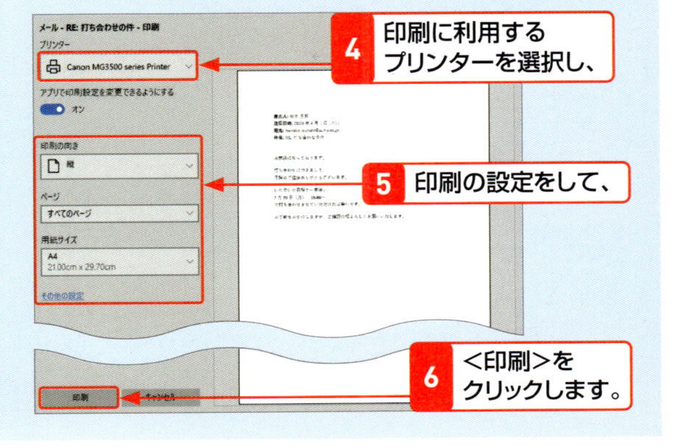

4 印刷に利用する プリンターを選択し、
5 印刷の設定をして、
6 <印刷>を クリックします。

「People」アプリの利用　重要度 ★★★

Q 314 メールアドレスを管理したい！

A 「People」アプリを利用します。

Windows 10には、メールアドレスや電話番号といった連絡先を管理するためのアプリとして、「People」が用意されています。「People」アプリを利用するには、Microsoftアカウントでサインインします。

1 スタートメニューで＜People＞をクリックすると、

2 「People」アプリが起動します。

この画面が表示されたら＜はじめましょう＞をクリックします。

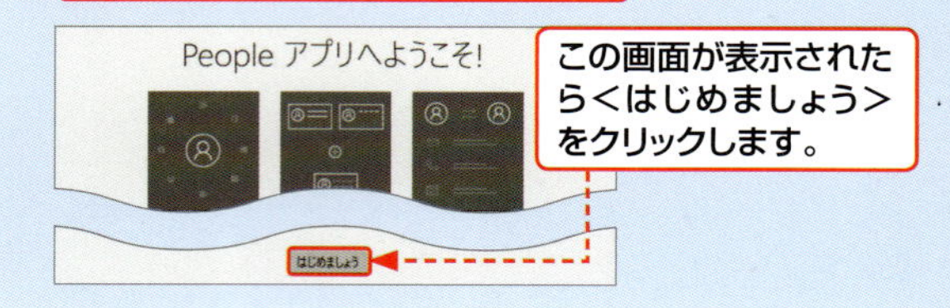

「People」アプリの利用　重要度 ★★★

Q 315 「People」アプリに連絡先を登録したい！

A Peopleを起動して連絡先を登録します。

メールの差出人などを「People」アプリの連絡先として登録するには、メールの上部に表示されている送信者をクリックしてメールアドレスをコピーし、「People」アプリに入力します。

1 送信者のアイコンまたはメールアドレスをクリックして、

2 メールアドレスにマウスポインターを合わせてここをクリックすると、

3 メールアドレスがコピーされます。

4 「People」アプリで＜新しい連絡先＞＋をクリックします。
5. メールアドレスなどの情報を入力します。
6. ＜保存＞をクリックすると、連絡先が登録されます。

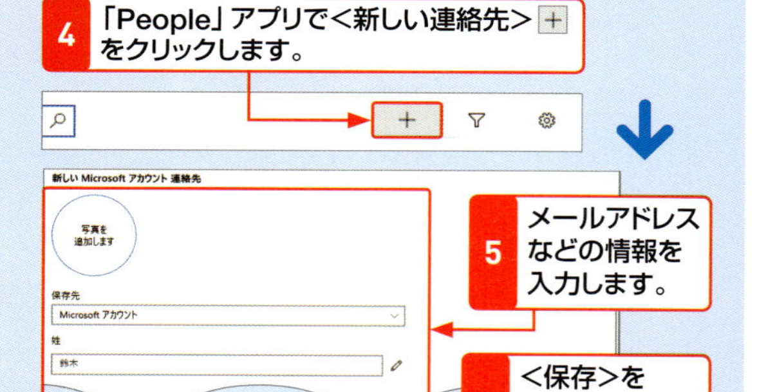

「People」アプリの利用　重要度 ★★★

Q 316 連絡先を「メール」アプリから呼び出したい！

A ＜連絡先を選択＞をクリックしましょう。

「People」アプリにメールアドレスを登録してある人にメールを送りたいときは、「メール」アプリから連絡先を呼び出しましょう。宛先に追加したい人をクリックするだけで、宛先が自動で入力されます。

1 新規メールを作成して、

2 ＜連絡先を選択＞をクリックすると、

3 「People」アプリの連絡先が開きます。

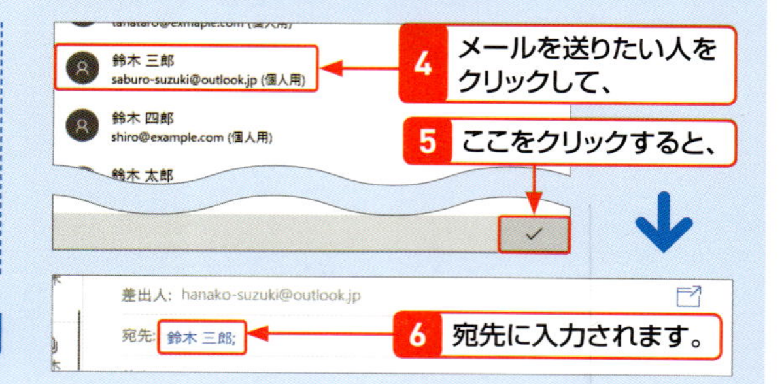

「People」アプリの利用　重要度 ★★★

Q 317 登録した連絡先情報を編集したい!

A 「People」の情報の編集画面で行います。

「People」アプリに登録した連絡先は、必要に応じて編集することができます。「People」アプリを起動して、下の手順に従います。

1 連絡先をクリックして、

2 <編集>をクリックします。

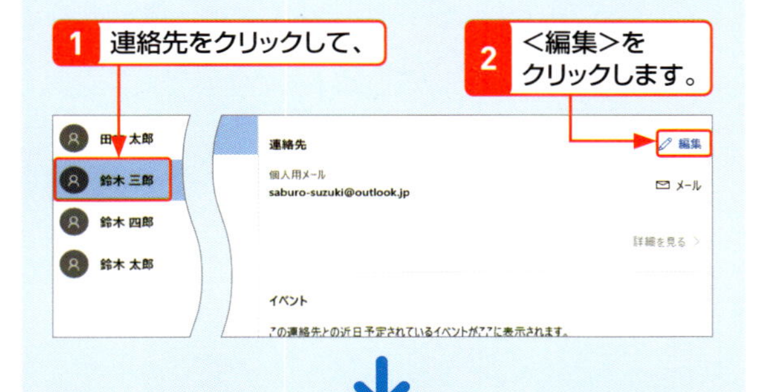

ここでは携帯電話の番号を追加します。

3 <電話>をクリックして、

4 <携帯電話>をクリックします。

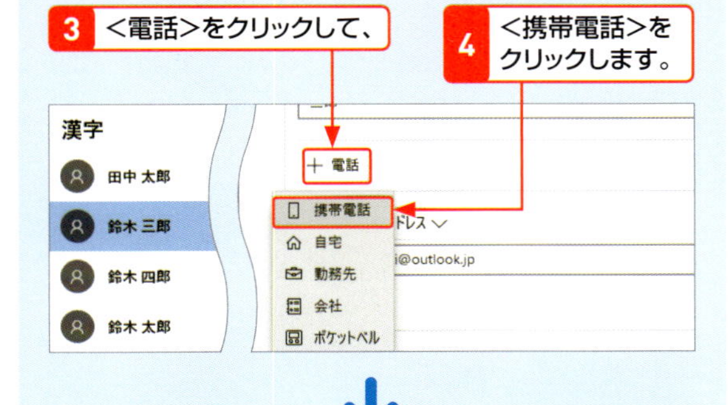

5 携帯電話の入力欄が追加されるので、携帯電話の番号を入力し、

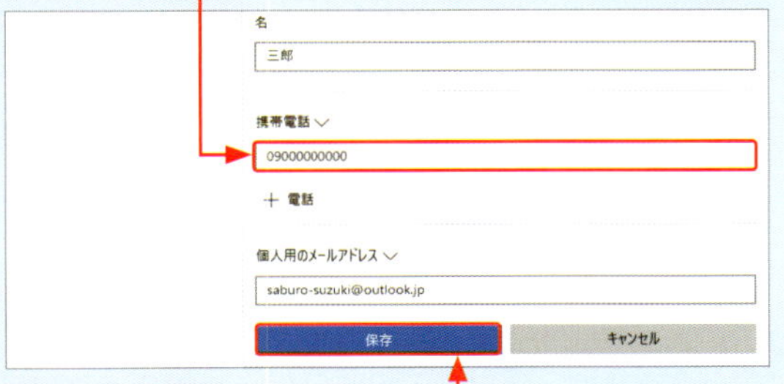

6 <保存>をクリックします。

「People」アプリの利用　重要度 ★★★

Q 318 「People」アプリからメールを作成したい!

A 「People」アプリで連絡先を指定します。

「People」アプリの連絡先から直接「メール」アプリを起動して、メールを作成・送信できます。「People」アプリを起動して、メールを送信する相手をクリックすれば連絡先として入力されます。

連絡先が多くて相手を探すのが大変な場合は、検索して探すこともできます。

1 「People」アプリを起動して、

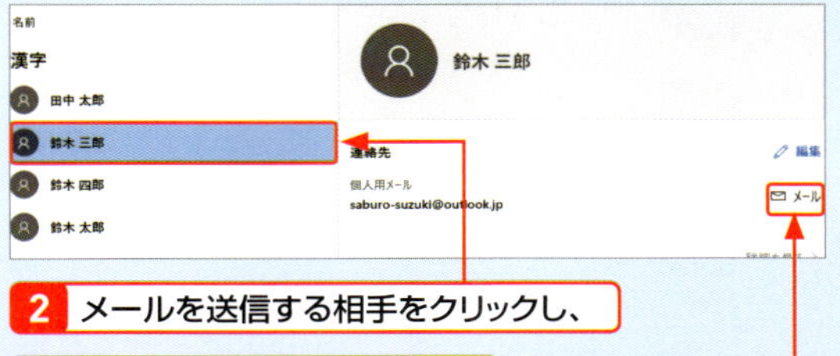

2 メールを送信する相手をクリックし、

3 <メール>をクリックします。

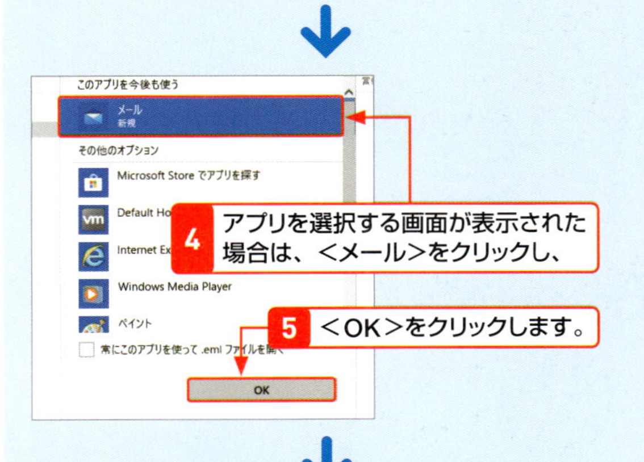

4 アプリを選択する画面が表示された場合は、<メール>をクリックし、

5 <OK>をクリックします。

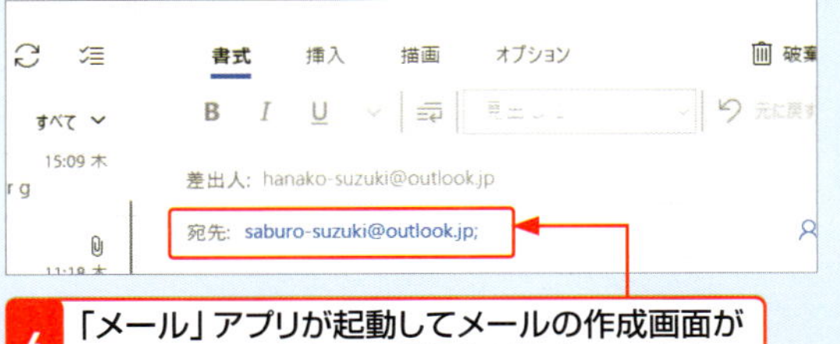

6 「メール」アプリが起動してメールの作成画面が表示され、<宛先>に送信先が入力されます。

「People」アプリの利用　重要度 ★★★

Q 319 「People」アプリをもっと素早く開くには？

A タスクバーにアイコンを表示させて起動しましょう。

タスクバーに＜People＞アイコンを表示させると、「People」アプリを素早く起動したり、特定の連絡先に簡単にアクセスしたりできるようになります。＜People＞アイコンは、タスクバーを右クリックして、＜タスクバーにPeopleを表示する＞をクリックすれば表示できます。

1 ＜People＞アイコンをクリックして、

2 この画面が表示されたら、＜はじめに＞をクリックします。

3 ＜アプリ＞タブをクリックし、

4 ＜People＞をクリックすると、「People」アプリを素早く起動できます。

Outlook.comの利用　重要度 ★★☆

Q 320 Outlook.comってどんなことができるの？

A ブラウザーを使ってメールの送受信ができます。

「Outlook.com」は、マイクロソフトが運営するWebメールサービスで、従来のHotmailの後継となるサービスです。
基本的な機能は、メールの作成や送受信、フォルダーによる分類など、「メール」アプリと同様で、そのすべてをブラウザー上で利用できます。2020年6月時点で次のような特徴があります。

- ブラウザーが使える環境であればどこからでもメールを送受信できる
- 無料で利用できる
- メールの保存容量は15GB
- Wordの文書やExcelのブックが添付されている場合、ブラウザーから閲覧できる
- 複数のアカウントを利用できる

「メール」アプリとOutlook.comを同じMicrosoftアカウントで使用している場合、内容が同期されます。普段は職場のデスクトップパソコンで「メール」アプリを使い、出張先や自宅のノートパソコンのブラウザーからOutlook.comにアクセスして仕事関連のメールを確認する、といった使い方ができます。

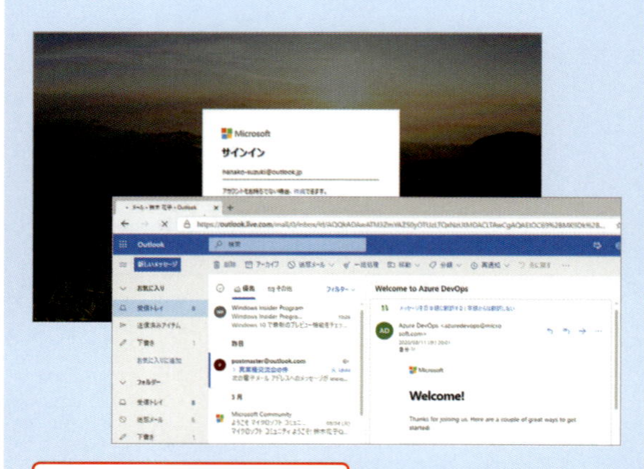

https://outlook.live.com/

Outlook.comのメールアドレスを入力してサインインすると利用できます。

Outlook.comの利用　重要度★★★

Q 321 Outlook.comでメールの利用を始めたい！

A Outlook.comへサインインします。

Outlook.comでメールを始めるには、Webブラウザーを起動して、Outlook.comのWebサイト（https://outlook.live.com/）へアクセスします。

はじめてOutlook.comへアクセスした際には、Outlook.comのメールアドレスとパスワードを入力してサインインする必要があります。一度サインインすれば、以降はWebサイトにアクセスするだけでメールが利用できるようになります。また、サインインの画面でメールアドレスを新規取得することもできます。

1 スタートメニューからブラウザーを起動して、

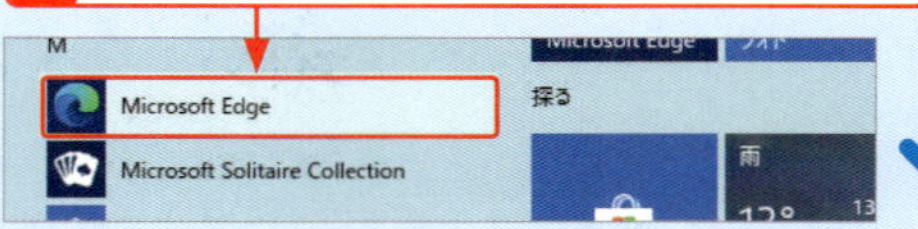

Microsoft Edge
Microsoft Solitaire Collection

2 Outlook.comのWebサイト（https://outlook.live.com/）を表示します。

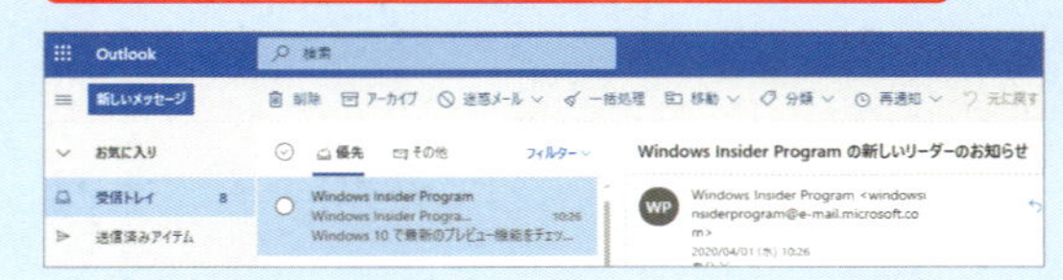

Outlook.comの利用　重要度★★★

Q 322 Outlook.comの画面の見方を知りたい！

A 下図のような画面で構成されています。

Outlook.comの画面は、タブレットなどでのタッチ操作がしやすいように、すっきりとまとめられています。下図は<受信トレイ>の画面ですが、左端にフォルダー一覧、右側に作業画面が表示され、上部にツールバーが配置されています。

なお、基本的な操作方法は「メール」アプリとほぼ同じです。

● <受信トレイ>画面の構成

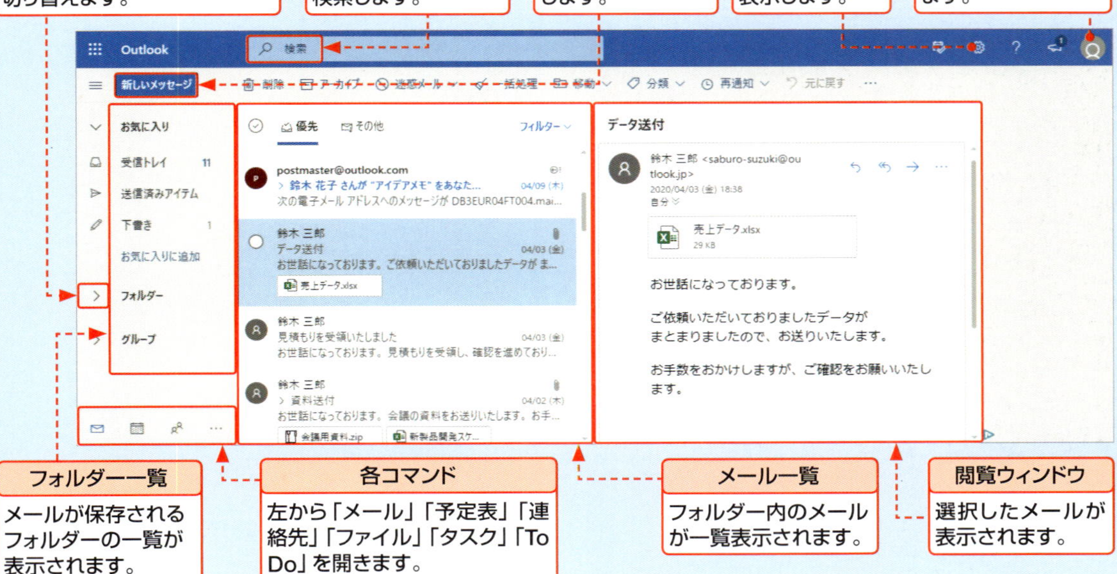

フォルダーの表示／非表示
フォルダーの表示／非表示を切り替えます。
検索
メールやユーザーを検索します。
新しいメッセージ
メールを新規作成します。
設定
設定メニューを表示します。
アカウント
アカウントの設定やサインアウトを行います。
フォルダー一覧
メールが保存されるフォルダーの一覧が表示されます。
各コマンド
左から「メール」「予定表」「連絡先」「ファイル」「タスク」「To Do」を開きます。
メール一覧
フォルダー内のメールが一覧表示されます。
閲覧ウィンドウ
選択したメールが表示されます。

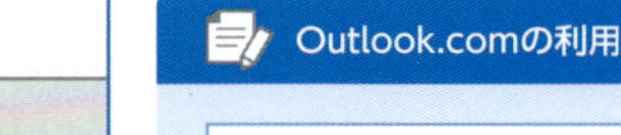

Outlook.comの利用　重要度 ★★★

Q 323 メールを送りたい!

A <新しいメッセージ>をクリックします。

Outlook.comでメールを送信するには、まず<新しいメッセージ>をクリックします。メールの作成画面が表示されるので、<宛先>に送信先のメールアドレスを入力して、<件名を追加>欄にメールの件名を、件名の下にある空欄にメールの本文を入力して、<送信>をクリックします。

1 Outlook.comを表示して、

2 <新しいメッセージ>をクリックします。

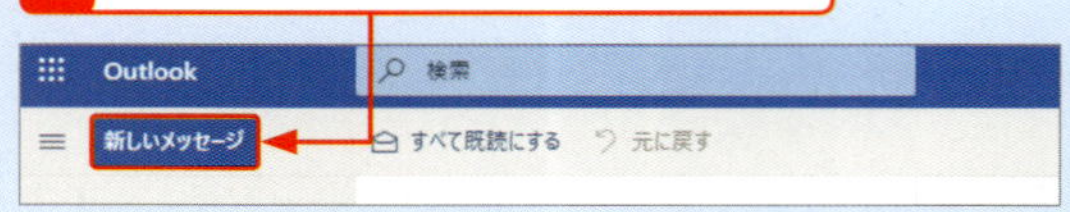

3 送信相手のメールアドレスを入力して、

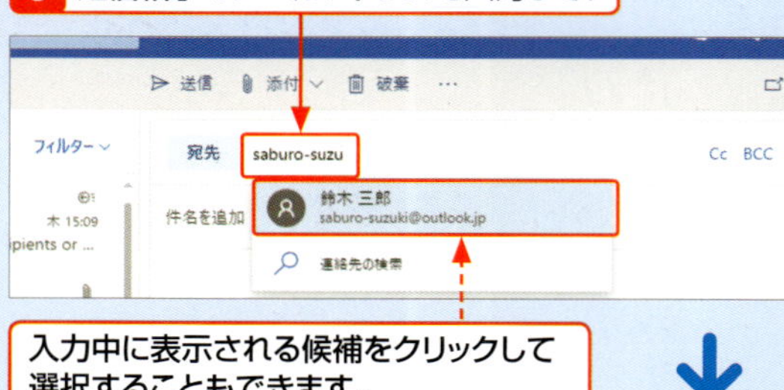

入力中に表示される候補をクリックして選択することもできます。

4 件名を入力し、　5 メールの本文を入力します。

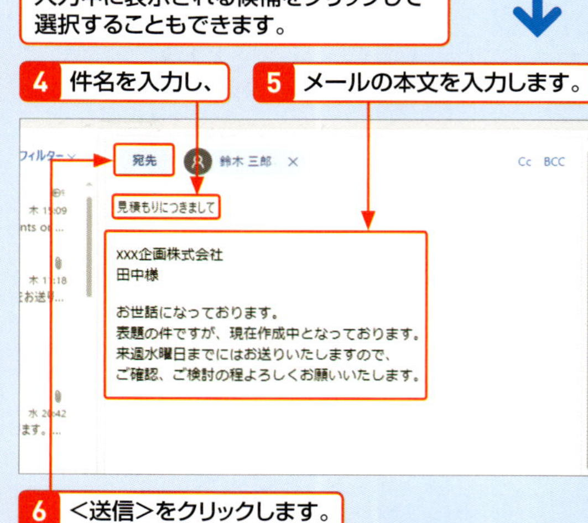

6 <送信>をクリックします。

Outlook.comの利用　重要度 ★★★

Q 324 メールの本文に書式を設定したい!

A 本文の入力欄に表示されるコマンドを利用します。

Outlook.comでは、メールの本文に文字書式や段落書式を設定できます。本文の文字を選択すると、それらの文字のそばにコマンドボタンが表示されるので、目的の書式設定のボタンをクリックします。

以下では文字のフォントサイズを変更しています。

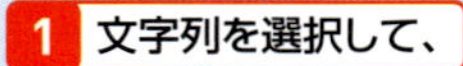

1 文字列を選択して、

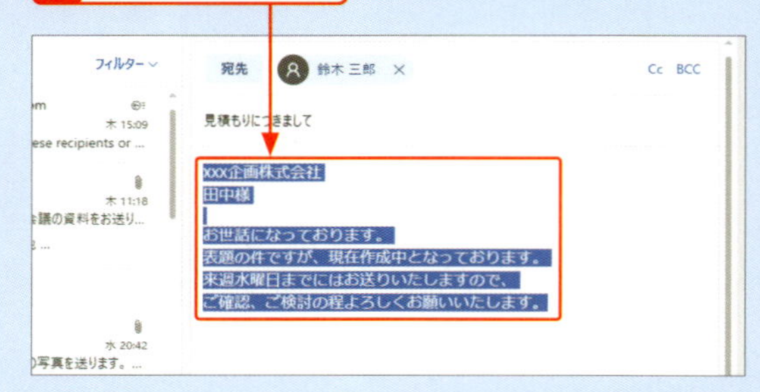

2 <フォントサイズ>をクリックし、

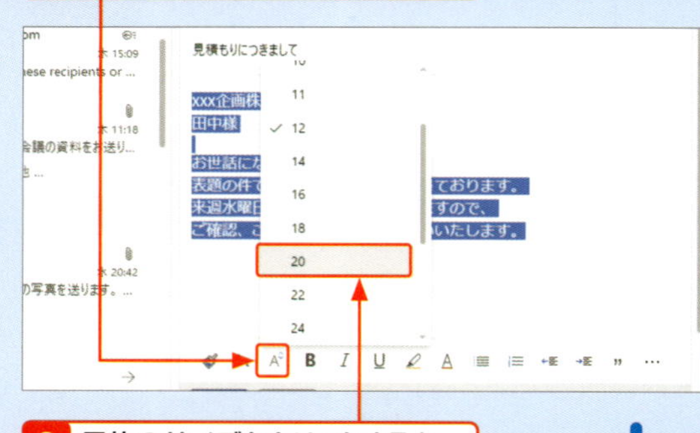

3 目的のサイズをクリックすると、

4 フォントサイズが変更されます。

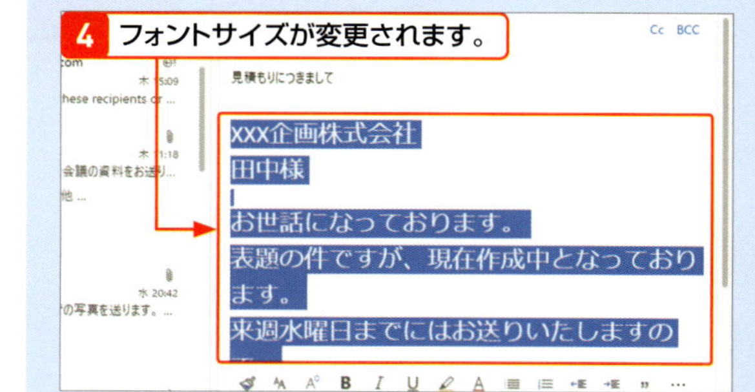

Outlook.comの利用　重要度 ★★★

Q 325 複数の人に同じメールを送りたい！

A <宛先>に複数の送信先を指定します。

複数の人に同じメールを送る場合は、<宛先>欄に送り先全員のメールアドレスを入力します。また、CCやBCCを利用すると、宛先以外の人に同じ内容のメールを送信することができます。

このとき、CCに入力したメールアドレスは、メールを受信した人全員に表示されますが、BCCに入力したメールアドレスは、受信した人には表示されません。

参照▶Q 292

● 宛先欄を利用する

<宛先>に、送り先全員のメールアドレスを入力します。

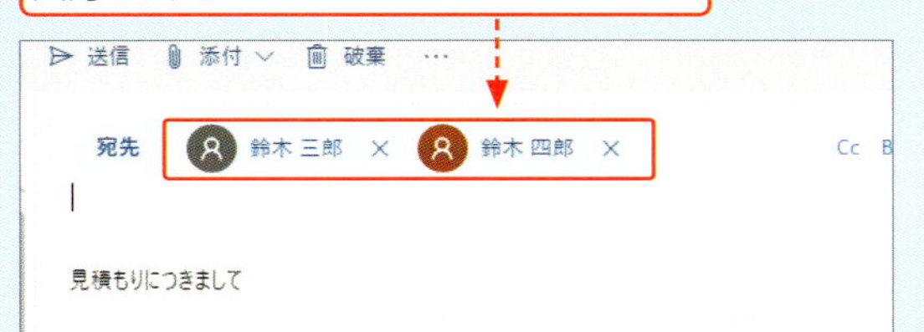

● CC や BCC を利用する

1 <Cc>と<BCC>をクリックすると、

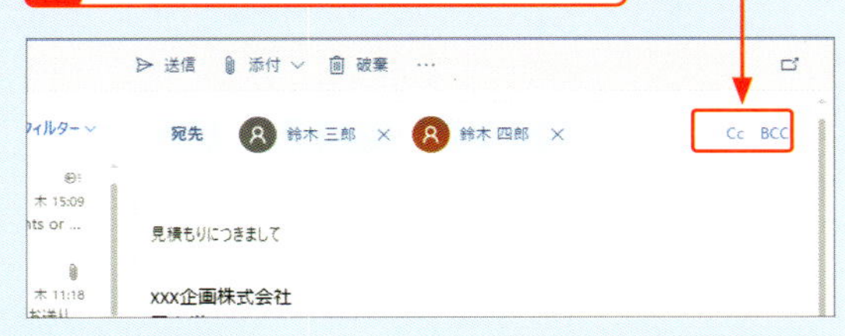

2 <CC>欄と<BCC>欄が表示されます。

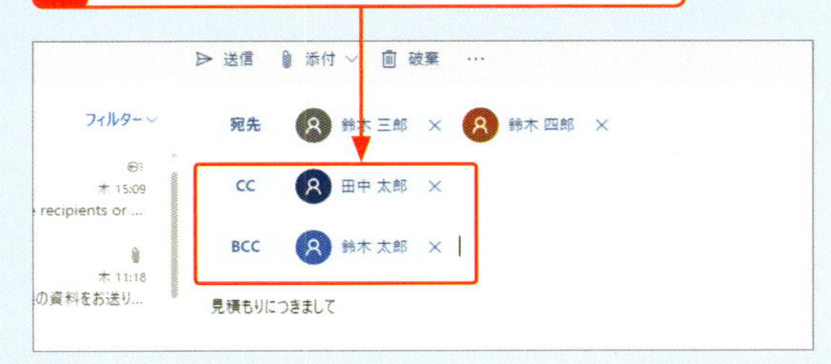

Outlook.comの利用　重要度 ★★☆

Q 326 メールを受信するには？

A <更新>をクリックします。

Outlook.comは新着メールを自動的に受信しますが、何らかの原因で新着メールが表示されないこともあります。メールが送られているはずだが届いていないというときは、ブラウザーの<更新>をクリックすると、新着メールの受信作業が行われます。

1 <更新>をクリックすると、

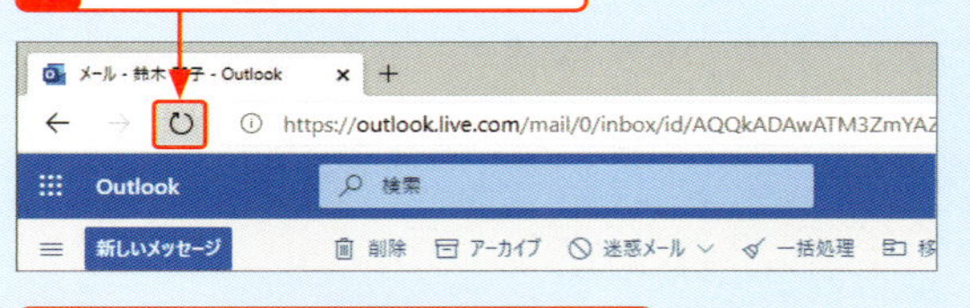

2 新着メールの受信が行われます。

Outlook.comの利用　重要度 ★★★

Q 327 受信したメールを見たい！

A <受信トレイ>のメールをクリックします。

受信したメールは<受信トレイ>フォルダーに保存されます。<受信トレイ>フォルダーに表示されるメールをクリックすると、メールの内容が表示されます。

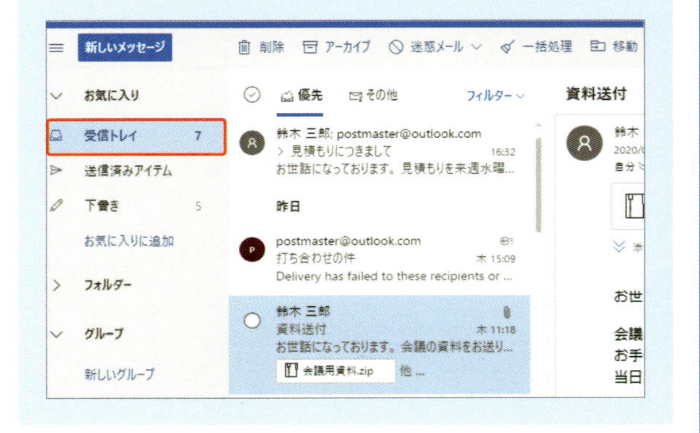

Outlook.comの利用　重要度 ★★★

Q 328 メールを返信・転送したい!

A <返信>や<転送>を利用します。

● 受信メールに返信する

受信したメールに返事を出したい場合は、<返信>をクリックします。返信用メールの作成画面が表示され、<宛先>には送信者のメールアドレスが自動的に入力されます。

1 <返信>をクリックして、

2 メッセージを入力し、

3 <送信>をクリックします。

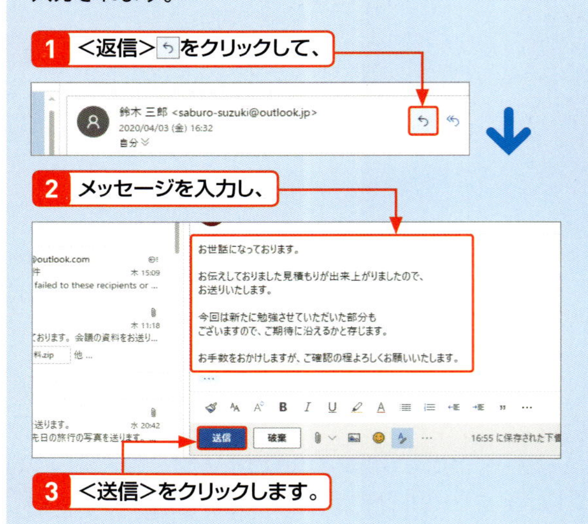

● 受信メールを転送する

受信したメールをほかの人に転送したい場合は、<全員に返信>の右にある<転送>をクリックします。転送用メールの作成画面が表示されるので、<宛先>に転送相手のメールアドレスを入力します。

3 必要があればメッセージを入力して、

4 <送信>をクリックします。

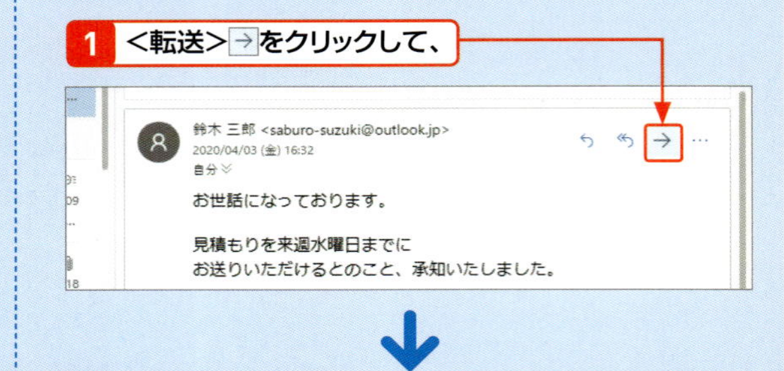

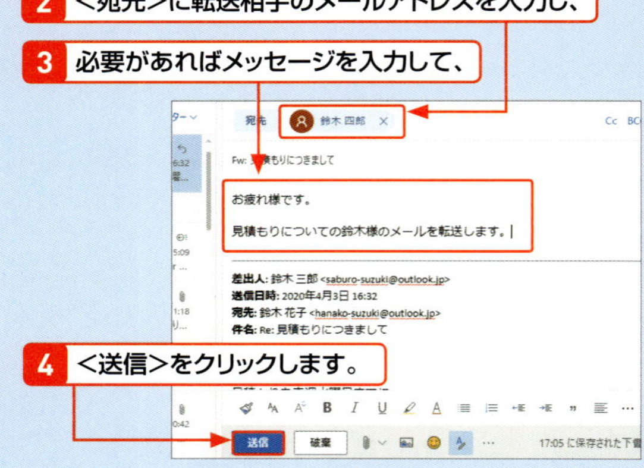

Outlook.comの利用　重要度 ★★★

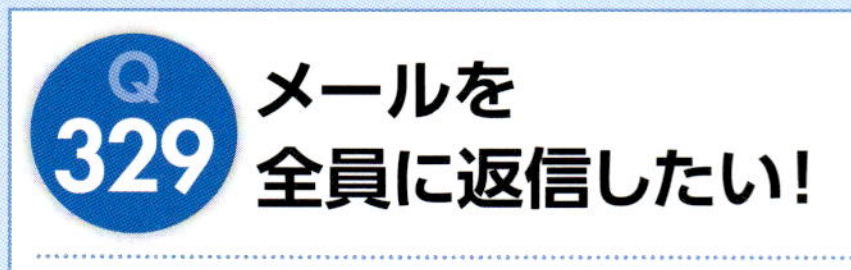

Q 329 メールを全員に返信したい!

A <全員に返信>のアイコンをクリックします。

<返信>の右の<全員に返信>のアイコンをクリックすると、送信者とCCに設定されている人全員に返信できます。

参照▶Q 295

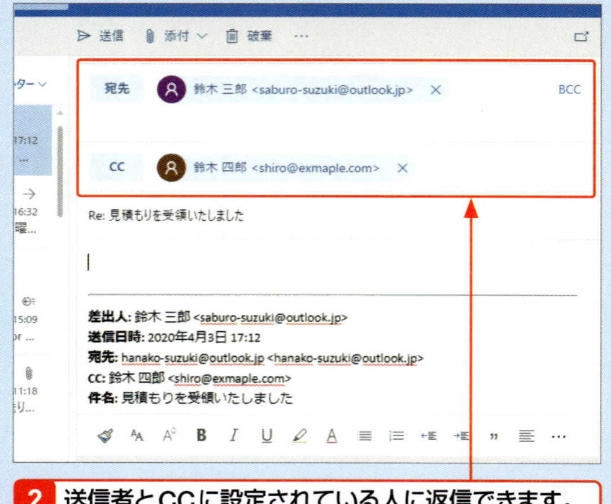

Outlook.comの利用　重要度 ★★★

Q 330 メールに署名を入れたい!

A 設定画面で署名を編集します。

メッセージの最後に入れる自分の名前や住所、電話番号、メールアドレスなどを書いた部分のことを「署名」といいます。署名を作成すると、メッセージの最後に署名が自動的に挿入されます。
署名を作成するには、設定画面の＜電子メールの署名＞欄にある署名を編集します。 参照▶Q 297

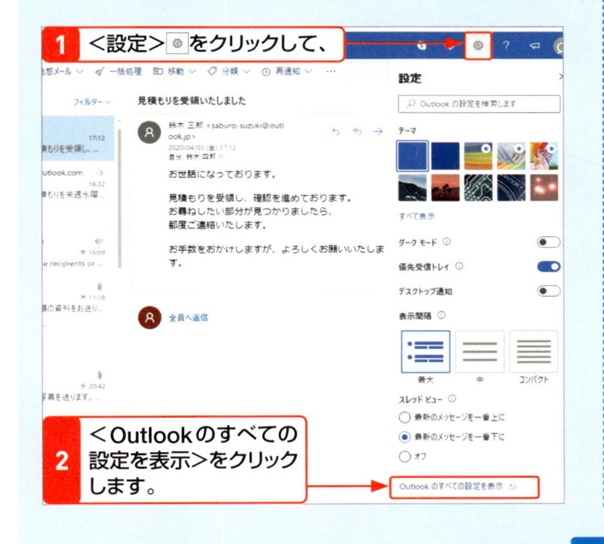
1 ＜設定＞をクリックして、
2 ＜Outlookのすべての設定を表示＞をクリックします。

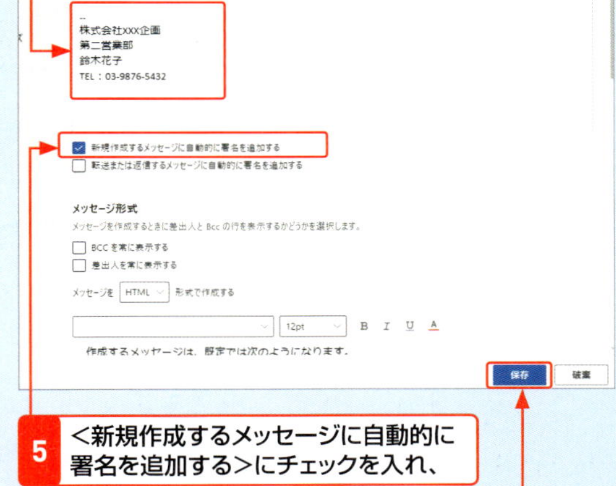
3 ＜作成と返信＞をクリックします。
設定
設定を検索
全般
メール
予定表
連絡先
レイアウト
作成と返信
添付ファイル
ルール
一括処理
迷惑メール
アクションのカスタマイズ
優先受信トレイ

4 ＜電子メールの署名＞欄に署名を入力して、
株式会社xxx企画
第二営業部
鈴木花子
TEL：03-9876-5432
5 ＜新規作成するメッセージに自動的に署名を追加する＞にチェックを入れ、
6 ＜保存＞をクリックします。
保存
破棄

Outlook.comの利用　重要度 ★★

Q 331 メールに添付されたファイルを開きたい!

A 添付ファイルをクリックしてプレビュー表示します。

添付ファイルを開くには、メールを表示して添付ファイルをクリックします。これだけで、Outlook.com上でファイルをプレビュー表示することができます。プレビュー表示に対応しているのは、写真、WordやExcelといったオフィスアプリの文書、PDFなどです。

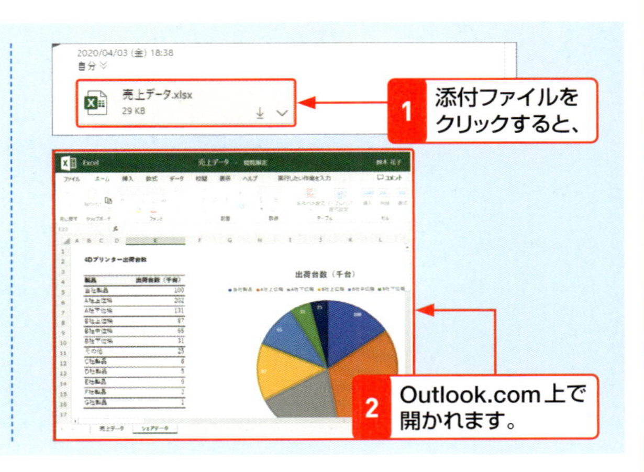
2020/04/03 (金) 18:38
売上データ.xlsx
29 KB
1 添付ファイルをクリックすると、
2 Outlook.com上で開かれます。

Q 332 メールにファイルを添付したい！

A <添付>から挿入します。

メールには、メッセージだけでなく、文書ファイルや画像データなどを添付して送ることができます。

ファイルを添付するには、<添付>をクリックして<このコンピューターから選択>をクリックします。<開く>ダイアログボックスが表示されるので、ファイルの保存場所を指定し、<開く>をクリックします。

ファイルの添付を取り消したい場合は、添付ファイルの<添付ファイルの削除>☒をクリックします。

1 メールを作成して、

2 ＜添付＞をクリックします。

3

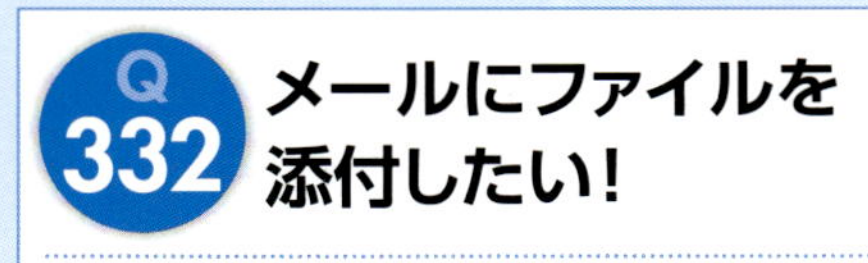

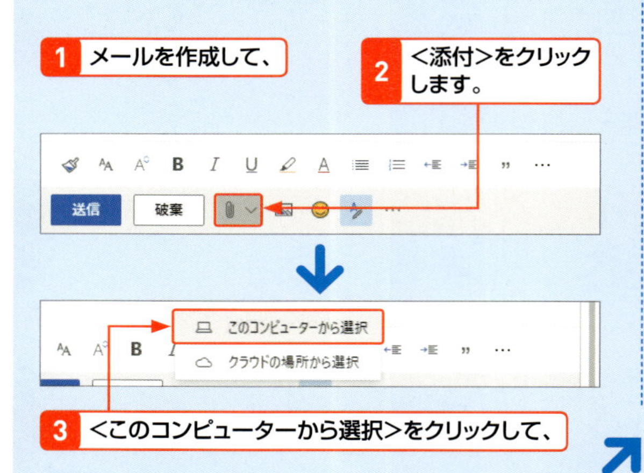

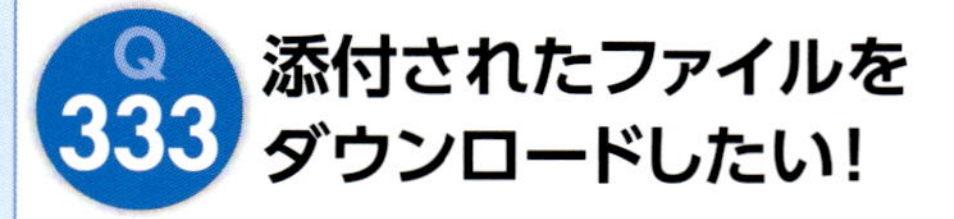

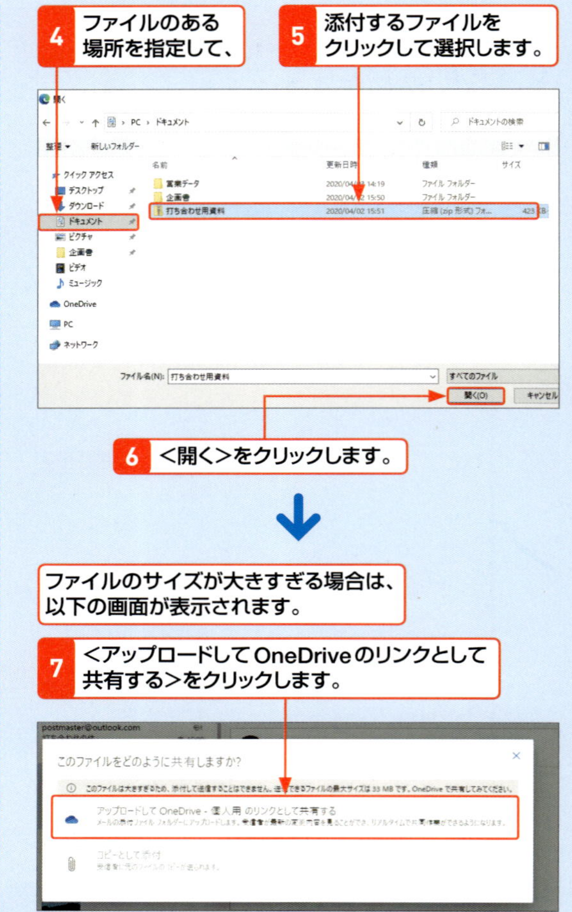

4 ファイルのある場所を指定して、
5 添付するファイルをクリックして選択します。
ドキュメント
打ち合わせ用資料
開く(O)
キャンセル
6 <開く>をクリックします。
ファイルのサイズが大きすぎる場合は、以下の画面が表示されます。
7 <アップロードしてOneDriveのリンクとして共有する>をクリックします。
このファイルをどのように共有しますか?

Q 333 添付されたファイルをダウンロードしたい！

A 添付ファイルの<ダウンロード>をクリックします。

添付ファイルを保存するには、添付ファイルをダウンロードします。「ダウンロード」とは、インターネット上のファイルを、パソコンに保存することをいいます。添付ファイルの<ダウンロード>をクリックすると、添付ファイルがダウンロードされて、<ダウンロード>フォルダーに保存されます。

基本 / デスクトップ / キーボード・文字入力 / インターネット / メール・連絡先 / セキュリティ / 写真・動画・音楽 / OneDrive・スマホ / 印刷・周辺機器 / アプリ / インストール・設定

Q 334 複数のメールアカウントを利用したい!

A メールアカウントを追加します。

Outlook.comは、「仕事とプライベートで異なるメールアドレスを使う」「仕事のプロジェクトごとに異なるメールアドレスを使う」といったように、複数のメールアドレスを使い分けることができます。
Outlook.comにメールアカウント（メールアドレス）を追加する手順は、以下のとおりです。

5 表示名とメールアドレス、パスワードを入力して、

6 <OK>をクリックすると、メールアドレスが追加されます。

送受信のメールサーバーの指定が必要な場合は、続けて設定します。

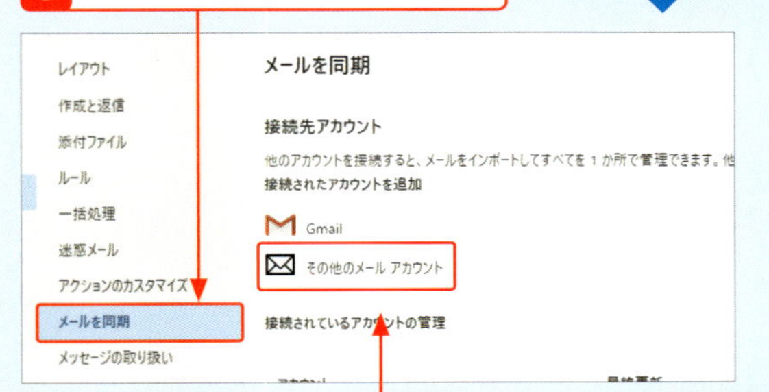

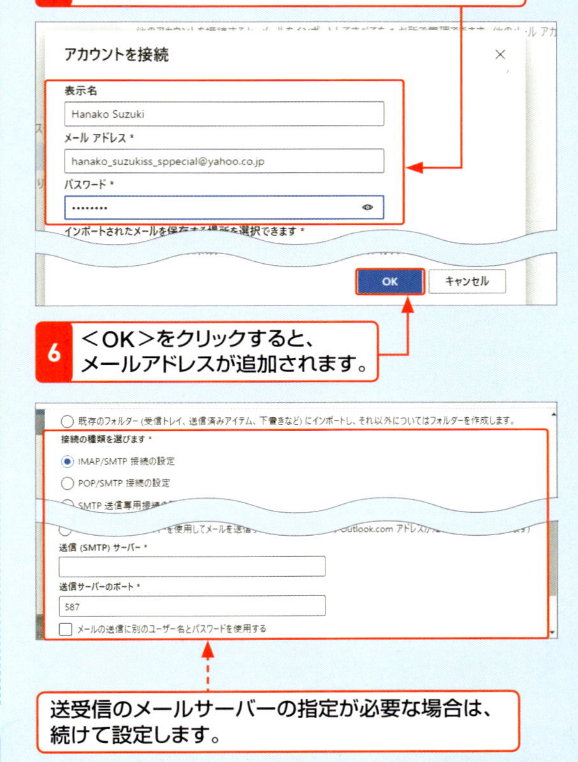

Q 335 受信トレイを切り替えたい!

A 追加したメールアカウントの受信トレイをクリックします。

メールアカウントを追加すると、受信トレイも追加されます。フォルダー一覧で追加したメールアカウントを選択して、＜INBOX＞をクリックしましょう。

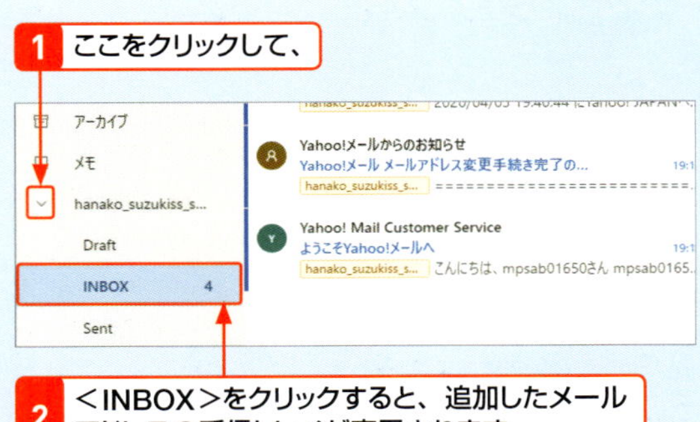

基本 デスクトップ キーボード・文字入力 インターネット メール・連絡先 セキュリティ 写真・動画・音楽 OneDrive・スマホ 印刷・周辺機器 アプリ インストール・設定

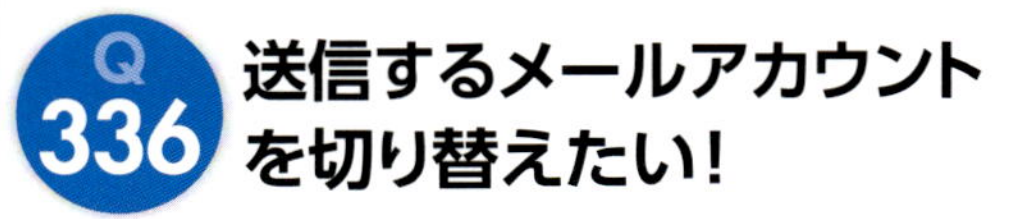

Outlook.comの利用　重要度 ★★★

Q 336 送信するメールアカウントを切り替えたい！

A 送信者のメールアドレスを切り替えます。

送信するメールアドレスを切り替えるには、メールの作成画面で送信者をクリックします。複数のメールアドレスを設定している場合、それらが一覧で表示されるので、送信に使うメールアドレスをクリックして選択します。

参照▶Q 334

1 メールを作成して、

2 <…>をクリックし、

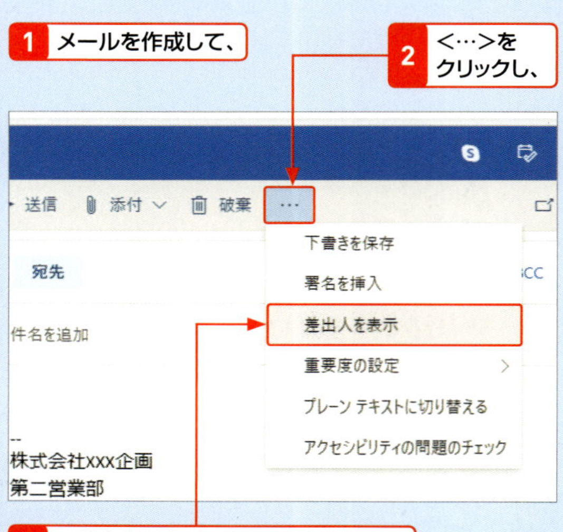

3 <差出人を表示>をクリックします。

4 <差出人>をクリックし、

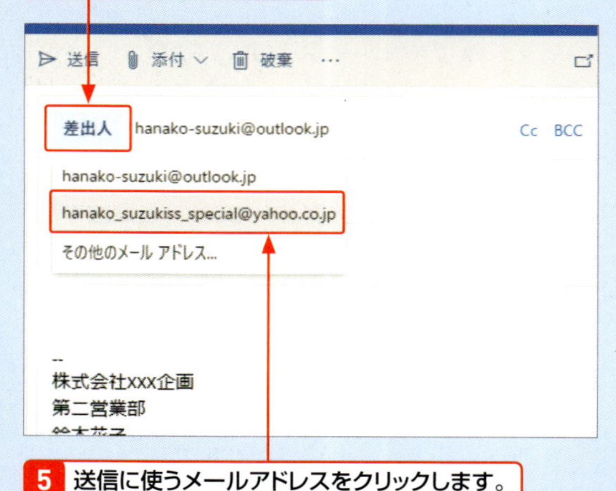

5 送信に使うメールアドレスをクリックします。

Outlook.comの利用　重要度 ★★★

Q 337 メールを検索したい！

A 検索機能を利用します。

受信トレイに保存したメールが増えてくると、目的のメールが見つけづらくなります。このようなときは、検索機能を使ってメールを探しましょう。

1 <検索>をクリックして、

2 キーワードを入力し、

3 <検索>をクリックすると、

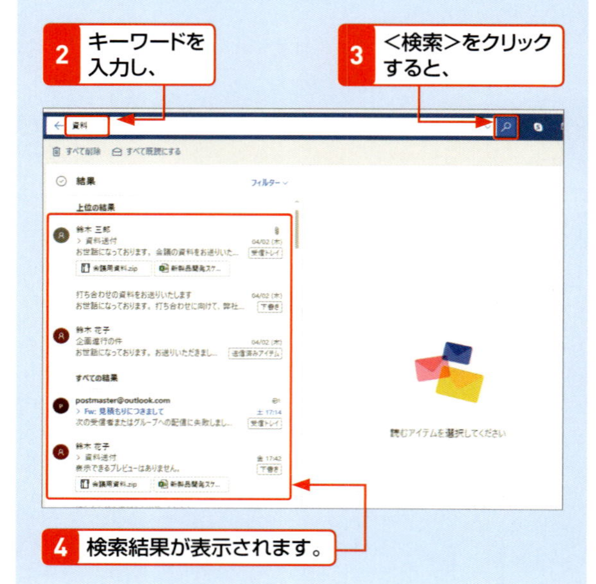

4 検索結果が表示されます。

Outlook.comの利用　重要度 ★★★

Q 338 メール整理用のフォルダーを作りたい!

A <新しいフォルダー>をクリックします。

受信トレイのメールが増えてきた場合は、フォルダーを作成して、メールを分類しましょう。

Outlook.comでフォルダーを作成するには、フォルダー一覧の<新しいフォルダー>をクリックして、フォルダー名を入力します。

1 <新しいフォルダー>をクリックして、

2 フォルダー名を入力し Enter を押すと、新しいフォルダーが作成されます。

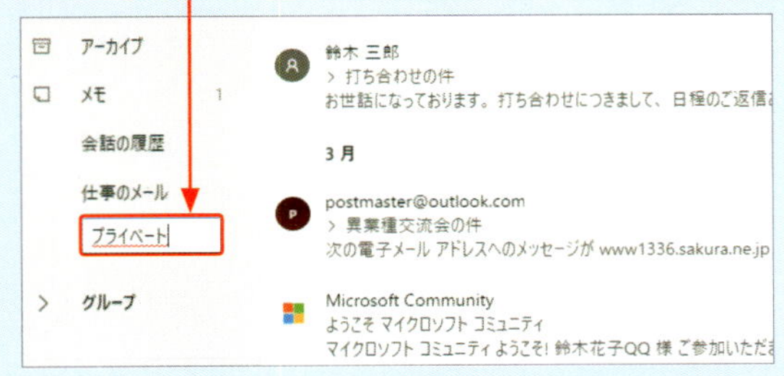

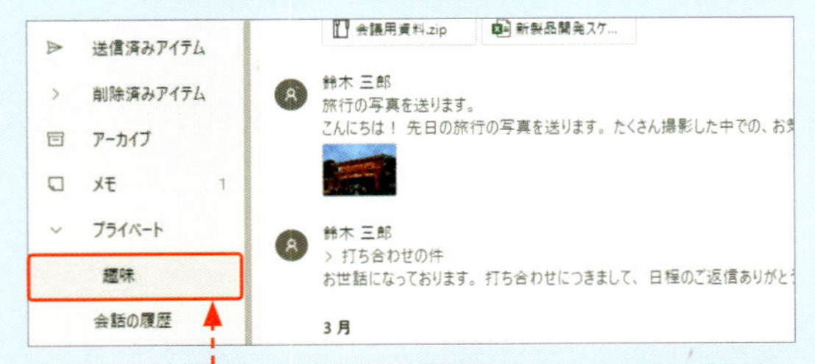

フォルダーの下にサブフォルダーを作成することもできます。

Outlook.comの利用　重要度 ★★★

Q 339 メールをフォルダーに移動させたい!

A メールを選択して<移動>を実行します。

メールを<受信トレイ>から別のフォルダーに移動するには、<移動>をクリックして、移動先のフォルダーをクリックします。

メールの移動は、大切なメールを専用のフォルダーに保存したり、誤って迷惑メールにしてしまったメールを<迷惑メール>フォルダーから<受信トレイ>に戻したりする場合などに利用します。

1 チェックボックスをクリックして移動するメールを選択し、

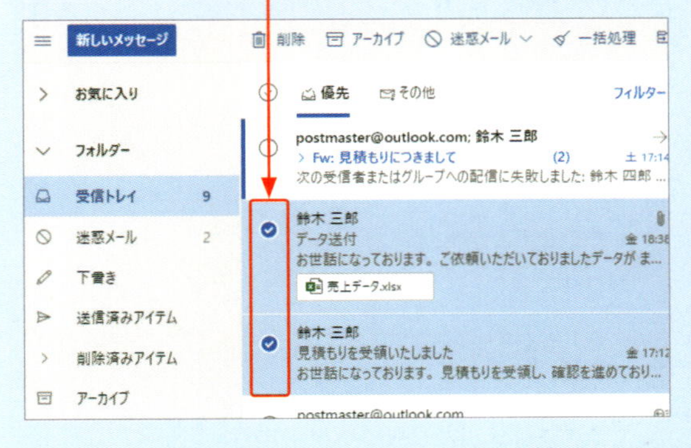

2 <移動>をクリックして、

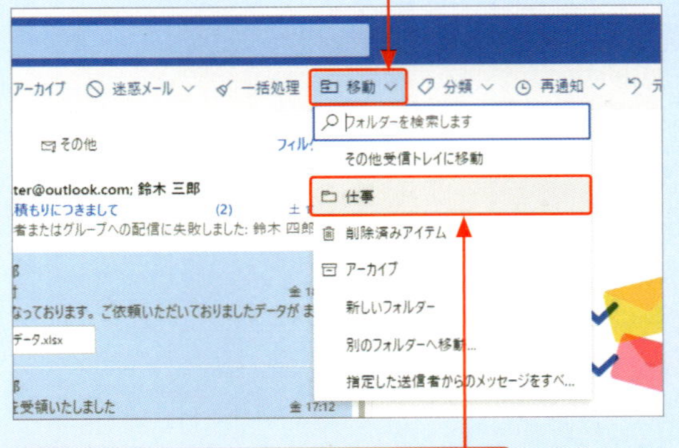

3 移動先のフォルダーをクリックします。

Outlook.comの利用　重要度 ★★★

Q 340 ある差出人からのメールを自動でフォルダーに移動したい!

A 仕分けルールを作成します。

Outlook.comでは、メールの自動振り分けが可能です。自動振り分けは、特定の差出人からのメールを受信と同時に指定したフォルダーに移動するといった操作ができる機能で、自動振り分けの条件をまとめたものがルールです。

1 自動でメールを移動したい差出人からのメールを表示して、

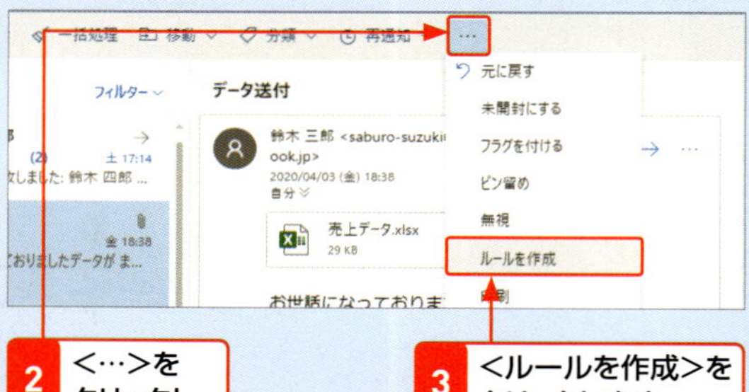

2 <…>をクリックし、

3 <ルールを作成>をクリックします。

4 <その他のオプション>をクリックして、

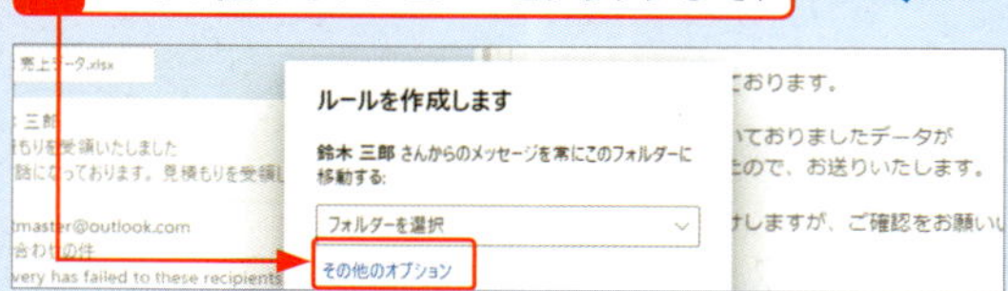

5 設定した条件を満たすメールをどうするかを設定します。

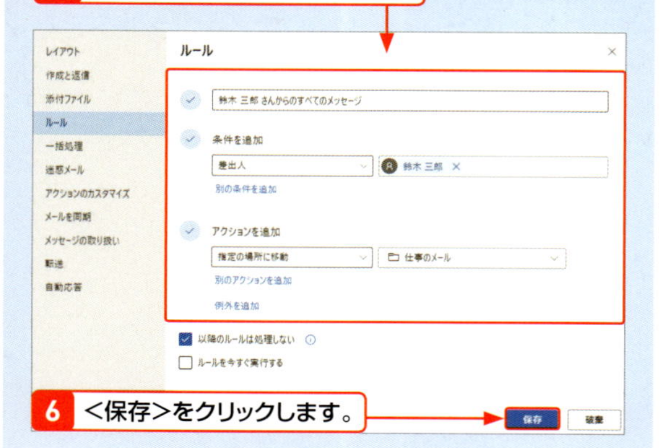

6 <保存>をクリックします。

Outlook.comの利用　重要度 ★★★

Q 341 メールを削除したい!

A メールを<削除済みアイテム>フォルダーへ移動します。

不要なメールを削除するには、メールを選択して、<削除>をクリックします。削除したメールは、<削除済みアイテム>フォルダーに移動します。
なお、メールは、削除後も<削除済みアイテム>フォルダーに残っています。メールを完全に削除したい場合は、<削除済みアイテム>フォルダー内のメールをクリックして<削除>をクリックします。また、<削除済みアイテム>フォルダーのツールバーに表示される<フォルダーを空にする>をクリックして、<削除済みアイテム>フォルダー内のメールをまとめて削除することもできます。

● メールを削除する

1 チェックボックスをクリックして削除するメールを選択し、

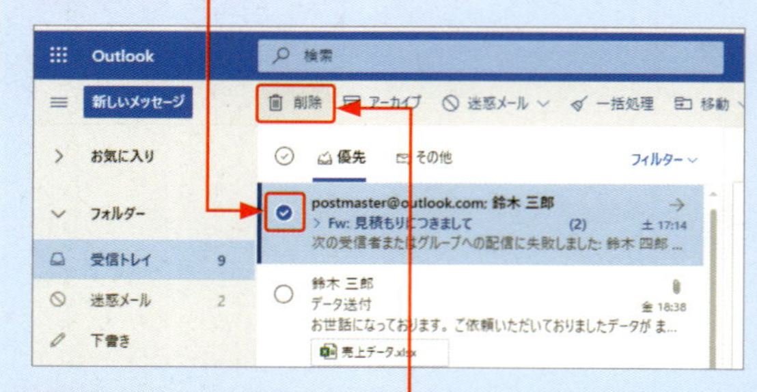

2 <削除>をクリックします。

● <削除済みアイテム>のメールをまとめて完全削除する

1 <削除済みアイテム>をクリックして、

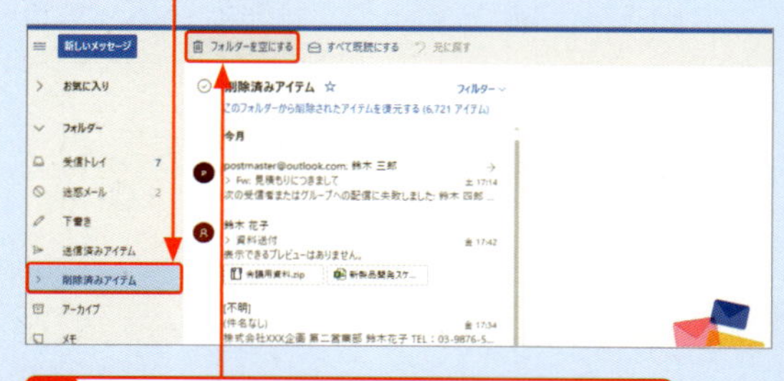

2 <フォルダーを空にする>をクリックします。

6

セキュリティの疑問解決&便利技!

インターネットと個人情報　重要度 ★★★

Q 342 どうして個人情報に気を付ける必要があるの？

A 個人情報を使って詐欺行為などが行われます。

「個人情報」とは、個人を特定し識別できる情報のことを指します。具体的には、氏名や住所、電話番号、生年月日、写真、学歴、勤務先、メールアドレス、クレジットカードの情報などが挙げられます。

こうした個人情報をSNSなどで不用意に公開することは絶対に避けてください。また、自身の過失ではなくても、近年はWebサービスやショッピングサイトなどに登録した個人情報が悪意の第三者による攻撃によって流出する事件が多発している点にも注意が必要です。

流出した個人情報が悪用されると、勧誘電話やダイレクトメールが頻繁に届く、勝手に自分名義の銀行口座が開設されて犯罪に利用される、クレジットカードが不正使用されるといった被害につながる可能性があります。

このような被害に遭わないためにも、Webサービスなどの利用時には、サイト内に「個人情報保護方針（プライバシーポリシー）」の記載があるか確認するようにしましょう。

参照▶Q 356

インターネットと個人情報　重要度 ★★★

Q 343 個人情報として秘密にすべきものは？

A 可能な限りすべての情報です。

あなたの個人情報は、できるだけ秘密にしておくことを心がけるのが原則です。

たとえば、あなたの住所や電話番号を入手した人が、あなたの自宅にやってきたり、電話をかけてきたりするかもしれません。それだけでも迷惑ですが、電話で不在を確認して空き巣に入られる、自宅宛てにデリバリーの大量注文をされる、といったことも考えられます。

あなたの生年月日や写真、勤務先などを入手した人が、あなたの本人確認書類を偽造し、あなたになりすまして銀行口座を開設してしまうこともあり得ます。

また、自分自身の情報だけでなく、家族の情報も秘密にしておいたほうがよいでしょう。家族の情報を入手すると、その情報をもとに高齢の両親への振り込め詐欺が行われるかもしれません。

個人情報は、すべて迷惑行為や犯罪に利用させる可能性があることを念頭に置いておくと、これらの被害を避けやすくなります。

インターネットと個人情報　重要度 ★★★

Q 344 インターネットで個人情報を扱うときに気を付けることは？

A 個人情報の公開や登録は必要最小限にとどめましょう。

いったんインターネット上に個人情報を公開してしまうと、消去するのは困難です。特定の人だけに提供したつもりが、いつの間にか拡散して、多くの人に知られてしまうこともあります。断片的な情報であっても、それらを関連付けることで個人を特定されてしまう可能性もゼロではありません。

こうしたトラブルを防ぐには、個人情報を一切公開しないか、公開するにしても、必要最小限の情報だけにとどめるのがよいでしょう。

また、個人情報の登録にも注意が必要です。Webサービス事業者の中には、名前と生年月日といった情報に加えて、住所や電話番号など、詳細な情報を要求するものもあります。このような場合はすぐに利用登録をするのではなく、どのような理由で個人情報を収集し、利用するのかを「プライバシーポリシー」などで確認してから登録するようにしましょう。

最近は、アンケートに答えるとポイントが付加されるといったサービスが増えていますが、これらの中には踏み込んだ情報収集をしているところもあるので、注意が必要です。

参照▶Q 356

インターネットと個人情報　重要度 ★★★

Q 345 個人情報が流出するってどういうこと？

A あなたが登録した情報が外部に漏れるということです。

あなたがWebサービスやショッピングサイトなどに登録した情報は、ほかの利用者の情報とまとめてサーバーに保存されています。その情報が許可なく第三者の手に渡ってしまうことが、個人情報の流出です。
流出の経路は大きく分けると2つ。1つはサーバーのデータをコピーした媒体の紛失、もう1つは意図的な譲渡です。意図的な譲渡は主に金銭目的で行われており、実行するのはWebサービスやショッピングサイトの関係者とは限りません。サーバーに外部から不正アクセスして、情報を盗み出し販売する集団も存在しています。

インターネットと個人情報　重要度 ★★★

Q 346 どんなパスワードが適切なの？

A 名前や生年月日に関係のない英数字の組み合わせが有効です。

インターネット上で提供されるさまざまなサービスを利用する場合、本人認証のためのパスワードが必要となります。パスワードを設定する際、忘れないようにと名前や生年月日を使用したり、同じパスワードを複数のサービスで使用したりするのは危険です。何らかの理由でパスワードが流出したとき、該当するサービスだけでなく、複数のサービスを不正利用されてしまうおそれがあるからです。
パスワードは、氏名や生年月日、単純な英単語といった簡単に予想できるものではなく、数字や英字を組み合わせた複雑なものを設定しましょう。同じ英数字の組み合わせでも、規則性のないものにしたほうがより安全です。

- 悪いパスワードの例　abcd1234
- よいパスワードの例　4d2bc3a1

なお、サービスによってはユーザー登録する際に、パスワードの安全性が表示されます。この機能は積極的に利用しましょう。

●悪いパスワードの警告例

短すぎるパスワードが警告されています。

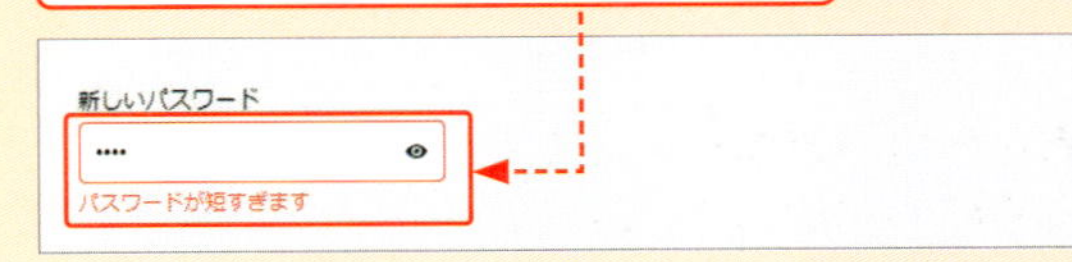

単純なパスワードが警告されています。

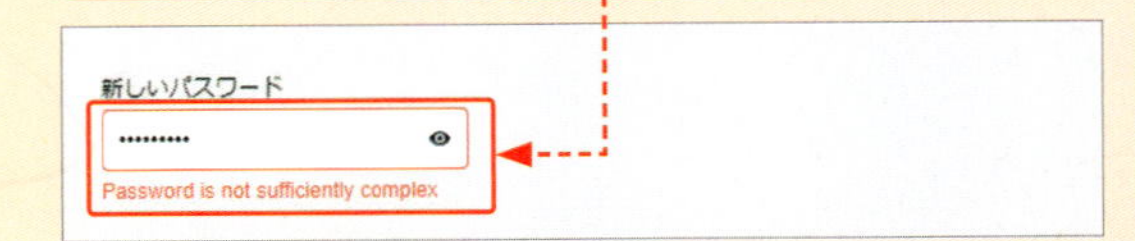

インターネットと個人情報　重要度 ★★★

Q 347 パスワードは定期的に変えるべきって本当？

A 定期的に変える必要はありません。

以前は、パスワードは定期的に変えるべきとされていましたが、現在では定期的に変える必要はないとされています。パスワードを定期的に変更すると、どうしても入力しやすく覚えやすい、短いパスワードを設定しがちだからです。一度設定したものをずっと使用してよいので、英数字や記号を組み合わせた長いパスワードを設定しておきましょう。
パスワードを変更する必要があるのは、Webサービスやショッピングサイトなどに登録したパスワードが流出してしまったときです。この場合は、第三者が流出したパスワードを使用して自分のアカウントにアクセスすることを防ぐために、速やかにパスワードを変更しましょう。

Q348 パスワードを忘れてしまった!

A パスワードの再設定を行います。

パスワードを忘れてしまった場合は、パスワードの再設定を行います。サービス提供者によって再設定の方法は異なりますが、基本はログイン（またはサインイン）画面に表示されている、「パスワードを忘れた場合は?」や「アカウントにアクセスできない場合」といったリンクをクリックするというものです。

パスワードを再設定する際、登録した「秘密の質問と答え」や生年月日、メールアドレスの入力が必要となる場合があります。これらの情報は忘れないようにしましょう。

ここでは、Amazonのパスワードを忘れた場合を例にします。

1 <お困りですか？>をクリックして、

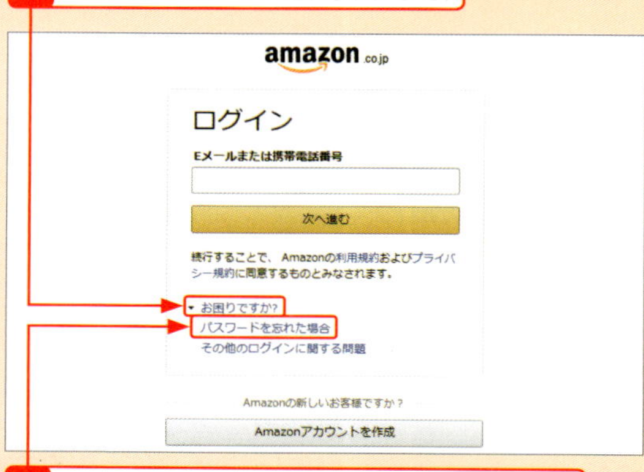

2 <パスワードを忘れた場合>をクリックします。

3 画面の指示に従って操作し、パスワードをリセットします。

Q349 Edgeは安全なブラウザーなの？

A セキュリティ機能があり、安全です。

Windows 10のEdgeには、「Microsoft Defender SmartScreen」というセキュリティ機能が用意されています。有効の状態でフィッシングサイト（個人情報の抜き取りを目的としたWebページ。金融機関や通販サイトなどに似せて作られている）にアクセスした際や、ウイルスが含まれているソフトをダウンロードした際に警告が表示され、パソコンが脅威にさらされるのを防いでくれます。有効になっているかはEdgeの設定画面から確認できます。

1 スタートメニューから<Microsoft Edge>を起動して、

2 <設定など> をクリックし、

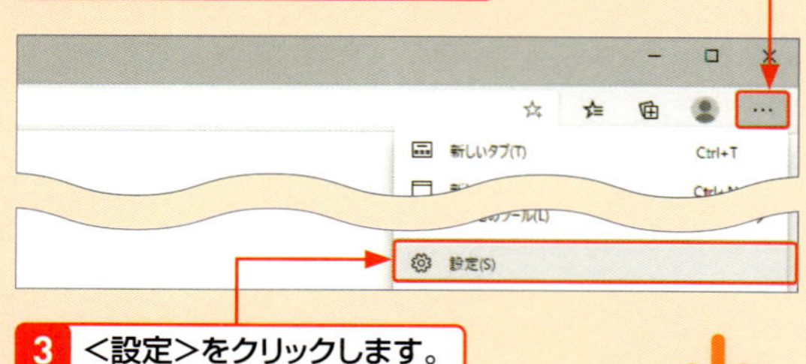

3 <設定>をクリックします。

4 <プライバシーとサービス>をクリックします。

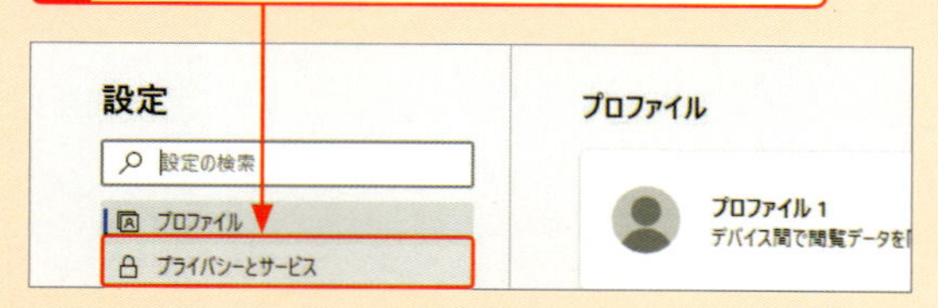

5 <Microsoft Defender SmartScreen>が有効になっているのを確認します。

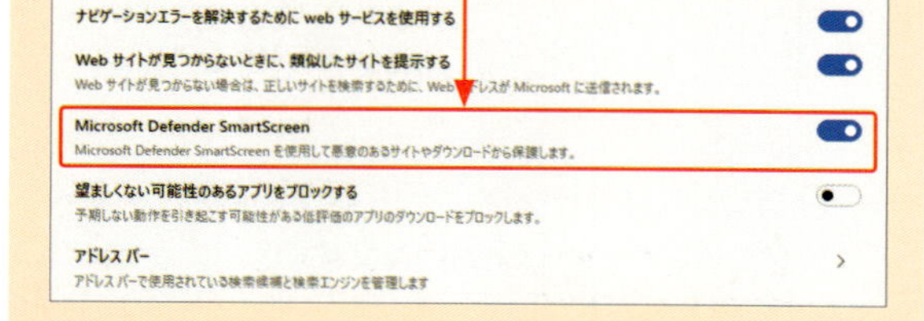

Q 350 保存済みのパスワードの情報を消したい！

A <パスワードの管理>から削除できます。

さまざまなWebサービスやショッピングサイトでは、本人の識別のためにメールアドレスやパスワードの入力が求められます。Edgeをはじめとするブラウザーには、このメールアドレスとパスワード、それが入力されたWebページをセットで記憶する機能が搭載され、次回以降そのWebページやサービスを利用する際に、それらの情報を自動入力して、簡単にサインイン（ログイン）できます。
しかし、1台のパソコンを複数の人と共有するような環境では、この機能を悪用して勝手に買い物をされたり、個人情報を盗まれたりしかねません。そのため、こういったパソコンではパスワードは記憶させない、記憶させてしまったらその情報を削除するようにしましょう。
4. ＜パスワード＞をクリックします。
5. パスワードが保存されたWebサイトの＜その他のアクション＞…をクリックして、
6. ＜削除＞をクリックするとパスワード情報が削除されます。

インターネットと個人情報　重要度 ★★★

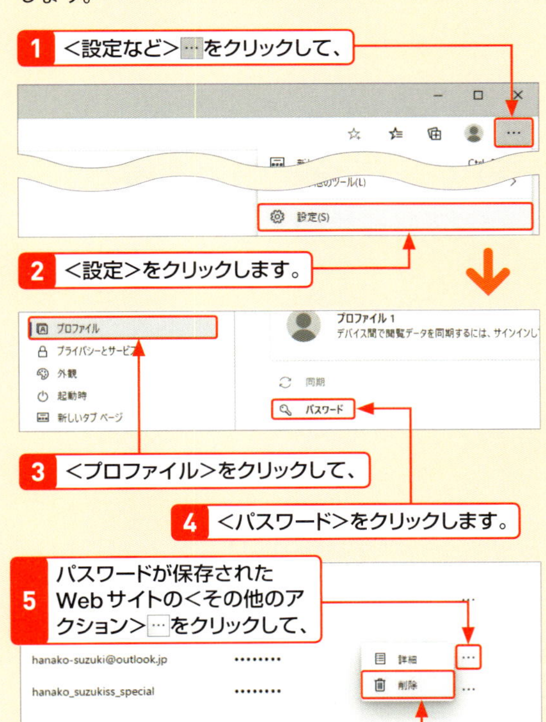

Q 351 InPrivateブラウズって何？

A 履歴を残さずにWebページを閲覧できる機能です。

Edgeの「InPrivateブラウズ」は、Webページの閲覧履歴や検索履歴、インターネット一時ファイル、ユーザー名やパスワードの入力履歴などを保存せずにWebページを閲覧できる機能です。InPrivateブラウズを利用すると、共有のパソコンやほかの人のパソコンを借用したときなどに、自分が閲覧した履歴を他人に知られずに済みます。InPrivateブラウズを終了するには、InPrivateブラウズのウィンドウ、あるいはタブを閉じます。

1 <設定など>…をクリックして、

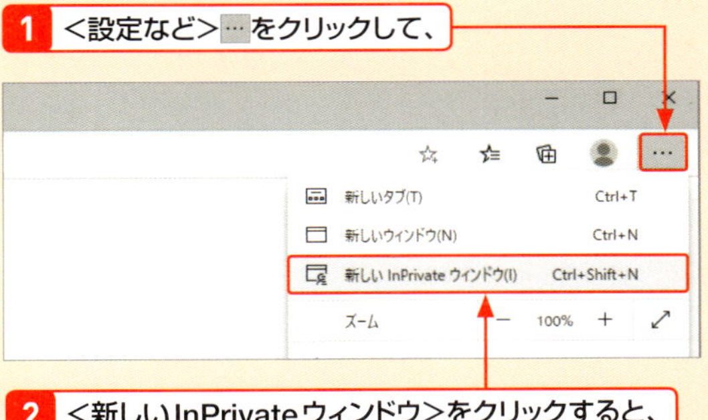

2 <新しいInPrivateウィンドウ>をクリックすると、

3 新しいウィンドウが開き、InPrivateブラウズが有効になります。

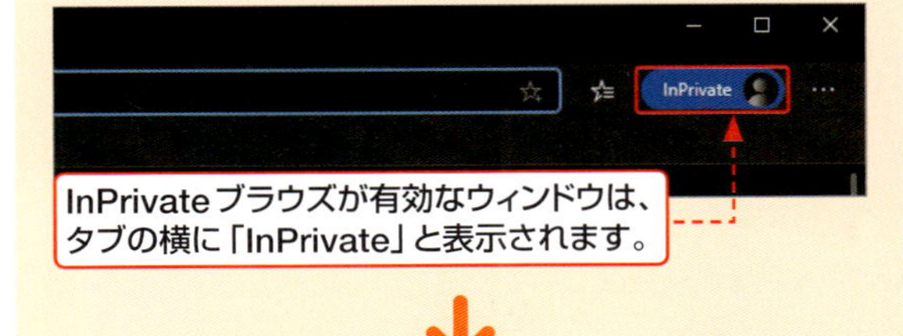

InPrivateブラウズが有効なウィンドウは、タブの横に「InPrivate」と表示されます。

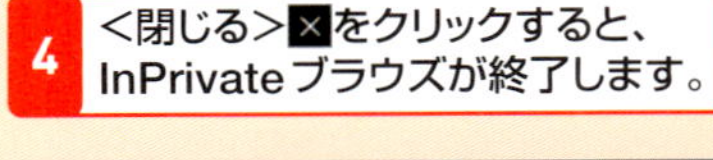

4 <閉じる>×をクリックすると、InPrivateブラウズが終了します。

インターネットと個人情報　重要度 ★★★

Q 352 パソコンを共用している際に気を付けることは？

A 別々のアカウントでサインインしましょう。

1台のパソコンを複数の人と共用すると、個人の送受信メールやWebページの履歴、作成した文書ファイルなどをほかの人に見られてしまう可能性があります。大切なファイルを誤って削除されたり、書き換えられてしまうおそれもないとはいえません。
こうしたことを防ぐには、パソコンを利用する人それぞれが別のアカウントでサインインするようにします。こうしておけば、ほかの人に自分のアカウントのデータを見られることはなくなります。

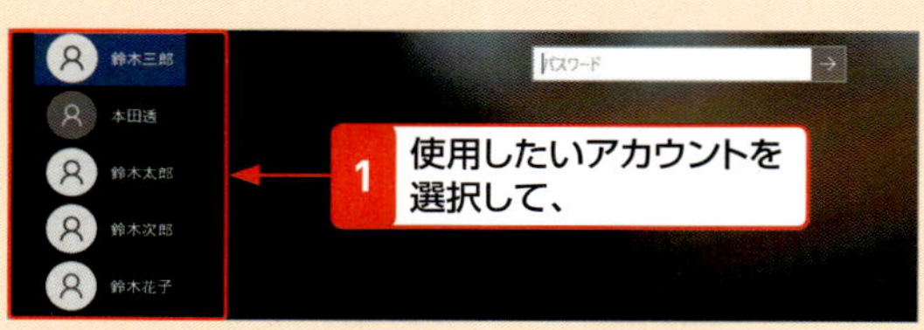

2 サインインします。

インターネットと個人情報　重要度 ★★★

Q 353 閲覧履歴を消したい！

A ＜履歴＞から削除します。

ほとんどのブラウザーには、Webページ閲覧の利便性を高めるために、閲覧履歴を一定期間保存する機能が備わっています。しかし、家族や会社の同僚などと1台のパソコンを共有しているような環境では、ほかの人がこの機能を使って閲覧履歴をのぞき見してしまう可能性もあります。これを避けるためにも、ブラウザーを使い終わったあと、閲覧履歴を消す習慣を付けておくとよいでしょう。
Windows 10に付属のブラウザー「Edge」では、＜設定など＞…→＜履歴＞→＜閲覧データをクリア＞をクリックすると、それまでに閲覧したWebページの履歴をすべて消去できます。

参照▶Q 351

インターネットと個人情報　重要度 ★★★

Q 354 「管理者」「標準ユーザー」って何？

A どちらもWindowsのアカウントですが権限の大きさが違います。

Windows 10には、「管理者」と「標準ユーザー」という2種類のアカウントが用意されています。管理者はパソコンを制限なく使えるアカウントで、パソコン内のすべてのデータにアクセスできます。標準ユーザーは、設定できる項目に制限があり、ほかのユーザーの「ドキュメント」フォルダーなどにアクセスできません。
パソコンを共有する場合は、共有する人それぞれのアカウントを「標準ユーザー」に設定しておきましょう。

参照▶Q 355,Q 556

1 スタートメニューで＜設定＞をクリックして、＜アカウント＞→＜家族とその他のユーザー＞をクリックし、

使う人ごとにアカウントを作成しておきます。

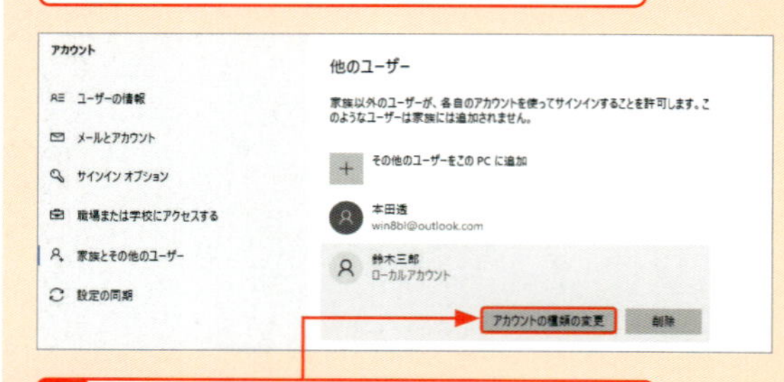

2 種類を変更するアカウントをクリックして、

3 ＜アカウントの種類の変更＞をクリックし、

4 ＜アカウントの種類＞をクリックして選択して、

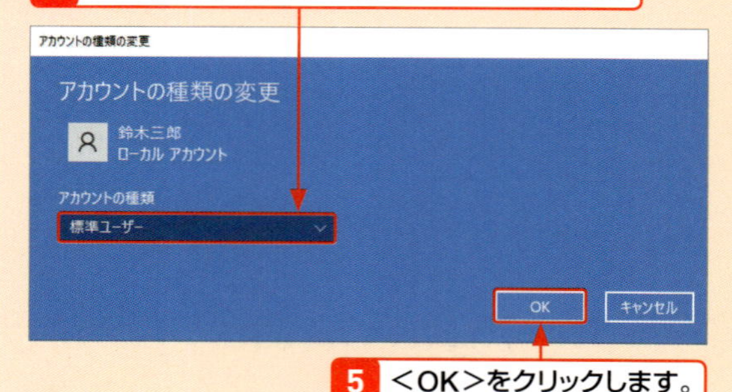

5 ＜OK＞をクリックします。

Q 355 「管理者として○○してください」と表示された！

A 標準ユーザーでは変更できない設定や操作で表示されます。

Windows 10のアカウントのうち、「標準ユーザー」には設定や操作を行える項目に制限があり、許可されていない設定や操作を行おうとすると「管理者」の権限が求められることがあります。
下図のようなメッセージが表示されたら、管理者のアカウントを持っている人に、パスワードやPINを入力してもらいましょう。入力に成功すると、自分がサインインしたまま目的の設定や操作を行えます。

参照▶Q 354

1 PINやパスワードを入力すると、

ユーザー アカウント制御
このアプリがデバイスに変更を加えることを許可しますか?
設定
確認済みの発行元: Microsoft Windows
詳細を表示
続行するには、管理者のユーザー名とパスワードを入力してください。
PIN
hanako-suzuki@outlook.jp
PIN
PIN を忘れた場合
その他
いいえ

2 管理者しか許可されていない設定や操作が可能になります。

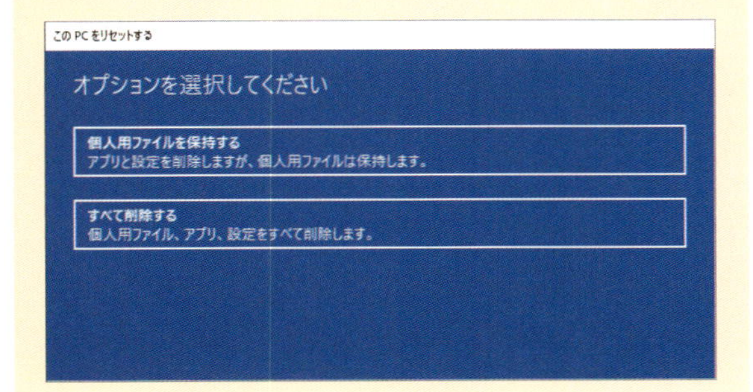

Q 356 プライバシーポリシーって何？

A 個人情報保護に関する方針のことです。

「プライバシーポリシー」は、Webページなどで収集した個人情報をどのように取り扱うかについての取り決めです。「個人情報保護方針」ともいいます。
Webページの「個人情報について」「プライバシーについて」といったページにアクセスすると、Webページの利用でどのような個人情報が収集されるか、収集する目的や使用方法、保管や破棄などについて読むことができます。SNSに登録するなど、個人情報をインターネット上に送信する際は、必ず確認するようにしましょう。多くのWebページでは、「個人情報について」「プライバシーについて」「個人情報保護方針」といった項目からアクセスできます。

1 Edgeの場合はここをクリックして、

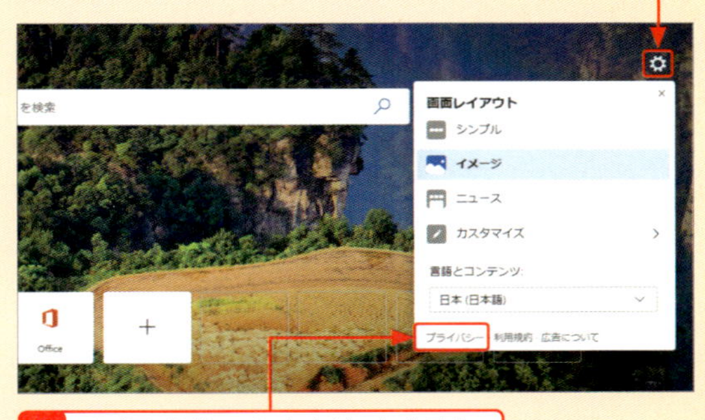

2 ＜プライバシー＞をクリックすると、

2 「Microsoftのプライバシーに関する声明」が表示されます。

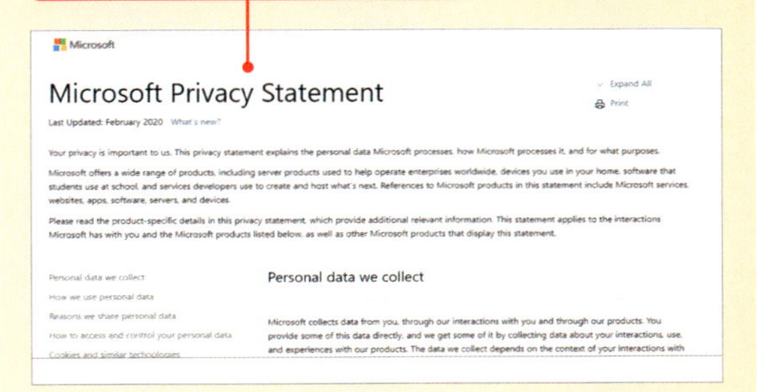
Microsoft

Microsoft Privacy Statement

Last Updated: February 2020 What's new?

Expand All
Print

Your privacy is important to us. This privacy statement explains the personal data Microsoft processes, how Microsoft processes it, and for what purposes.

Microsoft offers a wide range of products, including server products used to help operate enterprises worldwide, devices you use in your home, software that students use at school, and services developers use to create and host what's next. References to Microsoft products in this statement include Microsoft services, websites, apps, software, servers, and devices.

Please read the product-specific details in this privacy statement, which provide additional relevant information. This statement applies to the interactions Microsoft has with you and the Microsoft products listed below, as well as other Microsoft products that display this statement.

Personal data we collect
How we use personal data
Reasons we share personal data
How to access and control your personal data
Cookies and similar technologies

Personal data we collect

Microsoft collects data from you, through our interactions with you and through our products. You provide some of this data directly, and we get some of it by collecting data about your interactions, use, and experiences with our products. The data we collect depends on the context of your interactions with

インターネットと個人情報　重要度 ★★★

Q 357 SNSではどんなことに気を付ければいいの？

A 多くの人に見られていることを考えながら利用しましょう。

FacebookやTwitterなどのSNS（ソーシャル・ネットワーキング・サービス）は、さまざまな人と交流する場として広く利用されています。多くのSNSでは、メッセージなどの公開範囲を設定できますが、その範囲を超えて情報が拡散してしまうおそれもあります。「特定の人しか見ていないから」と不用意に発信した個人情報が、知らないうちに広がってしまったということも少なくありません。

そのようなことにならないよう、住所や電話番号、メールアドレスといった個人情報は原則、公開しないようにします。特にFacebookのように匿名利用を原則禁止しているようなSNSの場合は、個人情報の関連付けがされやすいので注意が必要です。

また、ほかの人の個人情報を見つけても、それをむやみに拡散してはいけません。故意に情報を拡散させると、大きなトラブルになりかねません。自分の個人情報の管理はもちろん、ほかの人の個人情報も大切に扱うのがSNSを利用するうえでの大切なマナーといえます。会話でトラブルにならないように、誤解を生むような文章や言葉づかいを慎しむことも大切です。

ウイルス・スパイウェア　重要度 ★★★

Q 358 パソコンの「ウイルス」って何？

A パソコンに危害を与えるソフトの一種です。

「ウイルス」は、パソコンに対して何らかの被害を及ぼすように作られたプログラムです。ほかのパソコンに伝染する、発病するまで症状を出さずに潜伏する、プログラムやデータを破壊する、自分がまったく意図しない動作をさせるといった、悪意ある機能を持つものをいいます。

最近ではパソコンだけでなく、スマートフォンやタブレットに感染するウイルスも登場しています。

ウイルスの中でも、パソコン内のデータを勝手に暗号化し、暗号化を解除するための金銭を要求する、身代金要求型ウイルスを「ランサムウェア」と呼びます。

ウイルス・スパイウェア　重要度 ★★★

Q 359 ウイルス以外の危険なソフトにはどんなものがあるの？

A スパイウェアやボットなどがあります。

パソコンに危害を与えるソフトには、ウイルス以外にも次のようなものがあります。

- スパイウェア
  利用者や管理者の意図に反してインストールされ、利用者の個人情報やアクセス履歴などの情報を収集するプログラムです。
- キーロガー
  スパイウェアの一種で、パソコンのキーボードで入力されたキーの情報を収集するプログラムです。
- ボット
  ウイルスの一種で、ネットワークを通じてパソコンを外部から操るプログラムです。自分の知らないうちに、悪意あるユーザーに操作され、ほかのパソコンに不正アクセスしたり、迷惑メールの送信に利用されたりします。

ウイルス・スパイウェア　重要度 ★★★

Q 360 ウイルスはどこから感染するの？

A インターネットやUSBメモリーなどから感染します。

ブラウザーでダウンロードしたファイルにウイルスが含まれていると、パソコンで実行したときにウイルスに感染してしまいます。Webページが改ざんされている場合、Webサービスやショッピングサイトなどにアクセスしただけで感染することもあります。

USBメモリーには、プログラムを自動実行するしくみがあります。このしくみを悪用したウイルスが含まれていると、パソコンに感染する可能性があります。

また、LAN内のほかのパソコンとファイルをやり取りしている場合、そのファイルにウイルスが潜んでいて感染が拡大するというケースもあります。

USBメモリーには、プログラムを自動実行するためのファイルが保存されていることがあります。

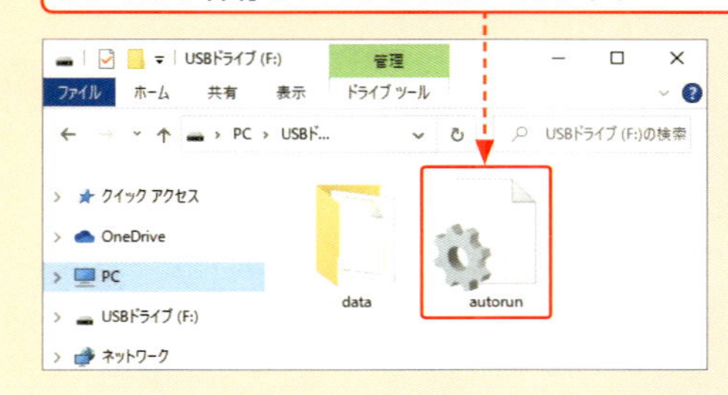

ウイルス・スパイウェア　重要度 ★★★

Q 361 ウイルスに感染したらどうなるの？

A OSやアプリの動作が不安定になります。

ウイルスに感染した場合の代表的な症例には次のものがあります。

- **OSやアプリの動作が不安定になる**
  ウイルスがOS（WindowsやmacOSなど基本ソフトの総称）のシステムファイルや、アプリの動作に必要なファイルを勝手に削除したり、改変したりして、OSやアプリの動作が不安定になることがあります。最悪の場合は、OSやアプリが起動しなくなることもあります。
- **自己増殖してほかのパソコンにも感染しようとする**
  ウイルスの種類によっては、パソコンに感染後、自分自身のコピーを自動的に作成し、アドレス帳に登録してある連絡先に、コピーしたウイルスファイルを添付した電子メールを自動送信することがあります。同じLAN（122ページ参照）でつながっているほかのパソコンに自身をコピーして感染させようとすることもあります。

ウイルス・スパイウェア　重要度 ★★★

Q 362 ウイルスに感染しないために必要なことは？

A 次のような予防方法があります。

パソコンがウイルスに感染しないように予防するには、次の方法があります。

- **セキュリティ対策ソフトを導入する**
  セキュリティ対策ソフトをパソコンにインストールします。セキュリティ対策ソフトには、有料のものと無料で利用できるものがあります。
- **怪しいWebページは見ない**
  不用意にリンクや画像をクリックしたり、ファイルをダウンロードしないようにします。
- **身に覚えのないメールや添付ファイルは開かない**
  知らない人からのメールやメールに添付されているファイルを開かないようにします。 参照▶Q 382
- **Windowsを最新の状態にする**
  Windows Update機能を利用して、Windowsを常に最新の状態に保ちます。
- **所有者がわからないUSBメモリーなどは使わない**
  所有者不明のUSBメモリーやCD／DVDなどは、使用しないようにします。

ウイルス・スパイウェア 重要度 ★★★

Q 363 どんなWebページが危険か教えて！

A URLが本物に似せてあるページは要注意です。

大手ショッピングサイトなどのデザインに似せたWebページで、パスワードを入力させ、個人情報を盗むことを目的としたものがフィッシングサイトです。不審なメールなどに記載されたリンクをクリックすると、フィッシングサイトに誘導されます。パスワードの入力が求められるようなWebページでは、必ずURL（そのページ固有の識別文字列）を確認しましょう。

正：https://www.amazon.co.jp
偽：https://www.anazon.co.jp など

上記のようにURLの後半が本物と微妙に違う場合は注意が必要です。うっかりログインをしたりすると、個人情報を抜き取られるおそれがあります。

ウイルス・スパイウェア 重要度 ★★☆

Q 364 ウイルスファイルをダウンロードするとどうなるの？

A ダウンロードがブロックされます。

Edgeでは、ウイルスに感染したファイル、あるいはそのおそれのあるファイルをダウンロードしようとすると、通知が表示され、自動的にダウンロードが中止されます。ただし、ウイルスをすべてブロックできるとは限らないので、怪しいファイルはダウンロードしないように注意しましょう。

1 ウイルスをダウンロードしようとすると、

Download area using the standard protocol http

eicar.com 68 Bytes	eicar.com.txt 68 Bytes	eicar_com.zip 184 Bytes	eicarcom2.zip 308 Bytes

Download area using the secure, SSL enabled protocol https

eicar.com 68 Bytes	eicar.com.txt 68 Bytes	eicar_com.zip 184 Bytes	eicarcom2.zip 308 Bytes

How to delete the test file from your PC

How to delete the test file from your PC

We understand (from the many emails we receive) that it might be difficult for you to delete the test file from your PC. After all, your scanner believes it is a virus infected file and does not allow you to access it anymore. At this point we must refer to our standard answer concerning support for the test file. We are sorry to tell you that EICAR cannot and will not provide AV scanner specific support. The best source to get such information from is the vendor of the tool which you purchased.

eicar_com.zip
ダウンロードできませんでした - ウイルスが

2 ダウンロードが自動的にブロックされます。

ウイルス・スパイウェア 重要度 ★★☆

Q 365 ウイルスはパソコンが自動で見つけてくれるの？

A 見つけたら自動で通知を表示してくれます。

Windows 10には、ウイルスをはじめとする外部からの攻撃をリアルタイムで監視する機能が備わっています。外部からの攻撃が検知されると、付属のMicrosoft Defenderからの通知が表示され、ウイルスなどの隔離や削除などを自動的に行ってくれます。ただし、効果的に攻撃を検知するには、Windows Updateを使って、Windows 10を常に最新の状態に保っておく必要があります。

参照▶Q 582

1 外部からの攻撃が検知されると、

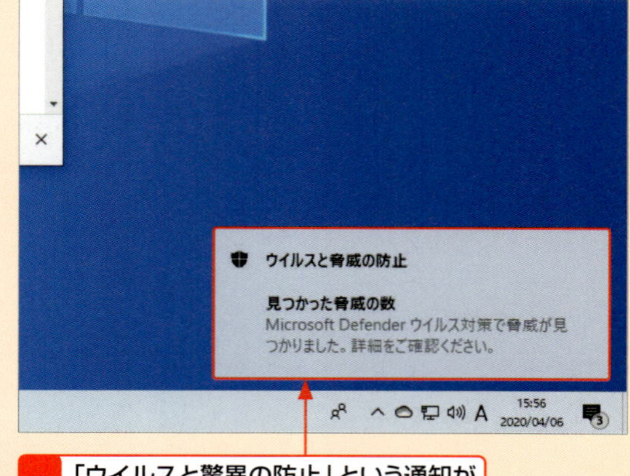

2 「ウイルスと驚異の防止」という通知が表示され、自動対処されます。

Q 366 ウイルスに感染したらどうすればいいの？

A ネットワークから切り離し、ウイルス駆除などを行います。

万一ウイルスに感染してしまった場合は、パソコンからLANケーブルを外し、ネットワークから切り離します。ネットワークに接続されていると、パソコン内のデータが外部に送信されたり、ウイルスがネットワークを通じてほかのパソコンに広がったりする可能性があるためです。Wi-Fi（無線LAN）も無効にしましょう。ただしその前に、セキュリティ対策ソフトを起動し、定義ファイルが最新かどうかを確認しておきましょう。もし最新でないと、ウイルスがウイルスとして認識されない可能性があります。セキュリティ対策ソフトは、Windows 10に搭載されている「Windows セキュリティ」を使います。以下の手順に従ってスキャンを行ってください。

それでも処理できない場合は、使用しているセキュリティ対策ソフトのサポートセンターに問い合わせる、専門の業者に依頼するといった方法で、ウイルス駆除を行いましょう。

● 手動でスキャンを実行する

ここでは、Windows 10に標準で搭載されているWindows セキュリティでスキャンを実行します。

1 スタートメニューで<設定>⚙→<更新とセキュリティ>→<Windows セキュリティ>をクリックして、

2 <ウイルスと脅威の防止>をクリックし、

3 定義ファイル（セキュリティインテリジェンス）が最新になっているかどうかを確認し、

4 <クイックスキャン>をクリックすると、

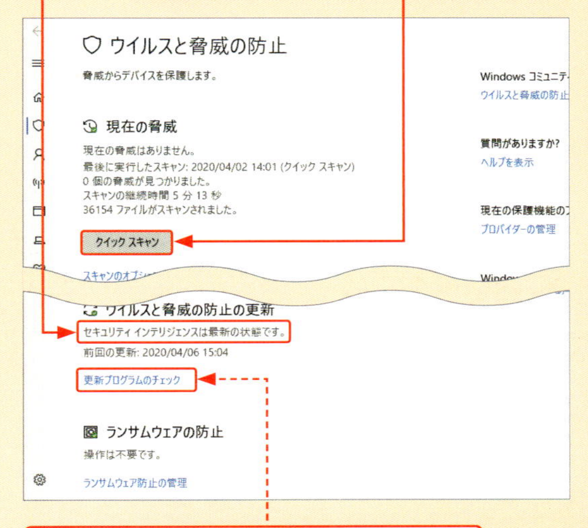

未更新の場合は<更新プログラムのチェック>から最新版にできます。

5 スキャンが実行されます（時間がかかります）。

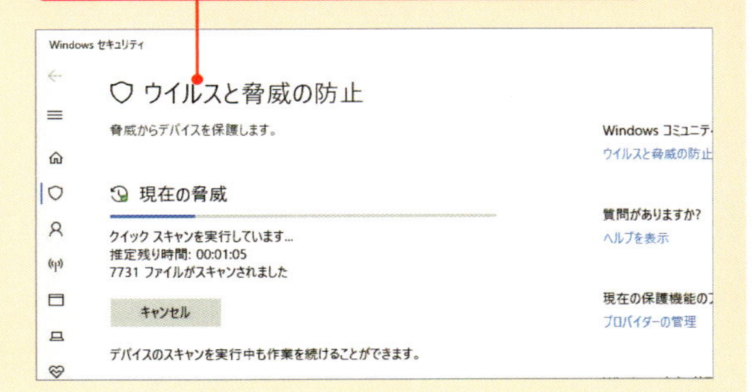

ウイルス・スパイウェア　重要度★★★

Q367 市販のウイルス対策ソフトはどんなものがあるの？

A さまざまなメーカーから製品が発売されています。

Windows 10には「Windowsセキュリティ」がプリインストールされていますが、より高性能であることをアピールしている、市販のウイルス対策ソフトを購入して使用することもできます。有償のウイルス対策ソフトには、右の表のようなものがあります。

なお、パソコンによっては、右の表のウイルス対策ソフトがプリインストールされていて、Windowsセキュリティの代わりに利用できることもあります。

● 代表的なセキュリティ対策ソフト

製品名	発売元／URL
ウイルスバスター クラウド	トレンドマイクロ https://www.trendmicro.com/ja_jp/
ノートン セキュリティ	シマンテック https://jp.norton.com/
マカフィー リブセーフ	マカフィー https://www.mcafee.com/japan/home/
ESETパーソナル セキュリティ	キヤノンマーケティングジャパン https://eset-info.canon-its.jp/home/eis/
ZERO ウイルスセキュリティ	ソースネクスト https://www.sourcenext.com/product/security/zero-virus-security/

ウイルス・スパイウェア　重要度★★★

Q368 市販の対策ソフトを使うメリットって？

A メーカーのサポートを受けることができます。

ウイルスに感染した場合は、感染を広げないようにパソコンをネットワークから切り離しておくべきです。このため、対策についてインターネットで調べながら進めることはできません。

インターネット接続がない環境で役立つのが、メーカーの電話サポートです。パソコンの症状を伝えて、対策を教えてもらうことで、迷わずに対策を進められるでしょう。

● メーカーサポートの例

お問い合わせ方法	対応・受付時間
電話	24時間対応
メール	24時間対応
LINE	24時間対応（9:30～17:30はオペレータが対応）
Airサポート※2/チャット	9:00～23:00受付（24時まで対応）
サポートページ	24時間対応

ウイルス・スパイウェア　重要度★★★

Q369 市販の対策ソフトは何で選べばいいの？

A 台数や用途に応じて選びます。

市販の対策ソフトは、多くの場合パッケージによって1台のみだったり、複数台で利用できたりと、インストール可能な台数が異なります。また、期限付きの対策ソフトの場合、1年間や3年間といった利用可能な期間が設定されています。

また、テレワークの保護やインストール台数無制限といった特徴を持つ製品もあるので、自分が必要としている機能や用途に合わせて選択するとよいでしょう。

● 必要とする台数や用途に合わせて選ぶ

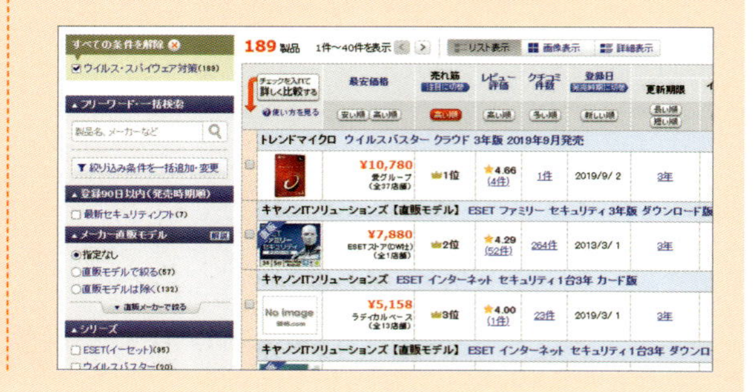

Q 370 セキュリティ対策ソフトをインストールしたい！

A Webページからダウンロードして、インストールします。

セキュリティ対策ソフトは、パソコンショップや家電量販店で購入できます。また、各メーカーのWebページからダウンロードしてインストールすることも可能です。ほとんどのソフトはインストール時に基本的な設定が自動的に行われるので、簡単に導入できます。多くのメーカーが一定期間無料で利用できる体験版を用意しているため、試しに使ってみて、問題がなければ正式版を購入してもよいでしょう。

ここでは、例としてウイルスバスター クラウド（体験版）をインストールします。

1 トレンドマイクロのWebページ（https://www.trendmicro.com/ja_jp/）を表示して、

2 ＜個人のお客さま＞をクリックし、

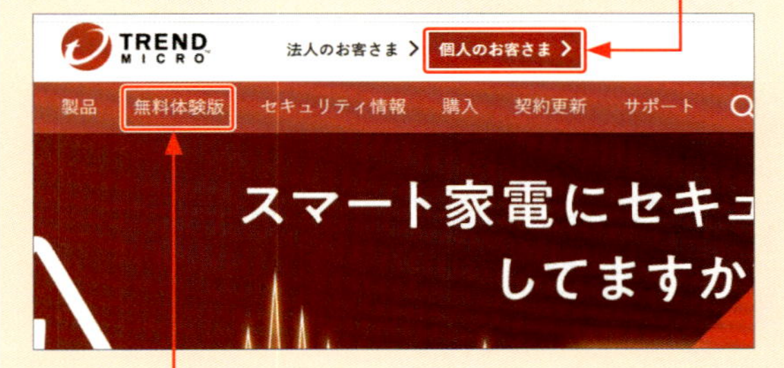

3 ＜無料体験版＞をクリックします。

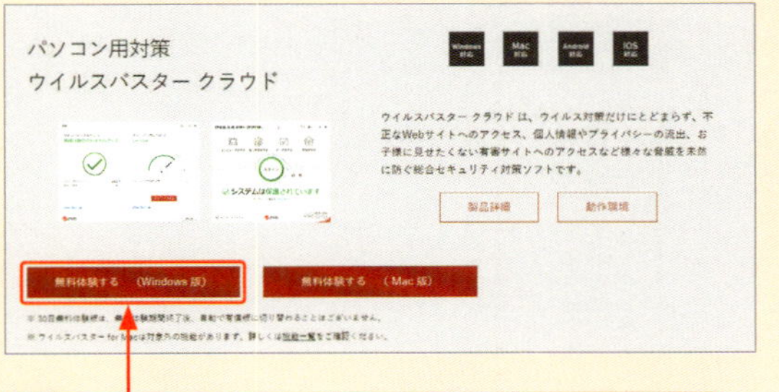

4 「パソコン用対策ウイルスバスタークラウド」の＜無料体験する（Windows版）＞をクリックすると、

5 自動的にダウンロードが開始されます。

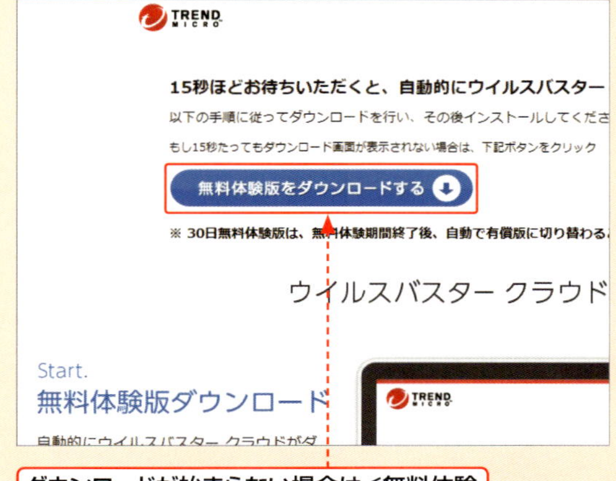

ダウンロードが始まらない場合は＜無料体験版をダウンロードする＞をクリックします。

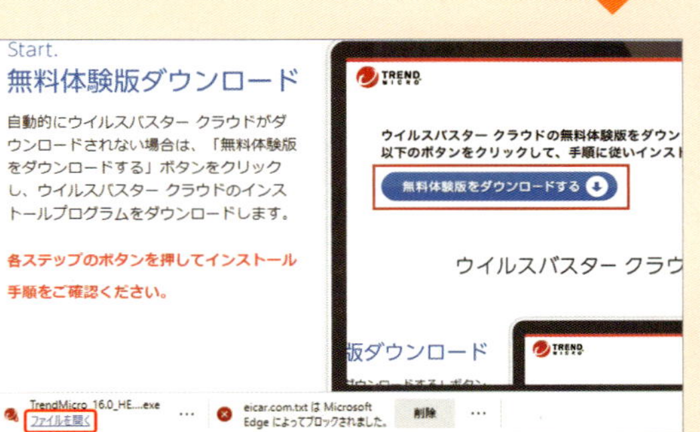

6 ダウンロードが完了したら＜ファイルを開く＞をクリックします。

7 インストールが始まるので、表示される手順に従って進めていきます。

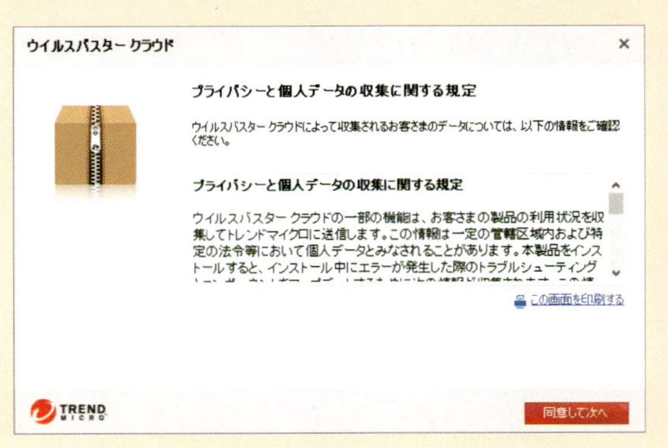

基本
デスクトップ
キーボード・文字入力
インターネット
メール・連絡先
セキュリティ
写真・動画・音楽
OneDrive・スマホ
印刷・周辺機器
アプリ
インストール・設定

Windows 10のセキュリティ設定　重要度★★★

Q 371 絶対に安全な使い方を教えて！

A 外部と接続する限り「絶対に安全」にはなりません。

ウイルスやスパイウェアといったパソコンに危害を与えるプログラムは、常に新しい種類が生み出されているため、「この対策をしておけば100%安全」ということはありません。

インターネットに接続していればブラウザーから、USBメモリーを接続すればコピーしたファイルから、現在のウイルス対策ソフトでは発見できないウイルスが侵入してくる可能性があるのです。常に危険と隣り合わせだと認識して、さまざまな対策を怠らないようにしましょう。

Windows 10のセキュリティ設定　重要度★★★

Q 372 Windows 10のセキュリティ機能はどうなっているの？

A セキュリティ機能が改善されています。

Windows 10には、以下のセキュリティ機能が搭載されています。

- ファミリーセーフティ
  子どもがパソコンを利用する際のインターネットの使用の監視や、特定のWebページのブロックまたは許可、アクセス可能なゲームまたはアプリの選択などができます。 参照▶Q 555
- SmartScreenフィルター
  Microsoft Defender SmartScreenでフィッシング詐欺や不正なプログラムからユーザーを守ります。
- Windows Update
  Windowsを常に最新の状態にする機能です。重要な更新が使用可能になったときに、更新プログラムを自動的にダウンロードしてインストールします。 参照▶Q 581
- BitLockerドライブ暗号化
  データとデバイスを保護する機能です。パソコンの状態を監視し、保存されているデータ、パスワード、およびそのほかの重要なデータを安全に保護します。Homeより上のProなどのエディションで、＜コントロールパネル＞→＜システムとセキュリティ＞→＜BitLockerの管理＞から設定できます。
- Windows セキュリティ
  ウイルスやスパイウェア、そのほかの悪質なソフトからパソコンを保護するための機能です。ここからSmartScreenの有効／無効を切り替えられます。

Microsoft Defender SmartScreenの設定を確認する

1 スタートメニューで＜設定＞をクリックして、＜更新とセキュリティ＞→＜Windows セキュリティ＞をクリックし、

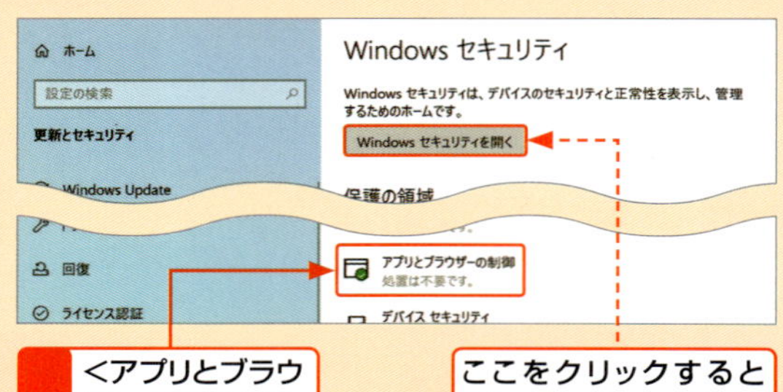

2 ＜アプリとブラウザーの制御＞をクリックします。

ここをクリックするとWindowsセキュリティの画面が開きます。

3 ＜評価ベースの保護設定＞をクリックすると、

4 アプリやブラウザーといった項目ごとにMicrosoft Defender SmartScreenの設定を確認・変更できます。

Windows 10のセキュリティ設定　重要度 ★★★

Q 373 Microsoft Defenderの性能はどうなの？

A ほとんどのウイルスを防げます。

Microsoft Defenderは、パソコンを複数の対策で保護します。1つ目は、インターネット上で新しいウイルスをほぼ即時に検出して、パソコンでもブロックする保護機能です。2つ目は、ファイルやプログラムを監視して、常時パソコンを守るリアルタイム監視機能です。最後が、プログラムにウイルスについて学習させてウイルスに対抗する機能です。市販の対策ソフトをインストールしなくても、十分な効果を期待することができます。

Windows 10のセキュリティ設定　重要度 ★★★

Q 374 Windowsのセキュリティ機能が最新か確認したい！

A コントロールパネルの<コンピューターの状態を確認>で確認できます。

セキュリティ機能が最新の状態であるかどうかを確認するには、以下のように操作してコントロールパネルを表示します。

1 スタートメニューで<Windowsシステムツール>→<コントロールパネル>とクリックして、

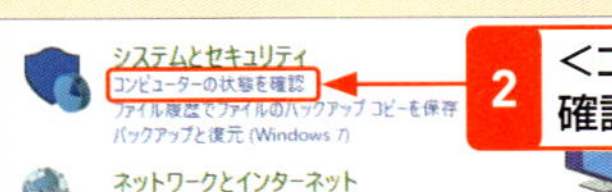

2 <コンピューターの状態を確認>をクリックし、

3 <セキュリティ>をクリックすると、

4 セキュリティ機能の状態が一覧表示されます。

5 <ウイルス対策>の<Windowsセキュリティの表示>をクリックすると、ウイルス対策機能の定義ファイル（セキュリティインテリジェンス）の状態を確認できます。

Windows 10のセキュリティ設定　重要度 ★★★

Q 375 念入りにウイルスチェックしたい！

A フルスキャン、もしくはオフラインスキャンを実行しましょう。

Windowsセキュリティによるウイルスなどの有害プログラムの自動検出は通常、「クイックスキャン」というモードで実行されます。クイックスキャンは被害に遭いやすいフォルダーのみを対象に監視して有害プログラムを検出するモードですが、コンピューター内のより広い範囲を監視するモードも用意されています。これが「フルスキャン」と「オフラインスキャン」です。フルスキャンはコンピューター全体を監視し、オフラインスキャンは通常のスキャンでは発見できないような範囲まで監視するモードです。
どちらもクイックスキャンに比べ、完了まで時間がかかります。そのため、クイックスキャンをまずは実行し、それでも不安定な動作が改善しないといった場合に実行するようにしましょう。

1 スタートメニューで<設定>→<更新とセキュリティ>→<Windowsセキュリティ>とクリックして、

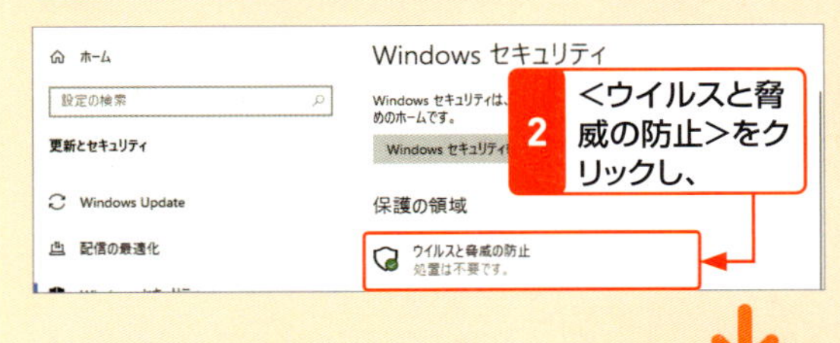

2 <ウイルスと脅威の防止>をクリックし、

3 <スキャンのオプション>をクリックすると、

4 スキャンのモードが一覧表示されます。

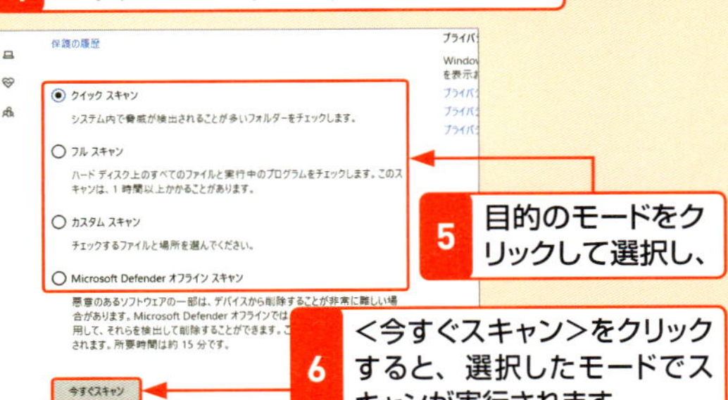

5 目的のモードをクリックして選択し、

6 <今すぐスキャン>をクリックすると、選択したモードでスキャンが実行されます。

Windows 10のセキュリティ設定　重要度 ★★★

素早くウイルスチェックしたい!

A タスクバーの＜Windowsセキュリティ＞アイコンを利用します。

コンピューター内に侵入したウイルスなどの有害なプログラムを検出し、隔離や駆除をするための機能「クイックスキャン」は、パソコンの動作中は定期的に自動実行されます。しかし、ウイルスによる影響でパソコンの動作が不安定になったような場合は、タスクバーの＜Windowsセキュリティ＞のアイコンから、クイックスキャンを手動で実行して、その場で駆除してしまうのがよいでしょう。

1 タスクバーに＜Windowsセキュリティ＞のアイコンが表示されていない場合はこれをクリックして、

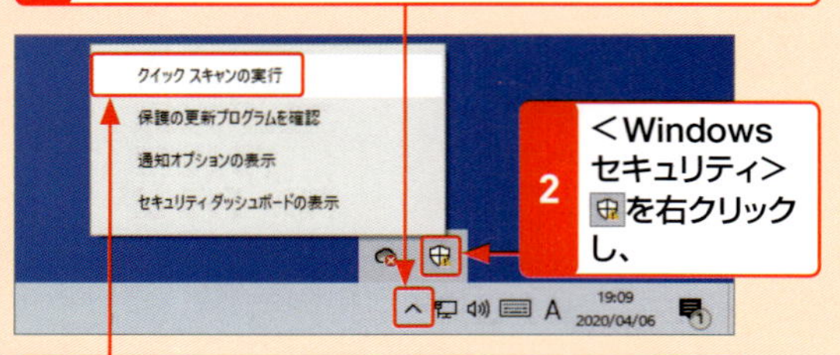

2 ＜Windowsセキュリティ＞を右クリックし、

3 ＜クイックスキャンの実行＞をクリックします。

Windows 10のセキュリティ設定　重要度 ★★★

Windowsのセキュリティ機能と他社のウイルス対策ソフトは同時に使えるの?

A 同じ機能を持つソフトの併用はできません。

Windows 10に標準で備わるウイルス対策機能のWindowsセキュリティと、ウイルスバスタークラウドなど、同じ機能を持つ他社製ソフトの併用はできません。他社製ソフトをインストールすると、同時にWindowsセキュリティは無効になります。これはソフト同士で機能が競合し、コンピューターに予期しないトラブルを生じさせることを防ぐためです。

有効なソフトを確認する

1 スタートメニューで＜設定＞→＜更新とセキュリティ＞をクリックして、

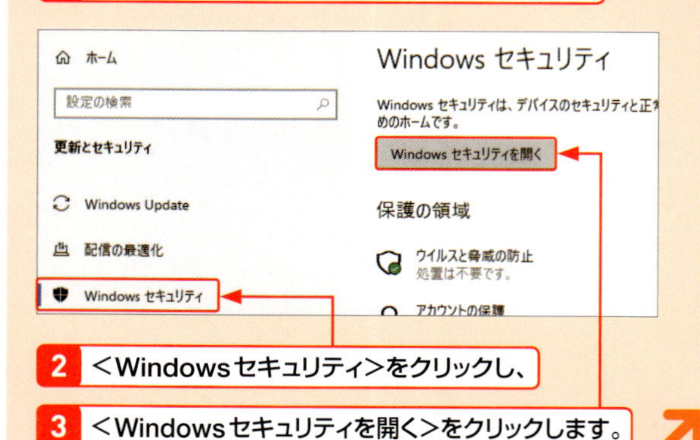

2 ＜Windowsセキュリティ＞をクリックし、

3 ＜Windowsセキュリティを開く＞をクリックします。

4 ＜設定＞をクリックして、

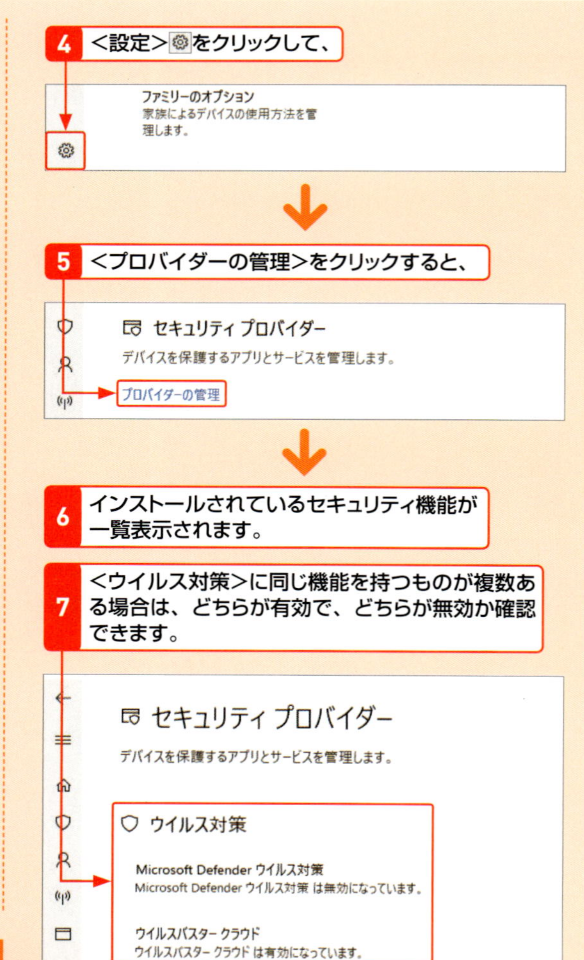

5 ＜プロバイダーの管理＞をクリックすると、

6 インストールされているセキュリティ機能が一覧表示されます。

7 ＜ウイルス対策＞に同じ機能を持つものが複数ある場合は、どちらが有効で、どちらが無効か確認できます。

Windows 10のセキュリティ設定　重要度 ★★★

Q 378 「このアプリがデバイスに変更を加えることを許可しますか?」と出た!

A ユーザーアカウント制御で監視されています。

アプリをインストールしようとすると、その許可を求めるメッセージが表示されることがあります。このメッセージのことを、「ユーザーアカウント制御」と呼びます。ユーザーアカウント制御は、コンピューターのシステム変更などの際、それがユーザー自身の操作によるものなのかを確認し、ユーザーに身に覚えのない不正な動作を防ぐ機能です。

ユーザーアカウント制御は、アプリのインストールやアンインストール、システムに関わる設定の変更、不明なプログラムの実行、管理者や標準ユーザーといった、ほかのユーザーに影響を与えるようなファイルの操作時に表示されます。 参照▶Q 556

管理者ユーザーの場合、このようなダイアログボックスが表示されます。＜はい＞をクリックすると、プログラムの実行や設定の変更ができます。

標準ユーザーの場合は、管理者アカウントのパスワードやPINを求められます。パスワードを入力しないと、プログラムの実行や設定の変更ができません。

Windows 10のセキュリティ設定　重要度 ★☆☆

Q 379 「ユーザーアカウント制御」がわずらわしい!

A 基本的には有効にしておくことをおすすめします。

ユーザーアカウント制御は、所定の操作を実行しようとしたときに必ず表示されます。表示頻度は通知レベルを引き下げることで減らすことができ、レベルを＜通知しない＞まで下げると表示されなくなります。しかしその場合、気付かないうちに悪意のあるプログラムなどが実行される可能性が高まってしまいます。通知レベルは＜通知しない＞より上に設定しておきましょう。

● 通知レベルの設定を変更

1 スタートメニューで＜Windowsシステムツール＞→＜コントロールパネル＞をクリックして、＜システムとセキュリティ＞をクリックし、

2 ＜ユーザーアカウント制御設定の変更＞をクリックして、

3 スライダーをドラッグし、通知レベルを設定します。

4 ＜OK＞をクリックして、

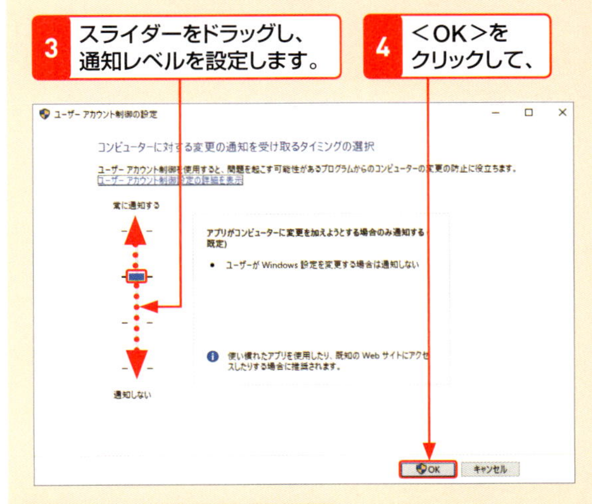

5 ＜はい＞をクリックします。

基本
デスクトップ
キーボード・文字入力
インターネット
メール・連絡先
セキュリティ
写真・動画・音楽
OneDrive・スマホ
印刷・周辺機器
アプリ
インストール・設定

Q380 ファイアウォールのブロックを解除するには?

A ファイアウォール経由の通信をアプリに許可します。

「Windowsファイアウォール」は、アプリやコンピューター内で動作するプログラムごとに、外部との通信を監視するための機能です。通常はアプリごとに最適な設定が自動適用されるため、ユーザーが設定を変更する必要はありません。ただし、メッセージアプリやファイルの送受信用アプリなど、一部のアプリでは、自動適用される設定のままではうまく動作しないことがあります。そのような場合は、以下のように操作してそのアプリをWindowsファイアウォールの監視対象から外します。

1 スタートメニューで＜Windowsシステムツール＞→＜コントロールパネル＞をクリックして、＜システムとセキュリティ＞をクリックし、

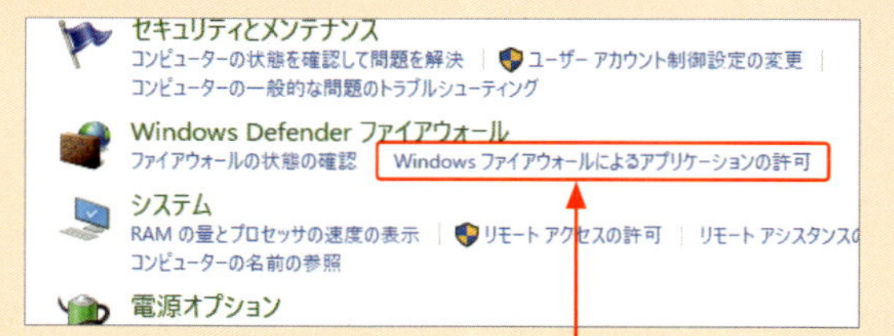

2 ＜Windowsファイアウォールによるアプリケーションの許可＞をクリックして、

3 ＜設定の変更＞をクリックします。

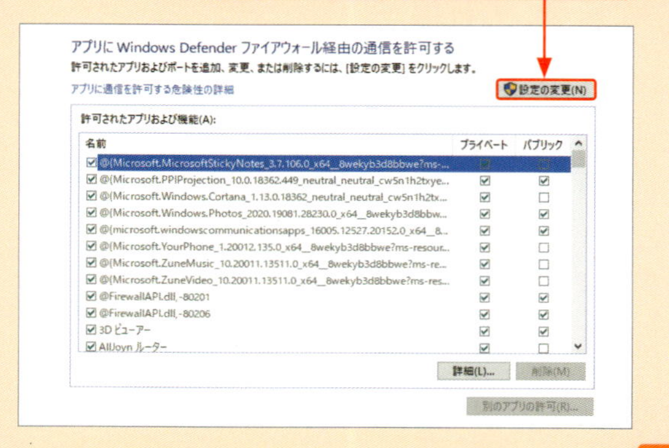

ここでオン／オフを設定することもできます。

5 許可したいアプリをクリックし、

一覧にないアプリを追加する場合は、＜参照＞をクリックして、プログラムを指定します。

6 ＜追加＞をクリックすると、

7 ＜許可されたアプリおよび機能＞の一覧に追加されます。

8 ＜OK＞

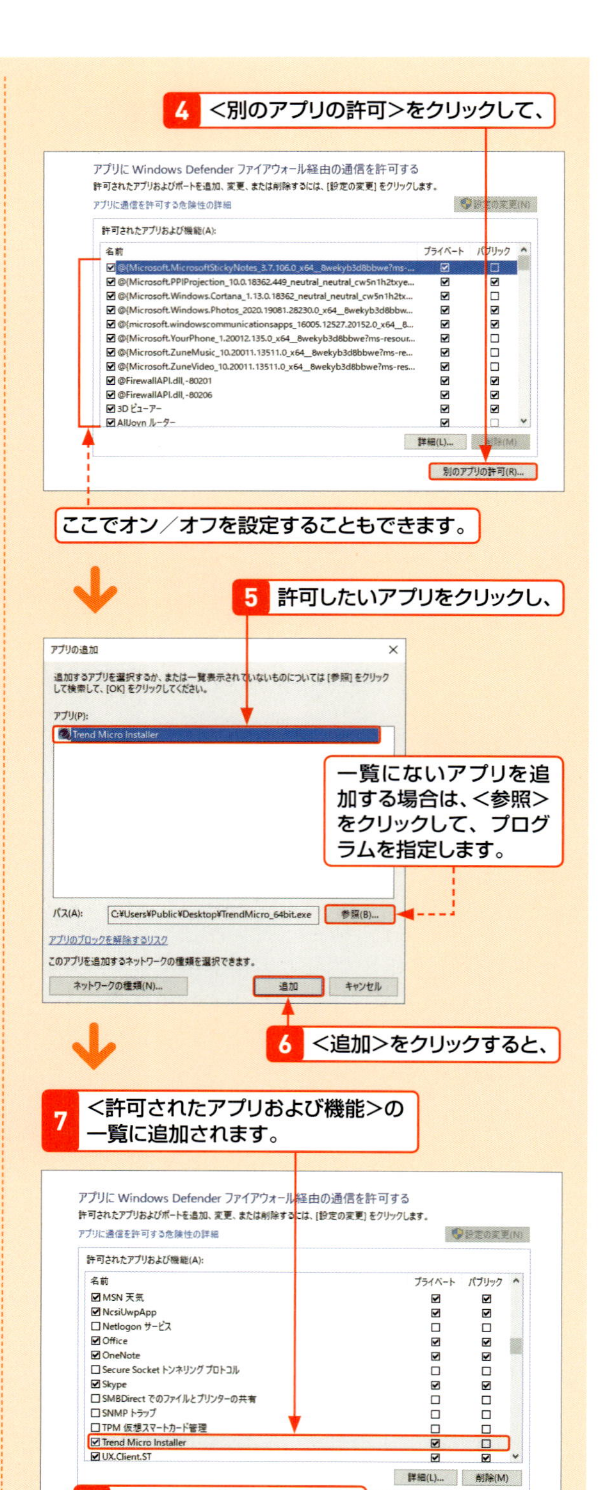

Windows 10のセキュリティ設定　重要度 ★★★

Q 381 Excelのファイルを開くとアラートが表示された！

A 「マクロ」付きのExcelファイルを開くと表示されます。

Excelファイルを開いたときに、右図のような警告が表示されることがあります。これはファイルに「マクロ」と呼ばれる自動化プログラムが組み込まれていることを示すものです。マクロを使ったパソコンへの攻撃の可能性があることから、開いた直後は無効化されています。

信頼できる相手から受け取ったファイルであれば、<コンテンツの有効化>をクリックしてマクロを有効にしましょう。

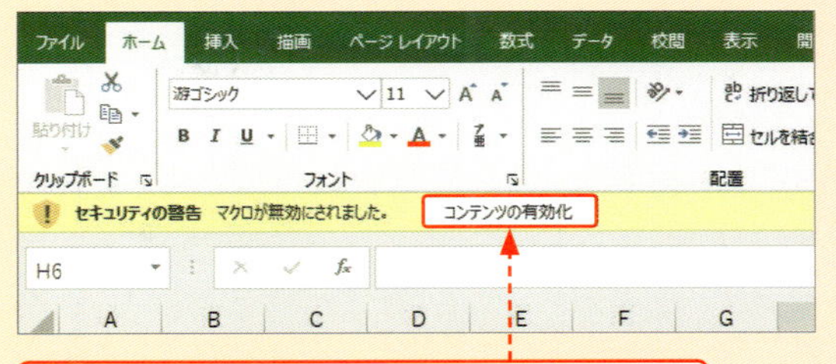

問題がない場合は、<コンテンツの有効化>をクリックします。

迷惑メール　重要度 ★★★

Q 382 有名な企業からのメールは信用できる？

A 常に疑いましょう。

差出人やメールアドレスが有名な企業になっていても、無条件に信用してはいけません。悪意を持った第三者がメールを送信するとき、差出人を有名な企業の名前にしたり、メールアドレスを有名な企業がいつも消費者に送信するアドレスにしたりできるからです。有名な企業の差出人で安心させておき、メール内のリンクをクリックさせて、クレジットカード番号やパスワードを盗むフィッシングサイトに誘導するのが、常套手段になっています。

自分が利用している有名な企業から、何か対応を求めるメールが届いたら、メール内のリンクはクリックせず、検索して企業のWebページを開くとよいでしょう。

● フィッシングメール

最近、■■■■銀行はお客様の口座資金のセキュリティを高めるために、全面的にシステムのバージョンアップを行いました。すぐに口座の更新をお願いします。

こちらのURLをクリックしてください
https://www.■■■.co.jp/contents/pages/wpl010101/i010101CT/DI01010210

本メールは、配信前日時点で当社にご登録い…

※本メールアドレスは送信専用のため、返…
※本メールには電子署名を付与しています…
す。

ご不明な点がございましたら、当社サイトのQ&Aをご覧いただくようお願いします。
なお、お問合せ先は当社サイトのメニュー「お問合せ・ご案内」よりご確認いただけます。
https://www.■■■.co.jp

銀行のURLが表示されますが、リンク先はフィッシングサイトになっています。

● 検索で本物のサイトを見つける

1 検索エンジンで検索すると、

2 本物のWebページが上位に表示されます。

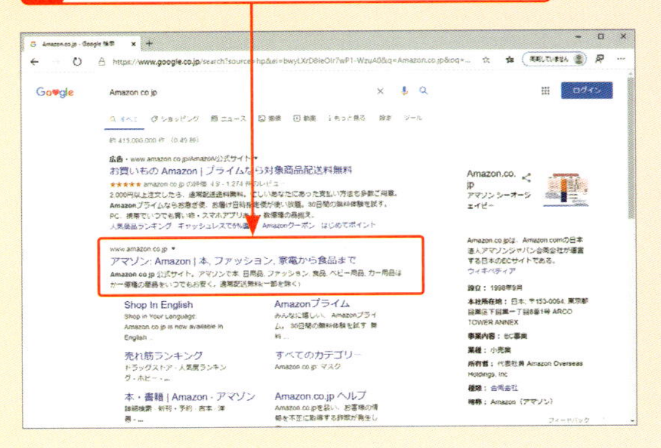

迷惑メール　重要度★★★

Q 383 迷惑メール対策を知りたい！

A メールアプリやWebメールサービスのフィルターを使用します。

望まない広告が掲載されていたり、フィッシングサイトへのリンクが記載されたメールのことを、迷惑メールと呼びます。Windows 10に付属する「メール」アプリや、Outlook.comをはじめとするWebメールサービスには、迷惑メールを自動的に別フォルダーに振り分けるフィルター（フィルタリング）機能が備わっているので、不快な迷惑メールのほとんどは、目に触れることなく隔離できます。

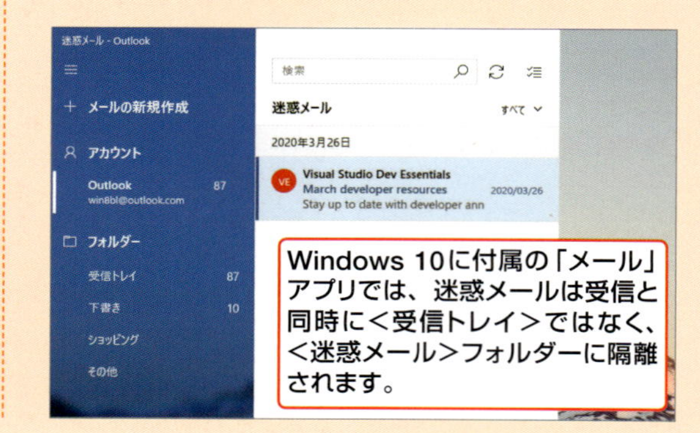

迷惑メール　重要度★★★

Q 384 迷惑メールの見分け方を知りたい！

A 本文の不自然な点や怪しい送信者情報を確認しましょう。

フィッシングサイトなどへの誘導を目的とする迷惑メールは、さまざまな手口でユーザーをだまそうとします。差出人名が大手企業の名前になっているなど、一見して見分けることは難しくなっています。身に覚えがない、あるいは普段メールを送ってくることがない企業からメールが届いたら、差出人名ではなく、差出人のメールアドレスを確認しましょう。企業名のスペルが違っていたり、その企業とは関係のないWebメールサービスのメールアドレスだったり、過度に不安をあおる文面だったりした場合は、詐欺目的のメールである可能性があります。

また、本文にリンクが記載され、それをクリックするとブラウザーが表示され、IDやパスワードの入力を求められた場合も、詐欺目的である可能性があります。入力する前にそのWebページが本物かどうか、URLなどを確認しましょう。

メールに添付されたファイルにも注意が必要です。ファイルを開いただけで感染してしまうウイルスがあるため、添付されたファイルは、信頼できる送信元から送られてきた場合のみ、開くようにしてください。

迷惑メール　重要度★★★

Q 385 迷惑メールを振り分けたい！

A 「メール」アプリは自動で振り分けしてくれます。

「メール」アプリは迷惑メールの自動振り分け機能が備わっているため、受信と同時に＜迷惑メール＞フォルダーに移動してくれます。自動振り分けをすり抜けたメールは、右クリックすると表示されるメニューで＜迷惑メールにする＞をクリックすると、以降は同じ差出人からのメールを迷惑メールとして処理します。

1 メールを右クリックして、

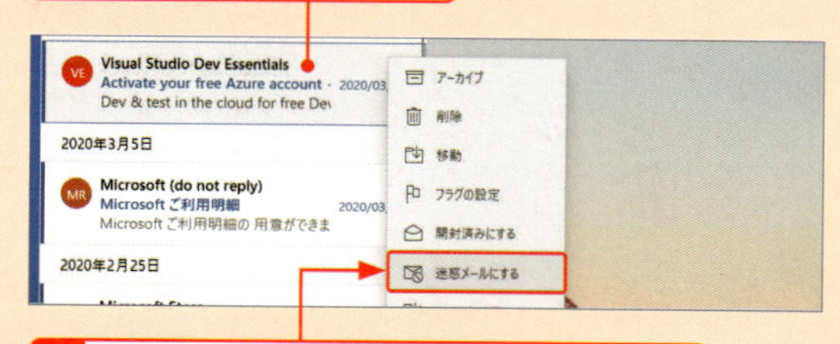

2 ＜迷惑メールにする＞をクリックすると、＜迷惑メール＞フォルダーに移動されます。

同様の操作を繰り返して学習させることで、自動振り分けの精度が上がります。

7

写真・動画・音楽の活用技!

カメラでの撮影と取り込み　重要度 ★★★

メモリーカードの選び方を教えて！

A デジタルカメラの機種に対応しているものを選びます。

メモリーカード（記録メディア）には、いくつかの種類があり、サイズや形状、記録できる容量などは右表のとおりです。デジタルカメラに対応するメモリーカードの種類は、製品によって異なります。事前にデジタルカメラの解説書を確認し、その機種に対応しているメディアを選びましょう。

種　類	記録容量
SDメモリーカード	2GBまで
SDHCメモリーカード	4GB～32GB
SDXCメモリーカード	1TBまで
microSDメモリーカード	128MB～2GB
microSDHCメモリーカード	4GB～32GB
microSDXCメモリーカード	1TBまで
xDピクチャーカード	16MB～2GB
メモリースティック	16MB～128MB
メモリースティックPRO Duo	256MB～32GB
コンパクトフラッシュ	512GBまで
XQDメモリーカード	256GBまで

※2020年6月現在

● SDHCメモリーカード

● SDXCメモリーカード

● microSDHCメモリーカード

● コンパクトフラッシュ

● XQDメモリーカード

カメラでの撮影と取り込み　重要度 ★★★

画素数って何？

A 画像を構成する点の数のことです。

デジタルカメラで撮影した画像は、小さな点の集まりで構成されており、この点のことを「画素」（ピクセル）と呼びます。「画素数」とは1枚の画像を構成する画素の総数のことです。画素数が多いほど滑らかで高画質になり、容量が多くなります。

デジタルカメラでは、フィルムの代わりに「CCD」や「CMOS」という装置（撮像素子）でレンズから入る光をとらえ、CCDやCMOS上の「受光素子」の数が画像の画素数を決定します。たとえば、1000万画素数という場合は、CCDの受光面に約1000万個の受光素子が並んでいるということになります。

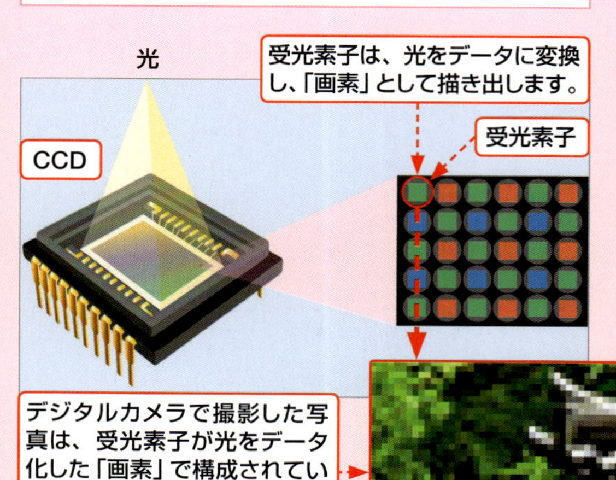

受光素子は、光をデータに変換し、「画素」として描き出します。

デジタルカメラで撮影した写真は、受光素子が光をデータ化した「画素」で構成されています。

Q 388 デジタルカメラやスマホから写真を取り込みたい!

A ＜写真とビデオのインポート＞を利用します。

デジタルカメラやスマホからパソコンに写真を取り込むには、パソコンと各機器をUSBケーブルで接続します。また、パソコンにメモリーカードスロットがあれば、デジタルカメラからメモリーカードを取り出して挿入してもよいでしょう。
はじめて接続したときは、画面の右下に通知メッセージが表示されます。クリックして＜写真とビデオのインポート＞をクリックすると、「フォト」アプリが起動して、デジタルカメラやスマホ内の写真をスキャンします。写真を選択して取り込みましょう。なお、通知メッセージが表示されないときは、「フォト」アプリを起動し、画面右上の＜インポート＞→＜USBデバイスから＞をクリックします。
ここでは、デジタルカメラを例に解説します。

1 デジタルカメラ（またはスマホ）とパソコンをUSBケーブルで接続して、デジタルカメラの電源を入れると、

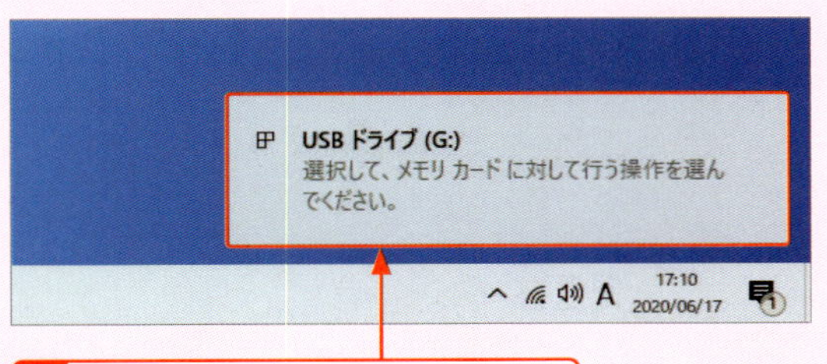

2 通知メッセージが表示されるので、クリックし、

3 ＜写真とビデオのインポート＞をクリックします。

4 「フォト」アプリが起動して、インポート元のデバイスにある写真が自動検索されます。

5 インポートする写真をクリックして選択し、

6 ＜○個のアイテムのうち○個をインポート＞をクリックすると、

7 インポートが開始されます。

10 件中 10 件のアイテムをインポートしました。　キャンセル

8 インポートが終了すると、写真が表示されます。

Q 389 デジタルカメラやスマホが認識されないときは？

A エクスプローラーを利用します。

デジタルカメラやスマホをパソコンと接続しても、通知が表示されない場合は、エクスプローラーを利用して写真を取り込みます。

● データを直接コピーする

1 エクスプローラーを起動して、デジタルカメラかスマホのドライブ（ここでは＜USBドライブ(G:)＞）をクリックし、

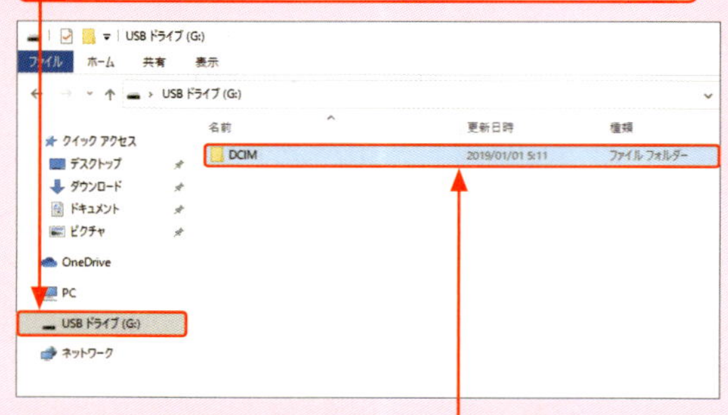

2 写真が保存されているフォルダーをクリックして、

3 ＜ホーム＞をクリックし、

4 ＜コピー＞をクリックします。

5 ＜ピクチャ＞をクリックして、

6 ＜ホーム＞をクリックし、

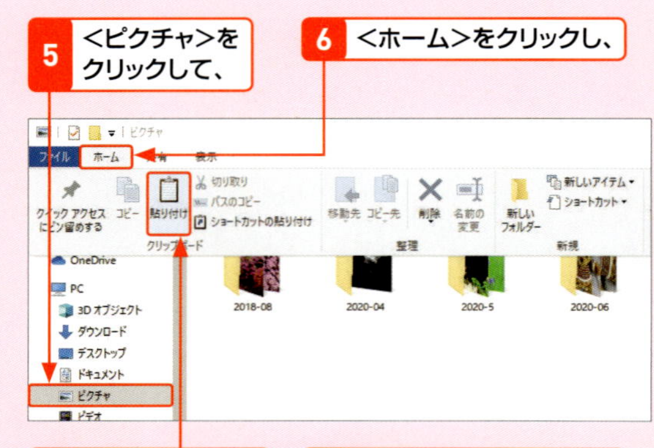

7 ＜貼り付け＞をクリックすると、

8 写真がコピーされます。

● ＜画像とビデオのインポート＞を利用する

1 デジタルカメラかスマホのドライブ（ここでは「Apple iPhone」）を右クリックします。

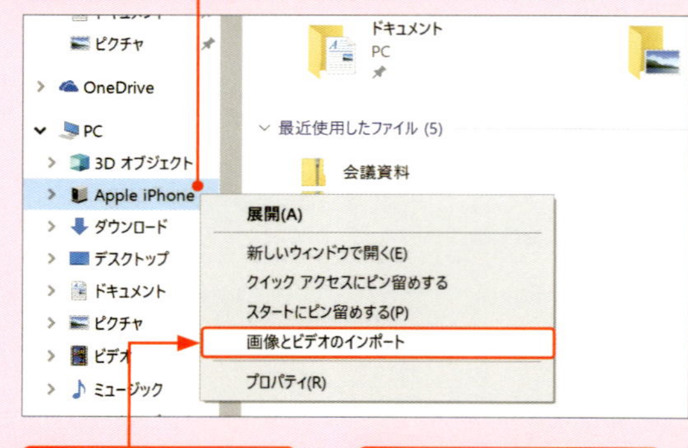

2 ＜画像とビデオのインポート＞をクリックして、

3 画面の指示に従って写真や動画をインポートします。

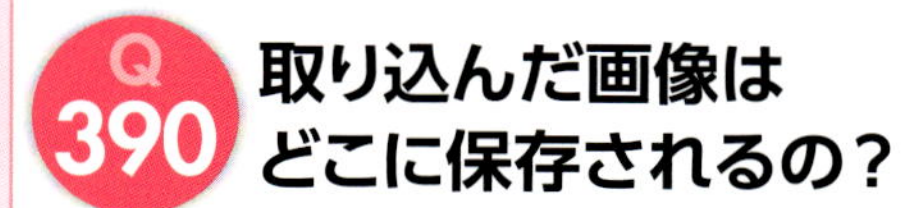

Q 390 取り込んだ画像はどこに保存されるの？

A ＜ピクチャ＞フォルダーに保存されます。

デジタルカメラから取り込んだ写真は、＜ピクチャ＞フォルダーに保存されます。標準では、撮影したときの年と月がフォルダー名となります。エクスプローラーを起動して、＜ピクチャ＞をクリックすると、撮影したときの「年-月」のフォルダーで保存されていることが確認できます。

基本
デスクトップ
キーボード・文字入力
インターネット
メール・連絡先
セキュリティ
写真・動画・音楽
OneDrive・スマホ
印刷・周辺機器
アプリ
インストール・設定

Q 391 デジカメやCDを接続したときの動作を変更したい!

A <自動再生>画面で設定します。

デジタルカメラや音楽CDなどをパソコンに接続すると、どのような操作を行うかの通知が表示されます。この通知は初回のみ表示され、以降はこのとき選択した動作が自動的に実行されます。既定値に戻したい場合や、設定を変更したい場合は、<自動再生>画面で操作します。

<自動再生>画面は、「設定」アプリで<デバイス>→<自動再生>をクリックして表示します。ここでは、CDを挿入したときの動作を設定してみましょう。

1 スタートメニューで<設定>⚙をクリックして、

2 <デバイス>をクリックし、

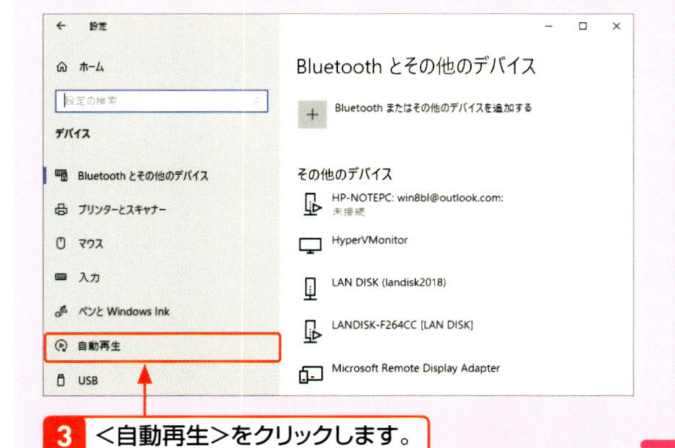

3 <自動再生>をクリックします。

4 CDやUSBメモリーの接続時の動作を変更する場合は<リムーバブルドライブ>のここをクリックし、

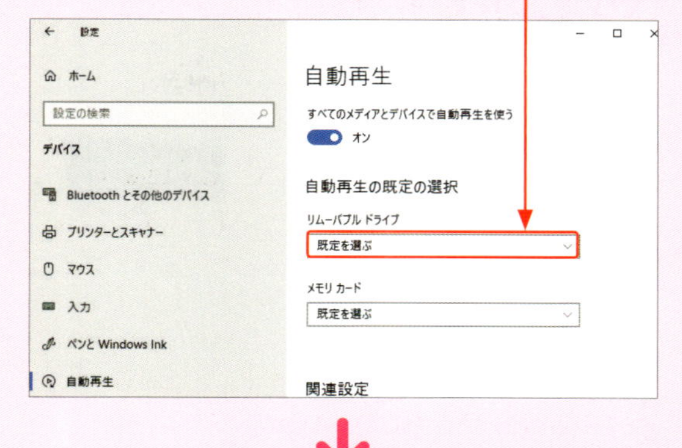

5 設定したい動作をクリックして選択します。

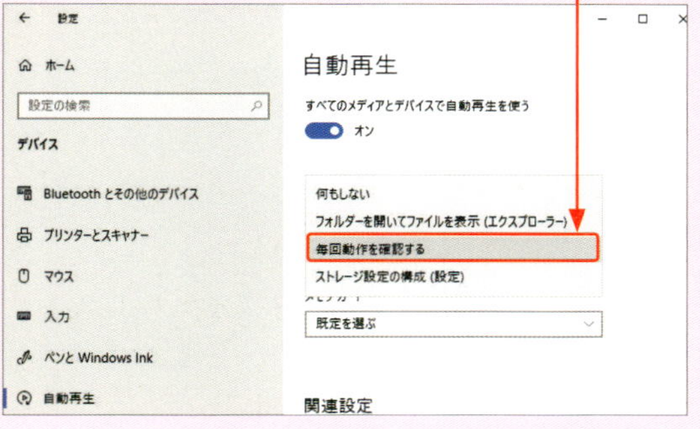

6 デジカメや、デジカメのメモリーカードの接続時の動作を変更する場合は、<メモリカード>の動作をクリックして選択します。

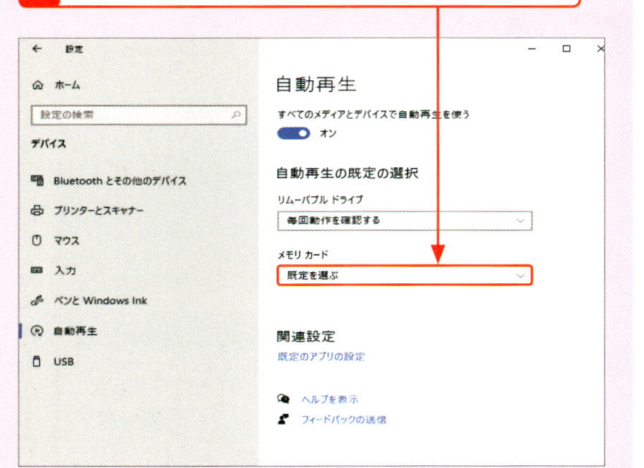

Q 392 「フォト」アプリの使い方を知りたい!

A 写真を一覧で見たり拡大して見たりすることができます。

Windows 10では、パソコンに保存されている写真はすべて「フォト」アプリで確認できます。スタートメニューで＜フォト＞をクリックすると起動し、写真のサムネイルが一覧で表示されます。過去に遡って閲覧したいときは、画面右端のバーを下方向にドラッグしましょう。サムネイルをクリックすると写真が拡大表示され、両端の矢印をクリックすると前後の写真に切り替えられます。

● 写真を閲覧する

1 スタートメニューで＜フォト＞をクリックすると、

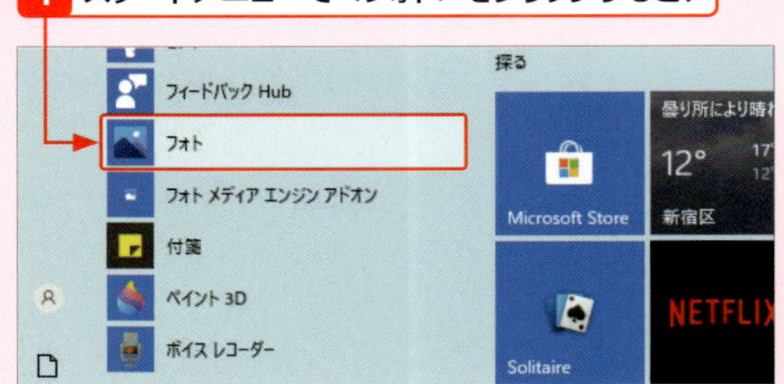

2 「フォト」アプリが起動し、写真が一覧で表示されます。

マウスポインターを合わせて＜このタイルを非表示にする＞をクリックすると消せます。

3 マウスのホイールを回したり、タイムラインのバーをドラッグすると、画面が上下に移動します。

4 写真をクリックすると、

5 写真が拡大表示されます。

6 矢印をクリックすると、前後の写真が表示されます。

7 ここをクリックすると、写真の一覧に戻ります。

「フォト」アプリの利用　重要度 ★★★

Q393 写真を削除したい！

A 写真を選択して<削除>をクリックします。

「フォト」アプリで写真を削除するには、対象の写真にマウスポインターを合わせ、右上に表示されるチェックボックスにチェックを付けます。そのあと＜削除＞をクリックしましょう。複数の写真を削除する場合は、画面上部の＜選択＞をクリックしたあと、写真をクリックしてチェックを付けます。

1 削除したい写真にマウスポインターを合わせて、右上のチェックボックスをクリックし、

2 写真が選択されたら、

3 <削除>が表示されていなければ<もっと見る> ⋯ をクリックし、

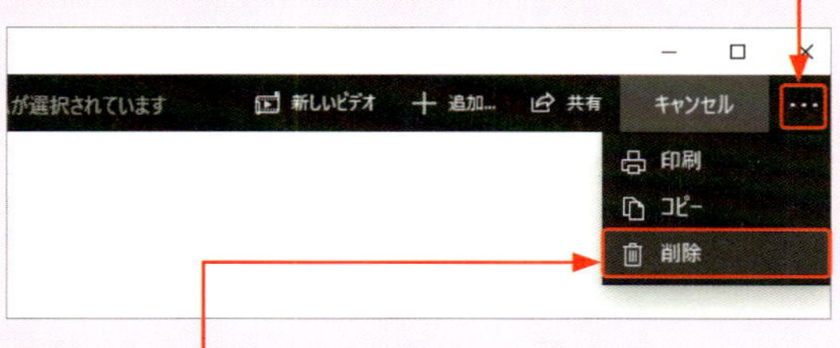

4 <削除>をクリックして、

5 <削除>をクリックします。

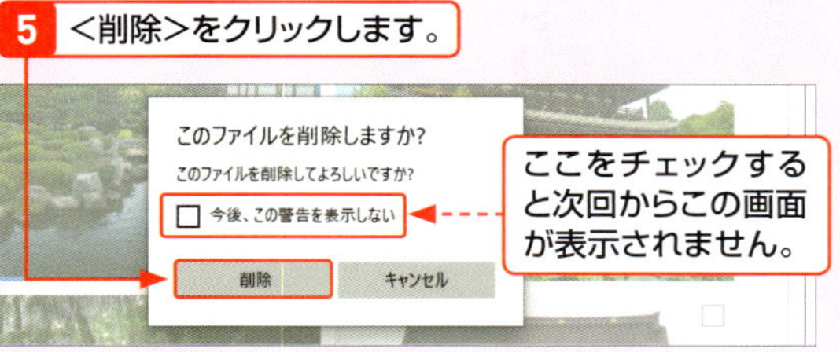

ここをチェックすると次回からこの画面が表示されません。

「フォト」アプリの利用　重要度 ★★★

Q394 写真をスライドショーで再生したい！

A <スライドショー>をクリックします。

「フォト」アプリでスライドショーを利用するには、写真を表示し、下記の操作を行います。

1 写真を表示して画面内を右クリックして、

2 <スライドショー>をクリックすると、

3 スライドショーが開始され、次々と写真が切り替わります。

4 画面内をクリックすると、スライドショーが終了します。

Q 395 写真をアルバムで整理したい！

A 「アルバム」機能を利用しましょう。

「フォト」アプリでは、「お気に入り」や「旅行」のようなアルバムを自分で作ることができます。保存枚数が増え、整理したくなったときに活用しましょう。

1 アルバムに追加したい写真にチェックを付けて、

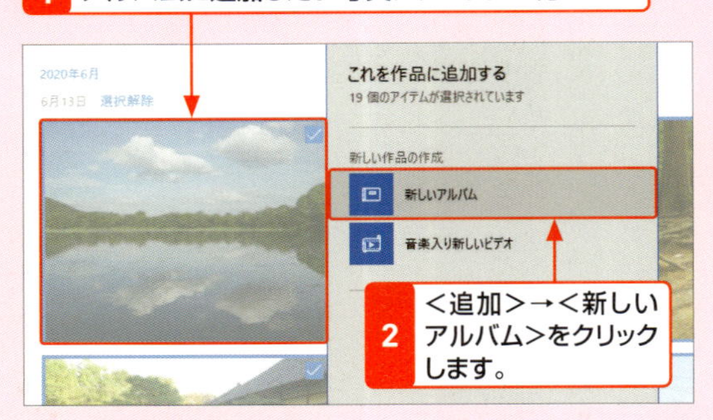

2 <追加>→<新しいアルバム>をクリックします。

3 アルバムの名前を入力し、

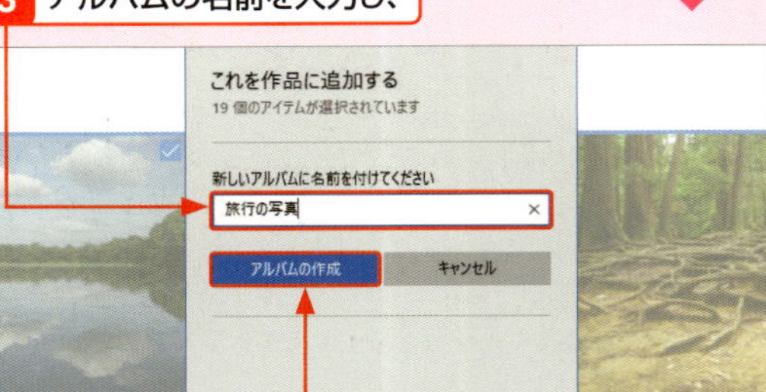

4 <アルバムの作成>をクリックします。

5 <アルバム>タブをクリックすると、

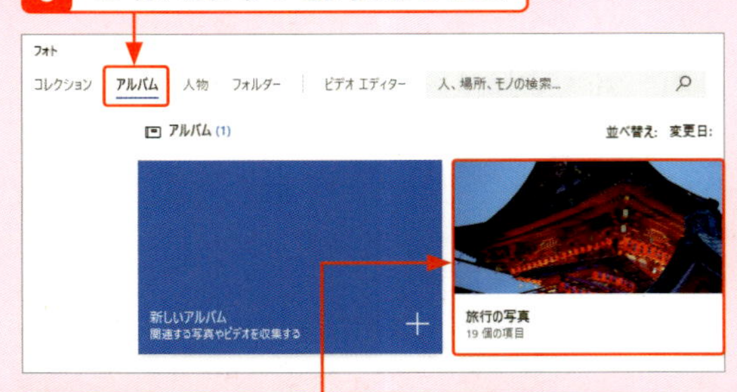

6 アルバムが追加されていることを確認できます。

Q 396 写真が見つからない！

A 画面上部の検索欄にキーワードを入力しましょう。

パソコンにたくさんの写真を保存するほど、「フォト」アプリの「コレクション」画面で表示される写真も増えてきます。そうなると目的の写真を探すにも手間がかかります。そのようなときは「フォト」アプリに用意されている検索欄を利用しましょう。関連するキーワードを入力すると、該当する写真だけが表示されます。

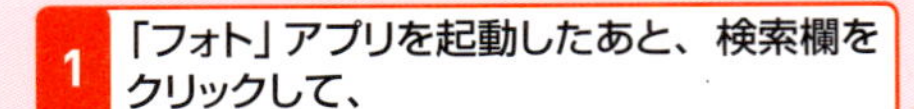

1 「フォト」アプリを起動したあと、検索欄をクリックして、

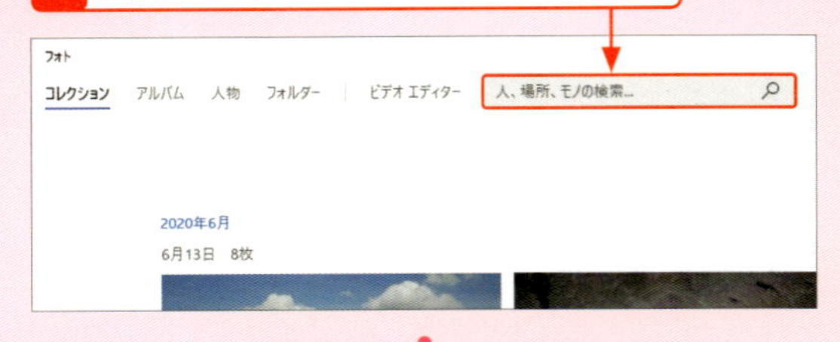

2 ファイル名やフォルダー名、連想するキーワードなどを入力します。入力欄の下部に表示される候補をクリックしてもかまいません。

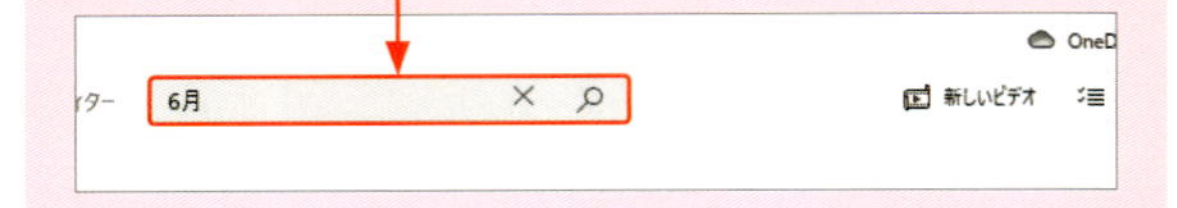

3 Enter を押すと、キーワードに該当する写真が一覧で表示されます。

Q 397 写真をきれいに修整したい！

A 「フォト」アプリの編集機能を利用します。

「フォト」アプリでは、写真の回転やトリミング、赤目の除去などのほか、明るさやコントラスト、色補正といった、さまざまな修整が行えます。フィルターを適用して雰囲気をガラッと変えることも可能です。修整を保存する前なら、＜すべて元に戻す＞をクリックすると元に戻せるので、思いどおりの結果になるまで何度でも編集してみるとよいでしょう。

写真にフィルターを設定する

1 写真を大きく表示して、

2 ＜編集と作成＞→＜編集＞をクリックすると、

3 編集モードに切り替わります。

4 ＜フィルター＞をクリックし、

バーを左右にドラッグすると、フィルターの効き目を調整できます。

5 適用したいフィルターをクリックします。

6 ＜コピーを保存＞あるいは＜保存＞（上書き保存）をクリックします。

明るさを調整する

1 編集モードで＜調整＞をクリックして、

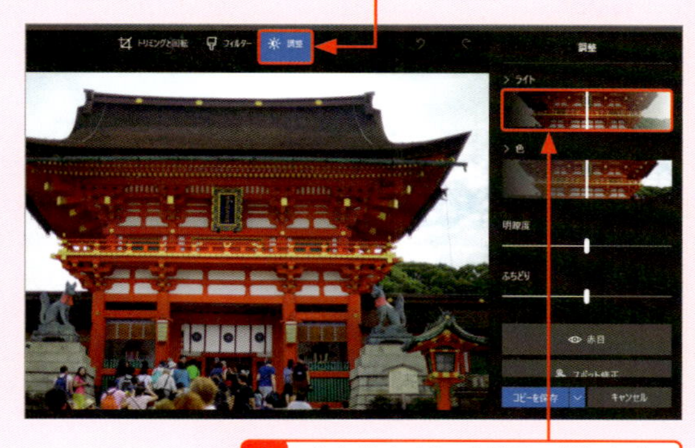

2 ＜ライト＞バーをドラッグします。

3 右にドラッグすると明るくなり、

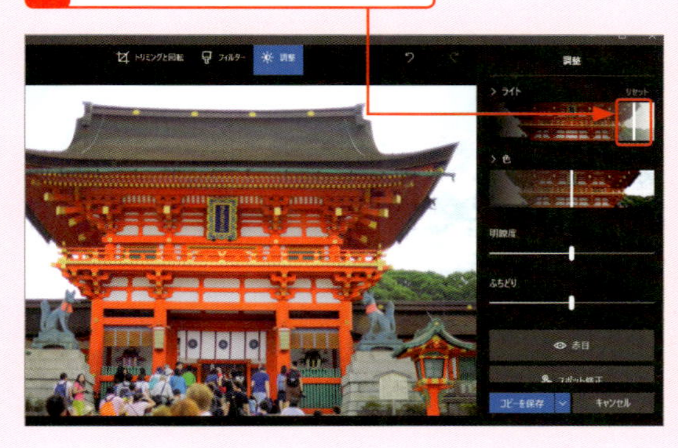

4 左にドラッグすると暗くなります。

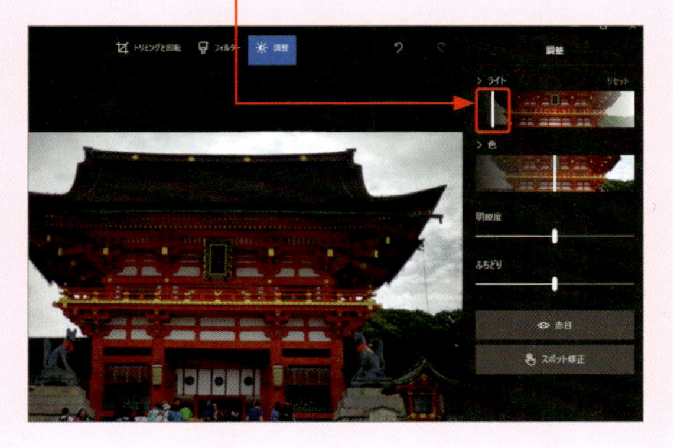

「フォト」アプリの利用　重要度★★★

Q 398 写真の向きを変えたい！

A 「フォト」アプリの<回転>機能を利用します

デジカメやスマホは縦にも横にも構えて写真を撮れるので、写真の向きを自動補正する機能が搭載されています。しかし、撮影時にこの機能がうまく働かず、写真が意図と異なる向きで表示されることがあります。
向きが異なる写真を正しい向きに修正したい場合は、「フォト」アプリの＜回転＞機能を使いましょう。＜回転＞をクリックするごとに、写真が時計回りに90度回転します。

1 「フォト」アプリで写真を大きく表示して、

2 <回転>をクリックすると、

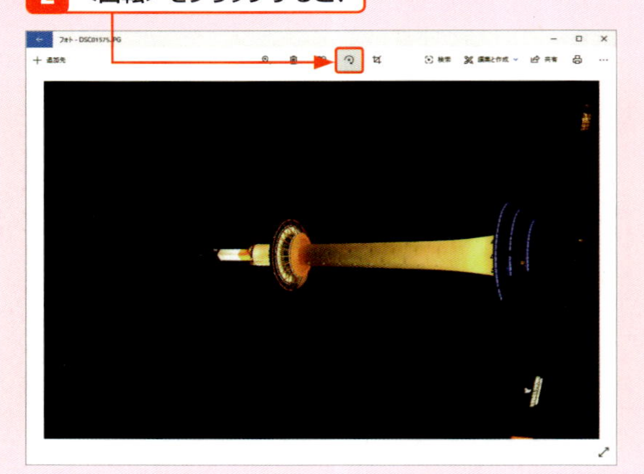

3 写真が時計回りに90度回転します。

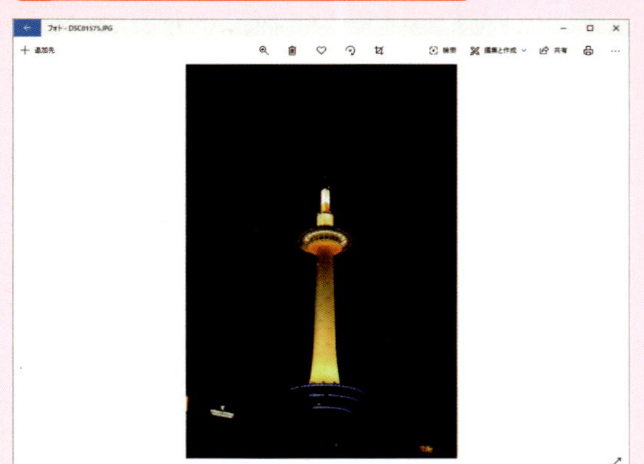

「フォト」アプリの利用　重要度★★★

Q 399 写真に3D効果を加えたい！

A 「フォト」アプリの<3D効果の追加>機能を利用します。

「フォト」アプリには、写真に立体的なアニメーション効果を加えることができる、＜3D効果の追加＞機能が搭載されています。＜3D効果の追加＞機能では、雨や炎、紙吹雪などや、空飛ぶコウモリなどのユニークなアニメーション効果が65種類用意されているので、好みに応じて写真にそれらのアニメーション効果を合成して、楽しく演出しましょう。また、効果によっては効果音が含まれているものもあります。
なお、アニメーション効果を加えた写真は、MP4形式の動画ファイルとして保存されるので、「フォト」アプリをはじめ、MP4形式に対応するアプリやデジタルテレビ、タブレットなどのデバイスで再生できるほか、SNSなどに投稿することもできます。

1 「フォト」アプリで写真を大きく表示して、

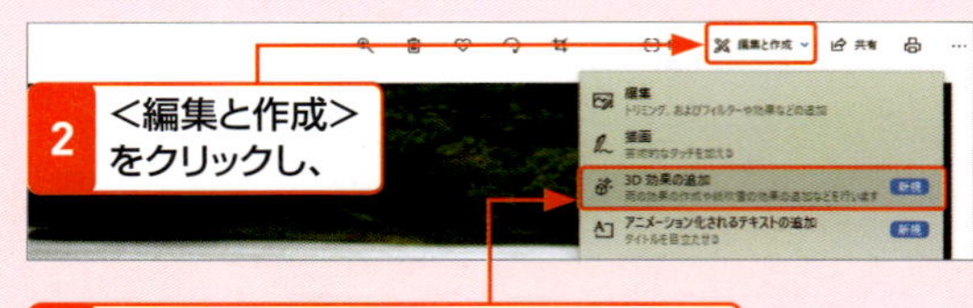

2 <編集と作成>をクリックし、

3 <3D効果の追加>をクリックします。

4 3D効果のエディターに切り替わります。

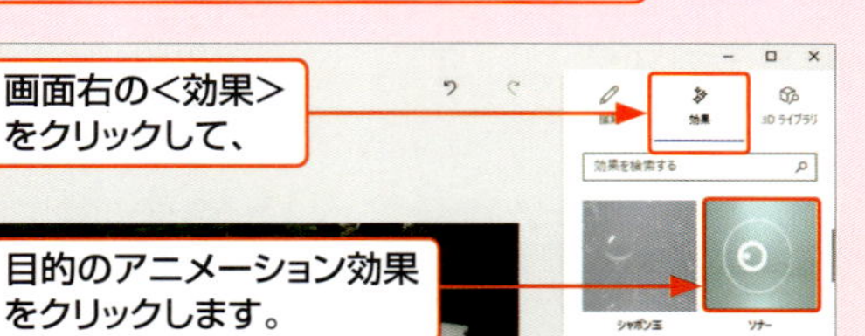

5 画面右の<効果>をクリックして、

6 目的のアニメーション効果をクリックします。

7 写真にアニメーション効果が設定されます。

8 <コピーを保存>をクリックします。

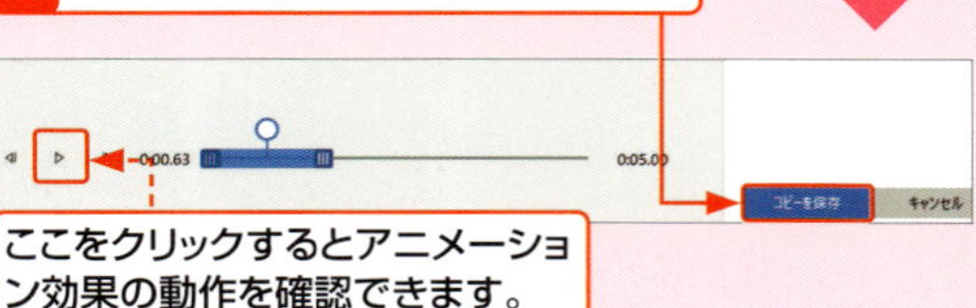

ここをクリックするとアニメーション効果の動作を確認できます。

Q 400 写真をスライドショー動画にしたい！

A <ビデオの自動生成>機能を活用しましょう。

「フォト」アプリには、選択した写真から音楽付きのスライドショー動画を作る機能が備わっています。
作成したスライドショー動画は、SNSなどをはじめとするインターネット公開用、テレビなどでの観賞用など、用途に応じた最適なファイルサイズで書き出すことができます。

1 「フォト」アプリで写真を何枚か選択して、

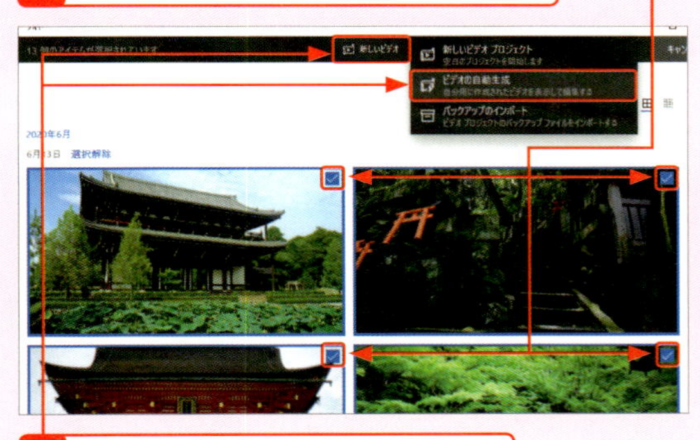

2 <新しいビデオ>→<ビデオの自動生成>をクリックし、

3 ビデオの名前を入力して、

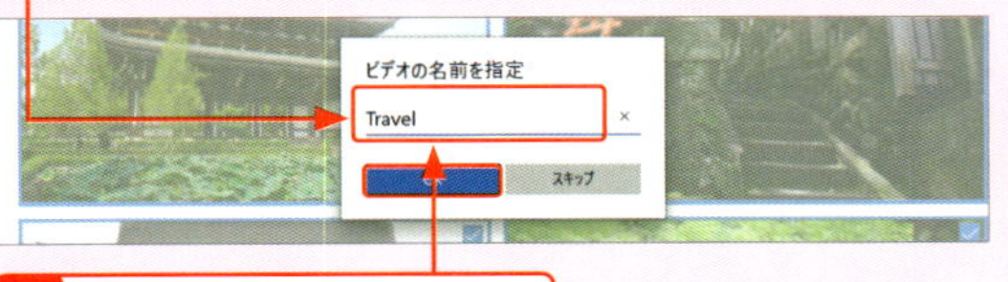

4 <OK>をクリックします。

5 写真から動画が自動的に作成されます。

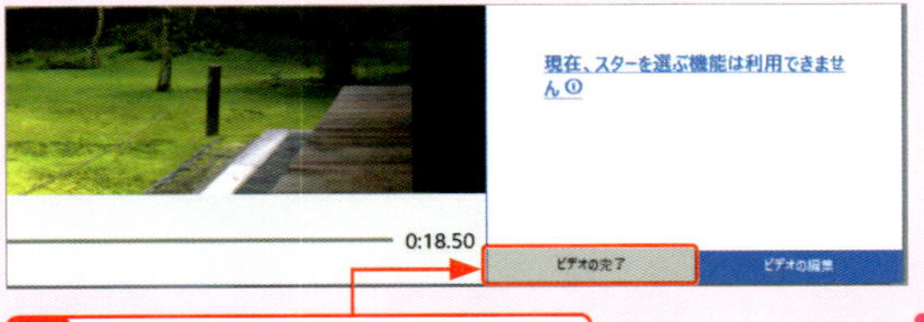

6 <ビデオの完了>をクリックし、

7 ビデオの画質（ここでは<低 540p>）を選択して、

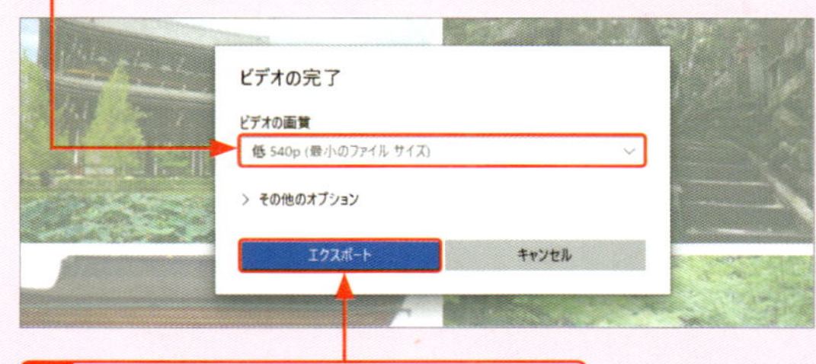

8 <エクスポート>をクリックします。

9 保存先を指定して、

10 ファイル名を確認し、

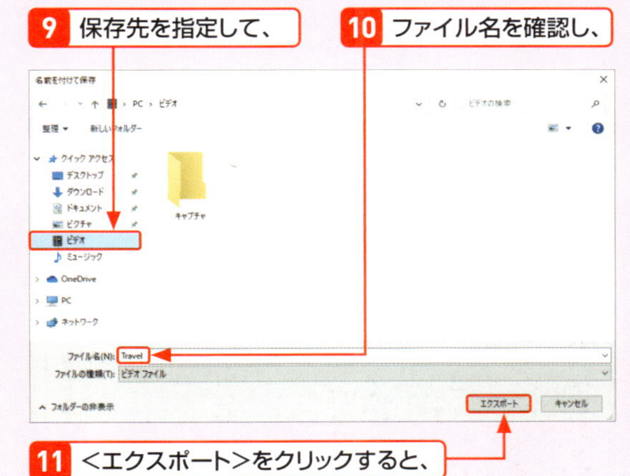

11 <エクスポート>をクリックすると、

12 動画の保存が完了します。

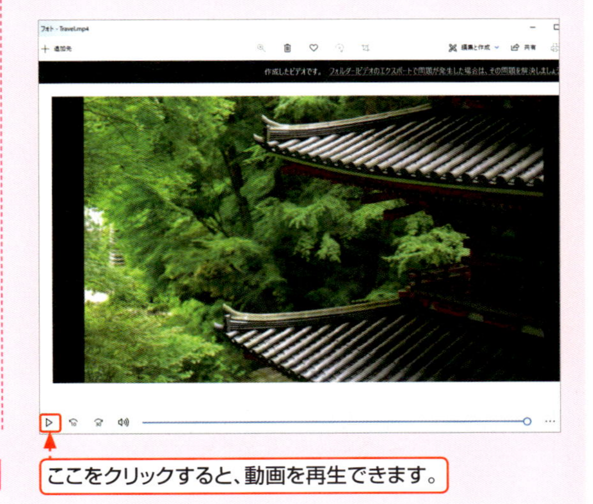

ここをクリックすると、動画を再生できます。

Q 401 写真の一部分だけを切り取りたい！

A 「フォト」アプリのトリミング機能を利用します。

写真の一部分だけを切り取りたいときは、「フォト」アプリの編集モードで＜トリミングと回転＞を選択して、切り取りたい範囲をドラッグして指定します。SNSで共有したい写真に不要なものが写っていたときや、アイコンに使う写真を使用したい部分だけ切り取りたいときなどに活用しましょう。

1 「フォト」アプリで写真を大きく表示して、

2 ＜編集と作成＞→＜編集＞をクリックし、編集モードに切り替えます。

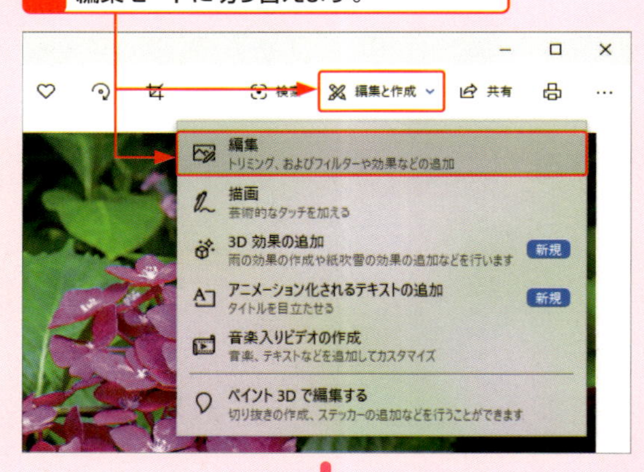

3 ＜トリミングと回転＞をクリックして、

4 ここをドラッグしてトリミング範囲を調整し、

5 ＜コピーを保存＞をクリックします。

Q 402 写真に書き込みをしたい！

A 「フォト」アプリの＜描画＞機能を利用します。

「フォト」アプリには、マウスやトラックパッド、専用のペンなどを使って、写真に手描きのメモやイラストなどを添えることができる、＜描画＞機能が搭載されています。＜描画＞機能では、＜ボールペン＞、＜鉛筆＞、＜カリグラフィペン＞という3つの描画ツールから好みの種類と色を選んで写真上に書き込むことができます。各ツールと色は、描画モードに切り替えると画面上部に表示されるツールバーから切り替えます。
書き込みが終わったら、ツールバーの＜コピーを保存＞をクリックして保存できます。新しい写真ファイルとして保存されるため、書き込み元となった写真には影響がありません。

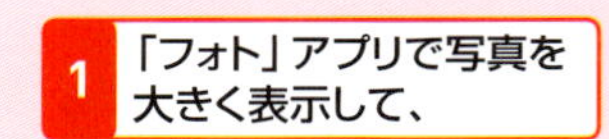

1 「フォト」アプリで写真を大きく表示して、

2 ＜編集と作成＞をクリックし、

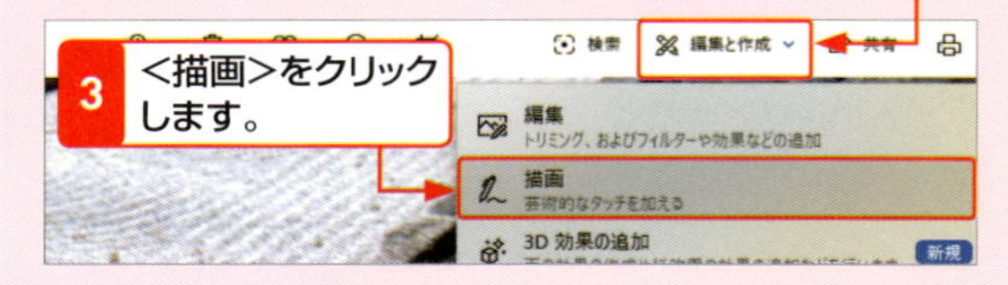

3 ＜描画＞をクリックします。

4 描画モードに切り替わります。

5 ツールバーの＜ボールペン＞をクリックして、

6 目的のペンの色や太さを選択します。

7 写真上にマウスやトラックパッドを使って書き込みます。

8 ＜コピーを保存＞をクリックします。

「フォト」アプリの利用　重要度 ★★☆

Q 403 「ピクチャ」以外のフォルダーの写真も読み込みたい！

A 「フォト」アプリで新しくフォルダーを追加します。

「フォト」アプリでは、通常、＜ピクチャ＞フォルダー内の写真以外は表示されません。しかし、写真を＜ピクチャ＞フォルダーとは別のフォルダーで管理している場合もあるでしょう。その場合は、「フォト」アプリからフォルダーを指定することで、そのフォルダーの写真を「フォト」アプリに表示できます。

1 スタートメニューから＜フォト＞アプリを起動して、

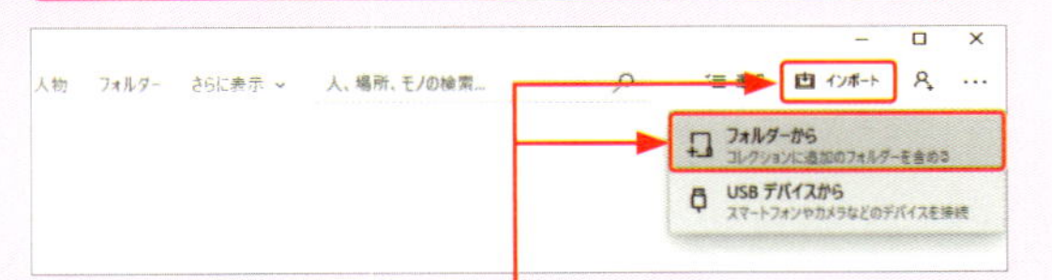

2 ＜インポート＞→＜フォルダーから＞をクリックし、

3 写真が保存されているフォルダーをクリックして、

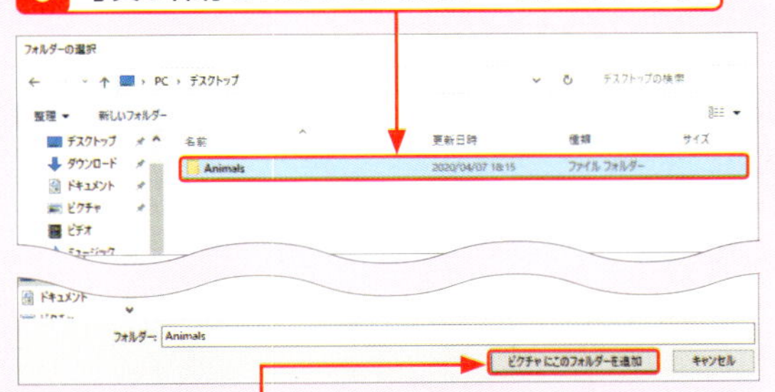

4 ＜ピクチャにこのフォルダーを追加＞をクリックします。

5 「フォト」アプリの＜フォルダー＞をクリックすると、

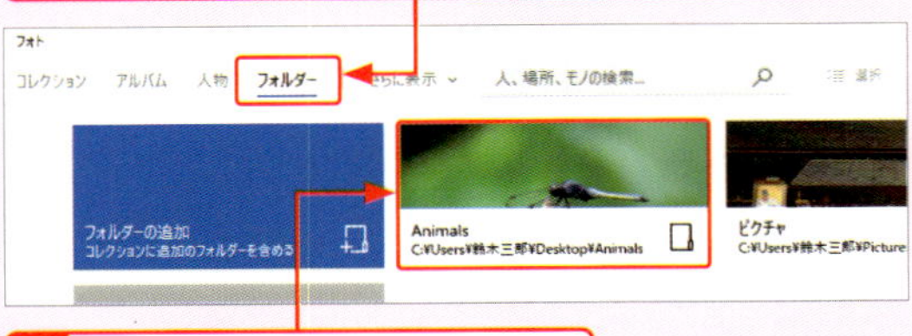

6 フォルダーの写真が追加されていることを確認できます。

「フォト」アプリの利用　重要度 ★★★

Q 404 写真をロック画面の壁紙にしたい！

A 「フォト」アプリから設定できます。

自分で撮影したお気に入りの写真は、パソコンのロック画面の背景に設定できます。もし背景を元に戻したくなったら「設定」アプリを起動し、＜個人用設定＞の＜ロック画面＞で＜背景＞を＜Windows スポットライト＞にします。 参照▶Q 570

1 写真を表示して画面内を右クリックして、

2 ＜設定＞をクリックします。

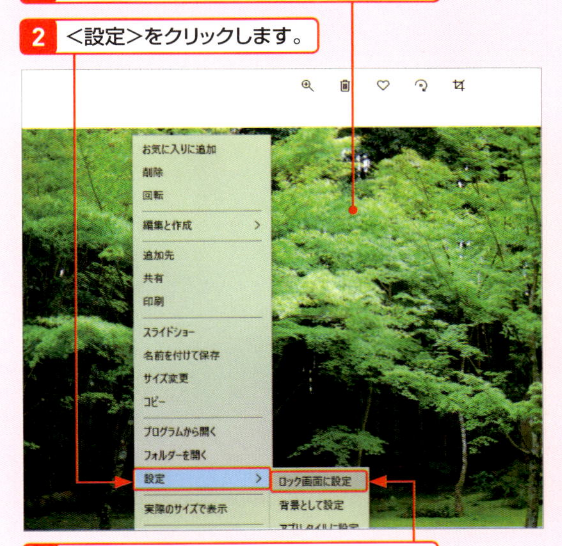

3 ＜ロック画面に設定＞をクリックすると、

4 写真がロック画面の背景になります。

「フォト」アプリの利用　重要度 ★★★

Q 405 保存した写真を印刷したい！

A <印刷>をクリックします。

「フォト」アプリで写真を拡大表示したあと、右上の<印刷>をクリックすれば、サイズや向きなどを指定してお気に入りの写真を印刷できます。

1 印刷する写真を大きく表示して、

2 <印刷>をクリックします。

3 使用するプリンターを選択して、

4 印刷の向きを指定し、

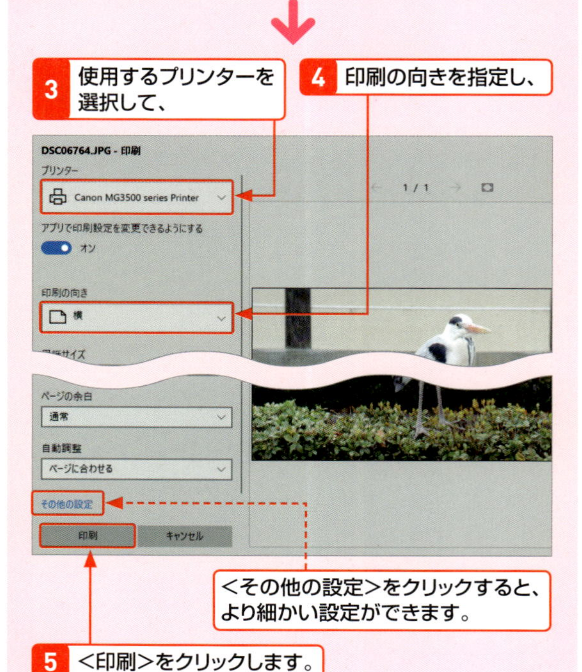

<その他の設定>をクリックすると、より細かい設定ができます。

5 <印刷>をクリックします。

「フォト」アプリの利用　重要度 ★★★

Q 406 1枚の用紙に複数の写真を印刷したい！

A エクスプローラーを利用します。

複数の写真を1枚の用紙に印刷する機能は、「フォト」アプリには用意されていません。この場合は、下記の方法でエクスプローラーを利用しましょう。

1 エクスプローラーを表示して、Ctrlを押しながら印刷したい写真をクリックし、

2 <共有>タブをクリックして、

3 <印刷>をクリックします。

4 プリンターと用紙サイズを指定して、

5 印刷方法を指定し、

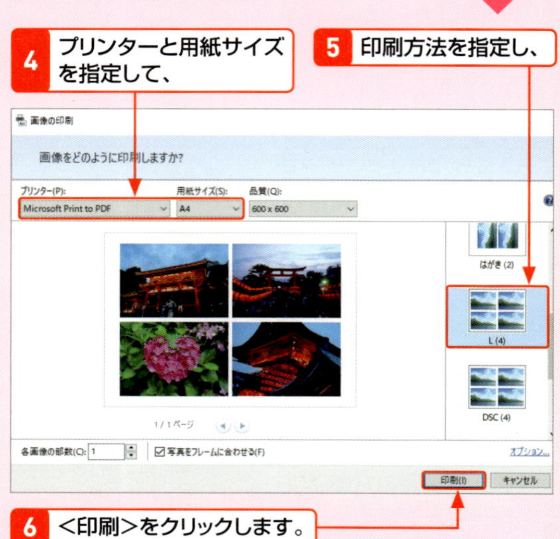

6 <印刷>をクリックします。

「フォト」アプリの利用

重要度 ★★☆

Q 407 写真の周辺が切れてしまう！

A <写真をフレームに合わせる>をオフにします。

写真を印刷したとき周辺が切れてしまうのは、「写真を印刷範囲に合わせる」設定が有効になっているためです。写真全体を印刷したい場合は、「写真を印刷範囲に合わせる」設定をオフにしましょう。エクスプローラーから「画像の印刷」を行うときは、＜写真をフレームに合わせる＞をオフにして印刷します。

1 「画像の印刷」画面で<写真をフレームに合わせる>をオフにすると、

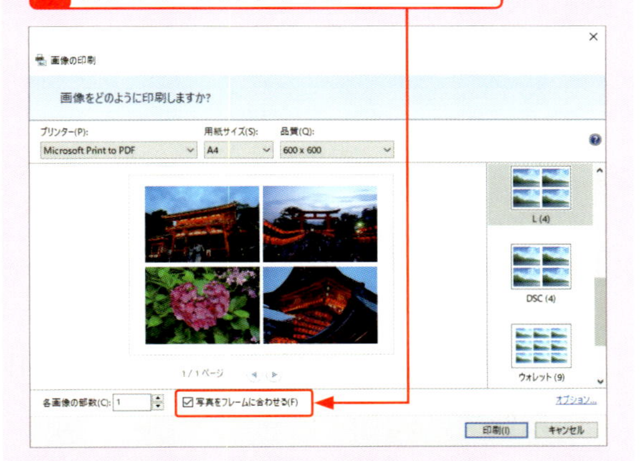

2 写真全体が印刷されます。

動画の利用

重要度 ★★★

Q 408 デジタルカメラで撮ったビデオ映像を取り込みたい！

A <インポート>をクリックして取り込みます。

デジタルカメラで撮影したビデオ映像は、「フォト」アプリを利用して、写真と同様に取り込むことができます。取り込んだビデオ映像は、＜ピクチャ＞フォルダーに取り込みを実行したときの日付で保存されます。ここでは、「フォト」アプリを起動した状態からビデオ映像の取り込みを実行します。

1 デジタルカメラとパソコンをUSBケーブルで接続して、デジタルカメラの電源を入れ、スタートメニューで<フォト>をクリックして、

2 <インポート>→<USBデバイスから>をクリックします。

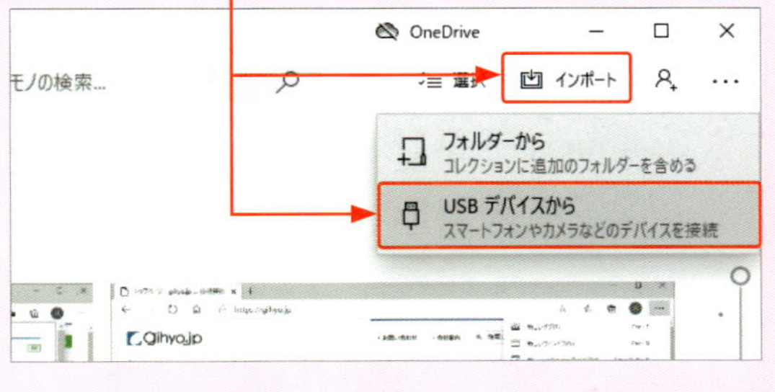

3 インポートしたいビデオ映像をクリックして、

4 <○個のアイテムのうち、○個をインポート>をクリックすると、ビデオ映像が取り込まれます。

動画の利用　重要度 ★★★

Q 409 デジタルカメラで撮ったビデオ映像を再生したい！

A 「フォト」や「映画&テレビ」アプリなどで再生できます。

デジタルカメラから取り込んだビデオ映像は、「フォト」アプリやWindows Media Playerで再生できます。また、動画ファイルを＜ビデオ＞フォルダーに移動すれば、「映画＆テレビ」アプリでも再生できます。ここでは、「映画＆テレビ」アプリでの再生方法を解説します。

1 スタートメニューで＜映画&テレビ＞をクリックして、

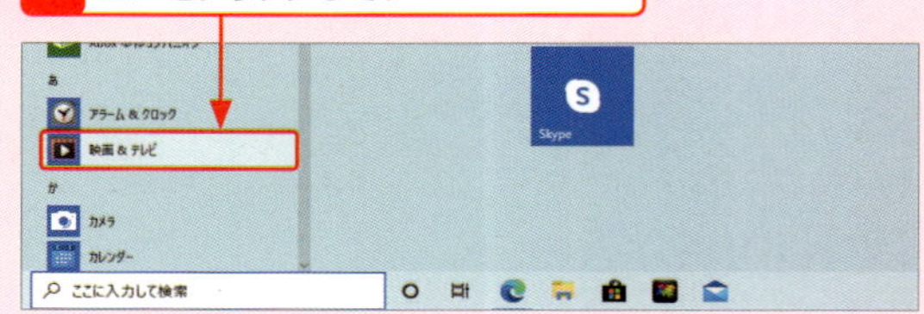

2 ＜パーソナル＞をクリックすると、＜ビデオ＞フォルダー内の動画ファイルが表示されます。

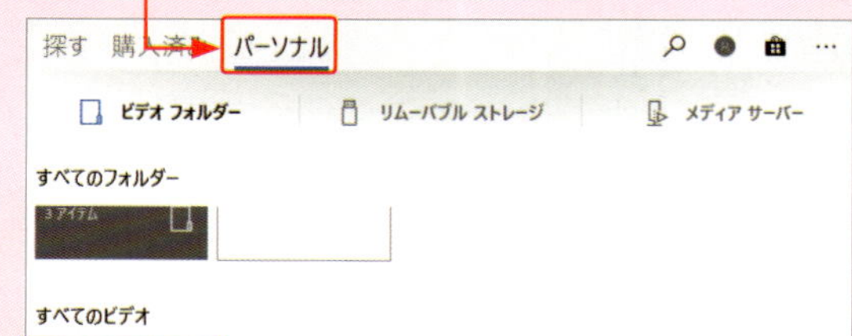

3 再生したいビデオ映像をクリックすると、

4 ビデオ映像が再生されます。

動画の利用　重要度 ★★★

Q 410 パソコンでテレビは観られるの？

A 最初から観られるパソコンもあります。

テレビ放送のチューナーが内蔵されているパソコンを購入すれば、すぐにテレビを観ることができます。4K衛星放送チューナーと4K液晶を搭載したパソコンなら、高画質の衛星放送も楽しめます。

チューナーが内蔵されていないパソコンでテレビ放送を観たい場合は、外付けのチューナーを購入し、パソコンに接続するという方法があります。

また、チューナーが内蔵されているパソコン、外付けのチューナーのどちらも、パソコンに録画する機能を持つものが主流となっています。

● チューナー内蔵パソコン

● パソコン用外付けチューナー

基本
デスクトップ
キーボード・文字入力
インターネット
メール・連絡先
セキュリティ
写真・動画・音楽
OneDrive・スマホ
印刷・周辺機器
アプリ
インストール・設定

重要度 ★★★

Q 411 Windows 10で映画は観られるの？

A 「Microsoft Store」アプリからレンタルできます。

「Microsoft Store」アプリで<エンターテイメント>タブをクリックすると、新作映画やトップセールスの映画、注目のテレビ番組などが表示されます。画面最下部にあるカテゴリをクリックして、目的の映画を探すこともできます。特定の映画を探したい場合は、検索ボックスにキーワードを入力してみましょう。

参照 ▶ Q 412

一覧から探す

1 スタートメニューで<Microsoft Store>をクリックして、

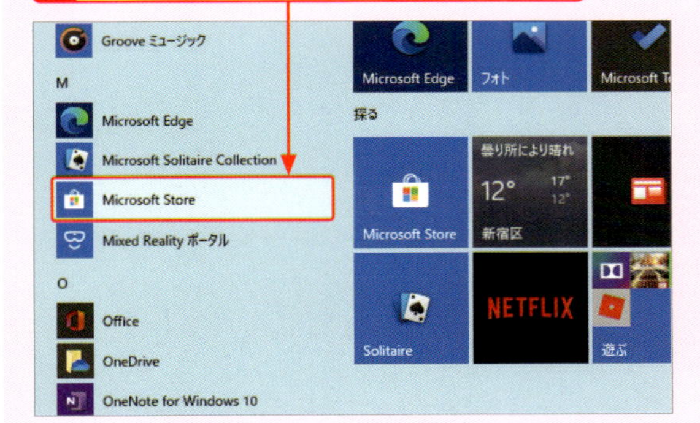

2 <エンターテイメント>をクリックし、

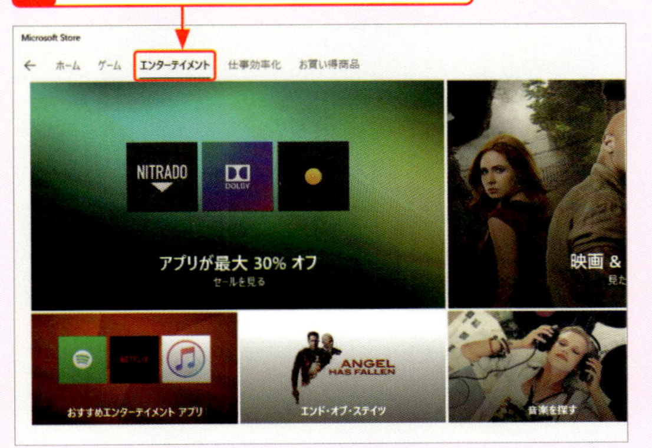

3 画面をスクロールし、見てみたい映画をクリックすると、

4 詳しい説明が表示されます。

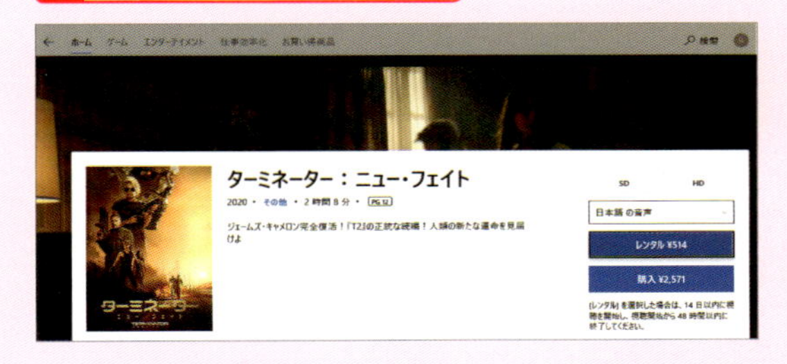

検索して探す

1 <検索>をクリックして、

2 検索したい映画のタイトルを入力し、

3 ここをクリックすると、

4 検索結果が表示されます。

動画の利用　重要度 ★★★

Q 412 映画をレンタル、購入したい！

A 観たい映画をクリックして、レンタルか購入を選択します。

「Microsoft Store」アプリの映画は、レンタルしたり購入したりして鑑賞できます。レンタルした場合は14日以内に視聴を開始し、2日以内に視聴を完了する必要があります。またどちらの場合も、Microsoftアカウントに支払い方法を登録し、「Microsoft Store」アプリにサインインしている必要があります。

参照▶Q 411,Q 535

1 レンタルしたい映画を表示してクリックして、

2 映画の画質を＜SD＞＜HD＞のいずれかから選択し、

3 ＜レンタル¥○○＞をクリックして、

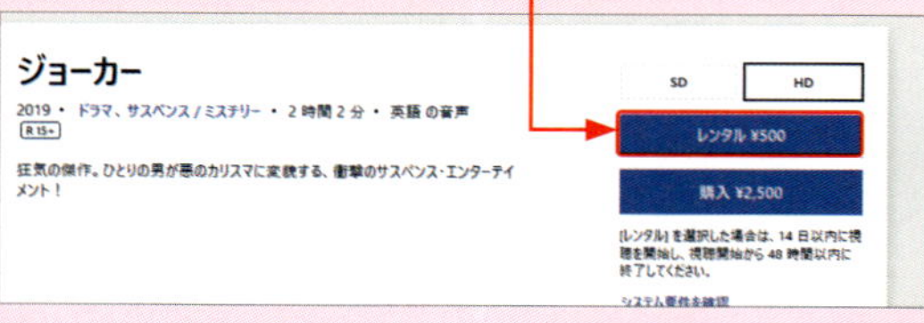

4 レンタルの方法を確認します。

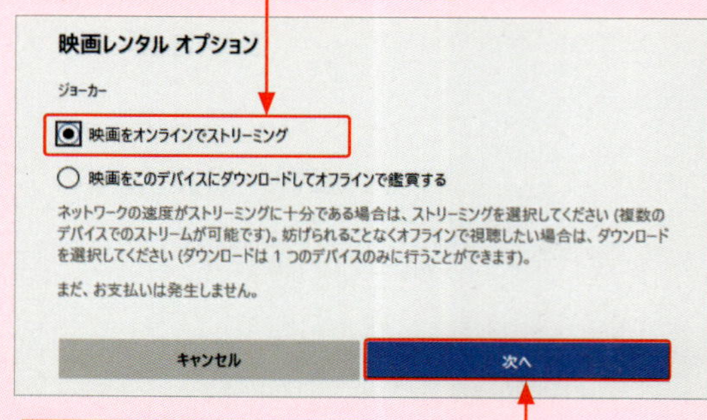

5 ＜次へ＞をクリックし、画面の指示に従います。

動画の利用　重要度 ★★☆

Q 413 パソコンでDVDの映画を観る方法を知りたい！

A 再生用のアプリを導入します。

Windows 10は、DVDディスクに保存されているパソコン用の動画は再生できますが、映画やスポーツ映像など、家庭用のDVDプレイヤー向けの動画は再生できません。この場合は、専用の再生アプリが必要です。有料／無料のものがあり、「Microsoft Store」アプリやインターネットから入手できます。ここではおすすめのアプリを2つ紹介します。

● PowerDVDシリーズ

https://jp.cyberlink.com/PowerDVD

有料ですが機能が豊富で、無料体験版も用意されています。

● VLC media

Microsoft Storeで入手可能（無料）

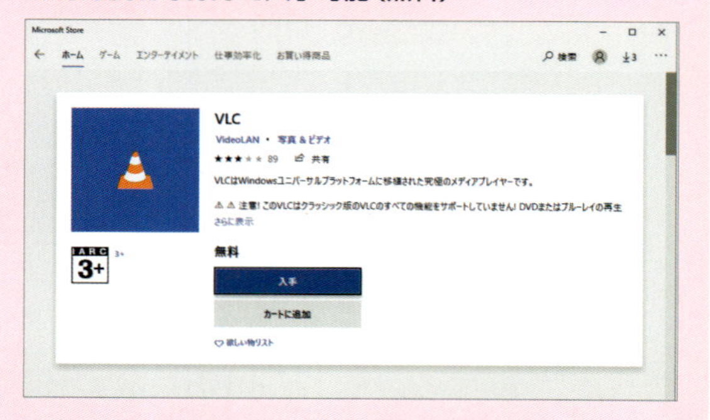

無料で利用でき、パソコンに保存されている動画も再生できます。

Q 414 Windows Media Playerで何ができるの？

A 音楽の再生や取り込みを行います。

「Windows Media Player」は、音楽の再生と管理をするための付属アプリです。音楽CDから曲を取り込んで、プレイリストで曲を整理することができます。Windows 10には、タッチ操作に特化した音楽再生アプリ「Grooveミュージック」も付属しています。どちらも機能はほぼ同等なので、自分の音楽視聴スタイルに合わせて、好みのアプリを使うとよいでしょう。

参照 ▶ Q 425

●音楽CDを再生する

音楽CDをパソコンのドライブにセットするだけで、簡単に音楽を再生できます。2つの表示モードを利用できます。

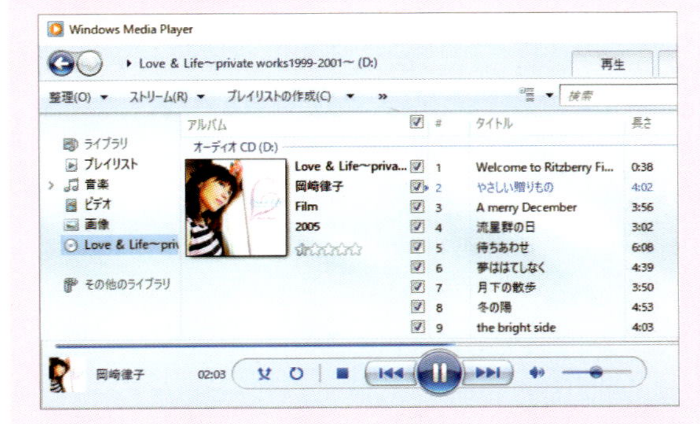

●CDから音楽を取り込む

音楽CDからパソコンに曲を取り込めます。

●取り込んだ音楽を聴く

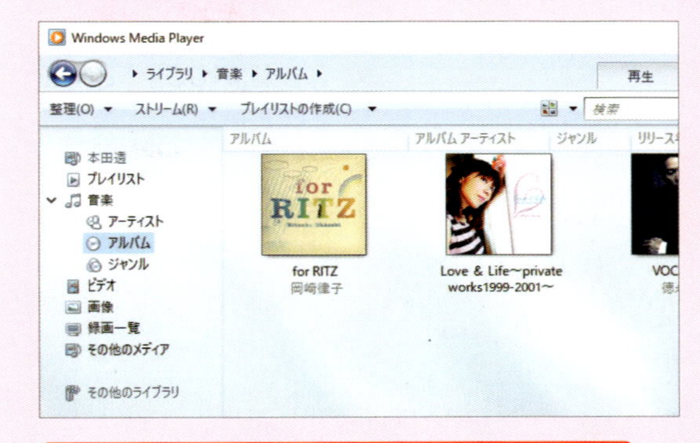

パソコンに取り込んだ曲をアーティストやアルバム、曲単位で聴くことができます。

●プレイリストを作成する

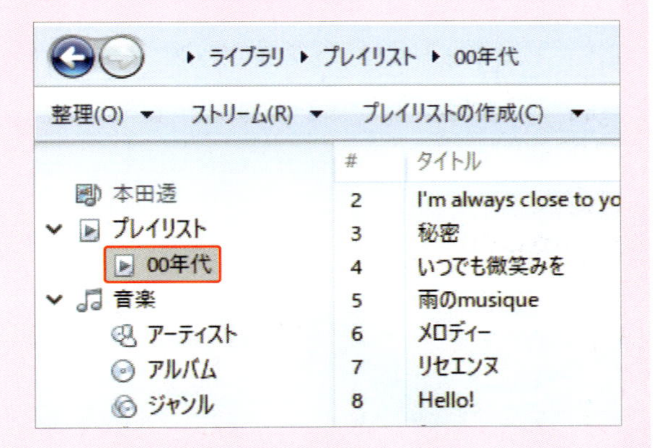

好みの曲だけを集めたオリジナルのプレイリストを作成できます。

●Grooveミュージックで音楽を聴く

<ミュージック>フォルダーに保存された音楽を再生でき、タッチ操作のしやすい音楽プレイヤーアプリです。

Windows Media Playerの利用　重要度 ★★★

Q 415 Windows Media Playerの起動方法を知りたい!

A スタートメニューから起動します。

Windows Media Playerを起動するために、スタートメニューを表示して、＜Windows Media Player＞をクリックしましょう。
はじめて起動したときは、＜Windows Media Playerへようこそ＞画面が表示されます。ここでは＜推奨設定＞をクリックするとよいでしょう。Windows Media Playerの利用に必要な設定を自動的に行ってくれます。自分好みに設定を変更したいときは、＜カスタム設定＞をクリックしましょう。

1 スタートメニューを表示して、＜Windowsアクセサリ＞→＜Windows Media Player＞をクリックし、

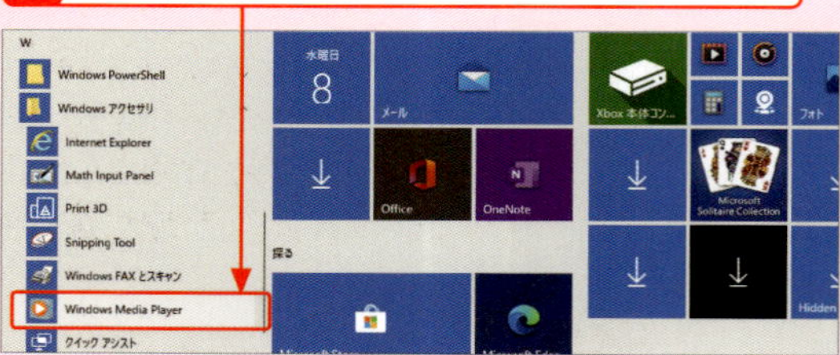

2 ＜推奨設定＞をクリックしてオンにして、

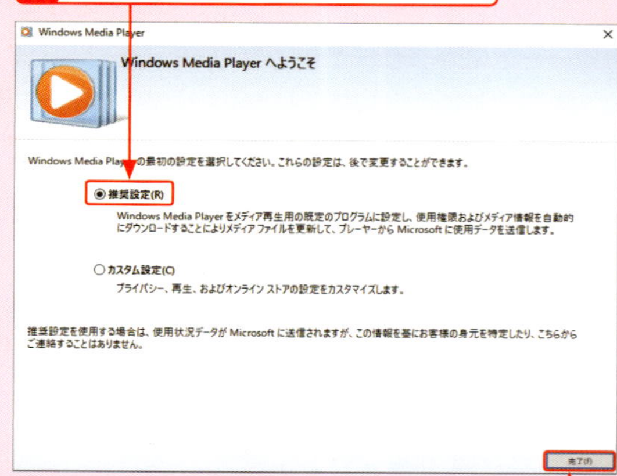

3 ＜完了＞をクリックすると、

4 Windows Media Playerが起動します。

Windows Media Playerの利用　重要度 ★★★

Q 416 ライブラリモードとプレイビューモードって何?

A Windows Media Playerの表示モードです。

Windows Media Playerには、ライブラリモード(Playerライブラリ)とプレイビューモードの2つの表示方法があります。
ライブラリモードでは、音楽やビデオなどを整理したり、プレイリストを作成したりと、Windows Media Playerのさまざまな機能を利用できます。プレイビューモードは、再生中の曲がシンプルに表示され、ほかの作業を行いながら音楽を聴くのに適しています。
ライブラリモードからプレイビューモードに切り替えるには、画面右下の＜プレイビューに切り替え＞をクリックします。反対にプレイビューモードからライブラリモードに切り替えるには、＜ライブラリに切り替え＞をクリックしましょう。

● ライブラリモード

ライブラリモードでは、音楽を整理したり、プレイリストを作成したりといった、多様な機能を利用できます。

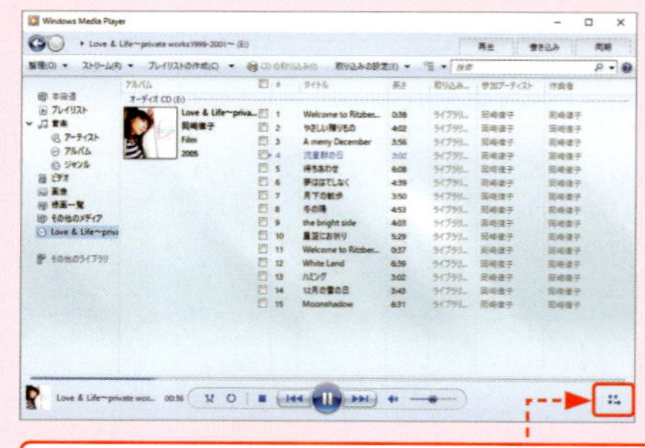

ここをクリックすると、プレイビューモードに切り替わります。

● プレイビューモード

ここをクリックすると、ライブラリモードに切り替わります。

プレイビューモードは、作業の邪魔にならないよう、小さな画面で表示されます。

Windows Media Playerの利用　重要度 ★★★

Q 417 プレイビューモードでの画面の見方を教えて！

A 右図のような画面で構成されています。

プレイビューモードは、音楽の再生に特化したモードです。Windows Media Playerを起動していない状態で音楽CDをパソコンのドライブに挿入すると、自動的にプレイビューモードでWindows Media Playerが起動し、音楽が再生されます。

画面の左上には、現在再生中の曲名やアーティスト名、アルバム名が表示され、マウスポインターを画面の上に移動すると、<ライブラリに切り替え>コマンドと再生コントロールが表示されます。

CDの取り込み
音楽CDの曲をパソコンに取り込みます。

ライブラリに切り替え
クリックすると、ライブラリモードに切り替わります。

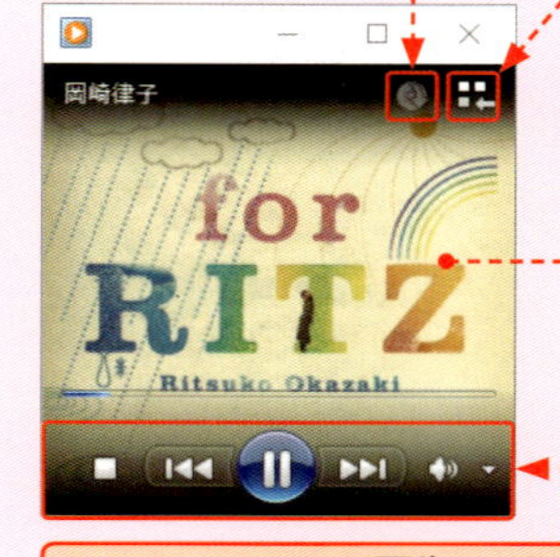

岡崎律子
for
RITZ
Ritsuko Okazaki

メディア領域
画面上を右クリックして、リストを表示したり、再生方法を選択したりすることができます。左上には、現在再生中の曲名やアーティスト名が表示されます。

再生コントロール
マウスポインターを移動すると表示されます。再生や停止、巻き戻し、早送り、音量調整などを行います。

Windows Media Playerの利用　重要度 ★★★

Q 418 ライブラリモードでの画面の見方を教えて！

A 下図のような画面で構成されています。

ライブラリモードでは、音楽CDの取り込みや再生、CDやDVDへの書き込み、プレイリストの作成などを行えます。ナビゲーションウィンドウで<アーティスト>や<アルバム>タブをクリックすると、収録されている曲が詳細ウィンドウに表示されます。下図は、曲を取り込んだあとの画面です。

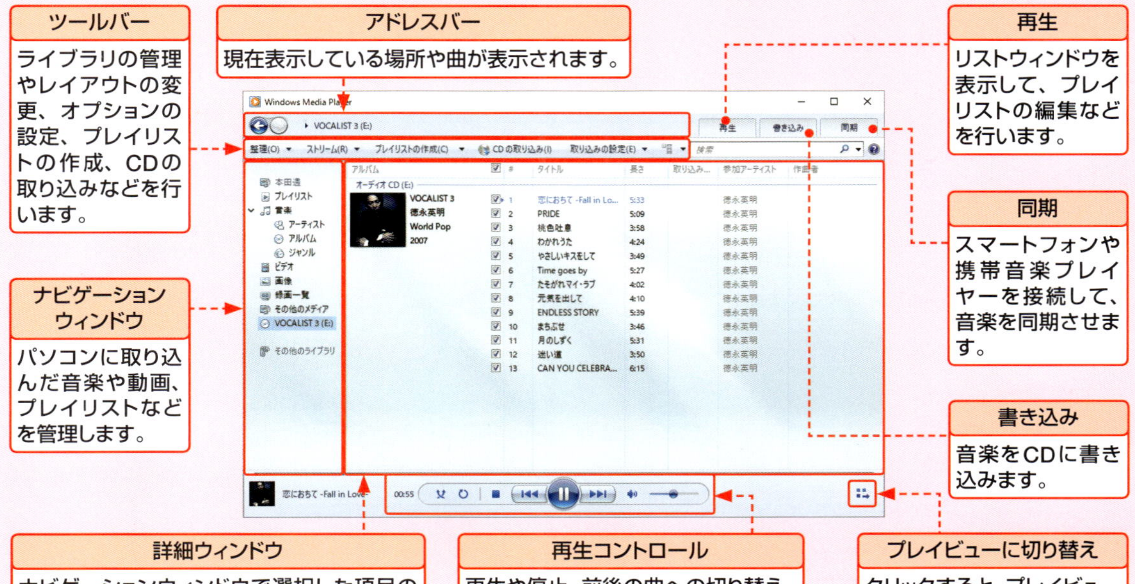

ツールバー
ライブラリの管理やレイアウトの変更、オプションの設定、プレイリストの作成、CDの取り込みなどを行います。
アドレスバー
現在表示している場所や曲が表示されます。
再生
リストウィンドウを表示して、プレイリストの編集などを行います。
同期
スマートフォンや携帯音楽プレイヤーを接続して、音楽を同期させます。
書き込み
音楽をCDに書き込みます。
ナビゲーションウィンドウ
パソコンに取り込んだ音楽や動画、プレイリストなどを管理します。
詳細ウィンドウ
ナビゲーションウィンドウで選択した項目の内容が表示されます。
再生コントロール
再生や停止、前後の曲への切り替え、音量調整などを行います。
プレイビューに切り替え
クリックすると、プレイビューモードに切り替わります。
Windows Media Player
VOCALIST 3 (E:)
再生
書き込み
同期
整理(O)
ストリーム(R)
プレイリストの作成(C)
CD の取り込み(I)
取り込みの設定(E)
VOCALIST 3
徳永英明
World Pop
2007
PRIDE
ENDLESS STORY
CAN YOU CELEBRA...

Q 419 音楽CDを再生したい!

A 音楽CDを ドライブにセットします。

Windows Media Playerを起動していない状態で音楽CDをドライブにセットすると、画面の右下に通知メッセージが表示されます。通知メッセージをクリックし、表示されたリストの＜オーディオCDの再生＞をクリックすると、Windows Media Playerが起動して、再生が始まります。

Windows Media Playerが起動している状態で音楽CDをドライブにセットした場合は、すぐに曲の再生が始まります。

音楽CDをセットしても自動的に再生されない場合は、エクスプローラーを起動して、CDやDVDドライブをダブルクリックすると、音楽CDが再生されます。

参照▶Q 391

1 音楽CDをドライブにセットすると、通知メッセージが表示されるのでクリックして、

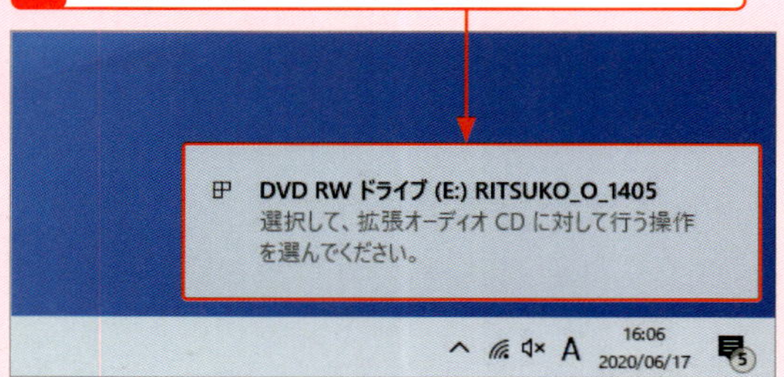

2 ＜オーディオCDの再生＞をクリックすると、

3 Windows Media Playerがプレイビューモードで起動して、再生が始まります。

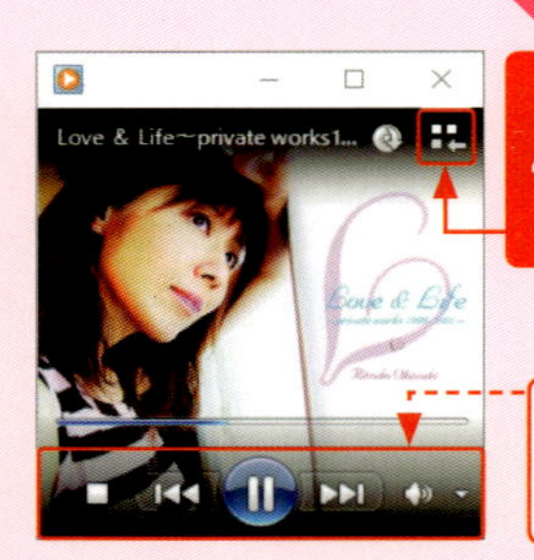

4 マウスポインターを画面の上に移動して、＜ライブラリに切り替え＞をクリックすると、

再生をコントロールするためのボタンが表示されます。

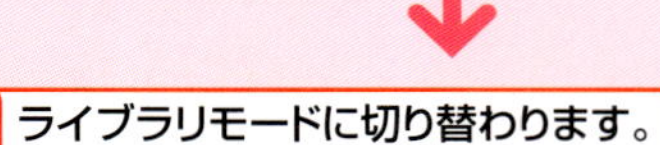

5 ライブラリモードに切り替わります。

セットしたCDの情報がここに表示されます。

再生中の曲は、曲名が青く表示されます。

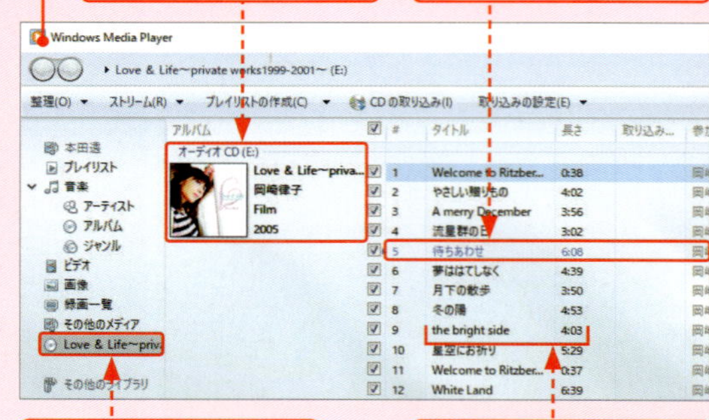

セットしたCDがここに表示されます。

曲名や曲の長さなどが表示されます。

● 再生コントロールの機能

再生を停止します。

一時停止／再生を切り替えます。

ミュート（消音）とミュート解除の切り替え、ボリューム調整を行います。

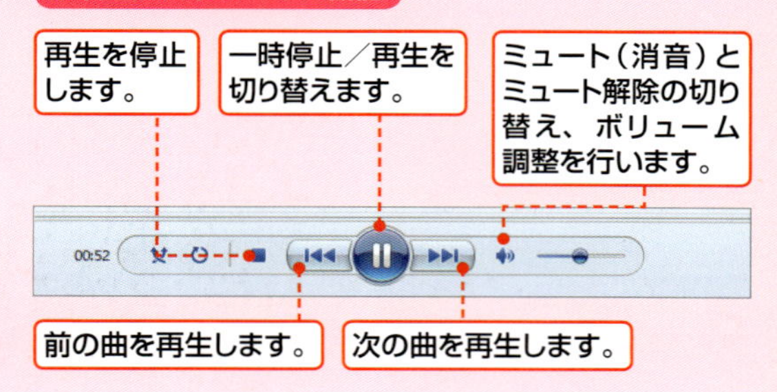

前の曲を再生します。

次の曲を再生します。

Q 420 音楽CDの曲をパソコンに取り込みたい!

A 取り込みオプションを指定して取り込みます。

音楽CDからパソコン内に曲を取り込めば、次回以降は音楽CDをセットしなくても取り込んだ曲を再生できます。取り込んだ曲の数が増えてきたら、好みの曲だけを集めたオリジナルのプレイリストを作成することも可能です。

はじめて音楽を取り込むときは、<取り込みオプション>ダイアログボックスが表示されます。これは、取り込んだ曲にコピー防止機能を追加するかどうかを選択するものです。<取り込んだ音楽にコピー防止を追加する>をオンにすると、ほかのパソコンでは再生できなくなります。通常は<取り込んだ音楽にコピー防止を追加しない>を選択するとよいでしょう。

1 音楽CDをWindows Media Playerで再生して、

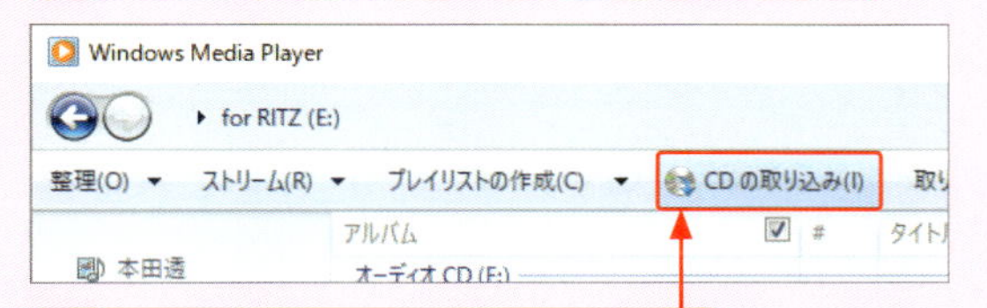

2 <CDの取り込み>をクリックすると、

3 最初に音楽を取り込むときは、<取り込みオプション>ダイアログボックスが表示されます。

4 ここをクリックしてオンにし、

5 ここをクリックしてオンにします。

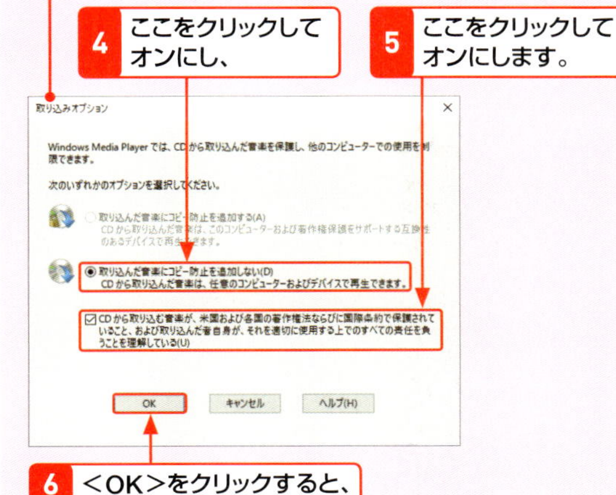

6 <OK>をクリックすると、

7 曲の取り込みが開始されます。

どの曲を取り込んでいるかが確認できます。

8 取り込みが完了したら、音楽CDを右クリックして、

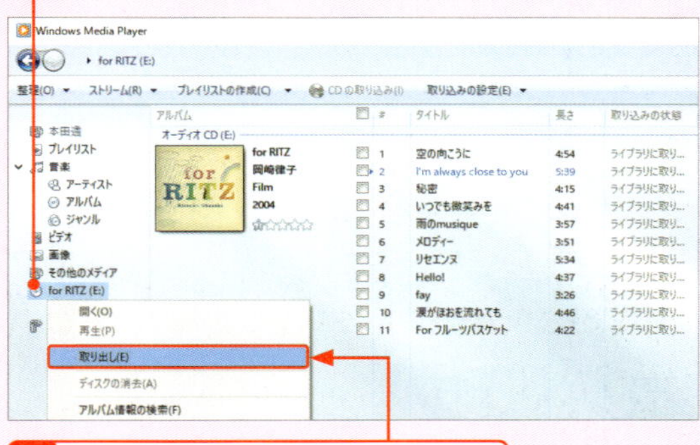

9 <取り出し>をクリックして音楽CDをドライブから取り出します。

● プレイビューモードで取り込む

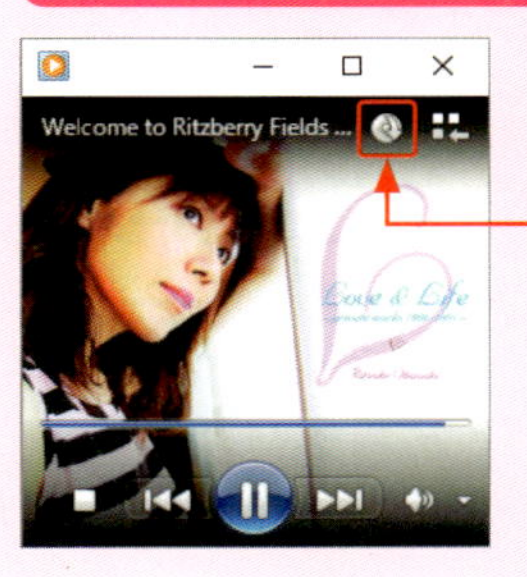

1 マウスポインターを画面の上に移動して、<CDの取り込み>をクリックすると、

2 曲の取り込みが開始されます。

<取り込みの中止>に表示が変わります。中止したい場合は、ここをクリックします。

Windows Media Playerの利用　重要度★★★

Q 421 取り込んだ音楽をWindows Media Playerで聴きたい!

A 曲を選択して<再生>をクリックします。

パソコンに取り込んだ曲を再生するには、Windows Media Playerを起動して、聴きたい曲を選択します。なお、下の手順では、<アルバム>をクリックして曲を選択していますが、<アーティスト>をクリックするとアーティスト別に、<ジャンル>をクリックすると、ジャンル単位で曲を選択できます。

● 聴きたい曲だけを選択する

1 <アルバム>をクリックして、

2 再生したいアルバムをダブルクリックすると、

3 アルバム内の曲が表示されます。

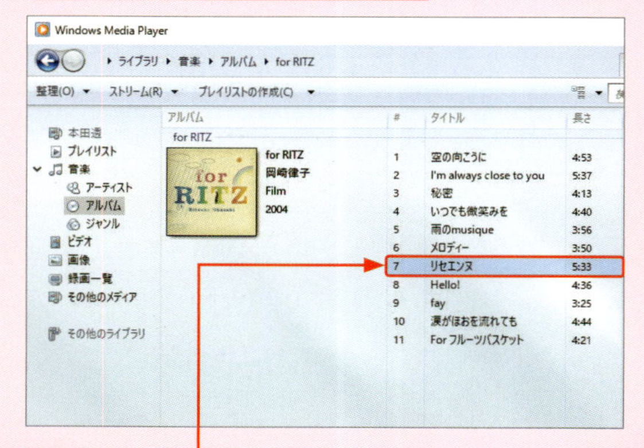

4 聴きたい曲をクリックして、

5 <再生>をクリックすると、

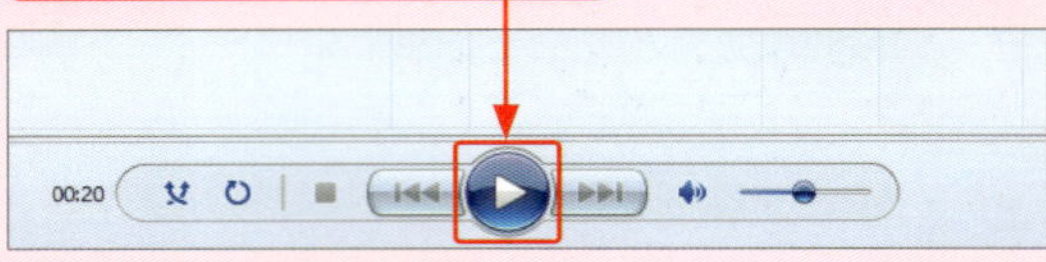

6 曲が再生されます。

● アルバム内のすべての曲を聴く

1 <アルバム>をクリックして、

2 再生したいアルバムを右クリックして、

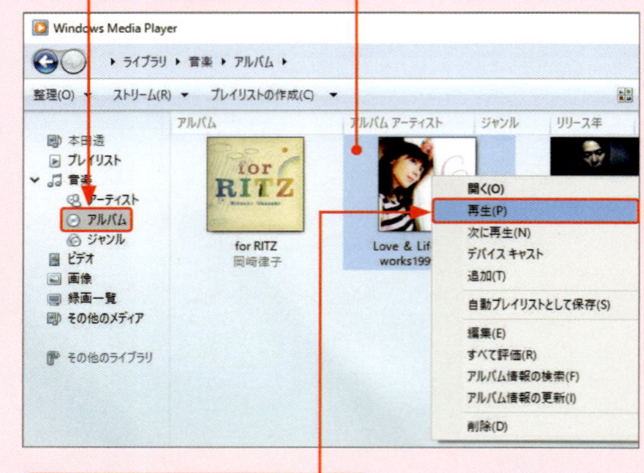

3 <再生>をクリックします。

● ライブラリのすべての曲を聴く

1 ナビゲーションウィンドウの<音楽>をクリックして、

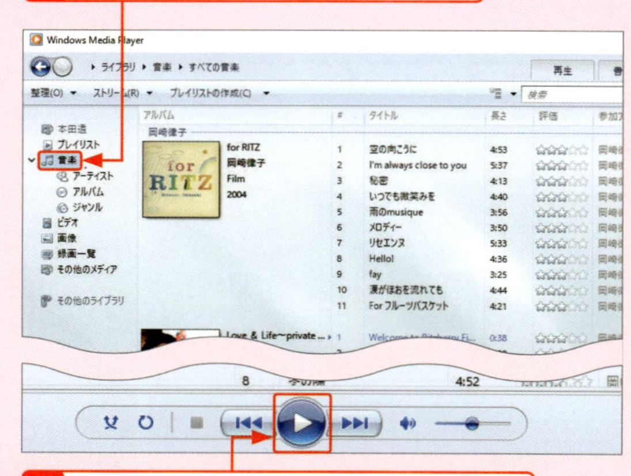

2 <再生>をクリックすると、ライブラリの曲すべてを通して再生できます。

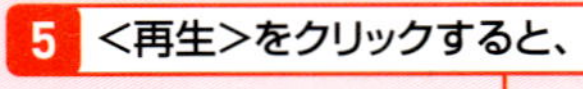

重要度 ★★★

Q 422 プレイリストを作成したい！

A ＜プレイリストの作成＞をクリックします。

「プレイリスト」とは、音楽ファイルのグループのことです。パソコンに取り込んださまざまな曲の中から、お気に入りの曲だけを集めたり、好きな順番で再生したりできます。「再生リスト」とも呼ばれます。

作成するには、まずWindows Media Playerの＜プレイリストの作成＞をクリックしましょう。「無題のプレイリスト」という空の項目が表示されたら、名前を入力しましょう。この手順を繰り返せば、複数のプレイリストを作成できます。家族ごとや音楽のジャンル、音楽を聴くシチュエーションなど、目的に応じた名前を付けるとよいでしょう。

1 Windows Media Playerを起動して＜プレイリストの作成＞をクリックすると、

2 プレイリストが作成されます。

3 名前を入力できる状態になっているので、

4 名前を入力して Enter を押すと、

5 プレイリストの名前が確定します。

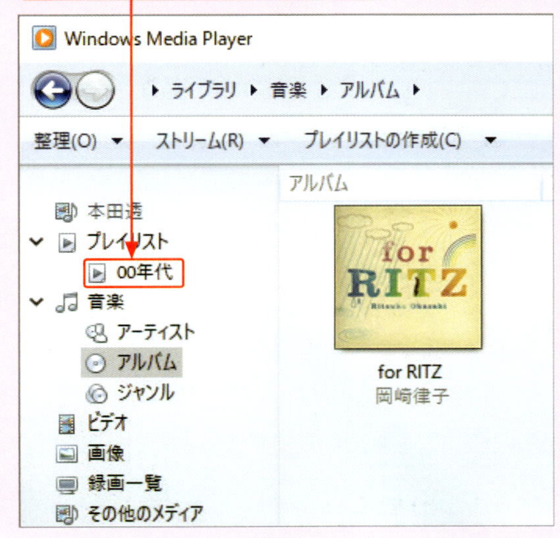

Q 423 プレイリストを編集したい！

A 曲の追加や削除、順番の入れ替えなどができます。

プレイリストを作成したあとは、曲を追加したり、曲の順番を入れ替えたり、不要になった曲を削除したりできます。
プレイリストに曲を追加するには、詳細ウィンドウに表示される曲の一覧から、目的の曲をナビゲーションウィンドウのプレイリストまでドラッグします。曲を削除するには、対象の曲を右クリックしたあと、<リストから削除>をクリックします。プレイリスト内の曲を表示して、再生される順番を入れ替えることもできます。

曲を追加する

1 アルバム内の曲を表示して、

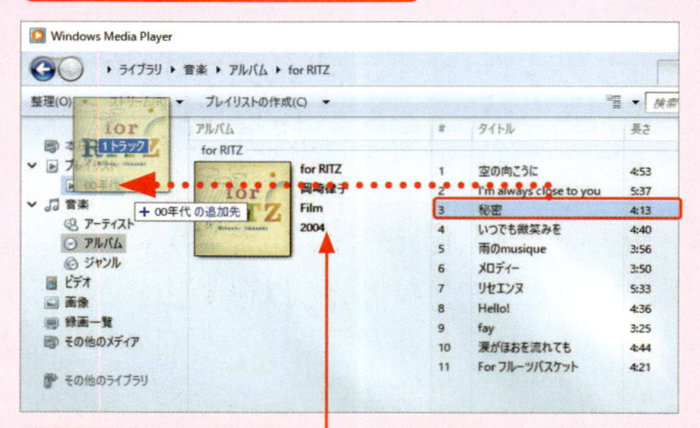

2 登録したい曲をプレイリストへドラッグします。

3 プレイリストをクリックすると、

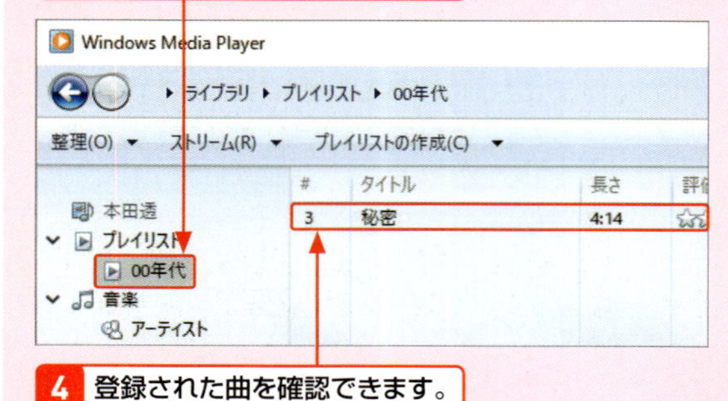

4 登録された曲を確認できます。

曲を並べ替える

1 プレイリストをクリックして、

2 順番を変更したい曲をドラッグすると、

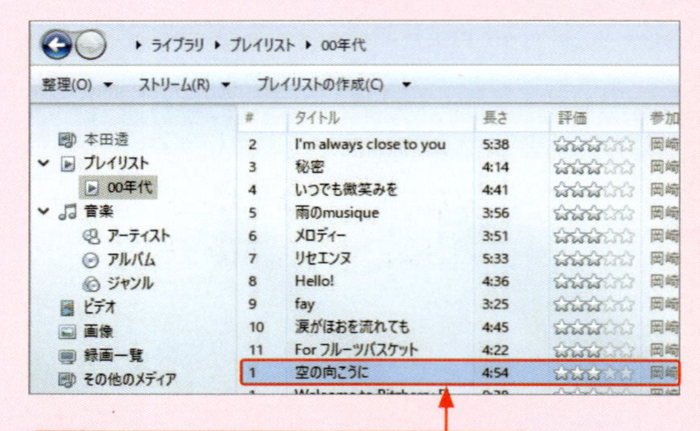

3 プレイリスト内の曲が並び替わります。

曲を削除する

1 プレイリストをクリックします。

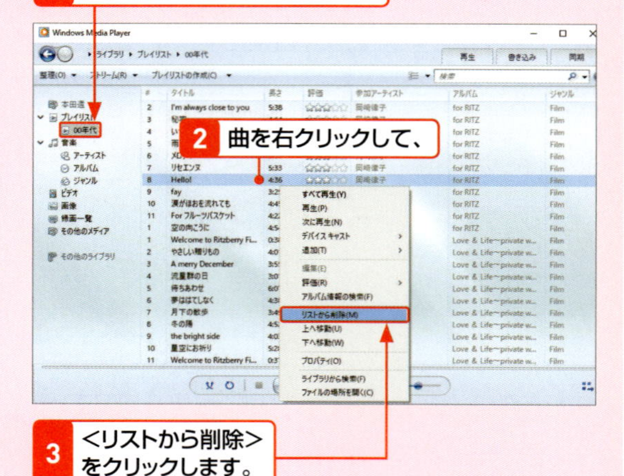

2 曲を右クリックして、

3 <リストから削除>をクリックします。

Windows Media Playerの利用　重要度★★★

Q424 プレイリストを削除したい！

A プレイリストを右クリックして＜削除＞をクリックします。

プレイリストを削除したいときは、右クリックしたあとで表示されたメニューから、＜削除＞をクリックします。確認のダイアログボックスが表示されたら、削除の範囲を選択して＜OK＞をクリックします。

なお、プレイリストを削除しても、プレイリストに登録されていた元の曲は、ライブラリに残ります。

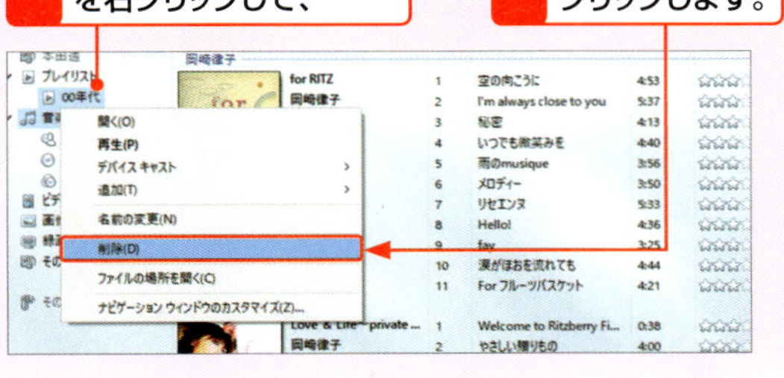

1 削除したいプレイリストを右クリックして、
2 ＜削除＞をクリックします。
開く(O)
再生(P)
デバイス キャスト
追加(T)
名前の変更(N)
削除(D)
ファイルの場所を開く(C)

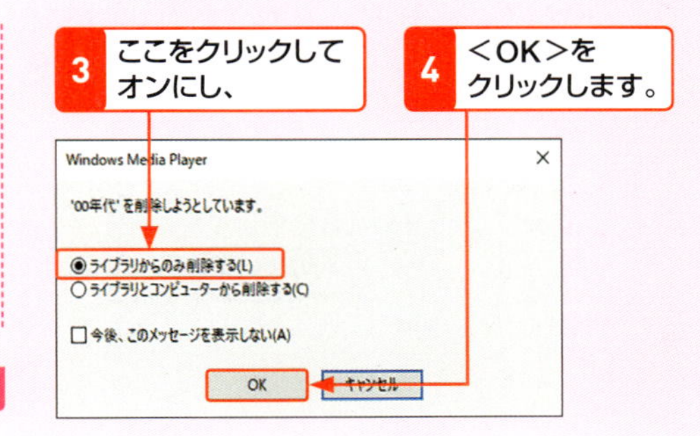

3 ここをクリックしてオンにし、
4 ＜OK＞をクリックします。
Windows Media Player
'00年代' を削除しようとしています。
ライブラリからのみ削除する(L)
ライブラリとコンピューターから削除する(C)
今後、このメッセージを表示しない(A)
OK
キャンセル

「Grooveミュージック」アプリの利用　重要度★★★

Q425 「Grooveミュージック」アプリで音楽を聴きたい！

A 聴きたい曲をクリックして、＜プレイ＞をクリックします。

「Grooveミュージック」アプリは、音楽再生用のアプリです。スタートメニューで＜Grooveミュージック＞をクリックすると起動し、＜ミュージック＞フォルダーに保存されているすべての曲が自動的に表示されます。＜ミュージック＞フォルダー以外のフォルダーに保存されている音楽ファイルは表示されないので、あらかじめ＜ミュージック＞フォルダーに音楽ファイルを移動しておきましょう。 参照▶Q 099

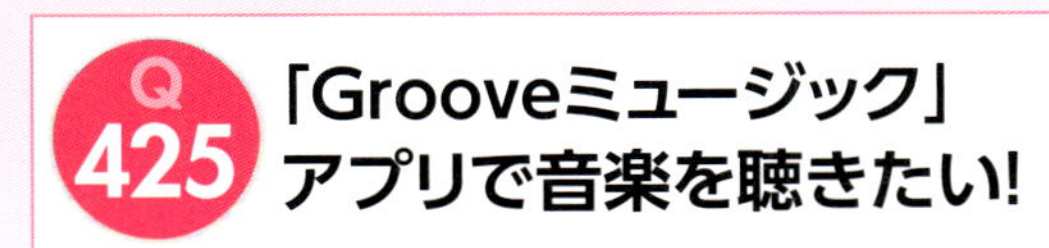

1 スタートメニューで＜Grooveミュージック＞をクリックして、
2 曲の表示方法（ここでは＜アルバム＞）をクリックし、

曲
アーティスト
アルバム
3 再生したいアルバムをクリックします。

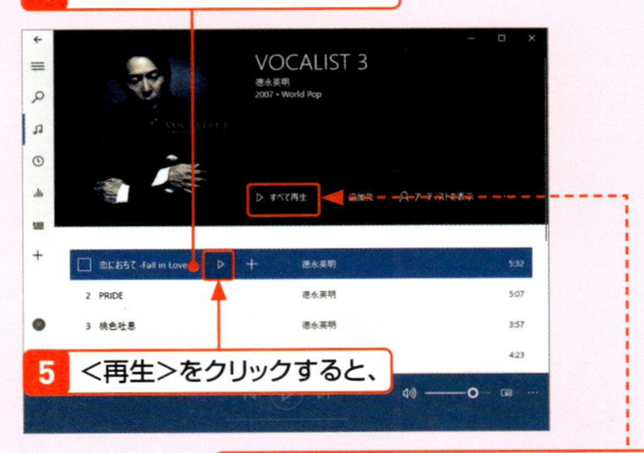

4 聴きたい曲をクリックして、
VOCALIST 3
すべて再生
5 ＜再生＞をクリックすると、
ここをクリックすると、アルバムの曲がすべて再生されます。

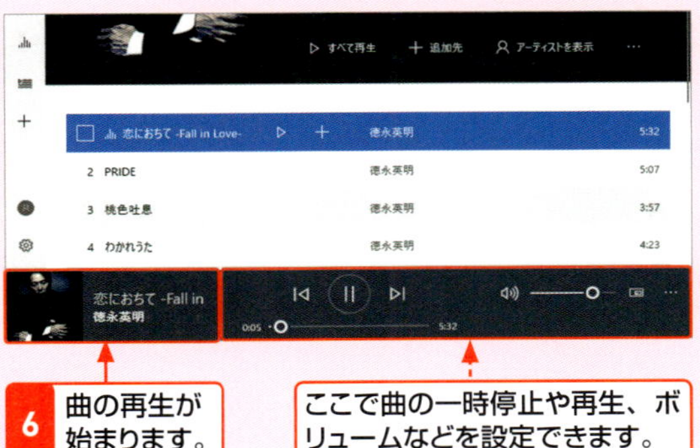

すべて再生
追加先
アーティストを表示
恋におちて -Fall in Love-
PRIDE
わかれうた
6 曲の再生が始まります。
ここで曲の一時停止や再生、ボリュームなどを設定できます。

「Grooveミュージック」アプリの利用　重要度 ★★★

Q 426 「Grooveミュージック」アプリの画面の見方を知りたい!

A 下図のようにシンプルな画面で構成されています。

「Grooveミュージック」アプリは、タッチ操作に適したシンプルな画面で構成されています。画面の左側には各種メニューが、右側には曲の表示方法やアルバムの並べ替えや絞り込みなどのメニューが表示されます。

曲の表示方法を選択します。アルバム、アーティスト、曲単位で表示できます。

アルバムの表示順を変更します。追加日、名前、リリース年、アーティストで並べ替えられます。

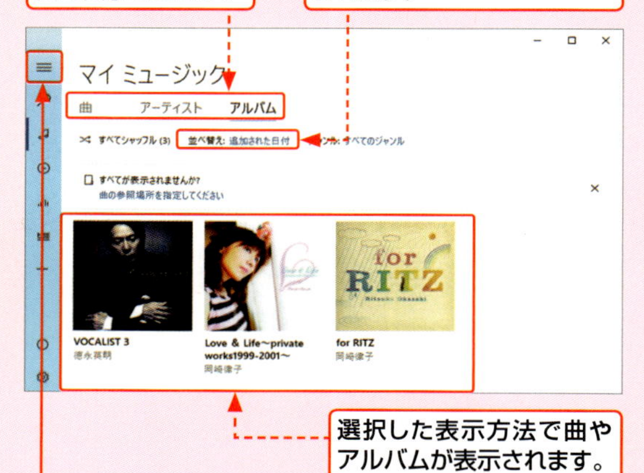

選択した表示方法で曲やアルバムが表示されます。

1 <ナビゲーションウィンドウ>をクリックすると、

2 ナビゲーションウィンドウが表示されます。

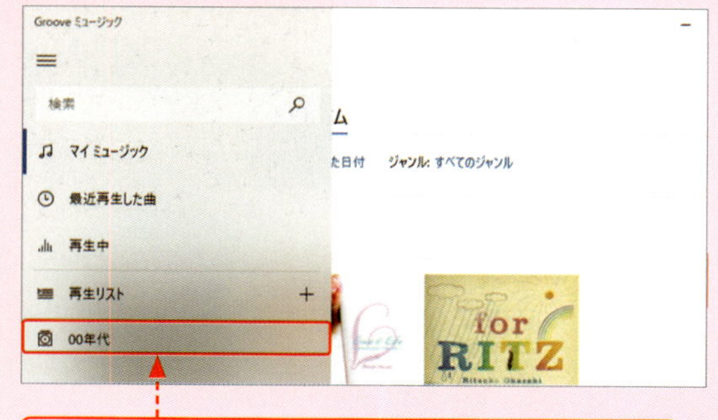

Grooveミュージックや Windows Media Playerで作成したプレイリスト(再生リスト)が表示されます。

「Grooveミュージック」アプリの利用　重要度 ★★★

Q 427 曲を検索したい!

A 検索機能を利用します。

「Grooveミュージック」アプリに表示される曲が増えてくると、聴きたい曲を探すのにも手間がかかってきます。このような場合には検索機能を利用しましょう。「Grooveミュージック」アプリの画面左上にある<検索>をクリックし、検索ボックスにキーワードを入力すると、該当する曲が表示されます。

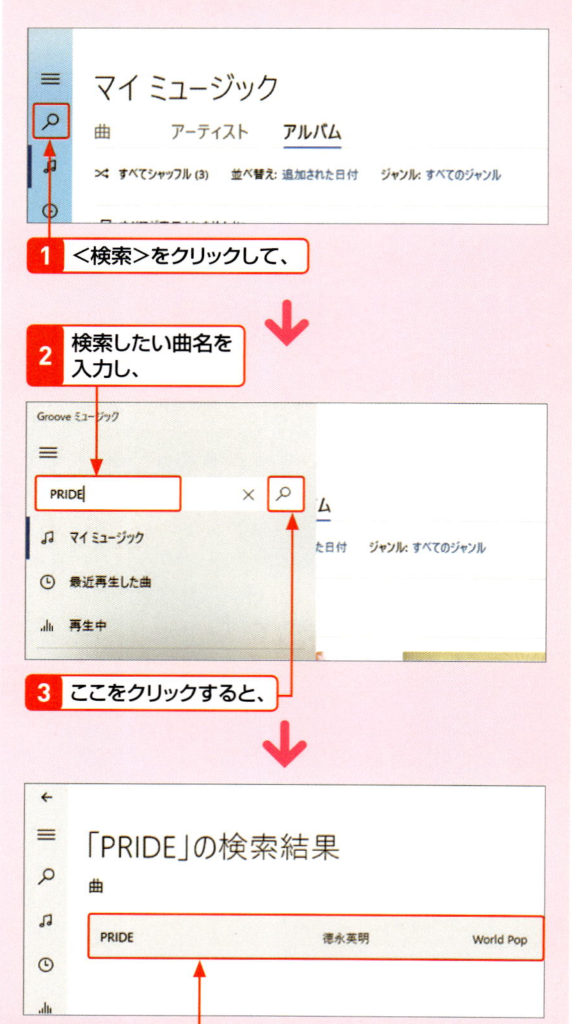

4 検索結果が表示されます。

Q 428 再生リストを作って好きな曲だけを再生したい！

A ＜新しい再生リストの作成＞から作成します。

「再生リスト」は、自分の好きな曲だけを集めて作成するオリジナルのリストです。「プレイリスト」ともいいます。再生リストを作成すると、アーティストやCDごとに分類された曲を順に聴くのではなく、好きな曲だけを再生できます。

1 ナビゲーションウィンドウをクリックして、

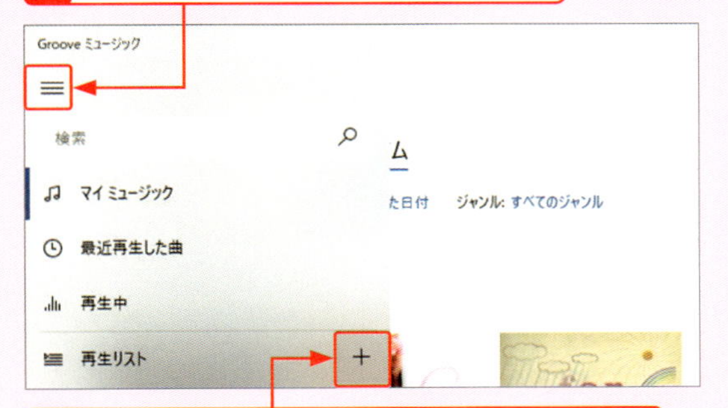

2 ＜新しい再生リストの作成＞＋をクリックします。

3 再生リストに付ける名前を入力し、

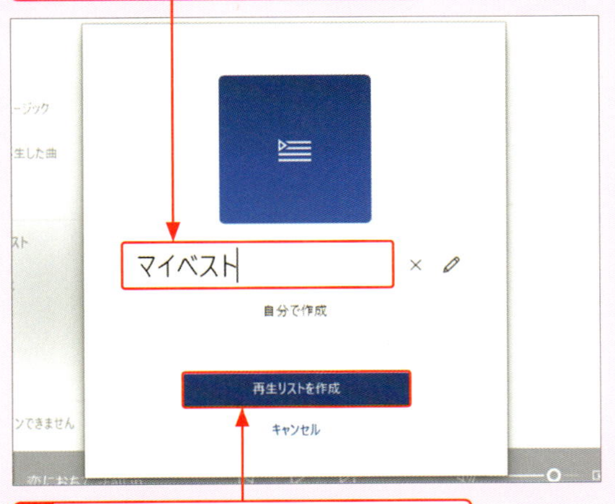

4 ＜再生リストを作成＞をクリックすると、

5 再生リストが作成されます。

6 ナビゲーションウィンドウで＜マイミュージック＞をクリックし、

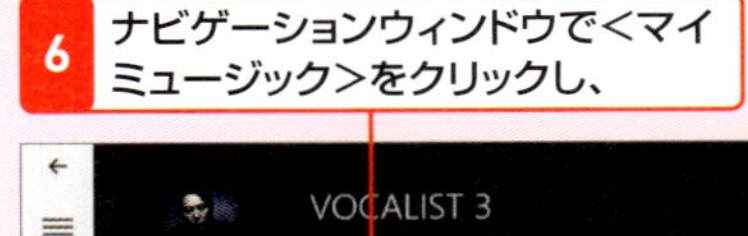

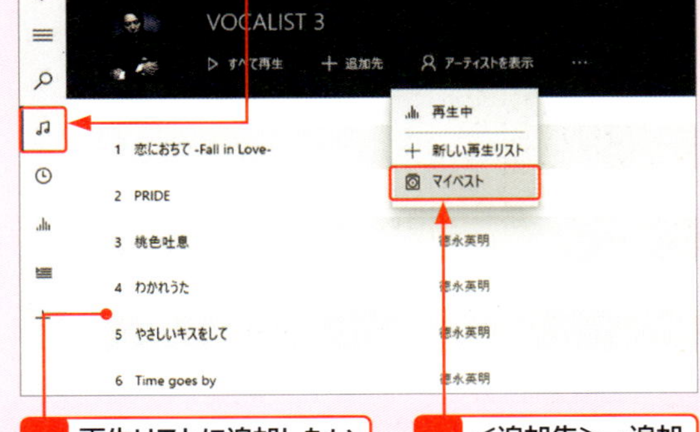

7 再生リストに追加したい曲を表示します。

8 ＜追加先＞→追加したい再生リストをクリックします。

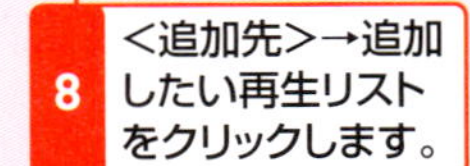

9 ナビゲーションウィンドウで再生リストをクリックして、

10 再生リストを選択すると、曲が追加されているのを確認できます。

「Grooveミュージック」アプリの利用　重要度 ★★★

Q429 再生リストを編集したい！

A 曲の並べ替えや削除ができます。

作成した再生リストは、曲を並べ替えたり、不要になった曲を削除したりすることができます。
曲を並べ替える場合は、再生リスト内の曲をドラッグします。曲を削除する場合は、削除したい曲をクリックして<再生リストから削除>をクリックします。

曲を並べ替える

1 再生リストを表示して、

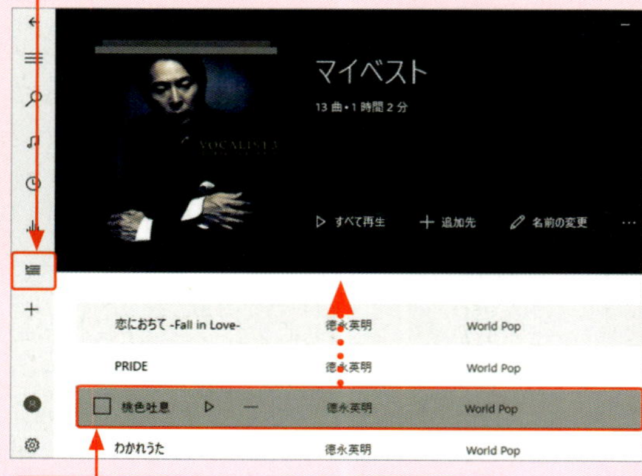

2 曲をドラッグすると、並べ替えられます。

曲を削除する

1 削除する曲にマウスカーソルを合わせて、

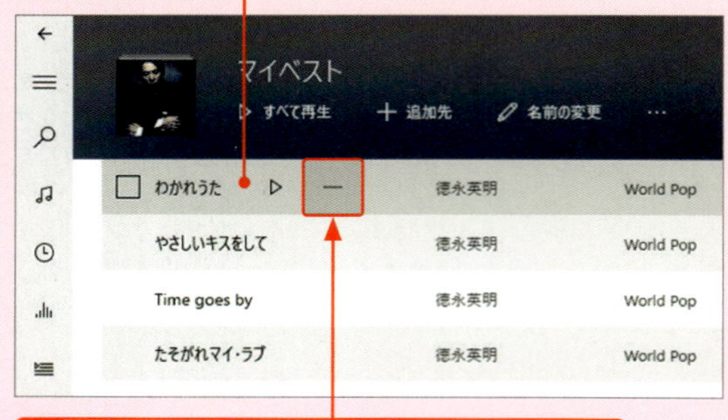

2 <再生リストから削除>をクリックすると、

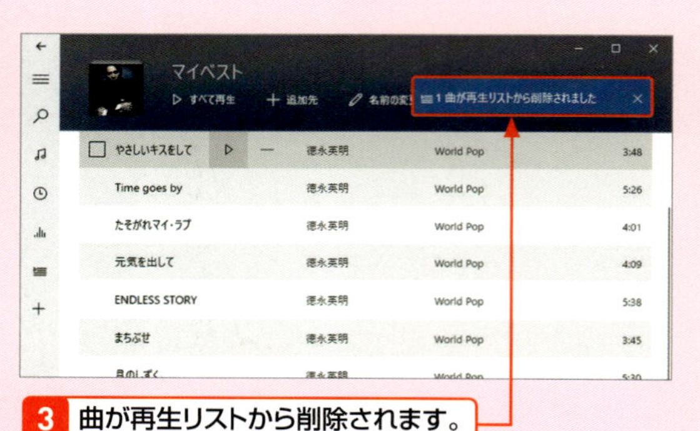

3 曲が再生リストから削除されます。

削除された曲はライブラリには残ります。

「Grooveミュージック」アプリの利用　重要度 ★★★

Q430 再生リストを削除したい！

A 再生リストの<削除>をクリックします。

作成した再生リストを削除するには、右のように操作します。確認のメッセージで<OK>をクリックすると再生リストは削除されますが、そこに含まれていた曲はライブラリに残ります。

1 再生リストを表示して削除したい再生リストを選び、

2 <その他のオプション>…→<削除>をクリックして、

3 <OK>をクリックします。

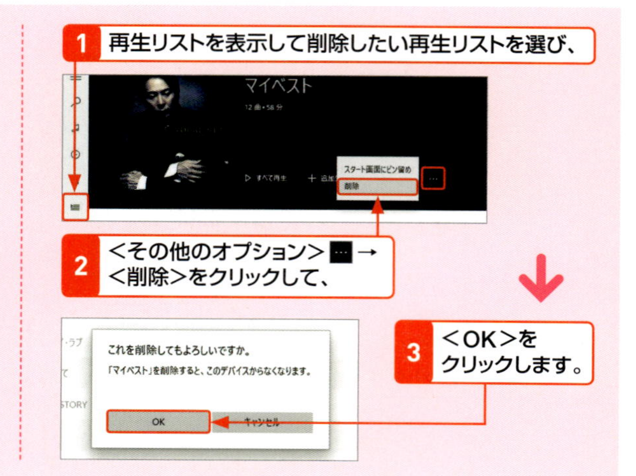

8

OneDrive と スマートフォンの便利技!

Q431 OneDriveは何ができるの？

A インターネット上の専用保存領域にさまざまなデータを保存できます。

「OneDrive」は、マイクロソフトが運営するクラウドストレージサービスです。クラウドストレージとは、インターネット上に用意されたユーザー専用の保存領域のことです。OneDriveの場合、Microsoftアカウントを持っているユーザーであれば、無料で5GBまでのデータを保存できます。

OneDriveを使えば、普段は使わない、ファイルサイズの大きいデータを保存して、パソコンの内蔵ドライブの空き容量を増やせます。さらに、同じMicrosoftアカウントでサインインすれば、Windows 10のパソコンだけでなく、スマートフォンやタブレット、Macからも保存されたデータを参照、編集することが可能です。なお、Windows 10のパソコン以外からOneDriveにアクセスする場合は、別途専用のアプリまたはブラウザーが必要です。

また、Windows 10ではOSそのものにOneDriveが統合されているので、エクスプローラーを使ってパソコンの内蔵ドライブと同じ感覚で、ファイルやフォルダーをOneDriveとやり取りできる点が便利です。

さらに、OneDriveに保存したデータは、ほかのユーザーと簡単に共有できます。

● OneDriveはオンラインストレージ

OneDriveはインターネット上に用意された外付けドライブのようなもので、パソコンをはじめとするさまざまなデバイスを使って、自由にデータを読み書きできます。

OneDrive

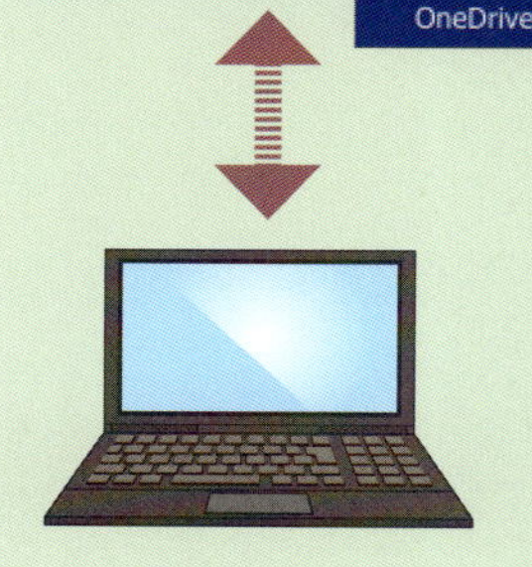

● Windows 10ならエクスプローラーからアクセスできる

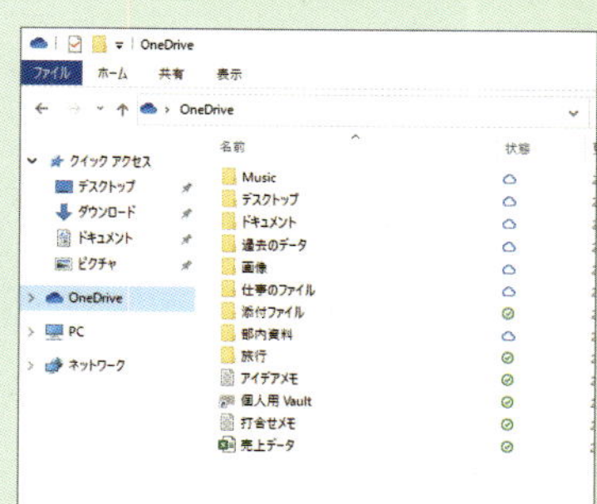

Windows 10からはエクスプローラーのナビゲーションバーでOneDriveにアクセスできます。ほかのデバイスではアプリを使ってアクセスします。

● オンラインでOfficeが利用できる

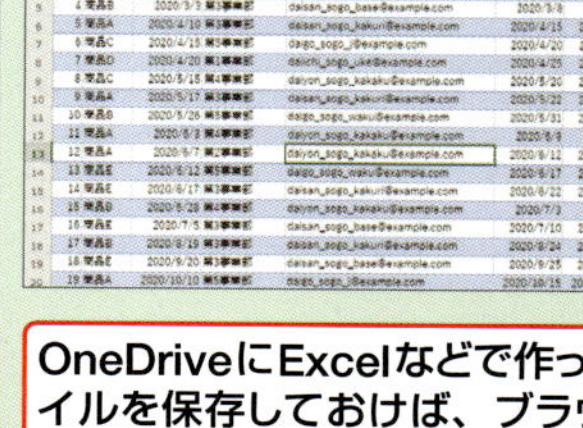

OneDriveにExcelなどで作ったファイルを保存しておけば、ブラウザーでそれを開いて閲覧できるだけでなく、データ変更などの編集も可能です。

● 保存したデータを簡単に共有できる

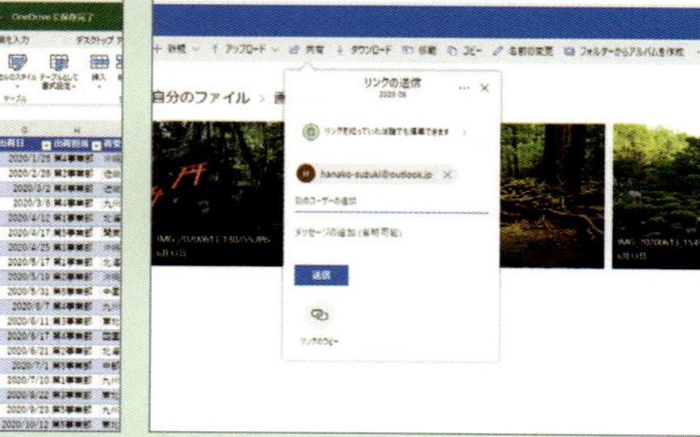

OneDriveに保存したデータはほかのユーザーと共有して、共同で編集することができます。

基本
デスクトップ
キーボード・文字入力
インターネット
メール・連絡先
セキュリティ
写真・動画・音楽
OneDrive・スマホ
印刷・周辺機器
アプリ
インストール・設定

OneDriveの基本　重要度 ★★★

Q 432 OneDriveにファイルを追加したい！

A ファイルをコピーあるいは移動します。

Windows 10にはOneDriveが統合されているので、パソコンの内蔵ドライブと同様に、OneDriveとファイルやフォルダーのやり取りができます。はじめてOneDriveにアクセスする際は、Microsoftアカウントによるサインインが必要になる場合があります。

1 エクスプローラーを表示して、画面左の＜OneDrive＞をクリックし、

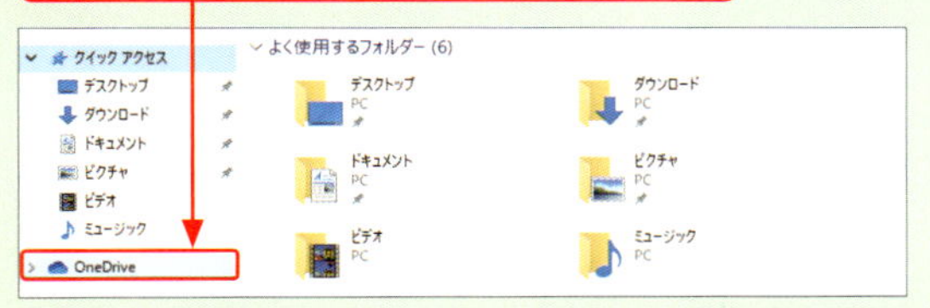

はじめて起動したときはサインインが必要です。

2 Microsoftアカウントのメールアドレスを入力して、

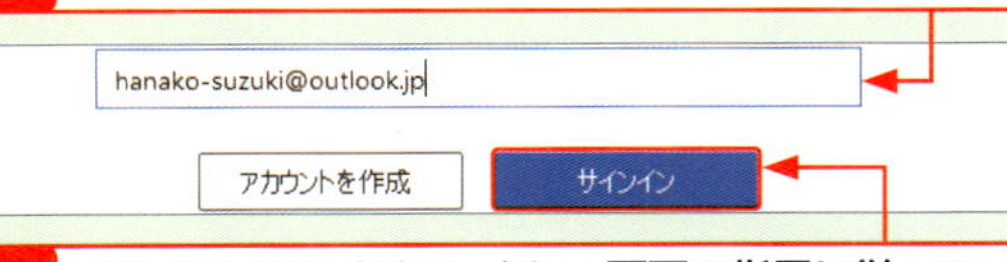

3 ＜サインイン＞をクリックし、画面の指示に従ってサインインを完了させます。

4 OneDriveに追加したいファイルやフォルダーを表示して、選択します。

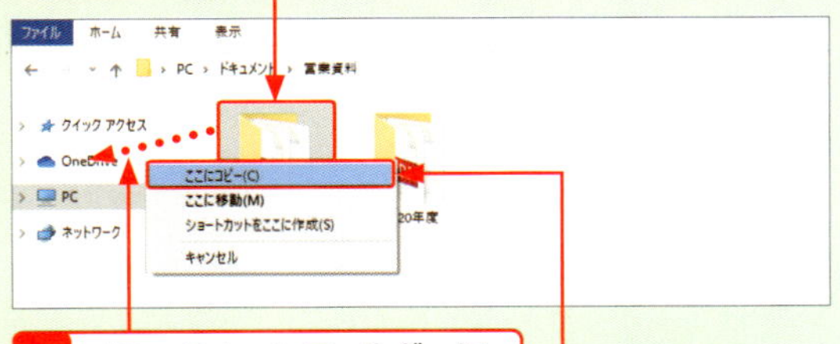

5 ＜OneDrive＞フォルダーに右クリックでドラッグし、

6 ＜ここにコピー＞をクリックすると、OneDriveにファイルがコピーされます。

OneDriveの基本　重要度 ★★★

Q 433 OneDriveに表示されるアイコンは何？

A 同期中やダウンロード中など、ファイルの状態を表しています。

エクスプローラーで「OneDrive」フォルダーを開くと、ファイルの右側にアイコンが表示されているのを確認できます。これらはそれぞれ「このデバイスで使用可能」「このデバイスで常に使用可能」「オンライン時に使用可能」「同期中」「共有中」の状態を指しています。

ファイルやフォルダーの状態が表示されています。

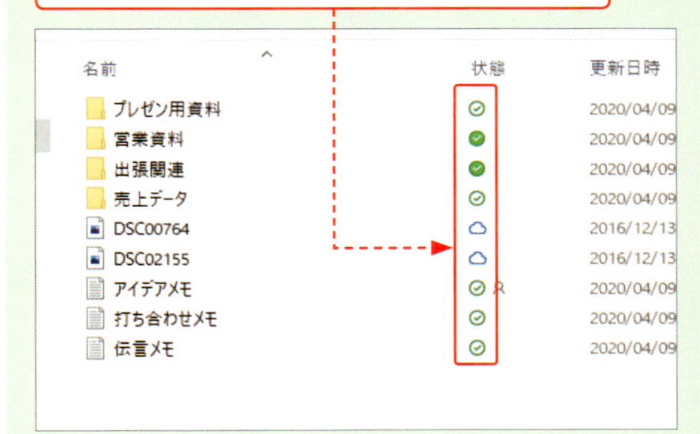

アイコン	名称	解説
（緑の枠付きチェック）	このデバイスで使用可能	ファイルがパソコンの中とWeb版OneDriveの両方に保存されています。右クリックして＜空き領域を増やす＞をクリックすると、「オンラインのみで利用可能」の状態にできます。
（緑の塗りつぶしチェック）	このデバイスで常に使用可能	ファイルがパソコンの中とWeb版OneDriveの両方に保存されていますが、パソコンにファイルが常に存在するファイルです。
（雲）	オンライン時に使用可能	ファイル自体はWeb版のOneDriveにあり、パソコンの中には存在しません。そのため、インターネットに接続されていないときはファイルを開くことができません。ファイルを開くと、ファイルがパソコンにダウンロードされます。
（矢印）	同期中	ファイルをOneDriveにアップロード中か、自分のパソコンにダウンロード中のファイルです。
（人物）	共有中	ほかの人と共有しているファイルです。

Q 434 ブラウザーでOneDriveを使うには？

A エクスプローラーで＜オンラインで表示＞をクリックします。

OneDriveはクラウドストレージなので、ブラウザー上でもデータにアクセスできます。エクスプローラーでOneDriveのフォルダーを表示し、右クリックメニューの＜オンラインで表示＞をクリックすると、表示しているフォルダーがEdgeで表示されます。
Edgeで直接OneDriveを使いたいときは、アドレスバーに「https://onedrive.live.com/」と入力してEnterを押します。ブラウザー上で作業することが多い場合は、このURLをEdgeのお気に入りに登録しておくこともできます。

参照▶Q 442,Q 443

1 エクスプローラーでOneDriveのフォルダーを表示して、

2 フォルダー内を右クリックし、

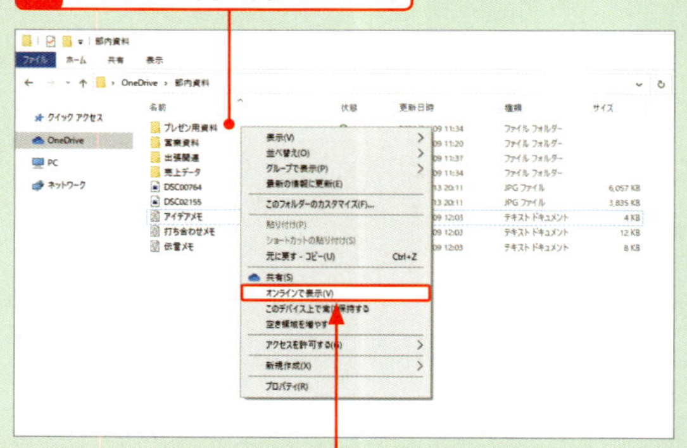

3 ＜オンラインで表示＞をクリックすると、

Edgeの画面

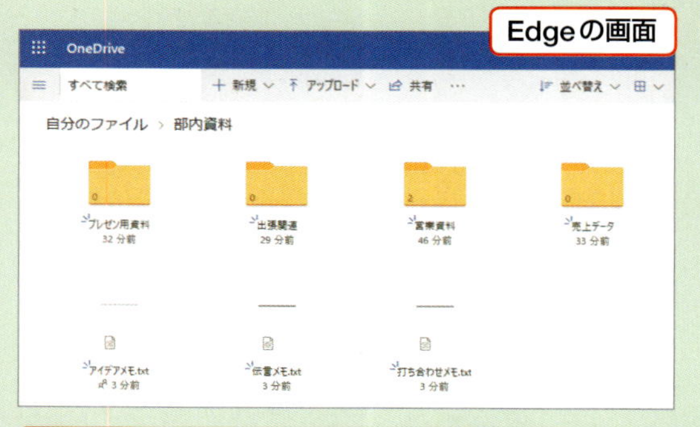

4 OneDriveのフォルダーがEdgeで表示されます。

Q 435 同期が中断されてしまった！

A データが大きすぎるか、不正なファイル名になっています。

エクスプローラーから「OneDrive」フォルダーにデータを保存すると、パソコンがインターネット接続している間に、オンラインにそのデータが送信されます。この動作を「同期」と呼びます。同期はすべて自動で行われますが、保存するデータによっては、同期が中断されてしまうことがあります。同期が中断されるのは主に以下の理由になります。

- データのサイズがOneDriveの容量を超えている
- 単一ファイルのサイズが15GBを超えている
- ファイル名やフォルダー名に不正な文字列の組み合わせが使われている

いずれの場合でも、同期が中断された場合は通知が表示されるので、以下のように操作してその理由を確認し、中断の原因となったデータを取り除くようにしましょう。

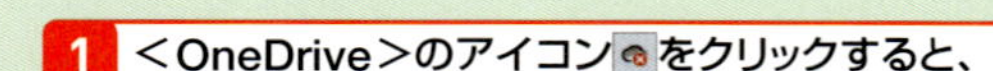

1 ＜OneDrive＞のアイコンをクリックすると、

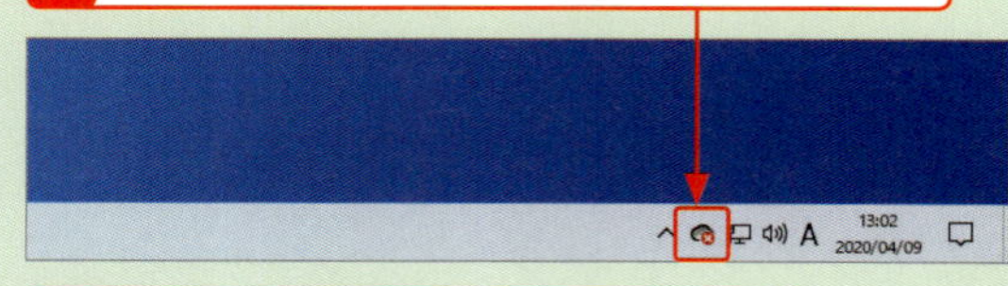

2 OneDriveの同期状況が表示されます。

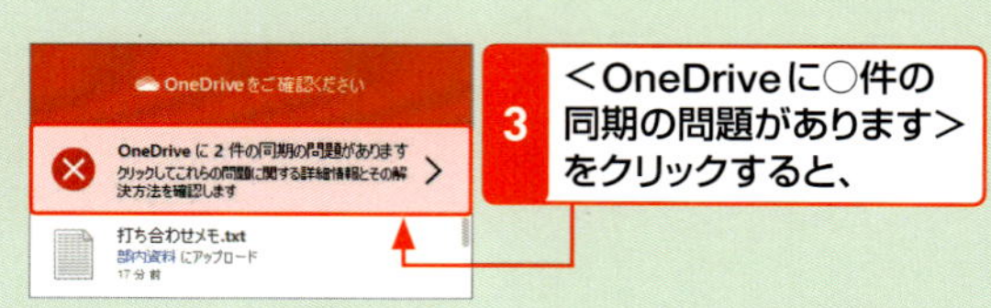

3 ＜OneDriveに○件の同期の問題があります＞をクリックすると、

4 同期が中断した理由とその解決方法が表示されます。

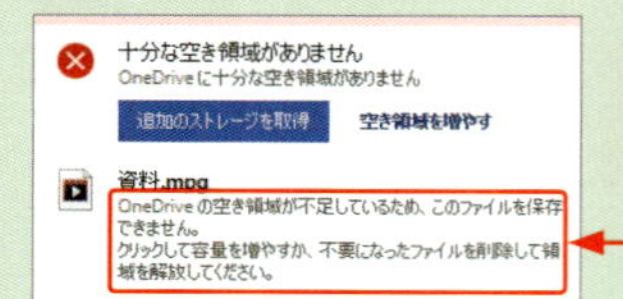

5 解決方法に従い、同期が再開されるようにします。

OneDriveの基本　重要度 ★★★

Q 436 OneDriveからサインアウトするには？

A <このPCのリンクの解除>を実行します。

OneDriveを利用していたパソコンでサインアウトを行うには、OneDriveの設定を開いて<アカウント>タブの<このPCのリンクの解除>をクリックし、表示されたメッセージで<アカウントのリンク解除>を選択します。
サインアウトが完了すると、OneDriveのファイルの同期が停止し、オンラインのみのファイルはパソコンから削除され開けなくなります。ただし、<このデバイスで常に使用可能>と<このデバイスで使用可能>に設定しているファイルはパソコンに残るので、ファイルを開けないようにしたい場合は、自分で削除する必要があります。

参照▶Q 433

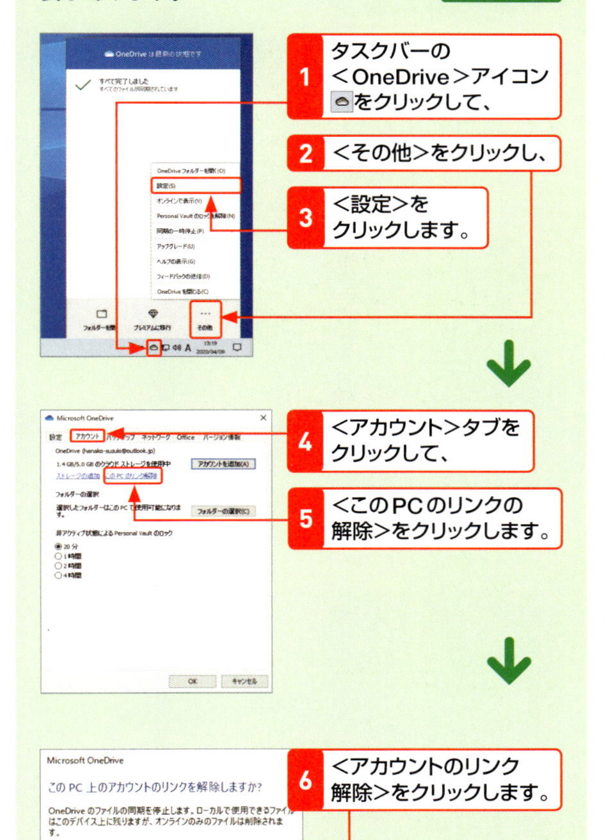

OneDriveの基本　重要度 ★★★

Q 437 大きなファイルをOneDriveで送りたい！

A ファイルの保存場所を送ります。

写真や動画のような、容量が大きいファイルをほかのユーザーに送るとき、メールに添付すると送受信に時間がかかって、自分も受け取る相手もストレスを感じてしまいます。
このような大容量のファイルはOneDriveに保存すれば、保存場所（URL）をメールで連絡するだけでよいので便利です。受信した相手は、メールに記載されているURLをクリックしてファイルを表示したあと、ダウンロードすれば自分のパソコンに保存できます。

1. OneDriveを開いて送りたいファイルやフォルダーを右クリックして、

2. ＜共有＞をクリックします。
3. 相手のメールアドレスを入力して、

4. 表示されたアドレスをクリックします。

＜リンクのコピー＞をクリックしてURLをコピーすることもできます。

5. 必要ならメッセージを入力して、
6. ＜送信＞

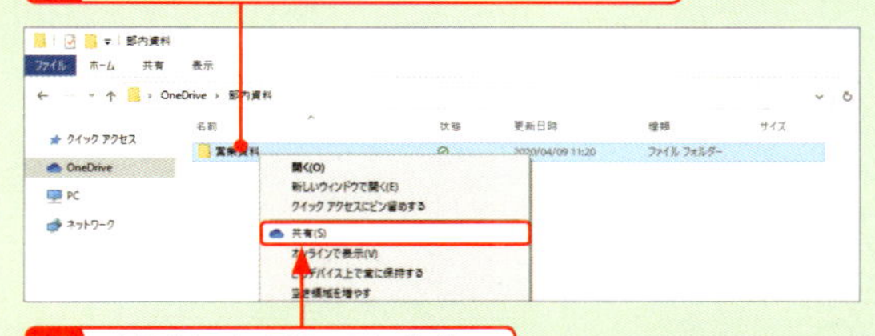

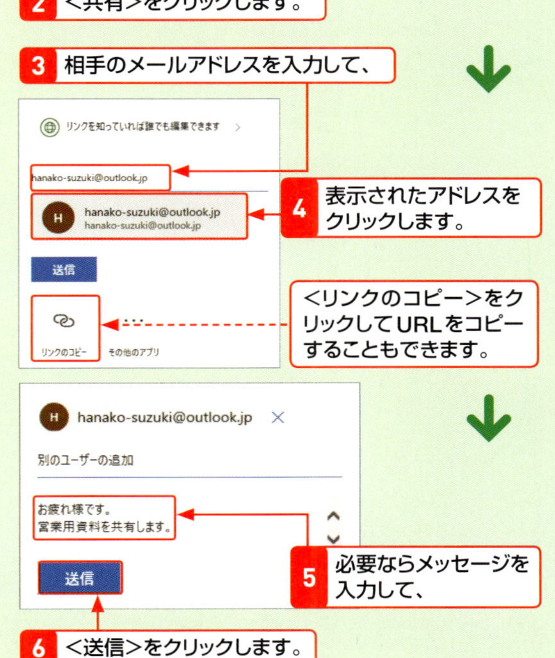

データの共有　重要度 ★★★

Q 438 OneDriveでほかの人とデータを共有したい！

A 共有機能を利用します。

OneDriveに保存したファイルやフォルダーをほかの人と共有するときは、メールアドレスを利用します。

1 EdgeでOneDriveを表示して送りたいファイルやフォルダーをクリックして、

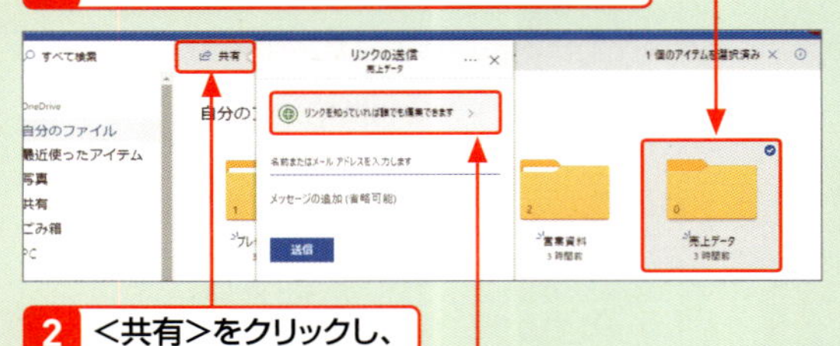

2 <共有>をクリックし、

3 <リンクを知っていれば誰でも編集できます>をクリックします。

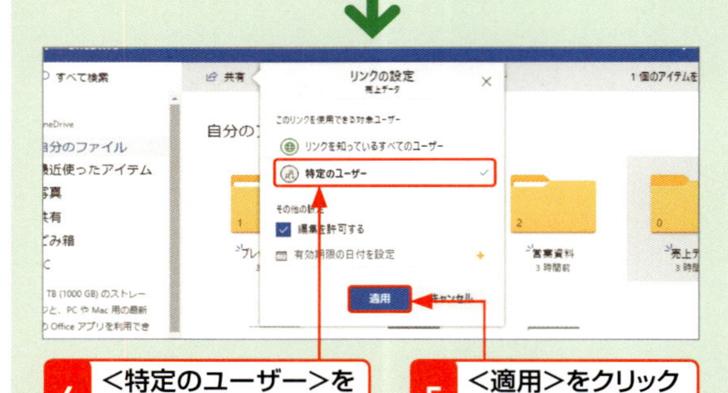

4 <特定のユーザー>をクリックし、

5 <適用>をクリックします。

6 相手のメールアドレスを入力し、

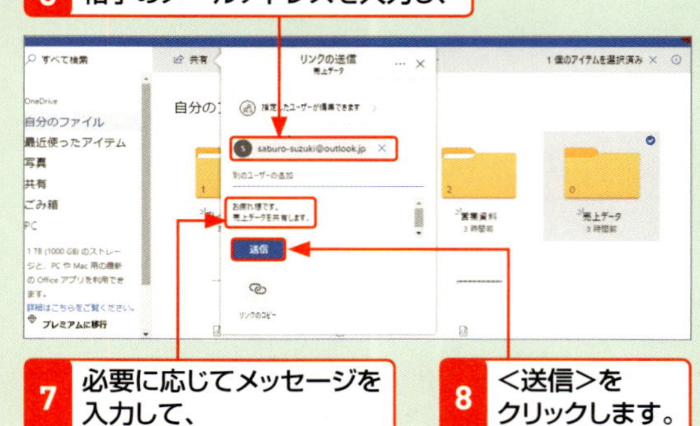

7 必要に応じてメッセージを入力して、

8 <送信>をクリックします。

データの共有　重要度 ★★★

Q 439 共有する人を追加したい！

A 共有オプションで追加できます。

すでにほかのユーザーと共有しているOneDrive上のデータに、さらに別のユーザーを追加して共有することができます。共有相手を追加する場合も、OneDriveの共有オプションでメールを使って相手を招待します。なお、共有中のファイルやフォルダーは、<共有>を選択することでまとめて表示できます。

参照 ▶ Q 438

1 EdgeでOneDriveを表示して、

2 <共有>をクリックします。

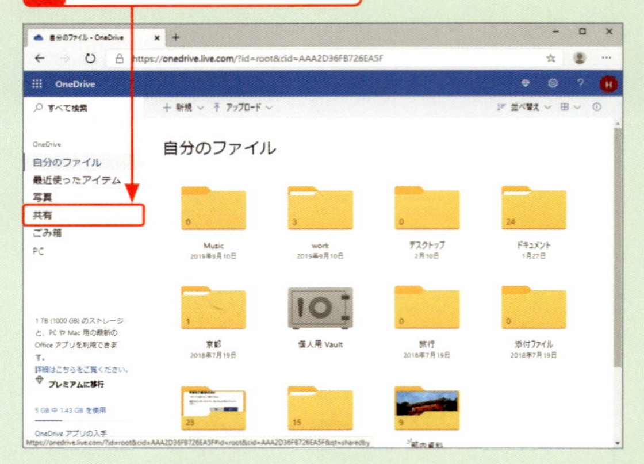

3 共有する人を追加したいファイルやフォルダーを選択して、

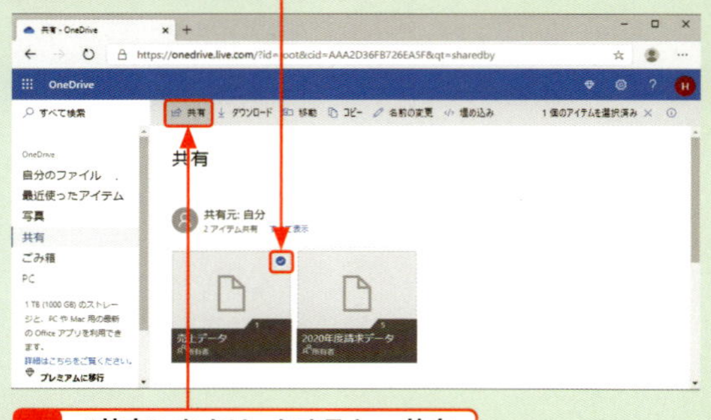

4 <共有>をクリックすると、共有する人を追加できます。

データの共有　重要度 ★★★

Q440 共有を知らせるメールが届いたらどうすればよい?

A リンクをクリックし、必要に応じてファイルをダウンロードします。

OneDriveのファイル共有を知らせるメールが届いたら、本文内のリンクをクリックしましょう。OneDriveのWebページが開かれ、共有中のファイルが表示されます。ファイルが必要なら、自分のパソコンにダウンロードできます。

1 ファイルの共有を知らせるメールが届いたら、<開く>をクリックして、

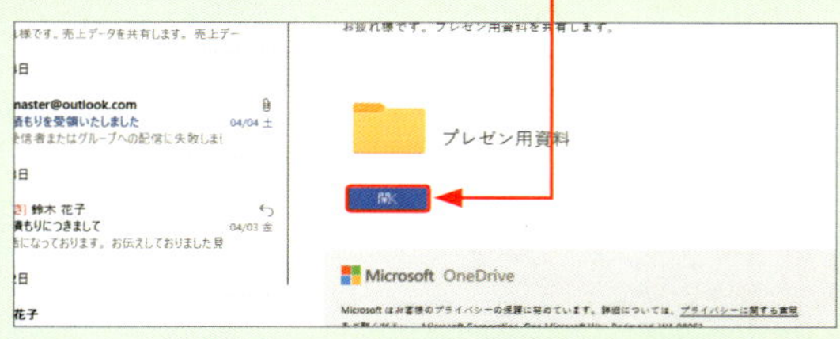

共有中のファイルが表示されます。

2 ダウンロードしたいファイルのここをクリックし、

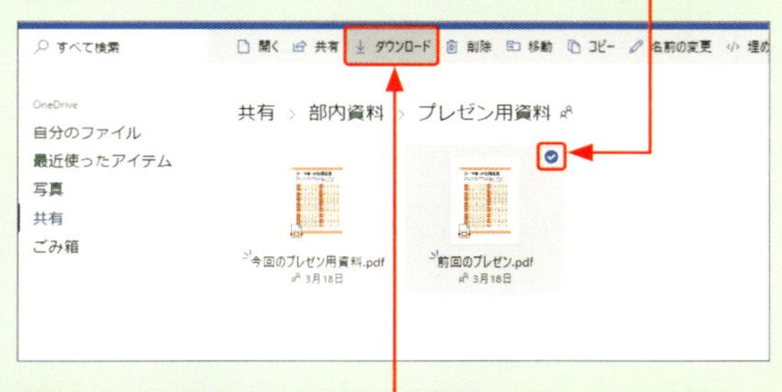

3 <ダウンロード>をクリックすると、

4 ファイルが<ダウンロード>フォルダーに保存されます。

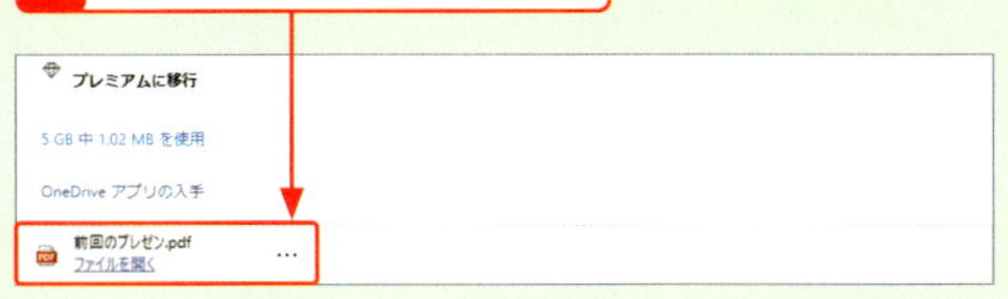

データの共有　重要度 ★★★

Q441 ほかの人との共有を解除したい!

A アクセス許可を取り消します。

OneDriveでほかの人と共有したファイルは、OneDriveのWebページから共有を解除できます。まずはブラウザーを起動しておきましょう。

参照▶Q 438

1 ブラウザーを起動して「https://onedrive.live.com/」にアクセスし、

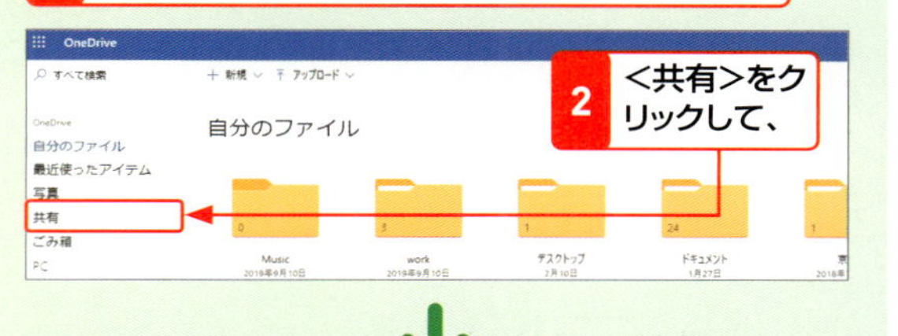

2 <共有>をクリックして、

3 共有を停止したいファイルのここをクリックし、

4 ここをクリックして、

5 <アクセス許可の管理>をクリックします。

6 <編集可能>または<表示可能>をクリックし、

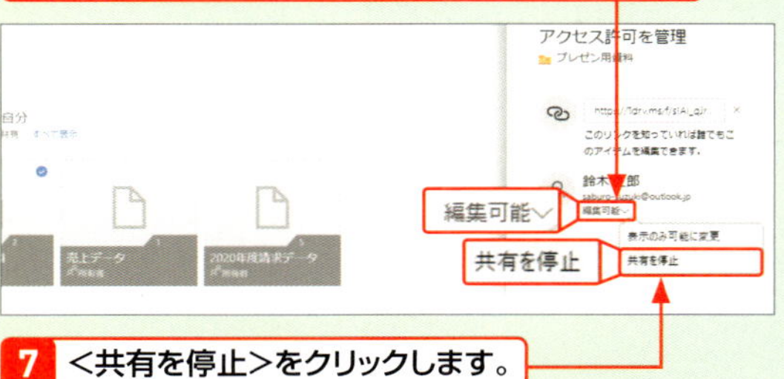

7 <共有を停止>をクリックします。

リンクを共有している場合は、URLの右の<リンクの削除>☒をクリックします。

Q 442 ほかのパソコンから OneDriveにアクセスしたい！

A ブラウザーを利用します。

自分のパソコンが使えない外出先などでOneDriveにアクセスしたい場合は、Web版のOneDriveを利用しましょう。ブラウザーを起動して下記のURLにアクセスし、Microsoftアカウントとパスワードを入力すると、保存されているファイルを表示できます。

1 ブラウザーを起動して「https://onedrive.live.com/」にアクセスし、

2 画面右上の＜サインイン＞をクリックして、Microsoftアカウントでサインインします。

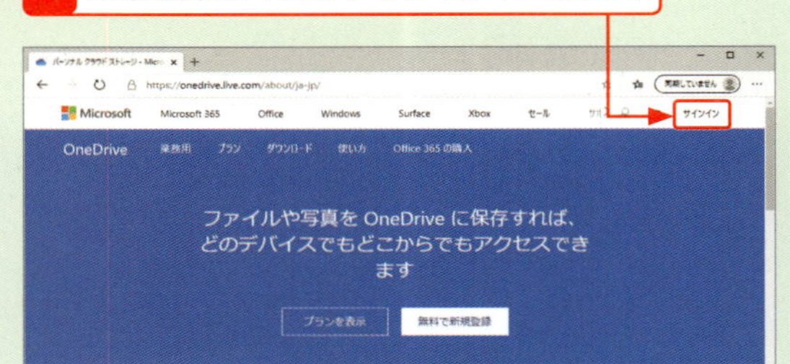

Q 443 OneDrive上のファイルを編集したい！

A ブラウザー上で編集できます。

OneDriveのファイルのうち、テキストファイルなど対応しているものはブラウザー上で編集できます。出先のパソコンのブラウザー上でファイルを編集すれば、いちいちダウンロードする手間を省けます。

1 Edgeで OneDriveを表示して、テキストファイルをクリックして開き、

2 ＜開く＞をクリックして、

3 ＜テキストエディターで開く＞をクリックすると、

4 テキストファイルをエディターで編集できます。

5 ＜保存＞をクリックすると変更内容が保存されます。

Q 444 OneDriveからファイルをダウンロードしたい！

A ブラウザーやエクスプローラーでダウンロードできます。

OneDriveにあるファイルは、ブラウザーでパソコンにダウンロードできます。また、エクスプローラーでOneDriveからほかのフォルダーにコピーすることでも、ダウンロードできます。ここでは、エクスプローラーを使ったやり方を紹介します。 参照▶Q 434

1 エクスプローラーでOneDriveのファイルを選択して、

2 ＜ホーム＞をクリックし、

3 ＜コピー＞をクリックします。

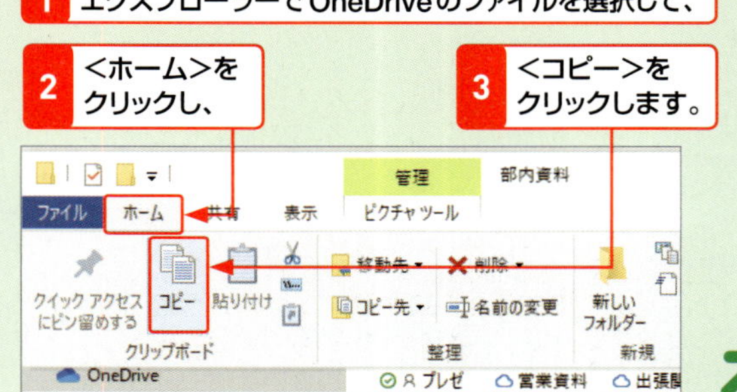

4 ダウンロードしたいフォルダーを選択し、

5 ＜ホーム＞をクリックして、

6 ＜貼り付け＞をクリックします。

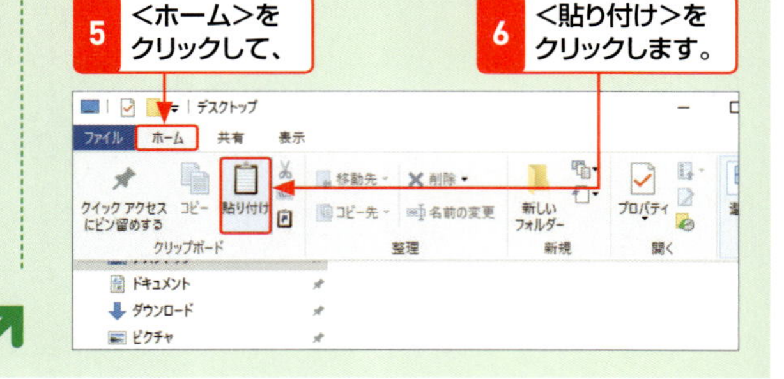

重要度 ★★☆

Q 445 OneDrive上のファイルをOfficeで編集したい！

A オンライン版のOfficeで編集できます。

OneDriveにあるOfficeのファイルは、オンライン版のOfficeで編集できます。Officeのファイルをクリックするとブラウザー上でWordやExcelが起動し、すぐに編集を開始できます。変更内容は自動的に保存されます。

1 EdgeでOneDriveを表示して、

2 Officeのファイルをクリックすると、

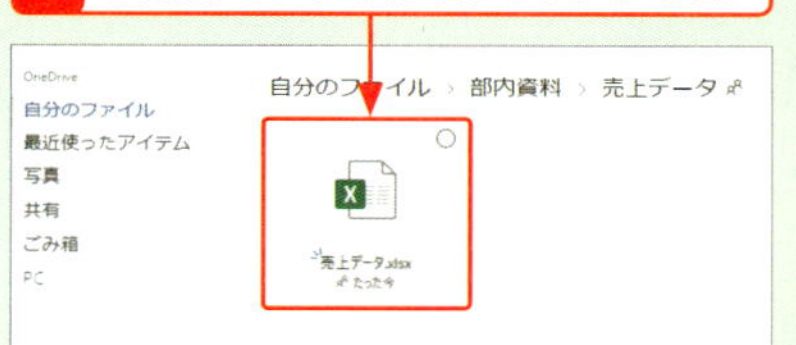

3 ブラウザーでWordやExcelが起動し、ファイルを編集できます。

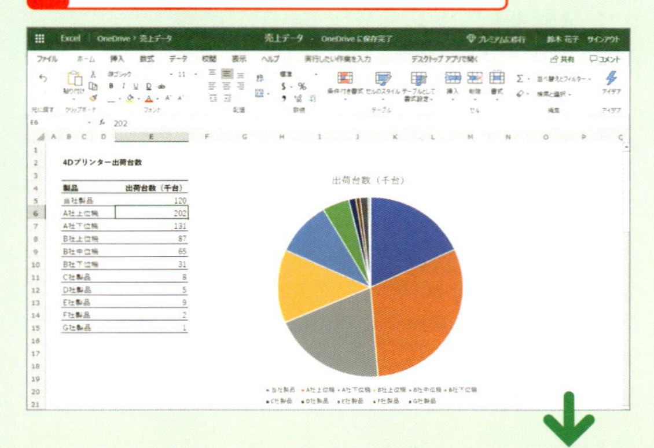

4 ファイルを変更すると自動的に保存されます。

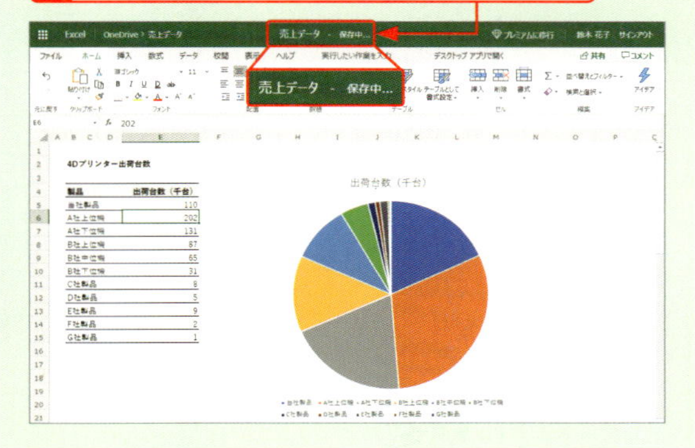

OneDriveの活用

重要度 ★★☆

Q 446 重要度の低いファイルはオンラインにだけ残しておきたい！

A 「ファイルオンデマンド」を有効にします。

利用機会はあまりないけれど、削除してよいか迷うファイルがたくさんあるときは、OneDriveの「ファイルオンデマンド」機能を利用しましょう。エクスプローラーからOneDriveの設定画面を表示し、「ファイルオンデマンド」を有効にすると、ファイルがWeb版のOneDriveのみに保存され、パソコン側の容量を節約できます。有効にしたあともファイルをパソコンにダウンロードしたり、Web版のみに再保存したりできます。

●「ファイルオンデマンド」を有効にする

1 エクスプローラーで＜OneDrive＞を右クリックして、

2 ＜設定＞をクリックします。

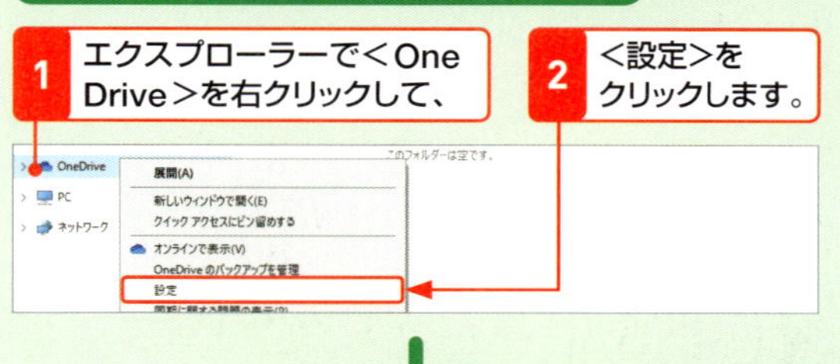

3 ＜設定＞をクリックし、

4 ここをクリックしてオンにして、

5 ＜OK＞をクリックします。

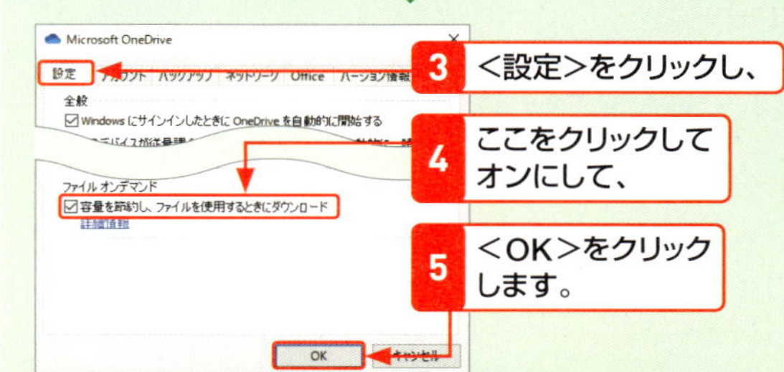

●ファイルを保存または再アップロードする

1 OneDriveのフォルダーを開いてファイルを右クリックし、

2 ＜このデバイス上で常に保持する＞をクリックすると、ファイルがパソコンに保存されます。

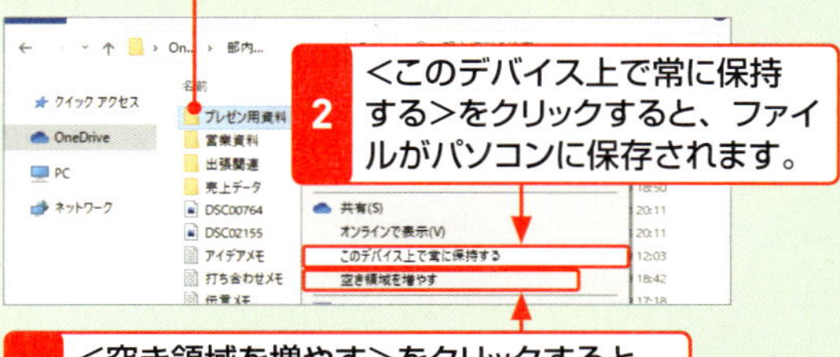

3 ＜空き領域を増やす＞をクリックすると、ファイルがパソコンから削除されWeb版OneDriveのみに保存されます。

OneDriveの活用　重要度 ★★★

Q 447 削除したOneDrive上のファイルを復活させたい！

A <ごみ箱>フォルダーから復元できます。

エクスプローラーから<OneDrive>フォルダー内のファイルやフォルダーを削除し、Windows 10の<ごみ箱>からも削除したとします。操作したファイルやフォルダーは完全に削除されたように見えますが、データはOneDrive上に残っています。データはWeb版のOneDriveの<ごみ箱>フォルダーの中に移動しているので、そこから元に戻す（復元する）ことができます。なお、<ごみ箱>フォルダーのデータを再度削除すれば、データは完全に削除され、OneDriveの空き容量を増やすことができます。

1 エクスプローラーを起動して、<OneDrive>フォルダーを右クリックし、

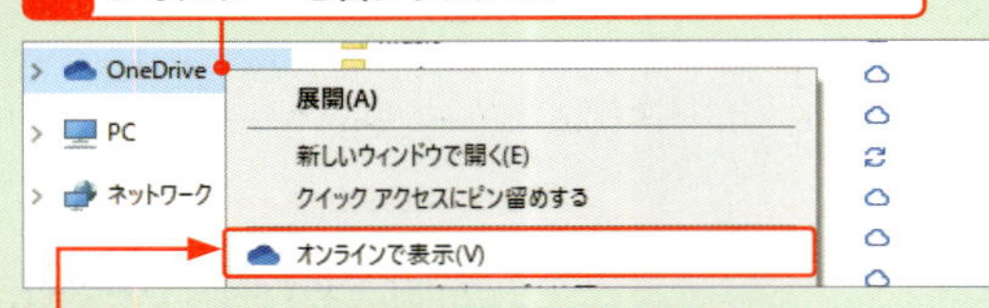

2 <オンラインで表示>をクリックすると、

3 Edgeが起動してWeb版のOneDriveが表示されます。

4 <ごみ箱>をクリックすると、

5 <ごみ箱>フォルダーの中身が表示され、削除したファイルが確認できます。

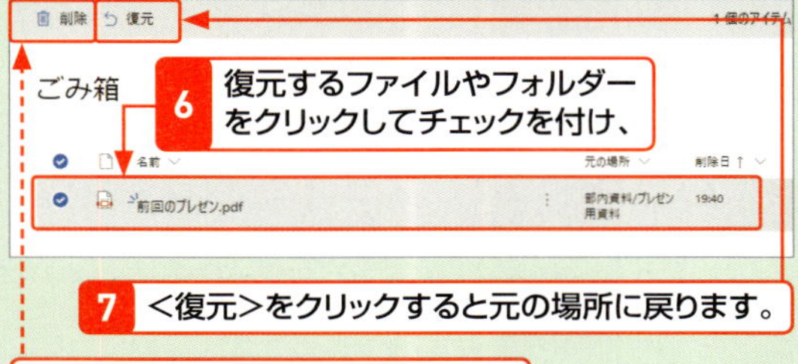

6 復元するファイルやフォルダーをクリックしてチェックを付け、

7 <復元>をクリックすると元の場所に戻ります。

<削除>をクリックすると、データが完全に削除されます。

OneDriveの活用　重要度 ★★★

Q 448 OneDriveの容量を増やしたい！

A プランの購入で容量を増やすことができます。

OneDriveの容量は、無料で5GBまで利用できますが、写真や動画などのサイズの大きいデータを保存していくと、次第に空き容量が減っていきます。OneDriveの容量が足りないと感じたら、有料で増やすことができます。

有料プランには「プレミアム（1,284円／月）」と「OneDriveのみ（224円／月）」の2種類があり、プレミアムでは1TB（1,000GB）、OneDriveのみは50GBまでOneDriveの容量が拡張されます。また、プレミアムにはOfficeアプリの利用権が付属します。

1 エクスプローラーを起動して、<OneDrive>フォルダーを右クリックし、

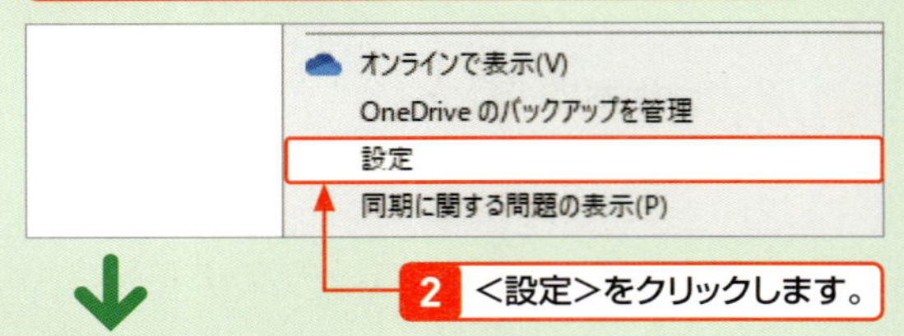

2 <設定>をクリックします。

3 <アカウント>をクリックして、

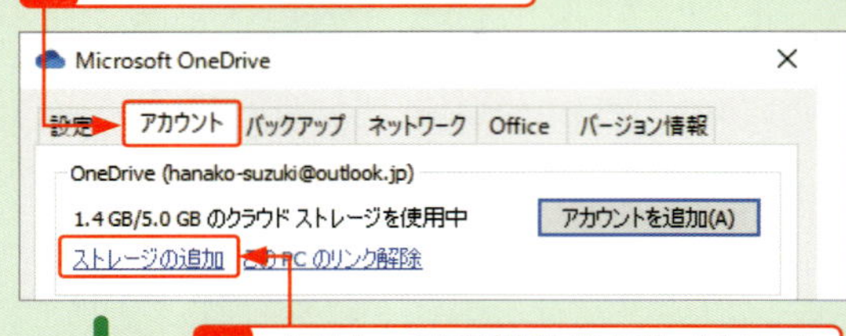

4 <ストレージの追加>をクリックします。

5 Edgeが起動して、OneDriveのプランが表示されます。

6 目的のプランの購入リンクをクリックして手続きを進めます。

Q 449 OneDriveをスマートフォンで利用したい！

A 専用のアプリを入手します。

スマートフォンでもOneDriveを利用できれば、パソコンとのデータのやり取りがスムーズになることはもちろん、写真などのバックアップをOneDriveにすることで、スマートフォンの内蔵メモリの空き容量を増やすことができます。スマートフォンでOneDriveを使うには、無料で提供されている「Microsoft OneDrive」アプリを入手します。
スマートフォン版アプリで、パソコンと同じMicrosoftアカウントでサインインすれば、保存されたデータの閲覧や、データの保存などができます。

● 専用アプリを入手する

スマートフォン用アプリは、iPhoneならApp Store、AndroidならPlayストアから、それぞれ無料で入手できます。

● スマートフォンからできること

アプリにMicrosoftアカウントでサインインすれば、OneDrive内のデータの閲覧、ダウンロードができるほか、スマートフォンからのアップロードも可能です。

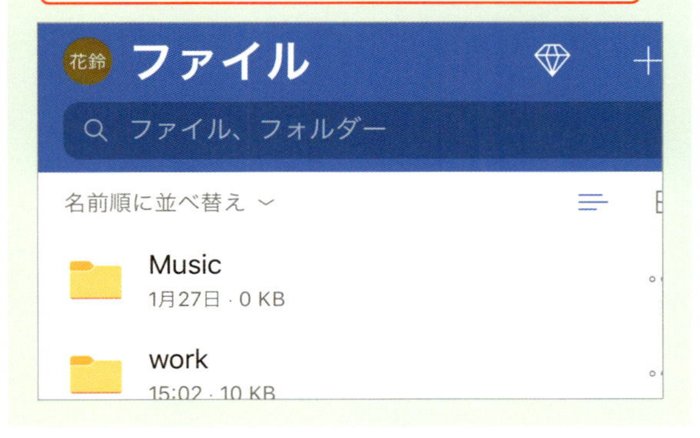

Q 450 スマートフォンと接続したい！

A パソコンとスマートフォンをケーブルでつなぎます。

スマートフォンとパソコン間で写真や音楽、動画などのデータをやり取りしたい場合は、両者をケーブルで接続します。ほとんどのスマートフォンは、パソコンのUSB（あるいはUSB Type-C）ポートでの接続に対応しています。
はじめてスマートフォンを接続すると、通知が表示されたあと、パソコンからスマートフォンを制御するために必要なプログラム（デバイスドライバー）が自動インストールされます。「デバイスの準備ができました」という通知が表示されれば、デバイスドライバーのインストールは完了です。なお、この動作はiPhoneとAndroidで共通です。

参照 ▶ Q 452

1 スマートフォンの充電／データ通信ポートにケーブルを挿して、

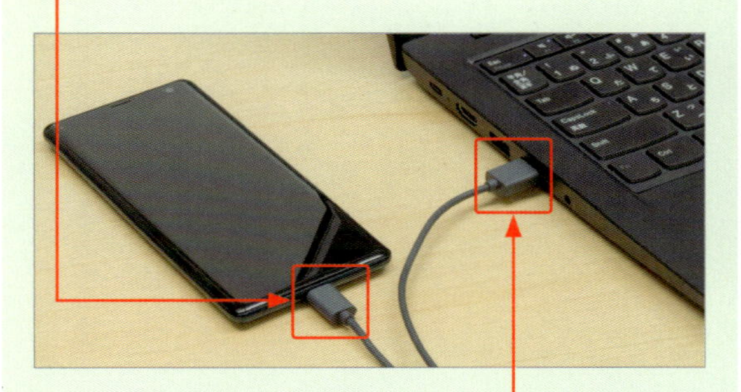

2 ケーブルのもう一方をパソコンのUSB（USB Type-C）ポートに挿します。

3 この通知が表示されたら、接続が完了です。

接続解除の方法は、ほかのUSB周辺機器と同じです。

Q 451 iPhoneとAndroidスマートフォンは違うの？

A 動作するOSなどが異なります。

スマートフォンも、パソコンと同様にOS（Operating System、基本ソフト）によって制御されています。iPhoneとAndroidスマートフォンの最も大きな違いは、その搭載OSです。

iPhoneはAppleの開発したOSである「iOS」を搭載したスマートフォンです。OSと本体を同じメーカーで開発している点が強みで、OSのアップデートによるセキュリティ強化や新機能の追加が比較的長期間行われるため、1つの機種を長く使い続けられるのが特徴です。反面、iOSが動作するのはiPhoneのみで、製品バリエーションに乏しいというデメリットもあります。

Androidスマートフォンは、Googleが開発したOS「Android」を搭載し、同社が提供するインターネット検索をはじめとする各種サービスとの親和性の高さが特徴です。スマートフォン本体は世界中のメーカーが開発、販売しているため、製品のバリエーションは多彩ですが、一部機種を除き、OSのバージョンアップが可能な期間が短いのが難点です。

どちらも、電話をしたり、インターネット、メール、SNSなどをしたりという点では大きな違いはありませんが、iPhoneの場合、パソコンとの連携には追加アプリが必要になることがあります。

● iPhone

デザイン性と性能が高い次元で両立している点がiPhoneの魅力です。ケースなどの関連グッズ、ケーブルなどの周辺機器も豊富です。

● Androidスマートフォン

OSにAndroidを搭載したスマートフォンは世界中のメーカーから販売されているため、端末のバリエーションが多彩で、選ぶ楽しみがあります。

● iOSのホーム画面

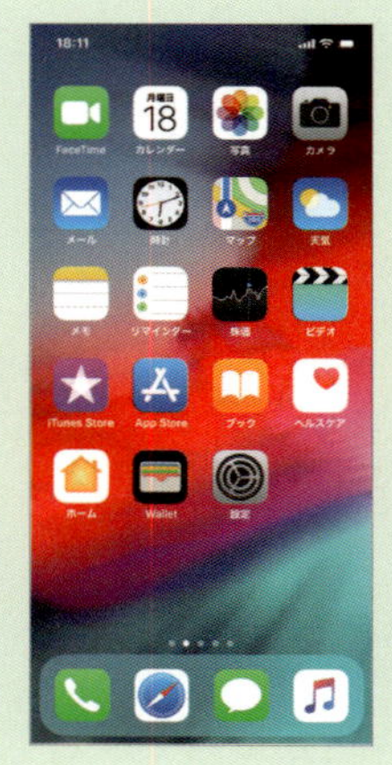

シンプルさとわかりやすさがiOSの特徴で、アプリのアイコンが並ぶホーム画面も必要最低限のカスタマイズしかできないようになっています。

● Androidのホーム画面

Androidでは、ホーム画面にはアプリのアイコンだけでなく、時計や天気予報、Google検索ボックスなどのウィジェットを配置して、自分好みにカスタマイズできます。

Q 452 スマートフォンと接続するケーブルの種類について知りたい!

A 使用するスマートフォン用のケーブルを把握しておきましょう。

スマートフォンとパソコンは、パソコンのUSB(あるいはUSB Type-C)ポートでケーブル接続しますが、スマートフォン側のポートは機種によって異なります。外出先にあるケーブルが自分の所有するスマートフォンに適合するとは限らないので、対応するケーブルは常に携帯することをおすすめします。
iPhoneはすべての機種にLightningポートが搭載されています。ケーブル側のLightning端子は小型で、裏表の区別がないため、ケーブルの接続も簡単です。
Androidスマートフォンには、Micro USBかUSB Type-Cポートが搭載されています。比較的古い機種はMicro USBですが、順次USB Type-Cポートに切り替わると予想されています。
Micro USBはUSBの拡張規格の1つで、Lightning端子と同程度の小型端子ですが、表裏の区別があるため、本体に挿す際には間違えないように注意する必要があります。USB Type-Cはパソコン本体にも採用されることが増えてきたポートおよび端子で、裏表の区別はなく、データ転送速度も高速です。

● Lightning

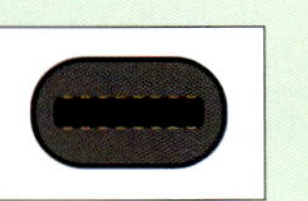

Lightning
iPhoneで採用されているポートおよび端子で、本体にパソコンとの接続、充電用のLightning-USBケーブルが付属しています。

● Micro USB

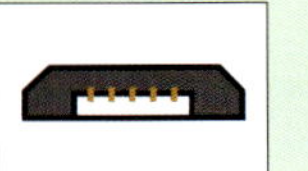

Micro USB
比較的古いAndroidスマートフォンで採用されているポートおよび端子で、裏表の区別があるので、ポートにケーブルを挿す際に注意が必要です。

● USB Type-C

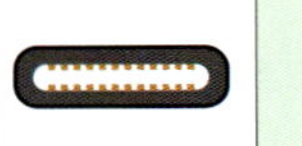

USB Type-C
高速なデータ通信と充電を可能にする最新の規格です。スマートフォンだけでなく、パソコンやタブレットなど多くのデバイスで採用されています。

スマートフォンとのファイルのやり取り　重要度 ★★★

Q 453 iPhoneが認識されない！

A iPhone側でパソコンからのアクセスを許可します。

iPhoneをパソコンに接続しても、パソコン側で何の反応もなく、iPhoneが認識されていないときは、まずiPhoneの画面を点灯させて、充電が行われているかどうか確認してください。充電が行われていない場合は、ケーブルの接触不良などの可能性があるので、一度ケーブルをパソコンとiPhoneの両方から抜き、再度挿してみてください。
充電が行われているのにパソコン側にiPhoneが認識されていない場合は、iPhoneの画面ロックを解除し、画面に表示されるメッセージに従って、パソコンからiPhone内のデータへのアクセスを許可します。

● 充電が行われているか確認する

1 iPhoneとパソコンをケーブルでつないで、

2 iPhoneの画面を点灯させ、充電が行われているかどうか確認します。

● パソコンからのアクセスを許可する

1 iPhoneとパソコンをケーブルでつないで、

2 iPhoneのロックを解除し、

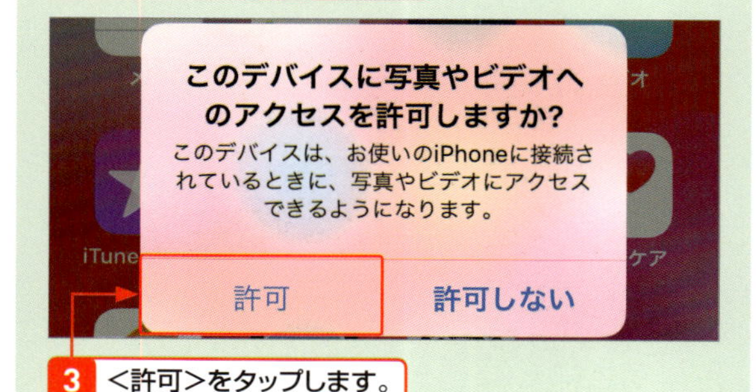

3 <許可>をタップします。

スマートフォンとのファイルのやり取り　重要度 ★★★

Q 454 Androidスマートフォンが認識されない！

A Androidスマートフォン側でファイル転送モードに切り替えます。

Androidスマートフォンをパソコンに接続しても、パソコン側で何の反応もなく、Androidスマートフォンが認識されていないときは、まずAndroidスマートフォンの画面を点灯させて、充電が行われているかどうか確認してください。充電が行われていない場合は、ケーブルの接触不良などの可能性があるので、一度ケーブルをパソコンとAndroidスマートフォンの両方から抜き、再度挿してみてください。
充電が行われているのにパソコン側にAndroidスマートフォンが認識されていない場合は、Androidスマートフォンの画面ロックを解除し、<ファイルを転送する>や<ファイル転送>をタップします。

● 充電が行われているか確認する

1 Androidスマートフォンとパソコンをケーブルでつないで、

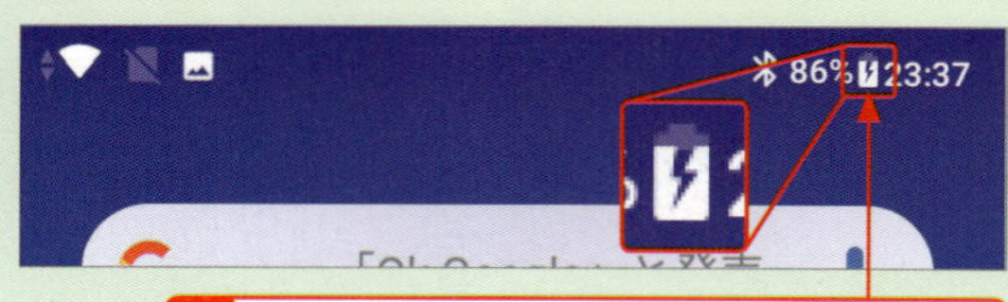

2 Androidスマートフォンの画面を点灯させ、充電が行われているかどうか確認します。

● パソコンからのアクセスを許可する

1 Androidスマートフォンとパソコンをケーブルでつないで、

2 Androidスマートフォンのロックを解除し、<このデバイスをUSBで充電中>の通知をタップし、

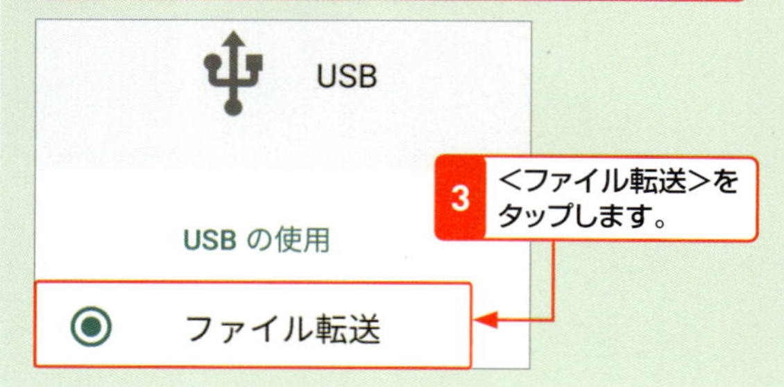

3 <ファイル転送>をタップします。

Q 455 iPhoneから写真を取り込みたい！

A 通知をタップして「フォト」アプリに取り込みます。

iPhoneで撮影した写真やビデオをパソコンに取り込めば、パソコンの大きな画面で鑑賞できます。写真やビデオを取り込むにはまず、パソコンとiPhoneをケーブルでつなぎます。パソコンの画面に通知が表示されるので、それをクリックして自動再生の画面を表示します。Windows 10に付属する「フォト」アプリに写真やビデオを取り込む場合は、自動再生の画面で＜写真とビデオのインポート＞をクリックします。なお、自動再生の画面で＜写真と動画のインポート＞をクリックすると、OneDriveに写真やビデオが取り込まれます。

iPhoneをつないでも通知が表示されない場合や、通知を見逃してしまった場合でも、あとから「フォト」アプリに写真やビデオを取り込むことができます。あとから取り込むには、「フォト」アプリの＜インポート＞をクリックすると表示されるメニューから＜USBデバイスから＞をクリックして、画面の表示に従って操作します。

1 iPhoneとパソコンをケーブルでつないで、

2 表示された通知をクリックすると、

3 自動再生の画面が表示されます。

4 ＜写真とビデオのインポート＞をクリックすると、

5 「フォト」アプリが起動して＜インポートする項目の選択＞が表示されます。

6 取り込む写真、または日付をクリックしてチェックを付け、

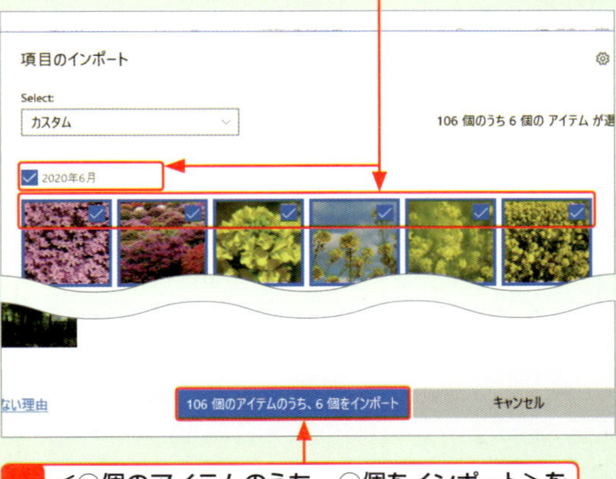

7 ＜○個のアイテムのうち、○個をインポート＞をクリックします。

8 写真とビデオの取り込みが開始されます。

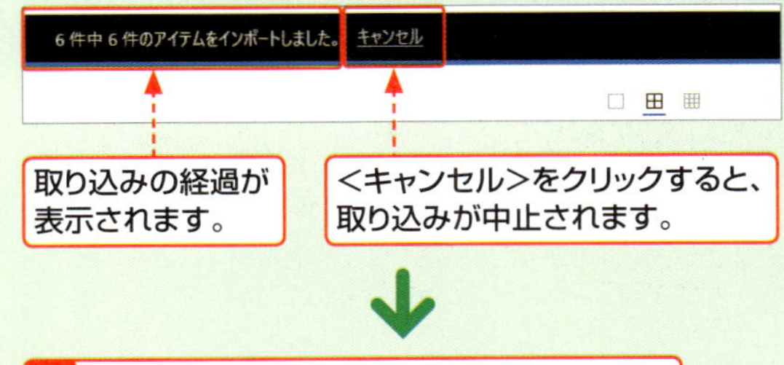

9 取り込みが完了すると通知が表示されます。

10 ＜アイテムを表示！＞をクリックすると、取り込んだ写真が一覧表示されます。

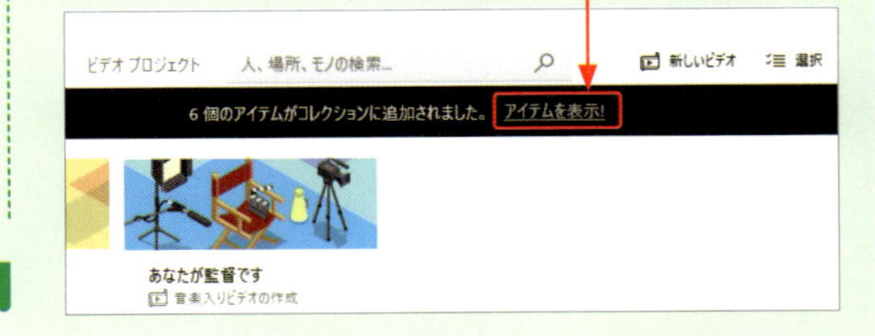

Q 456 Androidスマートフォンから写真を取り込みたい!

A 通知をタップして「フォト」アプリに取り込みます。

Androidスマートフォンで撮影した写真やビデオをパソコンに取り込めば、パソコンの大画面で鑑賞することができます。写真やビデオを取り込むにはまず、パソコンとAndroidスマートフォンをケーブルでつなぎます。パソコンの画面に通知が表示されるので、それをクリックして自動再生の画面を表示します。

Windows 10に付属する「フォト」アプリに写真やビデオを取り込む場合は、自動再生の画面で<写真とビデオのインポート>をクリックします。なお、自動再生の画面で<写真と動画のインポート>をクリックすると、OneDriveに写真やビデオが取り込まれます。

Androidスマートフォンをつないでも通知が表示されない場合や、通知を見逃してしまった場合でも、あとから「フォト」アプリに写真やビデオを取り込むことができます。あとから取り込むには、「フォト」アプリの<インポート>をクリックすると表示されるメニューから<USBデバイスから>をクリックして、画面の表示に従って操作します。

1 Androidスマートフォンとパソコンをケーブルで接続して、

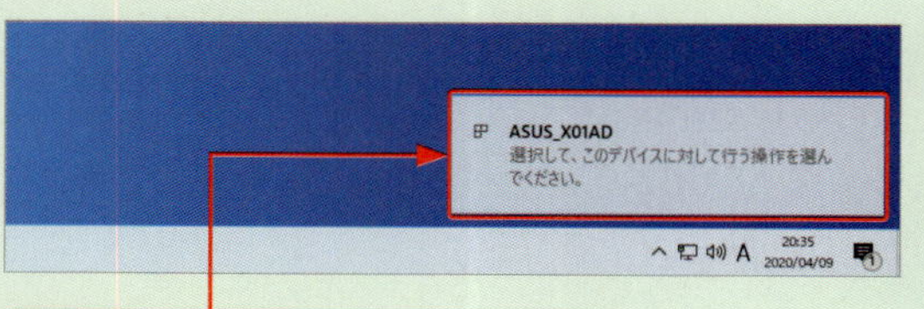

2 表示された通知をクリックすると、

3 自動再生の画面が表示されます。

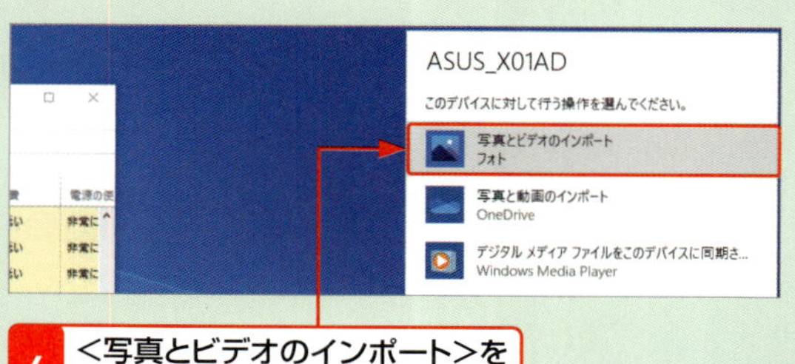

4 <写真とビデオのインポート>をクリックすると、

5 「フォト」アプリが起動して<インポートする項目の選択>が表示されます。

6 取り込む写真、または日付をクリックしてチェックを付け、

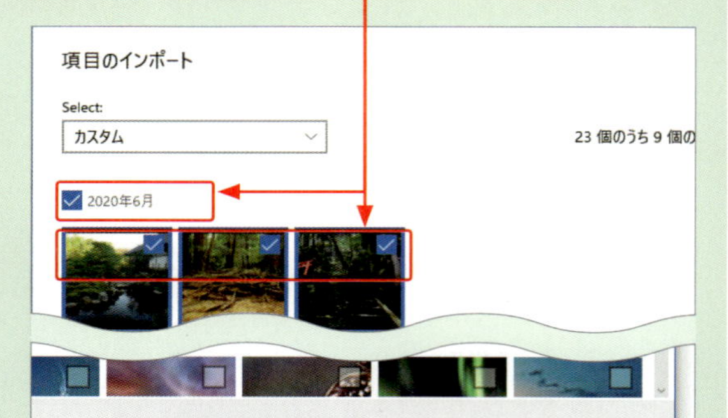

7 <○個のアイテムのうち、○個をインポート>をクリックします。

8 写真とビデオの取り込みが開始されます。

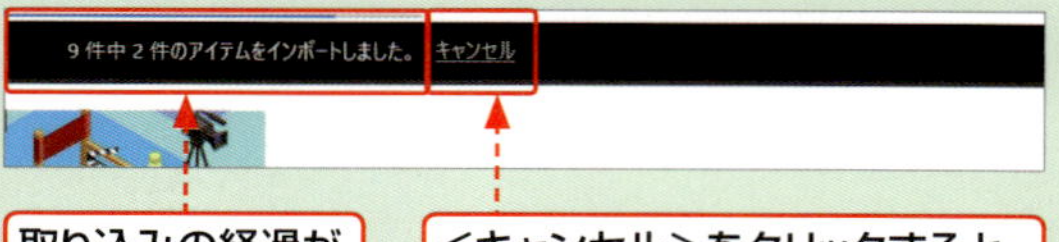

取り込みの経過が表示されます。

<キャンセル>をクリックすると、取り込みが中止されます。

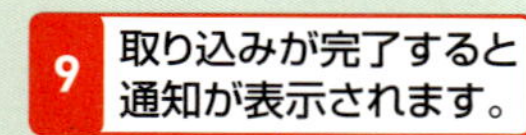

9 取り込みが完了すると通知が表示されます。

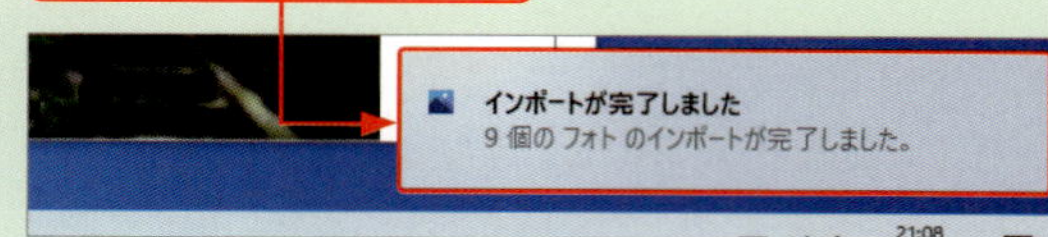

10 <アイテムを表示！>をクリックすると、

11 取り込んだ写真が一覧表示されます。

Q 457 音楽をiPhoneで再生したい！

A iTunesを使用します。

音楽CDからパソコンに取り込んだ曲をiPhoneで聴くためには、「iTunes」というアプリが必要です。iTunesはMicrosoft Storeから無料でダウンロードできます。iTunesをインストールしたら、iTunesに音楽CDから曲を取り込むか、Windows Media Playerで取り込んだ曲をiTunesのウィンドウにドラッグします。

曲の準備ができたら、パソコンとiPhoneをケーブルでつなぎ、iTunesを起動します。はじめてiTunesを使った曲の転送をする場合は、iPhone側でファイル転送を許可する必要があります。一度許可をすれば、以降はパソコンとiPhoneをつなぐだけで、自動的にiTunes内の曲がすべて転送されるようになります。

参照▶Q 453

1 Microsoft StoreからiTunesをダウンロードして、

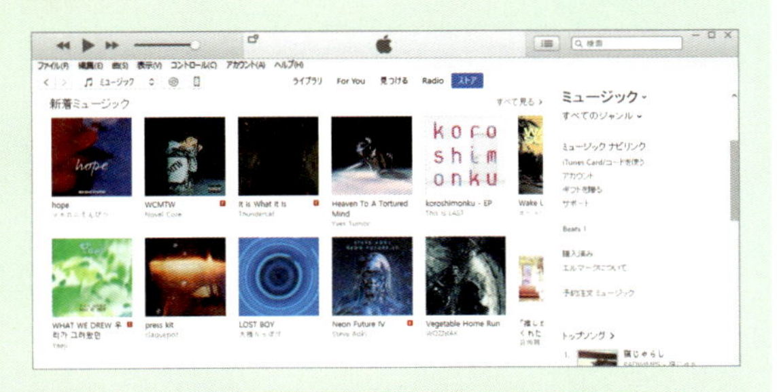

2 iTunesに音楽CDなどから曲を取り込みます。

3 パソコンとiPhoneをケーブルで接続します。

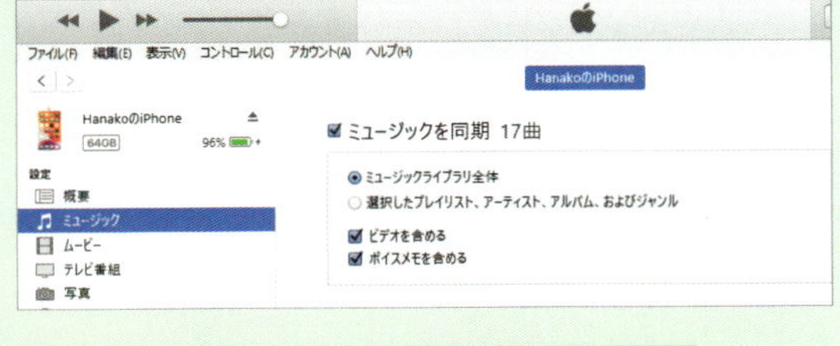

4 iTunesからiPhoneへ曲が転送されます。

Q 458 音楽をAndroidスマートフォンで再生したい！

A Androidスマホを接続して同期します。

Windows Media Playerでは、パソコンに取り込んだ音楽をAndroidスマートフォンや携帯音楽プレイヤーに転送できます。ここでは、パソコンとAndroidスマートフォンを接続して、曲を転送する方法を紹介します。Androidスマートフォンなどに曲を転送するには、あらかじめUSBの接続モードをMTPモードや外部ストレージモードなどに変更しておく必要があります。詳しくは、お使いのAndroidスマートフォンの取扱説明書を参照してください。

1 Windows Media Playerを起動してプレイリストやアルバムの一覧を表示し、

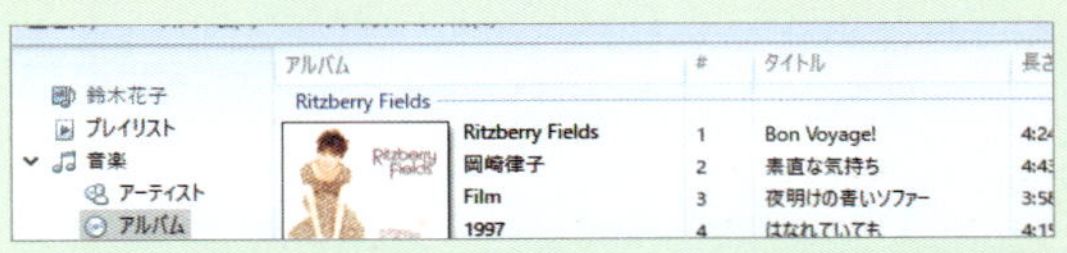

2 パソコンとAndroidスマートフォンをUSBケーブルで接続すると、同期リストが自動的に表示されます。

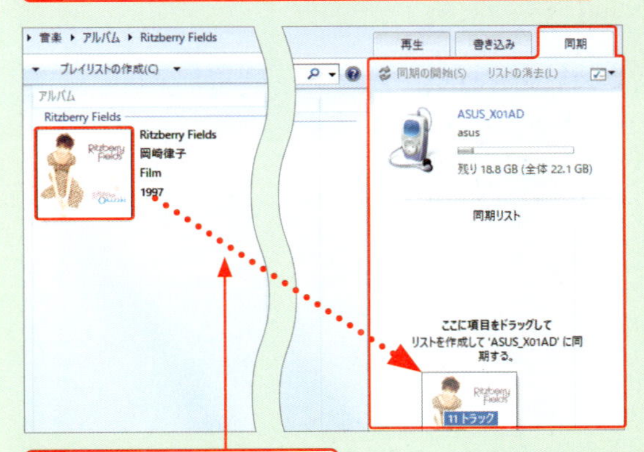

3 曲をここにドラッグして、

4 <同期の開始>をクリックすると、曲が転送されます。

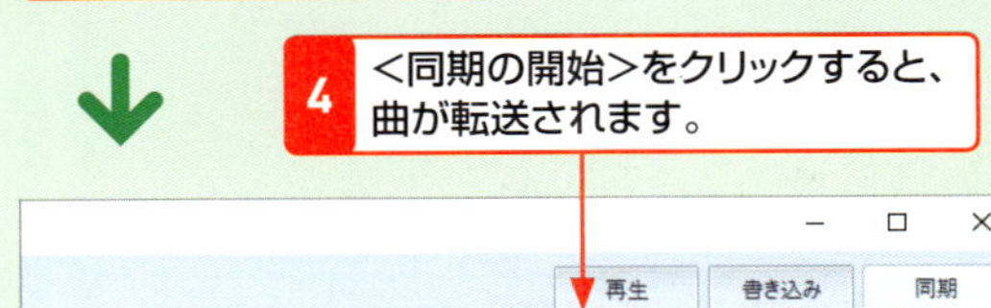

Q459 ワイヤレスで写真をスマートフォンと共有したい!

A Bluetoothファイル転送を利用します。

パソコンにBluetoothが搭載されていれば、同様にBluetoothを備えるAndroidスマートフォンとワイヤレスでファイルをやり取りできます。

パソコンからファイルを送信する際は、タスクバーのBluetoothアイコンをクリックすると表示されるメニューから、＜ファイルの送信＞をクリックします。Androidスマートフォンからファイルを受け取る場合は、同じメニューで＜ファイルの受信＞をクリックして、Androidスマートフォン側のファイル管理アプリなどを使ってファイルを送信しましょう。

なお、Androidスマートフォンとパソコンは事前にペアリングしておく必要があります。 参照▶Q 495

1 タスクバーのBluetoothアイコンをクリックして、

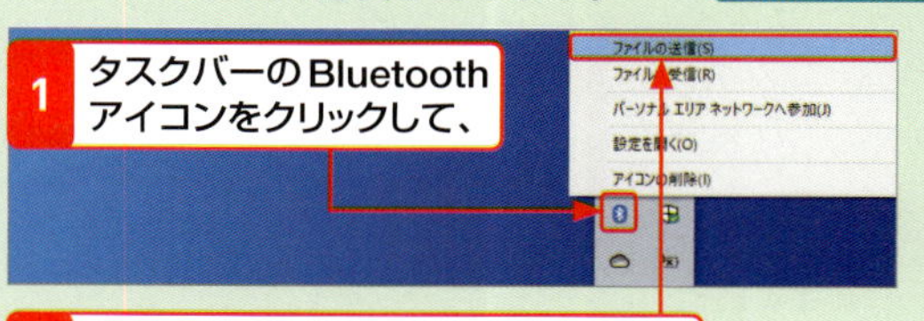

2 ＜ファイルの送信＞をクリックします。

3 ペアリング済みのAndroidスマートフォンが表示されるのでクリックし、

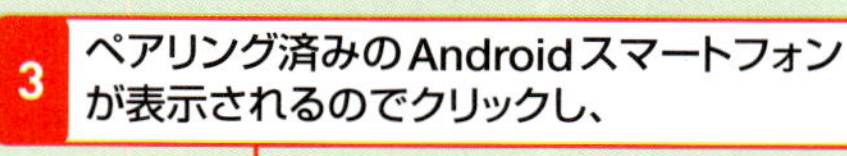

4 ＜次へ＞をクリックします。

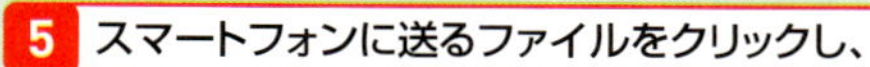

5 スマートフォンに送るファイルをクリックし、

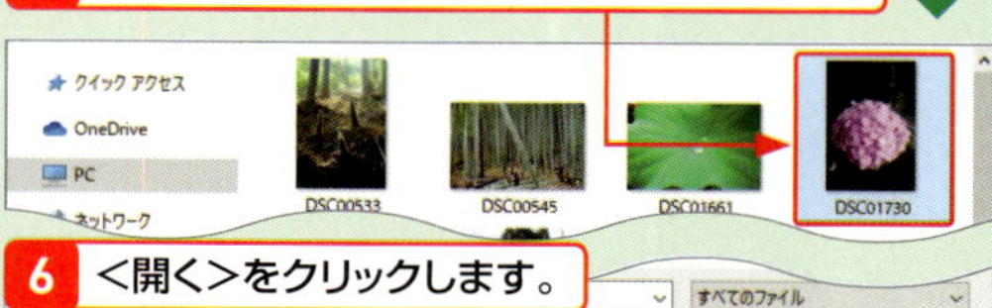

6 ＜開く＞をクリックします。

7 ファイルが選択されていることを確認し、

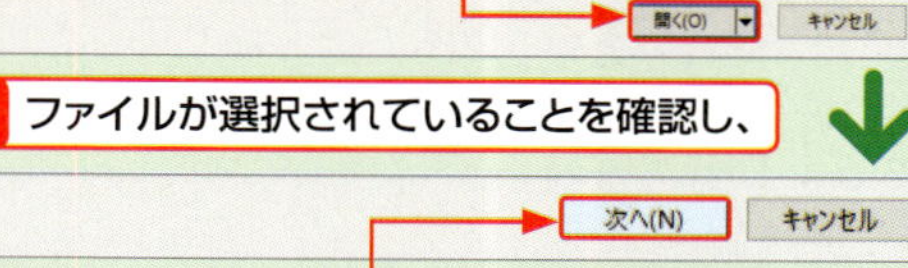

8 ＜次へ＞をクリックすると、ファイルの送信が開始されます。

Q460 iPhoneにアプリをインストールしたい!

A App Storeからさまざまなアプリをインストールできます。

iPhoneには、標準で電話やインターネット、メールをするためのアプリがインストールされていますが、アプリを追加することで、さらにできることが増え、便利になります。アプリは、「App Store」で探してインストールできます。

App Storeには、アプリの名前や目的の機能に関係するキーワードを入力して検索する機能が備わっているほか、カテゴリから検索したり、スタッフのおすすめアプリから好みのものを選んだりできます。

なお、App Storeには有料／無料のアプリがありますが、有料のアプリを購入する場合は、Apple IDにクレジットカード情報を登録しておくか、コンビニエンスストアなどで販売されている専用のプリペイドカードを使ってチャージしておく必要があります。

1 ホーム画面の＜App Store＞をタップして、App Storeを起動し、

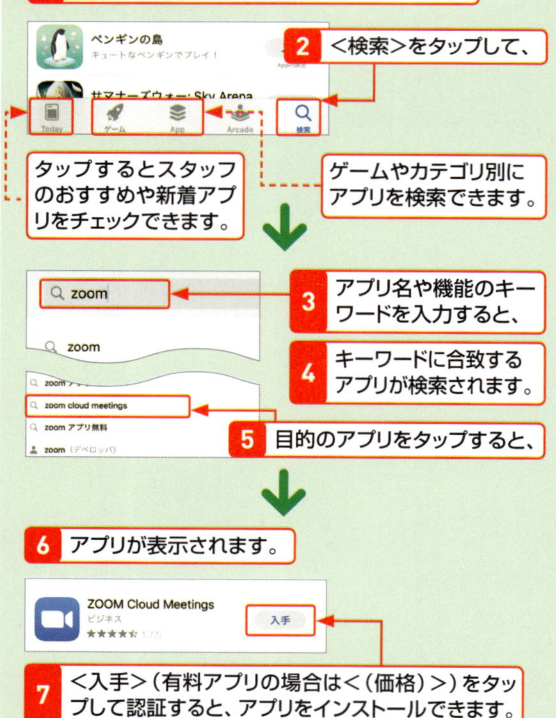

ペンギンの島
2 ＜検索＞をタップして、
Today
ゲーム
App
Arcade
検索
タップするとスタッフのおすすめや新着アプリをチェックできます。
ゲームやカテゴリ別にアプリを検索できます。
zoom
3 アプリ名や機能のキーワードを入力すると、
4 キーワードに合致するアプリが検索されます。
zoom cloud meetings
zoom アプリ無料
5 目的のアプリをタップすると、
6 アプリが表示されます。
ZOOM Cloud Meetings
ビジネス
入手
7 ＜入手＞（有料アプリの場合は＜（価格）＞）をタップして認証すると、アプリをインストールできます。

Q 461 Androidスマートフォンにアプリをインストールしたい!

A Playストアからさまざまなアプリをインストールできます。

Androidスマートフォンには、標準で電話やインターネット、メールをするためのアプリがインストールされていますが、アプリを追加することで、さらにできることが増え、便利になります。アプリは、「Playストア」で探してインストールできます。
Playストアには、アプリの名前や目的の機能に関係するキーワードを入力して検索する機能が備わっているほか、カテゴリから検索したり、スタッフのおすすめアプリから好みのものを選んだりできます。
なお、Playストアには有料／無料のアプリがありますが、有料のアプリを購入する場合は、Googleアカウントにクレジットカード情報を登録しておくか、コンビニエンスストアなどで販売されている専用のプリペイドカードを使ってチャージしておく必要があります。

1 ホーム画面の<Playストア>をタップして、Playストアを起動し、

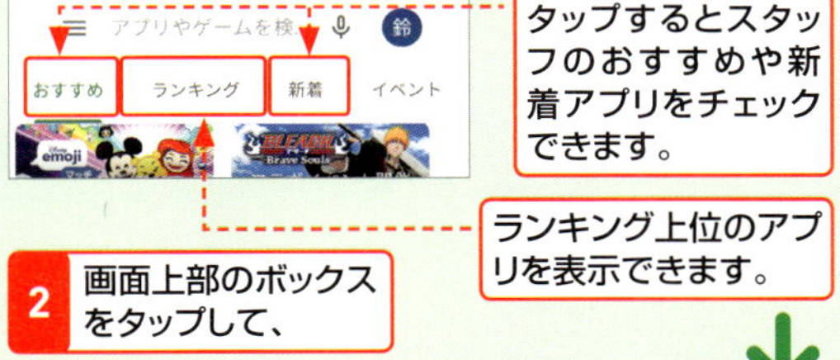

タップするとスタッフのおすすめや新着アプリをチェックできます。

ランキング上位のアプリを表示できます。

2 画面上部のボックスをタップして、

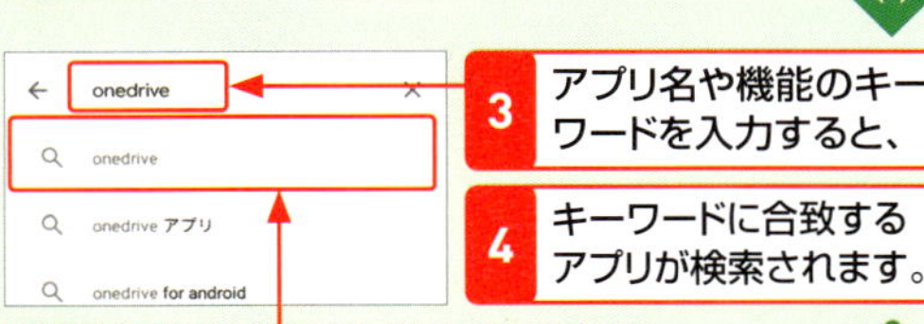

3 アプリ名や機能のキーワードを入力すると、

4 キーワードに合致するアプリが検索されます。

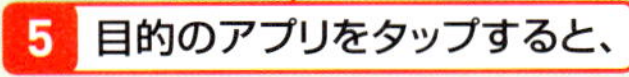
5 目的のアプリをタップすると、

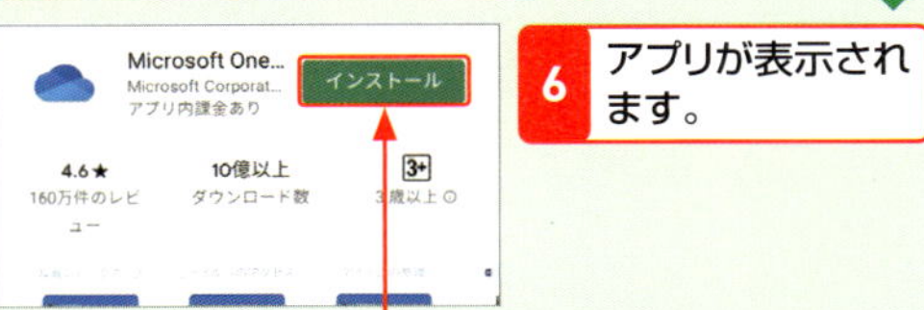

6 アプリが表示されます。

7 <インストール>(有料アプリの場合は<(価格)>)をタップして認証すると、アプリをインストールできます。

Q 462 iPhoneをWi-Fiに接続したい!

A 最初の接続時は「設定」アプリを使います。

自宅や会社のWi-Fiルーターや、店舗などのWi-Fiアクセスポイントにiphoneを接続すれば、パケット通信量を気にすることなくインターネットを利用できます。Wi-Fiルーターに接続する場合は、パソコンと同様に接続先のSSID(ルーターやアクセスポイントの名前)を一覧から探し、最初の接続時にWPA2キー(接続用パスワード)を入力するという操作が必要になります。
一度接続したWi-Fiルーターやアクセスポイントは iPhoneに記憶されるので、次回以降はWi-Fiの電波が検出されると自動的に接続するようになります。

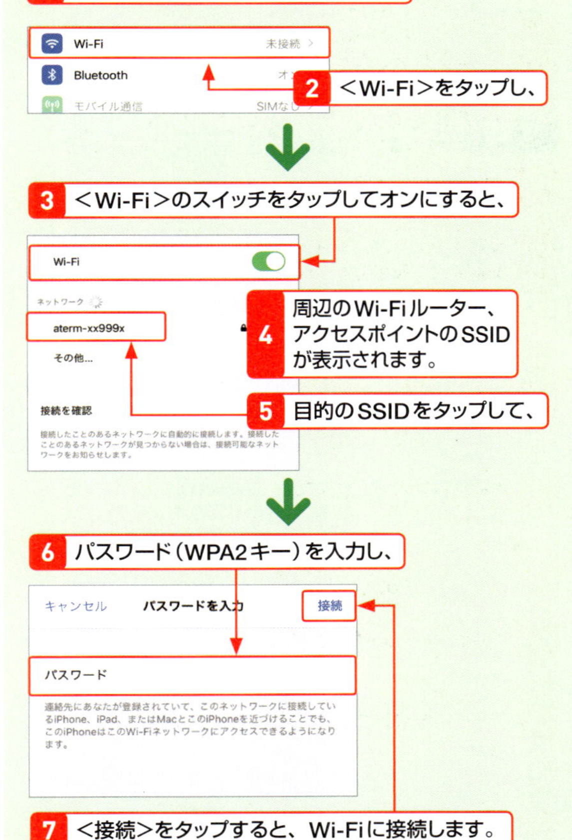

1 ホーム画面で<設定>をタップして、

2 <Wi-Fi>をタップし、

3 <Wi-Fi>のスイッチをタップしてオンにすると、

4 周辺のWi-Fiルーター、アクセスポイントのSSIDが表示されます。

5 目的のSSIDをタップして、

6 パスワード(WPA2キー)を入力し、

7 <接続>をタップすると、Wi-Fiに接続します。

スマートフォンとのファイルのやり取り　重要度 ★★★

Q 463 AndroidスマートフォンをWi-Fiに接続したい！

A 初回は「設定」から接続します。

自宅や会社のWi-Fiルーターや、店舗などのWi-Fiアクセスポイントに Androidスマートフォンを接続すれば、パケット通信量を気にすることなくインターネットを利用できます。Wi-Fiルーターに接続する場合は、パソコンと同様に接続先のSSID（ルーターやアクセスポイントの名前）を一覧から探し、最初の接続時にWPA2キー（接続用パスワード）を入力するという操作が必要になります。

一度接続したWi-Fiルーターやアクセスポイントは Androidスマートフォンに記憶されるので、次回以降はWi-Fiの電波が検出されると自動的に接続するようになります。

1 Androidスマートフォンの設定画面を表示して、<ネットワークとインターネット>などをタップし、

2 <Wi-Fi>をタップして、

3 <Wi-Fi>のスイッチをタップしオンにします。

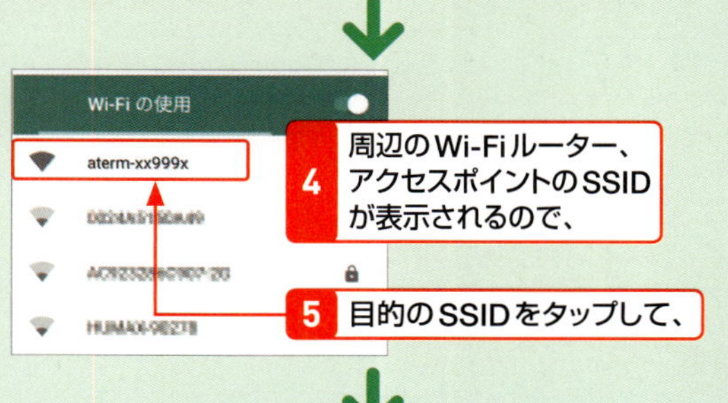

4 周辺のWi-Fiルーター、アクセスポイントのSSIDが表示されるので、

5 目的のSSIDをタップして、

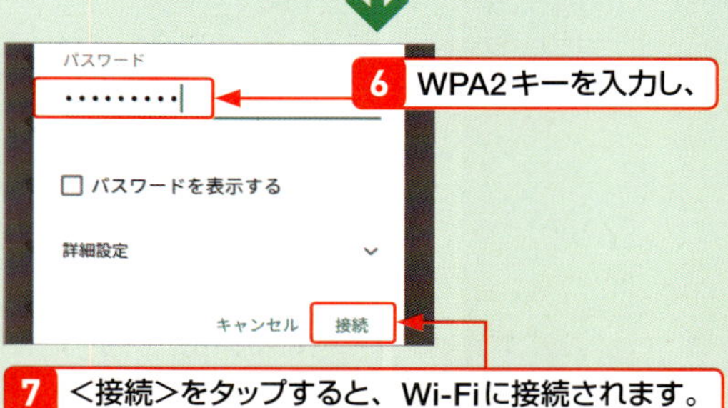

6 WPA2キーを入力し、

7 <接続>をタップすると、Wi-Fiに接続されます。

スマートフォンとのファイルのやり取り　重要度 ★★★

Q 464 スマートフォンの写真をOneDriveで保存したい！

A <カメラのアップロード>をオンにしましょう。

スマートフォンの「Microsoft OneDrive」アプリには、撮影した写真などの画像を自動でアップロードする<カメラのアップロード>機能があります。

この機能を使えば、写真をオンラインで管理できて便利です。ただし、スマートフォンで撮影した写真はサイズが大きく、それをアップロードするデータ通信が発生することに注意しましょう。

● iPhone で<カメラのアップロード>をオンにする

1 ここをタップして、

2 <設定>をタップします。

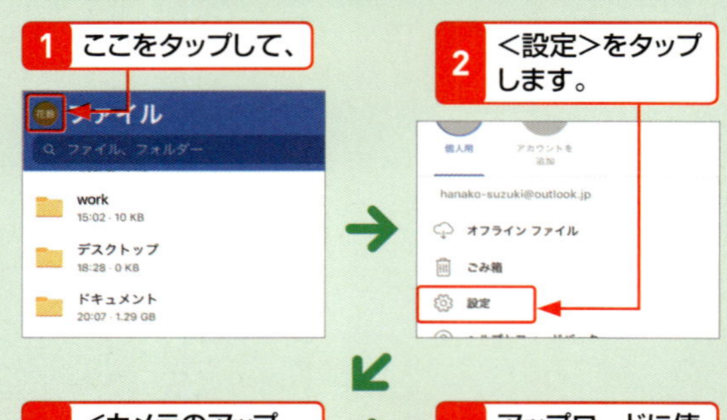

3 <カメラのアップロード>をタップし、

4 アップロードに使いたいアカウントをオンにして、

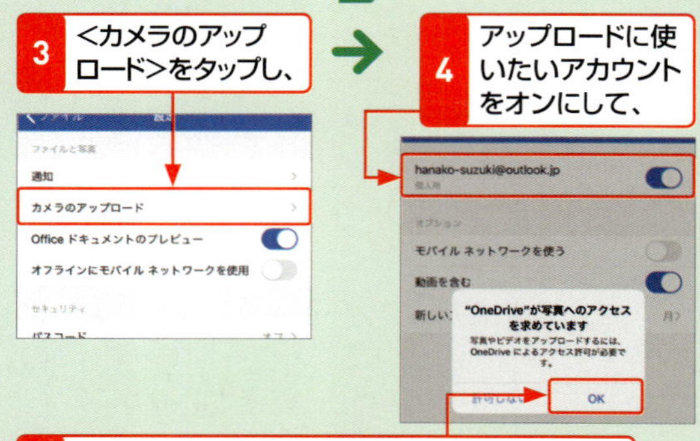

5 <OK>をタップして写真へのアクセスを許可すると写真が自動アップロードされます。

● Android スマートフォンで<設定>を表示する

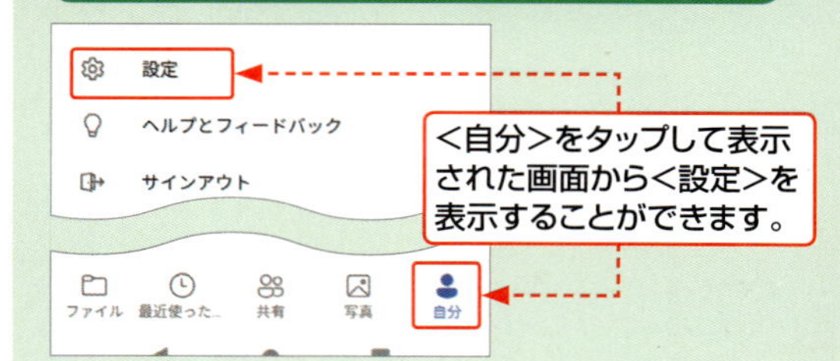

<自分>をタップして表示された画面から<設定>を表示することができます。

Q 465 OneDriveへの自動アップロードの設定は？

A モバイルネットワークを使うか、動画を含むかなどを設定できます。

写真をたくさん撮影する場合、アップロード時のデータ転送量も多くなってしまいます。契約しているプランに大容量のデータ通信が含まれていない場合は、「Microsoft OneDrive」アプリでモバイルネットワークを使わない設定にしておくとよいでしょう。動画もアップロードしたいなら、<動画を含む>をオンに設定しておきます。

なお、iPhone版の<新しいアップロードを整理>では、写真をまとめてアップロードするか、年や月ごとにフォルダーを作成してアップロードするか指定できます。

参照 ▶ Q 449

● iPhone で自動アップロードを設定する

<モバイルネットワークを使う>をオフにすると、Wi-Fiに接続しているときだけ写真がアップロードされます。

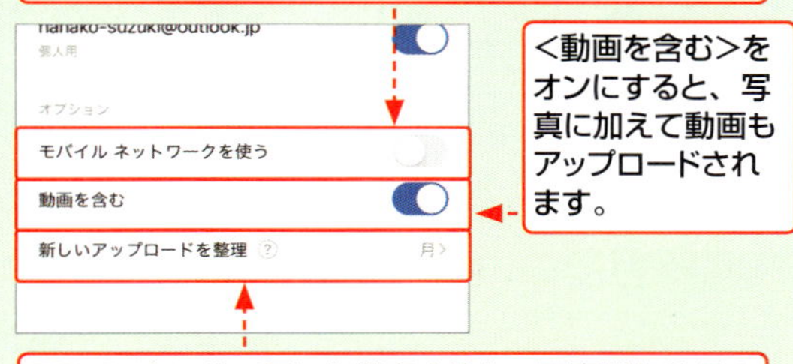

<動画を含む>をオンにすると、写真に加えて動画もアップロードされます。

ここで<年>や<月>を指定すると、写真が年や月のフォルダーで分類されます。

● Android スマートフォンの場合

<Wi-Fiのみ>を選択すると、Wi-Fiに接続しているときだけ写真がアップロードされます。

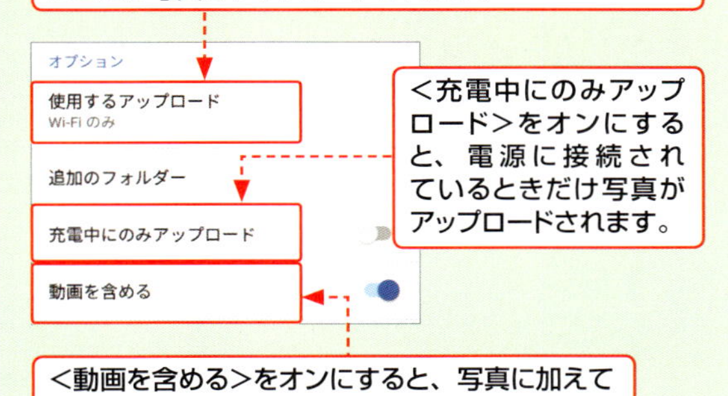

<充電中にのみアップロード>をオンにすると、電源に接続されているときだけ写真がアップロードされます。

<動画を含める>をオンにすると、写真に加えて動画もアップロードされます。

Q 466 Edgeはスマートフォンでも使えるの？

A 使えます。

ブラウザーの「Microsoft Edge」は、パソコン版だけでなく、Androidスマートフォンと iPhone 向けにも無償で提供されています。スマートフォンアプリのEdgeは、パソコン版から一部機能が省かれているものの、高速な動作とシンプルな画面構成が共通しており、Webページの閲覧がしやすい点が魅力です。

また、Windows 10と同じMicrosoftアカウントを使ってスマートフォン版Edgeにサインインすることにより、ブックマークや履歴、タブに表示したWebページなどを同期できるのが便利です。

● スマートフォン版Edgeは無料で入手できる

スマートフォン版Edgeは、iPhoneの場合App Storeから、AndroidスマートフォンのPlayストアから、それぞれ無料で入手できます。

● シンプルな画面構成で使いやすい

スマートフォン版Edgeは、パソコン版に近い、シンプルでわかりやすい画面構成です。

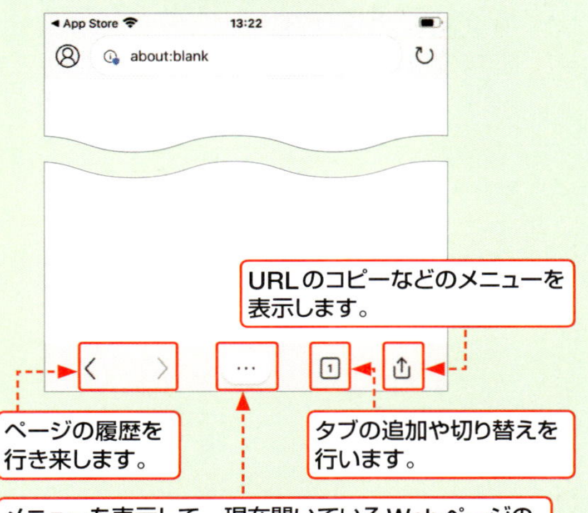

URLのコピーなどのメニューを表示します。

ページの履歴を行き来します。

タブの追加や切り替えを行います。

メニューを表示して、現在開いているWebページのパソコンへの転送などを行えます。

インターネットの連携　重要度 ★★★

Q 467 Edgeをスマートフォンで使うために必要な設定は？

A はじめてアプリを起動するときに行います。

スマートフォン版のEdgeをインストール後、はじめて起動する際には、Microsoftアカウントでのサインインや、Webページの閲覧履歴をマイクロソフトと共有することを求められます。サインインすれば、パソコン版のEdgeのお気に入りを同期でき、閲覧履歴の共有を有効にすれば、パソコンで閲覧したWebページの履歴をスマートフォンから表示できるようになりますが、どちらもあとから設定できるので、すぐにWebページの閲覧がしたい場合はこれらの初期設定をスキップしてもかまいません。

1 ホーム画面の＜Edge＞をタップすると、

2 はじめてEdgeを起動したときには、サインインが求められます。

スキップ
Microsoft Edge にサインイン

3 ここでは＜スキップ＞をタップしてサインインしません。

4 情報の収集の許可が求められます。

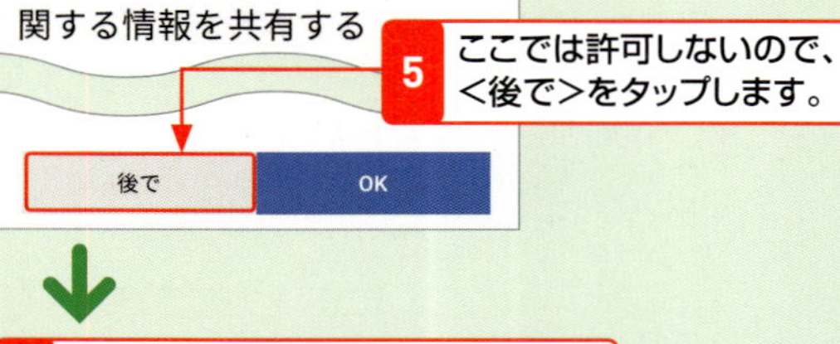

5 ここでは許可しないので、＜後で＞をタップします。

6 Webページの閲覧を始められます。

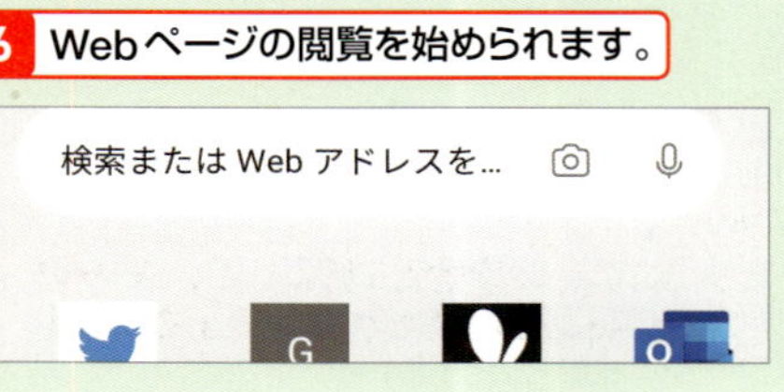

インターネットの連携　重要度 ★★★

Q 468 パソコン版のEdgeの設定をスマートフォン版にも反映させたい！

A Microsoftアカウントでサインインします。

お気に入りをはじめとするパソコン版Edgeの設定を、スマートフォン版Edgeにも反映するには、Windows 10のEdgeでサインインに使用しているものと同じMicrosoftアカウントを使って、スマートフォン版のEdgeにサインインします。
以降、パソコンでお気に入りに追加したWebページはスマートフォン側にも反映され、逆の場合も同様に反映されるようになります。
なお、サインアウトするには、手順1のアカウントアイコンをタップして＜サインアウト＞を選択します。

1 アカウントアイコンをクリックして、

about:blank

2 ＜Microsoftアカウントでサインイン＞をタップしサインインします。

Microsoft アカウントでサインイン
職場または学校アカウントでサインイン

3 ＜同期を有効にする＞をクリックすると、パソコンの設定が反映されます。

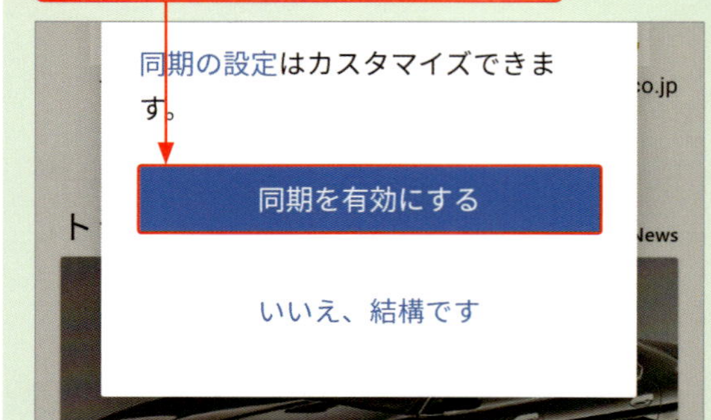

インターネットの連携　重要度 ★★★

Q469 お気に入りや閲覧履歴をスマートフォンで見たい！

A <お気に入り>をタップします。

スマートフォン版のEdgeでも、お気に入りや閲覧履歴からWebページを表示することができます。お気に入りや履歴を表示するには、画面下の<…>ボタンをタップします。パソコンと同じMicrosoftアカウントでサインインしている場合、お気に入りや履歴はパソコン版Edgeと同期され、同じ内容になります。
なお、スマートフォン版EdgeでWebページをお気に入りに登録するには、<…>をタップして<お気に入りに追加>をタップします。

インターネットの連携　重要度 ★★★

Q470 スマートフォンで見ていたWebページをパソコンで見たい！

A Webページの共有機能を使って転送します。

スマートフォン版のEdgeで見ているWebページを、もっと大きな画面で見たい場合は、そのWebページのURLをパソコン版Edgeに送信しましょう。使うのは、スマートフォン版EdgeのWebページの共有機能です。共有機能でURLをワイヤレス送信すれば、パソコンのEdgeが自動的に起動して、そのWebページを開いてくれます。この機能を利用するには、スマートフォンとパソコンの両方のEdgeで同じMicrosoftアカウントでサインインしている必要があります。

1 スマートフォン版EdgeでURLを送信するWebページを表示して、

2 <…>をタップします。

IoTデバイスをみずから開発してみたいという方に向け、通信モジュール搭載のマイコン

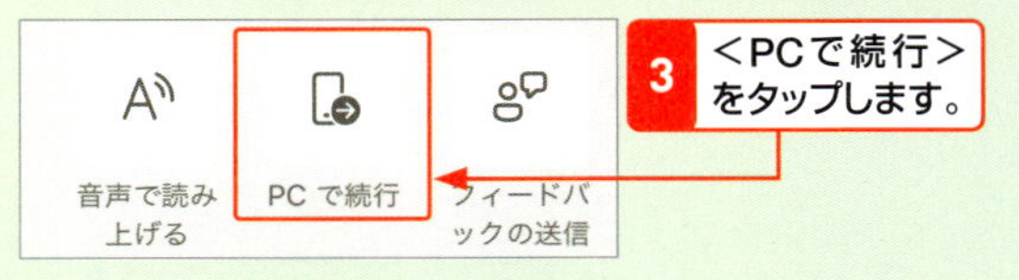

3 <PCで続行>をタップします。

PC に送信
DESKTOP-138L0EU
DESKTOP-4NL78HI

4 同じMicrosoftアカウントでサインインしているパソコンが表示されるので、

5 URLを送信するパソコン名をタップします。

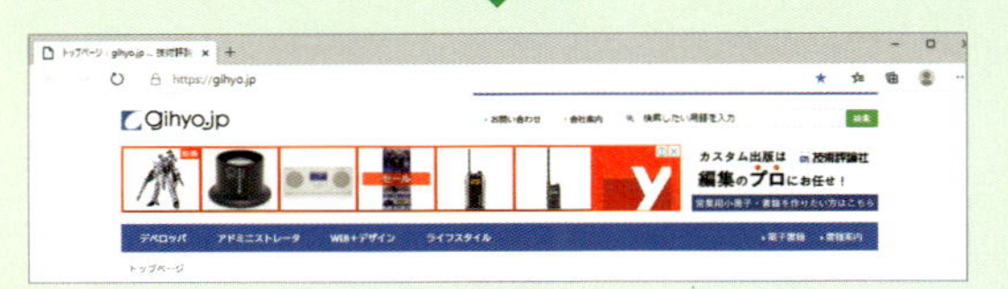

6 パソコンのEdgeが自動的に起動して、スマートフォンから送信したWebページが表示されます。

インターネットの連携　重要度 ★★★

Q 471 「スマホ同期」アプリは何ができるの？

A 写真の取り込みやパソコンからのSMS送信などが可能です。

2018年秋の大型アップデートでWindows 10に追加されたのが、「スマホ同期」アプリです。「スマホ同期」アプリは、iPhoneやAndroidスマートフォンとワイヤレスで連携して、スマートフォンから写真を取り込んだり、SMSのメッセージをパソコンから送信したりといったことができます。また、パソコン版のEdgeから、現在表示中のWebページのURLを送信することもできるようになります。
「スマホ同期」アプリでパソコンとスマートフォンを連携させるには、パソコンから本人確認用のコードをスマートフォンに送り、それをスマートフォンの「スマホ同期管理アプリ」で入力します。なお、現時点ではiPhone用のアプリは提供開始されていません。

1. Windows 10のスタートメニューで＜スマホ同期＞をクリックして、「スマホ同期」アプリを起動し、
2. 連携するスマートフォンの種類をクリックして、
3. ＜そのまま進む＞をクリックします。
4. 次の画面で＜そのまま進む＞をクリックして、
5. 表示されたQR

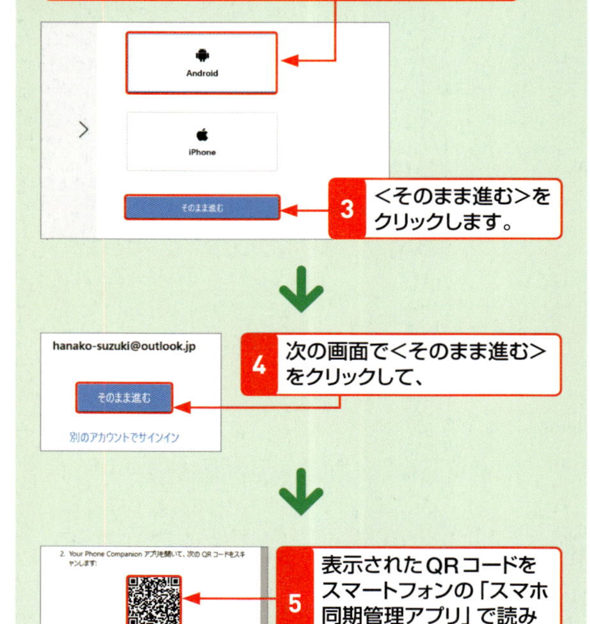

インターネットの連携　重要度 ★☆☆

Q 472 「スマホ同期」アプリでSMSを送りたい！

A ＜メッセージ＞をクリックしてSMSのやり取りができます。

「スマホ同期」アプリを使えば、連携済みのスマートフォンのSMSを使って、ほかの人とテキストメッセージをやり取りできます。スマートフォンでのテキスト入力よりもパソコンのキーボードに慣れているような場合などにこの機能を使うとよいでしょう。
スマートフォン経由でSMSのメッセージを送るには、「スマホ同期」アプリの＜メッセージ＞ボタンをクリックしてメッセージの画面に切り替えます。メッセージの画面では、メッセージのやり取りがスマートフォンと同じようにチャットのような吹き出しで表示されます。
なお、この機能を利用するには、パソコンとスマートフォンの双方が同じWi-Fiルーターに接続している必要があります。

ます。
4. 送信先の電話番号を入力して、
5. メッセージを入力し、
6. ＜送信＞をクリックすると、
7. スマートフォンを経由してメッセージが送信されます。

自分の送信したメッセージはこのように表示されます。

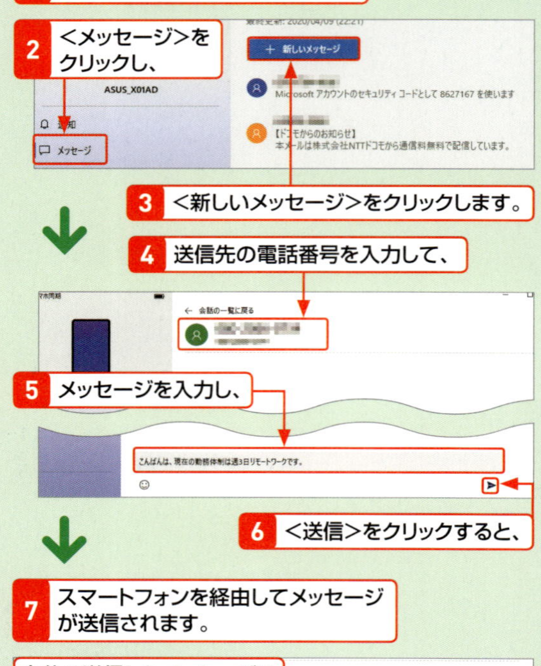

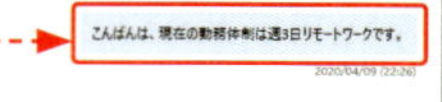

9

印刷と周辺機器の活用技!

印刷　重要度 ★★☆

Q 473 プリンターにはどんな種類があるの？

A インクジェットプリンターとレーザープリンターが代表的です。

プリンターにはさまざまな機種がありますが、印刷方式の違いから「インクジェットプリンター」と「レーザープリンター」に大きく分けられます。

インクジェットプリンターは、用紙にインクを吹き付けて印刷する方式です。比較的低価格なわりに印刷品質が高いので、家庭用の機種を中心に普及しています。

レーザープリンターは、用紙にトナーを定着させて印刷する方式です。印刷スピードの速さと印刷品質の高さから、ビジネス用途で普及しています。

● **インクジェットプリンター**（EP-882AW／エプソン）

印刷　重要度 ★★☆

Q 474 用紙にはどんな種類があるの？

A 紙質やサイズなど、さまざまなものがあります。

プリンターの印刷には、普通紙（コピー用紙、PPC用紙）を利用するのが一般的です。用途によっては、コート紙やマット紙、和紙といった、仕上げや製法の違う紙が使われることもあります。これらは、紙の厚さによって薄口、中厚口、厚口などに分類されます。

目的がはっきりしている場合は、写真を印刷するのに適した光沢紙（フォト用紙）や、ラベルを印刷するためのラベル用紙などを利用してもよいでしょう。

用紙のサイズは、家庭用のプリンターではA4サイズが一般的ですが、ビジネス用のプリンターでは、A3やB4、B5なども使います。このほか、写真の印刷に適したはがきサイズやL版なども販売されています。

印刷　重要度 ★★★

Q 475 プリンターを使えるようにしたい！

A プリンターとパソコンを接続し、ドライバーをインストールします。

Windows 10でプリンターを使うには、パソコンとプリンターをUSBケーブルでつなぎ、プリンターを起動するための「ドライバー」と呼ばれるソフトウェアをパソコンにインストールする必要があります。

ドライバーのインストールは、通常、パソコンとプリンターを接続するだけで自動的に行われるので、特に操作する必要はありません。ただし、プリンターの機種によっては、プリンターに付属しているCD-ROMやWebページからドライバーをインストールしなければならない場合もあります。

1 パソコンとプリンターをUSBケーブルで接続して、

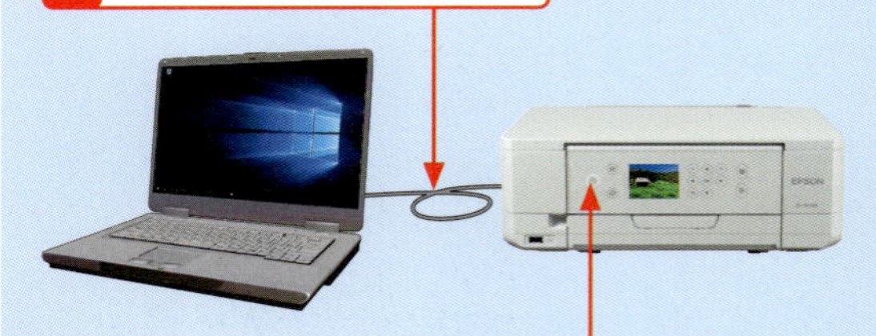

2 プリンターの電源を入れると、

3 ドライバーが自動的にインストールされ、プリンターが使用できるようになります。

プリンターによっては、付属のCD-ROMやWebページなどからドライバーをインストールする必要があります。

印刷　重要度 ★★☆

Q 476 写真を印刷するときはどんな用紙を使えばいいの？

A 写真専用の光沢紙がよいでしょう。

写真を印刷するときは、耐光性・耐水性に優れた写真専用の光沢紙やフォトマット紙、写真用紙を使うと、きれいに印刷でき、長期間色あせることなく保存できるでしょう。

また、光沢紙でも高光沢、半光沢、絹目調、厚手や薄手タイプ、極薄タイプなど、メーカーによっていろいろな種類があり、名称も異なります。

どのメーカーの用紙を使うか迷う場合は、使用しているプリンターのメーカーが販売している用紙（純正品）を選択するとよいでしょう。

印刷　重要度 ★★★

Q 477 印刷の向きや用紙サイズ、部数などを変更したい！

A ＜印刷＞画面で変更します。

印刷の向きや用紙サイズ、部数などを変更するには、＜印刷＞画面を利用します。ここでは、「フォト」アプリを例に解説します。

なお、表示される画面の内容は、プリンターによって異なります。

1 「フォト」アプリで画面右上の＜印刷＞をクリックして、＜印刷＞画面を表示し、

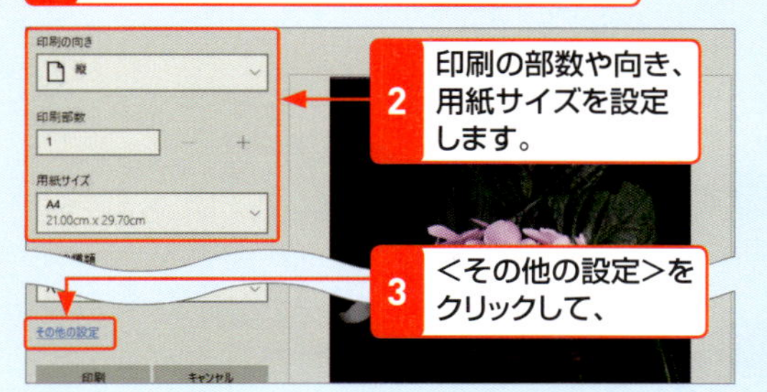

2 印刷の部数や向き、用紙サイズを設定します。

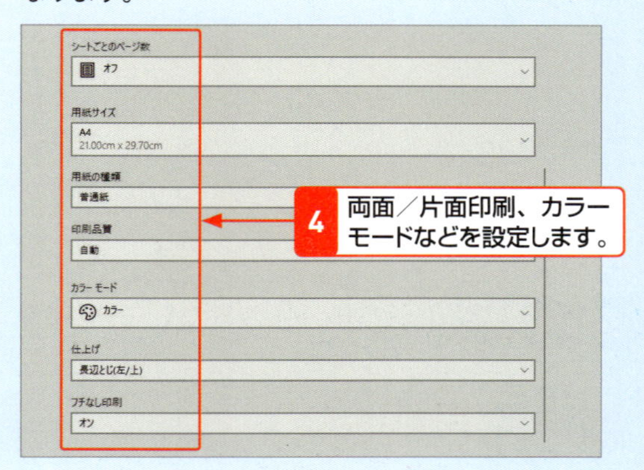

4 両面／片面印刷、カラーモードなどを設定します。

印刷　重要度 ★★★

Q 478 印刷結果を事前に確認したい！

A ＜印刷＞画面でプレビューを確認します。

写真やファイル、Webページの記事を印刷するとき、用紙のサイズに内容が収まっているか、全体のバランスが崩れていないか、使用する用紙の枚数はいくらかなどを確認したいときは、印刷プレビューを見てみましょう。

ここでは、「フォト」アプリを例に解説します。

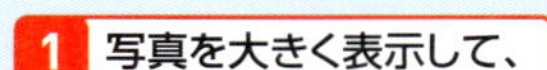

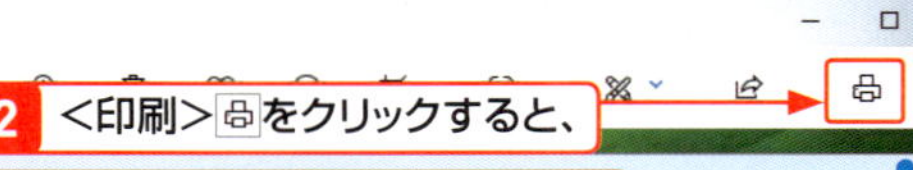

3 ＜印刷＞画面が表示されます。

4 印刷プレビューを確認できます。

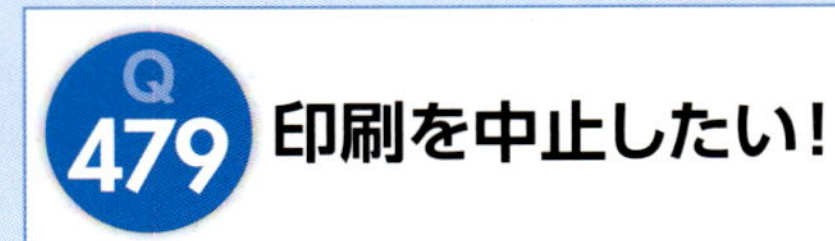

印刷　重要度 ★★★

Q 479 印刷を中止したい！

A 印刷キューで印刷を中止します。

印刷を中止するには、通知領域から印刷キュー（プリンターの状態を表示する画面）を表示して、以下の手順に従います。
なお、プリンターによっては、プリンターの状態を確認できるソフトウェアなどが付属しています。その場合、そのソフトウェアを使って印刷を中止できることがあります。詳しくは、プリンターに付属のマニュアルなどを確認してください。

1 タスクバーのここをクリックして、

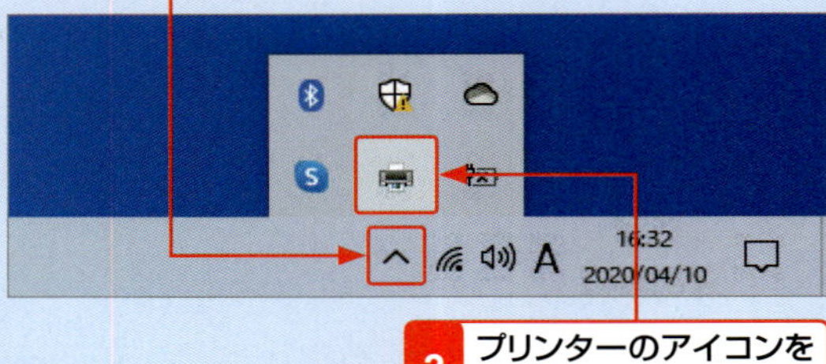

2 プリンターのアイコンをダブルクリックします。

3 印刷中のデータをクリックして、

4 <ドキュメント>をクリックし、

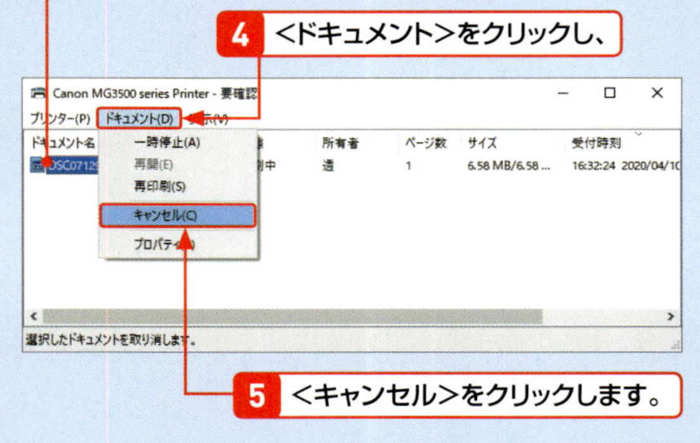

5 <キャンセル>をクリックします。

6 <はい>をクリックすると、印刷が中止されます。

印刷　重要度 ★★

Q 480 急いでいるのでとにかく早く印刷したい！

A <ドラフト印刷>や<下書き>を利用します。

文書や写真を短時間で印刷したい場合は、<プリンターのプロパティ>を表示し、印刷品質を<ドラフト印刷>や<下書き>に切り替えましょう。<ドラフト印刷>や<下書き>は、インクやトナーを標準品質よりも減らすので、高速に印刷できます。ただし、高速な分標準品質より画質が低下することには注意が必要です。

参照▶Q 481

1 <プリンターのプロパティ>を表示して、

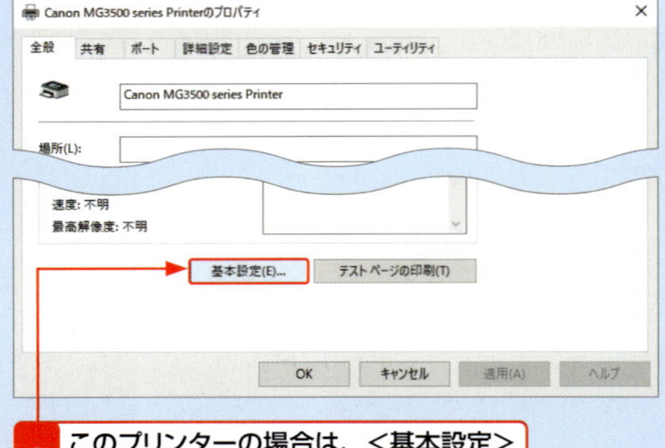

2 このプリンターの場合は、<基本設定>をクリックし、

3 <基本設定>をクリックすると、

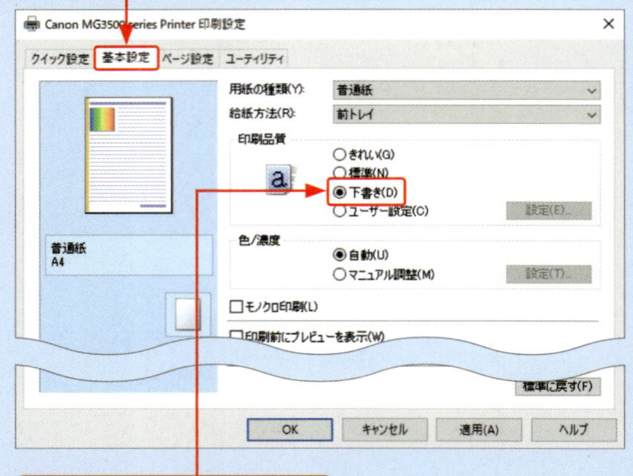

4 <下書き>を選べます。

印刷　重要度★★★

Q 481 特定のページだけを印刷したい！

A ページを指定して印刷します。

特定のページだけを印刷するには、<印刷>画面の<ページ>で<ページ範囲>を選択して、ページを指定します。
画面上部の<前のページ>←と<次のページ>→をクリックすると、プレビューで印刷するページを確認できます。

ページを指定する際に、ページ番号を「1,3,5」のようにカンマ(,)で区切ると、特定のページだけを印刷することができます。「1-3」のようにハイフン(-)で範囲を指定すると、連続するページ範囲をまとめて指定できます。

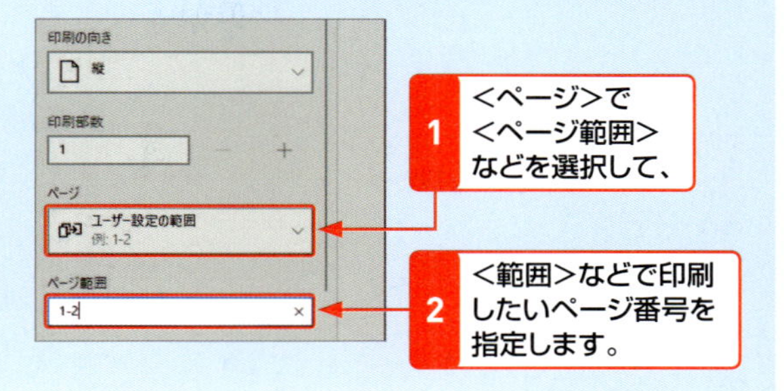

1. ＜ページ＞で＜ページ範囲＞などを選択して、
2. ＜範囲＞などで印刷したいページ番号を指定します。

印刷　重要度★★

Q 482 ページを縮小して印刷したい！

A <縮小して全体を印刷する>を選択します。

写真や文書を用紙からはみ出さないように印刷したいときは、<印刷>画面で<縮小して全体を印刷する>を選びましょう。「倍率を100％にするとはみ出すが50％だと小さくなりすぎる」写真や文書も、<縮小して全体を印刷する>なら幅を合わせて印刷できます。

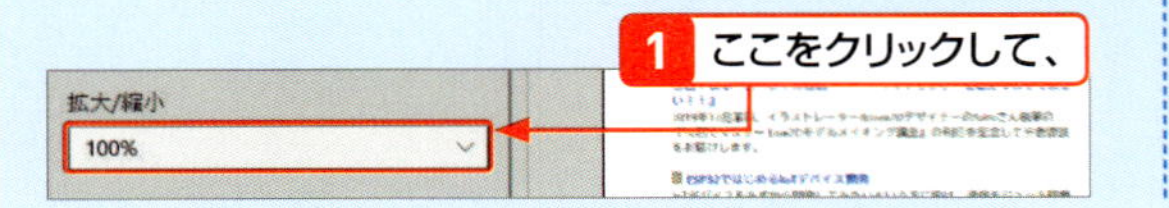

印刷　重要度★★

Q 483 印刷がかすれてしまう！

A ヘッドのクリーニングを行うと、かすれは解消されます。

インク残量があるにもかかわらず、印刷結果がかすれたようになっている場合は、プリンターのヘッドに汚れが生じている可能性があります。ヘッドの汚れは、クリーニングを行えば解消できます。インクジェットプリンターには、メンテナンス機能が付いているので、1カ月に1回はクリーニングすることをおすすめします。

多くのプリンターには、ヘッドのクリーニング機能が用意されています。

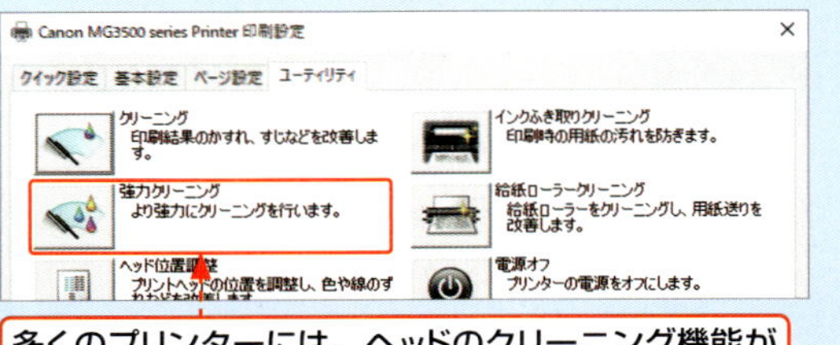

印刷 重要度 ★★★

Q 484 インクの残量を確認したい!

A プリンターのプロパティから確認できます。

インクの残量が減ってくると、正しい色で印刷されなかったり、印刷自体が不可能になってしまう場合があります。肝心なときにインク切れが起こらないよう、ときどきインク残量の確認を行う必要があります。

1 スタートメニューで<設定>をクリックして、<デバイス>→<プリンターとスキャナー>をクリックし、

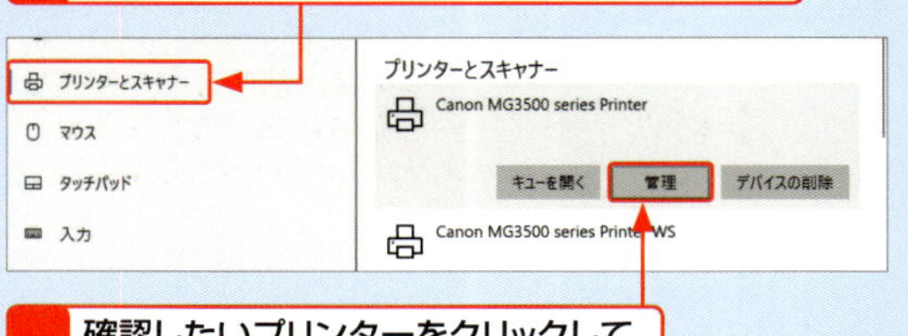

2 確認したいプリンターをクリックして<管理>をクリックし、

3 <プリンターのプロパティ>をクリックします。

4 このプリンターの場合は、<プリンター状態の確認>をクリックすると、

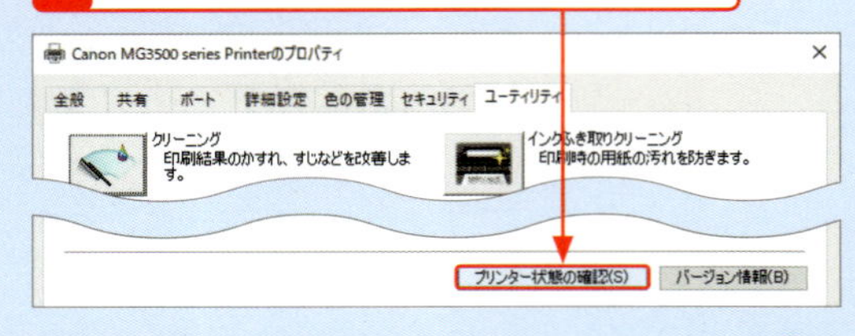

5 インクの残量を確認できます。

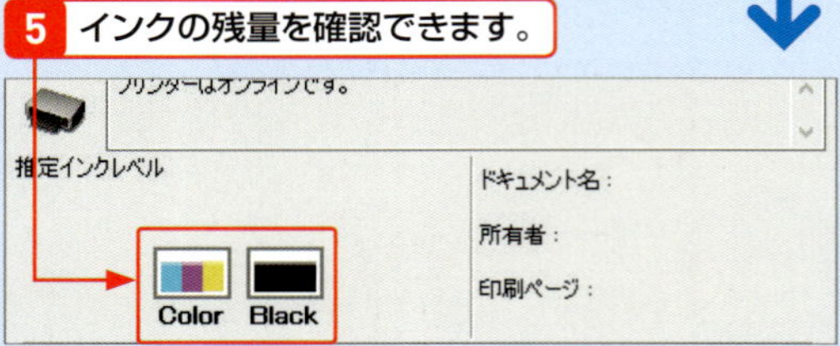

印刷 重要度 ★★★

Q 485 1枚に複数のページを印刷したい!

A <印刷>画面やプリンターのプロパティで指定します。

1枚の用紙に複数ページを印刷したり、はみ出した文章を1枚の用紙に収めて印刷したりする機能は、多くのアプリに搭載されています。たとえば、Edgeの場合は<印刷>画面で、1ページに印刷するページを指定します。また、プリンターの詳細設定で設定することもできます。設定方法は、プリンターによって異なります。

● Edgeで設定する

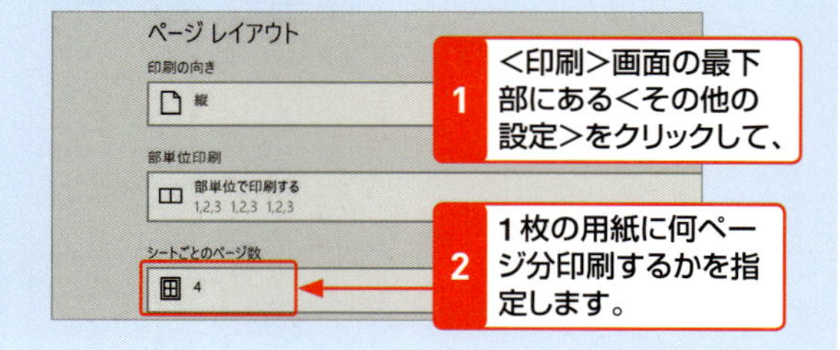

1 <印刷>画面の最下部にある<その他の設定>をクリックして、

2 1枚の用紙に何ページ分印刷するかを指定します。

周辺機器の接続 重要度 ★★★

Q 486 パソコン外にファイルを保存するにはどうすればいいの?

A USBメモリーや光学ディスク、HDDなどの記録メディアを使います。

パソコンにファイルを保存するときには、「記録メディア」を使用します。記録メディアは、ファイルなどのデジタルデータを保存する機器の総称です。パソコンには、ハードディスクやSSDといった記録メディアが搭載されています。

パソコンの外部にファイルを保存するときにも、記録メディアを利用します。パソコンにUSBメモリーや外付けHDDを接続したり、光学ドライブに光学ディスクを挿入すると、ファイルを保存できます。

参照▶Q 491,Q 511

Q 487 どこにどのケーブルを差し込むのかわからない！

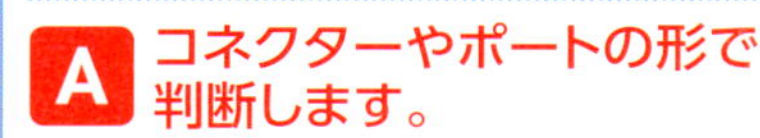

A コネクターやポートの形で判断します。

パソコンに周辺機器を接続するには、ケーブルのコネクター（先端）をパソコン側のポート（端子）に接続します。パソコンにはさまざまな種類のポートがあり、ポートの形や付いているマーク、ケーブルのコネクターと同じ色かといったことで、どこに何を接続するのかを判断できます。コネクターの形はケーブルにより異なるので、正しいポートに接続する必要があります。規格の異なるポートには差し込めないように作られているので、無理に押し込んで壊さないように注意しましょう。

キーボード／マウスケーブル　PS/2ポート

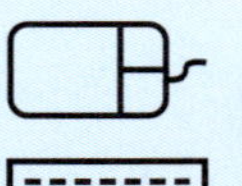

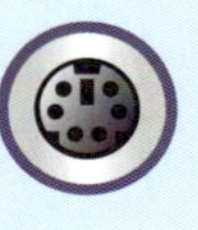

PS/2

「PS/2」は、キーボードやマウスを接続するために利用される規格の1つです。最近は、USBが主流になっており、PS/2を廃止したコンピューターが増えています。

USBケーブル　USBポート

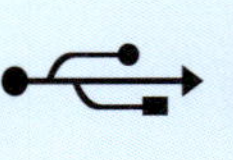

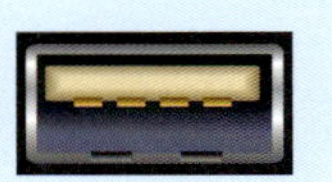

USB

「USB（ユーエスビー）」は、パソコンと周辺機器とを接続するために利用される規格の1つです。マウスやキーボード、USBメモリーなど、さまざまな用途に利用されています。

USB Type-Cケーブル　USB Type-Cポート

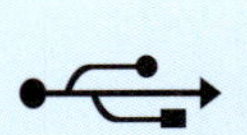

USB Type-C

「USB Type-C」はUSBの拡張規格で、USBと同様にさまざまな周辺機器を接続でき、データ転送がより高速です。端子やポートに上下の区別がなく、取り回しのしやすさも特徴です。

ディスプレイケーブル　ディスプレイポート

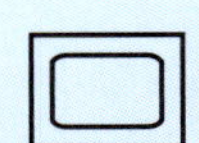

ディスプレイケーブル

「ディスプレイケーブル」は、パソコンとディスプレイを接続するために使用するケーブルです。DisplayPortやDVIといったいくつかの規格があり、左図ではDVI-Dのケーブルおよびポートを示しています。

LANケーブル　LANポート

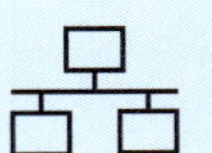

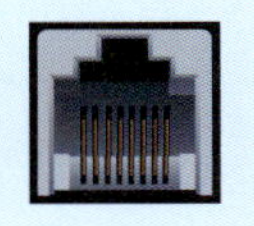

LANケーブル

「LAN（ラン）ケーブル」は、会社内のネットワークやパソコンとルーターなどを接続するために使用するケーブルです。通信に使われる規格の名前から「イーサネットケーブル」と呼ばれることもあります。

HDMIケーブル　HDMIポート

HDMI

「HDMI」は、映像と音声を1本のケーブルで伝送できる規格で、最後まで完全なデジタル信号として伝送できるのが特徴です。家庭用液晶テレビなどに接続できるパソコンで利用できます。

周辺機器の接続　重要度 ★★★

Q 488 USBメモリーは何を見て選べばいい？

A 容量を確認して選びます。

USBメモリーは、データの読み書きができる記録メディアで、「USBフラッシュメモリー」とも呼ばれます。USBメモリーは、ファイルを保存できる容量で選びます。現在よく使われるUSBメモリーの容量は、16GBから256GBまで幅があり、価格も容量が大きいほど高くなるので、自分の用途に合ったものを選びたいところです。USBメモリーに保存するファイルはどれくらいのサイズなのか、あらかじめ確認してから購入すると、無駄な買い物をせずに済むでしょう。

周辺機器の接続　重要度 ★★☆

Q 489 USB端子はそのまま抜いてもいいの？

A 抜いてもよい機器とよくない機器があります。

USBの仕様では、パソコンの電源を入れたまま機器を抜き差しする「ホットスワップ」(「活線挿抜」ともいいます)が認められています。そのため、マウスやキーボードの場合は、いきなりポートから抜いても問題ありません。しかし、ハードディスクやUSBメモリー、SDカードなどデータを書き込むタイプの製品をいきなり外すと、データが破損する危険性があります。必ず動作の終了を確認するか、下の操作を行ってから取り外します。

1 ここをクリックして、

2 このアイコンをクリックし、

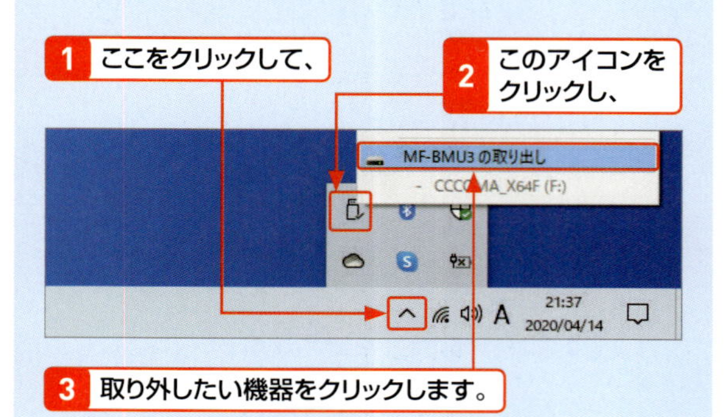

3 取り外したい機器をクリックします。

周辺機器の接続　重要度 ★★★

Q 490 USBメモリーの中身を表示したい！

A ナビゲーションウィンドウから中身を表示できます。

パソコンに接続したUSBメモリーの中身を、エクスプローラーで表示するには、接続直後に表示される通知をクリックして、<フォルダーを開いてファイルを表示>をクリックします。また、エクスプローラーのナビゲーションウィンドウに表示されるUSBメモリーをクリックしても、中身を表示できます。

● 接続したらすぐに中身を表示する

1 USBメモリーをパソコンに接続して、

2 表示された通知をクリックし、

3 <フォルダーを開いてファイルを表示>をクリックすると、

4 USBメモリーの中身が表示されます。

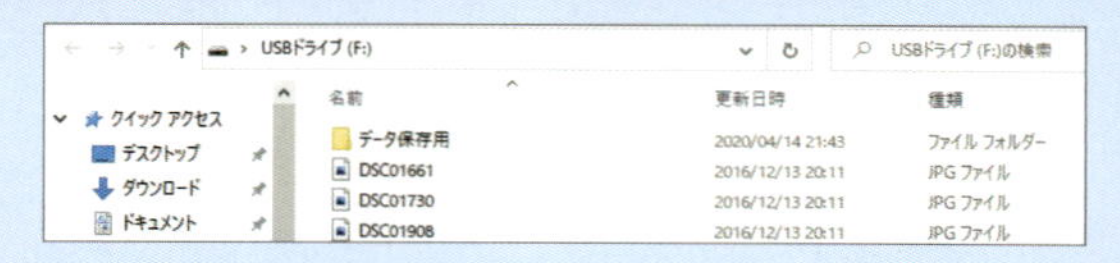

● あとから中身を表示する

1 タスクバーの<エクスプローラー>をクリックして、

2 ナビゲーションバーのUSBメモリー(ここではUSBドライブ)をクリックすると、

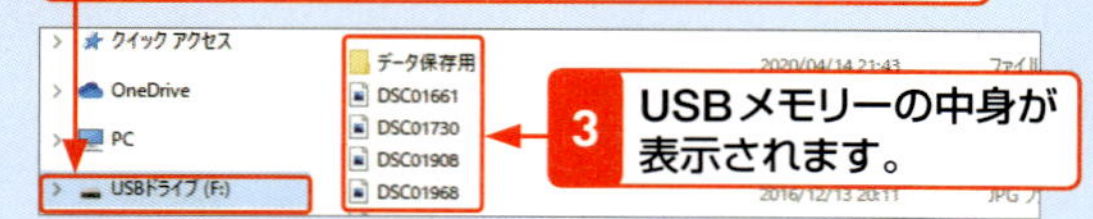

3 USBメモリーの中身が表示されます。

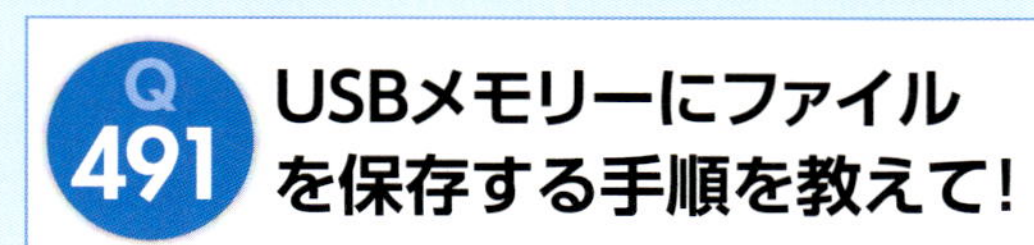

Q 491 USBメモリーにファイルを保存する手順を教えて！

A コピー先をリムーバブルディスクに指定して保存します。

USBメモリーをパソコンのUSBポートに接続すると、ファイルをUSBメモリーへコピーしたり、反対にUSBメモリーからパソコンへファイルを取り込んだりできます。USB メモリーも、パソコンの内蔵ストレージと同じようにエクスプローラーを使って、コピーなどのファイル操作を行えます。ここではエクスプローラーの＜コピー先＞を使ってファイルを保存していますが、通常の＜コピー＞と＜貼り付け＞を使って保存することもできます。

参照▶Q 098

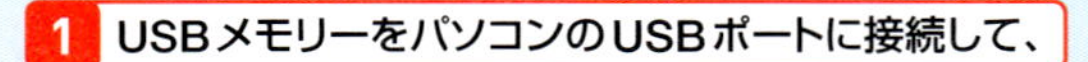

1 USBメモリーをパソコンのUSBポートに接続して、

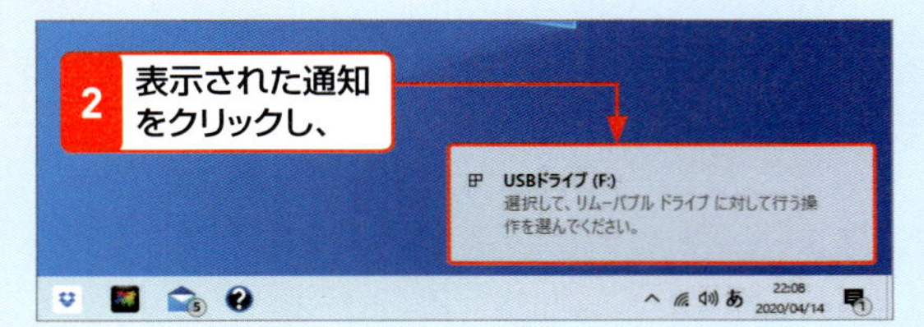

2 表示された通知をクリックし、

3 ＜フォルダーを開いてファイルを表示＞をクリックします。

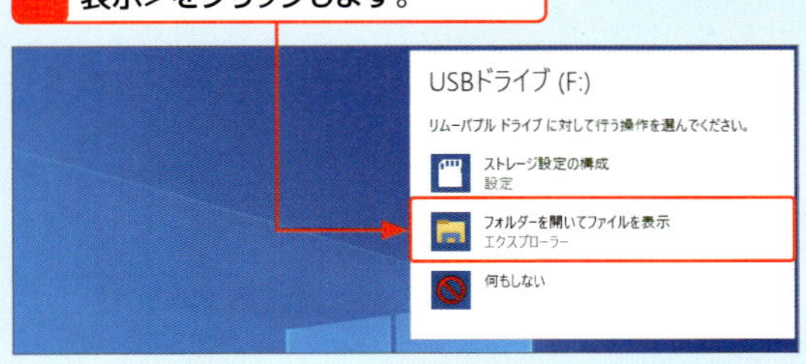

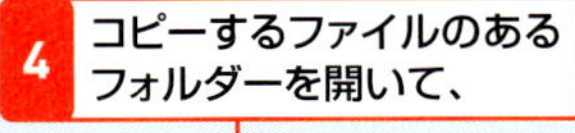

4 コピーするファイルのあるフォルダーを開いて、

5 コピーするファイルを選択します。

6 ＜ホーム＞タブをクリックして、

7 ＜コピー先＞をクリックし、

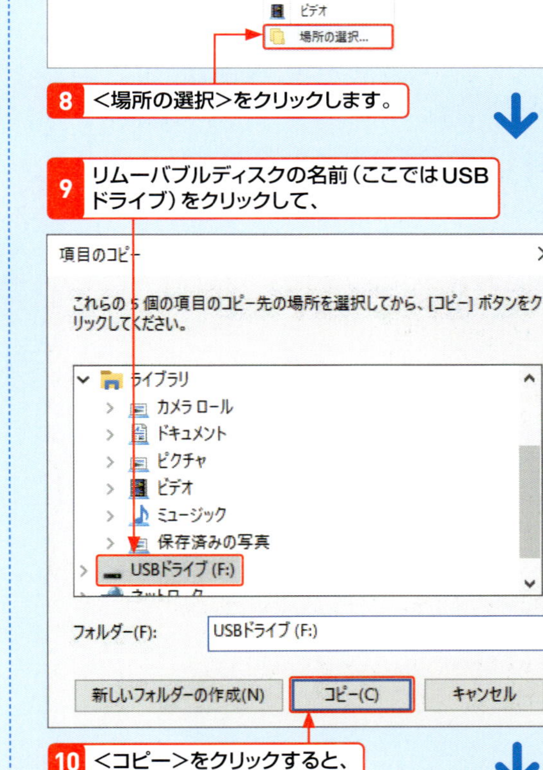

8 ＜場所の選択＞をクリックします。

9 リムーバブルディスクの名前（ここではUSBドライブ）をクリックして、

10 ＜コピー＞をクリックすると、

11 ファイルがUSBメモリーにコピーされます。

基本　デスクトップ　キーボード・文字入力　インターネット　メール・連絡先　セキュリティ　写真・動画・音楽　OneDrive・スマホ　印刷・周辺機器　アプリ　インストール・設定

周辺機器の接続　重要度 ★★★

Q 492 USBメモリーを初期化したい！

A フォーマットしましょう。

USBメモリーは、エクスプローラーで＜フォーマット＞を実行することで初期化できます。フォーマットとは、記憶装置をWindowsで読み書きできるようにすることです。フォーマットするとUSBメモリーに保存されていたデータはすべて消えてしまうので、消したくないデータが残っていないか注意しましょう。

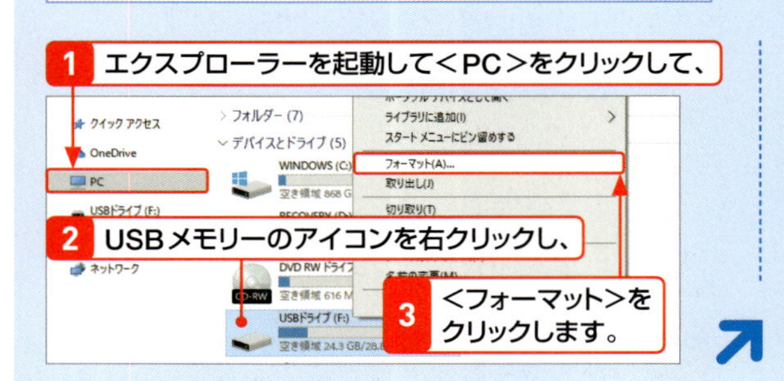

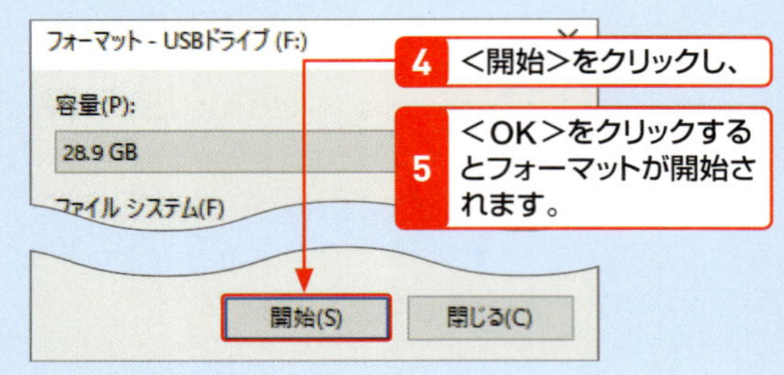

周辺機器の接続　重要度 ★★★

Q 493 USBポートの数を増やしたい！

A USBハブを購入します。

USBポートはたいていのパソコンに2〜4個程度付いていますが、USB機器が増えてパソコンのUSBポートが足りなくなった場合は、USBハブを接続しましょう。USBハブは、USBポートを拡張するための装置です。
USBハブには、電源をパソコン側のUSBポートから供給する「バスパワー」タイプと、電源をACアダプターから供給する「セルフパワー」タイプの2種類があります。前者は、消費電力の少ないマウスやUSBメモリーなどに適しています。後者は、消費電力の大きいプリンターや外付けHDDなどに適しています。
なお、通常USBハブはパソコンに接続すると自動的にドライバーが読み込まれ、使用できるようになります。ドライバーの読み込みが正常に完了したか確認したい場合は、デバイスマネージャーを利用します。

● USBハブ

周辺機器の接続　重要度 ★★★

Q 494 SDカードを読み込むにはどうしたらいいの？

A パソコンのスロットに差し込むか、カードリーダーなどを利用します。

パソコンにSDカードスロットが搭載されている場合は、カードスロットにSDカードを挿入すると、画面の右下に通知メッセージが表示されるので、クリックして＜フォルダーを開いてファイルを表示＞をクリックします。
もし、通知が表示されない場合は、エクスプローラーを開いて、SDカードを挿入したドライブ（リムーバブルディスクドライブ）をクリックすると、読み込むことができます。
パソコンにSDカードスロットがない場合は、カードリーダーなどを別途購入する必要があります。カードリーダーは、SDカード以外のメディアにも対応しているものが多く、USBで接続するのが一般的です。

周辺機器の接続　重要度★★★

Q 495 Bluetooth機器を接続したい！

A ＜デバイス＞の＜Bluetooth＞から設定します。

Bluetoothの周辺機器をパソコンに接続するには、以下のように操作します。なお、以下の操作ははじめて接続する際のみ必要なもので、「ペアリング」と呼びます。ペアリングを一度行えば、以降は周辺機器の電源を入れるだけでパソコンに接続されます。

● Bluetooth機器を接続する

1 スタートメニューで＜設定＞をクリックして、

2 ＜デバイス＞をクリックします。

3 ＜Bluetoothとその他のデバイス＞をクリックして、

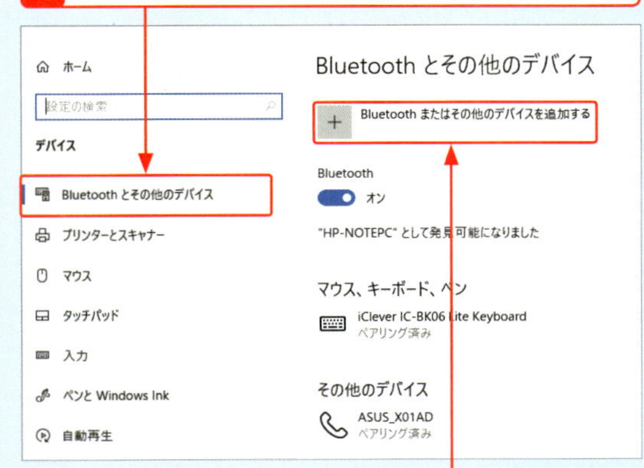

4 ＜Bluetoothまたはその他のデバイスを追加する＞をクリックし、

5 接続したいBluetooth機器をペアリングモードにします。

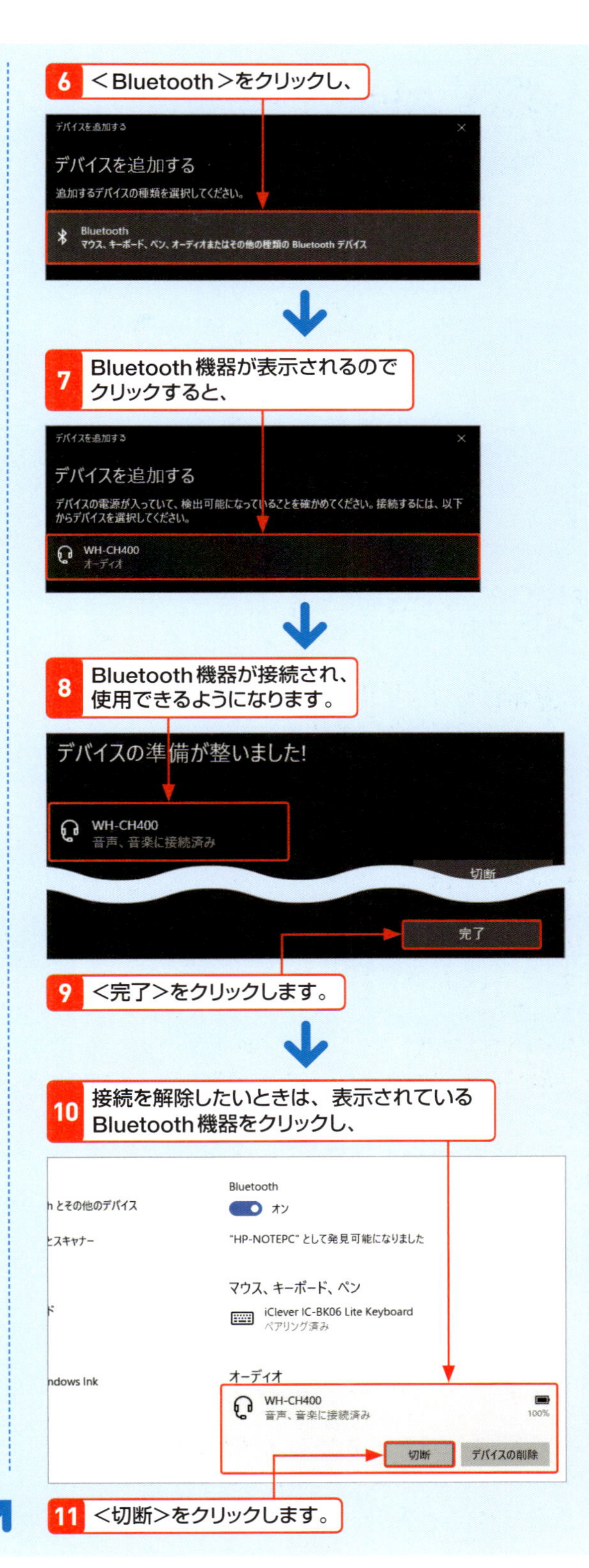

6 ＜Bluetooth＞をクリックし、

7 Bluetooth機器が表示されるのでクリックすると、

8 Bluetooth機器が接続され、使用できるようになります。

9 ＜完了＞をクリックします。

10 接続を解除したいときは、表示されているBluetooth機器をクリックし、

11 ＜切断＞をクリックします。

周辺機器の接続　重要度 ★★★

Q 496 パソコンがBluetoothに対応しているか確かめたい！

A デバイスマネージャーやタスクバーから確認できます。

ワイヤレスでさまざまな周辺機器を接続できる無線規格の一種が、「Bluetooth（ブルートゥース）」です。現在ではマウスやキーボード、ヘッドセットなど、Bluetoothに対応する周辺機器が充実していますが、パソコンが対応していなければこれらの周辺機器を接続できません。パソコンがBluetoothに対応しているかどうかを確認するには、以下のように操作します。

参照 ▶ Q 498

● ＜設定＞で確認する

1 スタートメニューで＜設定＞⚙→＜デバイス＞→＜Bluetoothとその他のデバイス＞をクリックして、

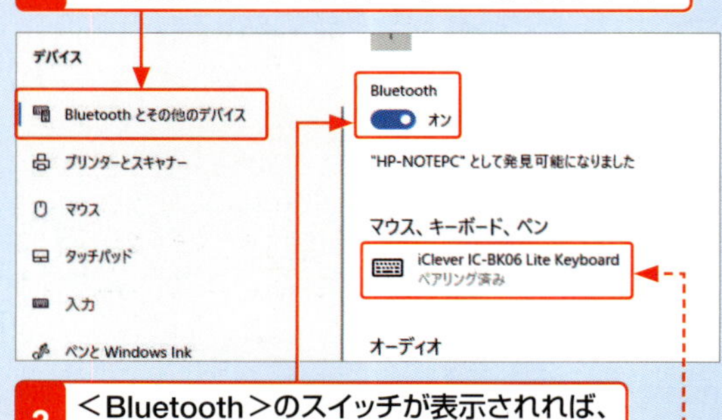

2 ＜Bluetooth＞のスイッチが表示されれば、パソコンがBluetoothに対応しています。

Bluetoothで接続中の周辺機器が表示されます。

● タスクバーで確認する

1 タスクバーの ^ をクリックして、

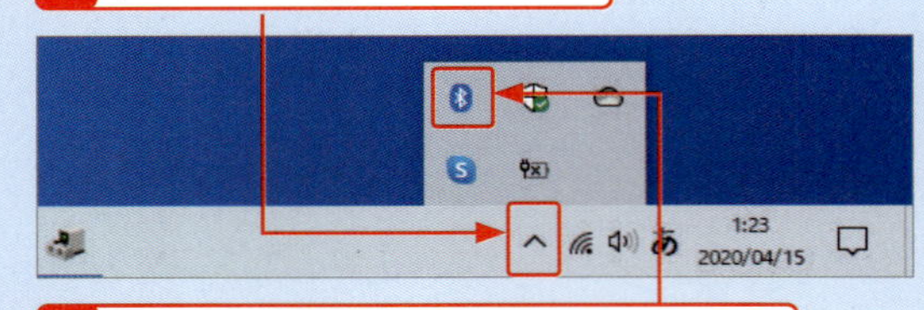

2 Bluetoothのアイコンが表示されていれば、パソコンがBluetoothに対応しています。

● デバイスマネージャーで確認する

1 スタートボタンを右クリックして、

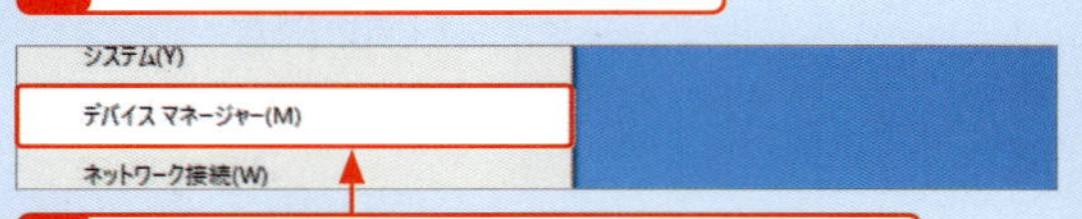

2 ＜デバイスマネージャー＞をクリックすると、

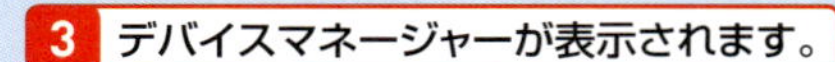

3 デバイスマネージャーが表示されます。

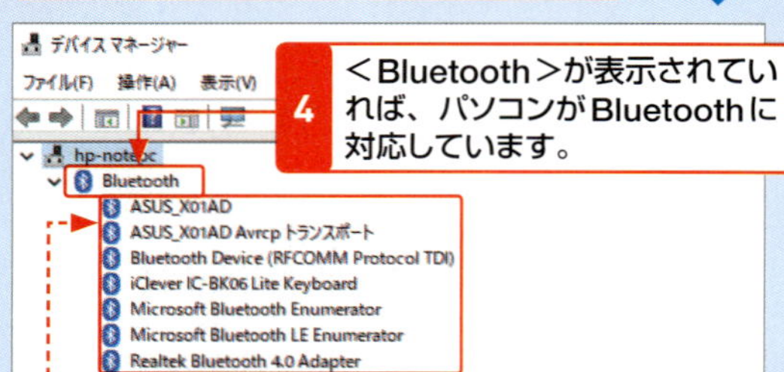

4 ＜Bluetooth＞が表示されていれば、パソコンがBluetoothに対応しています。

Bluetoothで接続されている周辺機器なども確認できます。

周辺機器の接続　重要度 ★★★

Q 497 ワイヤレスのキーボードやマウスを接続したい！

A ほかのBluetooth周辺機器と同様に接続できます。

ワイヤレスキーボードやマウスがBluetoothに対応していれば、ほかの周辺機器と同様の操作で、パソコンとワイヤレス接続できます。ただし、キーボードの場合、最初の接続時に所定のPIN番号をキーボードで入力して接続する製品もあります。

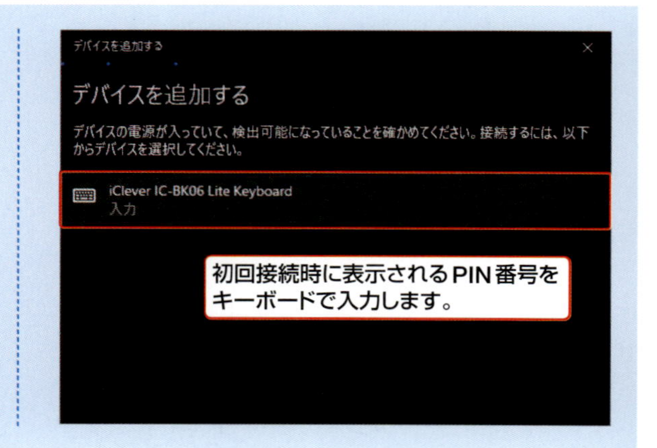

初回接続時に表示されるPIN番号をキーボードで入力します。

周辺機器の接続　重要度 ★★★

Q 498 あとからBluetoothに対応させることはできないの?

A Bluetoothアダプターで対応させることができます。

パソコンがBluetoothに対応していなくても、「Bluetoothアダプター」をパソコンに接続すれば、Bluetooth対応機器を使えるようになります。

Bluetoothアダプターはパソコンの USBポートに接続して、パソコンにBluetooth機能を追加する周辺機器です。

● Bluetoothアダプター

周辺機器の接続　重要度 ★★★

Q 499 Bluetoothの接続が切れてしまう!

A パソコンが直接見える近い位置で使いましょう。

Bluetoothは、近距離でのワイヤレス通信を行うための規格です。パソコンから遠く離れたり、パソコンとBluetooth対応機器の間に壁を挟んだりすると、接続が切れやすくなります。接続を切らさないようにしたい場合は、パソコンと近距離で、パソコンとBluetooth対応機器を遮るものがない位置関係で使いましょう。

周辺機器の接続　重要度 ★★★

Q 500 周辺機器を接続したときの動作を変更したい!

A <自動再生>画面で変更します。

周辺機器をパソコンに接続すると、初期状態では通知が表示されます。この通知をクリックすると、接続した周辺機器でどんな操作を行うかを選択できます。次回以降は、この画面で選択した操作が自動的に実行されます。

別の操作を行うようにあとから変更したい場合や、それぞれのメディアごとに動作を設定したい場合は、<自動再生>画面から操作を行いましょう。

なお、<自動再生>画面の「リムーバブルドライブ」ではCDやUSBメモリーを接続したときの動作を、「メモリカード」ではデジカメやデジカメのメモリーカードを接続したときの動作を、それぞれ設定できます。

1 スタートメニューで<設定>をクリックして、

システム　ディスプレイ、サウンド、通知、電源
デバイス　Bluetooth、プリンター、マウス

2 <デバイス>をクリックし、

3 <自動再生>をクリックして、

4 ここがオンになっていることを確認します。

5 ここをクリックし、

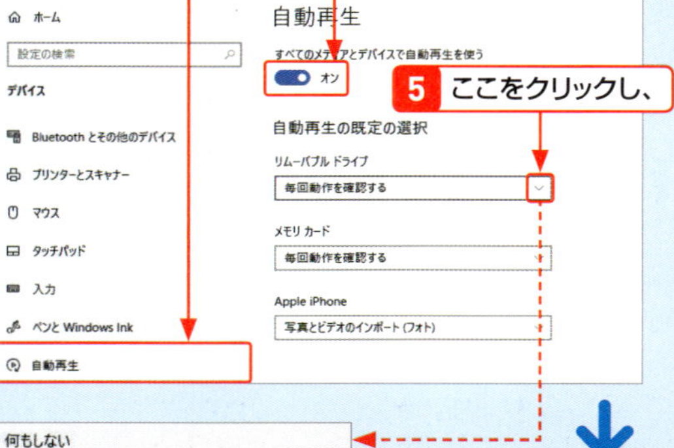

6 周辺機器を接続したときの動作をクリックします。

Q 501 ハードディスクの容量がいっぱいになってしまった!

A 外付けのハードディスクを接続しデータやアプリを保存しましょう。

パソコン内のハードディスクがいっぱいになってしまった場合は、外付けのハードディスクを利用しましょう。最も一般的なのはUSBポートに接続するタイプで、ケーブルをつなぐだけですぐに使えます。
外付けのハードディスクを接続したら、データの保存先やアプリのインストール先を外付けのハードディスクに変更しておきましょう。ここでは「ドキュメント」フォルダーの変更方法を紹介しますが、「ピクチャ」フォルダーなども同様の方法で変更可能です。

●「ドキュメント」フォルダーを移動する

1 エクスプローラーで<PC>をクリックして、<ドキュメント>を右クリックし、

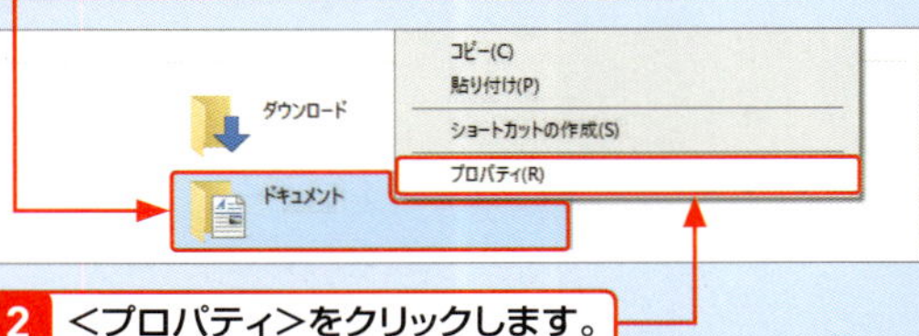

2 <プロパティ>をクリックします。

3 <場所>→<移動>をクリックして、

ドキュメントのプロパティ
全般 共有 セキュリティ 場所 以前のバージョン カスタマイズ
ドキュメント フォルダーのファイルは、以下のあて先の場所に格納されています。
標準に戻す(R) 移動(M)... リンク先を探す(F)...

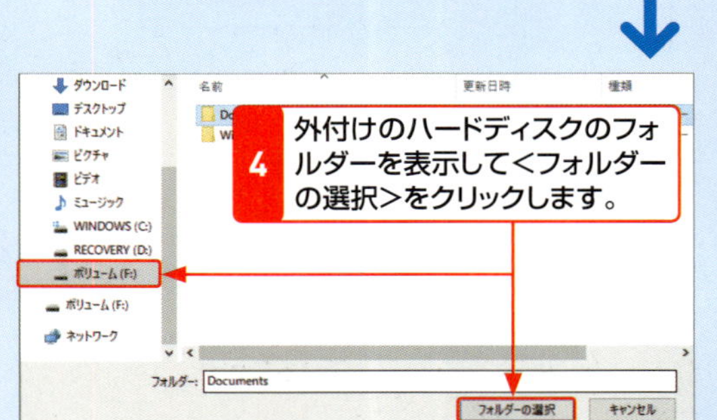

4 外付けのハードディスクのフォルダーを表示して<フォルダーの選択>をクリックします。

5 <適用>をクリックすると、「ドキュメント」フォルダーが指定した場所に移動されます。

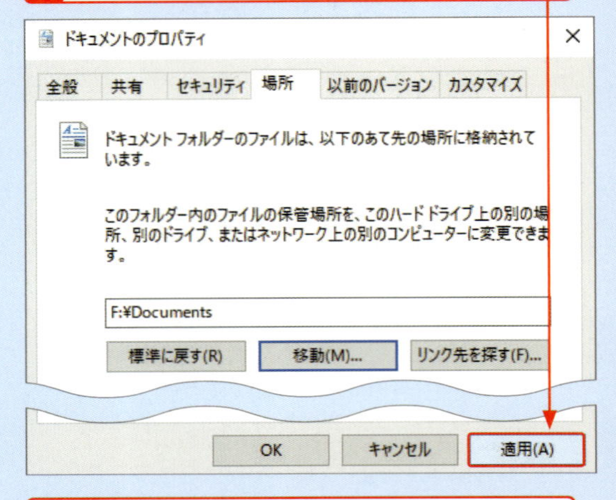

「元の場所の～」というメッセージで「はい」をクリックすると、今まで保存したファイルも外付けのハードディスクに移されます。

●アプリのインストール先を変更する

1 スタートメニューで<設定>をクリックして、<システム>→<ストレージ>→<新しいコンテンツの保存先を変更する>をクリックし、

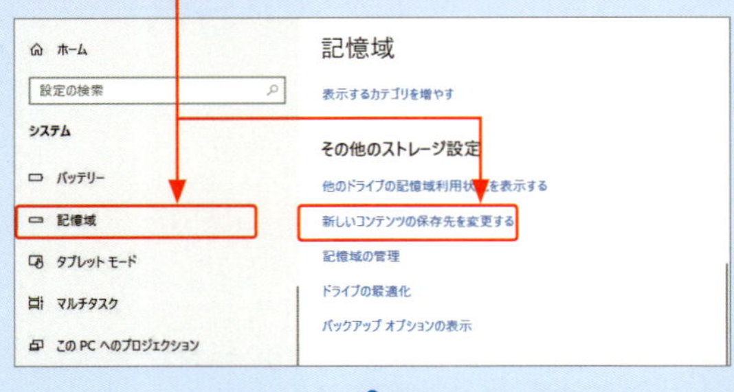

2 「新しいアプリの保存先」で外付けのハードディスクを選択して<適用>をクリックすると、これ以降アプリは外付けのハードディスクにインストールされます。

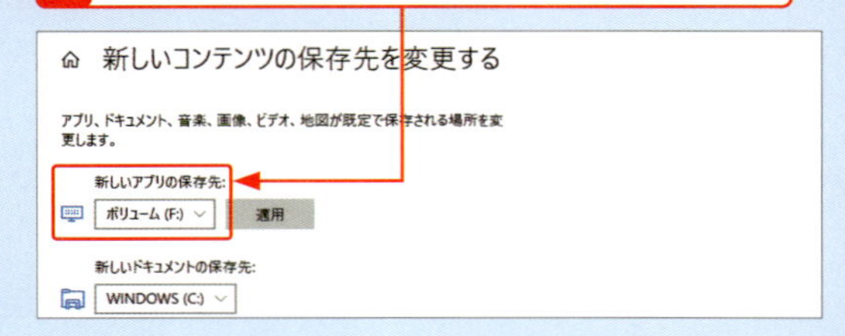

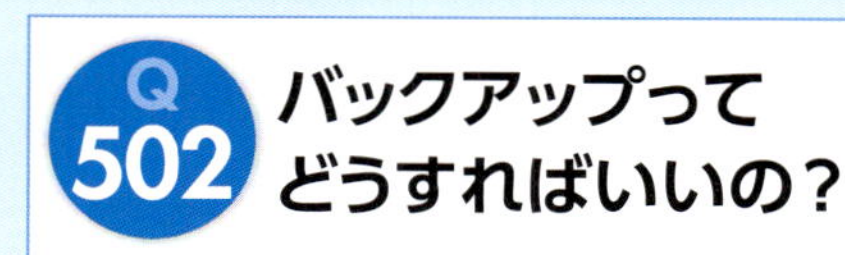

重要度 ★★★

Q 502 バックアップってどうすればいいの？

A ファイル履歴機能を利用します。

大切なファイルをパソコン内だけに保存しておくと、万一パソコンが故障したときに、ファイルを開けなくなってしまいます。ファイルはUSBメモリーや外付けのハードディスクにバックアップしておくとよいでしょう。

そこで役立つのが、「ファイル履歴」機能です。「ファイル履歴」機能は初期設定ではオフになっていますが、「設定」アプリからオンに切り替えると＜ドキュメント＞＜ミュージック＞＜ピクチャ＞＜ビデオ＞とデスクトップにあるファイルが自動的にバックアップされます。利用するときは、事前にUSBメモリーか外付けハードディスクをパソコンに接続しておきましょう。

1 スタートメニューで＜設定＞をクリックして、＜更新とセキュリティ＞をクリックし、

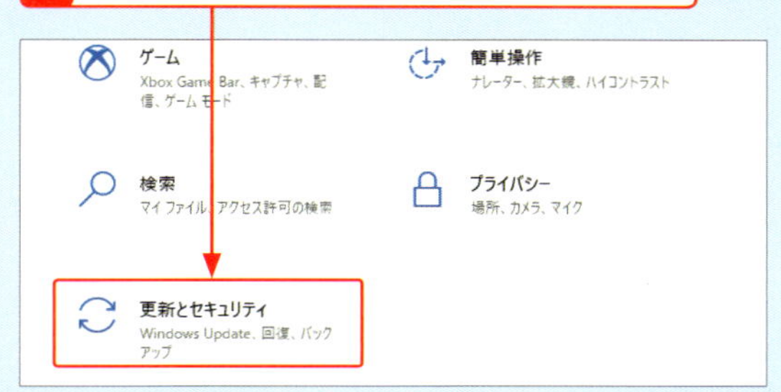

2 画面左側で＜バックアップ＞をクリックして、

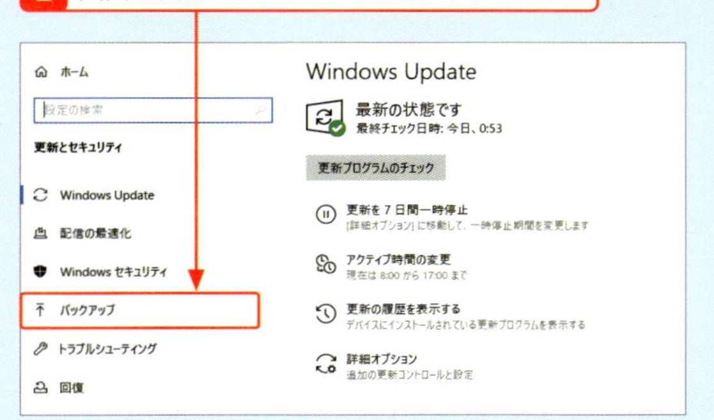

3 ＜ドライブの追加＞をクリックします。

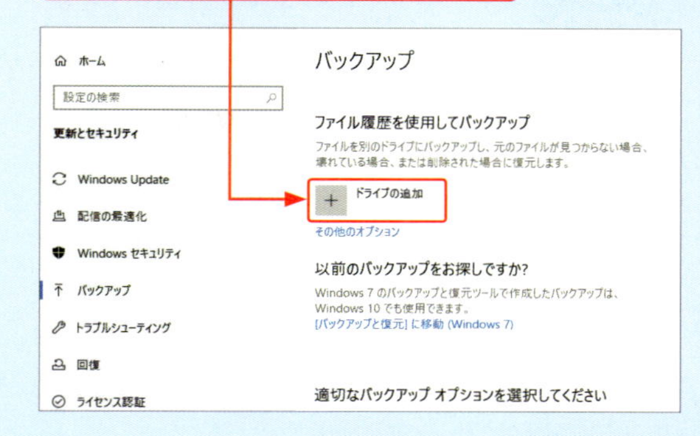

4 データをバックアップしたいドライブをクリックすると、

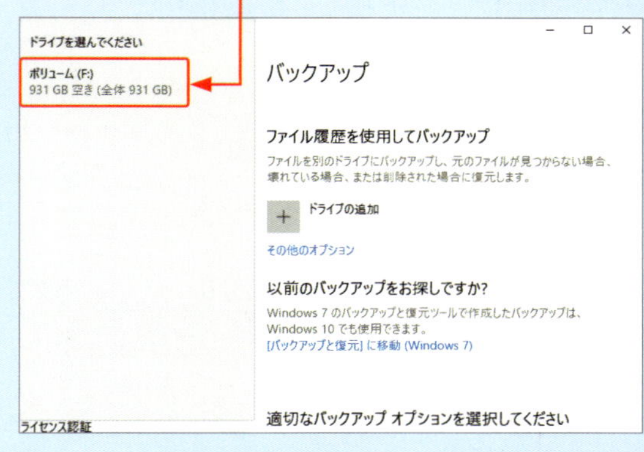

5 「ファイルのバックアップを自動的に実行」と表示され、バックアップ機能がオンになります。

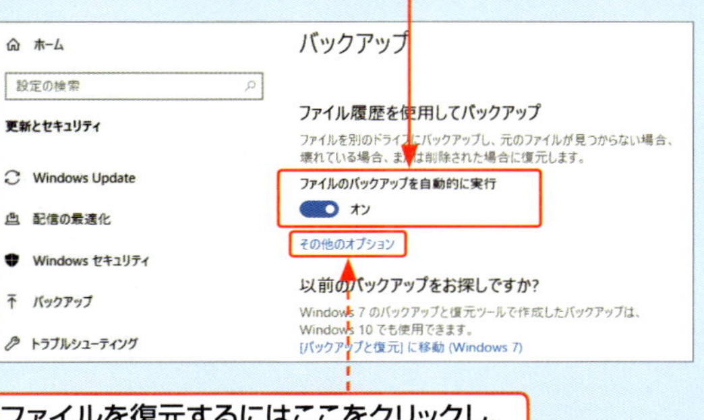

ファイルを復元するにはここをクリックし、最下部の＜現在のバックアップからファイルを復元＞をクリックします。

基本
デスクトップ
キーボード・文字入力
インターネット
メール・連絡先
セキュリティ
写真・動画・音楽
OneDrive・スマホ
印刷・周辺機器
アプリ
インストール・設定

CD／DVDの基本　重要度 ★★★

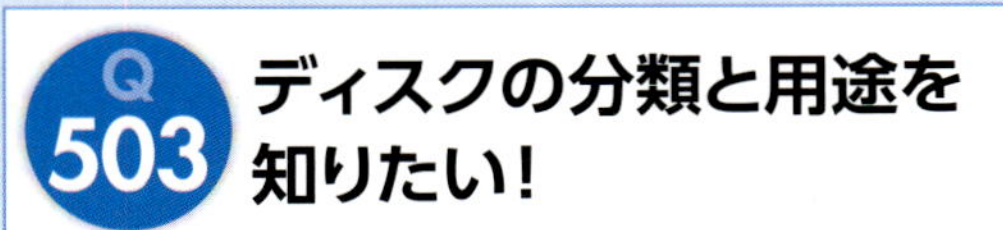

Q 503 ディスクの分類と用途を知りたい!

A CD、DVD、BDをコンテンツ配布やデータの保存といった用途で使います。

パソコンで扱うディスク（光学式メディア）は、主にCD、DVD、Blu-rayディスク（BD）の3種類で、容量が大きく異なります。また、CD、DVD、BDのそれぞれに、コンテンツ配布用の読み込み専用メディア、データ保存用の1回だけ書き込めるメディアと繰り返し書き込めるメディアがあります。パソコンで読み書きするには、それぞれのメディアに対応するドライブが必要です。

● DVDとBDの違い

CD／DVDの基本　重要度 ★★★

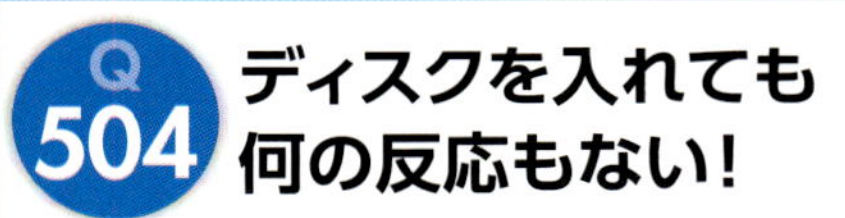

Q 504 ディスクを入れても何の反応もない!

A エクスプローラーでディスクの項目をクリックします。

パソコンのドライブにDVDなどのディスクをセットしても何も表示されない場合は、エクスプローラーの画面左側にあるディスクの項目をクリックしましょう。ディスクの中身が表示されます。空のディスクをセットした場合は、書き込み形式を選択する画面が表示されます。

参照 ▶ Q 093, Q 511

● ディスクの中身を表示する

1 ディスクをパソコンのドライブにセットして、エクスプローラーを起動し、

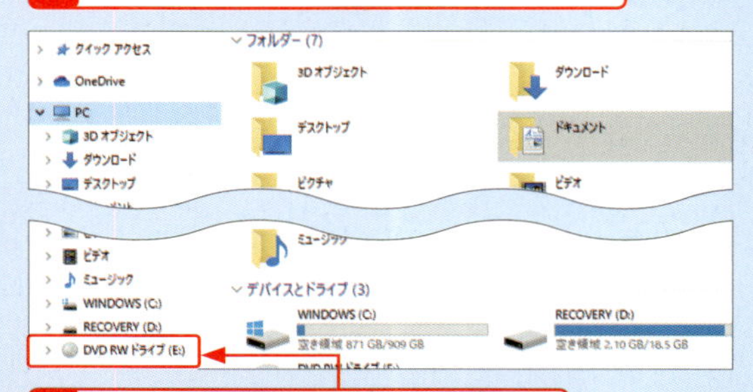

2 ディスクの項目（ここでは<DVD-RWドライブ>）をクリックすると、

3 ディスクの中身が表示されます。

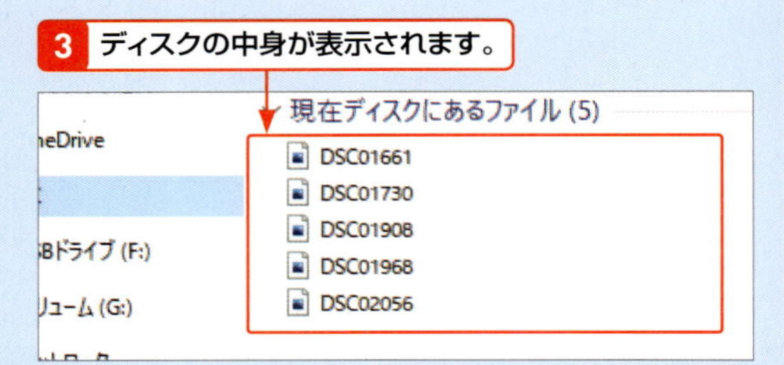

● ディスクの書き込み形式を選択する

1 空のディスクをセットして同様の手順を行うと、

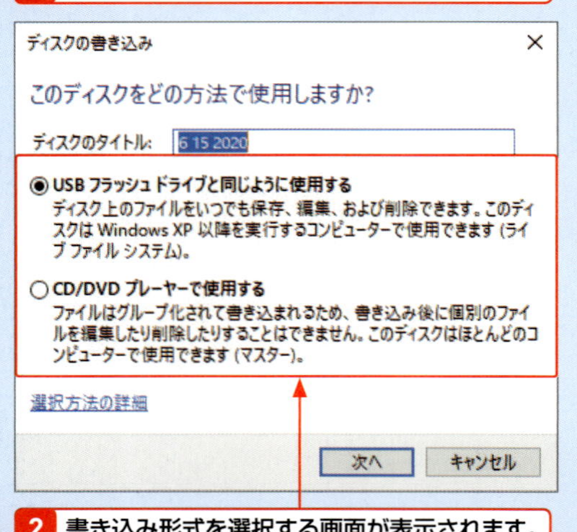

2 書き込み形式を選択する画面が表示されます。

Q 505 自分のパソコンで使えるメディアがわからない！

A 取扱説明書やドライブに表示されているロゴを確認しましょう。

使用しているパソコンのドライブで、どのメディアが使えるのか判断がつかない場合は、取扱説明書の「仕様」を確認するか、光学式ドライブに付いているロゴマークを見てみましょう。

●ロゴマークとメディア

ロゴ	メディア
DVD R/RW	DVD-R、DVD-RW
DVD MULTI RECORDER	DVD-R、DVD-RW、DVD-RAM
RW DVD+ReWritable	DVD+R、DVD+RW
Blu-ray Disc	Blu-rayディスク

Q 506 ディスクを入れると表示される画面は何？

A データに応じた処理方法を選択する画面です。

パソコンのドライブにディスクをセットすると、初期状態では、画面下に通知が表示されます。この通知をクリックすると、セットしたディスクの種類に応じて、データの書き込みなどパソコンでの処理方法を選択するメニューが表示されます。 参照▶Q 512, Q 515

1 パソコンにディスクをセットして、

2 通知が表示されるのでクリックすると、

3 ディスクに対して行う操作を選択する画面が表示されます。

ディスクにデータを書き込む場合は、＜ファイルをディスクに書き込む＞をクリックします。

Q 507 どのメディアを使えばいいかわからない！

A 用途と書き込むファイルの大きさで選びます。

メディアを選ぶときは、まず書き込む回数を考えて、どのタイプを使うかを決めます。メディアにファイルを書き込んでそのまま保存しておきたいなら、1回だけ書き込めるグループを選びます。書き込んだファイルを変更したり、あとで削除したりした場合は、消去可能なグループを選ぶとよいでしょう。
続いて書き込みたいファイルの大きさがわかると、CD／DVD／BDのいずれを選べばよいかわかります。

●ディスクの種類と特徴

ディスクの種類	容量	特　徴
CD-ROM	650～700MB	読み込み専用。音楽、映画などコンテンツの配布に利用される。
DVD-ROM	4.7GB～9.4GB	
BD-ROM	25GB～50GB	
CD-R	650～700MB	1回だけ書き込み可能。音楽や録画した映画、ホームビデオの保存などに使える。
DVD-R	4.7GB～9.4GB	
BD-R	25GB～50GB	
CD-RW	650～700MB	書き込みと消去が可能。パソコンのデータや編集途中の映像などをバックアップできる。
DVD-RW	4.7GB～9.4GB	
BD-RE	25GB～50GB	

CD／DVDの基本 重要度 ★★★

Q 508 ドライブからディスクが取り出せない！

A パソコンを再起動して再度取り出してみるか、強制排出します。

光学式ドライブのイジェクトボタンを押しても、セットしたディスクが取り出せない場合は、一度パソコンを再起動してから、再度イジェクトボタンを押してみましょう。
それでもディスクが取り出せない場合は、光学式ドライブの強制排出スイッチを押します。強制排出スイッチは、多くの光学式ドライブに備えられており、針金などの先の細いもので突く方式になっています。ノートパソコンの場合も同様です。
それでも解決できない場合は、パソコンの製造元のメーカーに問い合わせましょう。無理に力を加えて中のディスクを取り出そうとすると、パソコンが破損してしまうおそれがあります。

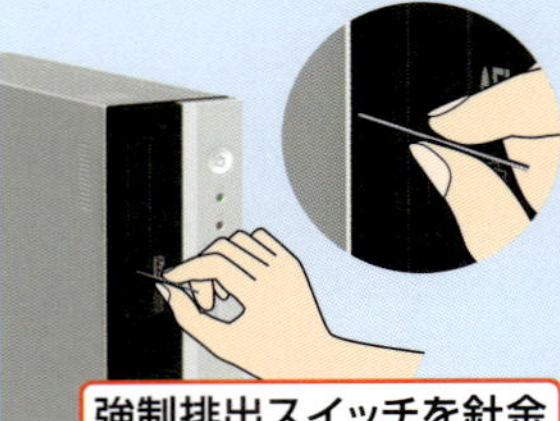

強制排出スイッチを針金などで押してみます。

CD／DVDの基本 重要度 ★★★

Q 509 パソコンにディスクドライブがない！

A 外付けの光学式ドライブを利用しましょう。

パソコンの薄型化、軽量化ニーズの高まりから、近年では光学式ドライブを搭載しない機種が増えてきました。そのようなパソコンで光学式メディアのデータを読み込んだり、パソコンからデータを書き込んだりするには、外付けの光学式ドライブを別途用意します。
外付け光学式ドライブのほとんどは、USBでパソコンと接続できるようになっており、CD、DVD、BDに対応する製品が販売されています。購入の際には、対応メディアだけでなく、機器の光学式ドライブがデータの読み込みのみに対応するのか、書き込みにも対応するのかもチェックするようにしましょう。

● パソコン用外付け光学式ドライブ

CD／DVDの基本 重要度 ★★☆

Q 510 Blu-rayディスクを読み込めるようにしたい！

A 外付けのBlu-rayドライブを利用します。

パソコンの光学式ドライブがBlu-rayディスク（BD）に対応していない場合は、BDの読み込みや書き込みができる外付けのBlu-rayドライブを購入して接続しましょう。多くの外付けBlu-rayドライブは、USBに対応しています。USB2.0対応でも十分ですが、可能であればUSB3.0対応のものを選ぶとよいでしょう。
ただし、Windows 10のWindows Media Playerでは、BDを再生できません。メーカー製のパソコンにあらかじめ付属しているアプリを使用するか、購入したBlu-rayドライブに付属しているソフトをインストールして利用します。どちらもない場合はネット上からダウンロードしましょう。

参照▶Q 509

● 外付けのBlu-rayドライブ

 CD／DVDへの書き込み　重要度 ★★★

Q 511 CD／DVDに書き込みたい！

A 2種類の書き込み形式があります。

CDやDVDにデータを書き込む際は、書き込み形式を選択します。書き込み形式には、USBメモリーと同じように使用するための「ライブファイルシステム」と、CD／DVDプレイヤーなどで使用するメディアを作成するための「マスター」の2種類があります。それぞれの特徴をまとめると、下の表のようになります。

参照▶Q 512,Q 515

- **USBフラッシュドライブと同じように使用する（ライブファイルシステム）**
  既定では、この形式が選択されています。ファイルを個別に追加したり、いつでも編集や削除ができるなど、USBメモリーと同じ感覚で利用できます。何度も追記できるので、ディスクをドライブに入れたままにして、必要なときにファイルをコピーする場合に便利です。ただし、ほかのパソコンや機器ではデータを読み込めない場合があるので注意が必要です。なお、CD-R、DVD-Rなどの場合はファイルを消すことはできますが、空き容量は増えません。

- **CD／DVDプレイヤーで使用する（マスター）**
  ディスクにコピーするファイルをすべて選択してから、それらのファイルを一度に書き込む必要があります。また、書き込み後にファイルを個別に編集・削除することはできません。CD／DVDプレイヤー、Blu-rayディスクプレイヤーなどの家庭用機器と互換性があります。追記も可能です。

●ライブファイルシステムとマスターの特長

書き込み形式	メリット	デメリット
ライブファイルシステム	手軽に扱えるので、ファイルを頻繁に書き込む場合に便利。 書き込み後にファイルの追加、編集、削除も可能。	使用前にフォーマットが必要。
マスター	長期間保存するデータ向け。使用前にフォーマットをする必要がない。パソコン以外の機器にも対応している。	作成までの手順が多い。作成後にファイルの編集や削除ができない。

CD／DVDへの書き込み　重要度 ★★★

Q 512 ライブファイルシステムで書き込む手順を知りたい！

A 以下の手順で書き込むことができます。

CD／DVDにデータを書き込むには、まずパソコンのドライブに空のCD／DVDを挿入します。最初に書き込み方式を選択して、フォーマットを実行すると、自動的にエクスプローラーが起動して、CD／DVDドライブが開きます。続いて、書き込みたいファイルやフォルダーをドライブの項目にドラッグ＆ドロップして書き込みを行います。

なお、下の手順では通知メッセージが表示されていますが、通知メッセージが表示されずに、すぐに<ディスクの書き込み>ダイアログボックスが表示される場合もあります。

1 空のCD／DVDをドライブに挿入して、

2 表示された通知メッセージをクリックし、

3 <ファイルをディスクに書き込む>をクリックします。

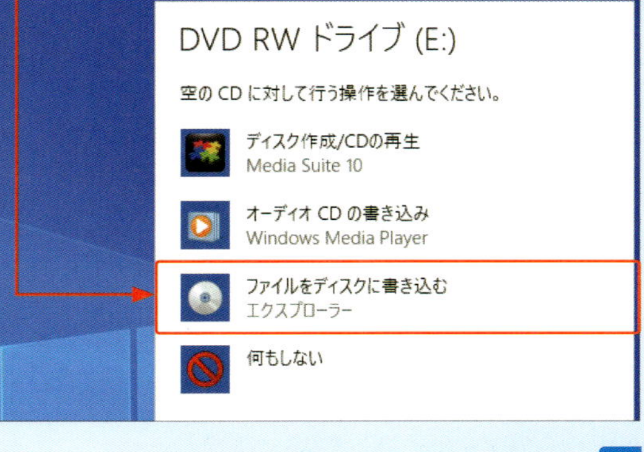

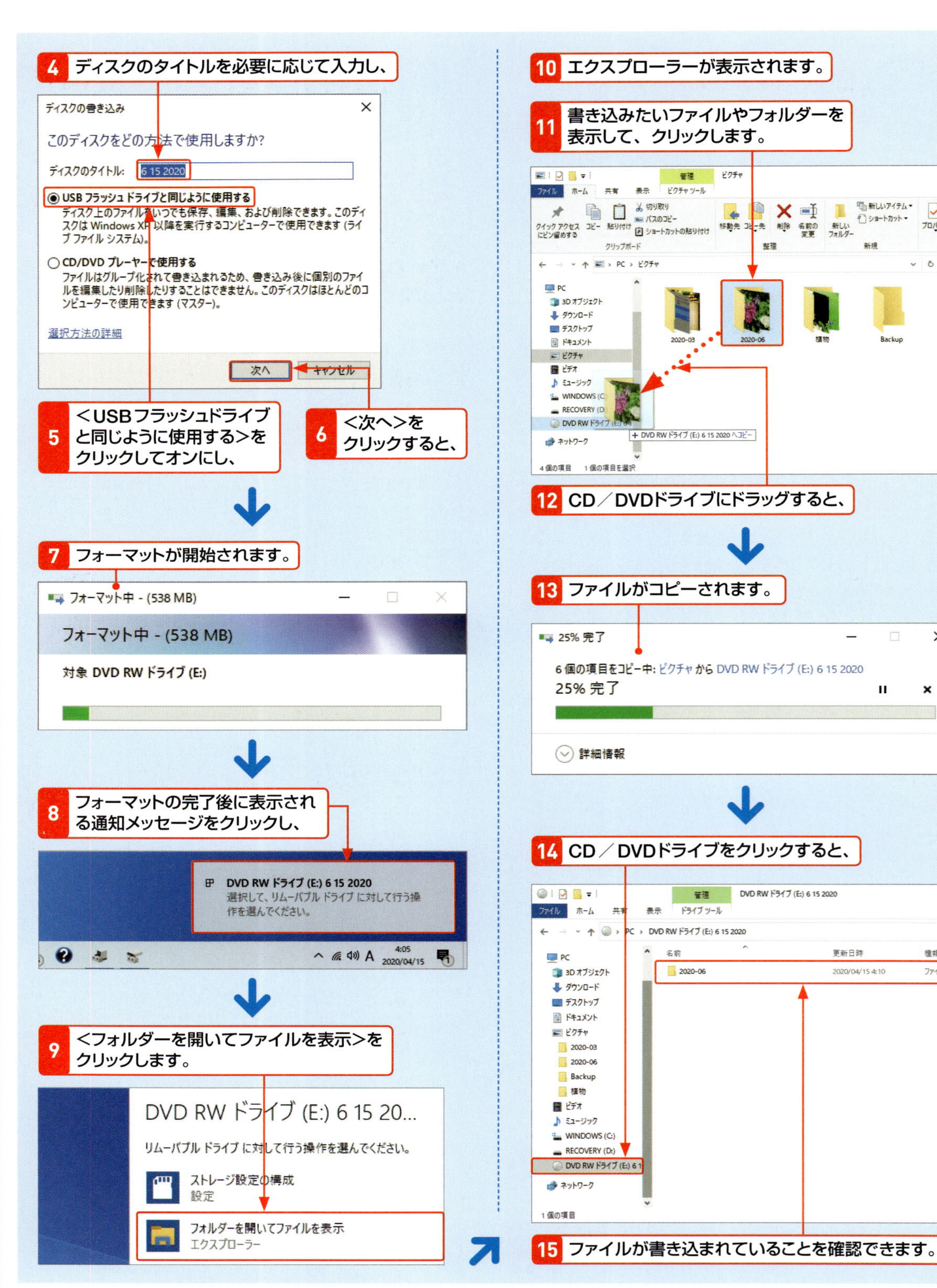
4 ディスクのタイトルを必要に応じて入力し、
ディスクの書き込み
このディスクをどの方法で使用しますか?
ディスクのタイトル: 6 15 2020
USB フラッシュ ドライブと同じように使用する
ディスク上のファイルをいつでも保存、編集、および削除できます。このディスクは Windows XP 以降を実行するコンピューターで使用できます (ライブ ファイル システム)。
CD/DVD プレーヤーで使用する
ファイルはグループ化されて書き込まれるため、書き込み後に個別のファイルを編集したり削除したりすることはできません。このディスクはほとんどのコンピューターで使用できます (マスター)。
選択方法の詳細
次へ
キャンセル
5 <USBフラッシュドライブと同じように使用する>をクリックしてオンにし、
6 <次へ>をクリックすると、
7 フォーマットが開始されます。
フォーマット中 - (538 MB)
フォーマット中 - (538 MB)
対象 DVD RW ドライブ (E:)
8 フォーマットの完了後に表示される通知メッセージをクリックし、
DVD RW ドライブ (E:) 6 15 2020
選択して、リムーバブル ドライブ に対して行う操作を選んでください。
4:05
2020/04/15
9 <フォルダーを開いてファイルを表示>をクリックします。
DVD RW ドライブ (E:) 6 15 20...
リムーバブル ドライブ に対して行う操作を選んでください。
ストレージ設定の構成
設定
フォルダーを開いてファイルを表示
エクスプローラー
10 エクスプローラーが表示されます。
11 書き込みたいファイルやフォルダーを表示して、クリックします。
PC
3D オブジェクト
ダウンロード
デスクトップ
ドキュメント
ピクチャ
ビデオ
ミュージック
WINDOWS (C:)
RECOVERY (D:)
DVD RW ドライブ (E:)
ネットワーク
2020-03
2020-06
植物
Backup
+ DVD RW ドライブ (E:) 6 15 2020 へコピー
4 個の項目　1 個の項目を選択
12 CD／DVDドライブにドラッグすると、
13 ファイルがコピーされます。
25% 完了
6 個の項目をコピー中: ピクチャ から DVD RW ドライブ (E:) 6 15 2020
25% 完了
詳細情報
14 CD／DVDドライブをクリックすると、
DVD RW ドライブ (E:) 6 15 2020
PC › DVD RW ドライブ (E:) 6 15 2020
名前
更新日時
種類
2020-06
2020/04/15 4:10
ファイル フォ
1 個の項目
15 ファイルが書き込まれていることを確認できます。

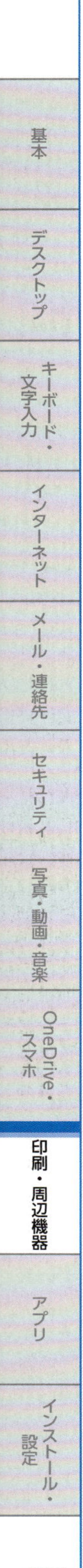
基本
デスクトップ
キーボード・文字入力
インターネット
メール・連絡先
セキュリティ
写真・動画・音楽
OneDrive・スマホ
印刷・周辺機器
アプリ
インストール・設定

Q 513 書き込んだファイルを削除したい！

A エクスプローラーで削除できます。

CDやDVDに書き込んだファイルを削除したいときは、エクスプローラーで<削除>を実行します。ただし、CD-RやDVD-Rに書き込んだファイルを削除しても、空き容量が増えることはありません。また、削除したファイルはごみ箱には入らず、完全に削除されることにも注意しましょう。

1 削除したいファイルやフォルダーを選択して、

2 <ホーム>タブをクリックし、

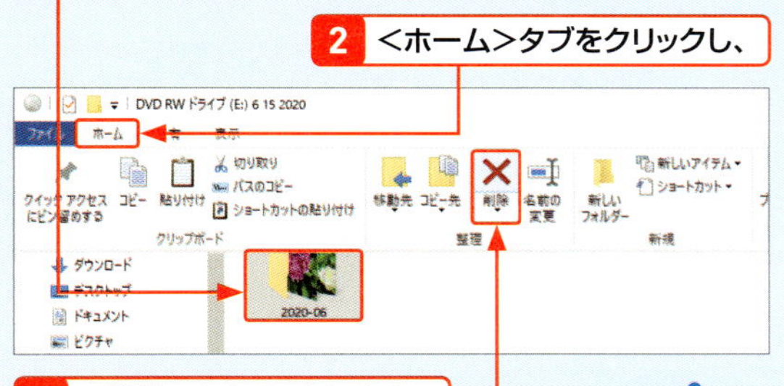

3 <削除>をクリックします。

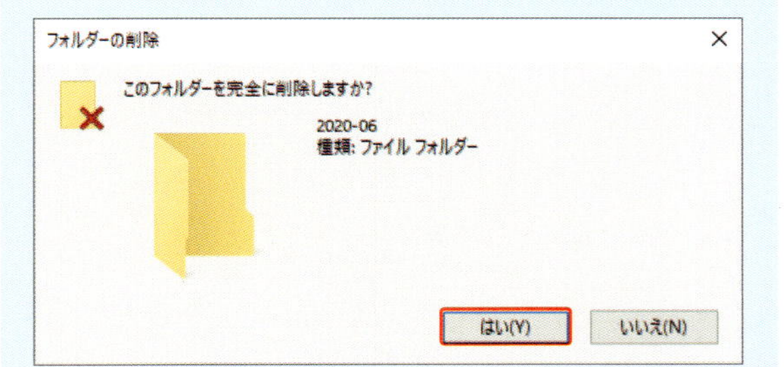

4 <はい>をクリックすると、

5 選択したファイルやフォルダーが削除されます。

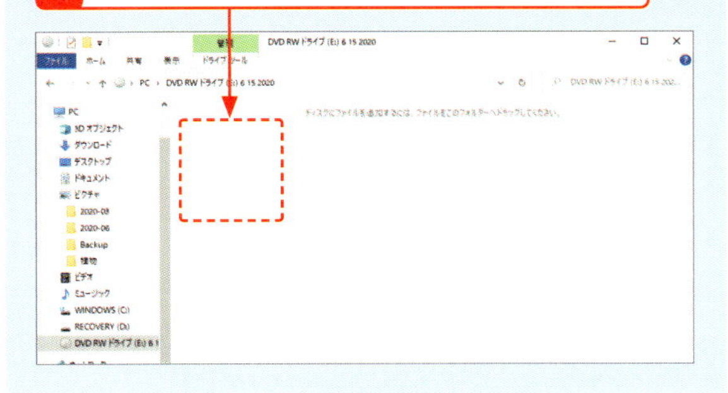

Q 514 書き込み済みのCD／DVDにファイルを追加できる？

A 空き領域があればできます。

CD／DVDに空き領域があれば、あとからデータを追加して書き込むこと（追記）ができます。ファイルを追加するには、目的のファイルのアイコンをドライブのアイコンの上にドラッグします。

ここでは、「ライブファイルシステム」形式で書き込んだディスクに、あとからファイルを追記する方法を紹介します。

1 追加したいファイルを選択して、

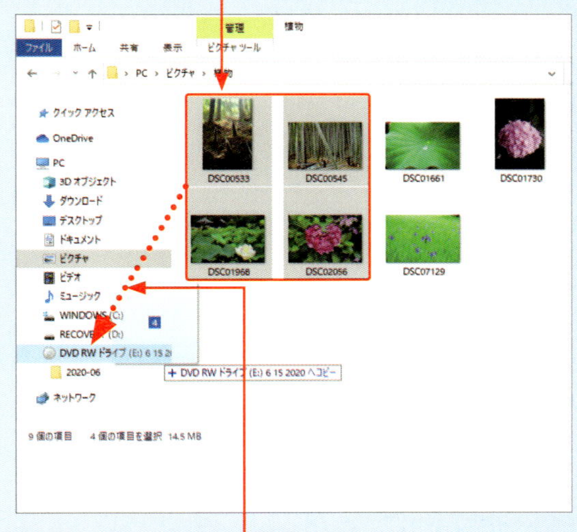

2 CD／DVDドライブにドラッグすると、

3 ファイルが書き込まれます。

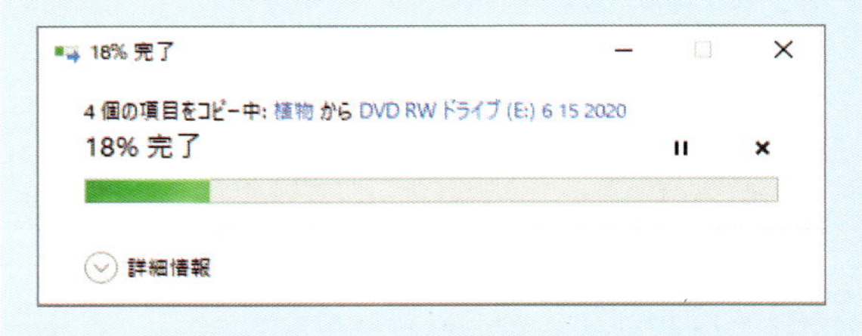

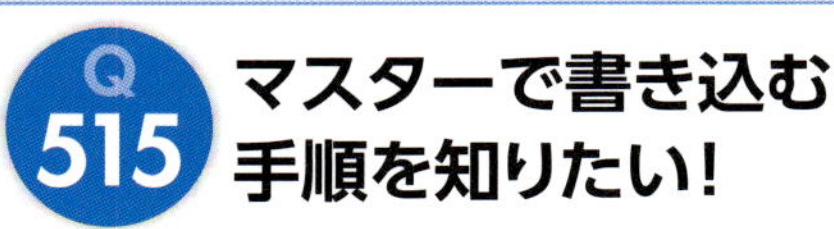

Q 515 マスターで書き込む手順を知りたい!

A 以下の手順で書き込むことができます。

CDやDVDにデータを書き込む形式には、「ライブファイルシステム」と「マスター」の2種類があります。Windows XPより前のバージョンや、CD／DVDプレイヤーなどで読み出せる形式でディスクを作成したい場合は、マスターで書き込みを行います。
なお、下の手順のように通知メッセージが表示されずに、すぐに＜ディスクの書き込み＞ダイアログボックスが表示される場合もあります。

1 空のCD／DVDをドライブに挿入して、通知メッセージをクリックし、＜ファイルをディスクに書き込む＞をクリックして、

2 ディスクのタイトルを必要に応じて入力し、

3 ＜CD／DVDプレーヤーで使用する＞をクリックしてオンにして、

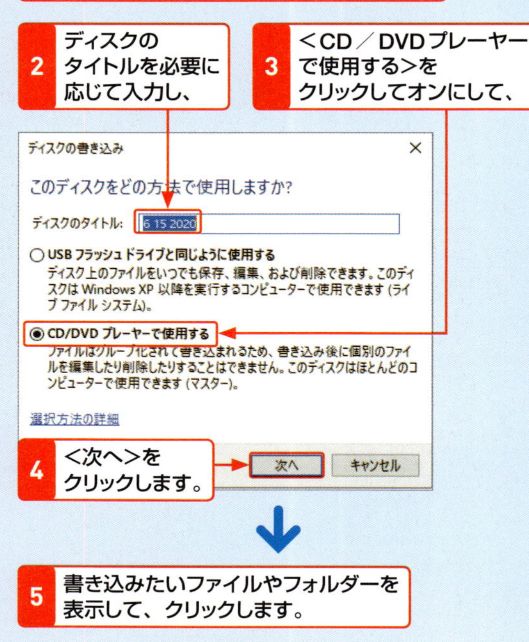

4 ＜次へ＞をクリックします。

5 書き込みたいファイルやフォルダーを表示して、クリックします。

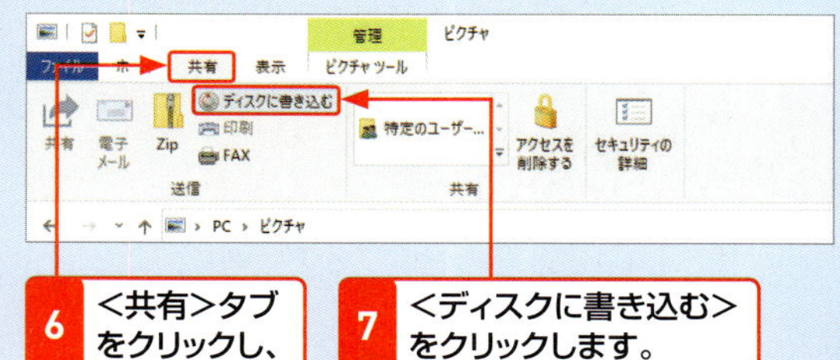

6 ＜共有＞タブをクリックし、

7 ＜ディスクに書き込む＞をクリックします。

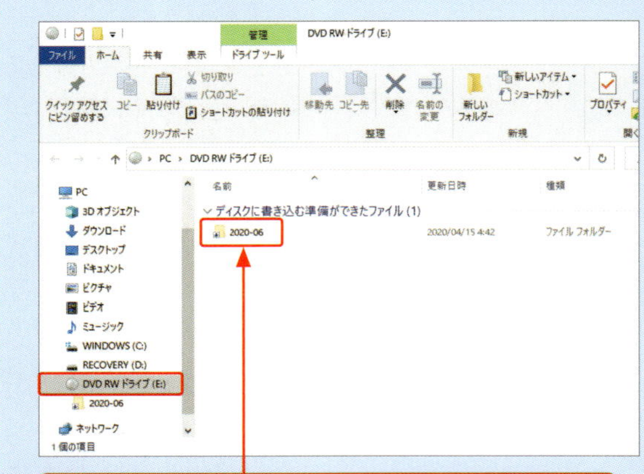

8 書き込む準備ができたファイル名が表示されます。

9 ＜管理＞タブをクリックして、

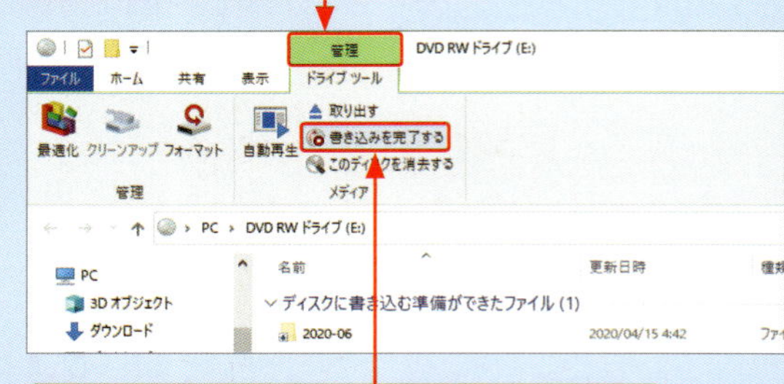

10 ＜書き込みを完了する＞をクリックします。

11 ＜次へ＞をクリックすると、ディスクへの書き込みが開始されます。

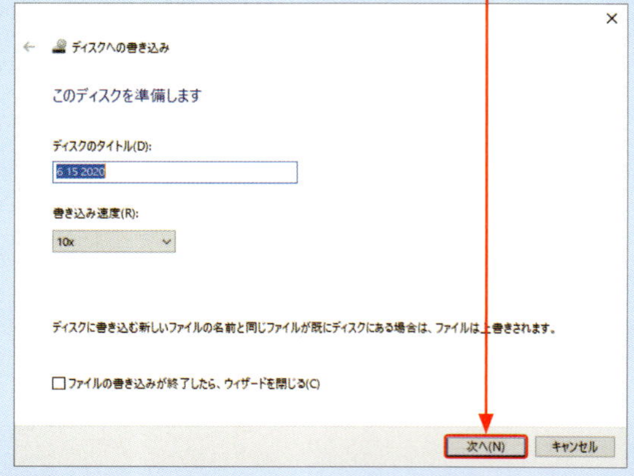

12 書き込みが終わったら、＜完了＞をクリックします。

10

おすすめアプリの便利技!

便利なプリインストールアプリ　重要度 ★★★

Q 516 Windows 10に入っているアプリにはどんなものがあるの?

A 主要なアプリは、以下の表のとおりです。

Windows 10にはたくさんのアプリがあらかじめインストールされています。中には起動時にMicrosoft アカウントでログインが必要なアプリや、インターネットに接続していないと利用できないアプリがあります。ここでは、スタートメニューから起動できる代表的なアプリを簡単に紹介します。

アイコン	アプリ名	解説
ペイント 3D	ペイント3D	2Dのイラストや3Dのコンテンツを作成できます。
OneNote	OneNote	メモやアイデアを記録できます。
People	People	電子メールの連絡先などを管理できます。
Office	Office	「Word」や「Excel」のほかに「OneDrive」などを起動することができます。
映画 & テレビ	映画&テレビ	映画などをレンタルしたり購入したりできます。
カレンダー	カレンダー	スケジュールの管理を行うことができます。

アイコン	アプリ名	解説
Skype	Skype	Skypeによる音声・ビデオ通話を利用できます。
Microsoft Store	Microsoft Store	アプリや映画をダウンロード／購入できます。
天気	天気	世界中の天気を表示できます。
電卓	電卓	計算ができます。
付箋	付箋	画面に付箋を貼り付けることができます。
マップ	マップ	世界中の地図を表示できます。

便利なプリインストールアプリ　重要度 ★★★

Q 517 「カレンダー」アプリに予定を入力したい!

A <新しいイベント>をクリックします。

「カレンダー」アプリは、スケジュールを管理できるアプリです。
起動すると今月のカレンダーが表示されます。<新しいイベント>をクリックすると、イベントの入力画面が表示されるので、件名や場所、日付などを入力し、<保存して閉じる>をクリックします。

1 スタートメニューで<カレンダー>をクリックして、

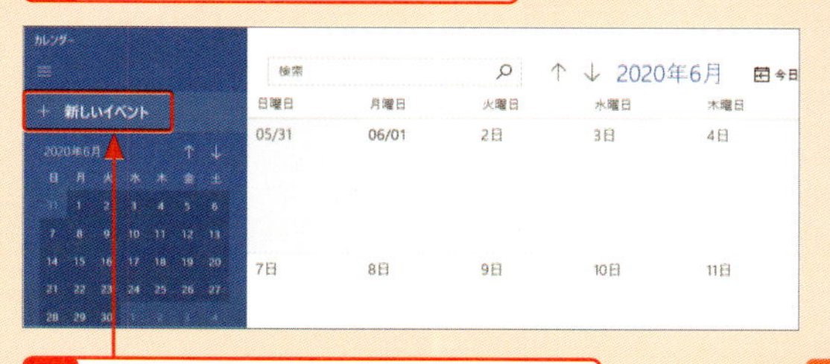

2 <新しいイベント>をクリックします。

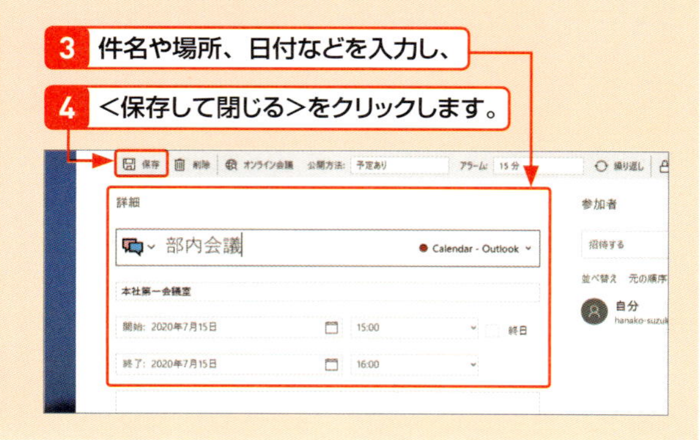

便利なプリインストールアプリ　重要度 ★★★

Q 518 予定を確認、修正したい！

A 対象の予定をクリックします。

「カレンダー」アプリに設定した予定を確認したり、修正したいときは、対象の予定をクリックします。詳細画面が表示されるので、必要に応じて修正したら、<保存して閉じる>をクリックします。

1 予定をクリックして、

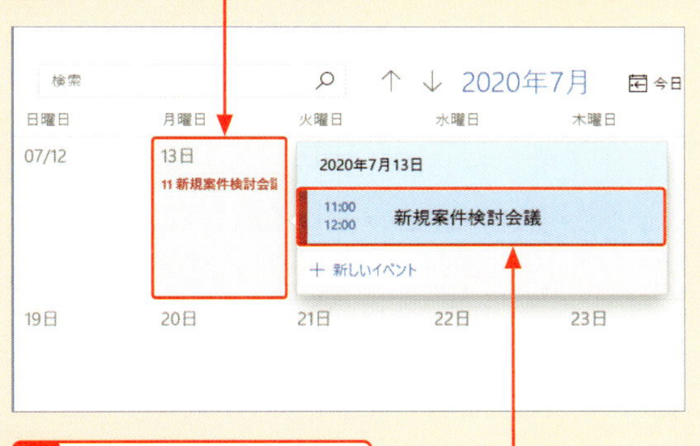

2 ポップ表示された予定をさらにクリックします。

3 予定の詳細画面が表示されるので、必要に応じて修正を行い、

予定を削除するときは、<削除>をクリックします。

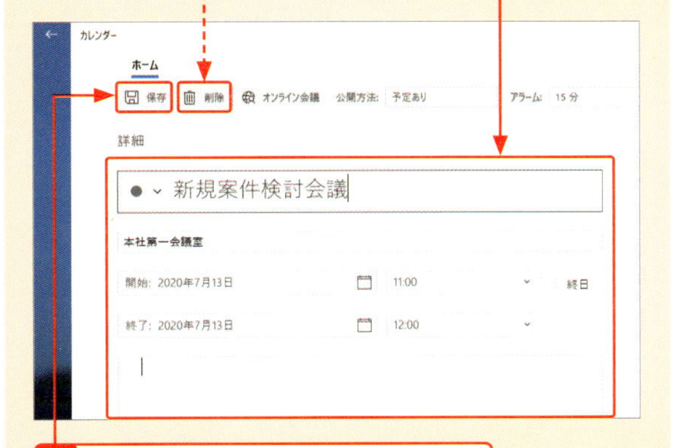

4 <保存して閉じる>をクリックします。

便利なプリインストールアプリ　重要度 ★★★

Q 519 予定の通知パターンやアラームを設定したい！

A 予定の詳細画面で設定します。

「カレンダー」アプリで通知パターン（公開方法）を設定すると、予定の週表示などの模様が変更され、ほかの予定と区別しやすくなります。予定の通知パターンは、「空き時間」「他の場所で作業中」「仮の予定」「予定あり」「外出中」から選択できます。
このときアラームもあわせて設定すれば、予定の開始時間の前に通知音とともに通知メッセージを表示してくれます。

公開方法を設定する

1 「カレンダー」アプリで予定の詳細画面を表示して、

2 ここをクリックし、

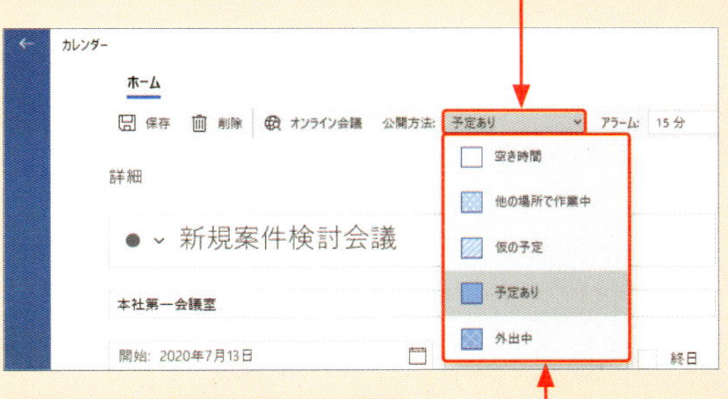

3 公開方法をクリックします。

アラームを設定する

1 ここをクリックして、

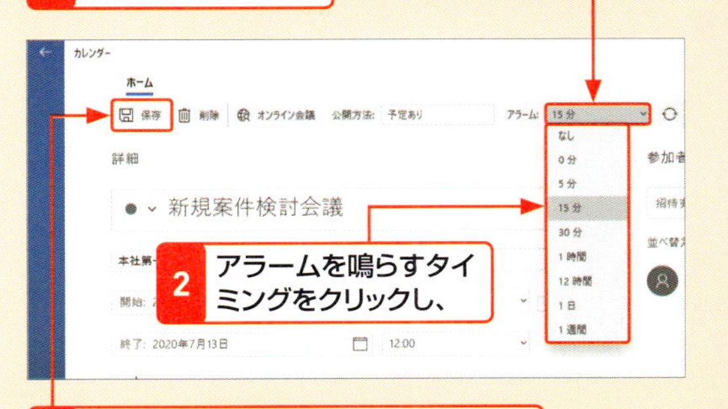

3 <保存して閉じる>をクリックします。

便利なプリインストールアプリ　重要度 ★★★

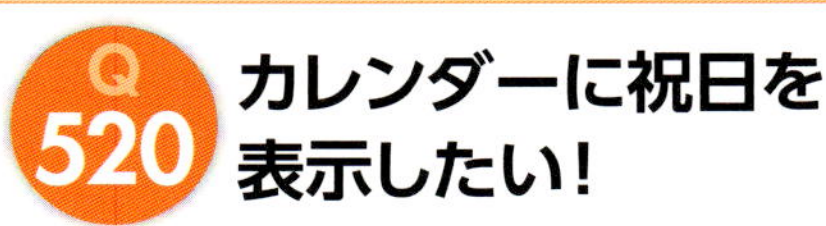

Q 520 カレンダーに祝日を表示したい！

A ＜休日カレンダー＞から＜日本＞を追加します。

「カレンダー」アプリには、世界各国の休日カレンダーが用意されており、表示させたい国のカレンダーを選んで追加できます。日本の祝日を表示したいときは、＜カレンダーの追加＞をクリックして、＜休日カレンダー＞のリストにある＜日本＞をクリックします。

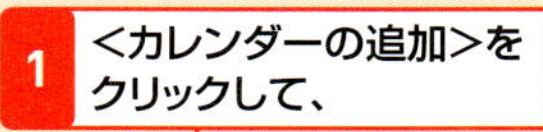

1 ＜カレンダーの追加＞をクリックして、

2 ＜休日カレンダー＞をクリックし、

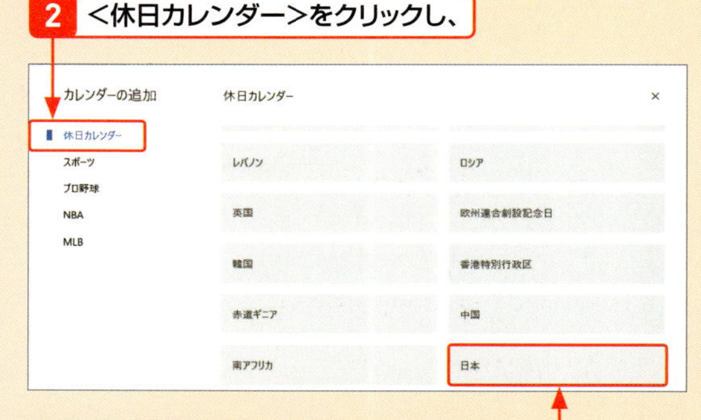

3 ＜日本＞をクリックすると、

4 カレンダーに日本の休日が表示されます。

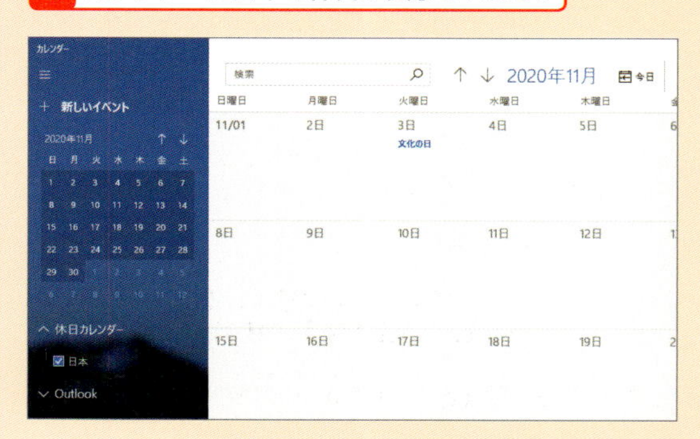

便利なプリインストールアプリ　重要度 ★★★

Q 521 現在地の天気を知りたい！

A 「天気」アプリで地域を設定します。

現在地の天気を知るには、「天気」アプリを利用します。「天気」アプリでは、インターネットを介して入手した天気情報が表示されます。スタートメニューから起動したら、自宅や勤め先がある地域を設定しましょう。以後は向こう1週間の天気を確認できます。

1 スタートメニューで＜天気＞をクリックして、

2 地域名を入力して候補から選択し、

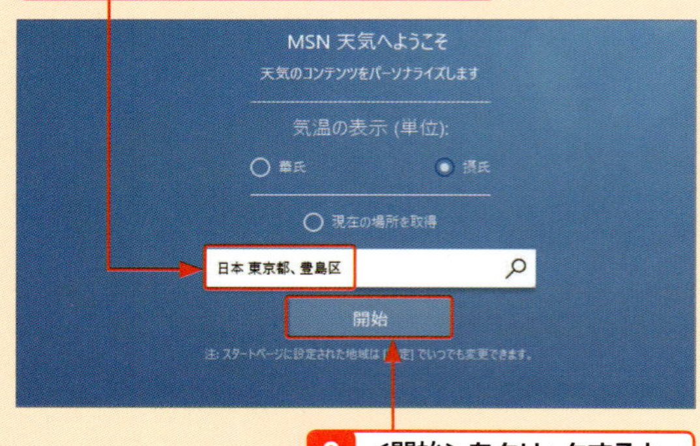

3 ＜開始＞をクリックすると、

4 指定した地域の天気情報が表示されます。

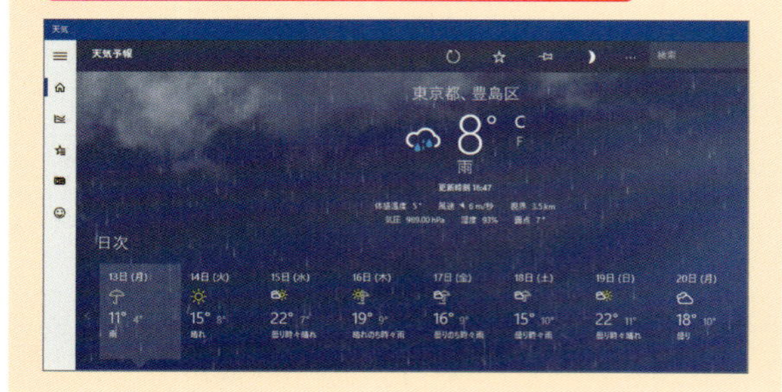

便利なプリインストールアプリ　重要度★★★

Q 522 「天気」アプリの地域を変更したい！

A 目的の地域を検索します。

「天気」アプリに表示される地域を変更したい場合は、検索ボックスに目的の地域を入力します。起動時に表示される地域は左下の<設定>で指定します。

1 右上の検索ボックスに目的の地域名を入力して、

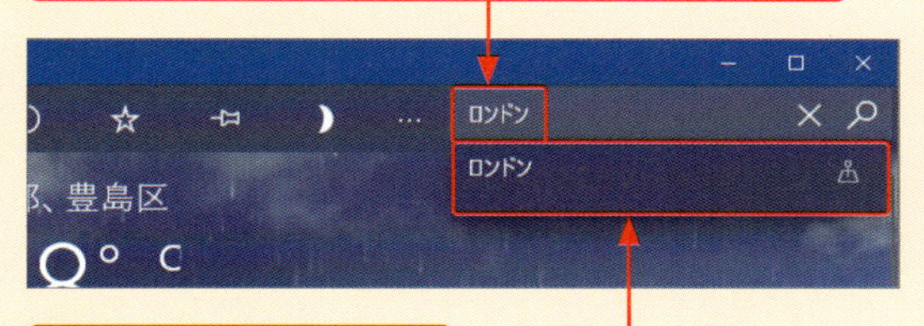

2 候補をクリックすると、

3 その地域の天気情報が表示されます。

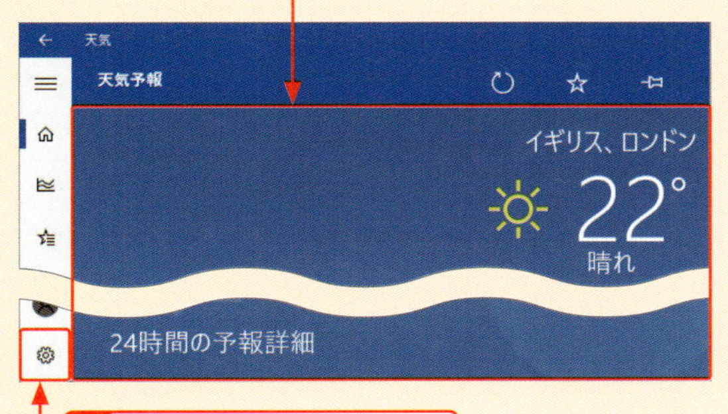

4 <設定>をクリックして、

5 <スタートページに設定された場所>をクリックし、

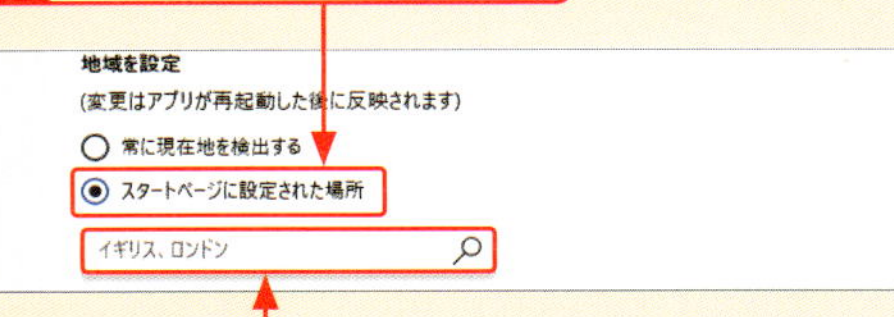

6 地域を入力すると、「天気」アプリを起動したときに表示される地域を設定できます。

便利なプリインストールアプリ　重要度★★★

Q 523 「マップ」アプリの使い方を知りたい！

A 拡大・縮小したり、ドラッグして地図を移動します。

「マップ」アプリを起動するには、スタートメニューで<マップ>をクリックします。「マップ」アプリをはじめて起動したときは、位置情報を許可するかどうかの画面が表示されます。<はい>をクリックすると、Wi-FiやGPS、IPアドレスなどから取得した位置情報をもとに、現在地周辺の地図が表示されます。地図は拡大・縮小したり、ドラッグして移動したりできます。

1 スタートメニューで<マップ>をクリックすると、

2 「マップ」アプリをはじめて起動したときは以下の図が表示されるます。

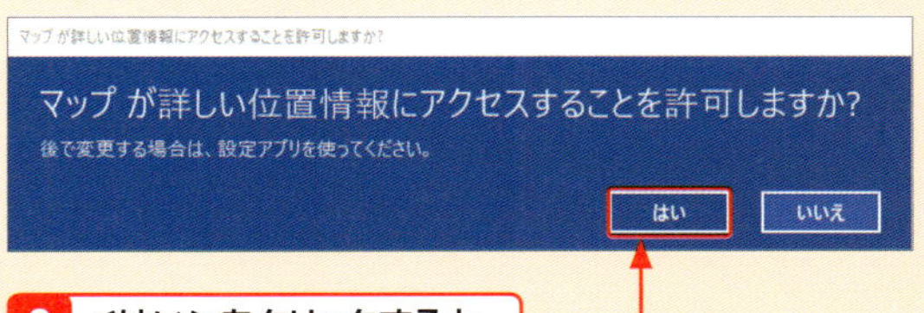

3 <はい>をクリックすると、

4 現在地周辺の地図が表示されます。

5 画面をドラッグすると、表示位置を移動できます。

6 <拡大>＋／<縮小>－をクリックすると、地図を拡大／縮小表示できます。

ここをクリックすると、場所の検索ができます。

便利なプリインストールアプリ　重要度 ★★★

Q 524 「マップ」アプリでルート検索をしたい！

A <ルート案内>を利用します。

「マップ」アプリでは、目的の場所を検索するほかに、現在地から目的地までのルートも検索できます。遠方へ外出するときなどに利用しましょう。

1 <ルート案内>をクリックして、

2 移動方法を選択し、

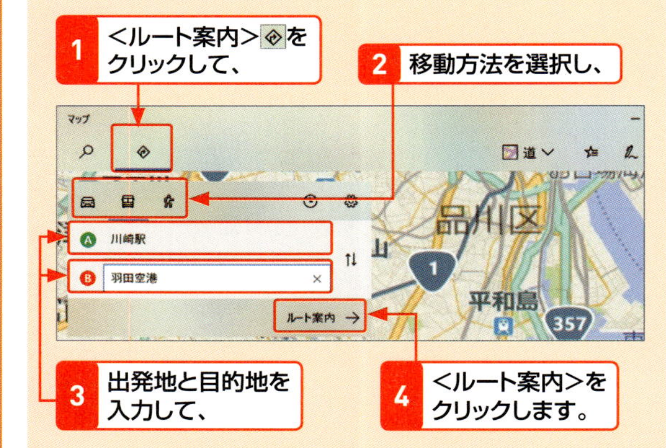

3 出発地と目的地を入力して、

4 <ルート案内>をクリックします。

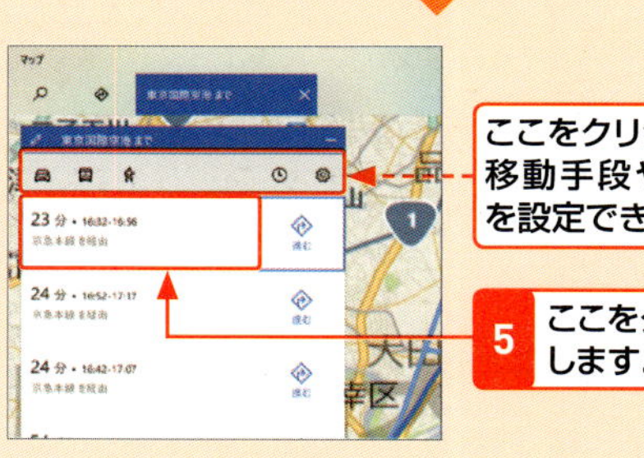

ここをクリックすると、移動手段や出発時刻を設定できます。

5 ここをクリックします。

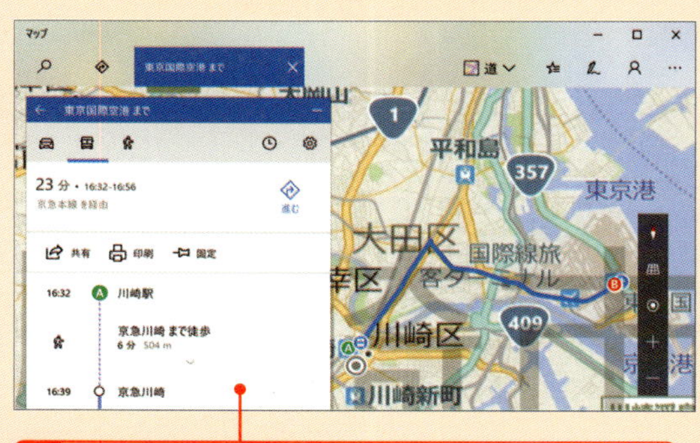

6 目的地までの時間やルートが詳しく表示されます。

便利なプリインストールアプリ　重要度 ★★★

Q 525 忘れてはいけないことを画面に表示しておきたい！

A 「付箋」で画面に付箋を貼りましょう。

「付箋」は、画面にメモ書きを貼り付けておける付箋アプリです。Microsoft アカウントでサインインすることで、ほかのパソコンでも同じメモを確認することができます。
また、Web サイト（https://www.onenote.com/stickynotes）にアクセスすれば、スマートフォンなどでもメモを表示可能です。

1 スタートメニューから「付箋」をクリックすると、アプリのウィンドウと付箋が表示されるので、

2 覚えておきたいことを書き留めます。

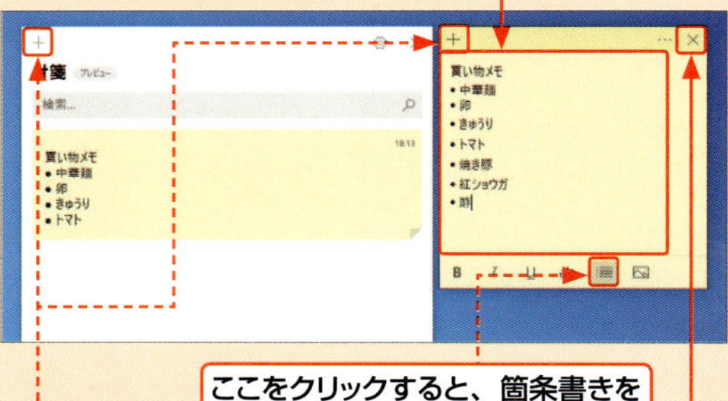

ここをクリックすると、箇条書きを始められます。箇条書きを終了するときはもう一度クリックします。

<新しいメモ>＋をクリックすると、付箋を増やせます。

3 メモの表示を終了したいときは、<メモを閉じる>×をクリックします。

4 メモを削除したいときは、<メニュー>…をクリックして、

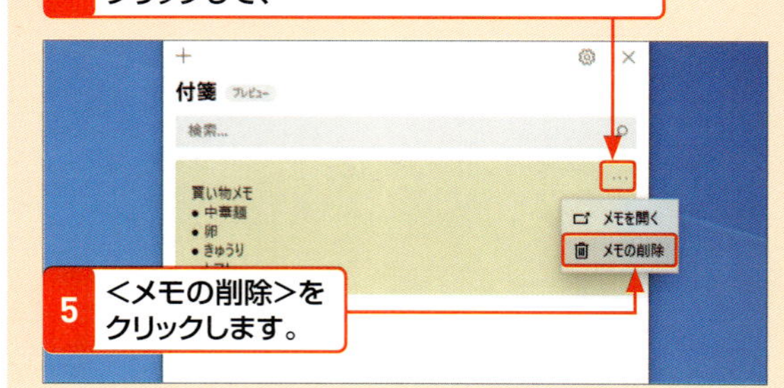

5 <メモの削除>をクリックします。

Q 526 OneNoteでメモを残したい！

A OneNoteで新しいノートを作成しましょう。

「OneNote」は、メモを作成、管理、共有するためのアプリです。テキストメモはもちろん、画像や各種文書ファイルなどもメモとして保存できるので、仕事やプライベートでさまざまなことを記録しておきたいといった用途に応えてくれます。スマートフォンやタブレット向けのアプリも用意されているので、同じMicrosoftアカウントでアプリにサインインすれば、メモを各デバイスで共有できる点も便利です。
OneNoteでは、メモのことを「ページ」と呼びます。ページは「ノートブック」というフォルダーと同様の入れ物で管理、分類でき、ノートブックの中にさらに「セクション」という入れ子のフォルダーが用意されています。

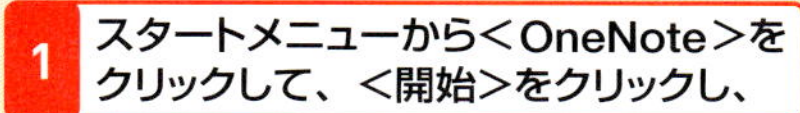

1 スタートメニューから＜OneNote＞をクリックして、＜開始＞をクリックし、

最初のノートブックの名前は固定されています。

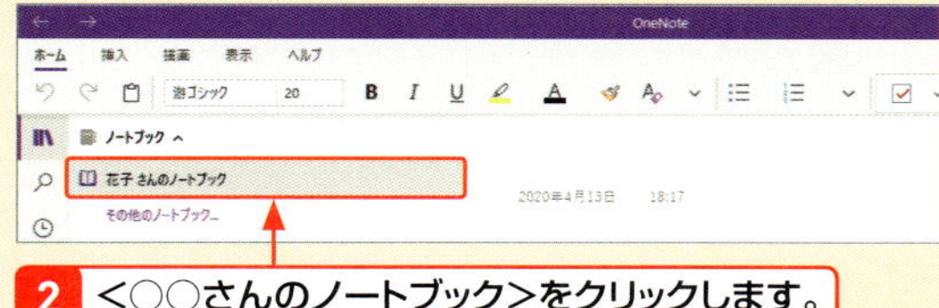

2 ＜○○さんのノートブック＞をクリックします。

3 ＜セクションの追加＞をクリックします。

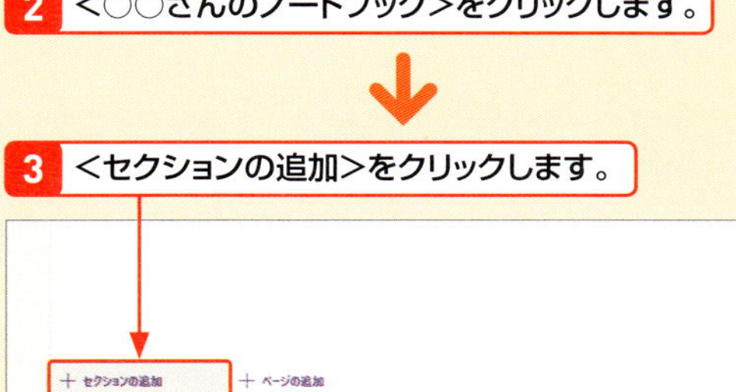

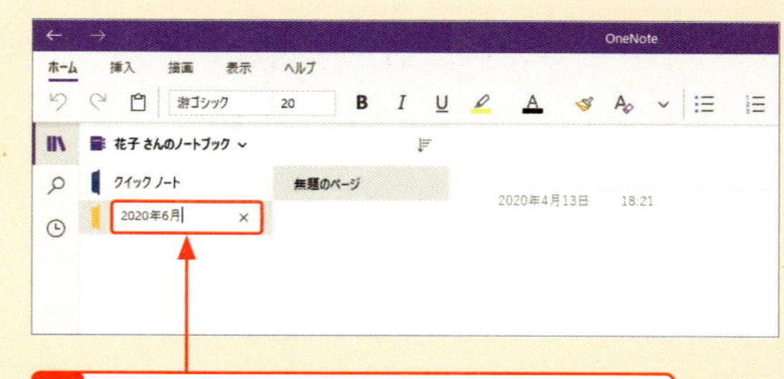

4 セクションの名前を入力して Enter を押すと、

5 新しいセクションが作成されます。

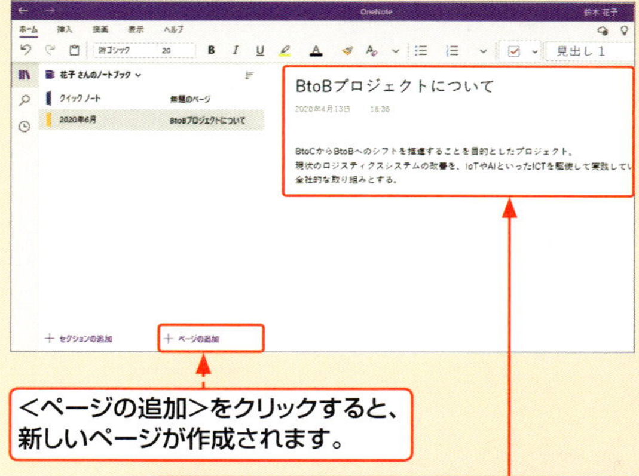

＜ページの追加＞をクリックすると、新しいページが作成されます。

6 ページにタイトルや本文を入力します。

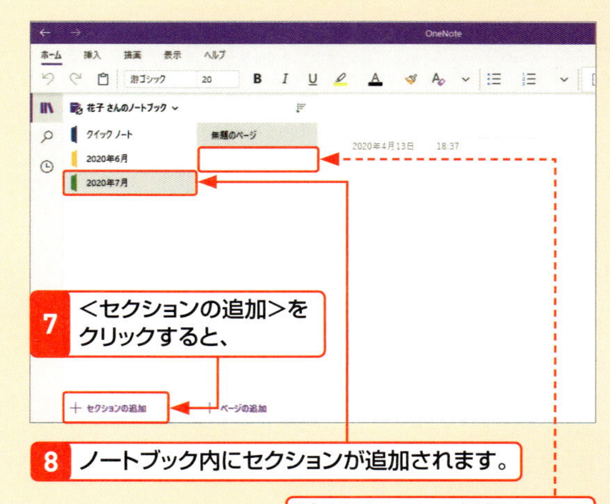

7 ＜セクションの追加＞をクリックすると、

8 ノートブック内にセクションが追加されます。

別のセクションを選択すると、ページは見えなくなります。

Q 527 ペイント3Dの使い方を知りたい!

A 「マジック選択」機能で画像を切り抜いてみましょう。

「ペイント3D」アプリは「ペイント」アプリの後継アプリです。従来のように画像をトリミングしたり、絵を描いたりできるほか、画像の一部を切り抜いたり、3D図形を扱ったりすることも可能になっています。ここでは例として、画像の一部を切り抜く方法を紹介します。

1 スタートメニューから<ペイント3D>をクリックして、<メニュー>をクリックし、

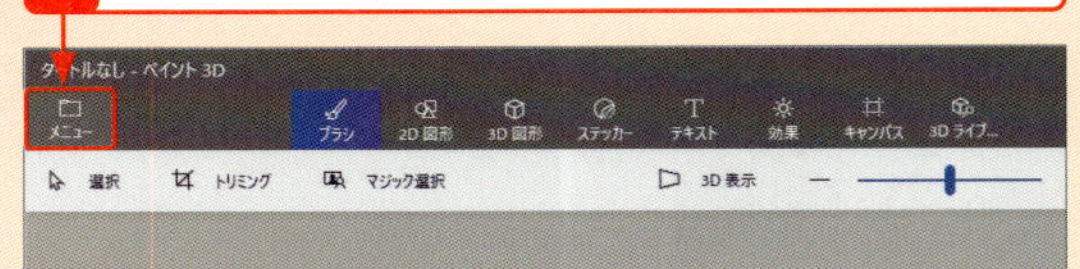

2 <挿入>をクリックして、

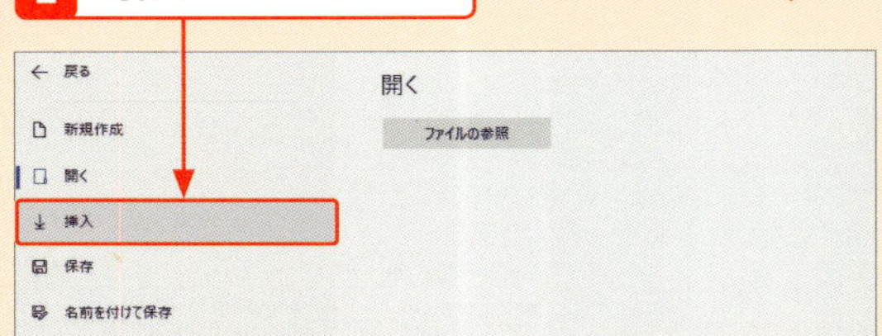

3 切り抜きたい画像をクリックし<開く>をクリックします。

4 <マジック選択>をクリックして、

5 白い円をドラッグして切り抜き範囲を選択し、

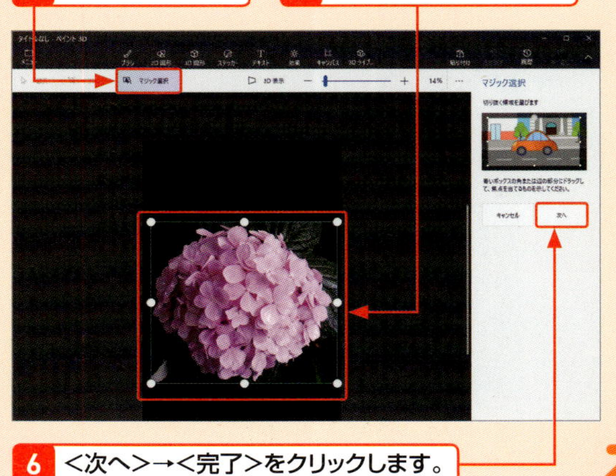

6 <次へ>→<完了>をクリックします。

7 <切り取り>をクリックします。

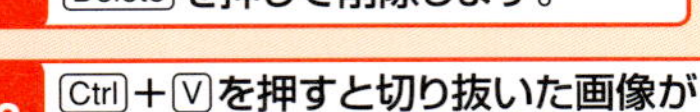

8 Ctrl + A を押して背景を全選択し、Delete を押して削除します。

9 Ctrl + V を押すと切り抜いた画像が貼り付けられます。

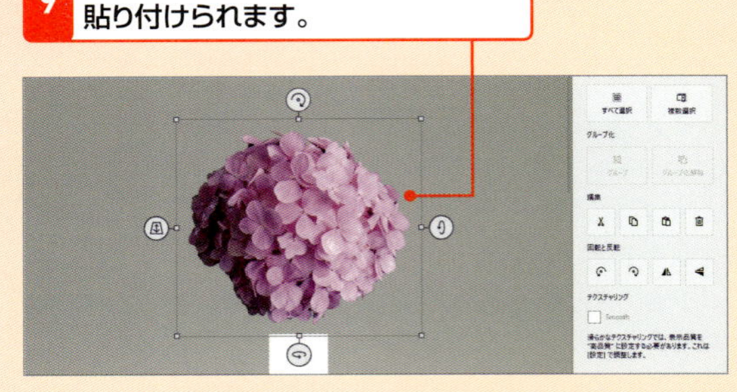

10 <キャンバス>をクリックし、

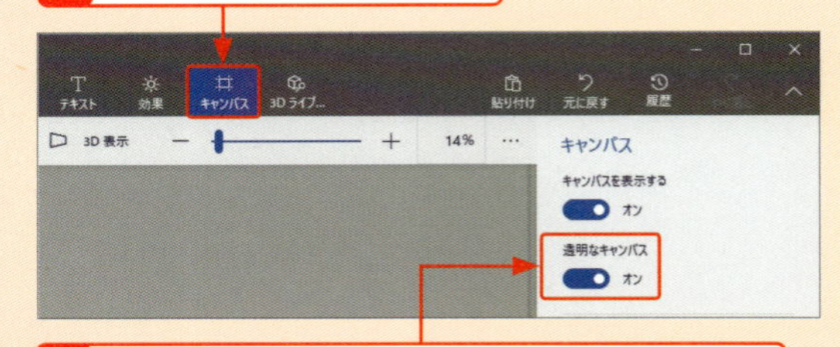

11 <透明なキャンバス>をクリックしてオンにします。

12 画面左上の<メニュー>→<保存>→<画像>をクリックし、次の画面で<保存>をクリックして、

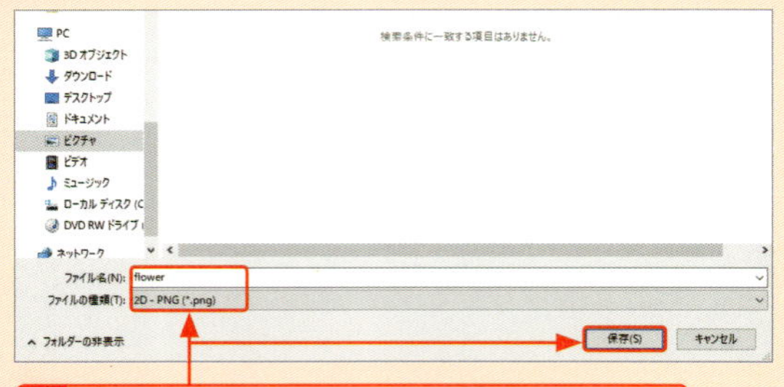

13 名前を入力後、<ファイルの種類>で<2D-PNG>を選択して画像を保存します。

Q 528 Skypeに連絡先を登録したい！

A 相手に登録を申請します。

「Skype（スカイプ）」は、ほかのユーザーとインターネット回線を利用してメッセージのやり取りや通話ができるアプリです。Windows 10に最初から用意されており、Microsoftアカウントを持っていれば誰でも無料で利用できます。

まずはスタートメニューで＜Skype＞をクリックして、起動しましょう。次の画面で＜サインイン＞をクリックすれば、すぐ始められます。もし普段利用しているのとは別のMicrosoftアカウントを利用するなら、同画面で＜別のアカウントでサインイン＞をクリックします。そのあとメールアドレスやパスワードを入力すればOKです。このとき＜新しいアカウントを作成＞をクリックして、新たにMicrosoftアカウントを作ることも可能です。

サインインが完了したら、初心者用にチュートリアルが表示されます。画面の指示に従って読み進めていけば、Skypeを利用できます。まずは連絡を取りたい相手を検索しましょう。

1 検索ボックスをクリックして、

2 登録したい相手のユーザー名、あるいはメールアドレスを入力し、

3 該当するユーザーが表示されたら、クリックします。

4 メッセージの送信画面が表示されるので、

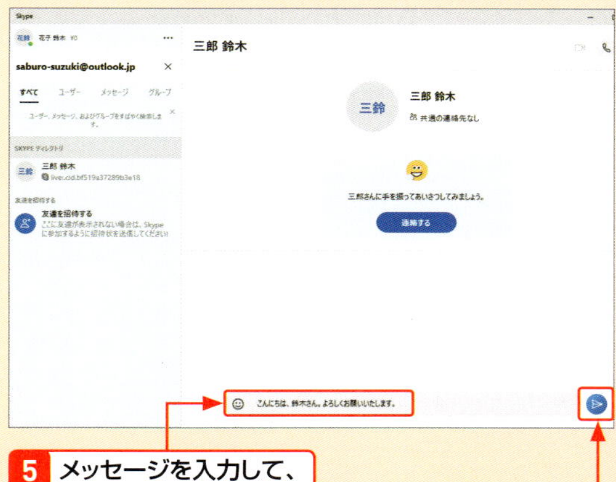

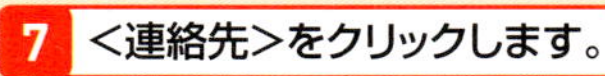

5 メッセージを入力して、

6 ここをクリックすると、連絡先への追加希望が送信されます。

7 ＜連絡先＞をクリックします。

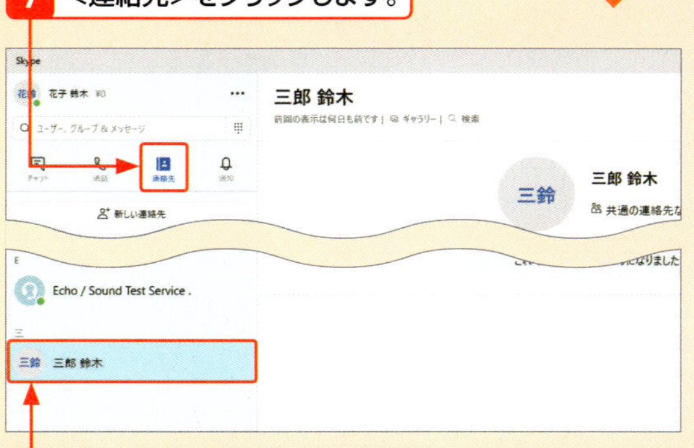

8 相手がメッセージを承認すると、連絡先として登録されます。

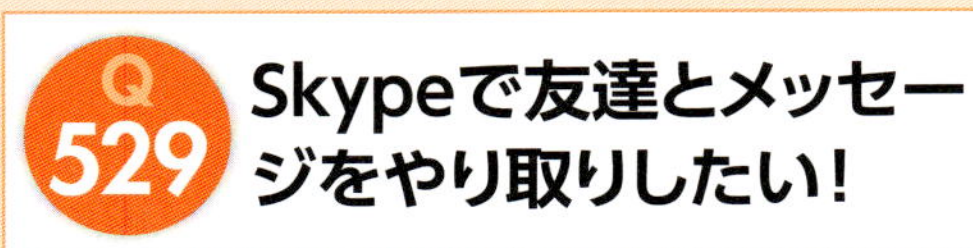

重要度 ★★★

Q 529 Skypeで友達とメッセージをやり取りしたい！

A 相手を選んで メッセージを送信します。

連絡先から友達を選ぶと、チャット画面が表示されます。ここでメッセージを送受信できます。

1 <連絡先>をクリックして、

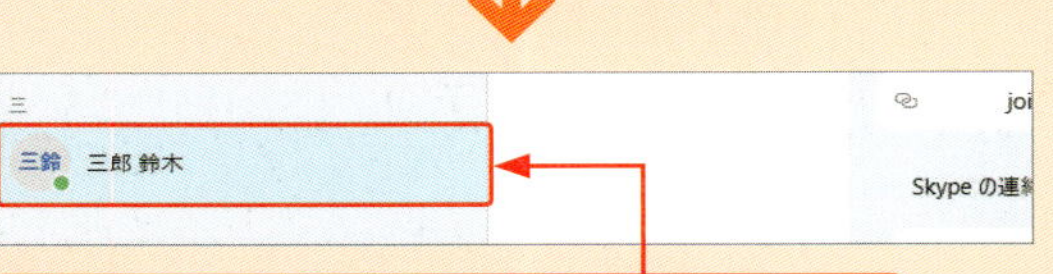

2 メッセージを送信する相手をクリックします。

3 相手とやり取りする画面が表示されるので、テキストボックスにメッセージを入力し、

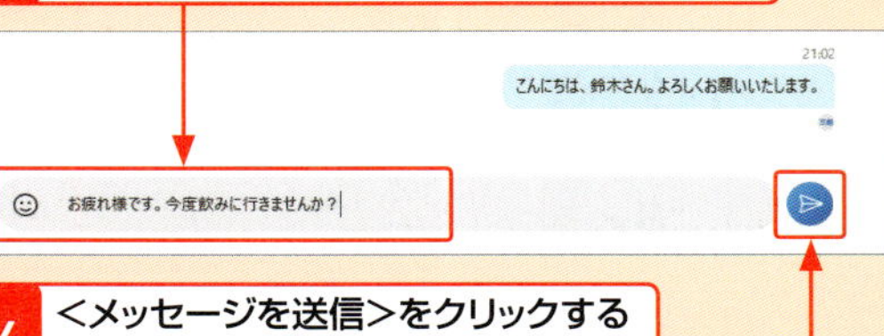

4 <メッセージを送信>をクリックすると、メッセージが送信されます。

5 相手から返事があると表示されます。

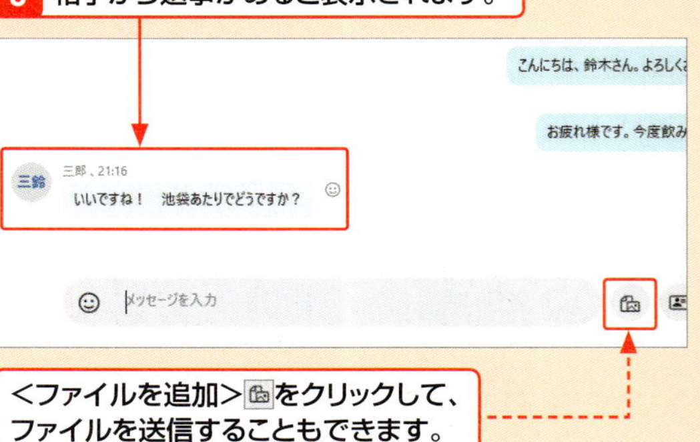

<ファイルを追加>をクリックして、ファイルを送信することもできます。

重要度 ★★★

Q 530 Skypeで友達と通話を楽しみたい！

A <通話>をクリックします。

パソコンやタブレットにマイクとスピーカーが用意されていれば、Skypeで音声通話を行えます。Skypeユーザー同士なら料金は無料です。テキストメッセージよりももっと密にコミュニケーションしたいときに利用するとよいでしょう。

1 通話を行う人の名前をクリックして、

2 <音声通話>をクリックすると、

3 相手を呼び出し中の画面が表示されます。

4 相手が応答すると、通話できます。

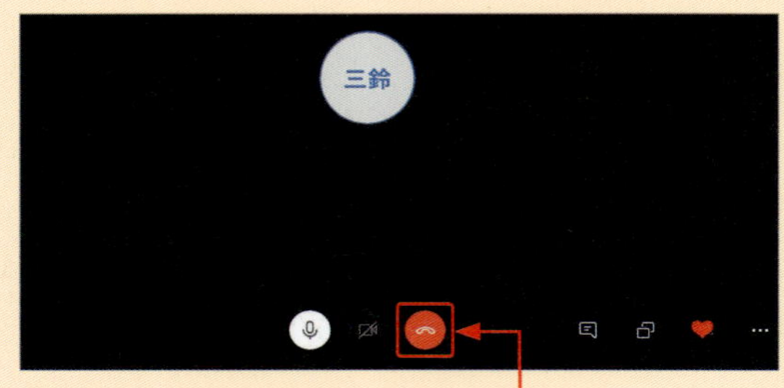

5 通話を終了するには、<通話を終了>をクリックします。

Q 531 Windows 10でゲームを楽しみたい!

A 付属のゲームを楽しむか、新しくダウンロードします。

Windows 10でゲームを楽しむには、Windows 10に付属しているゲームをプレイする方法と、「Microsoft Store」アプリから有料または無料のゲームをダウンロードする方法があります。ここでは、Windows 10に付属する「Microsoft Solitaire Collection」を例に紹介します。

参照▶Q 532,Q 533

サインインする

1 スタートメニューで<Microsoft Solitaire Collection>をクリックして、

2 <×>をクリックしお知らせを閉じます。

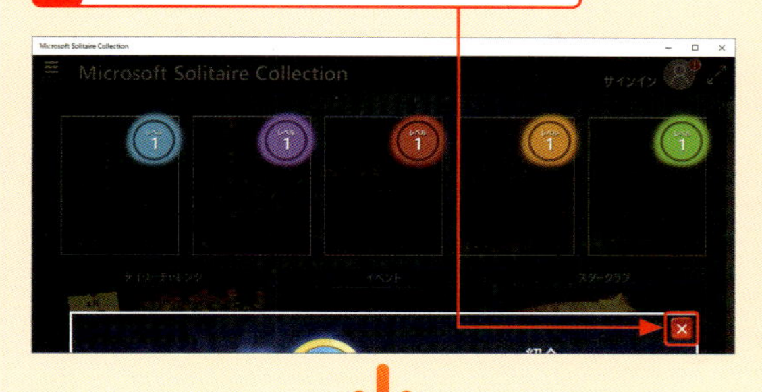

3 <サインイン>をクリックして、

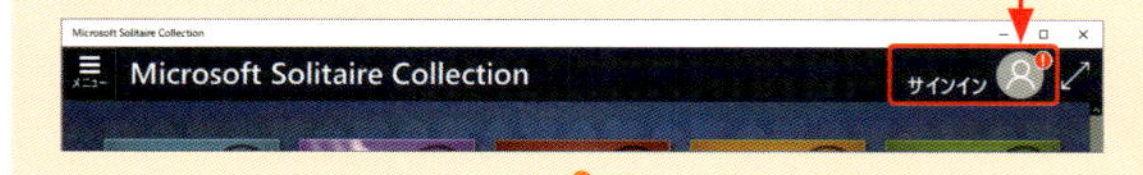

Microsoft アカウントでWindowsにサインインしていて、はじめて起動した場合は、このように表示されます。

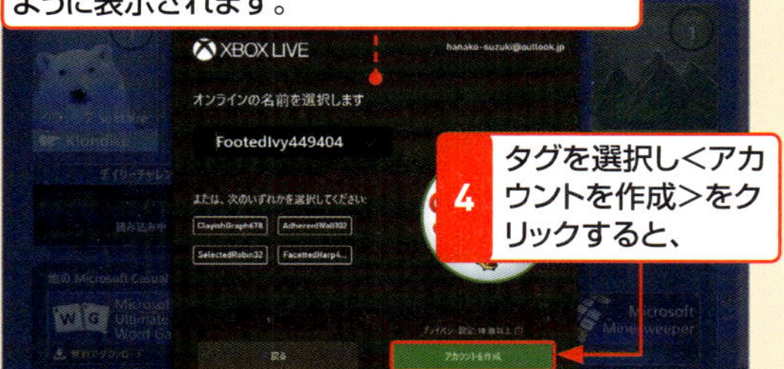

4 タグを選択し<アカウントを作成>をクリックすると、

5 サインインして、ゲームが遊べるようになります。

サインアウトする

1 ここをクリックして、

2 表示された画面で<プロフィールを表示>をクリックし、

3 <設定>  をクリックして、

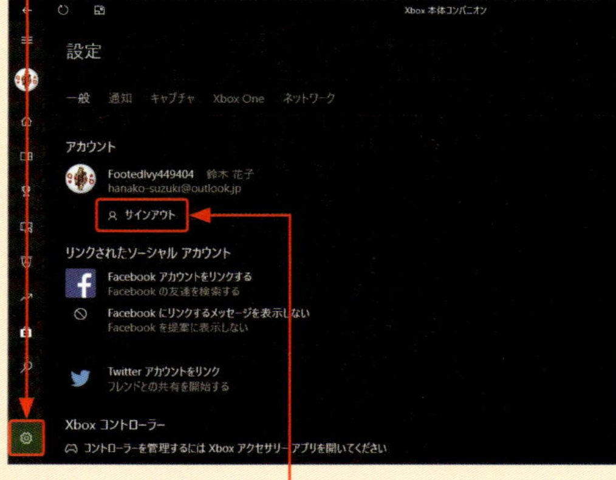

4 <サインアウト>をクリックします。

アプリのインストールと削除　重要度 ★★★

Q 532 Windows 10にアプリを追加したい!

A 「Microsoft Store」アプリからインストールします。

Windows 10にアプリを追加したいときは、「Microsoft Store」アプリを利用しましょう。有料、無料を問わず、さまざまなアプリが用意されています。なお、アプリをインストールするにはMicrosoftアカウントが必要です。

1 スタートメニューで＜Microsoft Store＞をクリックして、「Microsoft Store」アプリを起動し、

2 アプリのジャンル(ここでは＜仕事効率化＞)をクリックして、

3 追加したいアプリをクリックし、

4 ＜入手＞をクリックすると、

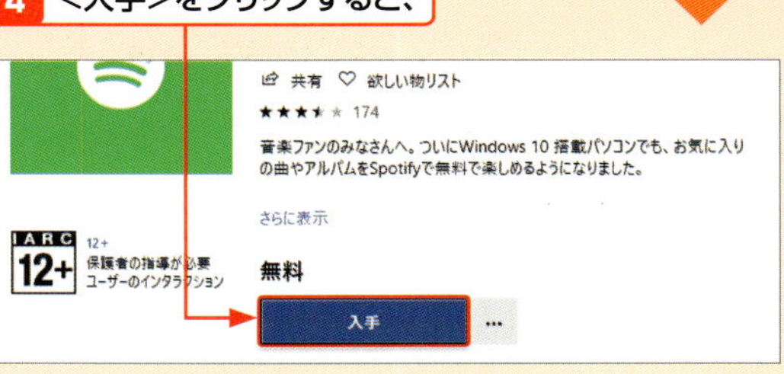

5 アプリが追加されます。

アプリのインストールと削除　重要度 ★★★

Q 533 アプリの探し方がわからない!

A 検索機能を利用します。

「Microsoft Store」アプリでは、「ゲーム」「エンターテイメント」「仕事効率化」といったカテゴリからアプリを探せます。それでも目的のアプリがなかなか見つからなかったり、アプリ名を知っている場合は、検索機能を利用するとよいでしょう。

1 ＜検索＞をクリックして、

2 探したいアプリをキーワードで入力し、

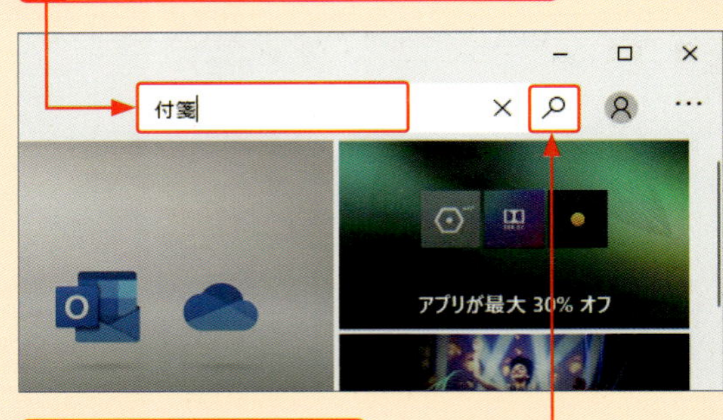

3 ここをクリックすると、

4 検索結果が表示されます。

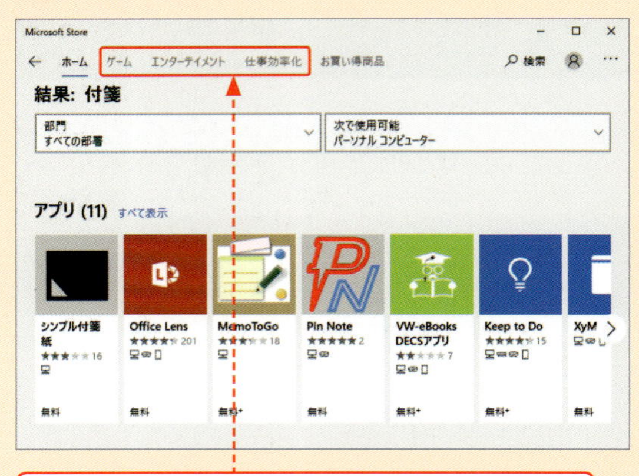

＜ゲーム＞＜エンターテイメント＞＜仕事効率化＞といったカテゴリからアプリを探すこともできます。

重要度 ★★★

Q 534 有料アプリの「無料試用版」って何？

A 有料アプリを一定期間無料で試せるものです。

Microsoft Storeでは、無料のものだけでなく、有料のアプリも販売されています。購入前に有料アプリの使い勝手を試してみたい場合は、右のように操作して、無料試用版をインストールするとよいでしょう。なお、有料アプリの中には無料試用版が用意されていないものもあります。

1 有料アプリを選択して、

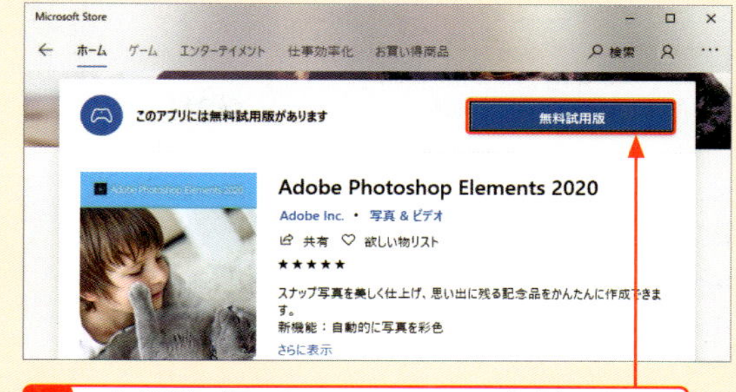

2 <無料試用版>をクリックすると、無料で利用できるアプリがインストールされます。

重要度 ★★★

Q 535 有料のアプリを購入するには？

A 支払い方法の登録が必要です。

「Microsoft Store」アプリで有料のアプリを購入する場合は、Microsoftアカウントに支払い方法を登録する必要があります。支払いには、クレジットカードまたはPayPalを利用できます。支払い方法は、有料アプリをはじめて購入するときにも登録できますが、あらかじめ登録しておくことも可能です。ここでは後者の方法を紹介します。

1 「Microsoft Store」アプリを起動して<もっと見る>…をクリックし、

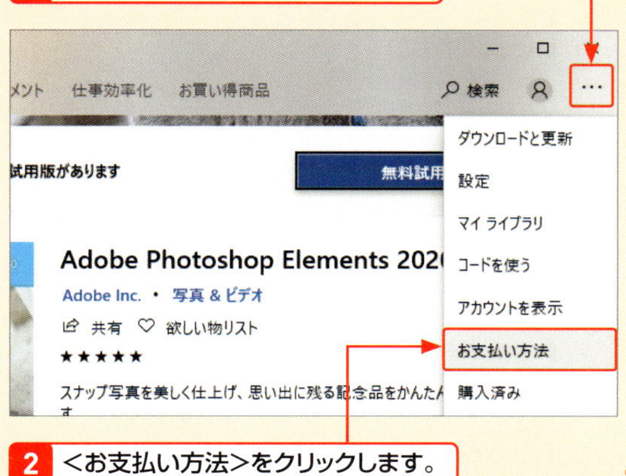

2 <お支払い方法>をクリックします。

3 Edgeが起動するのでMicrosoftアカウントを入力して<次へ>をクリックし、

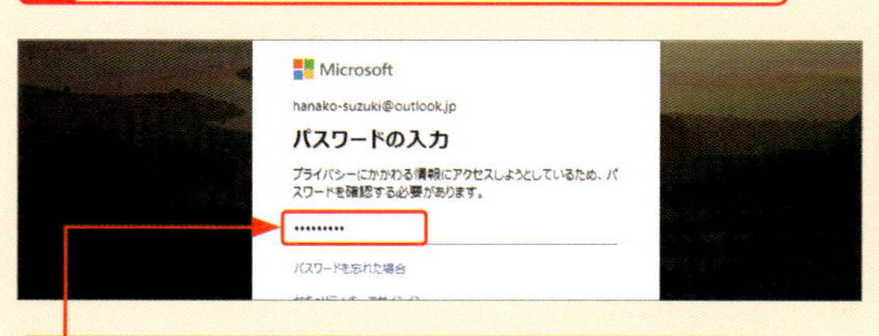

4 Microsoftアカウントのパスワードを入力して<サインイン>をクリックします。

5 <支払いオプションの追加>をクリックし、

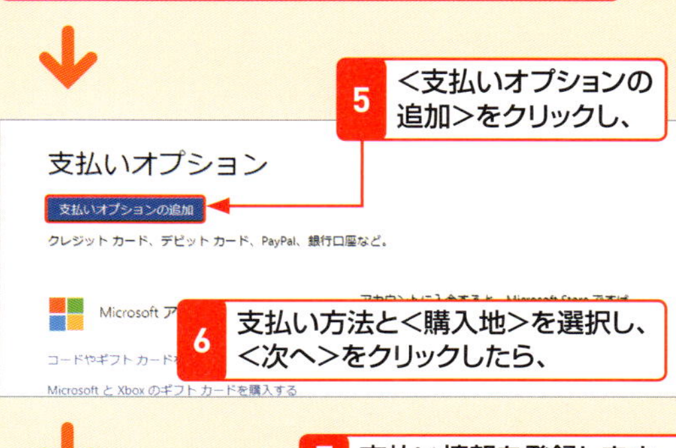

6 支払い方法と<購入地>を選択し、<次へ>をクリックしたら、

7 支払い情報を登録します。

アプリのインストールと削除　重要度 ★★★

Q 536 アプリをアップデートしたい!

A 自動的にダウンロードして更新されます。

Windows 10に標準でインストールされているアプリや「Microsoft Store」で入手できるアプリは、アップデートがあると自動的に更新が行われます。自動更新をしたくない場合は、設定を変更しましょう。ただし、設定を変更できるのは、管理者権限を持つユーザーのみです。自動更新をオフにすると、以降は「Microsoft Store」アプリの画面右上にアップデートの通知が表示され、クリックして好きなときに更新できます。

● 自動更新をオフにする場合

1 「Microsoft Store」アプリを起動して<もっと見る>…をクリックし、

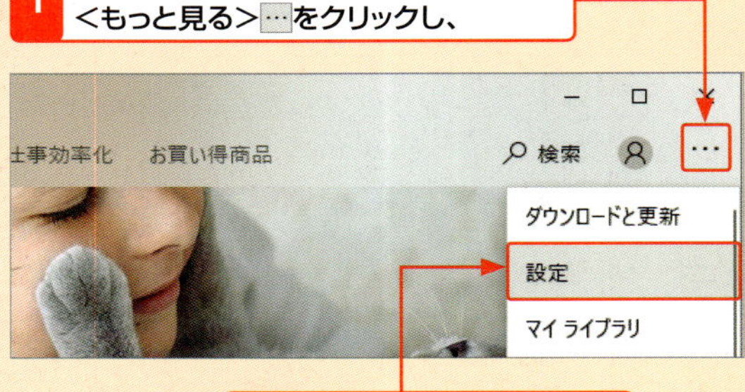

2 <設定>をクリックします。

3 <アプリを自動的に更新>を<オフ>に設定します。

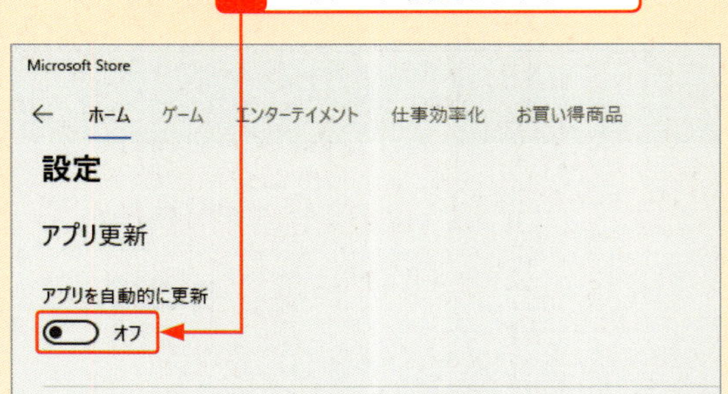

4 以降は、アップデートが配信されると、アプリの右上に更新プログラムの情報が表示されるようになります。

アプリのインストールと削除　重要度 ★★★

Q 537 アプリをアンインストールしたい!

A 「設定」アプリで操作します。

インストールしたものの使わなくなったアプリは、「設定」アプリからアンインストール（削除）できます。

1 スタートメニューで<設定>⚙をクリックして、

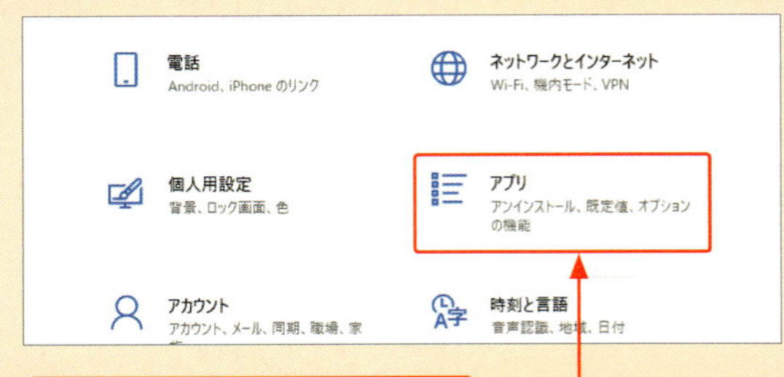

2 <アプリ>をクリックします。

3 <アプリと機能>をクリックし、

4 アンインストールしたいアプリをクリックしたら、

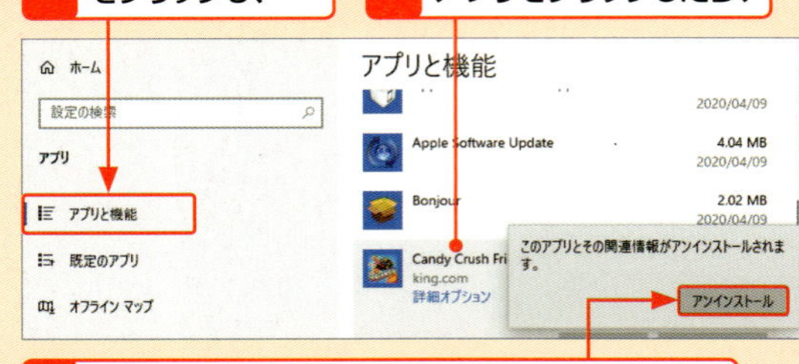

5 <アンインストール>→<アンインストール>をクリックします。

6 アンインストールが実行されます。

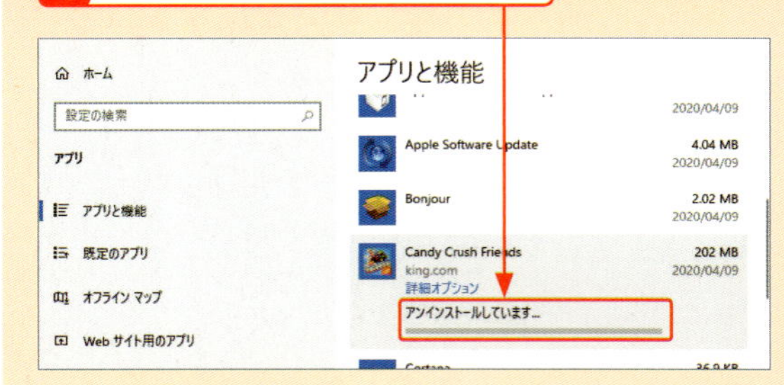

インストールと設定の便利技!

Q 538 Windows 10が使えるパソコンの条件は？

A システム要件は以下のとおりです。

Windows 7やWindows 8／8.1からWindows 10へのアップグレードを考えている場合は、Windows 10がきちんと動作するか事前に確認しておきましょう。Windows 10のシステム要件は下記のとおりです。

- プロセッサ：1GHz以上のプロセッサ
- メモリ：1GB（32ビット）または2GB（64ビット）
- ハードディスクの空き容量：32GB
- グラフィックカード：WDDMドライバーを搭載したDirectX9グラフィックスデバイス
- ディスプレイ：800×600以上の解像度
- タッチを使う場合は、タブレットまたはマルチタッチに対応するモニター

● パソコンのシステム要件を確認する

Windows 7／Vistaでは<スタート>ボタンをクリックして、<コンピューター>を右クリックし、<プロパティ>をクリックします。詳細については、使用しているパソコンの解説書を参照するか、メーカーのWebページを参照してください。

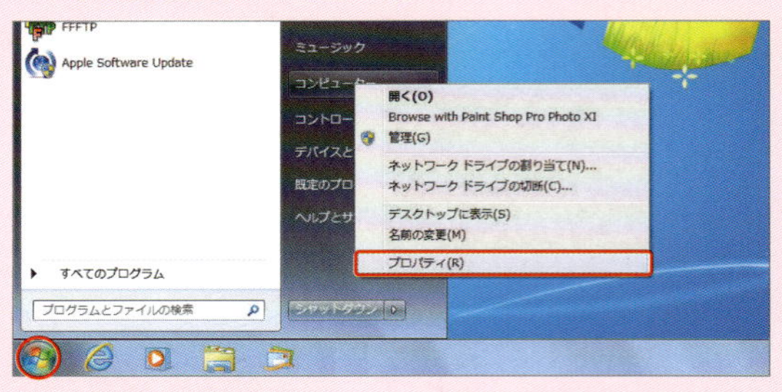

Windows 8／8.1では、コントロールパネルの<システムとセキュリティ>で<システム>をクリックします。

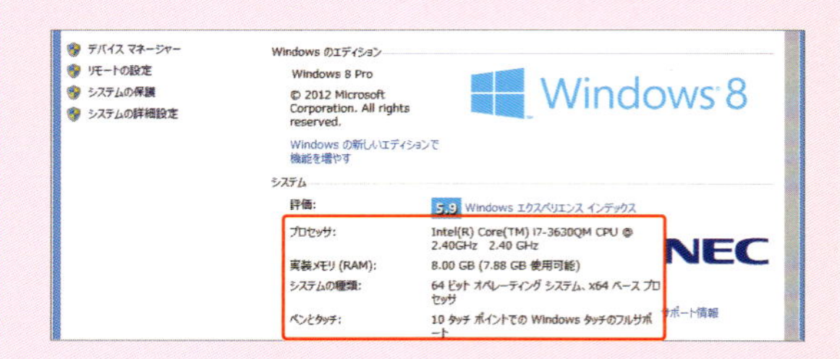

Q 539 Windows 10にアップグレードするには？

A バージョンによって条件が異なります。

現在Windows 7／8／8.1を利用している場合は、ユーザーのファイルやWindowsの設定を保持したまま、Windows 10にアップグレードできます。一方、現在Windows XP／Vistaを利用している場合は、クリーンインストールを実行する必要があります。クリーンインストールを実行すると、ユーザーのファイルやアプリはすべて失われてしまうので、事前にバックアップを取っておきましょう。

参照▶Q 538

- **Windows 7／8／8.1**

  現在Windows 7／8／8.1を使用している場合は、Windows 10を購入し、アップグレードすることができます。なお、Windows 8を利用している場合は、事前に「ストア」アプリからWindows 8.1にアップデートしておく必要があります。

- **Windows XP／Vista**

  Windows 10を購入し、USBメモリーを使ってクリーンインストールを実行する必要があります。クリーンインストールとは、現在インストールされているOS（この場合はWindows XP／Vista）のデータをいったん完全に削除して、新しいOS（この場合はWindows 10）をインストールし直すことです。このとき、ユーザーのファイルやWindowsの設定、アプリも削除されます。

Q 540 ファイルを消さずにパソコンをリフレッシュしたい!

A <更新とセキュリティ>から パソコンを初期状態に戻します。

パソコンの動作が不安定になってしまったら、一度パソコンを初期状態に戻してみましょう。
このとき、写真などの個人用ファイルは残しておくことができます。ただし、パソコンを購入後にインストールしたアプリは削除されてしまうので、あとで再インストールしましょう。また、パソコンによっては、購入時に付属していたリカバリディスクなどが必要になります。なお、Windows 7／8／8.1からWindows 10へアップグレードした場合は、Windows 10がクリーンインストールされた状態に戻ります。

1 スタートメニューで<設定>をクリックして、

2 <更新とセキュリティ>をクリックし、<回復>をクリックします。

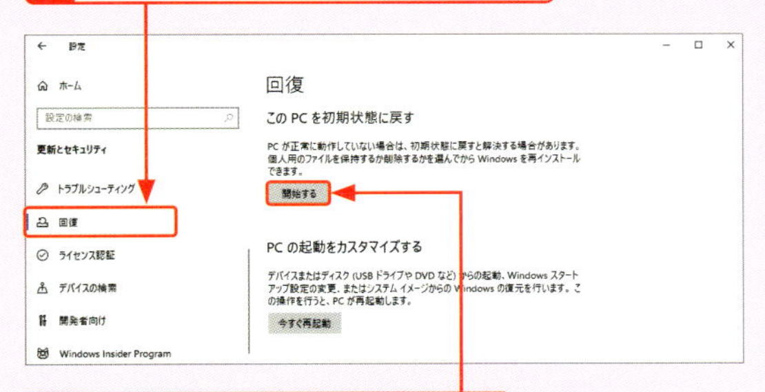

3 <このPCを初期状態に戻す>の<開始する>をクリックして、

4 <個人用ファイルを保持する>をクリックします。

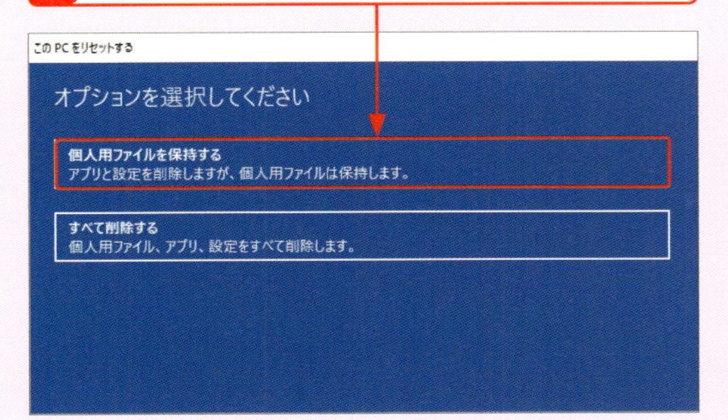

<クラウドからダウンロード>をクリックして、インターネットからインストールするデータをダウンロードすることもできます。

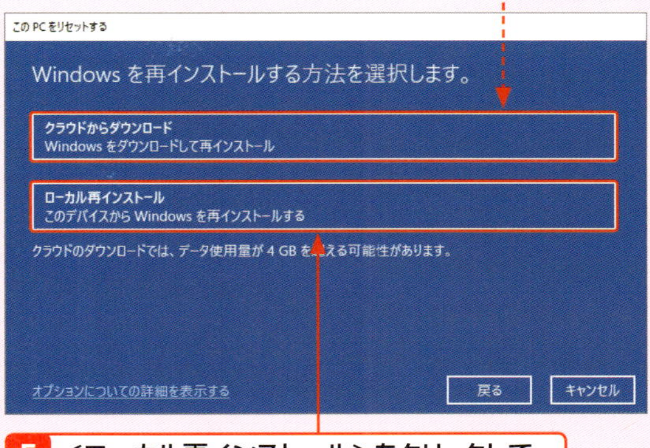

5 <ローカル再インストール>をクリックして、

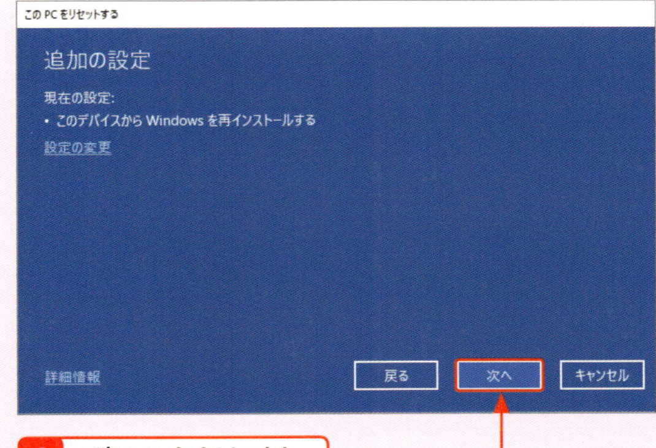

6 <次へ>をクリックし、

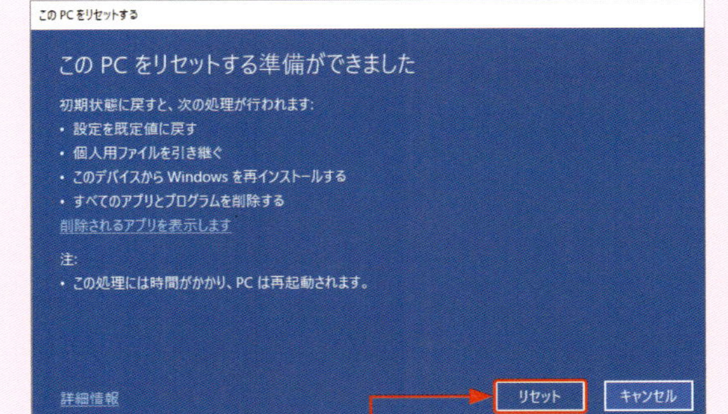

7 <リセット>をクリックすると、パソコンが初期状態に戻ります。

Q 541 再インストールして購入時の状態に戻したい！

A すべて削除してWindowsを再インストールします。

パソコンを購入時の状態に戻すには、<回復>を<すべて削除する>オプションで実行します。インストールしたアプリや保存していた個人用ファイル、独自に設定した項目などはすべて削除されるので、必要なデータをバックアップしてから実行しましょう。なお、Windows 7／8／8.1からWindows 10へアップグレードしている場合は、Windows 10がクリーンインストールされた状態に戻ります。

1 Q540を参考に、<このPCを初期状態に戻す>の<開始する>を選択して、

オプションを選択してください

すべて削除する
個人用ファイル、アプリ、設定をすべて削除します。

2 <すべて削除する>をクリックします。

<クラウドからダウンロード>をクリックして、インターネットからインストールするデータをダウンロードすることもできます。

Windows を再インストールする方法を選択します。

ローカル再インストール
このデバイスから Windows を再インストールする

3 <ローカル再インストール>をクリックして、

追加の設定

4 <次へ>をクリックし、 戻る 次へ キャンセル

この PC をリセットする準備ができました

5 <リセット>をクリックすると、パソコンが初期状態に戻ります。

Q 542 ほかのパソコンからデータを移したい！

A USBメモリーや外付けハードディスク、OneDriveを利用します。

パソコンを買い換えたときなどに、ほかのパソコンからデータを移行するには、USBメモリーや外付けハードディスクを使用します。
USBメモリーや外付けハードディスクを持っていない場合は、OneDriveを利用します。
OneDriveは、マイクロソフトが運営するストレージサービス（インターネット上の保存場所）です。5GBまで無料で利用できますが、有料で保存容量を拡張することも可能です。
OneDriveを使ってデータを移行するには、まず、移行元のパソコンからOneDriveにサインインし、必要なデータをアップロードします。次に、新しいパソコンからOneDriveへアクセスし、データをダウンロードしましょう。

参照 ▶ Q 432, Q 491

● OneDrive でデータを移す

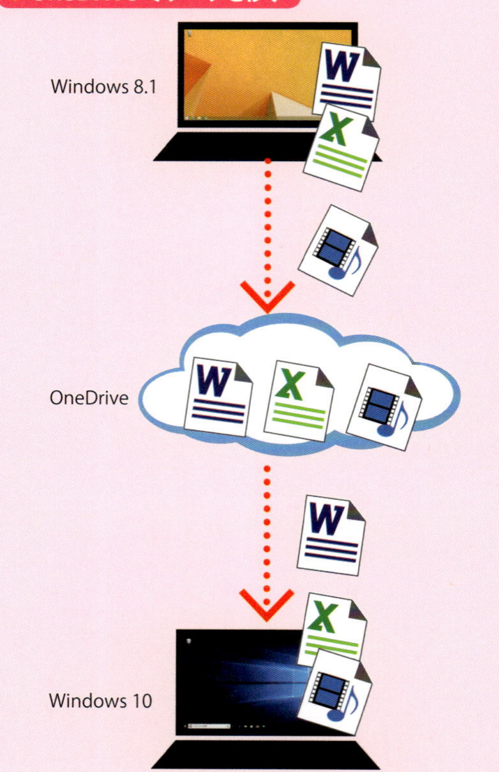

基本
デスクトップ
キーボード・文字入力
インターネット
メール・連絡先
セキュリティ
写真・動画・音楽
OneDrive・スマホ
印刷・周辺機器
アプリ
インストール・設定

Q 543 正常に動いていた時点に設定を戻したい！

A 「システムの保護」を有効にして「システムの復元」を実行します。

Windowsが何らかの要因で動作が不安定になったときは、コントロールパネルで「システムの復元」を実行すると、正常に動いていた状態にシステムを戻せます。ただし、そのためには「システムの保護」を前もって有効にしておく必要があります。パソコンが問題なく動いているときに設定しておきましょう。復旧には時間がかかるので、ノートパソコンの場合は電源にきちんとつないでおくことをおすすめします。

●「システムの保護」を有効にする

1 スタートメニューで<Windowsシステムツール>→<コントロールパネル>をクリックして、

2 <システムとセキュリティ>→<システム>をクリックし、

3 <システムの保護>をクリックします。

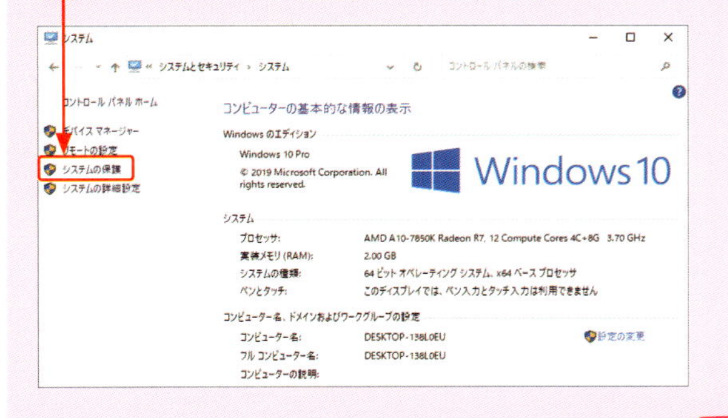

「システムの保護」画面が表示されます。

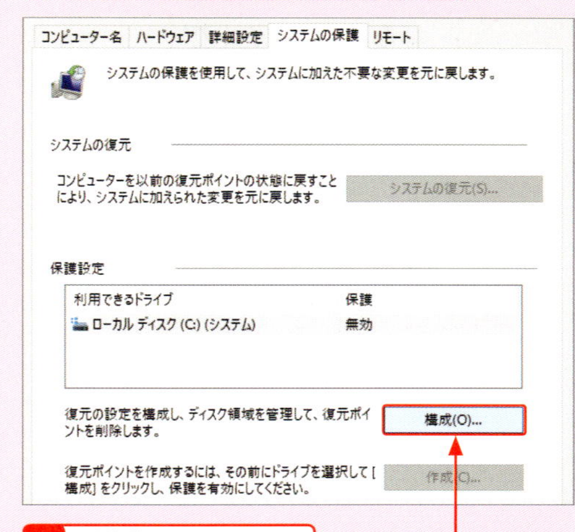

4 <構成>をクリックし、

5 <システムの保護を有効にする>をクリックして、

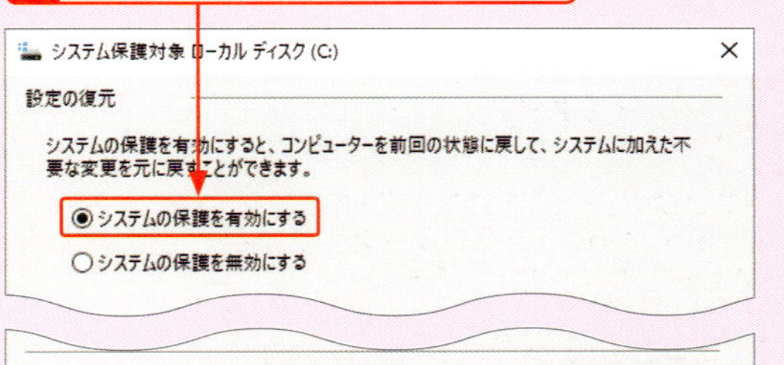

6 <適用>→<OK>をクリックします。

●「システムの復元」を実行する

1 上の手順4の画面で<システムの復元>をクリックして、

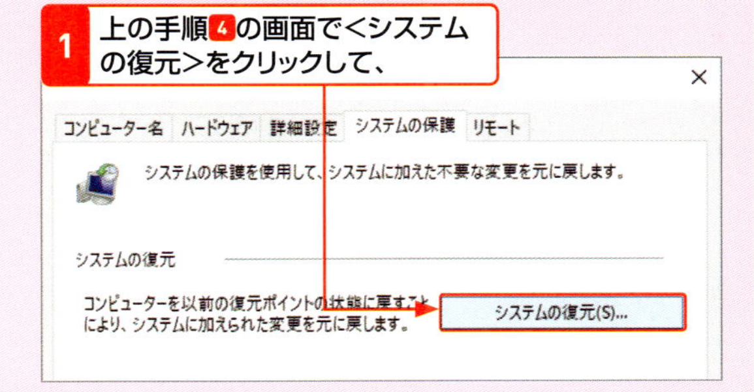

2 <次へ>をクリックし、使用したい復元ポイントを選択して作業を進めます。

Microsoftアカウント　重要度 ★★★

Q 544 Microsoftアカウントで何ができるの？

A マイクロソフトのサービスを利用できます。

Microsoftアカウントでwindows 10にサインインすると、「Microsoft Store」で提供されているアプリをインストールしたり、「メール」や「カレンダー」「People」アプリを利用したり、「OneDrive」にファイルを保存したりできるようになります。
なお、アカウントの種類は下記の方法で確認できます。

● サインインしているアカウントを確認する

1 スタートメニューで<設定>をクリックして、

2 <アカウント>をクリックし、

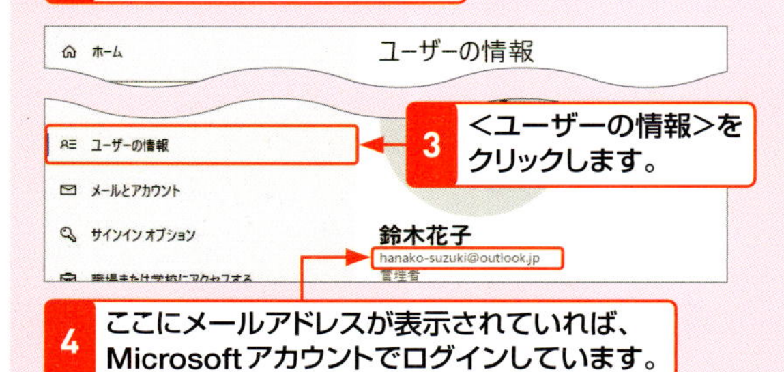

4 ここにメールアドレスが表示されていれば、Microsoftアカウントでログインしています。

Microsoftアカウント　重要度 ★★☆

Q 545 ローカルアカウントとMicrosoftアカウントの違いは？

A 使えるパソコンの範囲が異なります。

ローカルアカウントは、アカウントを作成したパソコンでしか使えません。それに対して、Microsoftアカウントは登録さえすれば、どのパソコンでも共通のアカウントとして利用できます。
複数のパソコンに同じMicrosoftアカウントでサインインすれば、OneDriveに保存したファイルや、メールでやり取りした内容を同じように表示できます。また、デスクトップのテーマやEdgeで保存したパスワードなども同期されます。

Microsoftアカウント　重要度 ★★★

Q 546 インストール時にアカウントを登録しなかったらどうなるの？

A アカウントが必要な場合に、サインインを促されます。

Windows 10の初回起動時にはMicrosoftアカウントの作成が求められますが、ここで作成しなくても、そのパソコンでだけ使える「ローカルアカウント」でサインインできます。しかし「Microsoft Store」や「OneDrive」といったMicrosoftのアプリを利用するときは、Microsoftアカウントでのサインインが必要です。ここでは「Microsoft Store」でアプリをインストールしようとしたときの例を解説します。なお、これらのアプリにサインインしたあとも、Windows 10にはローカルアカウントでサインインしたままです。

参照▶Q 547

1 アプリをインストールしようとすると、

2 Microsoftアカウントでのサインインを要求されます。

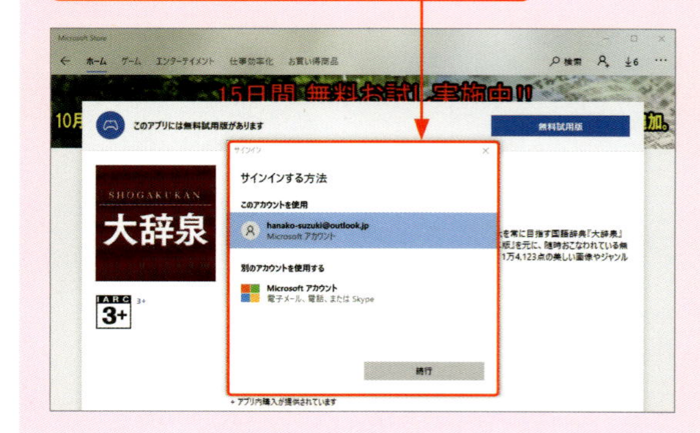

Q 547 ローカルアカウントからMicrosoftアカウントに切り替えるには？

A <アカウント>の<ユーザーの情報>で切り替えられます。

Windows 10は「ローカルアカウント」と「Microsoftアカウント」のどちらかでサインインできます。しかしサインインしたあとでも、「設定」アプリから利用するアカウントを切り替えられます。安全性を重視し、そのパソコンだけで使えるローカルアカウントでサインインしたものの、アプリのインストールでMicrosoft アカウントが必要になった、というときに利用するとよいでしょう。また、Windows 7からアップグレードしたりして、Microsoftアカウントが未取得であれば、「設定」アプリから作成できます。

1 スタートメニューで<設定>⚙をクリックして、<アカウント>→<ユーザーの情報>をクリックし、

アカウント
ユーザーの情報
メールとアカウント
サインイン オプション
職場または学校にアクセスする
家族とその他のユーザー
設定の同期
鈴木 花子
ローカル アカウント
管理者
設定やファイルを自動的に同期すれば、Windows がさらに便利になります。Microsoft アカウントを使うと、あらゆるデバイスからすべての情報に簡単にアクセスできます。
Microsoftアカウントでのサインインに切り替える

2 <Microsoftアカウントでのサインインに切り替える>をクリックします。

3 Microsoftアカウントのメールアドレスを入力し、

4 <次へ>をクリックします。

Microsoft
サインイン
hanako-suzuki@outlook.jp
アカウントをお持ちでない場合、作成できます。
ユーザー名を忘れた場合
次へ

Microsoftアカウントを未取得の場合は、ここをクリックすると新規作成できます。

5 パスワードを入力し、

6 <サインイン>をクリックします。

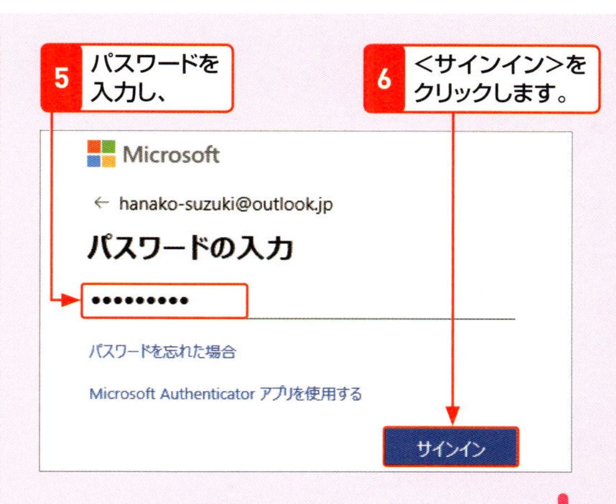

7 ローカルアカウントのパスワードを入力し、

8 <次へ>をクリックします。

9 利用中のアカウントが、Microsoft アカウントに切り替わります。

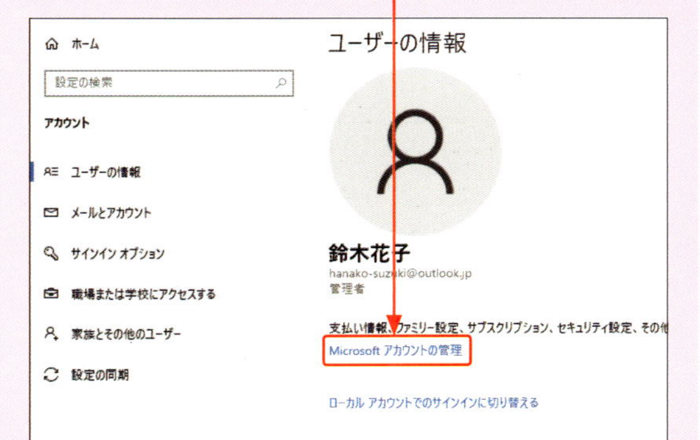

Q 548 Microsoftアカウントを作るにはどうすればいい？

A 「設定」アプリなどで作成できます。

Microsoftアカウントは、Windowsのいくつかのアプリから作成できます。Edgeの場合、MicrosoftアカウントのWebページを開いて、<Microsoftアカウントを作成>をクリックすると、新規作成を開始できます。ほかにも、「設定」アプリのアカウント追加画面やMicrosoftアカウントでのサインインへの切り替え画面、「メール」アプリのアカウント登録画面などからも、Microsoftアカウントを作成できます。

参照▶Q 544, Q 546, Q 547

1 Edgeを起動して「https://account.microsoft.com/」を開き、

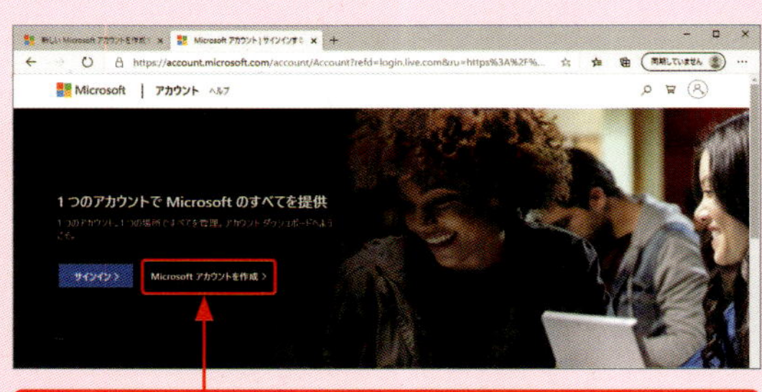

2 <Microsoftアカウントを作成>をクリックします。

3 アカウントで使う新しいメールアドレスを入力して、

4 <次へ>をクリックします。

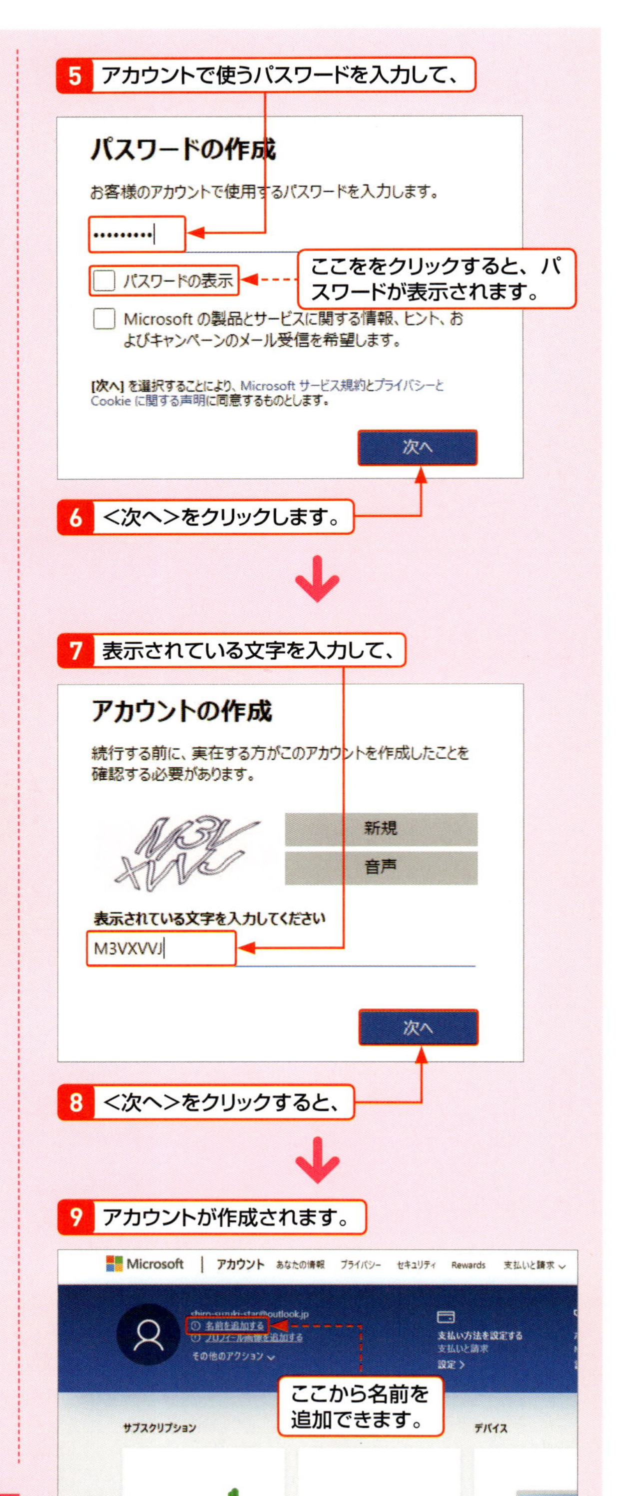

5 アカウントで使うパスワードを入力して、

ここををクリックすると、パスワードが表示されます。

6 <次へ>をクリックします。

7 表示されている文字を入力して、

8 <次へ>をクリックすると、

9 アカウントが作成されます。

ここから名前を追加できます。

Microsoftアカウント　重要度 ★★★

Q 549 Microsoftアカウントで同期する項目を設定したい！

A ＜アカウント＞の＜設定の同期＞で設定します。

Microsoftアカウントで、ほかのパソコンとデータなどを同期する項目は、「設定」アプリの＜設定の同期＞で変更できます。

1 スタートメニューで＜設定＞⚙をクリックして、

2 ＜アカウント＞をクリックし、

3 ＜設定の同期＞をクリックして、

4 ＜同期の設定＞をクリックしてオンにします。

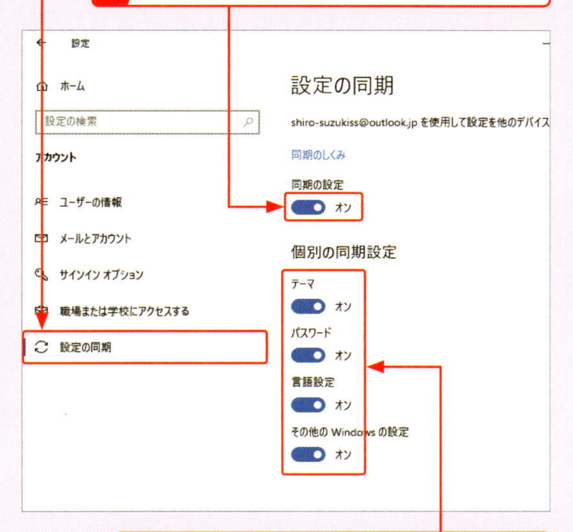

5 同期する項目のオン／オフを設定します。

Microsoftアカウント　重要度 ★★★

Q 550 Microsoftアカウント情報を確認するには？

A ＜アカウント＞の＜ユーザーの情報＞で確認します。

Microsoftアカウントを登録した際に入力したユーザー名や連絡先などの情報を確認したいときは、下記の手順で＜Microsoftアカウント＞画面を表示します。この画面から支払い情報やパスワードなども変更できます。

1 スタートメニューで＜設定＞⚙をクリックして、＜アカウント＞をクリックし、

2 ＜ユーザーの情報＞をクリックして、

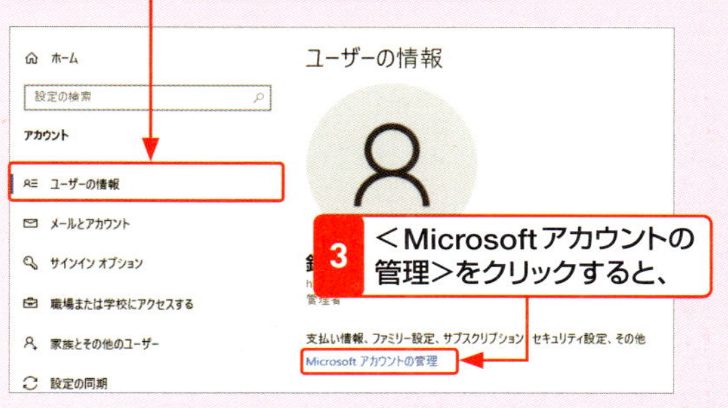

3 ＜Microsoftアカウントの管理＞をクリックすると、

4 Edgeが起動して、サインイン画面が表示されます。

5 サインインが完了すると、アカウント画面が表示されます。

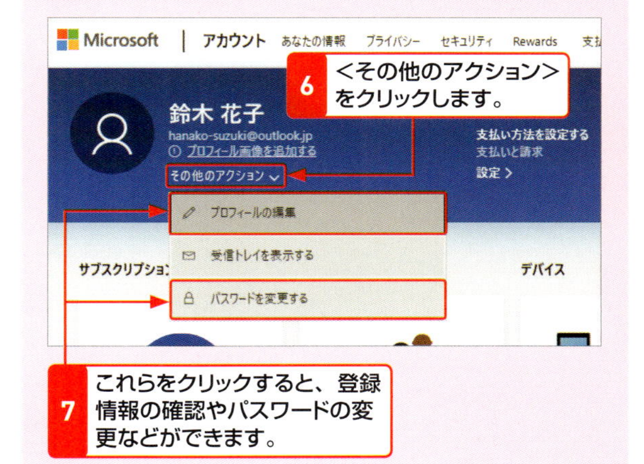

6 ＜その他のアクション＞をクリックします。

7 これらをクリックすると、登録情報の確認やパスワードの変更などができます。

Microsoftアカウント　重要度 ★★★

Q 551 自分のアカウントの画像を変えたい！

A <アカウント>の<ユーザーの情報>で変更できます。

サインイン画面やスタートメニューに表示されているアカウントの画像は、初期状態では人物シルエットになっていますが、自分の顔写真やほかの画像に変更できます。

1 スタートメニューで<設定>をクリックして、<アカウント>をクリックし、

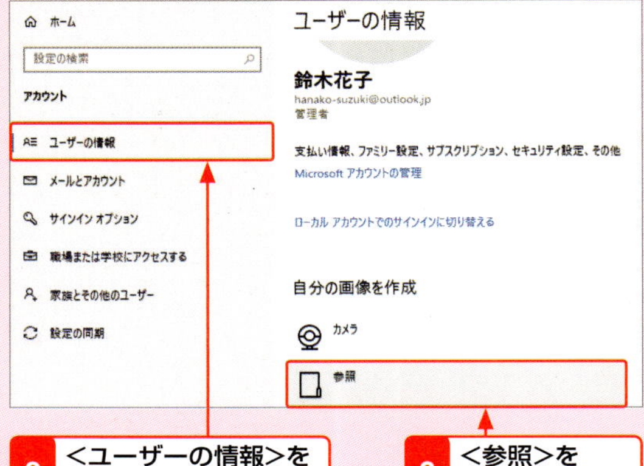

2 <ユーザーの情報>をクリックして、

3 <参照>をクリックします。

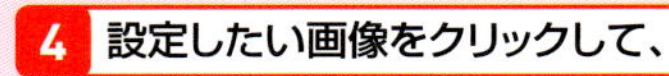

4 設定したい画像をクリックして、

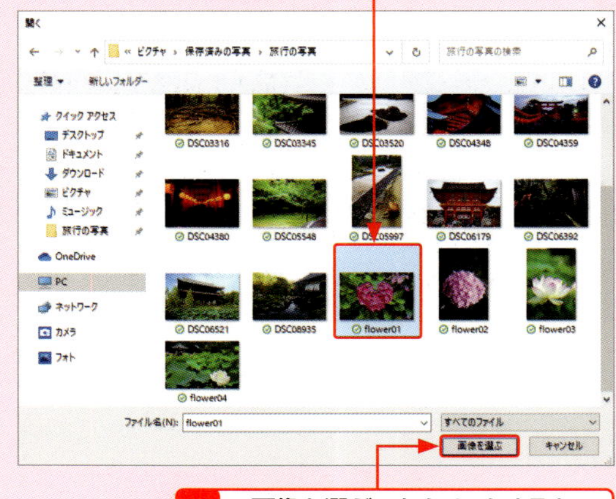

5 <画像を選ぶ>をクリックすると、アカウントの画像が変更されます。

Microsoftアカウント　重要度 ★★★

Q 552 アカウントのパスワードを変更したい！

A <アカウント>の<サインインオプション>で変更できます。

アカウントのパスワードは、下の手順に従っていつでも変更できます。パスワードは、半角の8文字以上で英字の大文字、小文字、数字、記号のうち、2種類以上を含んでいる必要があります。なお、アカウントにWindows Hello認証を設定している場合、以下の手順に加え、PINやメールアドレス、SMSによる認証が必要になることがあります。 参照▶Q 021

1 スタートメニューで<設定>をクリックして、<アカウント>をクリックし、

2 <サインインオプション>をクリックして、

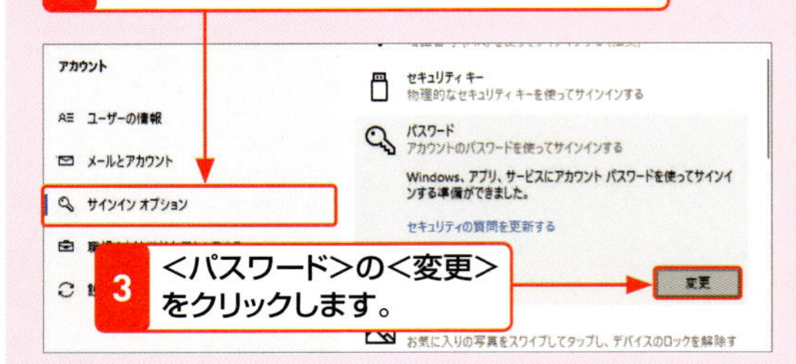

3 <パスワード>の<変更>をクリックします。

4 現在のパスワードを入力して、

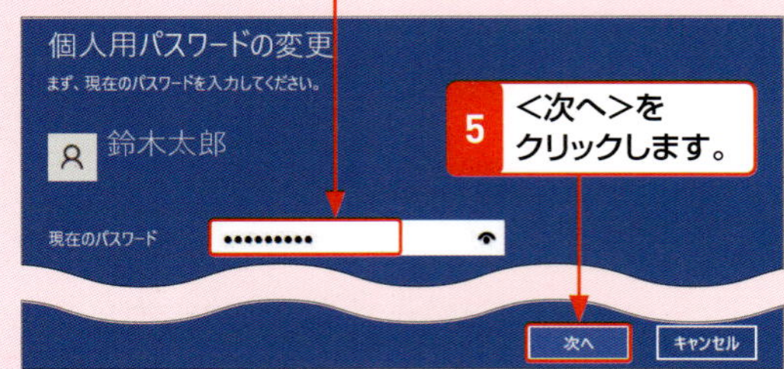

5 <次へ>をクリックします。

6 新しいパスワードとパスワードのヒントを入力して、

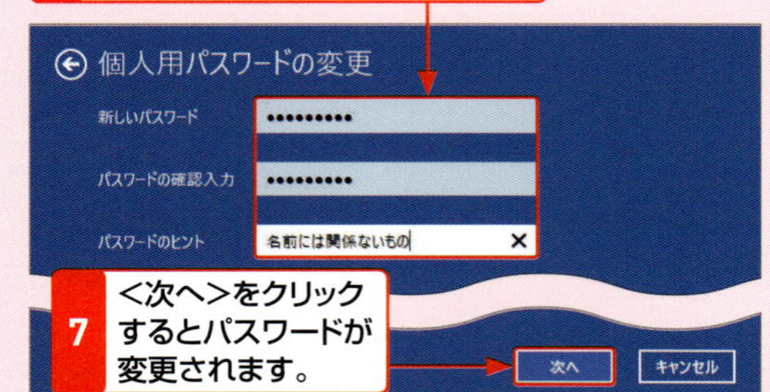

7 <次へ>をクリックするとパスワードが変更されます。

Q 553 家族用のアカウントを追加したい！

A それぞれのアカウントを追加します。

1台のパソコンを家族で共有する場合は、それぞれにアカウントを作成するとよいでしょう。そうすれば、自分もパートナーも子どもも独立した環境でパソコンを利用できます。ただし、アカウントを作成できるのは、管理者権限を持つユーザーのみです。 参照▶Q 556

1 スタートメニューで<設定>をクリックして、<アカウント>をクリックし、

2 <家族とその他のユーザー>をクリックして、

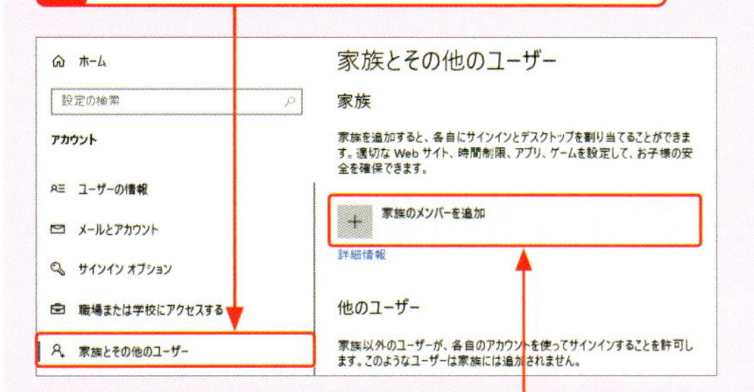

3 <家族のメンバーを追加>をクリックします。

4 <メンバーの追加>をクリックし、

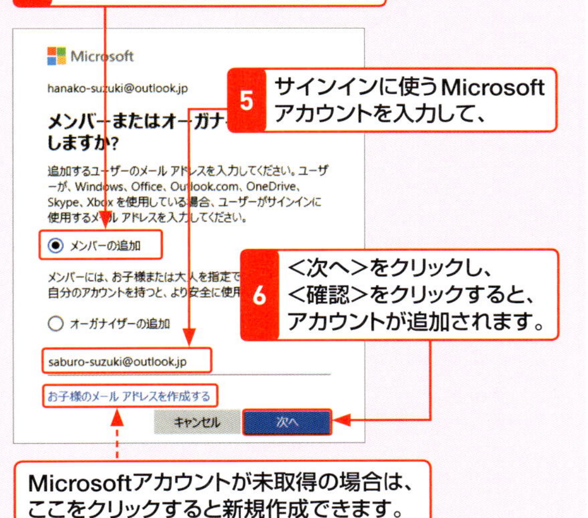

5 サインインに使うMicrosoftアカウントを入力して、

6 <次へ>をクリックし、<確認>をクリックすると、アカウントが追加されます。

Microsoftアカウントが未取得の場合は、ここをクリックすると新規作成できます。

Q 554 アカウントを削除したい！

A 「設定」アプリから削除できます。

Windowsのアカウントを削除したいときは、「設定」アプリで<アカウント>→<家族とその他のユーザー>から削除したいアカウントを選択して行います。

アカウントを削除すると、「ドキュメント」フォルダーや「ピクチャ」フォルダーなどに保存していたファイルはすべて削除されます。必要なファイルは、あらかじめUSBメモリーなどにコピーしておきましょう。

なお、<家族とその他のユーザー>が表示されるのは、管理者アカウントに限られます。 参照▶Q491

1 スタートメニューで<設定>をクリックして、<アカウント>をクリックし、

2 <家族とその他のユーザー>をクリックして、

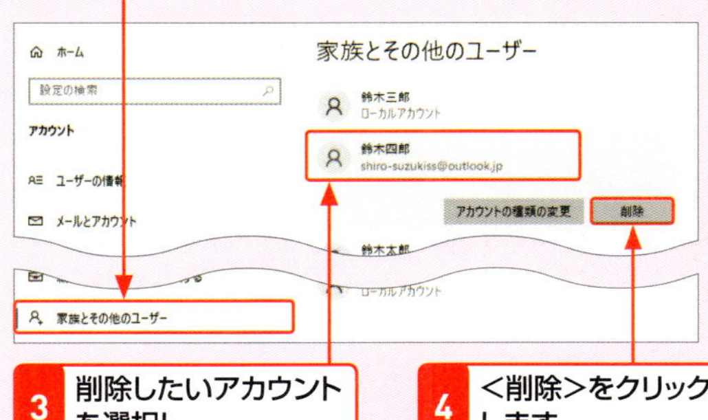

3 削除したいアカウントを選択し、

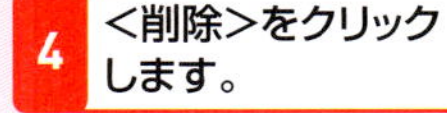

4 <削除>をクリックします。

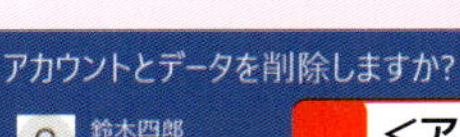

アカウントとデータを削除しますか?
鈴木四郎
shiro-suzukiss@outlook.jp
このユーザーのアカウントを削除すると、このユーザーのデスクトップの項目、ダウンロードしたもの、ドキュメント、写真、ミュージック、その他のファイルなどのデータがこの PC からすべて削除されます。このデータがまだバックアップまたは別の場所 (別の PC など) に保存されていない場合、データは失われます。
アカウントとデータの削除　キャンセル

5 <アカウントとデータの削除>をクリックすると、

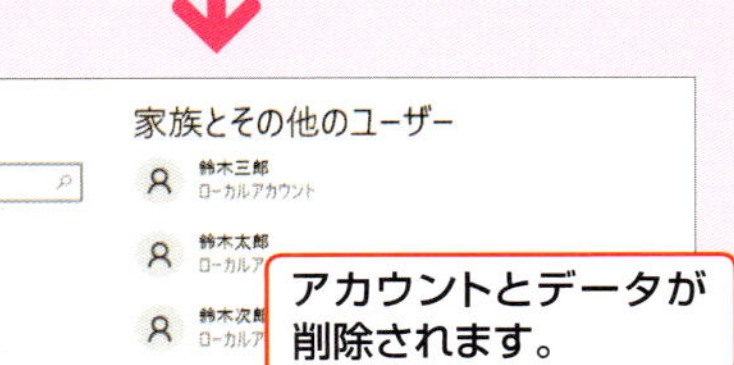

アカウントとデータが削除されます。

Q 555 子どもが使うパソコンの利用を制限したい!

A 「ファミリーセーフティ」を利用します。

子どもがパソコンを利用する時間を制限したり、アクセスできるWebページ、使用するゲームやアプリなどを制限したりするには、「ファミリーセーフティ」を利用します。設定後は子どもがアクセスしたWebページやダウンロードしたアプリを確認して、必要に応じて利用を制限できます。

なお、ファミリーセーフティは、管理者権限を持つユーザーが子どものアカウントに対して設定するため、子どものアカウントをあらかじめ追加しておく必要があります。

参照▶Q 553

● ファミリーセーフティーを表示する

1 スタートメニューで<設定>⚙をクリックして、<アカウント>をクリックし、

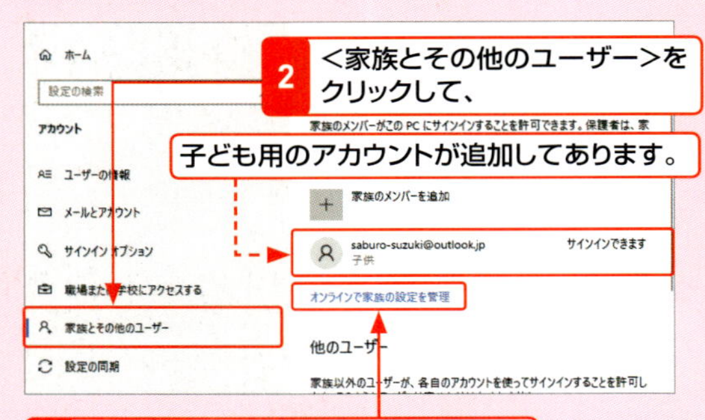

2 <家族とその他のユーザー>をクリックして、

子ども用のアカウントが追加してあります。

3 <オンラインで家族の設定を管理>をクリックすると、

4 Edgeが起動して、家族のアカウントの管理画面が表示されます。

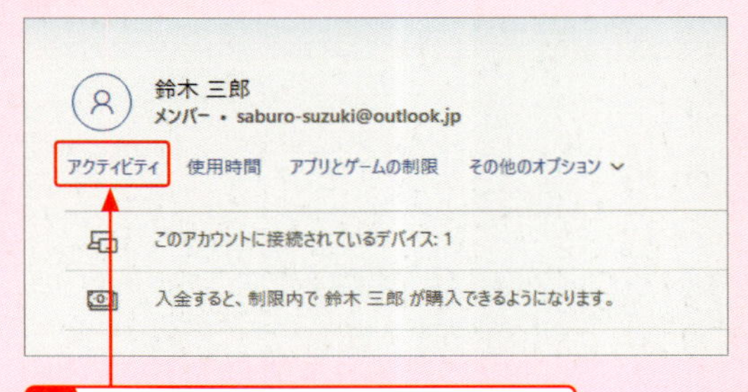

5 <アクティビティ>をクリックすると、

6 子どものアカウントによるパソコンの使用を管理できます。

● 最近のアクティビティ

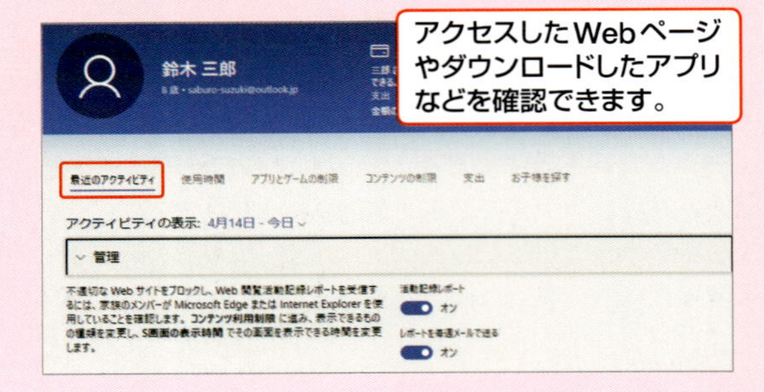

アクセスしたWebページやダウンロードしたアプリなどを確認できます。

● 使用時間

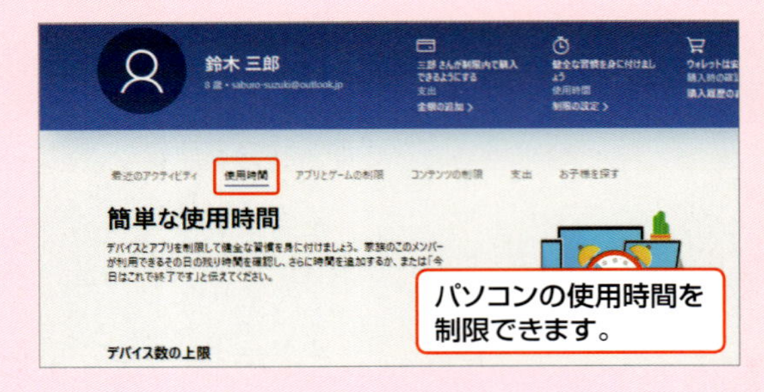

パソコンの使用時間を制限できます。

● コンテンツの制限

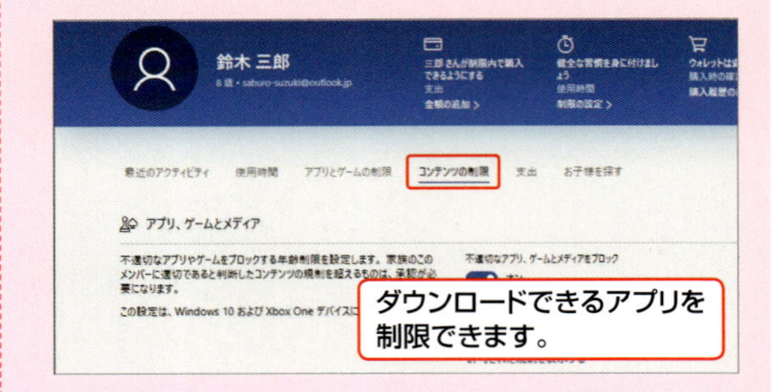

ダウンロードできるアプリを制限できます。

● 支出

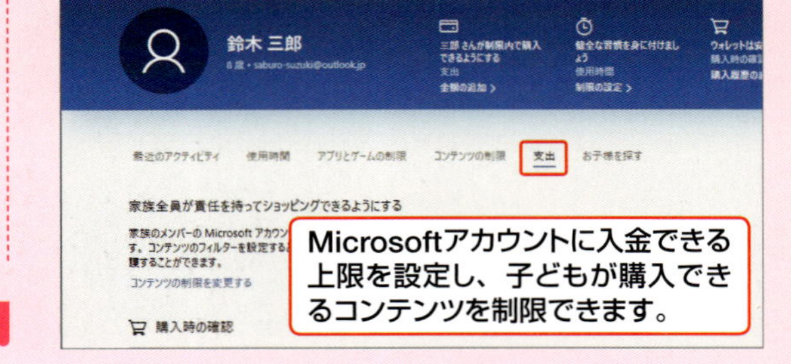

Microsoftアカウントに入金できる上限を設定し、子どもが購入できるコンテンツを制限できます。

重要度 ★★★

Q 556 管理者アカウントって何？

A すべての機能を利用できる権限を持つユーザーのことです。

Windows 10で設定できるアカウントには「管理者アカウント」「標準ユーザー」の2種類があります。
管理者アカウントは、そのパソコンに関するすべての設定を変更でき、保存されているすべてのファイルとプログラムにアクセスできる権限を持ったユーザーです。パソコンを1人のユーザーが使っている場合は、そのユーザーが管理者になります。
標準ユーザーは、ほとんどのソフトウェアを使うことができますが、アプリのインストールやアンインストールといった一部の操作が使用できません。また、ほかのユーザーの<ドキュメント>などのフォルダーや、OSのファイルの一部にアクセスする権限はありません。

参照▶Q 354,Q 553

1 標準ユーザーでサインインして、

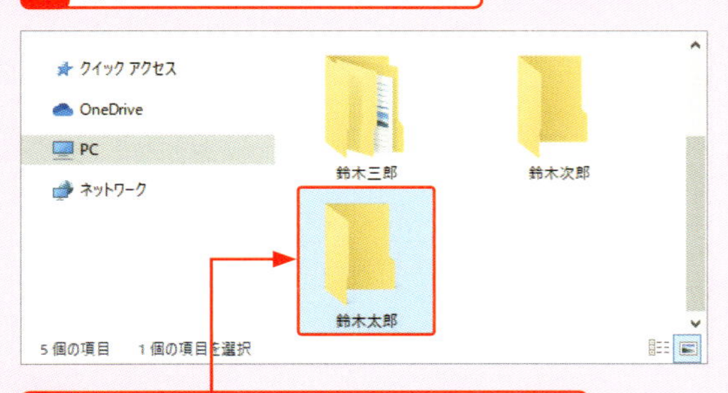

2 ほかのユーザーの<ドキュメント>などのフォルダーを開こうとすると、

3 アクセスする許可がないというメッセージが表示されます。

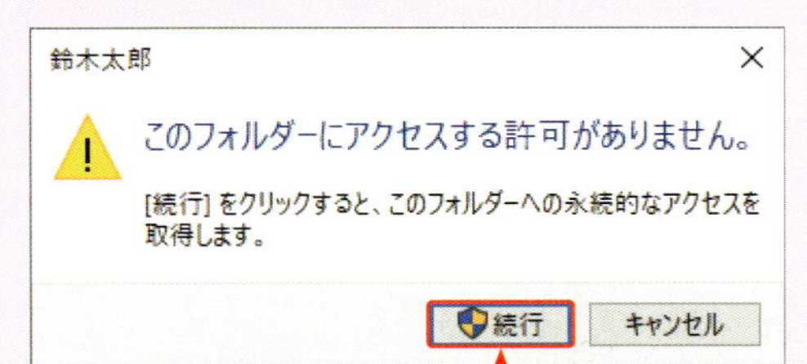

<続行>をクリックすると、標準ユーザーは管理者アカウントのパスワードやPINの入力を求められます。

重要度 ★★★

Q 557 管理者アカウントのパスワードを忘れてしまった！

A パスワードをリセットします。

リセットはMicrosoftアカウントとローカルアカウントのいずれも、サインイン画面から実行できます。ローカルアカウントのパスワードは、下記の手順で行います。

参照▶Q 021

1 誤ったパスワードを入力して<OK>をクリックし、

2 <パスワードのリセット>をクリックします。

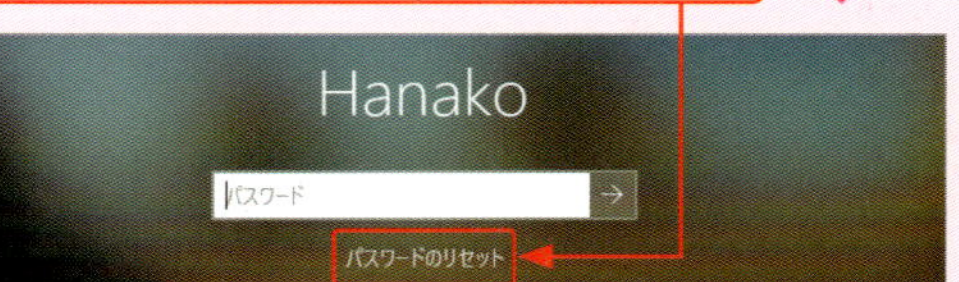

3 作成時に入力した秘密の質問の答えを3つ入力して、

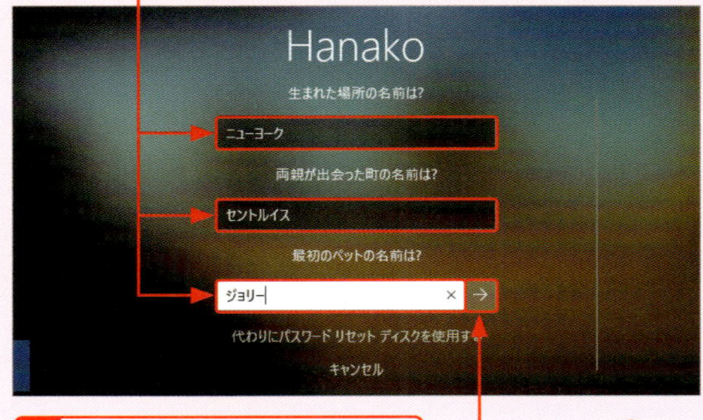

4 <送信>をクリックすると、

5 パスワードをリセットできます。

Microsoftアカウント　重要度★★★

Q 558 管理者か標準ユーザーかを確認したい！

A コントロールパネルの<アカウントの種類の変更>から確認します。

アカウントの種類を確認したり変更したりするには、コントロールパネルを表示して、<アカウントの種類の変更>をクリックします。アカウントに「Administrator」と表示されていれば管理者アカウントで、それ以外は標準ユーザーです。

Administratorは「管理者」という意味で、Windowsでは以前のバージョンから、管理者アカウントを指す言葉として用いられています。 参照▶Q 556

1 スタートメニューで<Windows システムツール>→<コントロールパネル>をクリックして、

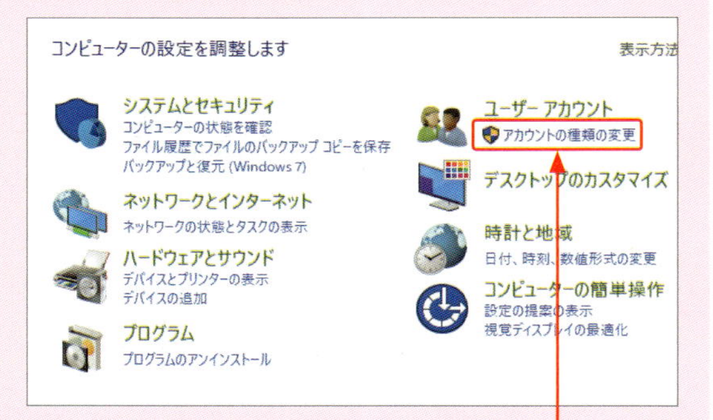

2 <アカウントの種類の変更>をクリックすると、

3 アカウントの種類を確認したり変更したりすることができます。

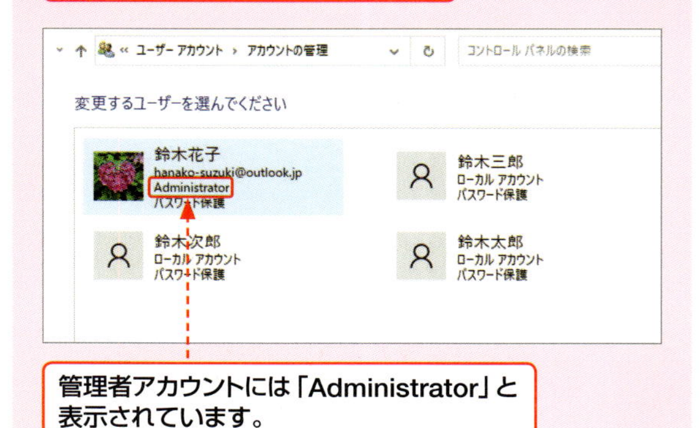

管理者アカウントには「Administrator」と表示されています。

Microsoftアカウント　重要度★★★

Q 559 管理者と標準ユーザーを切り替えたい！

A コントロールパネルの<アカウントの種類の変更>から切り替えます。

アカウントの種類を変更するには、コントロールパネルを表示して<アカウントの種類の変更>を実行します。なお、変更を行うには、管理者アカウントのパスワードかPINが必要となります。 参照▶Q 556

1 スタートメニューで<Windowsシステムツール>→<コントロールパネル>をクリックして、

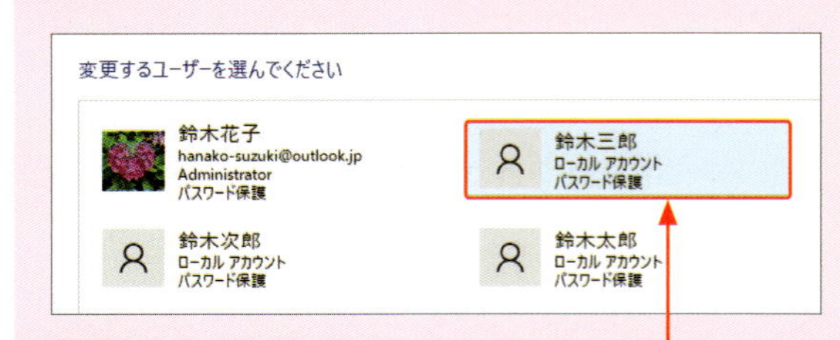

2 種類を変更したいアカウントをクリックし、

3 <アカウントの種類の変更>をクリックします。

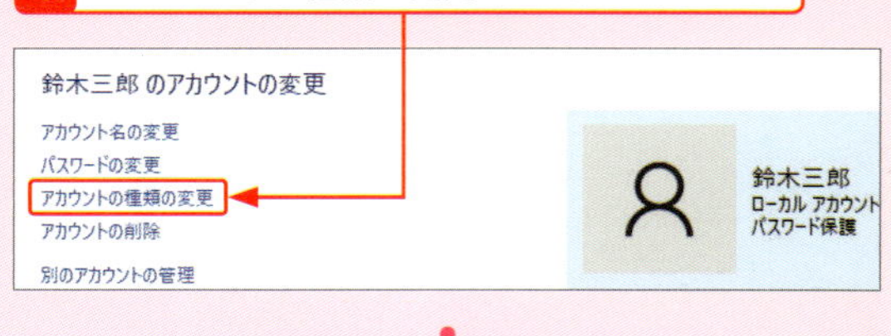

4 変更したい種類を選択して、

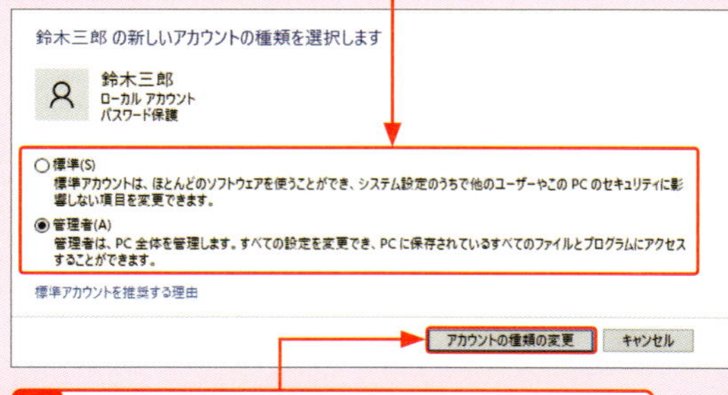

5 <アカウントの種類の変更>をクリックすると、アカウントの種類が変更されます。

Q 560 Windows 10の設定をカスタマイズするには？

A 「設定」アプリやコントロールパネルを利用します。

Windows 10の設定をカスタマイズするには、「設定」アプリを利用する方法と、コントロールパネルを利用する方法があります。
「設定」アプリでは、Windows 10のよく使う機能に関する設定をカスタマイズできます。アイコンが大きく表示されるので、画面に直接触れるタッチ操作がしやすくなっています。OSがアップデートされるにつれて項目数も増え、今ではほとんどの設定をこの画面で行えるようになっています。
コントロールパネルでは、電源プランのカスタマイズといった、より詳細な設定ができます。 参照▶Q 045

「設定」アプリでは、Windows 10の主な機能に関する設定をカスタマイズできます。

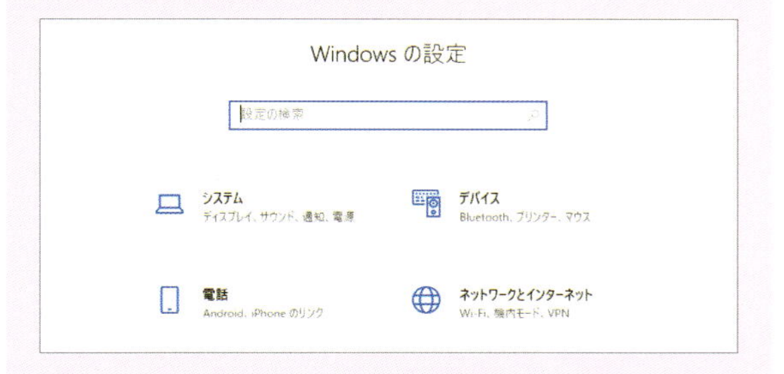

スタートメニューで＜設定＞をクリックして起動します。

コントロールパネルでは、「設定」アプリよりも詳細な設定を行えます。

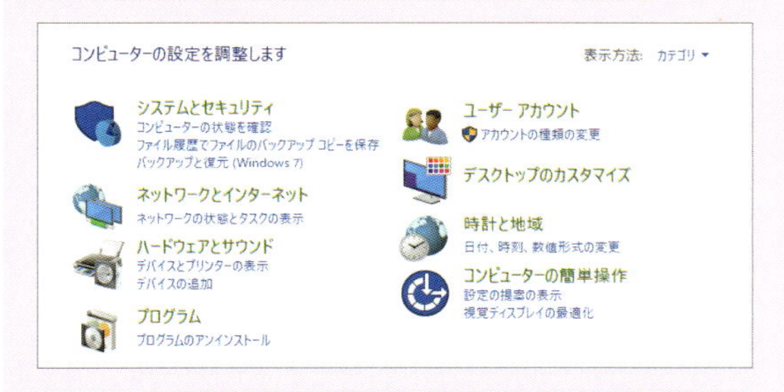

スタートメニューで＜Windowsシステムツール＞→＜コントロールパネル＞をクリックして起動します。

Q 561 暗証番号で素早くサインインしたい！

A PINコードを設定します。

Windows 10は、通常Microsoftアカウントのパスワードを使ってサインインします。パスワードを入力するのが面倒な場合は、パスワードの代わりに4桁の暗証番号（「PINコード」といいます）を設定できます。パスワードよりも素早くサインインできますが、セキュリティは弱くなるので注意しましょう。

1 スタートメニューで＜設定＞をクリックして、＜アカウント＞をクリックし、

2 ＜サインインオプション＞をクリックして、

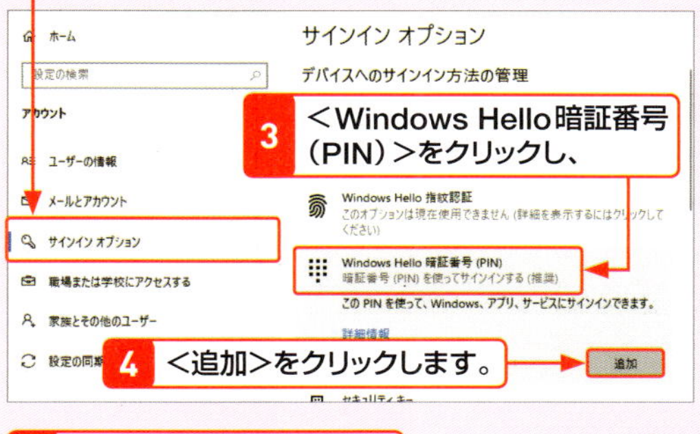

3 ＜Windows Hello暗証番号（PIN）＞をクリックし、

4 ＜追加＞をクリックします。

5 アカウントのパスワードを入力して、

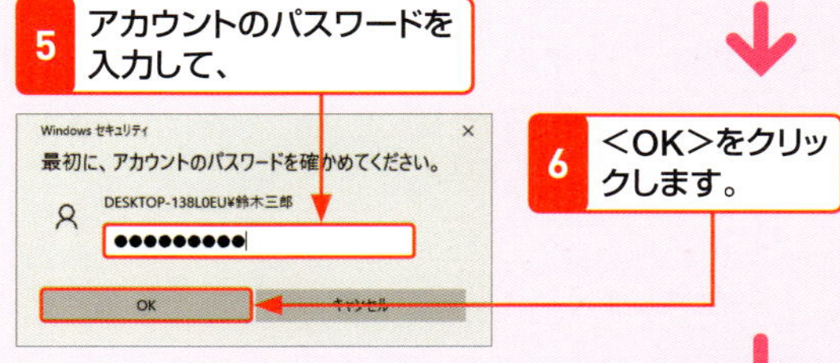

6 ＜OK＞をクリックします。

7 4桁の暗証番号を確認も含めて2回入力し、

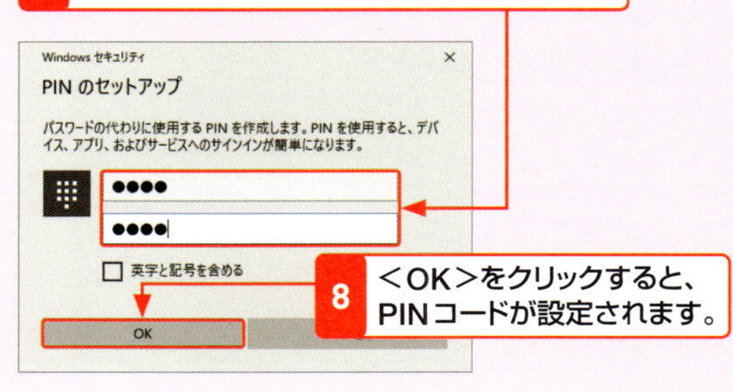

8 ＜OK＞をクリックすると、PINコードが設定されます。

Q 562 ピクチャパスワードを利用したい！

A <アカウント>の<サインインオプション>で設定します。

ピクチャパスワードは、円、直線、点を組み合わせ、画像をなぞることでサインインを行う方法です。キーボードがないタブレットPCやタッチ操作ができるパソコンを利用する場合に便利です。

ピクチャパスワードでは、必ず3つのジェスチャを登録します。同じジェスチャを繰り返してもかまいませんが、順番や形、写真のどの場所を操作したかも記憶されるので、忘れないようにしましょう。なお、ピクチャパスワードを変更したり削除したりするには、手順3で<ピクチャパスワード>の<変更>や<削除>をクリックします。

4 現在利用している

10 パスワードの代わりに使用するジェスチャを3つ入力します。

11 登録したジェスチャを再度入力し、

12 <完了>をクリックすると、ピクチャパスワードが作成されます。

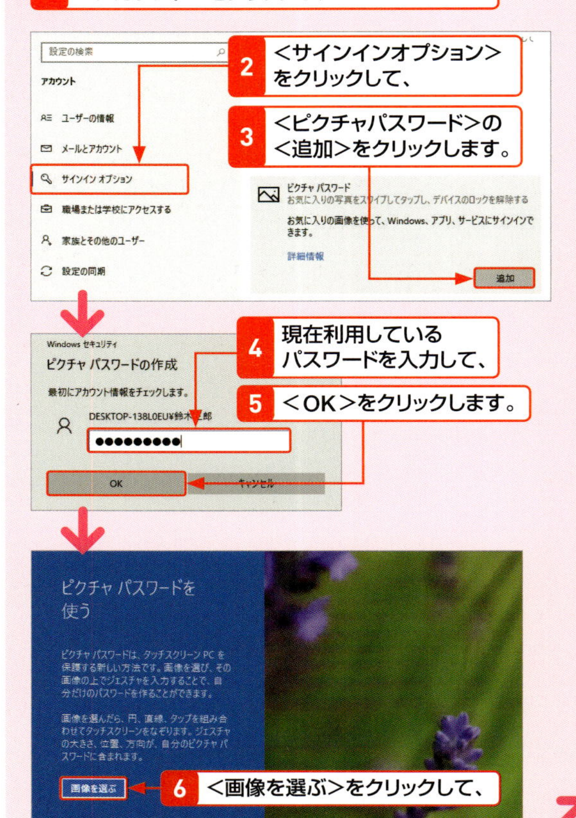

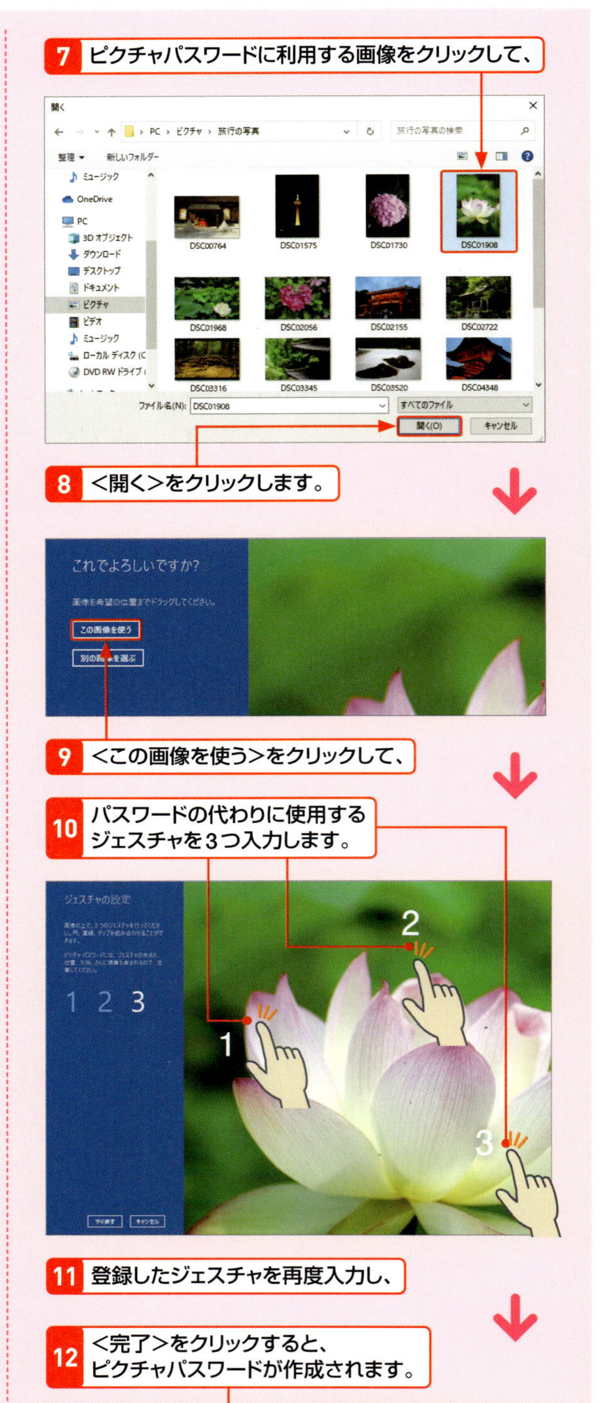

Windows 10の設定　重要度 ★★★

Q 563 スリープを解除するときにパスワードを入力するのが面倒！

A ＜アカウント＞の＜サインインオプション＞で変更できます。

スリープは、Windowsが動作している状態を保存しながらパソコンを一時的に停止し、節電状態で待機させる機能です。スリープから再開する際、通常はパスワードの入力が必要ですが、省略することもできます。ただし、パスワードを設定しないとほかの人もパソコンの操作を再開できてしまうので、設定する際には注意が必要です。
なお、この設定を行うには、管理者アカウントでサインインしていることが条件です。 参照▶Q 556

1 スタートメニューで＜設定＞⚙をクリックして、＜アカウント＞をクリックし、

2 ＜サインインオプション＞をクリックして、

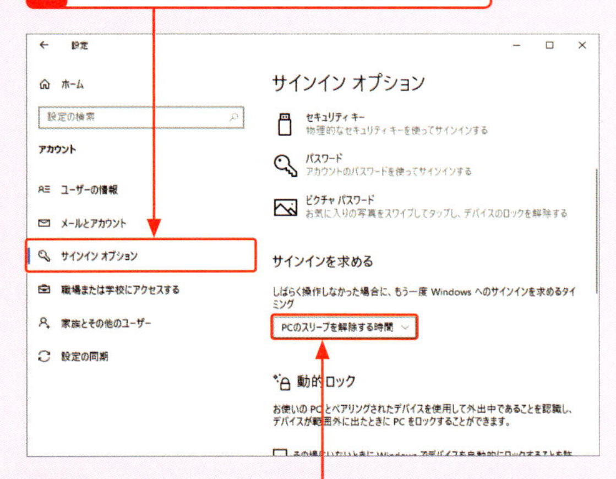

3 ＜PCのスリープを解除する時間＞をクリックし、

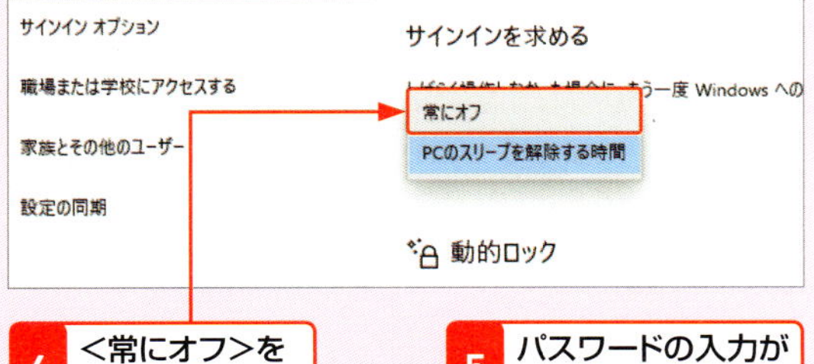

4 ＜常にオフ＞をクリックすると、

5 パスワードの入力が必要なくなります。

Windows 10の設定　重要度 ★★★

Q 564 パソコンが自動的にスリープするまでの時間を変更したい！

A ＜システム＞の＜電源とスリープ＞で設定します。

パソコンは、一定時間操作しないでいると、自動的にスリープするように設定されています。この時間は、スタートメニューで＜設定＞⚙をクリックし、＜システム＞→＜電源とスリープ＞をクリックすると変更できます。

1 スタートメニューで＜設定＞⚙→＜システム＞をクリックして、

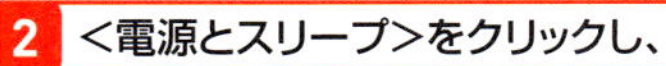

2 ＜電源とスリープ＞をクリックし、

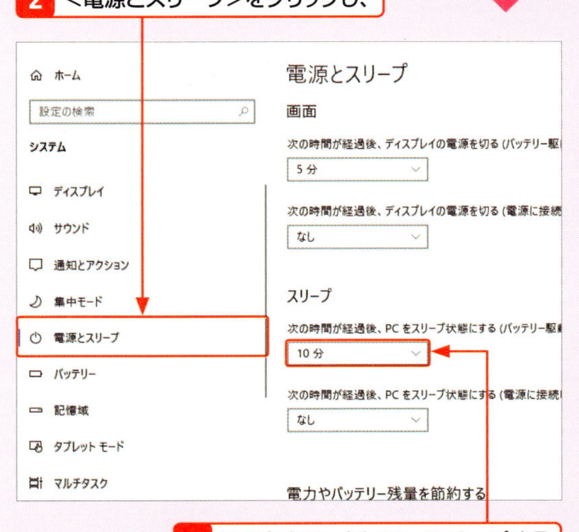

3 ここをクリックして、スリープするまでの時間を設定します。

Windows 10の設定　重要度 ★★★

Q 565 通知を表示する長さを変えたい！

A <簡単操作>の<ディスプレイ>で設定します。

各アプリからの通知は便利な機能ですが、初期状態では5秒に設定されているので、すぐに消えてしまいます。通知を表示する長さは下の手順で変更できます。

1 スタートメニューで<設定>⚙をクリックして、

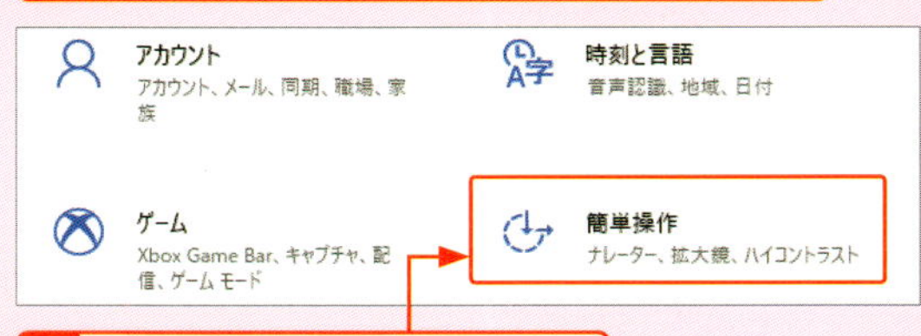

2 <簡単操作>をクリックします。

3 <ディスプレイ>をクリックします。

4 <通知を表示する長さ>をクリックして、

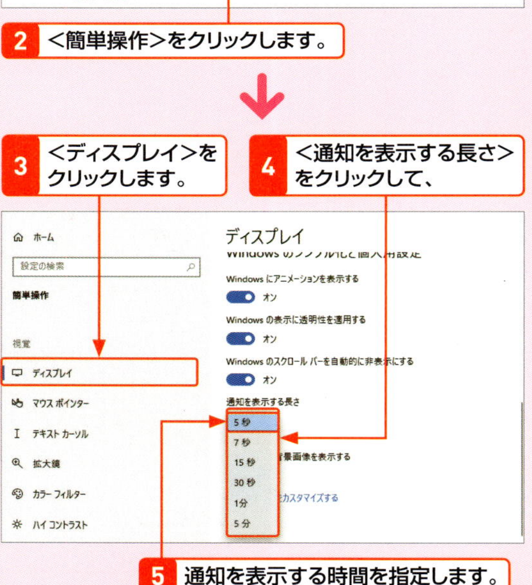

5 通知を表示する時間を指定します。

Windows 10の設定　重要度 ★★★

Q 566 通知をアプリごとにオン／オフしたい！

A <システム>の<通知とアクション>で設定します。

あまり使わないアプリの通知はオフにして、重要なアプリの通知はオンにしたいというときは、<システム>画面の<通知とアクション>で設定を行いましょう。

1 スタートメニューで<設定>⚙をクリックして、

2 <システム>をクリックします。

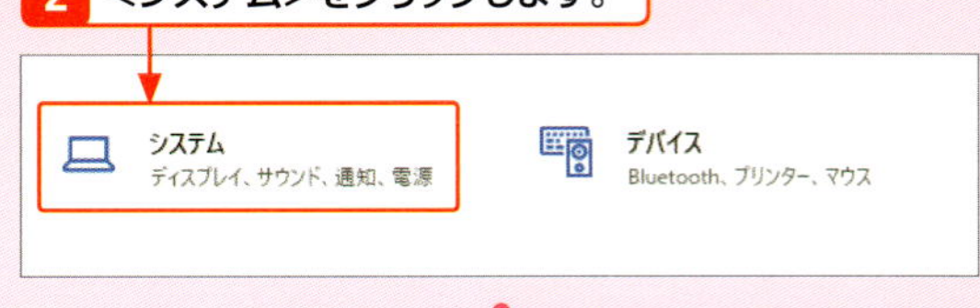

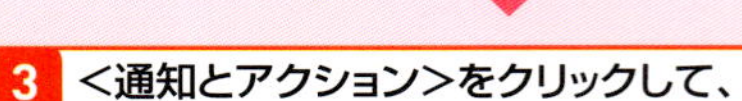

3 <通知とアクション>をクリックして、

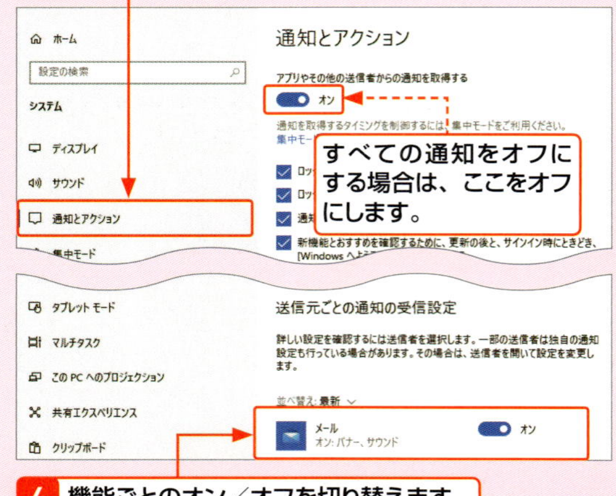

4 機能ごとのオン／オフを切り替えます。

Windows 10の設定　重要度 ★☆☆

Q 567 通知を素早く消したい！

A ショートカットキーで消せます。

通知が表示されているときに⊞キーとShiftキーとVキーを同時に押すと、通知が選択状態になります。そこでDeleteキーを押すと、通知が消えます。消えた通知はアクションセンターにも残りません。通知の表示時間を長く設定しているが現在の作業では邪魔なので素早く削除したい、といったときに便利です。

Windows 10の設定　重要度 ★★★

Q 568 作業中は通知を表示させたくない！

A 「集中モード」をオンに切り替えましょう。

メールを書いていたり、仕事の資料を作成している間は、アプリからの通知で集中を削がれたくないという場合もあるでしょう。アクションセンターで＜集中モード＞をオンにすれば、受け取る通知を制限できます。また、「設定」アプリで集中モードの設定を変更することも可能です。

● デスクトップからの変更

1 ＜通知＞をクリックして、

2 ＜集中モード＞をクリックします。

3 重要な通知のみ受け取れます。

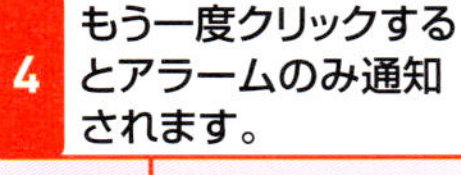

4 もう一度クリックするとアラームのみ通知されます。

5 もう一度クリックするとオフにできます。

● 「設定」アプリからの変更

1 「設定」アプリで＜システム＞→＜集中モード＞をクリックすると、

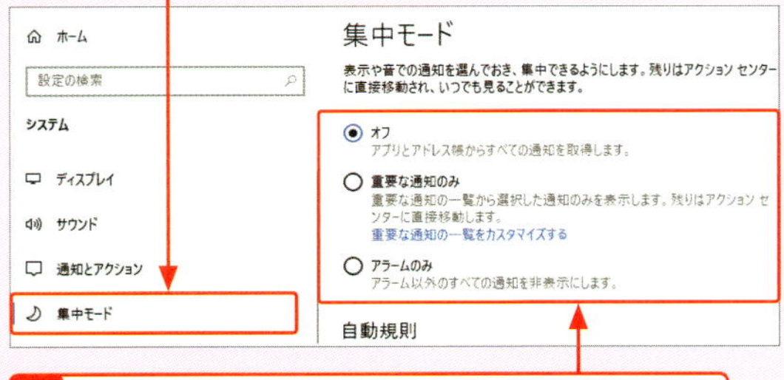

2 重要な通知の指定や集中モードにする時間などを設定できます。

Windows 10の設定　重要度 ★★★

Q 569 位置情報を管理したい！

A ＜プライバシー＞の＜位置情報＞で設定します。

「マップ」アプリや「天気」アプリなどでは、IPアドレスやGPSなどによって入手した位置情報が使われます。位置情報を使うアプリの選択や、位置情報の履歴の削除などは、＜位置情報＞画面で行います。

1 スタートメニューで＜設定＞⚙をクリックして、

2 ＜プライバシー＞をクリックし、

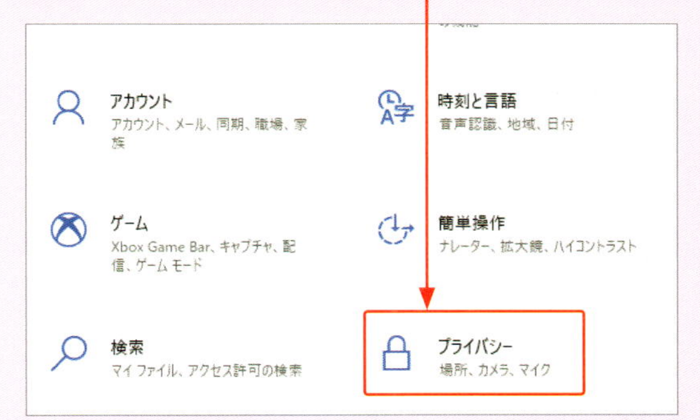

3 ＜位置情報＞をクリックします。

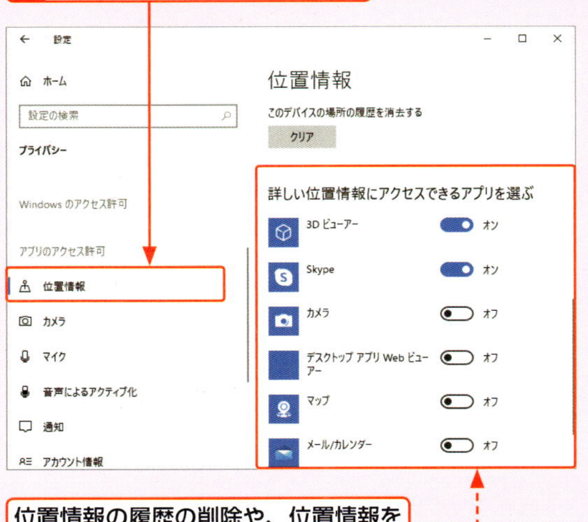

位置情報の履歴の削除や、位置情報を使うアプリの選択などができます。

Windows 10の設定　重要度 ★★★

Q 570 ロック画面の画像を変えたい！

A ＜個人用設定＞の＜ロック画面＞で変更できます。

Windows 10を起動したり、ロックをかけたときに表示されるロック画面は、背景を自由に変更できます。自分で撮影した写真を背景に変更してみましょう。なお、オリジナルの画像を使用する場合は、画像のサイズに注意が必要です。あまりサイズが小さいと、ロック画面を表示したときに背景がぼやけてしまいます。

1 スタートメニューで＜設定＞をクリックして、

2 ＜個人用設定＞をクリックします。

個人用設定
背景、ロック画面、色

アプリ
アンインストール、既定値、オプションの機能

3 ＜ロック画面＞をクリックして、

4 ここで＜画像＞を選択し、

ホーム
設定の検索
個人用設定
色
ロック画面
テーマ
フォント
スタート

ロック画面
6月12日 (金曜日)
背景
画像
画像を選んでください
参照

5 ＜参照＞をクリックして、変更したい画像を選択します。

Windows 10の設定　重要度 ★★★

Q 571 ロック画面で通知するアプリを変更したい！

A ＜個人用設定＞の＜ロック画面＞で変更できます。

ロック画面には、メールやカレンダーからの通知が表示されるように設定できます。
反対に表示をオフにする場合は、登録されているアイコンをクリックして、＜なし＞をクリックしましょう。

1 スタートメニューで＜設定＞をクリックして、＜個人用設定＞をクリックし、

2 ＜ロック画面＞をクリックして、

3 ＜+＞をクリックし、

4 通知を表示したいアプリをクリックすると、ロック画面の通知が追加されます。

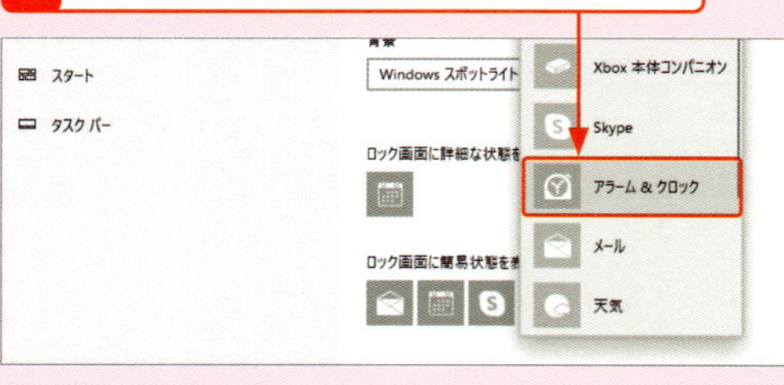

Windows 10の設定　重要度 ★★

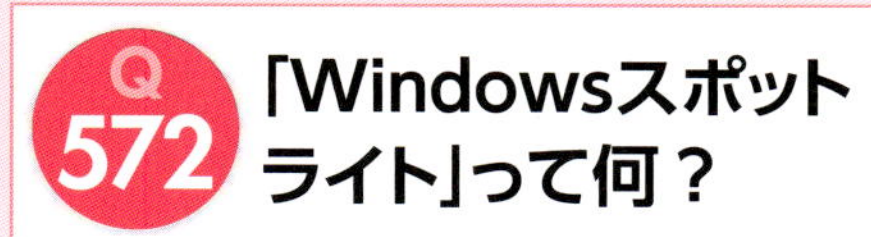

Q 572 「Windowsスポットライト」って何？

A ロック画面上に毎日新しい画像を表示する機能です。

「Windowsスポットライト」は、ロック画面の画像を毎日新しいものに自動で切り替えてくれる機能です。追加の画像もダウンロードされるので、飽きることがありません。Windows 10ではロック画面の背景の初期値が「Windowsスポットライト」に設定されています。

Windows 10の設定　重要度 ★★★

Q 573 目に悪いと噂のブルーライトを抑えられない？

A 「夜間モード」をオンにしましょう。

パソコンの画面からは「ブルーライト」という光が発せられており、長く浴び続けると眼精疲労の要因になります。夜遅くまで社内の仕事が続きそうな場合は、「夜間モード」をオンにしましょう。画面がオレンジがかった色に変化し、ブルーライトが軽減されて目への負担を軽くできます。また夜間モードは色温度（画面の色）や開始・終了時刻も設定できます。

● 夜間モードを設定する

1 画面右下の<通知>をクリックして、

2 <夜間モード>をクリックすると、夜間モードがオンになります。

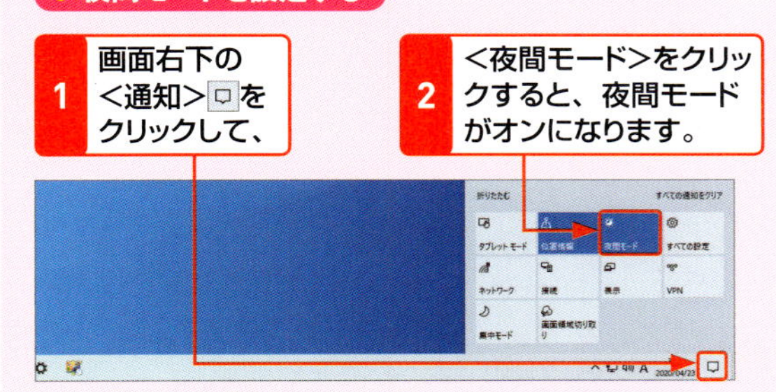

● 夜間モードの設定を変更する

1 スタートメニューで<設定>をクリックして、<システム>→<ディスプレイ>をクリックし、

2 ここをクリックしてオンにし、

3 <夜間モードの設定>をクリックします。

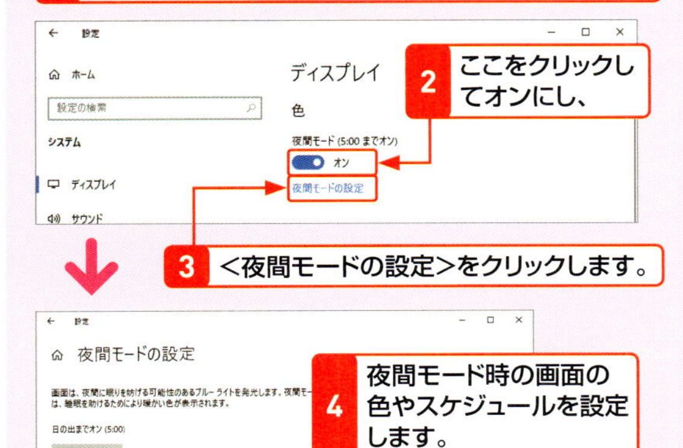

4 夜間モード時の画面の色やスケジュールを設定します。

Windows 10の設定　重要度 ★★★

Q 574 タスクバーの検索ボックスを小さくしたい！

A 検索ボックスの表示方法をアイコン表示に変更します。

Windows 10では、<スタート>ボタンの右隣に検索ボックスが配置されています。タスクバーを広く使いたいなら、アイコンのみの表示に切り替えましょう。検索ボックスの表示方法は下記の手順で変更できます。

1 検索ボックスを右クリックして、

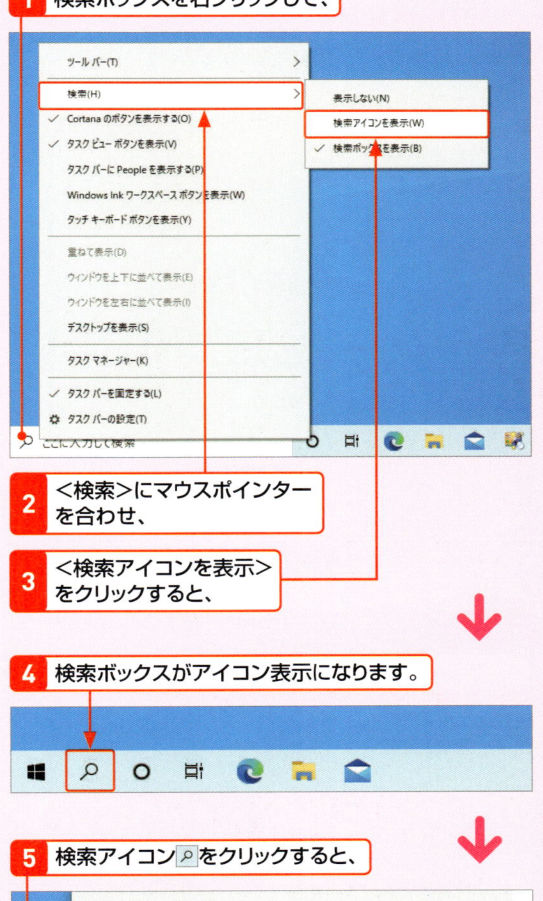

2 <検索>にマウスポインターを合わせ、

3 <検索アイコンを表示>をクリックすると、

4 検索ボックスがアイコン表示になります。

5 検索アイコンをクリックすると、

6 検索ボックスが表示されてキーワードを入力できます。

Windows 10の設定　重要度 ★★★

Q 575 タスクバーの位置やサイズを変えたい！

A デスクトップの左右や上部に移動できます。

タスクバーは通常デスクトップの下部に表示されていますが、好きな位置にあとから移動できます。自分が使いやすいように、設定を変更しましょう。

タスクバーの位置を変更する

1 スタートメニューで<設定>をクリックして、<個人用設定>をクリックし、

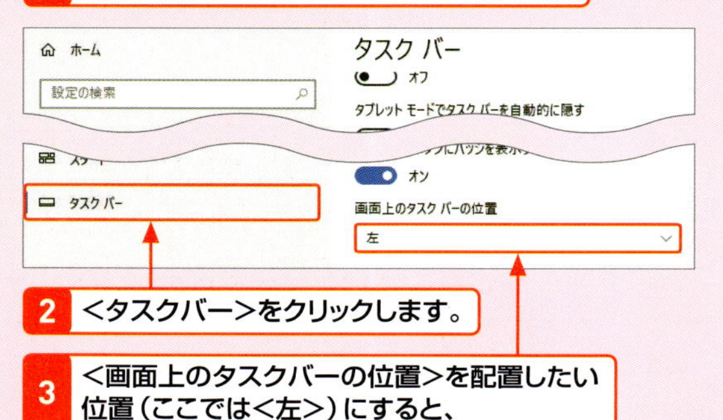

2 <タスクバー>をクリックします。

3 <画面上のタスクバーの位置>を配置したい位置（ここでは<左>）にすると、

4 タスクバーの位置が変更されます。

タスクバーを小さくする

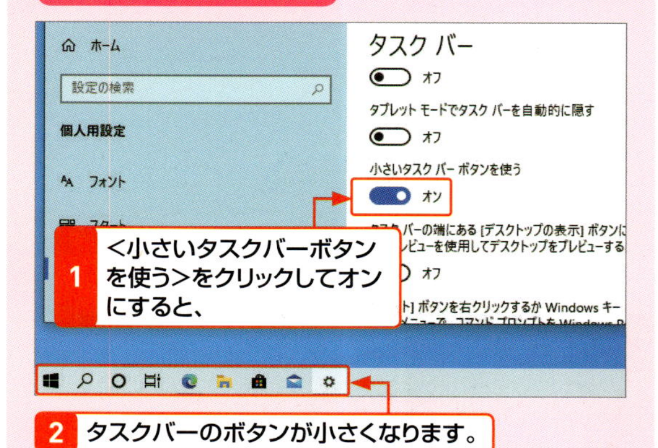

1 <小さいタスクバーボタンを使う>をクリックしてオンにすると、

2 タスクバーのボタンが小さくなります。

Windows 10の設定　重要度 ★★★

Q 576 離席したときにパソコンが自動でロックされるようにしたい！

A 「動的ロック」をオンに切り替えます。

Windows 10では「動的ロック」の機能が追加されました。スマートフォンとWindows 10をBluetoothで接続し、席を立ってから携帯しているスマートフォンがBluetoothの範囲外へ出ると、自動的にパソコンがロックされます。ここではパソコンとスマートフォンの接続が完了したことを前提に、操作を解説します。

参照▶Q 495

1 スタートメニューで<設定>をクリックして、<アカウント>をクリックし、

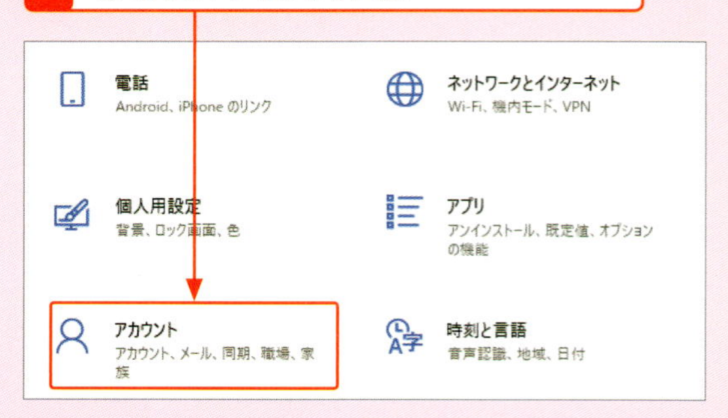

2 <サインインオプション>をクリックして、

3 <動的ロック>のチェックボックスをクリックしてオンにすると、

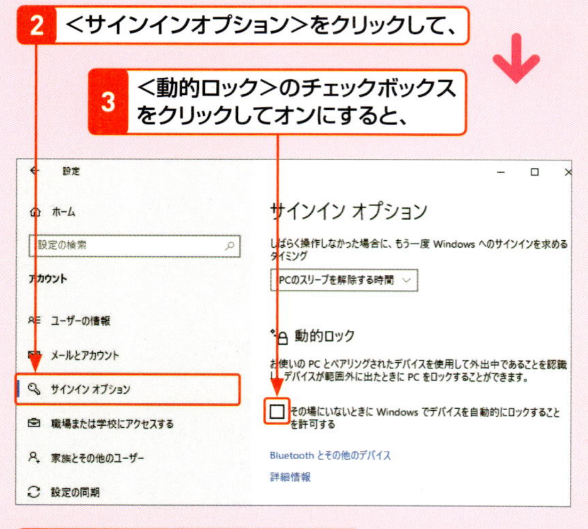

4 動的ロックが有効になります。

5 「動的ロック」も、通常のロック画面と同様に解除できます。

Windows 10の設定　重要度 ★★★

Q 577 タブレットモードに切り替えたい！

A アクションセンターから切り替えます。

Windows 10をタブレットPCで使用する場合、タッチ操作に最適化されたタブレットモードに切り替えて使用することができます。タブレットモードに切り替えるには、アクションセンターの<タブレットモード>をクリックしてオンにします。

1 <通知>□をクリックして、

2 <タブレットモード>をクリックすると、

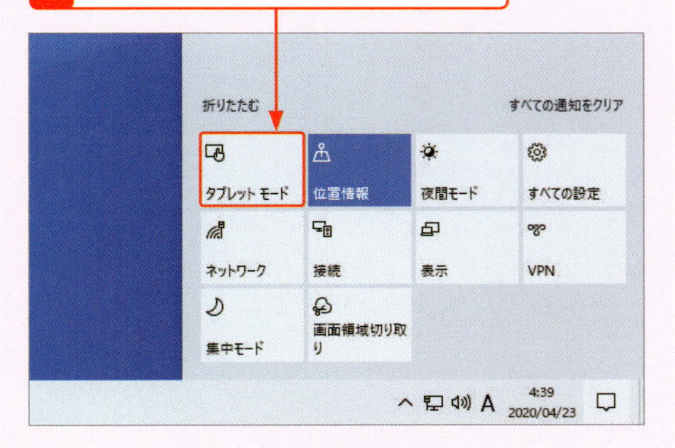

3 タブレットモードがオンになります。

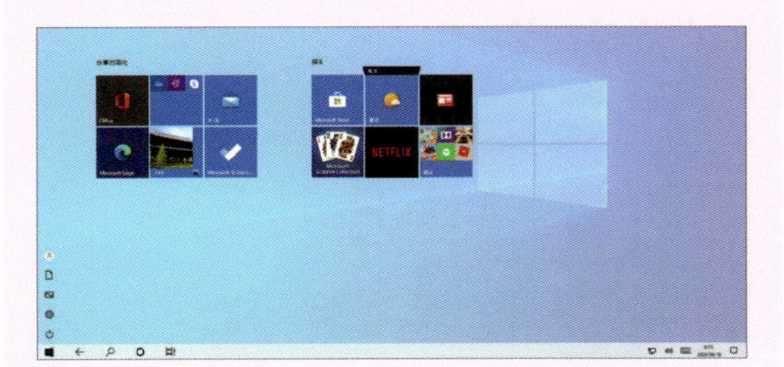

Windows 10の設定　重要度 ★★★

Q 578 タブレットモードでもタスクバーにアプリを表示したい！

A <システム>の<タブレットモード>で設定できます。

タスクバーに表示されるアプリのアイコンは、アプリの起動や切り替えができるので便利です。タブレットモードではアプリのアイコンは通常表示されませんが、表示されるように設定できます。

タブレットモードでは、タスクバーにアプリのアイコンが表示されません。

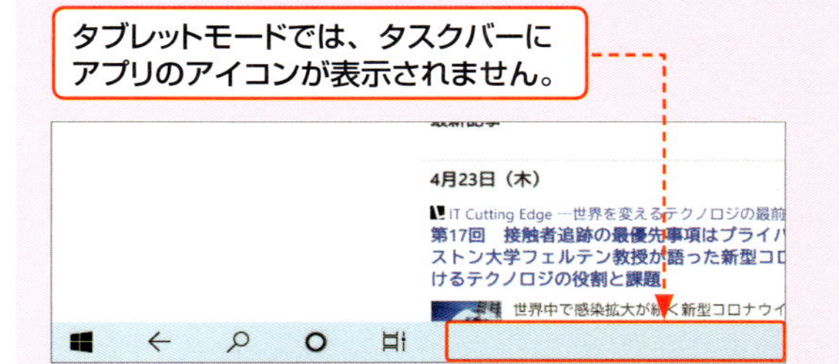

1 スタートメニューで<設定>⚙をクリックして、<システム>をクリックし、

2 <タブレットモード>をクリックして、

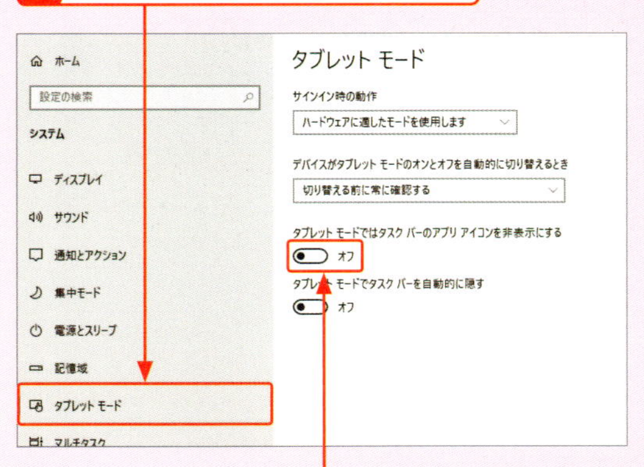

3 <タブレットモードではタスクバーのアプリアイコンを非表示にする>をオフにすると、

4 タブレットモードでも、タスクバーにアプリのアイコンが表示されます。

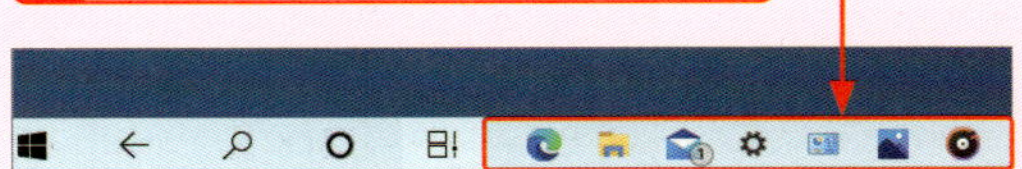

Q 579 検索対象を変更したい！

A 検索ボックスで変更できます。

検索ボックスを利用すると、パソコンとインターネット上にあるアプリやファイル、設定項目などを検索することができます。ただし、キーワードによっては検索結果が膨大になります。目的のファイルやWebページが見つからないときは、検索対象をアプリかドキュメント、Webに絞り込んでみましょう。
パソコン内のファイルを探すなら、<フィルター>を使うと便利です。「フォルダー」や「音楽」「電子メール」などの項目を選んで、検索対象を絞り込めます。

検索対象を絞り込む

1 検索ボックスにキーワードを入力すると、

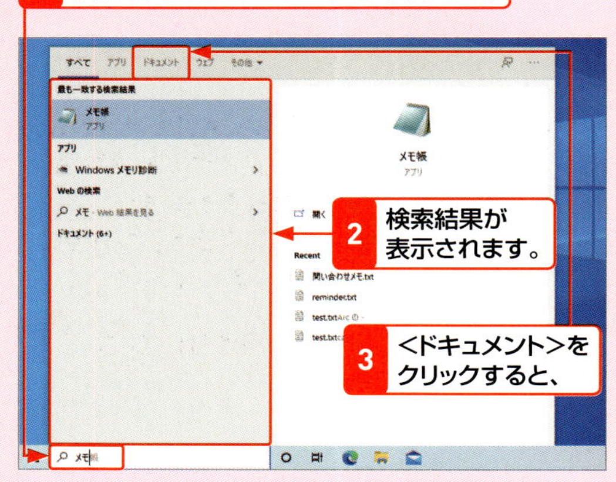

2 検索結果が表示されます。

3 <ドキュメント>をクリックすると、

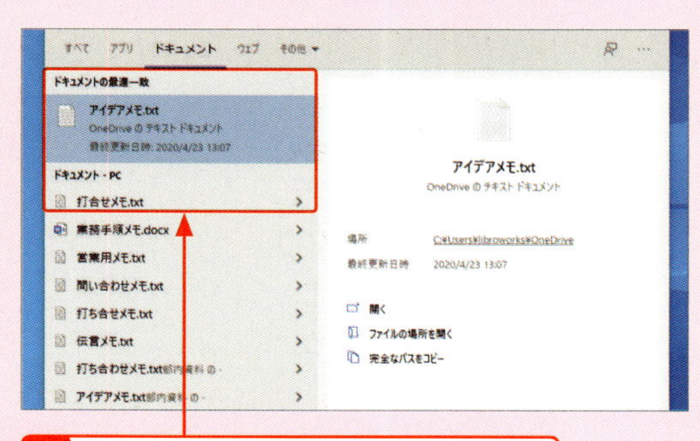

4 OfficeファイルやPDFファイルなどのドキュメントだけが表示されます。

5 <ウェブ>をクリックすると、

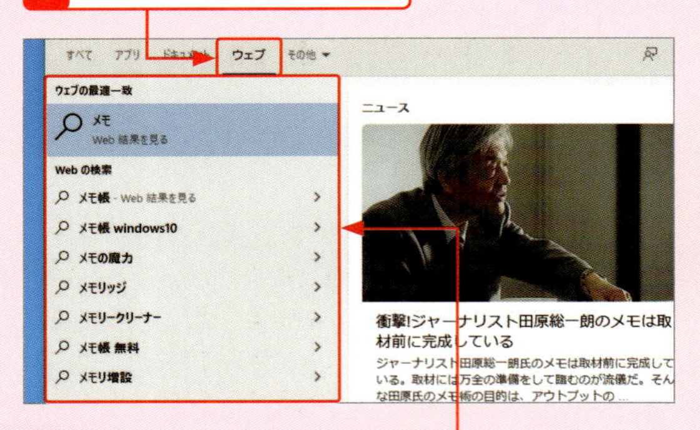

6 検索キーワード候補が表示されます。キーワードをクリックすると、検索結果が表示されます。

7 <その他>をクリックして、

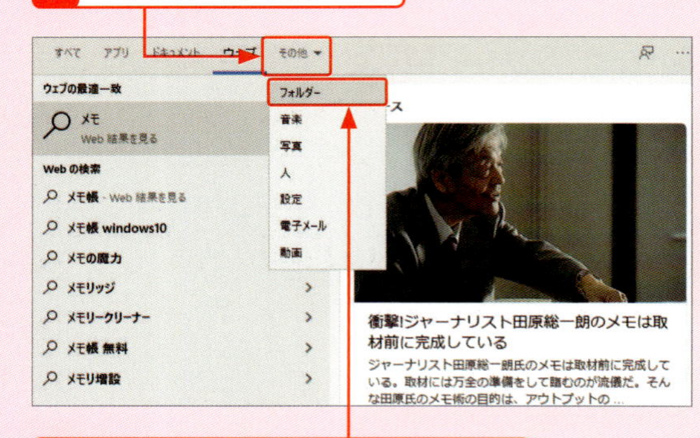

8 検索対象（ここでは<フォルダー>）をクリックすると、

9 キーワードに該当するフォルダーが表示されます。

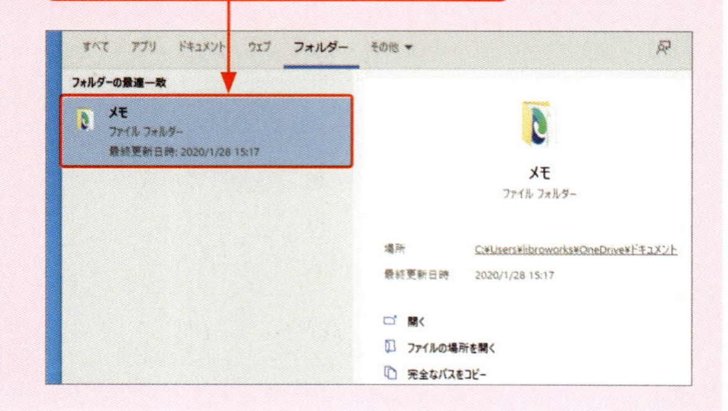

Windows 10の設定　重要度 ★★★

Q580 拡大鏡機能を利用したい！

A <簡単操作>の<拡大鏡>をオンにします。

Windowsには、障碍のある人や、高齢者のためのアクセシビリティ機能が用意されています。「拡大鏡」は、そうした機能のうちの1つで、虫眼鏡のように画面の一部分を拡大して表示することができます。表示倍率は、100%～1600%の間で100%刻みで設定できます。

1 スタートメニューで<設定>をクリックして、<簡単操作>→<拡大鏡>をクリックし、

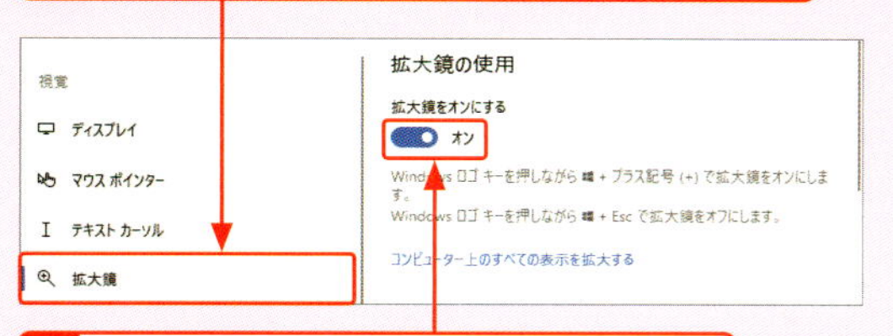

2 <拡大鏡をオンにする>をオンにします。

3 拡大鏡ビューで<レンズ>を選択すると、

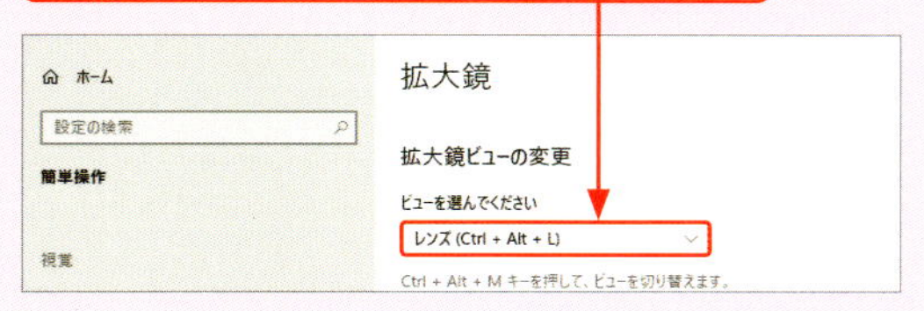

4 一部分を拡大して見ることができます。

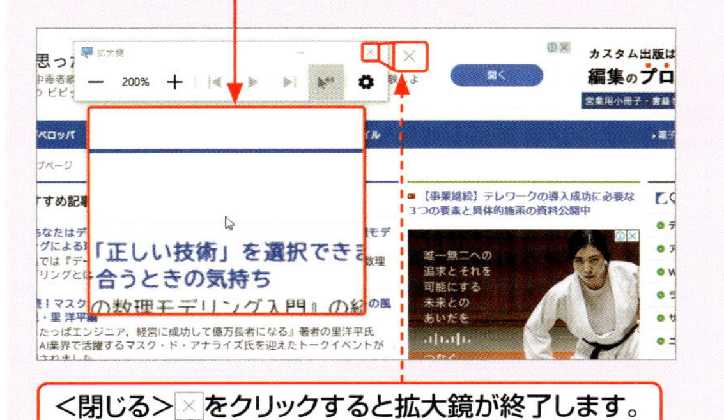

<閉じる>をクリックすると拡大鏡が終了します。

Windows 10の設定　重要度 ★★★

Q581 Windows Updateって何？

A Windowsを最新の状態にする機能です。

Windowsでは、不具合を修正するプログラムや新しい機能の追加、セキュリティの強化などが適宜行われています。Windows Update は、これらの更新プログラムを自動的にダウンロードし、Windowsにインストールする機能です。

Windows 10の起動と終了　重要度 ★★★

Q582 Windows UpdateでWindowsを最新の状態にしたい！

A 初期状態では自動で更新が実行されます。

Windows Updateは、初期状態では重要な更新が自動的にインストールされるように設定されており、更新の間は何回か再起動を求められることもあります。再起動によって作業が中断されるのを避けたい場合は、インストール方法を変更しておきましょう。

1 スタートメニューで<設定>をクリックして、

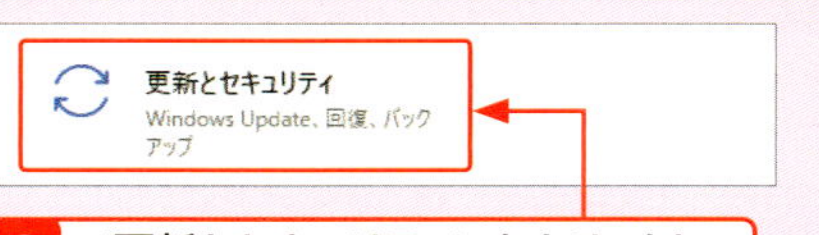

2 <更新とセキュリティ>をクリックし、

3 <Windows Update>をクリックします。

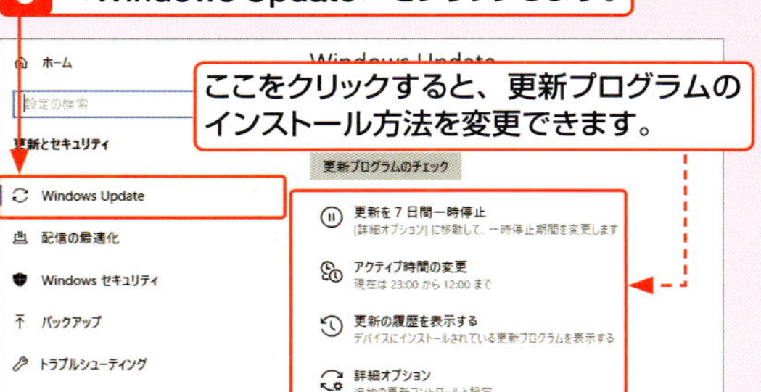

ここをクリックすると、更新プログラムのインストール方法を変更できます。

4 更新プログラムは、自動的にインストールされるように設定されています。

Q 583 近くのパソコンとファイルをやり取りしたい！

A 「近距離共有」の機能を利用しましょう。

社内の同僚や上司に仕事の資料を簡単に送りたい、お気に入りの写真を家族と共有したいといった際は「近距離共有」が役に立ちます。「設定」アプリで「近距離共有」の設定をオンに切り替えたあと、各種ファイルの＜共有＞をクリックしてファイルを送信します。ここでは「フォト」アプリを例に解説しますが、エクスプローラーからでも＜共有＞タブ→＜共有＞をクリックすることで共有できます。
ただし、この機能を使うには、共有先と共有元のPCがともにBluetoothを搭載し、バージョン1803以降のWindows 10を起動している必要があります。

参照▶Q 004

1 スタートメニューで＜設定＞⚙をクリックして、＜システム＞をクリックし、

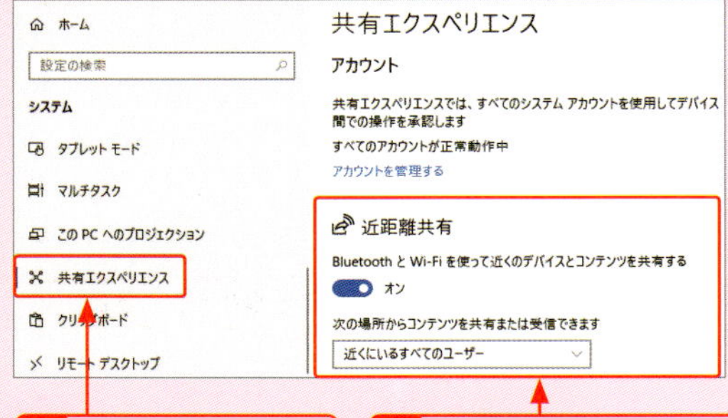

2 ＜共有エクスペリエンス＞をクリックして、

3 ＜近距離共有＞をオンにし、範囲を＜近くにいるすべてのユーザー＞に切り替えます。

4 ファイル（ここでは写真）を表示して、

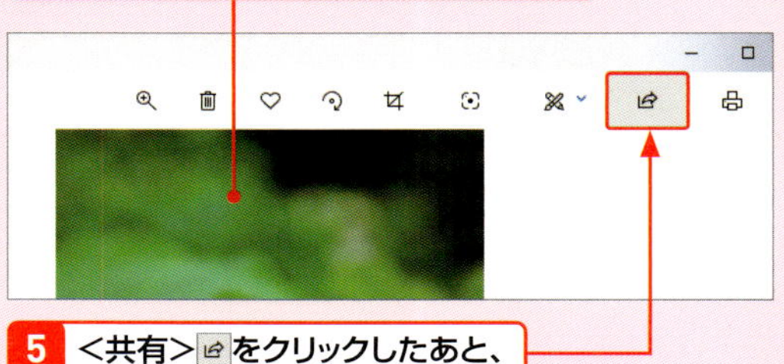

5 ＜共有＞をクリックしたあと、

6 相手の機種名をクリックすると、

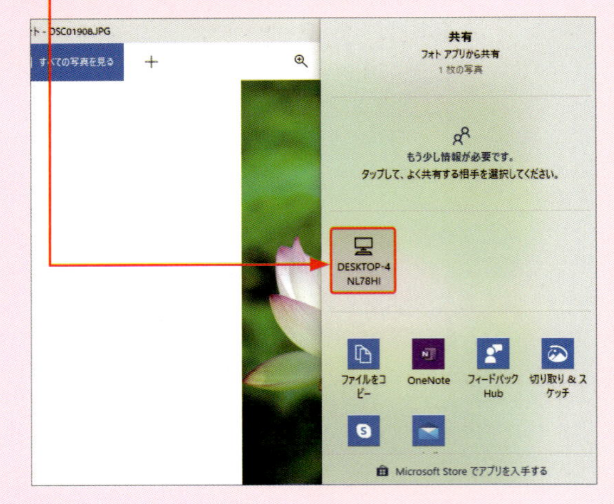

7 ファイルの共有が開始されます。

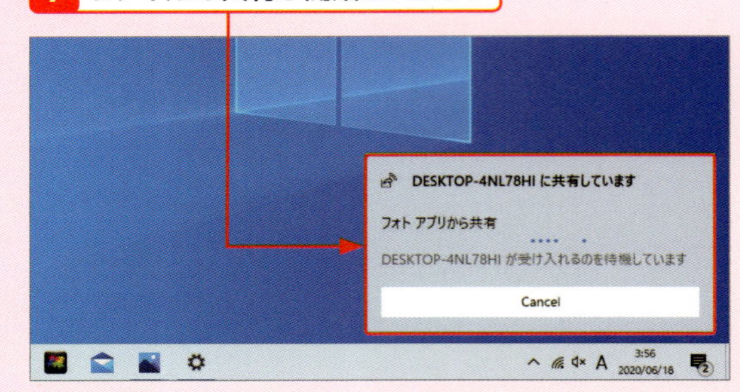

8 相手にもファイルを受信中の通知が表示されます。

9 相手が＜保存＞などをクリックするとファイルの共有が完了します。

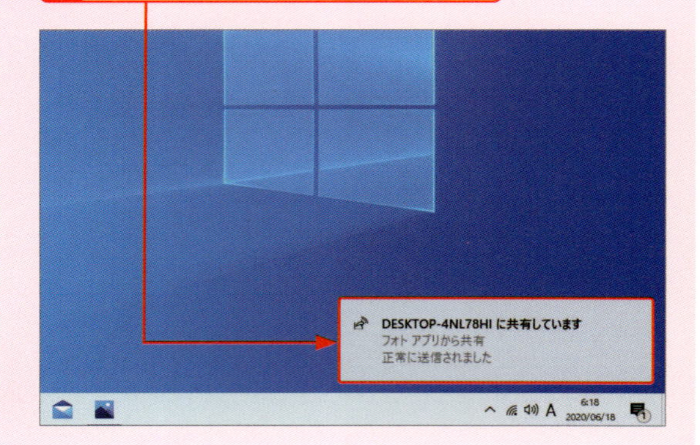

Q 584 不要なファイルが自動で削除されるようにしたい！

A 「ストレージセンサー」を有効にしましょう。

仕事のファイルや写真の数が増えてきて、Windowsの容量がそろそろピンチ…。そうしたときは、「設定」アプリで＜ストレージセンサー＞を有効にしましょう。何らかの理由でたまった一時ファイル（アプリを起動したりすると自動生成されるファイル。通常はアプリ終了時に消去される）や、「ごみ箱」内のファイルを削除して、空き容量を確保してくれます。自動的に削除するスケジュールなども変更できるので、自分の都合に合わせて設定するとよいでしょう。

● ストレージセンサーを有効にする

1 スタートメニューで＜設定＞をクリックして、＜システム＞→＜記憶域＞をクリックし、

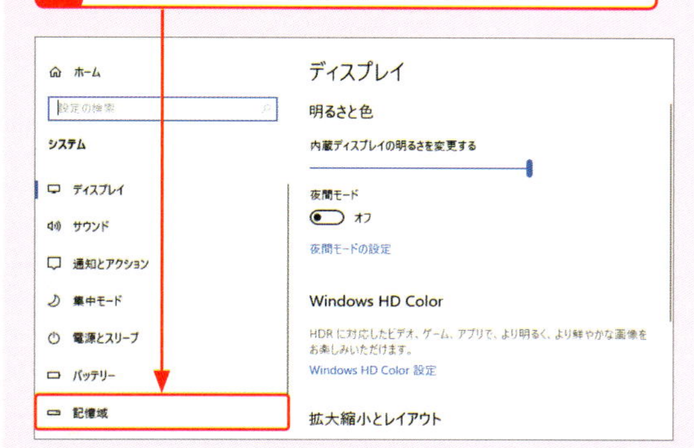

2 ＜ストレージセンサー＞のスイッチをクリックします。

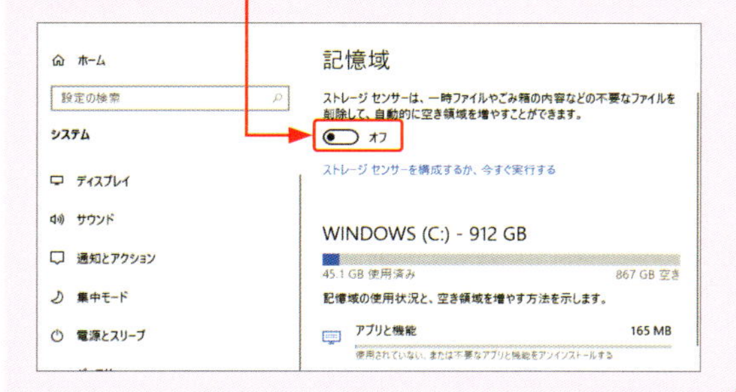

3 ＜ストレージセンサー＞がオンに切り替わります。

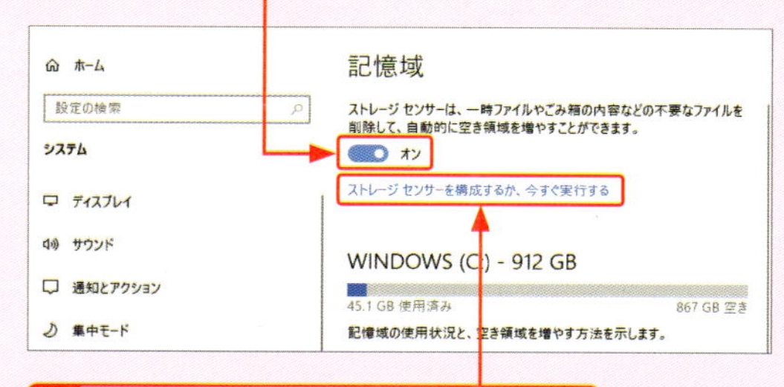

4 ＜ストレージセンサーを構成するか、今すぐ実行する＞をクリックすると、

5 削除に関するルールを設定できます。

ストレージ センサーを構成するか、今すぐ実行する
ストレージ センサー
オン
ディスク領域が不足すると、ストレージ センサーが実行されます。システムが最適に動作するように、十分な領域をクリーンアップします。過去 1 か月間に 0 バイト の領域をクリーンアップしました。
ストレージ センサーを実行するタイミング
ディスクの空き領域の不足時
一時ファイル
アプリで使用されていない一時ファイルを削除します
ごみ箱に移動してから次の期間が過ぎたファイルを削除する:
30 日
開かれないまま次の期間が過ぎた [ダウンロード] フォルダー内のファイルを削除する:
許可しない

6 ここをクリックすると、

7 自動実行するタイミングを指定できます。

ストレージ センサーを構成するか、今すぐ実行する
ストレージ センサー
オン
毎日
毎週
毎月
ディスクの空き領域の不足時
一時ファイル
アプリで使用されていない一時ファイルを削除します
ごみ箱に移動してから次の期間が過ぎたファイルを削除する:
30 日
開かれないまま次の期間が過ぎた [ダウンロード] フォルダー内のファイルを削除する:
許可しない

Windows 10の設定　重要度★★★

Q 585 ファイルを開くアプリをまとめて変更したい！

A ＜既定のアプリ＞の項目で利用するアプリを変更します。

Windowsでは、ファイルをダブルクリックすると、そのファイルに関連付けられたアプリが起動してファイルが表示されます。ファイルが関連付けされていない場合は、アプリを指定してから開きます。
同じ種類のファイルの関連付けをまとめて変更するには、「設定」アプリを起動して＜アプリ＞をクリックし、以下の操作を行いましょう。 参照▶Q 117

1 スタートメニューで＜設定＞をクリックして、＜アプリ＞をクリックし、

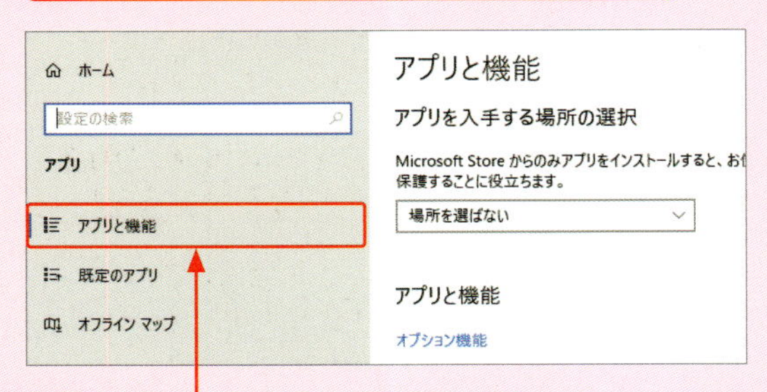

2 ＜既定のアプリ＞をクリックして、

3 既定にしたい項目（ここでは「フォトビューアー」の＜フォト＞）をクリックして、

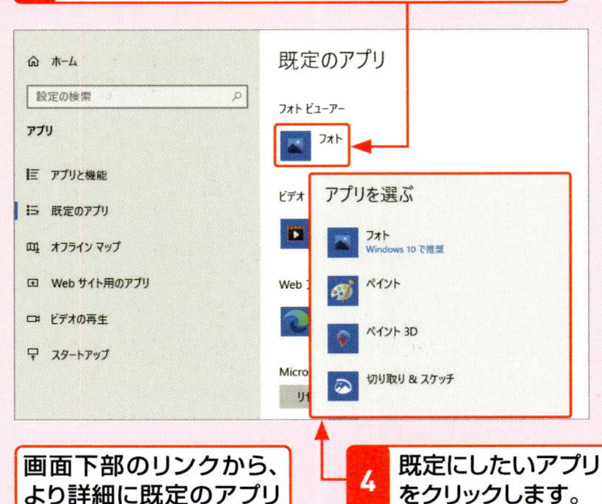

4 既定にしたいアプリをクリックします。

画面下部のリンクから、より詳細に既定のアプリを設定できます。

Windows 10の設定　重要度★

Q 586 Sモードって何？

A Windows 10の機能限定モードです。

「Windows 10 Sモード」は、一部の機能を制限し、より安全、快適にパソコンを使えるようにすることを目的としたWindows 10のモードで、主に教育機関などを対象にした一部のパソコンに、プリインストール（最初から組み込まれた状態）で搭載されています。代表的なWindows 10 Sモード搭載パソコンには、マイクロソフトのSurface Goシリーズなどがあります。
Windows 10 Sモードには、以下のような制限がかけられています。

- Microsoft Store以外からアプリをインストールできない
- 既定のブラウザーをMicrosoft Edge以外に変更できない
- 既定の検索サービスをBing以外に変更できない
- 企業などで運用されている高度なネットワークサービスを利用できない

一方で、Windows 10 Sモードは、パソコンの起動がほかのエディションに比べて高速というメリットがあります。上記の制限があっても問題ないような用途であれば、Windows 10 Sモード搭載パソコンは快適に利用できるでしょう。

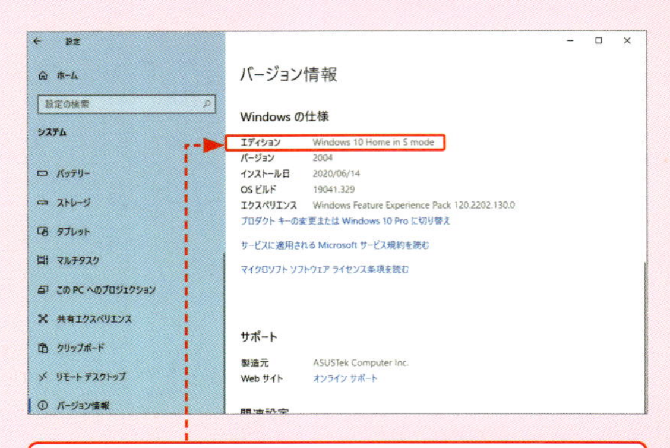

パソコンにWindows 10 Sモードが搭載されているかどうかは、スタートメニューの＜設定＞→＜システム＞→＜バージョン情報＞とクリックすると表示される＜Windowsの仕様＞で確認できます。

Q 587 Sモードを解除したい！

A Microsoft Storeで解除できます。

Windows 10 Sモードは、Windows 10 Pro、あるいはWindows 10 Homeに変更できます。解除するには、以下のように操作してMicrosoft Storeにアクセスして変更の手続きを行います。なお、Sモードの解除は無料で行えますが、一度ほかのエディションに切り替えると元に戻すことはできません。

1 スタートメニューで<設定>⚙をクリックして、<更新とセキュリティ>→<ライセンス認証>をクリックし、

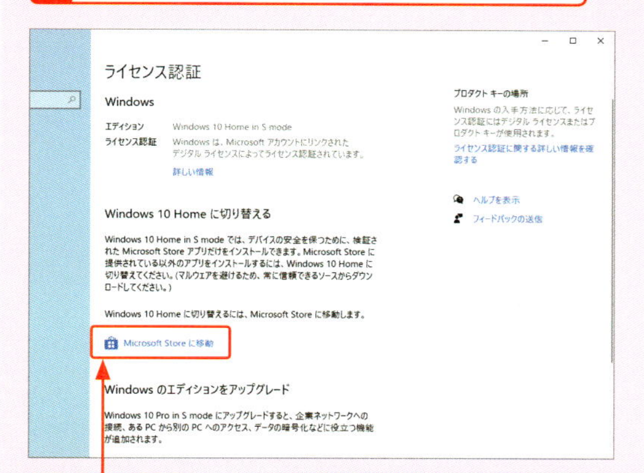

2 <Microsoft Storeに移動>をクリックすると、

3 Microsoft Storeが起動します。

4 <入手>をクリックすると、Sモードが解除され、HomeあるいはProにエディションが切り替わります。

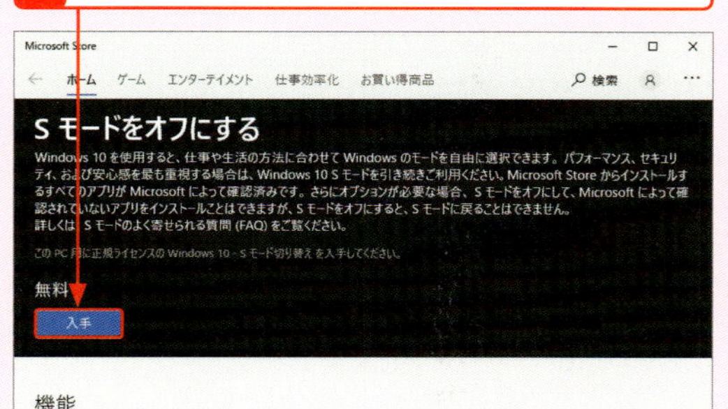

Q 588 国内と海外の時間を同時に知りたい！

A <時刻と言語>からタイムゾーンを追加しましょう。

出張や旅行で海外に発ったときは、タイムゾーンを追加するとよいでしょう。通知領域から、現地と日本の時間を確認することができます。国内にいる同僚や家族と、最適な時間を見計らってメールなどで連絡を取り合いたいときに重宝します。

1 スタートメニューで<設定>⚙をクリックして、<時刻と言語>→<日付と時刻>をクリックし、

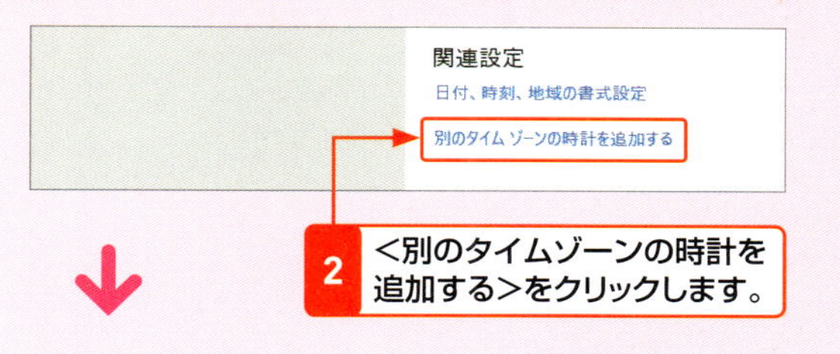

2 <別のタイムゾーンの時計を追加する>をクリックします。

3 <この時計を表示する>にチェックを付け、

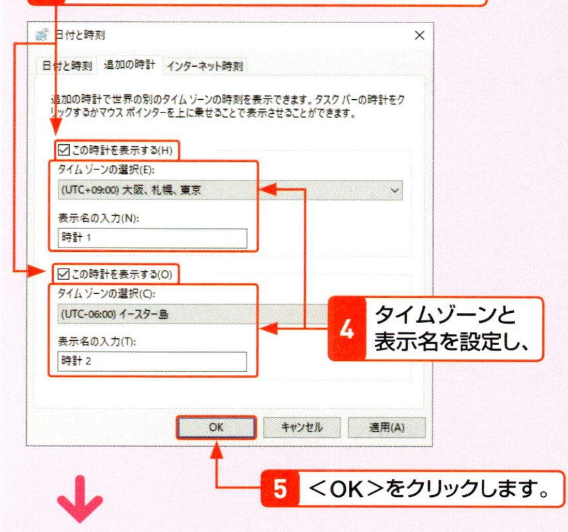

4 タイムゾーンと表示名を設定し、

5 <OK>をクリックします。

6 通知領域で時刻をクリックすると、国内と海外の時刻を同時に確認できます。

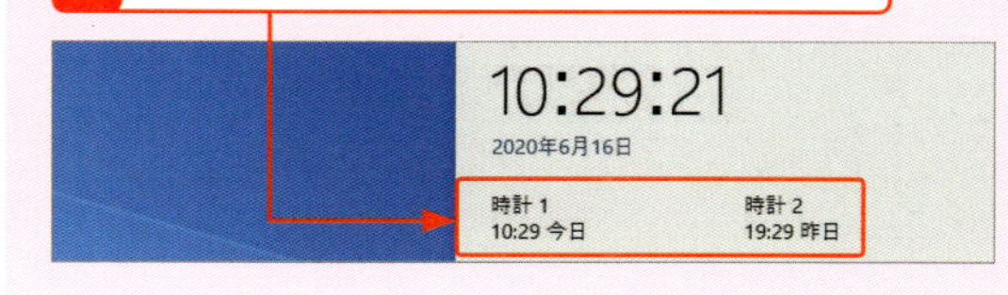

その他の設定　重要度 ★★★

Q 589 電源ボタンを押したときの動作を変更したい！

A <電源ボタンの動作の選択>から設定します。

電源ボタンを押したときの動作は、デスクトップパソコンではシャットダウンが、ノートパソコンではスリープが初期状態で設定されています。この設定を変更するには、下記の操作を行います。

なお、手順4で表示される項目は、一般的なノートパソコンのものです。デスクトップの場合は設定項目が少し異なりますが、操作手順は変わりません。

1 スタートメニューで<設定>⚙をクリックして、<システム>→<電源とスリープ>をクリックし、

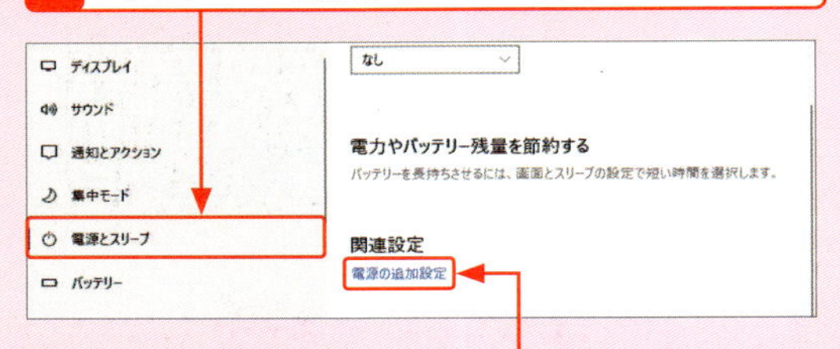

2 <電源の追加設定>をクリックして、

3 <電源ボタンの動作の選択>をクリックします。

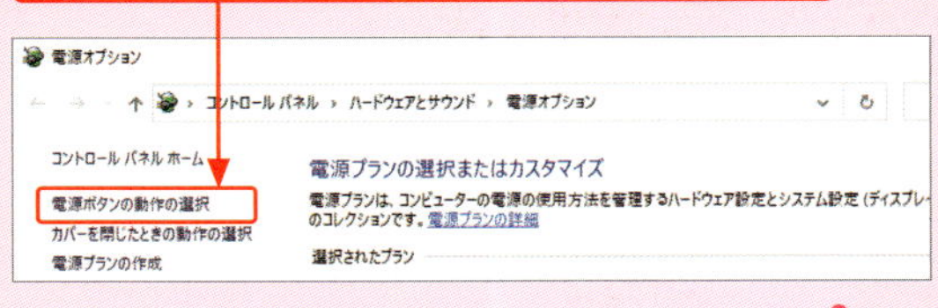

4 ここをクリックし、

5 設定したい動作をクリックします。

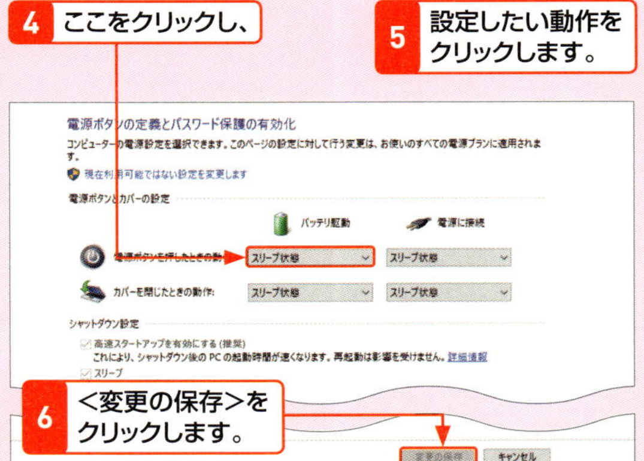

6 <変更の保存>をクリックします。

その他の設定　重要度 ★★★

Q 590 ノートパソコンのバッテリーの消費を抑えるには？

A 電源プランの設定を変更します。

Windows 10には「バランス」「省電力」「高パフォーマンス」の3つの「電源プラン」が用意されています。通常は<バランス>を使用しますが、ノートパソコンなどの場合は<省電力>にすると、バッテリーの消費を抑えられます。<電源プランの選択またはカスタマイズ>画面から設定しましょう。なお、<高パフォーマンス>は<追加プランの表示>をクリックすると表示されます。

1 スタートメニューで<設定>⚙をクリックして、<システム>→<電源とスリープ>をクリックし、

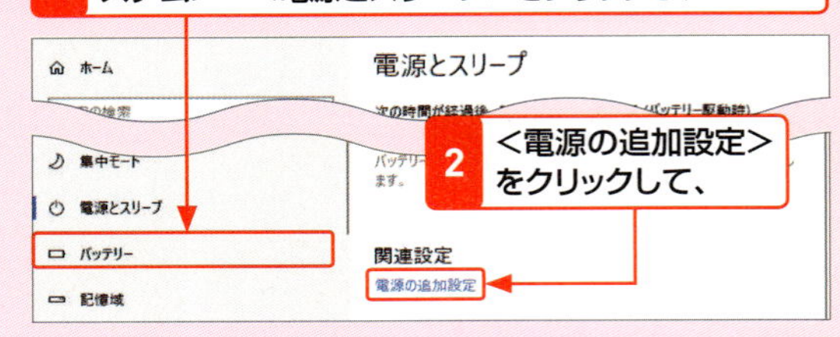

2 <電源の追加設定>をクリックして、

3 <省電力>をクリックすると、バッテリー消費を抑えることができます。

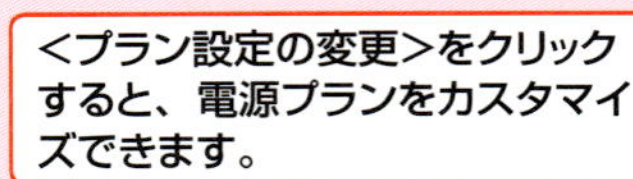

<プラン設定の変更>をクリックすると、電源プランをカスタマイズできます。

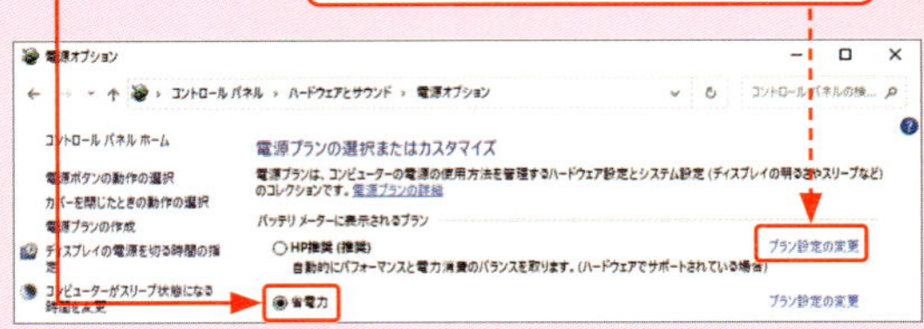

ここでディスプレイが切れたり、スリープになるまでの時間を設定できます。

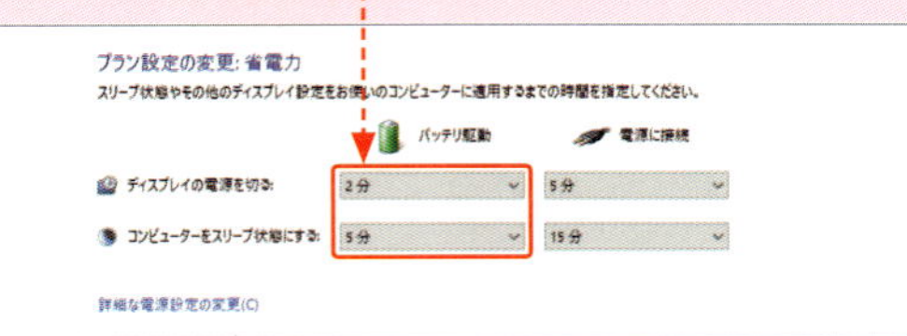

その他の設定　重要度 ★★☆

Q 591 アプリの背景色を暗くしたい！

A <個人用設定>の<色>で設定します。

Windows 10に標準でインストールされたアプリは、背景色を暗くすることができます。夜間など暗い場所でパソコンやタブレットPCを操作するときに利用するとよいでしょう。

1 スタートメニューで<設定>をクリックして、

2 <個人用設定>をクリックし、

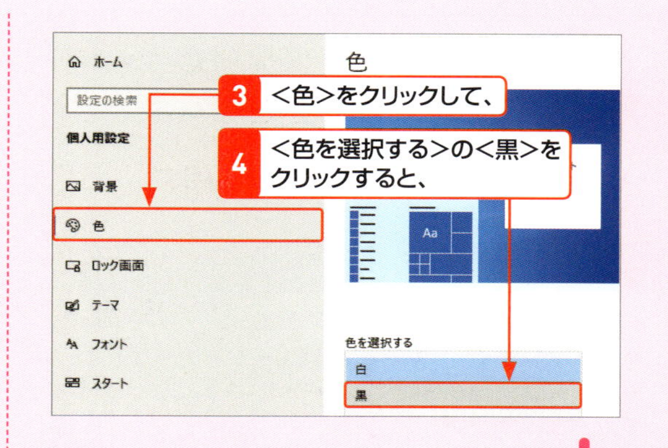

3 <色>をクリックして、

4 <色を選択する>の<黒>をクリックすると、

5 アプリの背景が暗くなります。

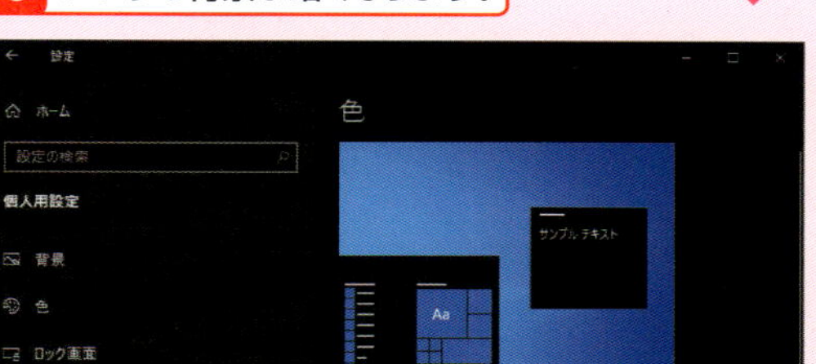

その他の設定　重要度 ★★☆

Q 592 マウスポインターを見やすくしたい！

A <簡単操作>の<マウスポインター>で変更します。

「設定」アプリで<簡単操作>→<マウスポインター>をクリックして表示される画面を表示すると、マウスポインターを大きいサイズに変更して見やすくできます。

参照▶Q 593,Q 594

1 「設定」アプリで<マウスポインター>をクリックして、

2 マウスポインターのサイズを指定します。

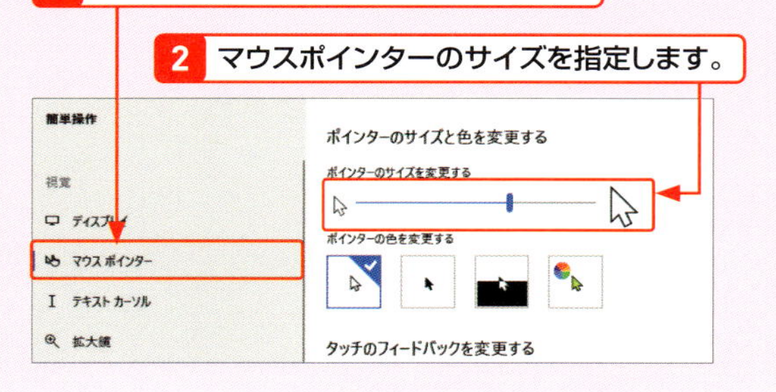

その他の設定　重要度 ★★☆

Q 593 マウスポインターの色を変えたい！

A <簡単操作>の<マウスポインター>で色を変更します。

「設定」アプリで<簡単操作>→<マウスポインター>をクリックして表示される画面で、マウスポインターの色を変更できます。

参照▶Q 592, Q594

1 「設定」アプリで<マウスポインター>をクリックして、

2 マウスポインターの色を指定します。

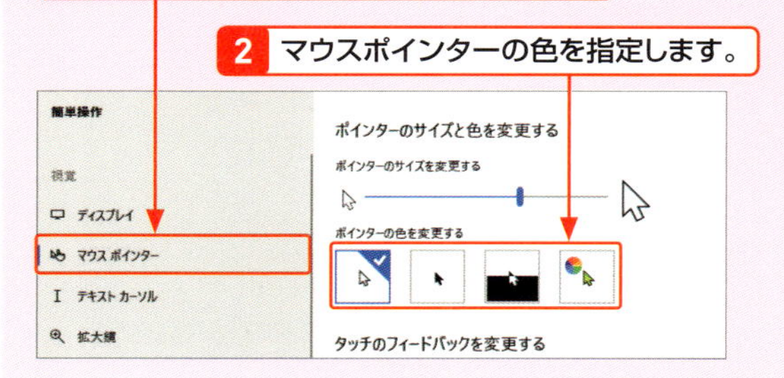

その他の設定 重要度 ★★★

Q 594 マウスポインターの移動スピードを変えたい！

A <デバイス>の<マウス>でスピードを調整します。

マウスポインターの移動速度を変えたいときは、「設定」アプリで＜デバイス＞をクリックし、＜マウス＞をクリックします。表示されるスライダーを左にドラッグすれば移動速度が遅くなり、右にドラッグすれば速くなります。

参照▶Q 592, Q593

1 「設定」アプリで<カーソル速度>のスライダーをドラッグして、移動速度を調整します。

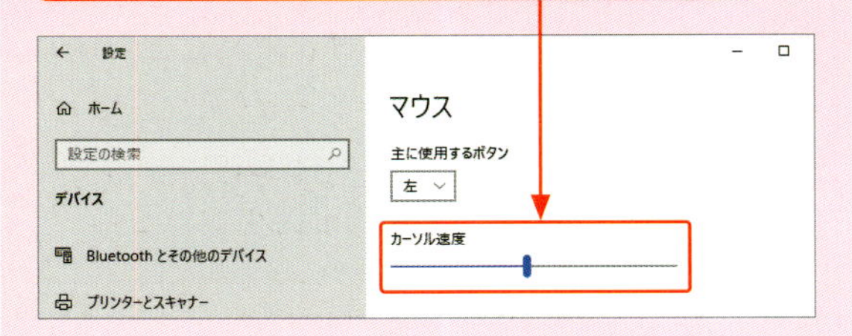

その他の設定 重要度 ★★★

Q 595 マウスの設定を左利き用に変えたい！

A <デバイス>の<マウス>で変更します。

マウスを左利き用に変更するには、「設定」アプリで＜デバイス＞をクリックし、＜マウス＞をクリックします。そのあと「主に使用するボタン」で＜右＞をクリックすれば、マウスの右ボタンと左ボタンの機能が入れ替わります。

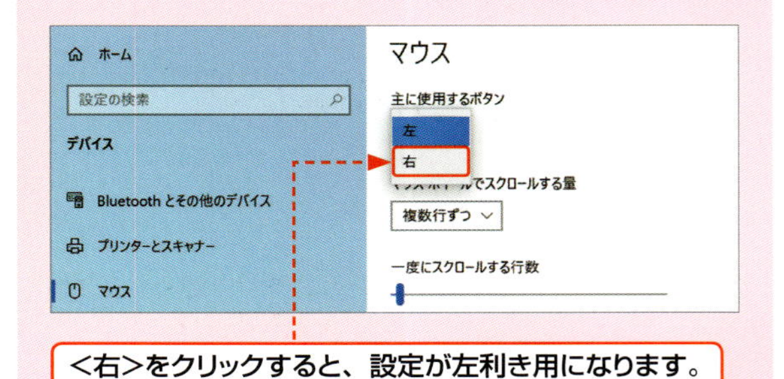

<右>をクリックすると、設定が左利き用になります。

その他の設定 重要度 ★★★

Q 596 ダブルクリックがうまくできない！

A ダブルクリックの速度を調整しましょう。

ダブルクリックがうまくできない場合は、クリックの速度を調整してみましょう。スタートメニューから＜コントロールパネル＞を開いたら＜ハードウェアとサウンド＞をクリックします。＜マウス＞をクリックして表示された画面で＜ボタン＞タブをクリックし、＜ダブルクリックの速度＞のスライダーを左右にドラッグして調整します。

1 スタートメニューで<Windowsシステムツール>→<コントロールパネル>をクリックして、<システムとセキュリティ>をクリックし、

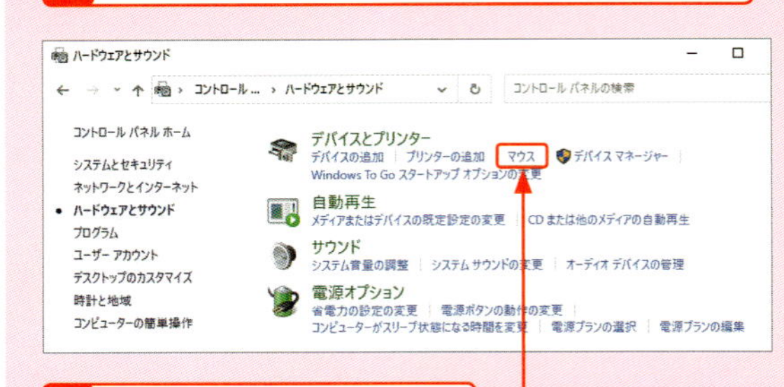

2 <マウス>をクリックします。

3 ここをドラッグして調整し、

4 ここをダブルクリックして、速度を確認します。

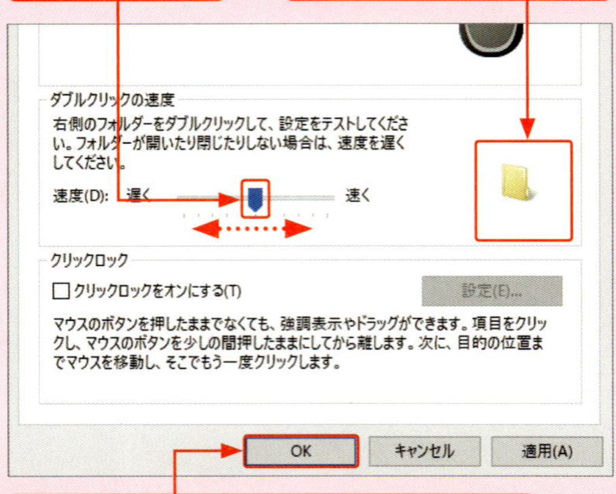

5 確認が済んだら<OK>をクリックします。

その他の設定　重要度 ★★★

Q 597 ハードディスクの空き容量を確認したい！

A エクスプローラーで＜PC＞やドライブのプロパティから確認できます。

ハードディスクの空き容量を確認するには、エクスプローラーを使用します。＜PC＞を表示すると、＜デバイスとドライブ＞に各ドライブの容量と空き領域が表示されます。さらに詳細な数値を確認したい場合は、ドライブを右クリックし、表示されたメニューの＜プロパティ＞をクリックすると、使用領域と空き領域の両方が表示されます。

1 エクスプローラーを表示して、

2 ＜PC＞をクリックします。

3 ドライブのアイコンを右クリックして、

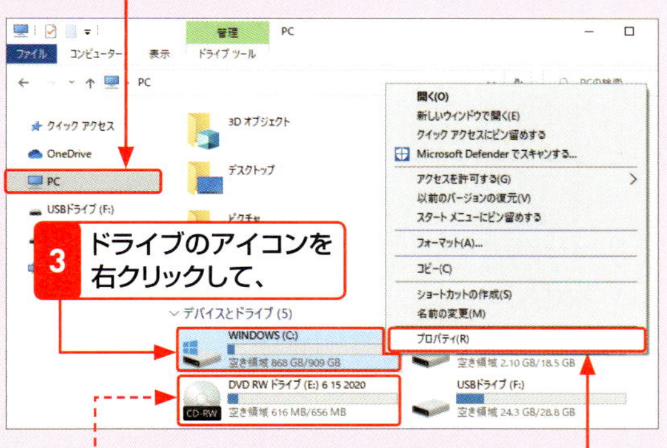

5 ドライブの容量、使用領域、空き領域が表示されます。

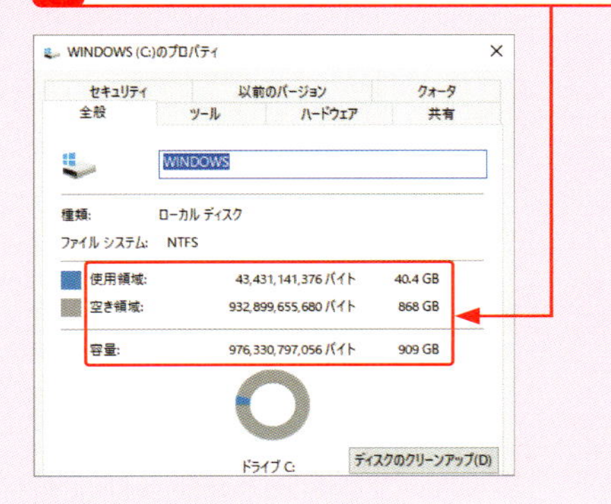

その他の設定　重要度 ★★☆

Q 598 特にファイルを保存していないのに空き容量がなくなってしまった！

A バックアップの容量が増えたためです。

自分ではファイルを保存していないのにドライブの空き容量がなくなった場合、バックアップに使用する容量が増えたことが考えられます。Windows 10のバックアップ機能は、標準では＜1時間ごとに＞バックアップを行い、バックアップデータは＜無期限＞に保存する設定となっているからです。
ドライブの容量が不足するようなら、＜古いバージョンのクリーンアップ＞を実行して昔のバックアップデータを削除します。また、＜保存されたバージョンを保持する期間＞を短くしてもよいでしょう。

1 スタートメニューで＜Windowsシステムツール＞→＜コントロールパネル＞をクリックして、＜システムとセキュリティ＞をクリックし、

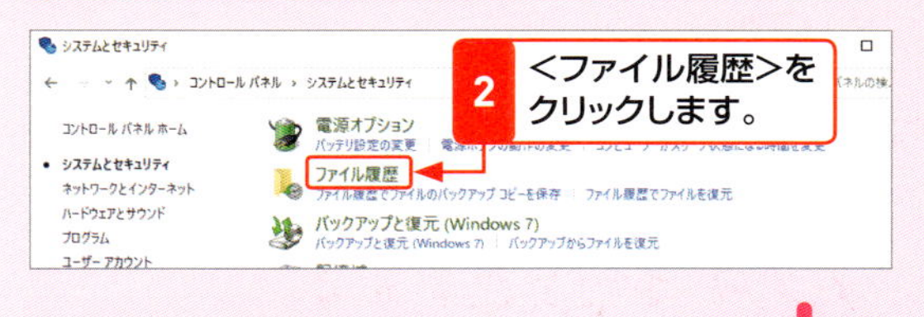

3 ＜詳細設定＞をクリックします。

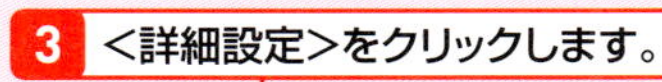

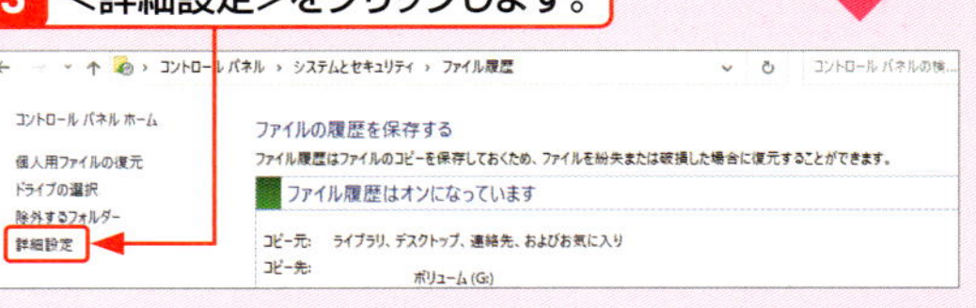

4 ＜古いバージョンのクリーンアップ＞をクリックして、

ここをクリックすると、古いバックアップデータの保存期限を設定できます。

5

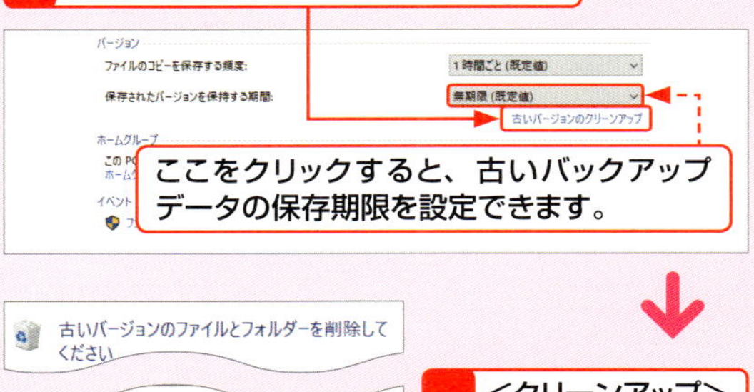

Q 599 ハードディスクの空き容量を増やしたい！

A 不要なアプリのアンインストールやドライブの圧縮で増やします。

ハードディスクの空き容量を確保するには、大きな容量のアプリをアンインストールするのが効果的です。自分で作成したファイルを削除しても数MBから数百MB程度の空き容量しか確保できませんが、不要なアプリをアンインストールすれば1GB程度、大きいアプリなら数十GBの容量を確保できます。

アプリのアンインストールは、「設定」アプリの<アプリ>→<アプリと機能>から行います。アプリのリストは名前順に並んでいますが、容量の大きいアプリを見つけたいときは<サイズ>で、古いアプリから削除していきたいときは<インストール日付>で並べ替えるとよいでしょう。

また、ドライブを圧縮して空き容量を確保する方法もあります。ドライブの圧縮とは、ファイルを圧縮して保存しておき、開くときは展開してくれるOSの機能です。ファイルの圧縮や展開はOSが自動で行うので、使い勝手はドライブの圧縮を使用しないときと変わりません。

空き容量を確保する方法にはほかにも、ストレージセンサーによるファイルの削除や、OneDriveのファイルオンデマンドなどがあります。

参照▶Q 501, Q 584, Q 598

サイズの大きいアプリを見つける

1 スタートメニューで<設定>をクリックして、<アプリ>→<アプリと機能>をクリックすると、

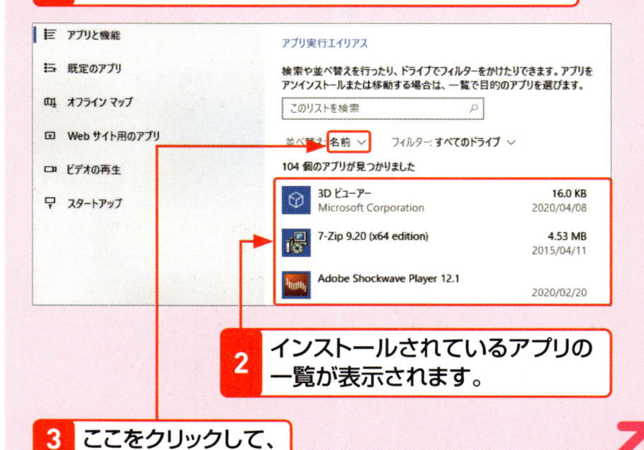

2 インストールされているアプリの一覧が表示されます。

3 ここをクリックして、

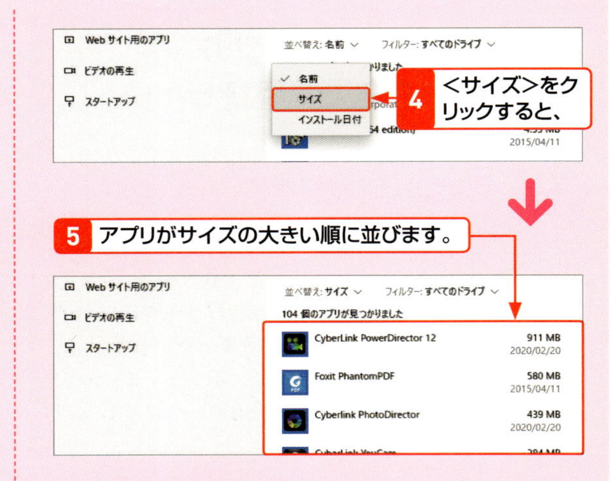

4 <サイズ>をクリックすると、

5 アプリがサイズの大きい順に並びます。

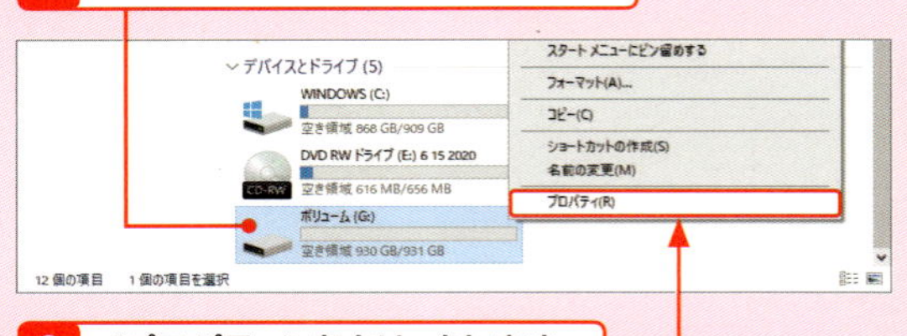

ドライブを圧縮する

1 エクスプローラーで<PC>を表示して、

2 圧縮したいドライブを右クリックし、

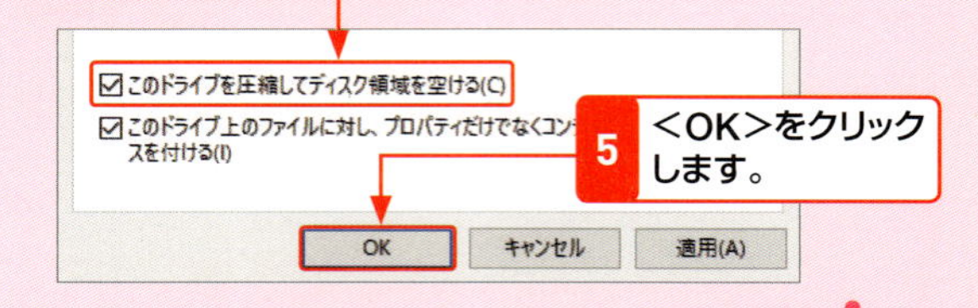

3 <プロパティ>をクリックします。

4 <このドライブを圧縮してディスク領域を空ける>をクリックしてオンにし、

5 <OK>をクリックします。

6 <変更をドライブ○:¥、サブフォルダーおよびファイルに適用する>をクリックして、

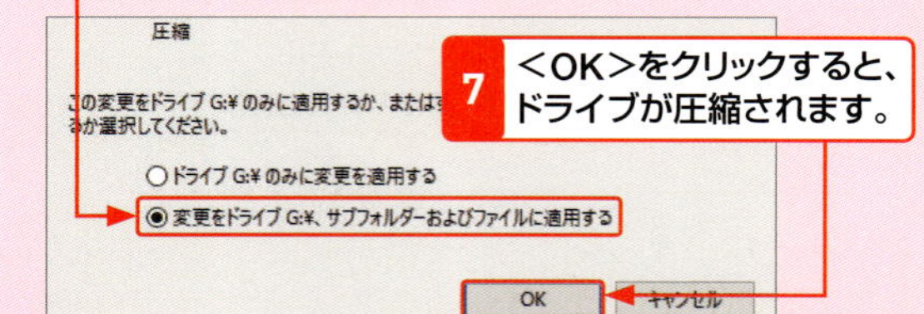

7 <OK>をクリックすると、ドライブが圧縮されます。

その他の設定　重要度 ★★★

Q 600 ハードディスクの最適化って何？

A データを素早く読み書きできるように並べ替えます。

ハードディスクは、ファイルを一定のサイズごとのブロックに分割して保存しています。最初は1つのファイルのすべてのブロックが連続した領域に保存されますが、ファイルの削除や保存を繰り返し行っていると、連続した空き領域がなくなり、1つのファイルがあちこちの領域にバラバラに保存されます。この状態を断片化といいます。

ハードディスクは記録媒体として円盤を使用しているので、断片化したデータは読み出すのに時間がかかってしまいます。データを素早く読み書きできるよう、断片化を解消する作業がハードディスクの最適化です。ハードディスクを搭載したパソコンは、最適化を定期的に実行するように設定されています。また、パソコンにハードディスクではなくSSDが搭載されているパソコンでは、最適化を実行する必要はありません。

手動で最適化を行う手順は、下のとおりです。

1 エクスプローラーを表示して、

2 <管理>タブをクリックし、

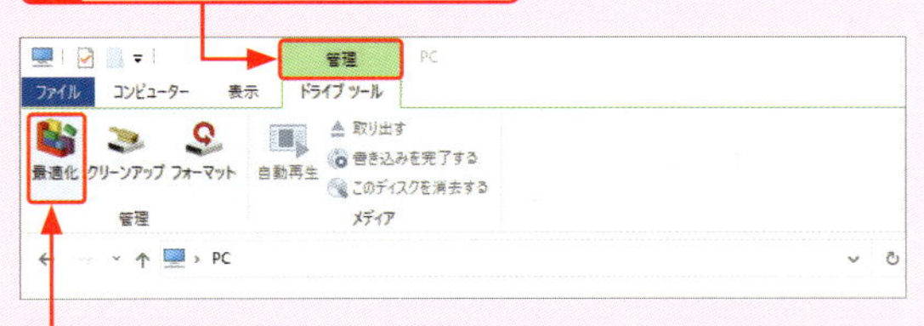

3 <最適化>をクリックします。

4 最適化したいドライブをクリックし、

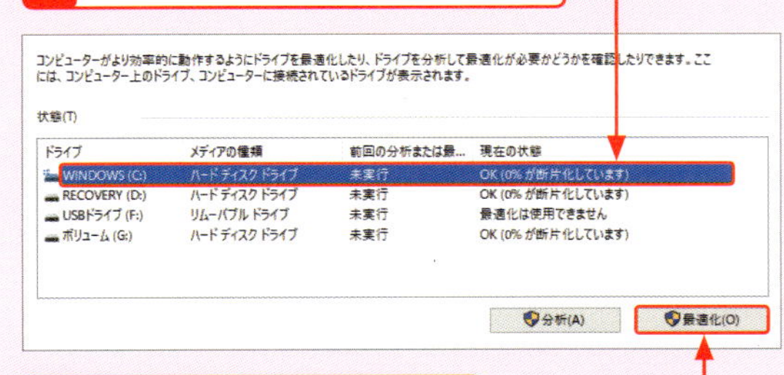

5 <最適化>をクリックすると、最適化が実行されます。

その他の設定　重要度 ★★★

Q 601 スクリーンセーバーを設定したい！

A <スクリーンセーバーの設定>で設定します。

スクリーンセーバーはもともとCRTディスプレイの焼き付きを防止するために作られたものですが、現在では息抜きのためや、画面を他人に見られないようにするために利用されています。

1 スタートメニューで<設定>をクリックして、<個人用設定>→<ロック画面>をクリックし、

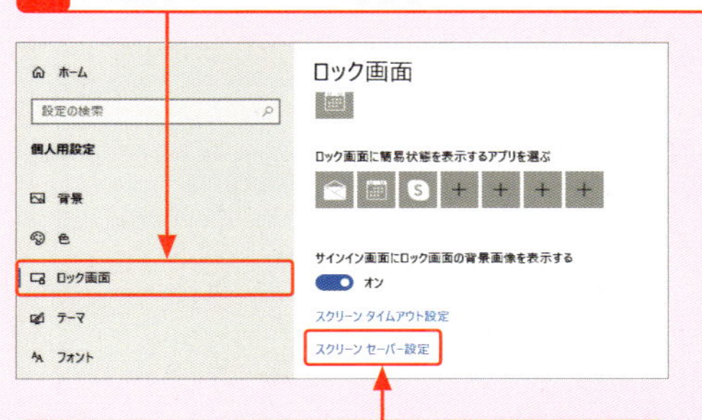

2 <スクリーンセーバー設定>をクリックして、

3 ここをクリックし、

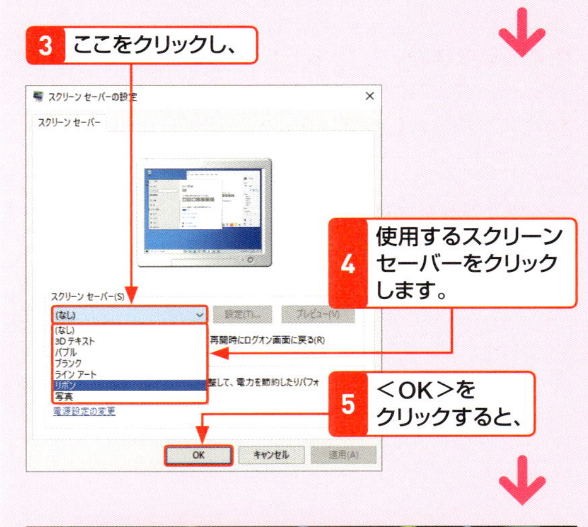

4 使用するスクリーンセーバーをクリックします。

5 <OK>をクリックすると、

6 スクリーンセーバーが設定されます。

その他の設定　重要度 ★★★

Q 602 スクリーンセーバーの起動時間を変えたい！

A ＜スクリーンセーバーの設定＞の＜待ち時間＞で設定します。

パソコンの操作を止めてから、スクリーンセーバーが開始されるまでの時間は、＜スクリーンセーバーの設定＞ダイアログボックスの＜待ち時間＞で設定できます。

1 Q601を参考に、＜スクリーンセーバーの設定＞ダイアログボックスを表示して、

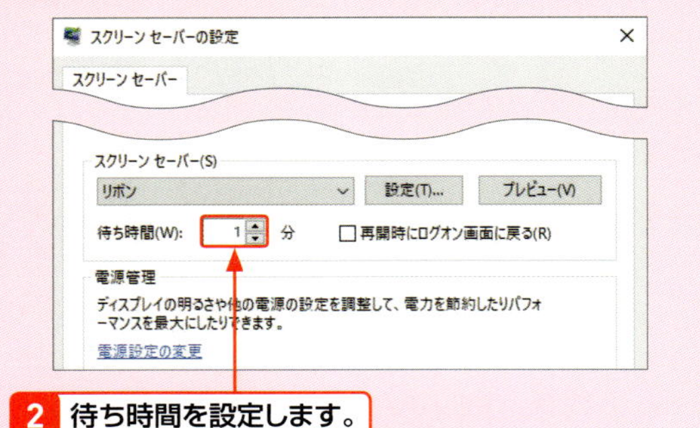

2 待ち時間を設定します。

その他の設定　重要度 ★★★

Q 603 デスクトップの色を変えたい！

A ＜個人用設定＞の＜色＞から変更できます。

「設定」アプリの＜個人用設定＞にある＜色＞をクリックすると、ウィンドウの枠やタスクバー、スタートメニューの色を変更できます。

1 スタートメニューで＜設定＞⚙をクリックして、＜個人用設定＞→＜色＞をクリックし、

2 ＜色を選択する＞を＜カスタム＞に変更して、

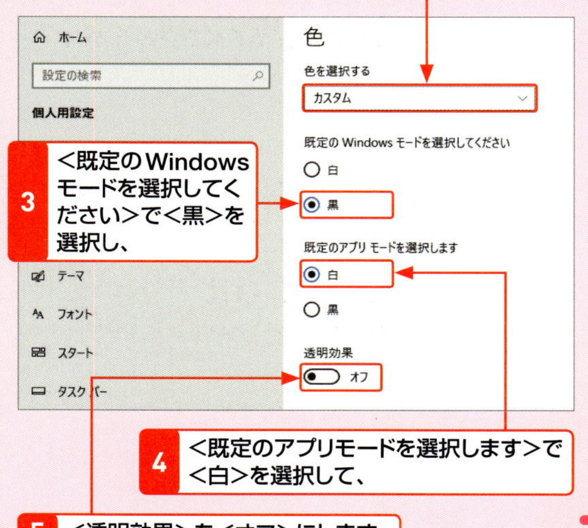

3 ＜既定のWindowsモードを選択してください＞で＜黒＞を選択し、

4 ＜既定のアプリモードを選択します＞で＜白＞を選択して、

5 ＜透明効果＞を＜オフ＞にします。

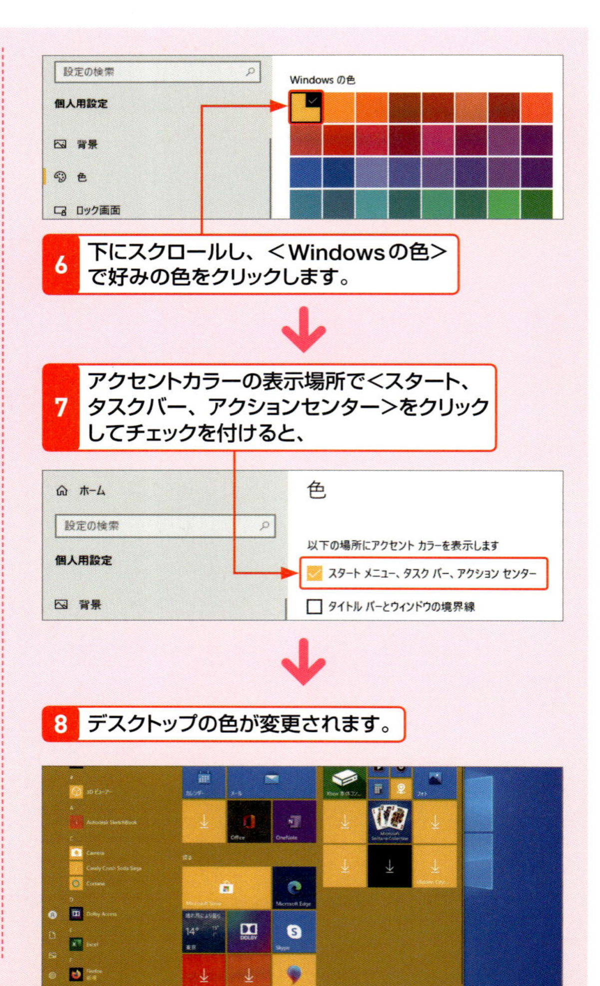

6 下にスクロールし、＜Windowsの色＞で好みの色をクリックします。

7 アクセントカラーの表示場所で＜スタート、タスクバー、アクションセンター＞をクリックしてチェックを付けると、

8 デスクトップの色が変更されます。

Q 604 デスクトップの背景を変更したい!

A <個人用設定>の<背景>から変更できます。

デスクトップの背景を変更するには、「設定」アプリを起動して、<個人用設定>→<背景>をクリックします。そのあとWindowsに標準で用意されている別の画像を選択するか、<参照>をクリックし、自分で過去に撮影した画像を選択しましょう。このほか、背景にスライドショーを設定することも可能です。お気に入りの画像が何枚もある場合に利用するとよいでしょう。

あらかじめ用意されている画像を背景に設定する

1 スタートメニューで<設定>をクリックして、<個人用設定>をクリックし、

2 <背景>をクリックして、

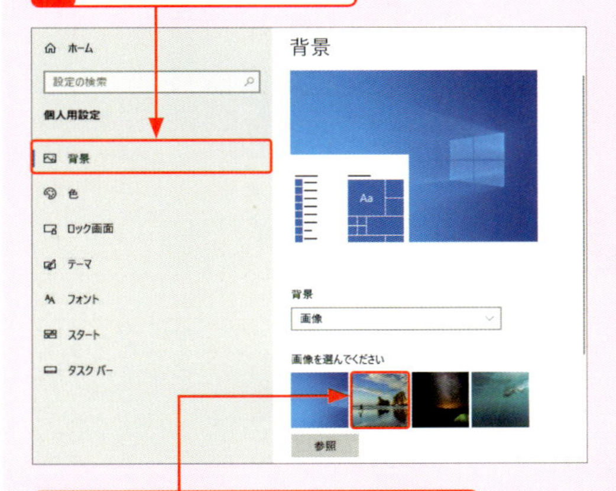

3 背景にしたい画像をクリックすると、

4 デスクトップの背景が変更されます。

独自の画像を背景に設定する

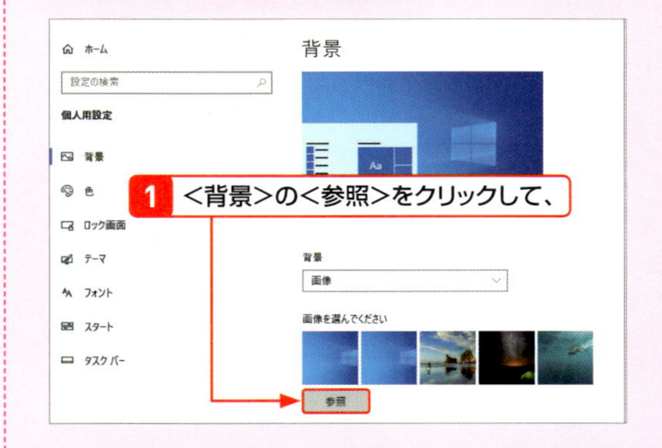

1 <背景>の<参照>をクリックして、

2 写真が保存されているフォルダーを指定します。

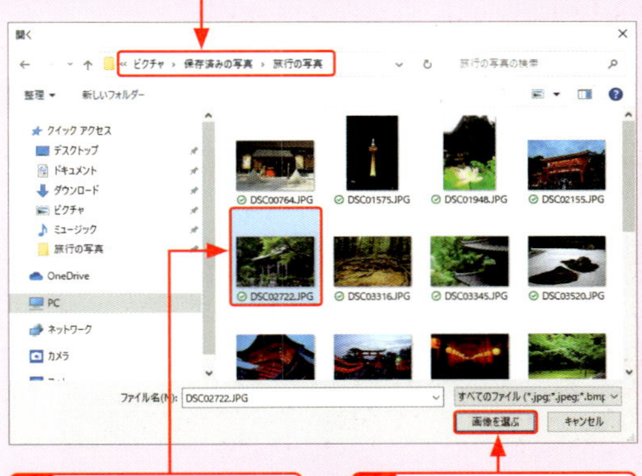

3 背景にしたい写真をクリックして、

4 <画像を選ぶ>をクリックすると、

5 デスクトップの背景が独自の画像に変更されます。

スライドショーを設定する

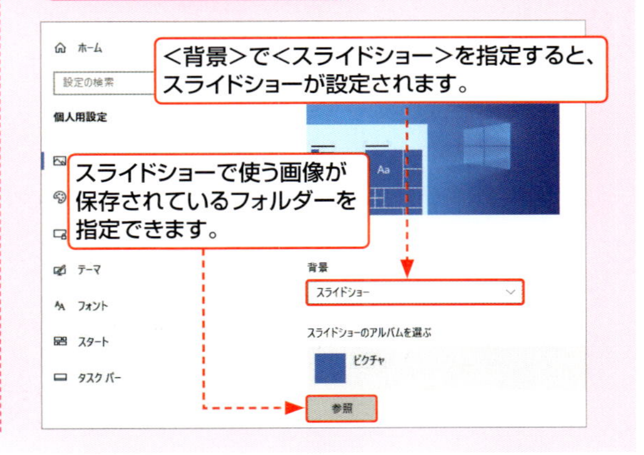

<背景>で<スライドショー>を指定すると、スライドショーが設定されます。

スライドショーで使う画像が保存されているフォルダーを指定できます。

Q 605 デスクトップの色や背景をガラリと変えたい！

A 「設定」アプリでテーマを設定しましょう。

デスクトップの背景やタスクバー、スタートメニューの色などをまとめて変えたいなら、テーマを新しく設定しましょう。
テーマはWindowsにあらかじめ用意されているもののほか、「Microsoft Store」アプリからインストールして設定することもできます。ここではそれぞれの方法を紹介するので、自分の気に入ったテーマを選択するとよいでしょう。

● 最初から用意されているテーマを設定する

1 スタートメニューで<設定>⚙をクリックして、<個人用設定>→<テーマ>をクリックし、

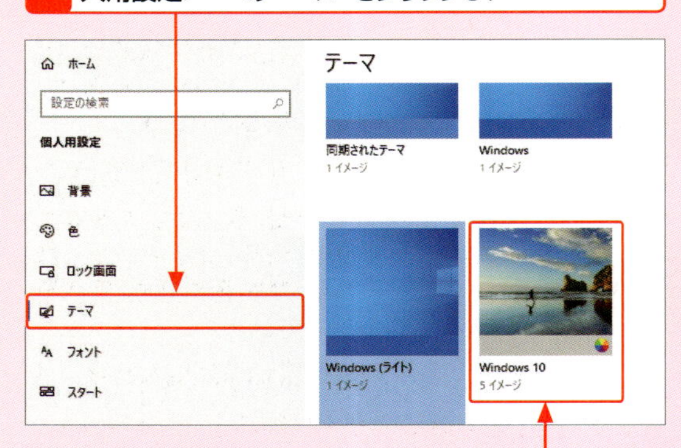

2 適用したいテーマをクリックすると、

3 背景やスタートメニューの色などが変更されているのを確認できます。

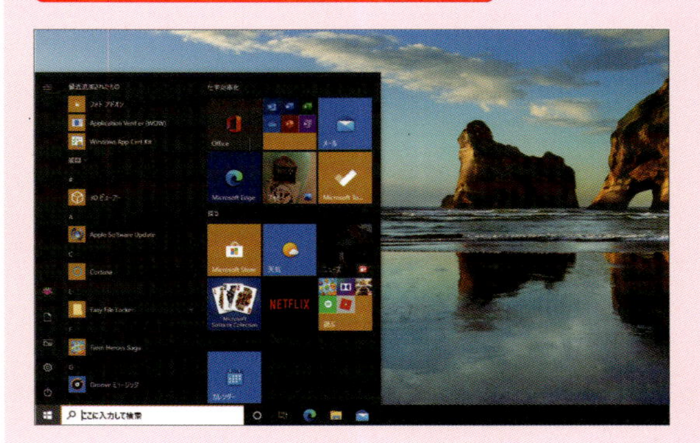

● 新しいテーマをインストールする

1 左の手順1の画面で<Microsoft Storeで追加のテーマを入手する>をクリックして、

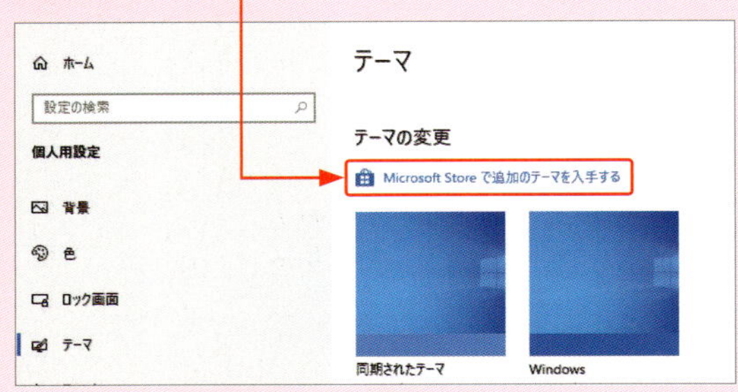

「Microsoft Store」アプリが起動します。

2 入手したいテーマをクリックし、

3 <入手>をクリックしてテーマをインストールします。

4 左の手順を参考に、インストールしたテーマをWindowsに適用します。

基本　デスクトップ　キーボード・文字入力　インターネット　メール・連絡先　セキュリティ　写真・動画・音楽　OneDrive・スマホ　印刷・周辺機器　アプリ　インストール・設定

用語集

BCC（ビーシーシー）
Blind Carbon Copyの略で、宛先以外の人に同じ内容のメールを送信するときに利用します。誰に対してメールを送信したのか知られたくない場合に利用します。

Bing（ビング）
マイクロソフトが提供している検索エンジンの名称です。Webページのほか、画像や動画、地図など、さまざまな情報を検索することができます。

Blu-ray（ブルーレイ）ディスク
青紫色レーザーを用いてデータの読み書きを行う光ディスクメディアのひとつです。片面1層で25GB、片面2層で50GBの大容量が記録できるので、高画質の映像を保存するのに適しています。

Bluetooth（ブルートゥース）
数十メートル程度の機器間の接続に使われる近距離無線通信規格のひとつです。スマートフォンや携帯電話、ノートパソコン、周辺機器などを無線で接続してデータや音声をやりとりできます。

bps（ビーピーエス）
bits per secondの略で、1秒間に送受信できるデータを表す単位のことです。たとえば、1bpsは、1秒間に1ビットのデータを転送できることを表します。

CC（シーシー）
Carbon Copyの略で、本来の宛先の人とは別に、ほかの人にも同じメールを送信するときに利用する機能です。CCに指定された宛先は、全受信者に通知されます。

CD（シーディー）
Compact Discの略で、樹脂製の円盤に細かい凹凸を刻んでデータを記録する光ディスク規格のひとつです。ディスクの表面にレーザー光を照射し、その反射光によってデータの読み取りや書き込みを行います。

Cookie（クッキー）
Webブラウザーとサーバー間でやり取りした履歴や入力した内容などを一時的に保存するしくみのことです。ユーザーに関する情報やそのWebサイトの訪問回数、訪問最終日などが記録されます。

CPU（シーピーユー）
Central Processing Unitの略で、「中央処理装置」や「中央演算処理装置」などと訳されます。コンピューターを構成する部品のひとつで、さまざまな数値計算や情報処理、機器の制御などを行います。

DVD（ディーブイディー）
Digital Versatile Discの略で、CDと同じ光ディスク規格のひとつです。CDに比べてデータの記録密度が高く、より大容量のデータを記録できます。

Edge（エッジ）
Windows 10で搭載されたWebブラウザーのことです。HTML5などの新しいインターネット規格に対応しています。

Facebook（フェイスブック）
利用者同士がインターネットを通じてコミュニケーションを楽しめるSNS（ソーシャルネットワーキングサービス）のひとつです。

Flash（フラッシュ）
Adobe Systemsが開発した、音声や動画、アニメーションを組み合わせて、ホームページ用のコンテンツを作成するための規格です。

Gmail（ジーメール）
Googleの提供する無料のWebメールサービスで、Googleアカウントを取得すると利用できます。

Google（グーグル）
世界中で最も多くのユーザーに利用されている検索エンジンです。Webページや画像、地図、ニュースなどの検索のほか、株価検索、路線検索、通貨換算機能、電卓機能などの特殊な検索機能も有しています。

Google Chrome（グーグルクローム）
世界中で最も多くのユーザーに利用されているWebブラウザーです。動作が軽く、OSの異なる端末間での連携や拡張機能の追加なども可能です。

GPS（ジーピーエス）
Global Positioning Systemの略で、人工衛星を使った現在地測定システムのことです。

HTML（エイチティーエムエル）
HyperText Markup Languageの略で、Webページを記述するための言語です。「タグ」と呼ばれる文字列を利用して、文字を修飾したり、画像や音声、動画などを文書に埋め込んだり、リンクを設定したりできます。

HTML（エイチティーエムエル）形式メール
HTML言語を使ったメールの形式です。文字サイズやフォントを変更したり、文字に色を付けたり、メールにさまざまな修飾を施したりできます。

HTTP(エイチティーティーピー)

HyperText Transfer Protocolの略で、Webサーバーと Webブラウザーとの間で情報をやりとりするために使われるプロトコル(通信規格)です。

HTTPS(エイチティーティーピーエス)

HyperText Transfer Protocol Securityの略で、HTTPにデータ暗号化機能を追加したものです。

IEEE(アイトリプルイー)802.11

IEEE(米国電気電子学会)によって策定された無線LANの国際規格の総称です。利用する電波の周波数や通信速度によって、IEEE 802.11a/b/g/n/ac/axなどの規格に分かれています。

IMAP(アイマップ)

Internet Message Access Protocolの略で、メールサーバーからメールを受信する規格のひとつです。メールサーバー上にメールを保管し、操作や管理を行います。

IME(アイエムイー)

Input Method Editorの略で、パソコンなどの情報機器で文字入力を行うためのソフトウェアです。日本語用としては、Microsoft IME、ジャストシステムのATOK、Google日本語入力などがあります。

InPrivate(インプライベート)

EdgeでWebページの閲覧履歴や検索履歴、一時ファイル、ユーザー名やパスワードの入力履歴などを保存せずにWebページを閲覧できる機能です。

Internet Explorer(インターネットエクスプローラー)

マイクロソフトが開発したWebブラウザーで、インターネット上のWebページを閲覧するために利用します。現在は開発が終了しています。

JPEG(ジェイペグ)

Joint Photographic Experts Groupの略で、パソコンなどで扱われる静止画像のデジタルデータを圧縮する方式のひとつです。

LAN(ラン)

Local Area Networkの略で、オフィスや家庭、学校など、同じ建物の中にあるパソコン同士を接続するネットワークのことです。「構内通信網」とも呼ばれます。

LAN(ラン)ケーブル

LAN(構内通信網)を構成する機器間をつなぐ通信ケーブルのことです。光回線終端装置とWi-Fiルーターをつなぐ場合などに使用します。

Microsoft(マイクロソフト)

1975年にビル・ゲイツ(Bill Gates)とポール・アレン(Paul Allen)によって設立された世界最大のコンピューターソフトウェア会社です。

Microsoft Defender(ウィンドウズディフェンダー)

Windows 10に標準で搭載されているセキュリティ対策ソフトです。コンピューターウイルス、スパイウェア、マルウェアなどからコンピューターを保護します。

Microsoft Office(マイクロソフトオフィス)

マイクロソフトが販売しているビジネス用のアプリをまとめたパッケージの総称です。アプリには、表計算のExcel、ワープロソフトのWord、プレゼンテーションソフトのPowerPoint、電子メールとスケジュール管理ソフトのOutlookのほか、データベースソフトのAccessなどがあります。

Microsoft(マイクロソフト)アカウント

マイクロソフトが提供するWebサービスや各種アプリを利用するために必要なアカウントです。

OneDrive(ワンドライブ)

マイクロソフトが提供しているオンラインストレージサービス(データの保管場所)です。

ONU(オーエヌユー)

Optical Network Unitの略で、家庭などから光ファイバーを利用したネットワークに接続するための機器です。「光回線終端装置」とも呼ばれます。光通信回線で用いられる信号とLAN内で用いられる信号を相互に交換する役目を持っています。

OS(オーエス)

Operating System(オペレーティングシステム)の略で、パソコンを利用するうえで最も基本的な機能を提供し、パソコンのシステム全体を管理するソフトウェアのことです。「基本ソフト」とも呼ばれます。

Outlook.com(アウトルックドットコム)

マイクロソフトがHotmailの後継サービスとして提供しているWebメールサービスです。Webブラウザーから利用できます。

PC(ピーシー)

Personal Computerの略で、個人使用を想定したサイズ、性能、価格の小型のコンピューターのことです。一般的には「パソコン」と呼ばれています。

PIN(ピン)

Windows 10にサインインする際、パスワードの代わりに利用できる認証方法のひとつです。任意の4桁の数字を入力することでサインインを行います。

POP（ポップ）

Post Office Protocolの略で、メールサーバーからメールを受信するための規格のひとつです。電子メールの送信に使われるSMTPとセットで利用されます。

SD（エスディー）カード

デジタルカメラや携帯電話などで利用されているフラッシュメモリーカードの規格のひとつです。読み書きの速度によっていくつかの種類に分けられます。

Skype（スカイプ）

マイクロソフトが提供するインターネット電話サービスのことです。無料で利用できます。

SMTP（エスエムティーピー）

Simple Mail Transfer Protocolの略で、メールサーバーへメールを送信するための規格のひとつです。メールの受信に使われるPOPとセットで利用されます。

SNS（エスエヌエス）

Social Networking Serviceの略で、ネットワークをインターネット上に構築し、人と人とのつながりをサポートするサービスです。

SSD（エスエスディー）

Solid State Driveの略で、記憶媒体にフラッシュメモリーを用いる記憶装置のことです。HDD（ハードディスクドライブ）と同じように利用することができます。

SSID（エスエスアイディー）

Service Set IDentifierの略で、無線LANのアクセスポイントを識別するためのネットワーク名のことです。

Twitter（ツイッター）

140文字以内の短い文章（ツイート）を投稿し、不特定多数のユーザーと共有できるサービスです。ツイートは、鳥のさえずりという意味の英語で、国内では「つぶやき」とも呼ばれています。

URL（ユーアールエル）

Uniform Resource Locatorの略で、インターネット上の情報がある場所を表す文字列のことです。URLを用いて、目的のWebページを表示します。

USB（ユーエスビー）

Universal Serial Busの略で、パソコンに周辺機器を接続するための規格のひとつです。機器をつなぐだけで認識したり、機器の電源が入ったままで接続や切断ができるのが特長です。

USB（ユーエスビー）メモリー

パソコンのUSBポートに接続して利用するフラッシュメモリーを内蔵した記憶媒体のことです。大容量のデータの保存や持ち運びに便利です。

Web（ウェブ）サイト／Webページ

インターネット上に公開されている文書のことをWebページ、個人や企業が作成した複数のWebページを構成するまとまりをWebサイトといいます。

Web（ウェブ）メール

メールの閲覧やメッセージの作成、送信などをWebブラウザー上で行うメールシステムのことをいいます。Webブラウザーが利用できる環境であれば、どこからでもメールを送受信することができます。

Wi-Fi（ワイファイ）

Wireless Fidelityの略で、無線LAN製品の互換性を検証するWi-Fi Allianceという業界団体によって付けられたブランド名です。

Windows（ウィンドウズ）

マイクロソフトが開発した、世界で最も普及しているパソコン用のOSの名称です。

Windows（ウィンドウズ） 10

Windowsの最新バージョンです。

Windows Hello（ウィンドウズハロー）

指紋、顔、眼球の光彩などを使ってWindows 10にサインインする機能のことです。指紋リーダーなどを搭載した対応機器で利用できます。

Windows Update（ウィンドウズアップデート）

不具合を修正するプログラムや新しい機能の追加などの更新プログラムを自動的にダウンロードし、Windowsにインストールする機能です。

WWW（ダブリュスリー）

World Wide Webの略で、インターネット上でWebページを利用するしくみの名称です。世界中のWebページがリンクによってつながっている様子が、クモの巣に似ていることから命名されました。

ZIP（ジップ）

ファイルを圧縮するときに利用する形式の1つで、拡張子も「zip」です。Windowsには、ファイルやフォルダーをZIP形式で圧縮する機能が標準で用意されています。

アイコン

プログラムやデータの内容を、図や絵にしてわかりやすく表現したものです。

アカウント

Windowsへのサインインやインターネット上の各種サービスを利用する権利、またはそれを特定するためのIDのことです。

アクションセンター

システムからの通知の管理や、各種設定などを行う画面です。Windows 10では、通知領域の<通知>をクリックすると表示できます。

圧縮

圧縮プログラムを使ってファイルやフォルダーのサイズを小さくし、1つのファイルにまとめることです。サイズを小さくしたファイルのことを「圧縮ファイル」といいます。

アップグレード

アップグレードは、ソフトウェアの新しいバージョンや機能の拡張をインストールすることです。また、パソコンにパーツを追加して、パソコンの機能をアップさせることを指す場合もあります。

アップデート

アップデートは、ソフトウェアを最新版に更新することです。不具合の修正や追加機能、セキュリティ対策ソフトで最新のウイルスなどに対抗するための新しいデータを取得するときなどに行われます。

アップロード

インターネット上のサーバーにファイルを保存することです。

アドレス

インターネット上のWebページにアクセスするときに指定するURLのことです。

アプリ／アプリケーション

ユーザーにさまざまな機能を提供するプログラムのことをいいます。「ソフト」「ソフトウェア」ともいいます。

アンインストール

パソコンにインストールしたアプリやプログラムをパソコンから削除することです。

インクジェットプリンター

用紙に細かいインクを吹き付けて印刷する方式のプリンターです。比較的低価格なわりに印刷品質が高いのが特長です。

インストール

WindowsなどのOSやアプリをパソコンのハードディスクにコピーして使えるようにすることです。「セットアップ」ともいいます。

インターネット

世界中のコンピューターを相互に接続したコンピューターネットワークのことです。

インポート

データをアプリやパソコンに取り込んで使えるようにすることです。なお、ほかのアプリでも利用できるファイル形式でデータを保存することを「エクスポート」といいます。

ウィンドウ

デスクトップ画面に表示される枠によって区切られた表示領域のことです。

エクスプローラー

パソコン内のファイルやフォルダーを操作・管理するために用意されたアプリの名称で、Windowsに標準で搭載されています。

エディション

用途によって機能や価格などに違いがあるWindowsの種類のことをいいます。Windows 10には、家庭向けのWindows 10 Home／Pro、IoTデバイス向けのWindows 10 IoT Core、企業向けのWindows 10 Enterpriseなどがあります。

エンコード

一定の規則に基づいて、ある形式のデータを別の形式のデータに変換することです。

お気に入り

頻繁に閲覧するWebページを登録しておき、簡単にアクセスできるようにするWebブラウザーの機能です。

オンデマンド

利用者の要求に応じてサービスの提供を行うことです。インターネットを通じて、映画やテレビ番組を好きなときに視聴できるシステムを「ビデオオンデマンド」といいます。

カーソル

文字の入力位置や操作の対象となる場所を示すマークのことで、「文字カーソル」ともいいます。なお、マウスポインターのことを「マウスカーソル」と呼ぶこともあります。

解像度

画面をどれくらいの細かさで描画するかを決める設定のことです。Windowsでは、「1366×768」など、画面を構成する点の数で表現されます。

拡張子
ファイル名の後半部分に、「.」に続けて付加される「txt」や「jpg」などの文字列のことです。ファイルを作成したアプリやファイルのデータ形式ごとに個別の拡張子が付きます。ただし、Windowsの初期設定では、拡張子が表示されないように設定されています。

仮想デスクトップ
仮想のデスクトップ環境を複数作成して切り替えることで、1つのディスプレイでもマルチディスプレイのように作業できる機能のことです。

画素数
1枚の画像を構成する画素(小さな点)の総数のことをいいます。画素数が多いほど滑らかで高画質になります。

共有
1つの物を複数人で使用することです。主に、ファイルやフォルダーをインターネットを通じて共同で所有することを指します。

クイックアクセス
最近使用したファイルやよく使うフォルダーなどを表示する仮想のフォルダーのことです。初期設定では、エクスプローラーを開くと最初に表示されます。

クラウド
ネットワーク上に存在するサーバーが提供するサービスを、その所在や時間、場所を意識することなく利用できる形態を表す言葉です。「クラウドコンピューティング」ともいいます。

クリック(左クリック)
操作対象にマウスポインターを合わせ、左ボタンを1回押して離す操作です。画面上の対象物を選択するときに使います。

クリップボード
コピーしたり切り取ったりしたデータを一時的に保管しておく場所のことです。

検索エンジン
インターネット上で公開されているWebサイトの中から、見つけたい内容を含むページを探すためのWebサイトのことです。「検索サイト」ともいいます。

更新プログラム
プログラムに含まれる不具合や機能の追加、問題を改善するための新しいプログラムのことです。

コピー&ペースト
選択したデータをコピーして別の場所に貼り付ける(ペーストする)ことです。異なるアプリ間でもコピー&ペーストは可能です。

ごみ箱
不要なファイルやフォルダーなどを一定期間保存する場所です。

コントロールパネル
Windowsの設定を行うための機能です。コンピューターのシステムやセキュリティの設定、周辺機器やプログラムの設定、デスクトップのデザインや画面の解像度の設定などを行えます。

コンピューターウイルス
外部からパソコンに入り込んでファイルを破壊したり、正常な動作を妨害したりする悪質なプログラムの総称です。

サーバー
ネットワーク上でファイルやデータを提供するコンピューター、またはそのプログラムのことです。

再起動
パソコンを終了し、再度起動しなおすことです。更新プログラムのインストール後やアプリのインストール時などに、再起動が必要な場合があります。

最小化
デスクトップや別のウィンドウを見るために、作業中のウィンドウをタスクバーに格納することです。タスクバーに格納されたアイコンをクリックすると、元のサイズに戻ります。

最大化
作業中のウィンドウを画面いっぱいのサイズに拡大することです。<元に戻す(縮小)>をクリックすると、元のサイズに戻ります。

サインアウト
開いているウィンドウや起動中のアプリを終了させ、Windowsの利用を終了する操作のことをいいます。パソコンやWindows自体を終了させるのではなく、ユーザーの操作環境だけを終了します。

サインイン
ユーザー名とパスワードで本人の確認を行い、いろいろな機能やサービスを利用できるようにすることです。「ログイン」「ログオン」などとも呼ばれます。

サムネイル
ファイルの内容を縮小表示した画像のことをいいます。起動中のウィンドウの内容をタスクバー上から表示したり、フォルダーウィンドウに並べて表示したりすることができます。

システムの復元

あらかじめ作成しておいた復元ポイントの状態にパソコンのシステムを戻すことです。主に、パソコンの動作が不安定になったときに使用します。

シャットダウン

起動していたアプリをすべて終了させ、パソコンの電源を完全に切ることです。

ショートカット

Windowsで別のドライブやフォルダーにあるファイルを呼び出すために参照として機能するアイコンのことです。ショートカットの左下には矢印が付きます。「ショートカットアイコン」ともいいます。

ショートカットキー

Windowsや各アプリの機能を、画面上のメニューから操作する代わりにキーボードの特定のキーを押すだけで実行する機能のことです。

署名

メール本文の最後に記載されている差出人情報のことです。通常は、自分の名前や住所、電話番号、メールアドレスなどを記載します。

スキャナー

印刷物や現像済みの写真などを読み取って、画像データとしてパソコンに取り込む機器です。

スナップ機能

画面を分割して複数のアプリを同時に表示する機能で、ウィンドウのサイズや位置を自由に調整できます。画面のサイズに応じて最大4つのアプリを同時に表示することができます。

スパイウェア

ユーザーの知らないうちにパソコン内に侵入して、情報を持ち出したり、設定の変更などを行う悪質なプログラムのことです。

スマートフォン

パソコンのような機能を持ち、タッチ操作で操作できる携帯電話です。「スマホ」とも呼ばれます。

スリープ

Windowsが動作している状態を保持したまま、パソコンを一時的に停止し、節電状態で待機させる機能のことです。

セキュリティ

コンピューターウイルスを防いだり、パソコン内のファイルや通信内容が第三者にのぞかれないようにしたり、ファイルが破損されないようにしたりと、パソコンを安全に守ることです。

セキュリティキー

無線LANの接続に利用されるパスワードのようなものです。「ネットワークキー」「暗号化キー」などとも呼ばれます。

全角

1文字の高さと幅の比率が1：1（縦と横のサイズが同じ）になる文字のことです。

ソフトウェア

パソコンを動作させるためのプログラムをまとめたもののことです。単に「ソフト」ともいいます。

タイムライン

開いたアプリやフォルダーなどWindows上で行った作業を記憶し、最大30日分を時系列で表示・再現できる機能です。

タイル

スタートメニューに並んでいるアプリのアイコンのことです。クリックするとアプリが起動します。アプリの中には、最新情報がタイルに表示される（ライブタイル）ものがあります。

ダウンロード

インターネット上で提供されているファイルやプログラムをパソコンのHDDなどに保存することです。

タスクバー

デスクトップやスタートメニューの最下段に表示される横長のバーのことです。アプリの起動や切り替え、ウィンドウの切り替えなどに利用します。

タスクマネージャー

Windows上で動作しているアプリやシステムなどのタスクを管理するアプリです。動かないタスクを強制終了したり、CPUやメモリ、HDDなどの使用状態を確認したりできます。

タッチディスプレイ

ディスプレイの上を直接指でなぞったり、触る（タッチする）ことでマウスと同様の操作を行える機器です。

タッチパッド

ノートパソコンなどで利用されている、マウスと同様の操作を行うための機器です。パッドの上を指でなぞって操作を行います。

タブ
「タブ」は見出しのようなもので、Webブラウザーやダイアログボックスなどで使われています。いずれもタブをクリックすると、そのページの内容を表示できます。

ダブルクリック
操作対象にマウスポインターを合わせて、左ボタンを2回素早く押す操作です。フォルダーを開いたり、デスクトップ画面でアプリを起動するときなどに使います。

タブレット
画面を直接触って操作する携帯端末のことをいいます。スマートフォンより画面が大きいので操作性がよく、持ち運びに便利なのが特長です。

チャット
ネットワークを介して、他人とリアルタイムで文字による会話をしたり、メッセージを残したりする機能のことです。

テキスト形式メール
文字だけでメールを作成する形式のメールです。文字の書体や大きさ、色を変えたりすることはできません。

テザリング
スマートフォンなどをモバイルルーターの代わりに利用して、パソコンやタブレット端末といった機器をインターネットに接続する機能のことです。

デスクトップ
デスクトップアプリを表示したり、ファイルを操作するためのウィンドウを表示するための作業領域です。

デスクトップパソコン
多くの場合、パソコン本体とディスプレイ、キーボードやマウスなどの入力機器がそれぞれ独立したパソコンのことをいいます。機種によっては、ディスプレイと本体が一体化されているものもあります。

デバイス
CPUやメモリ、ディスプレイ、プリンターなど、パソコンに内蔵あるいは接続されている装置のことです。

電子メール
インターネットを通じてメッセージやファイルなどをやりとりするしくみのことです。「Eメール」や単に「メール」とも呼ばれます。

添付ファイル
メールといっしょに送信する文書や画像などのファイルのことです。

ドライバー
周辺機器をパソコンに接続するときに必要なプログラムのことで、「デバイスドライバー」とも呼ばれます。

ドライブ
記憶媒体(記録メディア)を読み書きできる装置のことです。たとえば、DVDに記録を読み書きする装置をDVDドライブ、パソコン本体に内蔵されているハードディスクをハードディスクドライブといいます。

ネットワーク
複数のパソコンや周辺機器を接続し、相互にデータのやりとりができるようにした状態、もしくはそのしくみのことです。

ノートパソコン
本体が小型で、バッテリーを搭載しているので、外出先などに手軽に持ち運びができるパソコンのことです。

バージョン
アプリの仕様が変わった際に、それを示す数字のことです。数字が大きいほど、新しいものであることを示します。新しいバージョンに交代することを「バージョンアップ」や「アップグレード」といいます。

パーティション
ハードディスク内の分割された領域のことです。1台のハードディスクをパーティションで分割することで、複数台のハードディスクとして利用できます。

ハードウェア
パソコン本体や周辺機器、パソコンの中の部品など、物理的な機械やパーツのことです。

ハードディスク(HDD)
パソコンに搭載されているデータ記憶装置です。高速に回転する円盤に磁気を利用して情報を記録したり、記録された情報を読み出したりします。

バイト(byte)
パソコンで扱うデータの量を表す単位です。通常は8ビットが1バイト(byte)になります。1024バイトが1KB(キロバイト)、1024KBが1MB(メガバイト)、1024MBが1GB(ギガバイト)というように単位が変わっていきます。

パスワード
メールやオンラインサービスなどを利用する際に、正規の利用者であることを証明するために入力する文字列のことです。

バックアップ
パソコン上のデータを、パソコンの故障やウイルス感染などに備えて、別の記憶媒体に保存することです。

ハブ
同じ規格のケーブルを1か所に集めて、互いに通信できるようにする中継器のことです。LANやUSBで複数の機器を接続するのに利用されます。

半角
1文字の高さと幅の比率が2：1（文字の幅が全角文字の半分）になる文字のことです。

ピン留め
スタートメニューやタスクバーにアプリのアイコンを登録する機能です。

ファイアウォール
悪意のあるユーザーやソフトウェアがインターネットを経由してコンピューターに不正にアクセスするのを防ぐために、自分のパソコンと外部との情報の通過を制限するためのシステムです。

ファイル
ハードディスクなどに保存された、ひとかたまりのデータやプログラムのことです。パソコンでは、ファイル単位でデータが管理されます。

フィッシングサイト
銀行や決済サイトなどのWebページに似せた偽りのWebサイトのことです。個人情報やクレジットカード番号、銀行の口座番号などといった情報を盗みとることを目的に作られています。

フォーマット
記憶媒体にデータを書き込む際に、どのようにデータを書き込んだり、書き込んだデータを管理するかなどを決めた形式のことです。

フォルダー
ファイルを分類して整理するための場所のことです。フォルダーの中にフォルダーを作ってファイルを管理することもできます。

フォント
文字をパソコンの画面に表示したり、印刷したりする際の文字の形のことです。

プライバシー
個人の私生活に関する事柄がほかから隠されており、干渉されない状態、または、そのような状態を要求する権利のことです。

ブラウザー（Webブラウザー）
Webページを閲覧するためのソフトウェアのことをいいます。

プリインストール
パソコンなどの販売時に、OSやアプリがあらかじめインストールされていることです。

プレイリスト
「ミュージック」アプリで、自分の好きな曲だけを集めて作成するオリジナルのリストのことです。Windows Media Playerでは「再生リスト」といいます。

プレビュー
実際に紙に印刷する前に印刷結果を画面上で確認したり、エクスプローラーで文書や画像などの内容を確認したりする機能のことです。

プログラム
パソコンを動作させるための命令が組み込まれたファイルのことをいいます。ソフトウェアは、多くのプログラムから成り立っています。

プロダクトキー
パソコンにインストールされたソフトウェアが正規に購入したものであることを確認するための文字列です。

プロバイダー
インターネットサービスプロバイダーの略で、インターネットへの接続サービスを提供する事業者のことです。

プロパティ
ファイルやプリンター、画面などに関する詳細な情報のことです。たとえば、ファイルのプロパティでは、そのファイルの保存場所、サイズ、作成日時、作成者などを知ることができます。

ヘルプ
ソフトウェアやハードウェアの使用法や、トラブルを解決するための解説をパソコンの画面上で説明している文書のことです。

ポインター
マウスの動きと連動して、画面上を移動するマークのことです。基本的には矢印の形をしていますが、状況によってさまざまな形に変化します。「マウスポインター」「マウスカーソル」ともいいます。

マウス
パソコンで利用されている入力装置のひとつです。左右のボタンやホイールを利用して、アプリの起動や、ウィンドウやコマンドの操作などを行います。

右クリック
操作対象にマウスポインターを合わせて、右ボタンを1回押して離す操作です。メニューを表示するときなどに使います。

無線LAN
電波を利用してパソコンからインターネットに接続したり、パソコン同士をネットワークに接続したりする通信技術のことです。

メールアドレス
電子メールにおける送信者や受信者の住所と名前に相当するものです。単に「アドレス」ということもあります。

メールサーバー
メールを送受信するインターネット上のサーバーのことです。プロバイダーによっては、受信や送信といった機能ごとに用意されている場合があります。

迷惑メール
広告や勧誘など、一方的に送られてくるメールのことです。「スパムメール」ともいいます。

メモリ
パソコンに内蔵された、データを一時的に記憶する装置のことを指します。「メインメモリ」ともいいます。

文字コード
パソコンなどで文字を扱うためのルールを定めた規格のことです。文字を一覧表にして、文字ごとに決まった数値を割り当てることで、文字を表現します。

モデム
デジタル信号をアナログ信号に、アナログ信号をデジタル信号に変換する機器のことです。

ユーザー
ソフトウェアやハードウェアを使用する使用者自身のことを指します。

ユーザーアカウント制御
危険なプログラムがパソコン内にインストールされたり、パソコンを不正に変更されたりするのを監視する機能です。

ユーザー名
Windowsやプロバイダー、サービス提供者などが、利用者を識別するために割り当てる名前や愛称のことです。多くの場合、利用者側が自由に決められます。

ライセンス
ソフトウェアなどの使用権をユーザーに与える使用権の許諾のことです。

ライブタイル
スタートメニューに表示されるタイルの中で、最新ニュースや天気予報、着信メールなどの最新情報を表示するタイルのことです。

リボン
マイクロソフトのユーザーインターフェースのひとつで、プログラムの機能が用途別のタブに分類されて整理されているコマンドバーのことです。WordやExcelなどのOfficeソフトやWindows 10に搭載されているエクスプローラーなどに用意されています。

リムーバブルディスク
CD／DVDやSDカードのように、データの書き込み装置から取り出すことが可能な記憶媒体のことです。

リンク
Webページの文字列や画像にほかのWebページを結び付けるしくみのことです。「ハイパーリンク」を略したものです。

ルーター
ネットワーク上のデータを正しい経路に流れるように制御するための機器です。

レーザープリンター
用紙にトナーを吸着させて印刷する方式のプリンターです。印刷スピードの速さと印刷品質の高さが特長です。

ローカルアカウント
特定のパソコンだけで利用できるアカウントです。登録された情報は、そのパソコンでのみ利用されます。

ロック
一般に、特定のファイルやデータに対するアクセスや更新などを制御することです。また、一定時間パソコンを使わないときや席を外すときなど、ほかの人にパソコンを使用されないようにしておく機能のこともロックといます。

ロック画面
不正利用を防ぐために、サインインするまでパソコンを使えないようにする画面のことです。Windows 10の起動後やスリープの解除後に表示されます。

ショートカットキー一覧

Windows 10を活用するうえで覚えておくと便利なのがショートカットキーです。ショートカットキーとは、キーボードの特定のキーを押すことで、操作を実行する機能です。ショートカットキーを利用すれば、素早く操作を実行することができます。ここでは、Windows 10で利用できる主なショートカットキーや、多くのアプリで一般的に利用されているショートカットキーを紹介します。なお、キーの数が少ないキーボードでは、PrintScreenキーなどのキーがFnキーとほかのキーの組み合わせに割り当てられています（115ページ参照）。

●デスクトップのショートカットキー

ショートカットキー	操作内容
⊞（ウィンドウズ）	スタートメニューを表示します。
⊞（ウィンドウズ）＋D	デスクトップを表示します。
⊞（ウィンドウズ）＋,	ウィンドウを透明にして一時的にデスクトップを表示します。
⊞（ウィンドウズ）＋E	エクスプローラーを起動します。
⊞（ウィンドウズ）＋S	検索ボックスを表示します。
⊞（ウィンドウズ）＋A	アクションセンターを表示します。
⊞（ウィンドウズ）＋I	「設定」アプリを起動します。
⊞（ウィンドウズ）＋K	＜接続＞画面を表示します。
⊞（ウィンドウズ）＋L	画面をロックします。
⊞（ウィンドウズ）＋M	すべてのウィンドウを最小化します。
⊞（ウィンドウズ）＋Shift＋M	最小化したウィンドウを元に戻します。
⊞（ウィンドウズ）＋R	＜ファイル名を指定して実行＞画面を表示します。
⊞（ウィンドウズ）＋T	タスクバーに格納されているアプリをサムネイルで表示します。
⊞（ウィンドウズ）＋B	通知領域を選択します。
⊞（ウィンドウズ）＋Alt＋D	日付と時刻の表示／非表示を切り替えます。
⊞（ウィンドウズ）＋G	ゲーム実行中にゲームバーを表示します。
⊞（ウィンドウズ）＋P	複数ディスプレイの表示モード選択画面を表示します。
⊞（ウィンドウズ）＋U	「設定」アプリの＜簡単操作＞を表示します。
⊞（ウィンドウズ）＋X	クイックリンクメニューを表示します。
⊞（ウィンドウズ）＋Pause/Break	＜システム＞画面を表示します。
⊞（ウィンドウズ）＋W	Windows Ink ワークスペースを表示します。
PrintScreen	画面全体を画像としてコピーします。
Alt＋PrintScreen	選択しているウィンドウのみを画像としてコピーします。
⊞（ウィンドウズ）＋PrintScreen	画面を撮影して、＜ピクチャ＞フォルダーの＜スクリーンショット＞フォルダーに画像として保存します。
⊞（ウィンドウズ）＋Shift＋S	デスクトップの指定範囲を画像としてコピーします。
⊞（ウィンドウズ）＋Tab	タスクビューを表示します。
⊞（ウィンドウズ）＋Ctrl＋D	新しい仮想デスクトップを作成します。
⊞（ウィンドウズ）＋Ctrl＋F4	仮想デスクトップを閉じます。
⊞（ウィンドウズ）＋Ctrl＋→／←	仮想デスクトップを切り替えます。

ショートカットキー	操作内容
⊞（ウィンドウズ）＋＋	拡大鏡を表示して、画面表示を拡大します。
⊞（ウィンドウズ）＋－	拡大鏡で拡大された表示を縮小します。
⊞（ウィンドウズ）＋Esc	拡大鏡を終了します。
Alt＋Tab	起動中のアプリの一覧を表示し、アプリを切り替えます。
Alt＋Shift＋Tab	起動中のアプリの一覧を表示し、アプリを逆順に切り替えます。
Ctrl＋Alt＋Tab	起動中のアプリの一覧を、カーソルキーで選択可能な状態で表示します。
Alt＋F4	アクティブなアプリを終了します。
Ctrl＋Shift＋Esc	デスクトップで＜タスクマネージャー＞画面を表示します。
Ctrl＋Alt＋Delete	パソコンの再起動やタスクマネージャーの起動が行える画面を表示します。
⊞（ウィンドウズ）＋1〜0	タスクバーに登録されたアプリを起動します。
⊞（ウィンドウズ）＋Shift＋1〜0	タスクバーに登録されたアプリを新しく起動します。
⊞（ウィンドウズ）＋Alt＋1〜0	タスクバーに登録されたアプリのジャンプリストを表示します。
⊞（ウィンドウズ）＋Ctrl＋Shift＋B	ディスプレイドライバーを再起動します。
Ctrl＋Shift	キーボードレイアウトを切り替えます。
⊞（ウィンドウズ）＋.	絵文字パネルを表示します。
Alt＋F8	サインイン画面でパスワードを表示します。
Ctrl＋↑／↓	スタートメニューの高さを変更します。
Ctrl＋←／→	スタートメニューのタイルの部分の幅を変更します。

●エクスプローラーのショートカットキー

ショートカットキー	操作内容
Ctrl＋F1	リボンの表示／非表示を切り替えます。
Shift＋F10	選択したファイルやフォルダーのショートカットメニューを表示します。
Alt＋Enter	ファイルやフォルダーの＜プロパティ＞画面を表示します。
Alt＋P	プレビューウィンドウの表示／非表示を切り替えます。
Ctrl＋E	検索ボックスを選択します。
Delete	選択したファイルやフォルダーを削除します。
Shift＋Delete	選択したファイルやフォルダーを完全に削除します。
F2	選択したファイルやフォルダーの名前を変更します。
Ctrl＋Shift＋N	新しいフォルダーを作成します。
Shift＋↑↓←→	ファイルやフォルダーを複数選択します。
Ctrl＋A	フォルダー内のすべてのファイルを選択します。
Ctrl＋C	選択したファイルやフォルダーをコピーします。
Ctrl＋X	選択したファイルやフォルダーを切り取ります。
Ctrl＋V	コピーや切り取りを行ったファイルやフォルダーを貼り付けます。

ショートカットキー	操作内容
Ctrl＋Shift＋1～8	アイコンの表示形式を変更します。
Alt＋←	直前に見ていたフォルダーを表示します。
Alt＋→	戻る前のフォルダーを表示します。
Alt＋↑	1つ上のフォルダーを表示します。
F4	アドレスバーの入力履歴を表示します。
Alt＋F4	選択中のウィンドウを閉じます。
Home	ウィンドウ内の一番上を表示します。
End	ウィンドウ内の一番下を表示します。
NumLock＋＊	選択しているフォルダーの下の階層にあるフォルダーをすべて展開します。
NumLock＋＋	選択しているフォルダーを展開します。
NumLock＋－	選択しているフォルダーを折りたたみます。

●ダイアログボックスのショートカットキー

ショートカットキー	操作内容
Ctrl＋Tab	右のタブを表示します。
Ctrl＋Shift＋Tab	左のタブを表示します。
Tab	次の項目へ移動します。
Shift＋Tab	前の項目へ移動します。
Space	選択中のチェックボックスのオン／オフを切り替えます。

●アプリ／ウィンドウのショートカットキー

ショートカットキー	操作内容
⊞（ウィンドウズ）＋Home	アクティブウィンドウ以外をすべて最小化します。
⊞（ウィンドウズ）＋↓	アクティブウィンドウを最小化します。
⊞（ウィンドウズ）＋↑	アクティブウィンドウを最大化します。
⊞（ウィンドウズ）＋→	画面の右側にウィンドウを固定します。
⊞（ウィンドウズ）＋←	画面の左側にウィンドウを固定します。
⊞（ウィンドウズ）＋Shift＋↑	アクティブウィンドウを上下に拡大します。
F11	アクティブウィンドウを全画面表示に切り替えます。
Alt＋Space	ウィンドウ自体のメニューを表示します。
F10	アクティブウィンドウのメニューを選択状態にします。

●多くのアプリで共通して使えるショートカットキー

ショートカットキー	操作内容
Ctrl＋F1	リボンの表示／非表示を切り替えます。

ショートカットキー	操作内容
Ctrl + +	画面表示を拡大します。
Ctrl + -	画面表示を縮小します。
Shift + ↑↓←→	選択範囲を拡大／縮小します。
Ctrl + A	文書内のすべての文字列などを選択します。
Ctrl + C	選択した文字列などをコピーします。
Ctrl + X	選択した文字列などを切り取ります。
Ctrl + V	コピーや切り取りを行った文字列などを貼り付けます。
Ctrl + Y	直前の操作をやりなおします。
Ctrl + Z	直前の操作を取り消し、1つ前の状態に戻します。
Ctrl + N	ウィンドウや文書を新規に作成します。
Ctrl + O	ファイルを開く画面を表示します。
Ctrl + P	文書やWebページなどの印刷を行う画面を表示します。
Ctrl + S	編集中のデータを上書き保存します。
Ctrl + W	編集中のファイルや表示しているウィンドウを閉じます。
Ctrl + F4	作業中の文書を閉じます。
Esc	現在の操作を取り消します。
F1	ヘルプ画面を表示します。
Ctrl + F	検索を開始します。
PageUp ／ PageDown	1画面分、上下にスクロールします。
Shift + F10	選択中の項目のショートカットメニューを表示します。

●Webブラウザーのショートカットキー

ショートカットキー	操作内容
Alt + D	アドレスバーを選択します。
Ctrl + R ／ F5	Webページを最新の状態に更新します。
Ctrl + T	新しいタブを開きます。
Ctrl + W	表示しているタブを閉じます。
Ctrl + Shift + T	直前に閉じたタブを開きます。
Alt + ←	直前に見ていたWebページに戻ります。
Alt + →	戻る前のWebページを表示します。
Ctrl + D	表示しているWebページをお気に入りに登録します。
Ctrl + H	履歴画面を表示します。
Ctrl + J	ダウンロード画面を表示します。
Esc	Webページの読み込みを中止します。
Ctrl + Tab	右のタブを表示します。
Ctrl + Shift + Tab	左のタブを表示します。

目的別索引

記号

A ～ Z

あ行

か行

さ行

た行

な行

は行

ま行

や行

ら行

用語索引

A～Z

あ行

か行

さ行

た行

な行

は行

ま行

や行

ら行

お問い合わせについて

本書に関するご質問については、本書に記載されている内容に関するもののみとさせていただきます。本書の内容と関係のないご質問につきましては、一切お答えできませんので、あらかじめご了承ください。また、電話でのご質問は受け付けておりませんので、必ずFAX か書面にて下記までお送りください。
なお、ご質問の際には、必ず以下の項目を明記していただきますよう、お願いいたします。

1 お名前
2 返信先の住所または FAX 番号
3 書名（今すぐ使えるかんたん Windows 10 完全ガイドブック 困った解決＆便利技 2020-2021年最新版）
4 本書の該当ページ
5 ご使用の OS とソフトウェアのバージョン
6 ご質問内容

なお、お送りいただいたご質問には、できる限り迅速にお答えできるよう努力いたしておりますが、場合によってはお答えするまでに時間がかかることがあります。また、回答の期日をご指定なさっても、ご希望にお応えできるとは限りません。あらかじめご了承くださいますよう、お願いいたします。

問い合わせ先

〒 162-0846
東京都新宿区市谷左内町 21-13
株式会社技術評論社　書籍編集部
「今すぐ使えるかんたん Windows 10
完全ガイドブック 困った解決＆便利技 2020-2021年最新版」質問係
FAX 番号　03-3513-6167

URL：https://book.gihyo.jp/116

■お問い合わせの例

FAX

1 お名前
技術　太郎
2 返信先の住所または FAX 番号
03-XXXX-XXXX
3 書名
今すぐ使えるかんたん
Windows 10 完全ガイドブック
困った解決＆便利技
2020-2021年最新版
4 本書の該当ページ
61 ページ　Q 063
5 ご使用の OS とソフトウェアのバージョン
Windows 10
Microsoft Edge
6 ご質問内容
タスクバーが表示されない

※ご質問の際に記載いただきました個人情報は、回答後速やかに破棄させていただきます。

今すぐ使えるかんたん Windows 10
完全ガイドブック 困った解決&便利技 2020-2021年最新版

2020 年 8 月 1 日　初版　第 1 刷発行

著　者●リブロワークス
発行者●片岡　巌
発行所●株式会社　技術評論社
東京都新宿区市谷左内町 21-13
電話　03-3513-6150　販売促進部
03-3513-6160　書籍編集部
装丁●岡崎善保（志岐デザイン事務所）
本文デザイン●リブロワークス・デザイン室
DTP●リブロワークス・デザイン室
編集●リブロワークス
担当●落合　祥太朗（技術評論社）
製本／印刷●大日本印刷株式会社

定価はカバーに表示してあります。

落丁・乱丁がございましたら、弊社販売促進部までお送りください。交換いたします。

ISBN978-4-297-11436-7 C3055
Printed in Japan

厳選ショートカットキー

●デスクトップのショートカットキー

ショートカットキー	操作内容
⊞（ウィンドウズ）	スタートメニューを表示します。
⊞（ウィンドウズ）＋D	デスクトップを表示します。
⊞（ウィンドウズ）＋E	エクスプローラーを起動します。
⊞（ウィンドウズ）＋S	検索ボックスを表示します。
⊞（ウィンドウズ）＋I	「設定」アプリを起動します。
⊞（ウィンドウズ）＋L	画面をロックします。
⊞（ウィンドウズ）＋M	すべてのウィンドウを最小化します。
⊞（ウィンドウズ）＋Shift＋M	最小化したウィンドウを元に戻します。
⊞（ウィンドウズ）＋R	＜ファイル名を指定して実行＞画面を表示します。
⊞（ウィンドウズ）＋X	クイックリンクメニューを表示します。
PrintScreen	画面全体を画像としてコピーします。
Alt＋PrintScreen	選択しているウィンドウのみを画像としてコピーします。
⊞（ウィンドウズ）＋PrintScreen	画面を撮影して、＜ピクチャ＞フォルダーの＜スクリーンショット＞フォルダーに画像として保存します。
Alt＋Tab	起動中のアプリの一覧を表示し、アプリを切り替えます。
Alt＋Shift＋Tab	起動中のアプリの一覧を表示し、アプリを逆順に切り替えます。
Alt＋F4	アクティブなアプリを終了します。
Ctrl＋Alt＋Delete	パソコンの再起動やタスクマネージャーの起動が行える画面を表示します。

●エクスプローラーのショートカットキー

ショートカットキー	操作内容
Shift＋F10	選択したファイルやフォルダーのショートカットメニューを表示します。
Alt＋P	プレビューウィンドウの表示／非表示を切り替えます。
Delete	選択したファイルやフォルダーを削除します。
Shift＋Delete	選択したファイルやフォルダーを完全に削除します。
F2	選択したファイルやフォルダーの名前を変更します。
Ctrl＋Shift＋N	新しいフォルダーを作成します。
Ctrl＋ドラッグ	ファイルをドラッグ先にコピーします。
Ctrl＋Shift＋ドラッグ	ドラッグ先にファイルのショートカットを作成します。

●アプリ／ウィンドウ／入力のショートカットキー

ショートカットキー	操作内容
F11	アクティブウィンドウを全画面表示に切り替えます。
Alt＋Space	ウィンドウ自体のメニューを表示します。
F7	入力中のひらがなを全角カタカナに変更します。
F8	入力中のひらがなを半角カタカナに変更します。
F10	入力中のひらがなを英字の小文字に変更します。

●多くのアプリで共通して使えるショートカットキー

ショートカットキー	操作内容
Ctrl＋F1	リボンの表示／非表示を切り替えます。
Ctrl＋+	画面表示を拡大します。
Ctrl＋-	画面表示を縮小します。
Shift＋↑↓←→	選択範囲を拡大／縮小します。
Ctrl＋A	文書内のすべての文字列などを選択します。
Ctrl＋C	選択した文字列などをコピーします。
Ctrl＋X	選択した文字列などを切り取ります。
Ctrl＋V	コピーや切り取りを行った文字列などを貼り付けます。
Ctrl＋Y	直前の操作をやりなおします。
Ctrl＋Z	直前の操作を取り消し、1つ前の状態に戻します。
Ctrl＋N	ウィンドウや文書を新規に作成します。
Ctrl＋O	ファイルを開く画面を表示します。
Ctrl＋P	文書やWebページなどの印刷を行う画面を表示します。
Ctrl＋S	編集中のデータを上書き保存します。
F12	編集中のデータを名前を付けて保存します。
Ctrl＋W	編集中のファイルや表示しているウィンドウを閉じます。
Ctrl＋F4	作業中のファイルを閉じます。
Esc	現在の操作を取り消します。
F1	ヘルプ画面を表示します。
Ctrl＋F	検索を開始します。
PageUp／PageDown	1画面分、上下にスクロールします。
Home	カーソルが行頭に移動します。
End	カーソルが行末に移動します。
Shift＋F10	選択中の項目のショートカットメニューを表示します。

●Webブラウザーのショートカットキー

ショートカットキー	操作内容
Alt＋D	アドレスバーを選択します。
Ctrl＋R／F5	Webページを最新の状態に更新します。
Ctrl＋T	新しいタブを開きます。
Ctrl＋W	表示しているタブを閉じます。
Ctrl＋Shift＋T	直前に閉じたタブを開きます。
Alt＋←	直前に見ていたWebページに戻ります。
Alt＋→	戻る前のWebページを表示します。
Ctrl＋D	表示しているWebページをお気に入りに登録します。
Ctrl＋H	履歴画面を表示します。
Esc	Webページの読み込みを中止します。
Ctrl＋Tab	右のタブを表示します。
Ctrl＋Shift＋Tab	左のタブを表示します。